中国科学院院长 白春礼院士题

论低维并筑器件
致广大而尽精微

白春礼
戊戌春月

中国科学院科学出版基金资助出版

低维材料与器件丛书

成会明　总主编

半导体纳米线功能器件

张　跃　著

科　学　出　版　社

北　京

内 容 简 介

本书为“低维材料与器件丛书”之一。过去二十多年，半导体纳米线因其独特结构与优异性能引起了世界各国科学家的高度关注与广泛研究，半导体纳米线功能器件在不同领域都展现出巨大的前景。本书基于作者多年的科研工作，并结合国内外的最新研究进展，系统介绍了半导体纳米线功能器件的研究成果。内容涵盖了从半导体纳米线功能器件的发展现状和加工技术、不同功能器件的研究进展、多场耦合调控到损伤与服役行为研究。对基于半导体纳米线的电子器件、发光器件、光电转换器件、力电转换器件、传感器件等代表性功能器件进行了详细介绍。本书对半导体纳米线功能器件的发展具有重要的推动意义与学术参考价值。

本书同时涵盖了半导体纳米线功能器件研究的基础知识与最新进展，既可以作为高等院校相关学科研究生和高年级本科生的专业学习参考用书，也可为高等院校和科研单位从事低维材料与器件研究及开发的研究人员提供指导和参考。

图书在版编目（CIP）数据

半导体纳米线功能器件／张跃著. 一北京：科学出版社，2019.3（2021.1 重印）

（低维材料与器件丛书/成会明总主编）

ISBN 978-7-03-060533-7

Ⅰ. ①半…　Ⅱ. ①张…　Ⅲ. ①半导体材料－纳米材料－电子器件－研究　Ⅳ. ①TN304 ②TB383

中国版本图书馆 CIP 数据核字（2019）第 026330 号

责任编辑：翁靖一／责任校对：杜子昂

责任印制：师艳茹／封面设计：耕者设计工作室

科学出版社 出版

北京东黄城根北街 16 号

邮政编码：100717

http://www.sciencep.com

中国科学院印刷厂 印刷

科学出版社发行　各地新华书店经销

*

2019 年 3 月第 一 版　开本：720×1000 1/16

2021 年 1 月第二次印刷　印张：24 3/4

字数：451 000

定价：198.00 元

（如有印装质量问题，我社负责调换）

低维材料与器件丛书

编　委　会

总　序

人类社会的发展水平，多以材料作为主要标志。在我国近年来颁发的《国家创新驱动发展战略纲要》、《国家中长期科学和技术发展规划纲要(2006—2020年)》、《"十三五"国家科技创新规划》和《中国制造2025》中，材料都是重点发展的领域之一。

随着科学技术的不断进步和发展，人们对信息、显示和传感等各类器件的要求越来越高，包括高性能化、小型化、多功能、智能化、节能环保，甚至自驱动、柔性可穿戴、健康全时监/检测等。这些要求对材料和器件提出了巨大的挑战，各种新材料、新器件应运而生。特别是自20世纪80年代以来，科学家们发现和制备出一系列低维材料(如零维的量子点、一维的纳米管和纳米线、二维的石墨烯和石墨炔等新材料)，它们具有独特的结构和优异的性质，有望满足未来社会对材料和器件多功能化的要求，因而相关基础研究和应用技术的发展受到了全世界各国政府、学术界、工业界的高度重视。其中富勒烯和石墨烯这两种低维碳材料的发现者还分别获得了1996年诺贝尔化学奖和2010年诺贝尔物理学奖。由此可见，在新材料中，低维材料占据了非常重要的地位，是当前材料科学的研究前沿，也是材料科学、软物质科学、物理、化学、工程等领域的重要交叉，其覆盖面广，包含了很多基础科学问题和关键技术问题，尤其在结构上的多样性、加工上的多尺度性、应用上的广泛性等使该领域具有很强的生命力，其研究和应用前景极为广阔。

我国是富勒烯、量子点、碳纳米管、石墨烯、纳米线、二维原子晶体等低维材料研究、生产和应用开发的大国，科研工作者众多，每年在这些领域发表的学术论文和授权专利的数量已经位居世界第一，相关器件应用的研究与开发也方兴未艾。在这种大背景和环境下，及时总结并编撰出版一套高水平、全面、系统地反映低维材料与器件这一国际学科前沿领域的基础科学原理、最新研究进展及未来发展和应用趋势的系列学术著作，对于形成新的完整知识体系，推动我国低维材料与器件的发展，实现优秀科技成果的传承与传播，推动其在新能源、信息、光电、生命健康、环保、航空航天等战略新兴领域的应用开发具有划时代的意义。

为此，我接受科学出版社的邀请，组织活跃在科研第一线的三十多位优秀科学家积极撰写"低维材料与器件丛书"，内容涵盖了量子点、纳米管、纳米线、石墨烯、石墨炔、二维原子晶体、拓扑绝缘体等低维材料的结构、物性及其制备方法，并全面探讨了低维材料在信息、光电、传感、生物医用、健康、新能源、环境保护等领域的应用，具有学术水平高、系统性强、涵盖面广、时效性高和引领性强等特点。本套丛书的特色鲜明，不仅全面、系统地总结和归纳了国内外在低维材料与器件领域的优秀科研成果，展示了该领域研究的主流和发展趋势，而且反映了编著者在各自研究领域多年形成的大量原始创新研究成果，将有利于提升我国在这一前沿领域的学术水平和国际地位、创造战略新兴产业，并为我国产业升级、提升国家核心竞争力提供学科基础。同时，这套丛书的成功出版将使更多的年轻研究人员和研究生获取更为系统、更前沿的知识，有利于低维材料与器件领域青年人才的培养。

历经一年半的时间，这套“低维材料与器件丛书”即将问世。在此，我衷心感谢李玉良院士、谢毅院士、俞书宏教授、谢素原教授、张跃教授、康飞宇教授、张锦教授等诸位专家学者积极热心的参与，正是在大家认真负责、无私奉献、齐心协力下才顺利完成了丛书各分册的撰写工作。最后，也要感谢科学出版社各级领导和编辑，特别是翁靖一编辑，为这套丛书的策划和出版所做出的一切努力。

材料科学创造了众多奇迹，并仍然在创造奇迹。相比于常见的基础材料，低维材料是高新技术产业和先进制造业的基础。我衷心地希望更多的科学家、工程师、企业家、研究生投身于低维材料与器件的研究、开发及应用行列，共同推动人类科技文明的进步！

成会明

中国科学院院士，发展中国家科学院院士

清华大学，清华-伯克利深圳学院，低维材料与器件实验室主任

中国科学院金属研究所，沈阳材料科学国家研究中心先进炭材料研究部主任

Energy Storage Materials 主编

SCIENCE CHINA Materials 副主编

前　言

纳米科学和技术是具有前沿性、交叉性和多学科特征的高科技新兴学科领域，在信息、材料、能源、环境、化学和生物等方面显示出广阔的应用前景，被认为是新科技革命和产业变革的重要标志。纳米材料是纳米科学和技术发展的基础与支撑，也是纳米科学与技术研究的重要领域。半导体纳米线是具有半导体特性的一维纳米材料，在长度方向可自由传输电子、空穴和光了，同时具有大的比表面积和量子效应。半导体纳米线具有不同于体相材料的特性，可用于发展新型纳米功能器件，是纳米科技领域最重要的研究对象之一。早在 2004 年麻省理工学院《技术评论》把纳米线列为影响未来的十大技术之一，2006 年《自然》杂志也把半导体纳米线研究列为物理学的十大研究热点之一，而国际路线图委员会（International Roadmap Committee，IRC）在 2011 年度《国际半导体技术发展路线图》中也把半导体纳米线作为最具发展潜力的十大热门材料之一。半导体纳米线已成为全世界科学家们突破传统半导体器件工艺极限和发现科学新现象的重要平台。

半导体纳米线经过二十多年的发展，其基础研究和应用研究已取得了诸多重要创新成果，半导体纳米线的基础理论不断丰富、制备和表征技术持续完善、性能调控与器件构筑方法日渐成熟，各种基于半导体纳米线的电子、光学及能源器件不断涌现。半导体纳米线功能器件在信息存储、激光、高效能量转换、储能电池、光探测及化学传感等应用方面展现出巨大的前景，并由基础研究逐步走向实际应用。科技创新是我国现代化建设与发展的核心，要坚持面向世界科技前沿、面向经济主战场、面向国家重大需求、面向人民生命健康。我国高度重视半导体纳米线功能器件的创新研究，并将其纳入了国家重大科学研究计划与重点研发计划支持的研究方向。半导体纳米线功能器件研究成为推动我国纳米科技创新发展的重要驱动力。我国的高等院校和科研单位一直与国际同步开展半导体纳米线功能器件的研究，取得了具有国际水平、甚至世界一流的创新性研究成果。

本书作者自 20 世纪 90 年代初至今，一直从事纳米表征技术和低维材料与器件相关的研究工作。近三十年来，在半导体纳米线的控制制备、结构表征、性能调控和器件构筑等方面积累了丰富的经验，特别是在半导体功能器件的构筑、性能调控与应用方面取得了一些重要的原创性成果。迄今为止，国内尚没有能比较全面地反映半导体纳米线功能器件研究现状和研究成果的专著。为了反映国内外同行在本领域最新的优秀研究成果，作为我国材料科学与工程、纳米材料与技术等专业的本科生和研究生的教材，也希望能为半导体纳米线功能器件研究相关的科研工作者等提供参考，作者完成了本书的撰写。

本书基于作者多年的科研工作，结合国内外的最新研究进展，力图系统而深入地介绍半导体纳米线功能器件的研究现状与发展趋势。全书共 11 章，内容涵盖了半导体纳米线功能器件的构筑方法、性能调控、服役行为与应用，并对半导体纳米线的电子器件、发光器件、光电转换器件、力电转换器件、传感器件、压电电子学器件与压电光电子学器件等多种重要功能器件进行了详细介绍。相信本书的出版对半导体纳米线在能源、电子、信息和生物科学等诸多领域的研究具有重要推动意义和学术参考价值。

本书在撰写过程中，得到国内外众多同行的鼓励、支持和帮助，“低维材料与器件丛书”编委会总主编成会明院士、中科院北京纳米能源与系统研究所王中林院士等专家为本书提供了宝贵建议。本书的完成也离不开多年来在实验室工作过的博士后、博士和硕士研究生的不懈奋斗，特别是戴英、廖庆亮、刘邦武、杨亚、张铮、康卓、章潇慧、雷洋、丁一、李会峰、李培峰、林沛、张光杰、司浩楠、孙旭、白智明、张骐、张先坤、柳柏杉、陈翔、刘怿冲、宋宇和申衍伟等，在此对他们一并表示感谢。在本书撰写过程中，也引用了一些参考文献中的图、表、数据等，在此向相关作者表示感谢。

本书出版之际，作者要衷心感谢父母、妻子和女儿长期的包容理解、无私奉献和大力支持，家人永远是作者最坚实的支柱与后盾。

最后，诚挚感谢科学技术部（项目编号：2013CB932600、2012DFA50900、2007CB936201）、国家自然科学基金委员会（项目编号：51527802、51232001、51172022、50572005、50325209）、教育部（项目编号：104022），以及北京市科学技术委员会和教育委员会等提供的项目和资金资助，使作者近三十年一直能连续、系统和深入地开展半导体纳米线及其功能器件的研究工作。

尽管本书力求全面反映本领域国内外具有代表性的研究成果以及最新的研究进展，但由于纳米科技的研究日新月异，加之我们的研究领域和精力有限，书中难免有疏漏或不足指出，恳请广大读者批评指正！

张跃

2020 年 6 月

目　录

总序

前言

第 1 章　半导体纳米线功能器件概述……1

1.1　引言……1

1.2　半导体纳米线的发展……2

参考文献……5

第 2 章　半导体纳米线功能器件的发展现状……9

2.1　引言……9

2.2　半导体纳米线的物理特性……10

2.2.1　半导体纳米线的力学性能……10

2.2.2　半导体纳米线的电输运特性……13

2.2.3　半导体纳米线的介电与压电特性……16

2.2.4　半导体纳米线的光学特性……18

2.3　半导体纳米线功能器件的种类……21

2.3.1　半导体纳米线电子器件……21

2.3.2　半导体纳米线光电子器件……24

2.3.3　半导体纳米线太阳能电池……27

2.3.4　半导体纳米线机械能-电能转换器件……28

2.3.5　半导体纳米线传感器件……30

2.3.6　半导体纳米线场发射器件……32

参考文献……33

第 3 章　半导体纳米线功能器件的加工技术……43

3.1　引言……43

3.2　“自上而下”微纳加工技术……43

3.2.1　图形成像……43

3.2.2　图形转移……45

3.2.3　聚焦离子束加工……47

3.3 “自下而上”微纳加工技术……47
3.3.1 气相沉积法……48
3.3.2 液相反应法……53
3.3.3 模板法……57
3.3.4 定向附着法……60
3.4 半导体纳米线器件的加工工艺……60
3.4.1 电极构筑……61
3.4.2 栅极构筑……64
3.4.3 半导体纳米线的自组装……67
参考文献……70
第4章 半导体纳米线电子器件……74
4.1 引言……74
4.2 场效应晶体管……74
4.2.1 硅纳米线场效应晶体管……75
4.2.2 碳纳米管场效应晶体管……77
4.2.3 Ⅲ-Ⅴ族和Ⅱ-Ⅵ族半导体场效应晶体管……79
4.2.4 二维材料晶体管……82
4.3 阻变存储器件……84
4.3.1 阻变存储器的基本工作原理……86
4.3.2 阻变材料的研究……87
4.3.3 阻变存储器的集成……98
4.4 场发射器件……100
4.4.1 场发射理论基础……100
4.4.2 半导体纳米线的场发射特性……101
4.4.3 半导体纳米线场发射性能的调控……110
4.4.4 半导体纳米线强流场发射器件……116
4.5 其他电子器件……118
4.5.1 pn结和肖特基二极管……118
4.5.2 逻辑门电路……126
参考文献……129
第5章 半导体纳米线发光器件……139
5.1 引言……139
5.2 发光二极管……139

5.2.1 纳米线发光二极管 …… 140
5.2.2 纳米线阵列发光二极管 …… 147
5.3 激光器 …… 151
参考文献 …… 164
第 6 章 半导体纳米线光电转换器件 …… 167
6.1 引言 …… 167
6.2 太阳能电池 …… 168
6.2.1 染料敏化太阳能电池 …… 168
6.2.2 钙钛矿太阳能电池 …… 173
6.2.3 pn 异质结太阳能电池 …… 178
6.3 光电化学电池制氢 …… 181
6.3.1 光电化学电池制氢原理 …… 181
6.3.2 光电化学电池的吸光性能优化 …… 182
6.3.3 光电化学电池的电荷分离性能优化 …… 193
6.3.4 光电化学电池的稳定性优化 …… 197
参考文献 …… 200
第 7 章 半导体纳米线压电纳米发电机 …… 205
7.1 引言 …… 205
7.2 压电半导体纳米线概述 …… 206
7.3 压电纳米发电机的结构及原理 …… 208
7.3.1 单根纳米线器件 …… 208
7.3.2 纳米线阵列器件 …… 211
7.3.3 柔性压电纳米发电机 …… 211
7.4 压电纳米发电机的性能调控 …… 216
7.4.1 材料优化设计 …… 216
7.4.2 结构优化设计 …… 217
7.5 压电纳米发电机的应用 …… 219
7.5.1 机械能收集 …… 219
7.5.2 自驱动应变传感 …… 220
7.5.3 电子皮肤 …… 221
7.5.4 自驱动化学传感 …… 225
参考文献 …… 227

第 8 章 半导体纳米线传感器件 ······ 230
8.1 引言 ······ 230
8.2 应力应变传感器 ······ 230
8.2.1 单根纳米线应力应变传感器 ······ 230
8.2.2 纳米线阵列应力应变传感器 ······ 239
8.2.3 混合型应力应变传感器 ······ 243
8.3 光电传感器 ······ 246
8.3.1 电驱动光电传感器 ······ 246
8.3.2 自驱动光电探测器 ······ 251
8.4 生物传感器 ······ 257
8.4.1 电化学生物传感器 ······ 257
8.4.2 场效应晶体管生物传感器 ······ 259
8.4.3 高电子迁移率场效应晶体管生物传感器 ······ 265
参考文献 ······ 268
第 9 章 半导体纳米线压电电子学与压电光电子学器件 ······ 274
9.1 引言 ······ 274
9.2 半导体纳米线压电电子学器件 ······ 274
9.3 半导体纳米线压电光电子学器件 ······ 278
9.3.1 发光二极管 ······ 279
9.3.2 太阳能电池 ······ 283
9.3.3 光电探测器 ······ 287
9.3.4 光催化系统 ······ 289
9.4 小结 ······ 293
参考文献 ······ 293
第 10 章 半导体纳米线功能器件的多场耦合调控 ······ 296
10.1 引言 ······ 296
10.2 单场调控 ······ 297
10.2.1 应变调控光学性能 ······ 298
10.2.2 应变调控电学性能 ······ 310
10.2.3 磁学性能调控 ······ 314
10.3 多场耦合调控 ······ 321
10.4 总结 ······ 328
参考文献 ······ 328

第 11 章　半导体纳米线功能器件的损伤与服役行为 …… 333
11.1　引言 …… 333
11.2　电学损伤与服役行为 …… 333
11.3　力学损伤与服役行为 …… 343
11.4　力电耦合损伤与服役行为 …… 361
11.5　应力腐蚀损伤与服役行为 …… 366
参考文献 …… 371
关键词索引 …… 375

第1章 半导体纳米线功能器件概述

1.1 引 言

纳米科学是在纳米尺度（从原子、分子到亚微米尺度）上研究物质的相互作用、组成、特性与制造方法的科学。纳米科学是具有前沿性、交叉性和多学科特征的新兴研究领域，其理论基础、研究对象涉及物理学、化学、材料科学、机械学、微电子学、生物学和医学等多个不同的学科[1-4]。纳米科学汇聚了现代多学科领域在纳米尺度的焦点科学问题，促进了多学科交叉融合，孕育着众多的科技突破和原始创新机会。纳米科学与技术研究是具有广泛应用前景的战略性前沿研究，发展迅速，已经对社会的经济发展、科学技术进步、人类生活等方面产生了巨大影响。

由于纳米科技对国家未来经济、社会发展及国防安全具有重要意义，从 20 世纪 80 年代开始，纳米科技引起了人们的广泛关注，世界各国在纳米研究领域投入了高额研究经费。为了抢占纳米科技的先机，美国于 2000 年率先发布了“国家纳米技术计划”（NNI），掀起了国际纳米科技研究热潮。欧盟及其成员国、俄罗斯、日本、韩国和澳大利亚等国家及地区随后也制定了本国或本地区的纳米科技发展战略和专项计划。21 世纪各国及地区纷纷对原有计划进行了更新和调整，掀起了国际纳米科技研究热潮。中国高度关注纳米科技发展，与国际同步进行了布局，于 2000 年成立了国家纳米科学技术指导协调委员会，2003 年成立了国家纳米科学中心。国家重点基础研究发展计划从 1998 年实施开始就将纳米材料作为重点研究方向之一，为落实国务院发布的《国家中长期科学和技术发展规划纲要（2006—2020 年）》的部署，2006 年又将纳米研究作为四个重大科学研究计划之一，列入重点支持领域。国家自然科学基金委员会于 2002 年开始组织实施“纳米科技基础研究”重大研究计划，并于 2007 年启动了“纳米制造的基础研究”重大研究计划，始终将纳米科技研究作为重点支持方向。中国科学院根据国务院要求，于 2010 年启动实施战略性先导科技专项“变革性纳米产业制造技术聚焦”，在多个产业领域形成了一系列纳米核心技术。2016 年，我国整合原来的国家重点基础研究发展计划和国家高技术研究发展计划等科研专项设立了国家重点研发计划，在国家重点研发计划中也设立“纳米科技”重点专项。另外，国家相关部委和地方政府也都部署了纳米科技相关研究，这些措施极大地推动了中国纳米科技的发展。

在纳米科技发展的研究领域中，纳米材料研究是纳米科技发展的基础与最重要的研究领域。纳米材料是指在三维空间中至少有一维处于纳米尺度范围（1～100nm）或者由它们作为基本单元构成的材料，具有不同于常规尺寸材料的一些特殊物理化学特性[5]。纳米材料具有独特的尺寸结构，因此有着传统块体材料不具备的特殊性能，是纳米科学与技术发展的重要基础。纳米材料的独特结构产生特殊的效应，如表面效应、小尺寸效应、量子尺寸效应和宏观量子隧道效应等[6]。纳米材料独特的性能决定了其在磁、光、电、敏感等方面呈现常规材料不具备的特性，因此在能源、信息、微电子、生物、医学等领域显示出广阔的应用前景[7, 8]。纳米材料按照维度可划分为零维、一维和二维三种。零维纳米材料包括团簇、人造原子和纳米微粒等；一维纳米材料包括纳米线、纳米管、纳米棒、纳米纤维等；二维纳米材料包括纳米带、超薄膜、多层膜等[5, 6]。在纷繁复杂、种类多样的纳米材料中，一维纳米材料具有独特的取向特性，被认为是定向电子传输的理想材料，也是电子与光激子有效传输的最小维度结构，是纳米材料组装器件与应用的重要基本单元。

1.2 半导体纳米线的发展

自从 1991 年日本电子显微镜专家 Iijima 发现碳纳米管（CNT）后，以碳纳米管为代表的一维纳米材料因其特殊的结构成为世界上科学家最关注的热点之一[9]。一维纳米材料种类繁多，并呈现出优异的力、光、电、声、磁、热、储氢、吸波等性能，可直接用于传感器、纳米电子器件及光电子器件的组装，在能源、信息和传感等应用领域已经显示出了强大的生命力[10-19]。一维纳米材料根据形态还可以分为纳米管、纳米线、纳米带、纳米棒和电缆等不同结构，其中纳米线是构筑纳米功能器件最重要的构建单元，引起国际学术界的广泛研究。未来纳米器件的构建有“自上而下”（up-down）和“自下而上”（bottom-up）两条技术路线。传统的“自上而下”路线要求使用精密和昂贵的设备，同时还有许多技术难点需要克服，因此“自下而上”的路线越来越受到重视。纳米线是通过“自下而上”的路线构建微纳器件的理想构建单元，纳米线组装器件和纳米电子学被《科学》杂志评选为 2001 年的十大突破性进展之一。

根据组成材料和性能不同，纳米线可分为不同的类型。根据导电性能，纳米线可以分为金属纳米线（如 Ag、Pt 和 Au 等纳米线）、半导体纳米线（如 ZnO、Si、InP 和 GaN 等纳米线）和绝缘体纳米线（如 SiO_2 等纳米线）。随着半导体工业的高速发展，现代工业对材料和器件的要求越来越高，器件朝着小型化、集成化、功能化和智能化的方向发展，尤其是集成电路中单片集成电子器件的密度成为衡量微电子领域发展的重要技术指标（通常称为摩尔定律），这也使得器件的尺寸越来越小[20]。当电子器件进入 100nm 尺度以下时，量子效应就会越来越明显，电子的运动不仅表现出粒子性，而且显现出波动性，使得服从经典理论下的电子器件难以维持正常的工作。因此为了延续摩尔定律，寻找新型半导体材料和发展纳米半导体器件变得越来越重要。半导体纳米线是一种独特的一维人工微纳结构，相比传统块体半导体材料和其他纳米材料，具有以下独特的优点：①与传统块体半导体材料相比，纳米线具有显著的表面效应和尺寸效应；②一维结构纳米线是电荷传输的最小单元；③纳米线不仅可以作为器件构建单元，也可以作为器件电路的互联导线；④半导体纳米线的化学成分选择具有丰富多样性。因此，半导体纳米线不仅是研究纳米科学基本规律的理想研究对象，也是构造功能纳米器件的理想构筑单元（building block）。半导体纳米线材料与功能器件的研究已经引起了国际学术界和工业界的广泛关注。根据 Web of Science 的检索结果，从 1999 年到 2018 年 7 月，全世界关于半导体纳米线研究的 SCI 论文总数超过 25 万篇，如图 1-1 所示。近年来，全世界每年关于半导体纳米线研究的 SCI 论文数量都超过 2.5 万篇。根据发表论文的国家和地区分布图可以看出，中国学者在半导体纳米线研究方面发表论文的综述约占全世界的 1/3。中国科学家在半导体纳米线研究方面的成果在全世界具有举足轻重的地位。

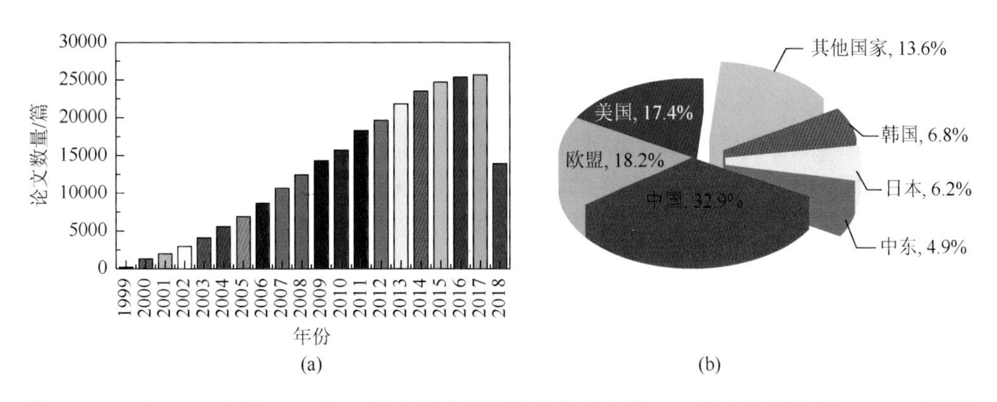

图 1-1　（a）1999 年至 2018 年 7 月有关半导体纳米线研究的 SCI 论文数量情况；（b）不同国家和地区在半导体纳米线研究方面发表的 SCI 论文所占比例

半导体纳米线是构建微纳电子器件最重要的构建单元，成为最重要的研究体系。根据不同的分类方法，半导体纳米线可分为无机半导体纳米线和有机半导体纳米线。无机半导体又包括元素半导体和化合物半导体。属于元素半导体材料的有 B、C、Ge、Si 等[21]。化合物半导体种类繁多，如Ⅲ-Ⅴ族和Ⅱ-Ⅵ族化合物半导体、Ⅳ-Ⅳ族化合物半导体（SiC）和氧化物半导体（ZnO）等。有机半导体是指具有半导体性质的有机材料，可分为有机物材料、聚合物材料和供体-受体络合物材料三类。过去的二十年里，半导体纳米线已经成为纳米科研领域最热门的研究方向之一[22-24]。

材料的物理化学性能在很大程度上取决于其形状和尺寸，半导体纳米线的横截面积在 1～100nm，长度可达几十微米，即只在两个维度上存在量子限域效应，因而可以在第三个维度上自由地传输电子、空穴和光子，这种新型高长径比的半导体结构使纳米线完美地连接起纳米和微米世界[22]。半导体纳米线具有大的比表面积和量子效应，导致其表现出了与体相材料不同的性能，如光电特性及光电转换特性等。利用半导体纳米线的这些特性，可以研究新型纳米器件，为新型科技的诞生带来了可能。早在 2004 年麻省理工学院《技术评论》就把纳米线技术列为影响未来的十大技术之一，《自然》杂志在 2006 年把半导体纳米线研究列为物理学的十大研究热点之一[25]，而国际路线图委员会在 2011 年度《国际半导体技术发展路线图》中把半导体纳米线材料作为最具发展潜力的十大热门材料之一。半导体纳米线成为国际科学家们突破传统微纳器件工艺极限和发现科学新现象的重要平台。自上世纪末至今，张跃研究小组围绕半导体纳米线开展了从控制制备、性能调控、器件构筑到服役行为的系统研究[26-32]。实现了 ZnO 纳米四针和双晶纳米线等半导体纳米新结构的控制合成[26-28]，发展了半导体纳米线的性能调控方法与器件构筑理论，设计构筑了半导体纳米线的光探测、生物传感、电子发射和光电能量转换等功能器件[13-15, 29-32]。2012 年 Weber 等在《科学》上报道了一个重要工作。他们利用扫描隧道显微镜刻蚀技术结合分子束外延生长等成功设计出迄今世界上最细的 Si 纳米导线。研究发现，在一定条件下，欧姆定律在原子尺度量子世界和低温下依然成立[33]。而荷兰代尔夫特理工大学 Kouwenhoven 教授研究小组设计基于单根 InTb 纳米线的混合型粒子量子探测器件，发现了马约拉纳费米子存在的实验证据，这一基于半导体纳米线的粒子探测器的发现可能把马约拉纳费米子应用到量子计算，开创拓扑量子计算时代。这项研究被评为 2012 年度世界十大科技进展之一[34]。半导体纳米线材料在新能源领域也获得大量的创新应用。2006 年，美国佐治亚理工学院的王中林教授研究小组利用 ZnO 纳米线独特的压电半导体耦合特性将机械能高效转换成了电能，发明了 ZnO 纳米线压电纳米发电机[35]。经过近十年的不断改进和优化，压电纳米发电机的输出功率显著提高，并应用于不同领域[36-38]。2015 年，加利福尼亚大学伯克利分校杨培东教授研究小组构建了一套由半导体纳米线和细菌组成的独特系统，该系统可捕捉到二氧化碳气体并模仿自然界的光合作用。通过“人工光合作用”，该系统能够将能量转化为碳基物质储存下来，从而减少二氧化碳排放、降低温室效应影响[39]。随后，杨培东教授研究小组又通过细菌/无机半导体混合人工光合作用系统使得生物沉淀硫化镉纳米粒子进行自我复制并作为光收集器，以维持细菌的代谢，实现了太阳能到化学能的转化和二氧化碳的减少[40]。《科学美国人》(*Scientific American*) 杂志与世界经济论坛（WEF）将人工光合系统“人工树叶”评为2017年的突破性技术之一。

半导体纳米线在电学、光学、力学和热学等方面展现出优异的性质，成为制备纳米级光电子器件的新一代材料。尺寸的减小、优异的材料性质及自下而上集成工艺的可能性，使得这种纳米结构成为一种很有前景的纳米级器件的构造模块。半导体纳米线具有独特的一维结构，在长度方向具有独特的电输运特性，因此在电子器件和能源器件方面具有重要的应用价值。半导体纳米线材料的折射率高，表面光滑缺陷少，且两个端面的反射率也足够，使得光可以被束缚在线里面来回反射从而形成谐振。因此，半导体纳米线可以作为谐振腔。另外，半导体纳米线自身也是一种高增益介质。这两个独特的性质让半导体纳米线成为理想的纳米级激光器材料。另外，纳米线结构相比块体结构也具有非常独特的力学特性，包括屈服强度和拉伸性能，因此在力学传感器和力电能量转换器件方面具有重要的应用[41, 42]。半导体纳米线吸引了国内外研究者极大的研究兴趣，并且已经有各种基于纳米线的电子、光学及能源器件的报道，包括纳米发电机[35-38]、场效应管[43-45]、场发射器件[46-48]、太阳能电池[49-51]、发光二极管[52, 53]、激光器[54-58]、光电探测器[59-61]、光波导器件[62, 63]、存储器件[64, 65]、光催化[66, 67]及高敏感化学与生物传感器[11, 68]。半导体纳米线在电子和光电器件领域中表现出了卓越的应用潜力。

经过二十多年的发展，半导体纳米线已经实现了稳定的可控制备，并且由基础研究逐步走向应用研究，在高效能源转换、储能电池、信息存储、光探测器及化学传感等应用方面展现出美好的前景。除了应用于构筑各类功能器件以外，以纳米线为研究对象，弹道输运、自旋输运、力电耦合效应、光电效应、尺寸效应、量子限域效应等各种新物理现象也得到了极大的丰富，加深了人们对微纳尺度下新奇物理现象的认识。

本书主要介绍半导体纳米线功能器件的主要研究进展，具体包括半导体纳米线功能器件的发展现状、加工技术、电子与发光器件、光电转换器件、力电转换器件、传感器件、压电电子学与压电光电子学器件、多场耦合调控、损伤与服役行为等相关内容。

参考文献

[1] 张跃. 一维氧化锌纳米材料. 北京：科学出版社，2010：2.

[2] Zhang Y. ZnO Nanostructures：Fabrication and Applications. London：Royal Society of Chemistry，2017.

[3] Roco M C，Williams R S，Alivisatos P. Nanotechnology research directions：IWGN workshop report. NSTC，USA，1999.

[4] Siegel R W，Hu E，Roco M C. Nanostructure science and technology—A worldwide study. NSTC，USA，1999.

[5] 张立德，牟季美. 纳米材料和纳米结构. 北京：科学出版社，2001：3.

[6] 王世敏，许祖勋，傅晶. 纳米材料制备技术. 北京：化学工业出版社，2002：2.

[7] Zhang Y，Yan X，Yang Y. Scanning probe study on piezotronic effect in ZnO nanomaterials and nanodevices.

Advanced Materials，2012，24：4647-4655.
[8] Yang Y，Guo W，Wang X. Size dependence of dielectric constant in a single pencil-like ZnO nanowire. Nano Letters，2012，12：1919-1922.
[9] Iijima S. Helical microtubules of graphitic carbon. Nature，1991，354：56-58.
[10] De Heer W A，Chatelain A，Ugarte D. A carbon nanotube field-emission electron source. Science，1995，270：1179-1181.
[11] Cui Y，Wei Q，Park H，et al. Nanowire nanosensors for highly sensitive and selective detection of biological and chemical species. Science，2001，293：1289-1291.
[12] Lieber C M. One-dimensional nanostructures：Chemistry，physics and applications. Solid State Communications，1998，107：607-616.
[13] Zhang X，Lu M，Zhang Y. Fabrication of a high brightness blue light emitting diode using a ZnO nanowire array grown on p-GaN thin film. Advanced Materials，2009，21：2767-2770.
[14] Li P，Liao Q，Yang S. *In situ* transmission electron microscopy investigation on fatigue behavior of single ZnO wires under high-cycle strain. Nano Letters，2014，14：480-485.
[15] Zhang Y，Yang Y，Gu Y. Performance and service behavior in 1-D nanostructured energy conversion devices. Nano Energy，2015，6：30-48.
[16] Wong S S，Woolley A T，Joselevich E，et al. Covalently-functionalized single-walled carbon nanotube probe tips for chemical force microscopy. Journal of the American Chemical Society，1998，120：8557-8558.
[17] Pan Z，Dai Z，Wang Z L. Nanobelts of semiconducting oxides. Science，2001，291：1947-1949.
[18] Weiss P S. What can nano do? ACS Nano，2013，7：9507-9508.
[19] Dresselhaus M S，Lin Y M，Rabin O，et al. Nanowires and nanotubes. Materials Science and Engineering C，2003，23：129-140.
[20] 朱静. 纳米材料和器件. 北京：清华大学出版社，2003.
[21] Nicola A，Hill P S，Hill A. Optical properties of Si-Ge semiconductor nano-onions. Journal of Physical Chemistry B，1999，103：3156-3161.
[22] Yan R X，Gargas D，Yang P D. Nanowire photonics. Nature Photonics，2009，3：569-576.
[23] Dasgupta N P，Sun J W，Liu C. 25th Anniversary article：Semiconductor nanowires-synthesis，characterization，and applications. Advanced Materials，2014，26：2137-2184.
[24] Lim C T. Synthesis，optical properties，and chemical-biological sensing applications of one-dimensional inorganic semiconductor nanowires. Progress in Materials Science，2013，58：705-748.
[25] Giles J. Top five in physics. Nature，2006，441：265.
[26] Dai Y，Zhang Y，Li Q K，et al. Synthesis and optical properties of tetrapod-like zinc oxide nanorods. Chemical Physics Letters，2002，358：83-86.
[27] Dai Y，Zhang Y，Wang Z L. The octa-twin tetraleg ZnO nano-structures. Solid State Communications，2003，126：629-633.
[28] Dai Y，Zhang Y，Bai Y，et al. Bicrystalline zinc oxide nanowires，Chemical Physics Letters，2003，375：96-101.
[29] Liao Q，Qi J，Yang Y，et al. Morphological effects on the plasma-induced emission properties of large area ZnO nanorod array cathodes. Journal of Physics D：Applied Physics，2009，42：215203.
[30] Yang Y，Guo W，Qi J，et al. Self-powered ultraviolet photodetector based on a single Sb-doped ZnO nanobelt. Applied Physics Letters，2010，97：223113.
[31] Lei Y，Yan X，Zhao J，et al. Improved glucose electrochemical biosensor by appropriate immobilization of nano-ZnO. Colloids Surface B：Biointerfaces，2011，82：168-172.
[32] Liu S，Liao Q，Lu S，et al. Strain modulation in graphene/ZnO nanorod film Schottky junction for enhanced photosensing performance. Advanced Functional Materials，2016，26：1347-1353.
[33] Weber B，Mahapatra S，Ryu H. Ohm's law survives to the atomic scale. Science，2012，335：64-67.
[34] Mourik V，Zuo K，Frolov S M，et al. Signatures of majorana fermions in hybrid superconductor-semiconductor

nanowire devices. Science，2012，336：1003-1007.

[35] Wang Z L，Song J H. Piezoelectric nanogenerators based on zinc oxide nanowire arrays. Science，2006，312：242-246.

[36] Wang X D，Song J H，Liu J. Direct-current nanogenerator driven by ultrasonic waves. Science，2007，316：102-105.

[37] Qin Y，Wang X D，Wang Z L. Microfibre-nanowire hybrid structure for energy scavenging. Nature，2008，451：809-813.

[38] Zhu G，Yang R S，Wang S H. Flexible high-output nanogenerator based on lateral ZnO nanowire array. Nano Letters，2010，10：3151-3155.

[39] Liu C，Gallagher J J，Sakimoto K K，et al. Nanowire-bacteria hybrids for unassisted solar carbon dioxide fixation to value-added chemicals. Nano Letters，2015，15：3634-3639.

[40] Sakimoto K K，Wong A B，Yang P. Self-photosensitization of nonphotosynthetic bacteria for solar-to-chemical production. Science，2016，351：74-77.

[41] Li P，Liao Q，Yang S，et al. *In situ* transmission electron microscopy investigation on fatigue behavior of single ZnO wires under high-cycle strain. Nano Letters，2014，14：480-485.

[42] Wang Z L. ZnO nanowire and nanobelt platform for nanotechnology. Materials Science and Engineering R，2009，64：33-71.

[43] Lind E，Persson A I，Samuelson L，et al. Improved subthreshold slope in an InAs nanowire heterostructure field-effect transistor. Nano Letters，2006，6：1842-1846.

[44] Ng H T，Han J，Yamada T，et al. Single crystal nanowire vertical surround-gate field-effect transistor. Nano Letters，2004，4：1247-1252.

[45] Patolsky F，Timko B P，Yu G，et al. Detection，stimulation，and inhibition of neuronal signals with high-density nanowire transistor arrays. Science，2006，313：1100-1104.

[46] Huang Y，Zhang Y，Gu Y，et al. Field emission of a single In-doped ZnO nanowire. Journal of Physical Chemistry C，2007，111：9039-9043.

[47] Huang Y，Bai X，Zhang Y，et al. Field-emission properties of individual ZnO nanowires studied *in situ* by transmission electron microscopy. Journal of Physics：Condensed Matter，2007，19：176001.

[48] Wang Z L. Splendid one-dimensional nanostructures of zinc oxide: A new nanomaterial family for nanotechnology. ACS Nano，2008，2：1987-1992.

[49] Chen X Y，Yip C T，Fung M K，et al. GaN-nanowire-based dye-sensitized solar cells. Applied Physics A—Materials Science & Processing，2010，100：15-19.

[50] Goodey A P，Eichfeld S M，Lew K K，et al. Silicon nanowire array photoelectrochemical cells. Journal of the American Chemical Society，2007，129：12344-12345.

[51] Garnett E C，Yang P D. Silicon nanowire radial p-n junction solar cells. Journal of the American Chemical Society，2008，130：9224-9225.

[52] Qian F，Gradecak S，Li Y，et al. Core/multishell nanowire heterostructures as multicolor，high-efficiency light-emitting diodes. Nano Letters，2005，5：2287-2291.

[53] Zhang X，Lu M，Zhang Y，et al. Fabrication of a high-brightness blue-light-emitting diode using a ZnO-nanowire array grown on p-GaN thin film. Advanced Materials，2009，21：2767-2770.

[54] Johnson J，Yan H，Yang P，et al. Optical cavity effects in ZnO nanowire lasers and waveguides. Journal of Physics and Chemistry B，2003，107：8816-8828.

[55] Hua B，Motohisa J，Kobayashi Y，et al. Single GaAs/GaAsP coaxial core-shell nanowire lasers. Nano Letters，2009，9：112-116.

[56] Qian F，Li Y，Gradcak S，et al. Multi-quantum-well nanowire heterostructures for wavelength-controlled lasers. Nature Materials，2008，7：701-706.

[57] Huang M H，Mao S，Feick H，et al. Room-temperature ultraviolet nanowire nanolasers. Science，2001，292：1897-1899.

[58] Oulton R F，Sorger V J，Zentgraf T，et al. Plasmon lasers at deep subwavelength scale. Nature，2009，461：629-632.

[59] Hayden O，Agarwal R，Lieber C M. Nanoscale avalanche photodiodes for highly sensitive and spatially resolved photon detection. Nature Materials，2006，5：352-356.

[60] Pettersson H，Tragardh J，Persson A I，et al. Infrared photodetectors in heterostructure nanowires. Nano Letters，2006，6：229-232.

[61] Yoon Y J，Park K S，Heo J H，et al. Synthesis of $Zn_xCd_{1-x}Se$（$0\leqslant x\leqslant 1$）alloyed nanowires for variable-wavelength photodetectors. Journal of Materials Chemistry，2010，20：2386-2390.

[62] Barrelet C J，Greytak A B，Lieber C M. Nanowire photonic circuit elements. Nano Letters，2004，4：1981-1985.

[63] Xu J Y，Zhuang X J，Guo P F，et al. Wavelength-converted/selective waveguiding based on composition-graded semiconductor nanowires. Nano Letters，2012，12：5003-5007.

[64] Nilsson H A，Thelander C，Froberg L E，et al. Nanowire-based multiple quantum dot memory. Applied Physics Letters，2006，89：163101-163103.

[65] Thelander C，Martensson T，Bjork M T，et al. Single-electron transistors in heterostructure nanowires. Applied Physics Letters，2003，83：2052-2054.

[66] Yang P D，Tarascon J M. Towards systems materials engineering. Nature Materials，2012，11：560-563.

[67] Liu C，Tang J，Chen H M，et al. A fully integrated nanosystem of semiconductor nanowires for direct solar water splitting. Nano Letters，2013，13：2989-2992.

[68] Zheng G，Patolsky F，Cui Y，et al. Multiplexed electrical detection of cancer markers with nanowire sensor arrays. Nature Biotechnology，2005，23：1294-1301.

第2章 半导体纳米线功能器件的发展现状

2.1 引言

过去几十年，半导体电子器件与集成电路的微纳制造主要是按照“自上而下”的技术路线开展的，即通过不断缩小器件的尺寸来达到提高速度、减小功耗的目的[1]。“自上而下”制造过程是从基片或薄膜开始，通过高精度的平面光刻图形化，并进行注入、刻蚀、沉积等工艺完成，实现微纳尺寸的结构。电路由基片上构造的许多不同器件集成，如晶体管、二极管、电阻、电容等。工艺尺寸和电路集成度一直遵循着摩尔定律快速发展，直到物理极限和经济成本开始制约“自上而下”方法。对目前的集成电路而言，当其再进一步发展到线宽小于 100nm 时，将对设备和制造工艺提出更高要求，成本增加巨大，传统工艺的局限性越来越明显。半导体纳米线具有优异的电学、光学、力学和热学特性，成为构建纳米功能器件的新一代材料。全世界都将下一代纳米电子器件的研究目光投向了半导体纳米线材料。

半导体纳米线研究使得人们有希望通过一种“自下而上”的技术路线来继续器件的小型化[2]。“自下而上”方法的核心是半导体纳米线可以通过控制和优化生长过程调控材料和结构性质，并形成所需的各种复合结构；进一步将纳米线基本单元组装并构建成器件结构就可实现功能应用。“自下而上”方法可以根据应用需要进行材料和结构设计，形成功能微纳结构。器件构建不受限于光刻技术，该方法有望实现更小的器件特征尺寸。

对于半导体纳米线从构造基元到实现最终应用，发展新型半导体纳米线功能器件是关键。纳米线功能器件的研究涉及器件构建、器件结构设计和器件性能调控等。目前，关于半导体纳米线的研究主要包括：①半导体纳米线的控制合成，实现宏量制备、尺寸可控、质量高；②实现纳米线结构的优化与性能调控，建立普适性调控规律；③发展新型半导体纳米线功能器件；④建立半导体纳米线功能器件的服役行为评价方法，推进其实际应用。本章将在简单介绍半导体纳米线优异物理特性的基础上，对半导体纳米线功能器件的发展进行归纳总结。

2.2 半导体纳米线的物理特性

材料的性能是器件构建及应用的基础。由于表面效应、小尺寸效应等纳米效应，纳米材料的部分性能如力学、电学、光学和压电性能等得到极大改善，可用来优化器件性能。另外，纳米尺度下材料还会表现出许多新的物理特性，如单电子传输、量子隧穿等效应，可用于新型功能纳电子器件的构建[3-9]。近年来，半导体纳米线的各种物理特性得到深入研究，并逐渐成为能量转换、信息传感及生物医药等功能器件的基本结构单元[6-9]。随着纳米材料在各个领域的应用研究的深入，半导体纳米线以其独特的物性，成为功能纳米器件构筑单元，将逐渐实现按人的意愿设计、组装和创造各种纳米器件。

2.2.1 半导体纳米线的力学性能

功能器件在服役过程中会受到撞击、拉伸、扭曲等外界环境作用。因此，掌握材料的力学性能对器件的合理应用非常有必要。半导体纳米线因其晶体结构及尺寸效应因素，往往具有优于块体的力学性能，并且性能与材料的结构及尺寸息息相关。另外，共价键结构及单晶结构决定了半导体纳米线不像块体金属材料产生位错滑移而发生塑性变形，关于半导体纳米线力学参量的研究主要为弹性模量和断裂强度。同时，尺寸效应使定量描述半导体纳米线的力学常数存在困难，且没有一个统一的标准。因此，关于半导体纳米线的力学性能研究受到了世界范围内科学家们的关注[3-12]。

随着纳米力学的研究与发展，人们在半导体纳米线中发现了弹性模量的尺寸效应：纳米材料的弹性性质可能与其特征尺寸（直径）密切相关。涉及的研究对象主要是氧化锌（ZnO）纳米线与氮化镓（GaN）纳米线。ZnO 作为一种重要的半导体纳米材料，其纳米线的力学性能被广泛研究。有关半导体纳米线弹性模量的研究被大量报道，其方法按操纵环境可分为透射电子显微镜（简称透射电镜）原位法、扫描电子显微镜（简称扫描电镜）原位法及原子力显微镜原位法，按测试方法又可分为共振法、弯曲法、拉伸法等。在透射电镜和扫描电镜里一般都是共振及原位拉伸或弯曲，拉伸或弯曲实验都需要一个可自由移动的针尖对纳米线进行拉伸或弯曲；在原子力显微镜下的方法比较多，如侧向力弯曲、纳米压痕、三点弯曲等。

朱静教授研究小组在扫描电镜中采用电场诱导共振的方法，研究了不同直径 ZnO 纳米线（17～536nm）的弹性模量及尺寸效应[3]。结果表明，当直径小于 120nm 时，随纳米线直径减小，弹性模量由约 140GPa 增大到超过 200GPa，弹性模量的尺寸效应显著。图 2-1 显示的是 ZnO 纳米线的振动状态及弹性模量与直径之间的关系曲线。

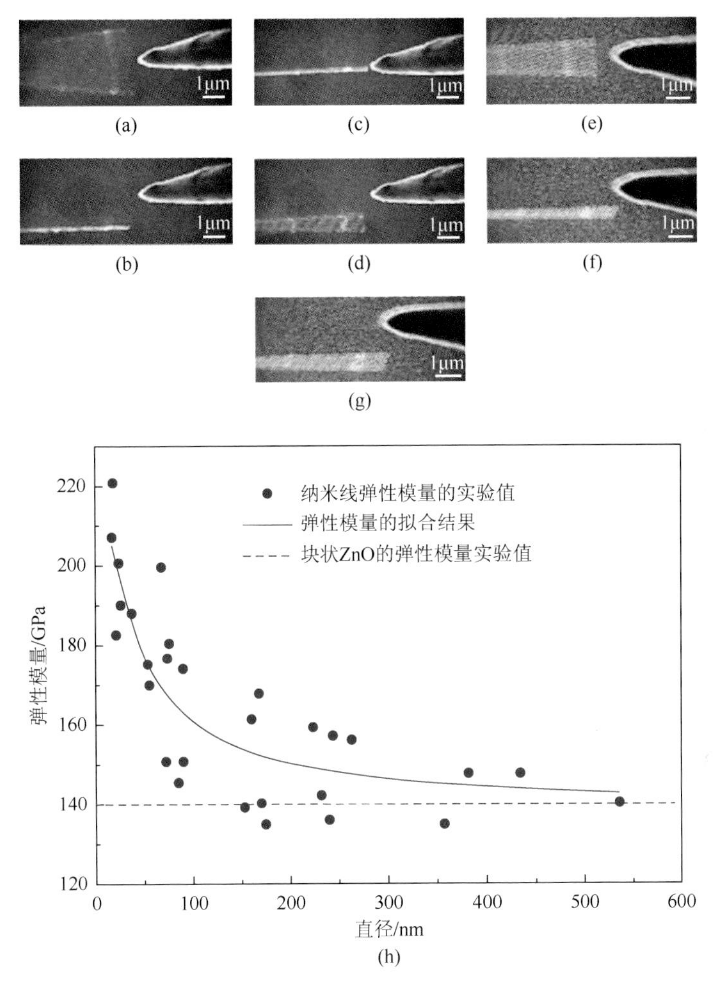

图 2-1　（a～g）ZnO 纳米线在扫描电镜中的原位振动图（图中标尺长度为 1μm）；（h）纳米线弹性模量与直径之间的关系曲线

张跃教授研究小组与白雪冬教授研究小组合作，采用共振法在透射电镜下原位测量了单根纯 ZnO 及 In 掺杂 ZnO 纳米线的弹性模量，共振过程如图 2-2 所示[4, 5]。纳米线在外加交流电场时会发生与交流电场频率一致的简谐振动，当交流电场的频率接近纳米线共振频率时，纳米线发生共振，基于连续介质理论便可得到纳米线的弹性模量。结果表明，长度方向为[0001]、直径范围为 43～110nm 的纳米线平均弹性模量为 58GPa，长度方向为[$\bar{1}$010]、直径范围为 38～86nm 的 In 掺杂 ZnO 纳米线的平均弹性模量为 99GPa，弹性模量和纳米线的直径没有明显的依赖关系。In 掺杂可以大幅度提高 ZnO 纳米线的弹性模量。

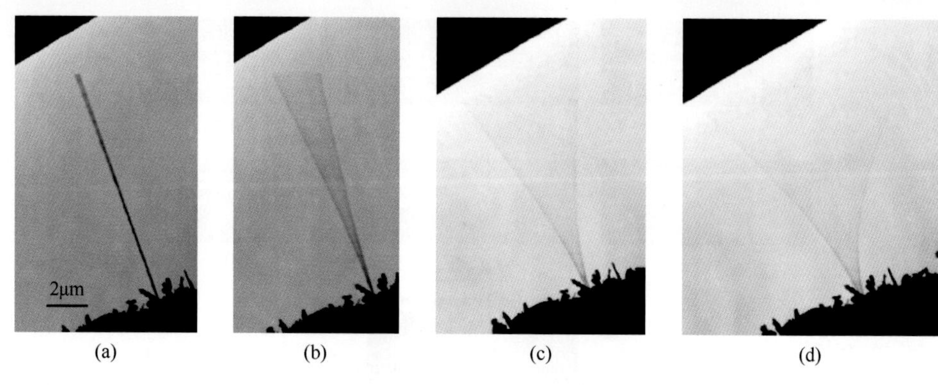

图 2-2 单根 ZnO 纳米线在不同频率下的振动形貌图

美国佐治亚理工学院王中林教授研究小组利用原子力显微镜弯曲法测量了平均直径为 45nm、[0001]取向的 ZnO 纳米线阵列的弹性模量，其值为（29±8）GPa[6]。利用原子力显微镜对不同宽厚比的 ZnO 纳米带进行压痕实验。结果表明，当纳米带的宽厚比从 1.2 增加到 10.3 时，纳米带的弹性模量从 100GPa 降低到 10GPa。弹性模量的显著变化被认为与纳米带不同的生长方向导致不同宽厚比及纳米带中层错缺陷有关[7]。Boland 小组利用原子力显微镜对 ZnO 纳米线进行了三点侧向弯曲测量，结果如图 2-3 所示。直径范围在 18～304nm 的 ZnO 纳米线弹性模量接近块状 ZnO 的弹性模量（140GPa），与纳米线的直径没有直接关系[8]。

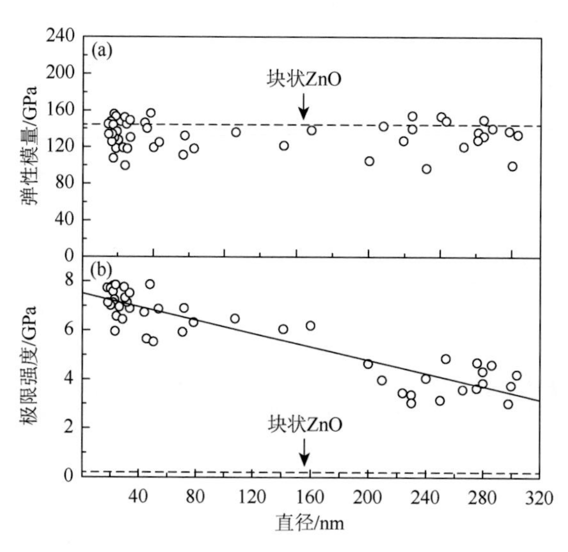

图 2-3 ZnO 纳米线弹性模量（a）和极限强度（b）与直径的关系图

科学家们还致力于对半导体纳米线其他力学性能的测试，如材料的强度[9, 10]、塑性[11]、疲劳性能[12]等。张跃教授研究小组在透射电镜下利用共振法研究了 ZnO 纳米线在 10^6～10^8 次共振后的疲劳性能[12]。结果表明，ZnO 纳米线具有优良的疲劳性能，尺寸、振幅对疲劳性能影响不大，而遭受电子束辐照的 ZnO 纳米线在共振几秒后即发生断裂。通过发展新的表征手段和方法，科学家们成功实现了其他半导体纳米线的力学性能表征。瑞典 Lund 大学 Samuelson 研究小组采用快速成像方法研究了纳米线的共振特性，最后确定了单根 InAs 纳米线的品质因子（Q factor）[13]。利用单根 InAs 纳米线谐振器的高品质因子，研究 InAs 纳米线谐振器的机电性能，在谐振机械驱动中观察到电子传输和机械模式之间的强耦合。器件的品质因子达到了 10^5[14]。英国 Wilson 研究小组采用激光干涉法研究了具有各向异性截面的 GaAs 纳米线的非线性力学行为，发现了 GaAs 纳米线在机械激励下的非线性响应，证明了正交模式下的非线性耦合信号取决于横截面纵横比。此研究对实现振幅到频率的转换和矢量力传感的应用具有重要意义[15]。

通过以上对半导体纳米线力学特性的介绍可以看出，纳米线半导体材料具有不同于块体材料的力学特性，尺寸、掺杂等因素都会影响半导体纳米线的力学特性。因此，利用半导体纳米线独特的力学特性，可以构建不同类型的功能器件，对纳米功能器件的实际服役与应用具有重要的促进作用。

2.2.2　半导体纳米线的电输运特性

半导体纳米线具有独特的一维结构，在电输运方面有显著的优势，成为构建纳米功能器件的重要基本单元。半导体纳米线的电学性能相对于体材料有着明显的变化。当纳米线的横截面尺寸小于体材料平均自由程时，载流子在边界的散射效应突显出来。同时，纳米线的电阻率会受到边界效应的严重影响。纳米线表面原子不像材料内部原子一样被充分键合，具有悬挂键的表面原子常常成为纳米线缺陷的来源，从而使得电子不能顺利通过，导致纳米线的电输运特性不同于体材料。半导体纳米线的电输运性能还受元素掺杂和环境因素的影响。掺杂可以改变半导体纳米线的电导率，调整半导体的载流子类型为空穴或电子类型，是改善纳米线电输运性能的重要手段。半导体纳米线受到光、气氛和化学环境等外部条件作用时，其电输运性能也会显著改变，在纳米传感器件上有着广阔的应用前景。因此，半导体纳米线的电输运特性及其与自身状态、外部环境（外力、气氛、温度、光照等）之间关系的研究受到了广泛关注。

为了弄清单根纳米线的电输运特性，科学家们对半导体纳米线开展了大量原位表征的研究。白雪冬小组研究了应力对单根 ZnO 纳米线电输运性能的影响[16]。他们在高分辨透射电镜内通过原位操纵单根 ZnO 纳米线，测量了力和电输运性能的关系。研究表明，ZnO 纳米线的电输运性能与其结构有直接关系，随着 ZnO 纳米线弯曲程度的加剧，其电导显著下降。张跃教授研究小组采用原子力显微镜对半导体纳米材料的电输运特性进行系统的原位研究[17, 18]。在原子力显微镜下对ZnO 纳米线电输运特性进行了研究，发现当直径从 50nm 减小到 20nm 时，电流是随之减小的，直径小于 20nm 时无电流。他们还提出了球形电输运模型解释这种现象[17]。此外，他们还研究了力对生长方向为[01$\bar{1}$0]的 Sb 掺杂 ZnO 纳米带电输运特性的影响[18]。在 ZnO 纳米带的（01$\bar{1}$2）面上施加不同大小的力，测得了纳米带的 *I-V* 曲线，得到了纳米带随施加力而变化的电阻值，如图 2-4 所示。随施加力的增大，ZnO 纳米带的电阻逐渐减小，这可能是由压电电阻效应导致的。施加力在 20～70nN 范围内时，纳米带的电阻变化更为显著，而当施加力超过 70nN 后，电阻变化不太明显。

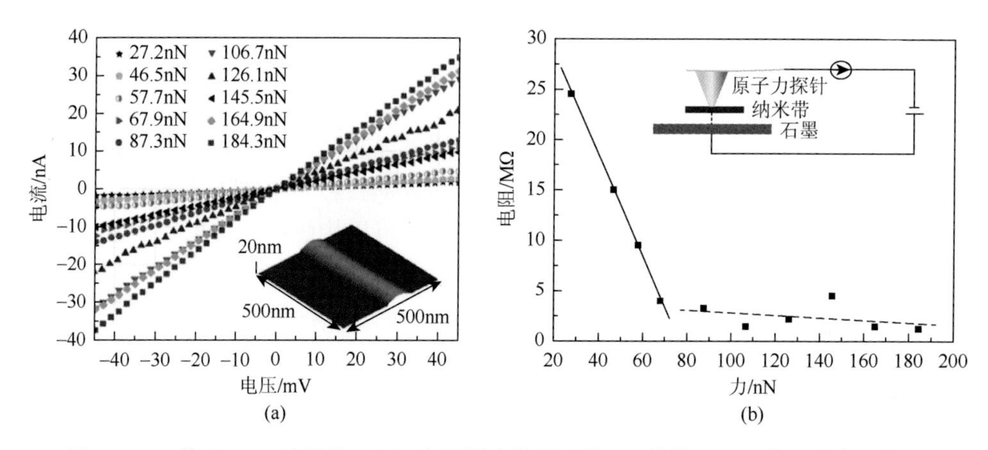

图 2-4　Sb 掺杂 ZnO 纳米带：（a）在不同力作用下的 *I-V* 曲线；（b）电阻随力的变化

除了应力/应变会影响材料的电输运特性外，元素掺杂也可进一步改善半导体纳米线的电输运性能。掺杂元素的引入可以控制半导体中的自由电子浓度，从而更适合应用于纳电子器件的研制。元素掺杂是改善半导体纳米线电输运特性的重要手段，如ⅢA 族金属元素掺杂是改善 ZnO 纳米线电学性能的有效途径。研究发现，Ga 元素掺杂明显改善了 ZnO 纳米材料的电输运性能[19-21]。ZnO 纳米棒阵列的电导率随 Ga 元素掺杂量增加而存在最大值，最佳掺杂量大约为 1%，如图 2-5 所示。掺杂量较小时，随着掺杂量增加，晶界势垒降低，载流子迁移率升高；掺杂量进一步增大时，大角度晶界形成，晶界势垒作用减弱，电离和中性杂质中心成为关键影响因素，导致载流子迁移率下降。另外，科学家们还研究了 Cu、Mn、Ni 等元素掺杂对半导体纳米线电输运性能的影响[22-24]。研究发现，元素掺杂可以有效调控半导体纳米线的电输运性能。Ni 掺杂可以使 ZnO 纳米线的电导率增加 30 倍，可用于制作纳米晶体管、传感器和光电探测器[23]。Cu 掺杂使 ZnO 纳米线具有非常低的电子迁移率[24]。

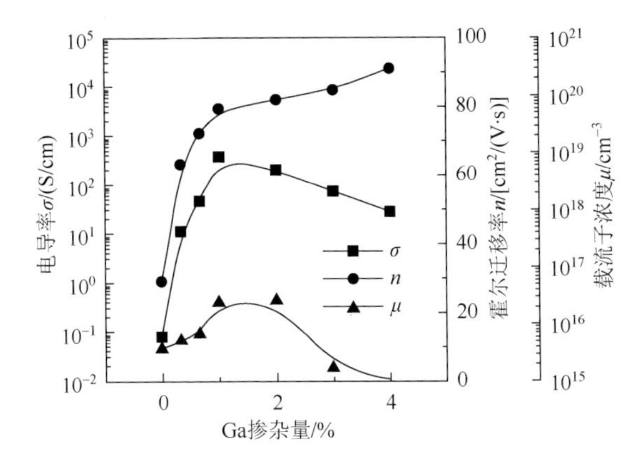

图 2-5 不同掺杂量 Ga 掺杂 ZnO 纳米棒阵列的电输运性能

元素掺杂也是调控其他半导体纳米线电输运特性的重要手段。Lieber 研究小组通过在激光催化法制备 Si 纳米线的过程中掺入硼或磷掺杂剂，可以分别得到 n 型和 p 型的电输运特性[25]。通过重掺杂，可以使半导体 Si 纳米线向金属性转变。瑞典 Samuelson 小组还设计制备了径向核/壳结构的 InAs/InP 纳米线，InAs 单晶外有一层厚 2～3nm 的 InP 壳层，该结构具有明显量子限域效应和高迁移率电子载流子。采用该核/壳结构构筑的晶体管，拥有比单晶 InAs 结构更好的器件性能[26]。清华大学李亚栋小组采用简单的溶液法控制制备了单晶 Cu_2O 纳米线，并研究纳米线的电学特性，发现该纳米线具有 n 型导电特性[27]。在制备过程中的有机物涂覆在 Cu_2O 纳米线表面，增强了纳米线的导电性。韩国科学家采用气相沉积法制备了〈111〉方向生长的 SiC 纳米线，纳米线的电阻率为 $2.2\times10^{-2}\Omega\cdot cm$，电子迁移率为 $15cm^2/(V\cdot s)$[28]。这种低电阻性能可以应用于构建高温传感器件。香港城市大学的研究者采用金属团簇修饰半导体纳米线，有效调控了Ⅲ-Ⅴ族半导体纳米线的电子传输特性，制备了基于 InAs 纳米线的高性能晶体管和转换器[29]。

除了元素掺杂可以调控半导体纳米线电输运性能外，环境也是影响其电输运性能的重要因素。光照及环境气氛等因素对半导体纳米线的电输运性能的影响被广泛研究[30-35]。通过研究发现，紫外光照射及气氛对半导体纳米线电输运性能的影响很大[30]。ZnO 纳米线的电导在紫外光照射下突然增大，在真空中紫外光照下电导增加速率比在空气中电导增加速率快，且真空中电导减小的速率小于大气中电导减小的速率。德国 Calarco 研究小组采用分子束外延生长的方法制备了 GaN 纳米线，研究了纳米线光导性能的尺寸影响规律。研究发现，GaN 纳米线在黑暗和紫外光照射下的电输运特性对尺寸非常敏感，这被认为是一种表面重组机制[31]。

半导体纳米线电导受环境影响是由表面吸附离子造成的。ZnO 纳米线在真空中、CO、CO_2、H_2、氩气不同气氛中具有不同的电输运性能[32]。研究发现，

CO气氛中的电流比真空中电流大，其他气氛中电流很近似。主要原因是氧化性气体吸附在纳米线表面，捕获电子减少了载流子浓度并减小了载流子通道，还原性气体则相反；而物理吸附对电输运性能无影响。科学家们还研究了联氨[33]、乙醇[34]、N_2O 及 C_2H_4[35]气氛对半导体纳米线电输运性能的影响。瑞典科学家还发现了晶体结构对半导体纳米线电输运性能的影响规律，如图 2-6 所示[36]。他们分别采用金属有机化合物气相外延（MOVPE）和分子束外延（MBE）两种方法制备了从纤锌矿到闪锌矿晶体结构的 InAs 纳米线。研究结果表明，混合相晶体结构纳米线比单相结构纳米线的电阻率高 2 个数量级，并具有温度激活的电输运机制。此外，还发现在 InAs 纳米线中的堆垛层错和孪晶面不影响纳米线的电阻率。研究结果对控制半导体纳米线的电输运特性非常重要。

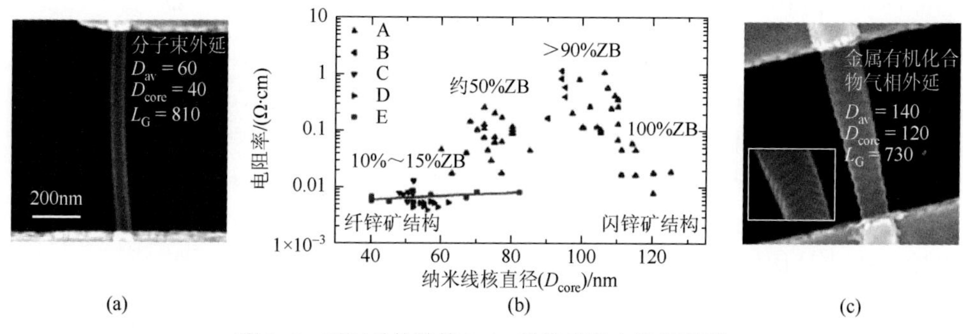

图 2-6 不同晶体结构 InAs 纳米线的电输运特性

（a）分子束外延制备的 InAs 纳米线的 SEM 图；（b）电阻率与纳米线核直径的关系（A：纤锌矿结构，B：含有10%～15%闪锌矿结构，C：含有约 50%的闪锌矿结构，D：含有>90%的闪锌矿结构，E：闪锌矿结构）；（c）金属有机化合物气相外延制备的 InAs 纳米线的 SEM 图；D_{av}：平均直径；D_{core}：核直径；L_a：自由长度

以上研究结果表明，半导体纳米线具有独特的定向电输运特性，是构筑纳米功能器件的理想单元。同时，半导体纳米线的电输运特性可以通过元素掺杂、晶体结构和环境进行调控，特别是环境因素对其电输运性能影响非常明显。半导体纳米线电输运特性优异的环境响应特性，为实现其在气体、化学、生物传感器等领域的应用奠定了基础。

2.2.3 半导体纳米线的介电与压电特性

半导体纳米材料的介电特性如介电常数、介电损耗及压电特性同常规的半导体材料有很大不同[37-39]。半导体纳米材料的介电常数随测量频率的减小呈明显上升趋势，而常规半导体材料的介电常数在低频范围内上升趋势远远低于纳米半导体材料。在低频范围内，半导体纳米材料的介电常数呈现尺寸效应，尺寸小时介电常数较低，随粒径增大，介电常数先增加，然后有所下降，在某一临界尺寸呈现极大值。半导体纳米线材料界面存在大量悬键，导致其界面电荷分布发生变化，形成局域电偶极矩。若受外加压力，电偶极矩取向分布发生变化，在宏观上产生电荷积累，从而产生强的压电效应。

压电半导体材料是半导体材料中非常独特的一类材料，具有独特的压电半导体耦合特性，包括 CdS、CdSe、ZnO、ZnS 等。压电半导体纳米线，特别是 ZnO 纳米线的压电性能受到科学家们的广泛关注。在 ZnO 的晶体结构中，相邻两层 O^{2-}和 Zn^{2+}形成非中心对称的四面体结构，并且保持电中性，如图 2-7（a）所示[39]。当四面体结构受到外力作用时，正负电荷中心将发生偏移，产生电极化现象，沿着应力方向产生符号相反的电荷富集现象，形成压电势，如图 2-7（b）所示。当外力作用方向改变时，电荷极性也发生相应的改变，图 2-7（c～e）是 ZnO 纳米线中的压电势在不同作用力下沿 c 轴分布的数值模拟图[40, 41]。晶体受力所产生的电荷量与外力的大小成正比。在 ZnO 纳米线压电性能方面，美国佐治亚理工学院王中林教授研究小组开展了大量深入研究。2004 年，王中林教授研究小组采用压电响应力显微镜（PFM）对 ZnO 纳米带的压电性能进行了研究[42]，发现 ZnO 纳米带（0001）面的压电系数 d_{33} 对频率具有依赖性，在不同频率下从 14.3pm/V 到 26.7pm/V 范围内波动，远大于块体材料（0001）面的压电系数 9.93pm/V。

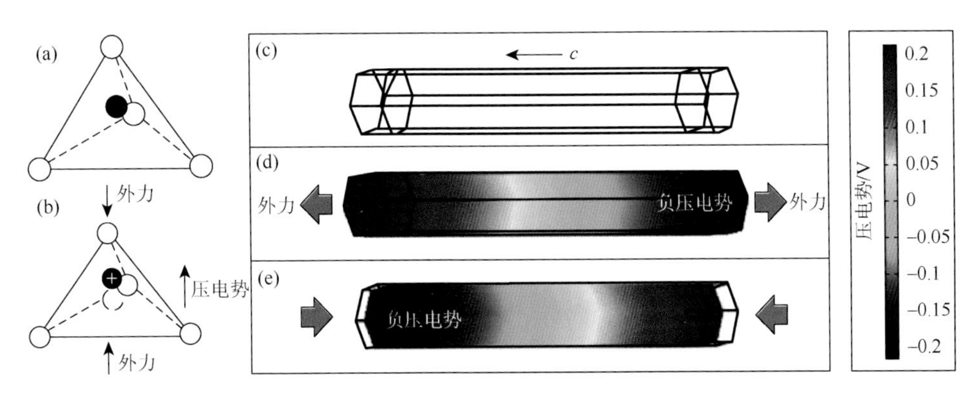

图 2-7　ZnO 四面体结构受力前（a）后（b）的电荷分布；ZnO 纳米线中的压电势在不同作用力下沿 c 轴分布的数值模拟示意图：（c）无作用力，（d）拉伸力 85nN，（e）压缩力 85nN

2006 年，王中林教授研究小组利用原子力显微镜研究了 ZnO 纳米线的压电效应，实现了纳米 ZnO 从机械能向电能的转化[43]。他们采用原子力显微镜针尖拨动纳米线/带实现偏转，并成功地输出了电压，为 ZnO 纳米发电机的实现奠定了基础。基于半导体纳米线压电性能发展构建的纳米发电机，成功实现了机械能收集，可以对人体的运动、振动能、流体能量进行收集，并转换为电能提供给纳米器件。

压电半导体纳米线具有不同于块体材料的介电及压电特性，随着对半导体纳米线材料介电及压电性能研究的深入，基于半导体纳米线压电特性的应力/应变传感器、压电纳米发电机等新兴传感与能源器件的研制成为科研工作者最为关注的方向之一。

2.2.4 半导体纳米线的光学特性

材料的光学特性非常广泛，包括光的传导、吸收和发射等。当固体从外界以某种形式吸收能量如吸收外界入射光的能量，固体材料中的电子将从基态被激发到激发态，此时材料被激发。处于激发态的电子会自发地或受激地从激发态跃迁到基态，可能将吸收的能量以光的形式辐射出来，这一过程称为辐射复合，即发光。发射光的波长与能级间跃迁释放的能量相关，不同能级间跃迁对应不同的光发射波长。体系也可能以无辐射的形式将吸收的能量散发出来，这一过程称为无辐射复合。半导体内的光发射有以下几种：①带间跃迁；②有杂质或缺陷参与的跃迁，如导带电子-中性受主复合、中性受主-价带空穴复合、施主-受主对复合，以及束缚于中性受主、电离施主或受主上的束缚激子复合等；③热载流子的带内跃迁。

半导体纳米线独特的一维结构使其具有优异的光学特性。半导体纳米线表面光滑、缺陷少，且两个端面的反射率高，使得光可以被束缚在线里面来回反射从而形成谐振，可以作为谐振腔。另外，半导体纳米线自身也是一种高增益介质。这两个独特的性质让半导体纳米线成为理想的纳米级激光器材料。半导体纳米线激光器具有体积小、阈值低等特性，其潜在应用价值吸引了大量科学家研究。这种纳米线激光器还可以被集成到光电子学器件中，作为这些光电子学器件的光源使用[44-49]。InAs[46]、Ge[47]、InGaN[48]和 AlGaN[49]等不同体系的半导体纳米线被应用于光学器件。另外，大面积组装有序纳米线阵列还可实现其在宏观尺度作为半导体激光器的应用。

半导体 ZnO 的禁带宽度约为 3.37eV，当光子能量高于半导体吸收阈值的光照射半导体时，半导体的价带电子发生带间跃迁，即发生带间跃迁发光。ZnO 半导体纳米线的主要缺陷是氧空位，电子在导带、价带及缺陷能级之间跃迁，必然产生能量的吸收和释放，不同能级间的电子跃迁都对应一种不同的光发射，发射出的光波长也不相同。在 325nm 的 He-Cd 激光激发下，室温的 ZnO 纳米线可以发出很强的紫外光。一般认为紫外发射峰是由近带边激子跃迁导致的，而绿光发射来源于各种缺陷。不同 ZnO 纳米结构的紫外发射峰值的位置有所不同，如图 2-8 所示[50, 51]。四针状的纳米材料峰值在 387nm，钉状的纳米材料的峰值在 381nm，纳米棒状材料的峰值在 397nm，纳米带的发射峰值在 385.5nm。ZnO 的光致发光性能不仅与其结构特征、尺寸有关，还与激发光源及环境条件等因素有关。瑞典林雪平大学的研究人员对 ZnO 纳米棒进行了不同温度的退火，研究了退火对紫外峰强度与深能级发射峰强度比值（I_{UV}/I_{DLE}）的影响，I_{UV}/I_{DLE} 越高说明样品的结晶性越好[52]。此外，由于掺杂影响材料的结构及缺陷，掺杂也是影响其光学性能的因素之一[53]。通过对不同尺寸纳米线的拉曼光谱进行研究，发现 ZnO 纳米线的拉曼光谱与块体材料明显不同[54]。

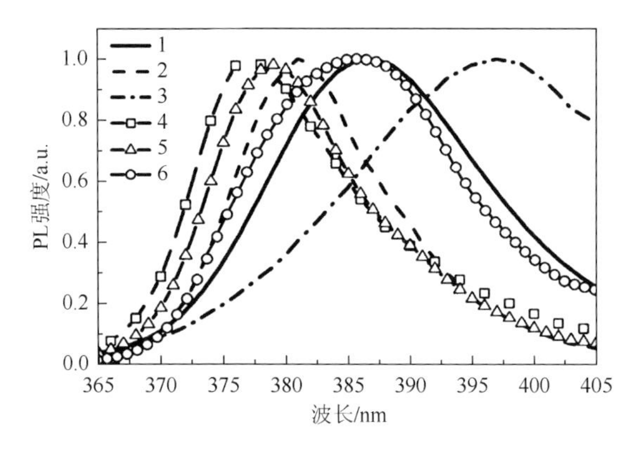

图 2-8　室温下各种 ZnO 纳米结构的紫外发射峰

1. 四针状；2. 钉状；3. 棒状；4. 贝壳状；5. 高指数面的纳米棒；6. 带状

基于压电效应及压阻效应，应变对 ZnO 纳米线电输运性能具有重大影响，而应变也可以影响 ZnO 纳米线的发光性能。北京大学俞大鹏教授研究小组在此方面开展了大量的工作[55-58]。他们结合步进电机拉伸台和共聚焦拉曼光谱仪，系统研究了 ZnO 纳米线单轴拉伸应变的拉曼光谱。结果表明，A_{1TO} 声子没有响应，而 E_{2H}、E_{1TO} 和二阶模式的频率均随着单轴拉伸应变发生线性红移，且单轴应变对 ZnO 线声子频率的调制严重依赖于纳米线尺寸，如图 2-9 所示[56]。此外，韩晓东小组也研究了单轴拉伸对 ZnO 纳米的光致发光谱的影响，发现应变对能带的调制具有强烈的尺寸依赖性[59]。基于 ZnO 纳米材料独特的压电半导体耦合特性，王中林小组研究了压电电子学效应对其光学性能的影响，在压电电子学及压阻效应的共同作用下，弯曲纳米线的光致发光谱发生红移。当纳米线尺寸与耗尽层尺寸相当时，光致发光谱的红移现象则强烈依赖于纳米线的尺寸[60]。

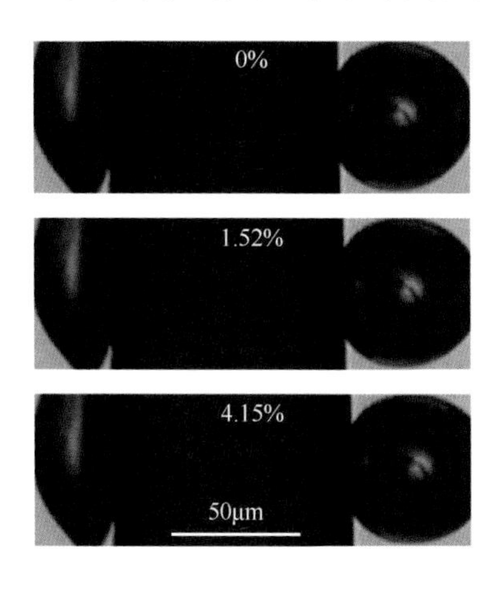

(a)

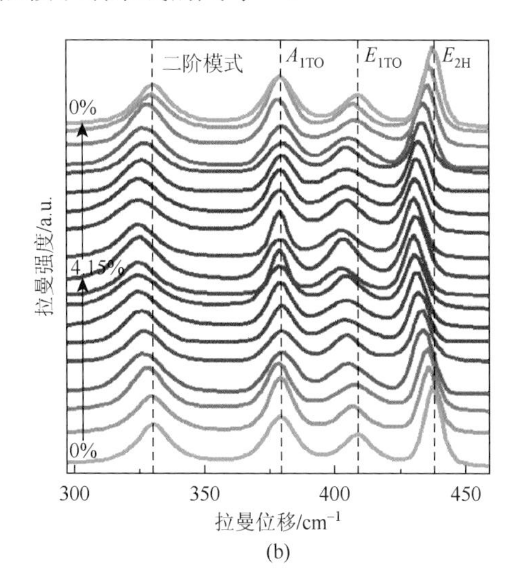

(b)

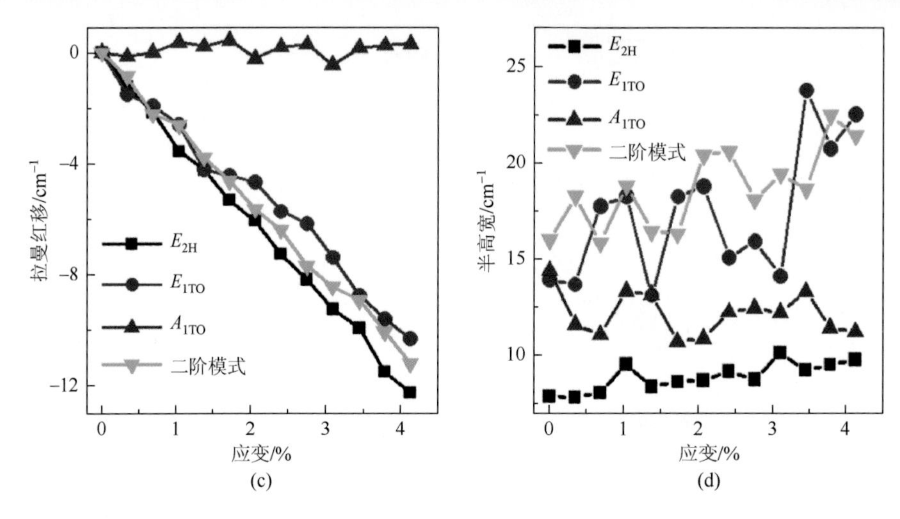

图 2-9 单轴拉伸对 500nm ZnO 纳米线拉曼光谱的调制

（a）纳米线在不同拉伸应变下的照片；（b）当应变从 0%增加到 4.15%再回到 0%时，不同状态的拉曼光谱；（c）E_{2H}，E_{1TO}，A_{1TO} 和二阶模式在不同应变下的声子频率移动；（d）四种拉曼峰的半高宽随应变变化

与平面薄膜半导体材料相比，半导体纳米线阵列具有很低的光反射损耗，适于构建光伏器件。美国加利福尼亚大学伯克利分校杨培东研究小组发现有序硅纳米线阵列可以将入射太阳光辐射的路径长度提高 73 倍[61]。这种优异的光捕获增强性能可以有效提高纳米线器件的效率。斯坦福大学崔屹课题组通过对硅纳米线进行处理，制备了氢化非晶硅纳米线[62]。由于抑制反射，制备的 α-Si:H 纳米线在大范围的波长和入射角上显示出吸收极大地增强。对于 α-Si:H 纳米锥阵列，增强效果明显，通过逐渐降低有效折射率，在 α-Si:H 和空气之间形成了几乎完美的阻抗匹配。α-Si:H 纳米锥作为吸收层和抗反射层，提供了一种提高太阳能电池能量转换效率的方法。瑞典 Samuelson 研究小组通过金属有机化合物气相外延合成了 GaAs-$Ga_xIn_{1-x}P$（$0.34<x<0.69$）核壳结构纳米线[63]。纳米线核心在低温（450℃）下进行 Au 催化生长，其中在侧面上仅发生很少的生长。通过在更高温度（600℃）下生长来添加壳，其中克服了侧面生长的动力学障碍。在 5K 的单个纳米线上的光致发光测量显示，与没有外壳的纳米线相比，发射效率增加 2～3 个数量级。InGaN 半导体纳米线在高效固体照明和光伏电池上有重要应用，其光学特性也可以通过成分的调控进行控制。杨培东研究小组采用化学气相沉积法制备了成分可调的高质量单晶 $In_xGa_{1-x}N$ 纳米线，当 x 从 0 增加到 1 时，纳米线显示出从近紫外区域到近红外区域的可调发射性能[64]。通过改变晶体结构和成分可以有效调控半导体纳米线的光学特性[65]。美国哈佛大学研究人员研究了直接关联旋转双晶闪锌矿 InP 纳米线异质结的结构和光学性质[66]。光致发光的激发功率出现蓝移，实现了光学性质的调控。

半导体纳米线具有块体材料不可比拟的优异光学特性，而且可以通过应变、成分、结构等手段调控其光学特性。独特的结构与光学特性使半导体纳米线在光传导和光激发方面都具有独特的优势，成为构建纳米激光器与光传感器件的重要候选材料。

2.3 半导体纳米线功能器件的种类

半导体纳米线在力学、电输运、压电和光学方面具有块体材料不具备的特性，可以用于构建不同功能的纳米器件。在过去的二十多年，基于半导体纳米线的功能器件得到大量关注与广泛研究，半导体纳米线在电子器件、光电器件、信息存储器件、高效太阳能电池、传感器件、场发射真空电子源、纳米发电机等方面的应用研究已经取得了长足的发展，展现出美好的应用前景。半导体纳米线功能器件的结构设计与性能优化已成为纳米材料研究领域的前沿主导方向。

2.3.1 半导体纳米线电子器件

电子器件是组成电子产品的基础，也是半导体产业发展的基础。半导体纳米线可以显著提升未来电子、发光二极管和太阳能电池等器件的功能与性能，作为构建单元在二极管、三极管（晶体管）等半导体电子器件的发展中得到广泛应用。

1. 半导体纳米线二极管

半导体纳米线广泛应用于构筑二极管等电子器件。根据二极管两极材料是否相同，可以分为同质结和异质结[67-74]。2003 年，香港城市大学李述汤研究小组采用两步法制备了掺杂 B 的 ZnO 纳米线与未掺杂 ZnO 纳米线，并将两种纳米线构筑了 pn 结，通过 *I-V* 性能测试证实了该结构的 pn 结特性[69]。清华大学朱静研究小组采用 HF 溶液刻蚀不同类型的硅基底，构建了大面积的 Si 纳米线 pn 结二极管阵列[70]。构建的 Si 纳米线 pn 结二极管具有优异的单向导通和整流特性。美国俄亥俄州立大学 Myers 小组通过对半导体纳米线的成分进行调控，利用掺杂元素的极化诱导实现 p 型和 n 型导电类型的控制，构建了基于 AlGaN 的 pn 结二极管，并利用该二极管实现了发光[71]。瑞典隆德大学 Samuelson 小组为了实现半导体纳米线的高通量和低成本制备，采用气溶胶发生器控制反应，低成本、大规模制备了高质量 GaAs 纳米线，并构建了 pn 结[72]。构建的 pn 结具有优异的二极管整流特性，整流比大于 10^5，理想因子为 2。采用这种大规模、低成本技术可以制备出高质量的 GaAs 纳米线 pn 结，为基于纳米线的太阳能电池的工业规模生产铺平了道路。研究人员通过等离子体辅助分子束外延生长法在 Si 基底上制备 GaN 构建了 pn 结，并实现了光探测[73]。

半导体纳米线除了构建 pn 结二极管外，更多的是与金属电极构建肖特基二极管。肖特基二极管是一种快恢复二极管，它属于低功耗、超高速半导体器件，广泛应用于开关电源、变频器、驱动器等电路。其显著的特点为反向恢复时间极短（可以小到几纳秒），正向导通压降低。Park 小组利用电流响应原子力显微镜（CSAFM）构筑了基于ZnO纳米线阵列的肖特基二极管[74]。他们用Au包覆的AFM针尖与ZnO纳米线的顶端形成了金属/半导体的接触，测得的 *I-V* 曲线显示了明显的非线性和不对称行为，其正偏压下的开启电压为 0.5～1V，负偏压下的击穿电压为–3V。张跃研究小组也一直致力于构筑基于 ZnO 纳米线的电子器件。他们利用 ZnO 的半导体压电特性，成功构建了基于 ZnO 纳米带的肖特基/压电耦合二极管，该二极管具有开关特性[75]。二极管开关比及相关性能都远远高于以前的研究结果。另外，张跃研究小组还采用单根 ZnO 纳米线与并五苯构建了反向的双二极管[76]。反向双二极管的电输运特性显示出明显的负电阻现象，而且电输运特性表明该双二极管可用于交流电限幅器。对于其他半导体纳米线二极管，科学家们也开展了大量研究。

2. 半导体纳米线晶体管

场效应晶体管（field effect transistor，FET）作为半导体电子器件的基本单元，在日常生活中有着重要的应用。在电子工业中，半导体晶体管是比二极管功能更强大的电子元器件，在手机、计算机、电视等电子设备上使用广泛。随着半导体制备尺寸的缩小，制备出高性能、高电子迁移率、高集成度的器件是目前研究的主要方向[77-80]。晶体管作为电子器件的重要组成部分，人们希望在保证晶体管性能的前提下减小晶体管的沟道长度以实现小型化，这是制约集成电路系统小型化的瓶颈[81]。半导体纳米线是一维结构，既可以限制电子在一个方向上运动，又可以是电路连接的导线，因此是构造晶体管的理想原材料。从 20 世纪末开始，一系列基于半导体纳米线的场效应晶体管被研制出来，成为最重要的半导体纳米线功能器件。

哈佛大学 Lieber 教授研究小组在半导体纳米线晶体管方面开展了大量开创性的工作，取得了令人瞩目的成绩[77, 78, 82-85]。他们通过对 Si 纳米线的不同掺杂分别形成了 n 型和 p 型纳米线，并构建了 pn 结，其性能与块体材料 pn 结的性能相似。另外，还采用 Si 纳米线构建了纳米双极晶体管[83]。典型的双极晶体管由三种不同类型的材料构成：高掺杂的 n 型（n^+）层作为发射极，p 型层作为基极，一个 n 型层作为收集极。Lieber 小组利用 Si 纳米线实现了这种 n^+-p-n 结构，这种纳米线双极晶体管由一根 n^+和一根 n 型的 Si 纳米线横跨一根 p 型的 Si 纳米线组成。Si 纳米线双极晶体管在运作方式上和标准的平面器件一样，但显示出很高的电流增益，意味着电子从 Si 纳米线的发射极注入基极的效率很高，而且注入的电子具有很高的迁移率。由此简单的 Si 纳米线原理型器件可以看出，纳米线在组建电子器件方面有巨大的潜力。在研制出基于 Si 纳米线的纳米晶体管以后，Lieber 研究小组先后将 Ge/Si[78]、GaN[84] 和 InP[85]纳米线的超结构纳米线用于纳米光电子器件的构建单元，并取得了非常优异的性能。Lieber 小组采用 Ge/Si 超结构纳米线构建了高性能晶体管，其跨导和导通电流比现有技术的金属氧化物半导体晶体管大 3～4 倍，是纳米线晶体管获得的最高值。晶体管的空穴迁移率远远大于 Si 纳米线构建的晶体管，达到 730cm^2/(V·s)。

绝大部分Ⅲ-Ⅴ族半导体都具有电子迁移率高、有效质量小等特点，如 InAs、InSb 和 InP 等。因此Ⅲ-Ⅴ族纳米线是构造高速晶体管的理想材料。中国科学院半导体研究所研究人员通过两步生长法在 Si 基底上合成了高质量纯相超细的 InAs 纳米线，利用这些纳米线制成的场效应晶体管开关比达百万量级[86]。研究人员采用氮化镓纳米线制作了截止频率高达 14GHz 的晶体管[87]。Lieber 小组通过合成 InAs/InP 径向异质结制作了电子迁移率高达 11500cm^2/(V·s)的晶体管[88]。在平面基底上制备场效应晶体管，单位面上的器件数目比较少、集成度低，因此要想实现器件的超大规模集成，须改进现有制备工艺，一种新型器件立式环栅器件被提出，这一器件最早是由日本 Katsuhiro 团队研制出来的。该团队以 InGaAs 纳米线作为核，以 InGaAs/InP/InAlAs/InGaAs 为多层壳制作的立式环栅晶体管表现出优良的晶体管特性[89]。立式环栅器件是利用生长的垂直纳米线阵列构筑的整体器件，这一器件具有优良的晶体管特性。这一成果预示了未来电子器件发展方向，随着人们对小型化电子产品的不断追求，电子元器件在平面内的集成度越来越高，器件散热面临着重大挑战，立式环栅晶体管的出现证明电子元器件向更小型化方向发展还有较大空间。

在追求高性能晶体管的同时，通过外界因素对晶体管性能进行控制也成为大家研究的焦点。Wallentin 等通过实验和理论证明了通过控制纤锌矿 InP 纳米线中闪锌矿结构的长度可以实现对电导的控制[90]。Borg 等通过合成 InAs/GaSb 纳米线异质结在零偏压和正向偏压下检测 pn 结特性，在–0.5V 门电压调控下器件又回归到线性特性[91]。比利时 Richard 等提出了一种新型结构晶体管，其中没有结，也没有掺杂浓度梯度[92]。这些器件使用硅纳米线制成并具有完整的互补金属氧化物半导体（CMOS）功能，具有接近理想的亚阈值斜率和极低漏电流，栅极电压和温度引起的迁移率降低值也比传统晶体管的低。瑞士洛桑联邦理工学院的 Riel 等开发了一种隧道场效应晶体管，它是通过使用量子力学的带带隧穿将电荷载体注入器件通道，解决了功耗问题[93]。基于半导体纳米线的隧道场效应晶体管同 CMOS 晶体管相比，功率降低为 1/100，可以用于设计构建低功率集成电路。王中林教授小组实现了基于垂直 ZnO 纳米线压电电子晶体管的大面积三维阵列集成，可作为用于触觉成像的可寻址压力/力传感器矩阵[94]。使用在应变下的金属-半导体界面处产生的压电极化电荷来调制局部电荷载流子的传输过程，设计了可独立寻址的两端晶体管阵列，其将施加到器件的机械刺激转换为局域电子控制信号。该器件可以实现形状自适应高分辨率触觉成像、自驱动和多维主动探测。

瑞典隆德大学 Wernersson 等制备出 InAs 和 InAs/GaSb 垂直纳米线，采用双沟道单栅极叠层设计构建了两种晶体管，构建的金属氧化物半导体场效应晶体管具有高 I_{on}/I_{off}，构建的 CMOS 逻辑门具有基本运算功能[95]。该研究为在 Si 上大规模集成Ⅲ-Ⅴ族金属氧化物半导体场效应晶体管电路提供了可行性方案。隆德大学 Samuelson 研究小组还发展了纳米线的两种常用电学表征技术。在一种新型的单纳米线器件中，结合霍尔效应、背栅和顶栅电场效应分析，实现硫掺杂 InP 纳米线的载流子浓度的准确测量[96]。霍尔效应和场效应测量的载流子浓度相关性很好，纳米线可采用电学方法进行精确表征。

随着人们对高性能器件的要求越来越高，对器件集成规模要求越来越密集，晶体管的制备难度提升越来越难，工艺要求越来越高。场效应晶体器件具有低功耗、性能稳定及抗辐射能力强等优点，这使得场效应晶体管在集成电路中有着更加重要的应用意义。半导体纳米线晶体管成为未来电子器件向高集成度发展的趋势。

2.3.2 半导体纳米线光电子器件

1. 半导体纳米线发光二极管

发光二极管（LED）是一种半导体二极管，它能够把电能转化成光能。当给发光二极管两端加上正向偏置电压后，从 p 区注入 n 区的空穴和由 n 区注入 p 区的电子在 pn 结附近复合发光。半导体纳米线材料本身就是天然的 n 型或 p 型半导体，同时半导体纳米线晶体结构缺陷少、电输运性能优异，这为发展小体积、低能耗的 LED 提供了理想原材料。

目前基于半导体纳米线的发光二极管主要有三种结构。第一种是轴向 pn 结纳米线构成的发光二极管。Haraguchi 等通过 pn 结 GaAs 纳米线阵列实现的首个纳米线 LED 就属于这一类[97]。Minot 等通过在 p-InP 和 n-InP 纳米线之间加入 InAsP 量子点合成了单量子点的纳米线 LED[98]。第二种是径向 pn 结纳米线二极管，这类主要是一些包覆结构，如 Tomioka 等通过在 n-GaAs 核外面形成一层 p-AlGaAs 实现了 LED 的荧光发射[99]。Lieber 研究组通过生长 n-GaN（核）/$In_xGa_{1-x}N$/i-GaN/p-AlGaN/p-GaN（多壳层）纳米线，构建了高效率 LED，他们还通过改变 InGaN 中元素的组分改变合金带隙，从而实现了不同颜色的荧光发射[100]。第三种是分别将两种不同导电类型（n 型、p 型）的纳米线交叉接触，在交叉处形成一个 pn 结构实现电致发光。段镶锋等于 2001 年就通过这种方法在 n-InP 和 p-InP 交叉点处观察到电致荧光发射[101]。张跃研究小组一直致力于 ZnO 纳米线 LED 的构筑研究。2009 年，张跃研究小组与王中林研究小组合作采用化学气相沉积的方法在 p 型 GaN 薄膜上生长 ZnO 纳米线阵列，成功构建了高亮度的蓝光发光二极管[102]。构建的发光二极管具有非常优异的紫外和蓝光发光特性。经紫外光照射后，电致发光的蓝光波段发射仍然具有非常好的稳定性，该结构使制造稳定的高亮度蓝光发光器件得以实现。

2. 半导体纳米线激光器

2001 年，杨培东研究小组首次报道在室温下构建了 ZnO 半导体纳米线紫外激光器[103]。通过化学气相沉积在蓝宝石基底上生长 ZnO 半导体纳米线阵列，纳米线长度为 10μm 左右，直径为 20～150nm。对纳米线阵列采用光学激发的方式，得到了类似激光的光谱，在 385nm 左右的激射峰线宽不到 0.3nm。该工作一经发表，便吸引了研究者们的广泛关注。2003 年，Lieber 小组首次构筑了电泵浦的单根半导体纳米线激光器[104]。将 n 型 CdS 纳米线置于 p 型掺杂硅基底上，形成了 p-Si/n-CdS 复合异质结。这种结构实现了沿纳米线注入空穴，提高了载流子浓度，增加了产生激光的可能性。结果表明，当加载在两端电极的电流足够大时，出现了间隔为 1.8nm 的光学陡峰，单峰线宽最低可到 0.3nm。这项成果为设计和生产可集成电驱动光子器件提供了有效的手段，使得半导体纳米线激光器在迈向产业化的道路上取得了突破性的进展。

2005 年，杨培东研究组成功研制了 GaN 半导体纳米线环形腔激光器[105]。他们将一根机械性能良好的 GaN 纳米线两端连在一起形成环形结构，通过两个端头耦合使得光被束缚在环内传播进而形成谐振。直纳米线的法布里-珀罗（Fabry-Perot）腔的品质因子仅为相应环形腔的 60%，环形腔在长波长段的增益高。半导体环形腔激光器的发现，有力地证明了纳米线激光器谐振腔的种类多种多样，也有助于可调谐半导体激光系统在光电子集成平台上的发展。哈佛大学 Capasso 研究组对半导体纳米线激光器开展了深入和全面的研究，发现了半导体纳米线激光器的阈值和纳米线直径有着很紧密的关系[106]。

目前，基于不同带隙材料的半导体纳米线激光器都相继被报道，波长范围几乎包含了紫外、可见、红外波段，如 ZnO、GaN、CdS 和 CdSe 等。基于半导体纳米线不同结构的复合激光器被研制出来，如纳米线-微纳光纤复合结构的彩色激光器，为半导体纳米线激光器更有效地兼容进光纤通信系统中提供了有力的证据[107]。充分利用半导体纳米线优良机械性能设计了新颖谐振腔，如通过多腔耦合过程对 CdSe 纳米线输出激光进行调制，并成功实现了单模激光输出[108]。通过控制生长环境和材料组分得到具有特殊性质的半导体纳米线从而研究更丰富多彩的纳米线激光器，如通过控制基底温度得到空间上组分渐变的 CdSSe 半导体纳米线，实现了 500～700nm 范围内的超宽波段可调谐纳米线激光器[109]。

针对半导体纳米线激光器中存在的其他问题，科学家们也开展了大量研究。ZnO 激光器存在输出功率减小、发射光谱不稳定、射束发散等问题，美国加利福尼亚大学研究人员采用 Sb 掺杂 p-ZnO 纳米线和 n-ZnO 薄膜制备了激光二极管电泵浦波导激光器[110]。该二极管在室温下有高度稳定的激光，并且可以通过时域有限差分法建模。澳大利亚国立大学 Saxena 等通过设计材料砷化镓/砷化镓核壳纳米线实现了室温激光，优化材料质量和减少了表面复合[111]，为实现将砷化镓纳米线激光器引入近红外波段纳米光电子器件中迈出了重要的一步。针对基于半导体紧凑型紫外激光光源的限制问题，加拿大麦吉尔大学的研究人员在 Si 基板上直接形成无缺陷的无序 AlGaN 核壳纳米线阵列[112]，其可用于低温下高稳定且穿过整个紫外波段（320～340nm）的电泵浦激光器。激光阈值在每平方厘米几十安培内，相比以前报道的量子阱激光器低近三个数量级，实现了 Si 基底上构建电注入 AlGaN 基紫外激光器，并为实现紫外线（UV-B，280～320nm）和短波紫外线（UV-C，小于 280nm）波段的半导体激光器提供了新途径。澳大利亚国立大学 Burgess 等通过控制掺杂增加了半导体辐射复合率[113]。这种方法将未钝化 GaAs 的辐射效率提高几百倍，同时也提高差分增益和降低透明载流子密度，证实了纳米材料产生的激光可以将高辐射效率与皮秒载流子寿命结合起来。英国牛津大学 Boland 等基于时间分辨太赫兹光电导的非接触方法测量了纳米线中 n 型和 p 型的掺杂效率[114]。美国威斯康星大学麦迪逊分校研究人员成功制备了亚稳态 $CsPbI_3$，其具有完好的钙钛矿晶格和纳米线形态[115]。具有光滑端面和亚波长尺寸的单晶纳米线是理想的法布里-珀罗腔纳米线激光器，在室温下是一种在整个可见光谱（420～710nm）可调的光泵浦激光器，具有低激光阈值和高品质因子。此外，$CsPbBr_3$ 纳米线激光器表现出稳定的激光发射特性，在至少 8h 或连续光照的 7.2×10^9 次激光发射下没有衰退，比有机-无机激光器更稳定。Cs 基钙钛矿为可调激光器和其他纳尺寸光电子器件提供了稳定材料平台。同样，Fu 等报道了 $FAPbX_3$ 单晶纳米线激光器，$FAPbX_3$ 的发射和热稳定性比 $MAPbX_3$ 更好[116]。$FAPbI_3$ 和 $FAPbBr_3$ 纳米线光泵浦室温近红外（约 820nm）和绿激光（约 560nm）在每平方厘米有几焦耳的低激光阈值和高达 1500～2300 的品质因数。MABr 稳定的 $FAPbI_3$ 纳米线具有室温耐用激光器的特性，大大超过 $MAPbI_3$ 的稳定性，进一步证明了 FA 基的卤化铅钙钛矿合金可实现纳米激光器在较宽的波长区域可调。对发展发光二极管和连续波激光器，卤化物钙钛矿纳米结构是一种有前途且稳定的材料。澳大利亚国立大学 Saxena 等呈现了单根纳米线的设计和室温激光特性，该纳米线包含同轴 GaAs/AlGaAs 多量子阱有源区[117]。室温下，可以从光泵浦单根纳米线中观察到激光，偏振测量显示该激光来自 TE01 模式。日本 NTT 实验室 Yokoo 等采用半波长半导体纳米线在电信波长下实现了激光振荡[118]。将纳米线和硅光子晶体结合起来构成纳米线诱导混合腔，这种独特的结构能够在 Si 平台实现高效纳米线基纳米激光器。

3. 半导体纳米线光电探测器

半导体纳米线具有优异的光响应特性，可应用于光电探测器的构建。基于不同半导体纳米线材料和不同器件结构的光电探测器已经被研制出来，如光导型探测器[119]、肖特基结型探测器[120]、pn 结型探测器[121, 122]、阵列结构探测器[123]、网络结构探测器[124]、交叉点结构探测器[125]，获得了高的响应开关比（10^5）、较快的响应速度（10ms）等优异的探测性能，并实现波长、偏振态敏感的新功能。采用不同半导体纳米线可以研制针对不同波段的光电探测器。

半导体 ZnO 是一种宽禁带半导体，成为构建紫外光探测器的重要材料。张跃课题组首次构建了 ZnO 纳米带/Au 肖特基结结构的自驱动紫外光探测器[126]。构筑的器件在零偏压时对白光无响应，但对紫外光响应灵敏，响应时间小于 100ms，器件开关比达 2200%。该紫外光探测器件具有零能耗和长寿命的优异特性，在传感和环境监测等领域具有潜在的应用和发展前景。中国科学院的研究人员设计构建了一种新型铁电增强型侧栅纳米线光电探测器[127]。该探测器暗电流在零栅压下显著降低，光电检测器的灵敏度也增加。单个 InP 纳米线光电探测器具有达 4.2×10^5 的高光电导增益，响应度为 2.8×10^5A/W。铁电聚合物侧栅 CdS 纳米线光电探测器具有 1.2×10^7 的超高光电导增益。该新颖器件结构设计为构建高性能纳米线光电探测器提供了新方法。

红外探测器（infrared detector）是指能将入射的红外辐射信号转变成电信号输出的器件。利用半导体的内光电效应制成的红外探测器，对红外技术的发展起了重要的作用。基于 InAs 纳米线的红外光电探测器被成功设计构建，探测器在室温下的光电探测灵敏度高达 10^3A/W，外量子效率高达 106%[128, 129]。然而对于那些带隙位于中远红外区域的材料，由于带隙较小，容易形成较大暗电流。暗电流对探测红外光照下的光生电流不利，为了减小暗电流的影响，通常在低温探测，给实际应用带来很大不便。

针对不同波段的半导体纳米线光电探测器被大量研制出来，目前半导体纳米线光电探测器正在朝全光谱覆盖、高灵敏和低能耗等方向快速发展。因此，必须开展半导体纳米线异质结构材料与光电器件研究，发展半导体纳米线材料结构、性能调控的关键技术，推动多波段多种类型的光电探测器技术进步，促进我国经济、社会、国家安全及科学技术的发展。

2.3.3 半导体纳米线太阳能电池

太阳能电池（solar cell）是目前迅速发展的一种新型清洁能源，可利用光电材料吸收光能并将其转换成电能，在光电转换过程中伴随着光生伏打效应，又常称为光伏电池。纳米材料由于高的比表面积可以实现对太阳光的最大限度吸收，并且光生电子和空穴可以快速运动到材料表面从而减少了复合的概率，这两方面可以在一定程度上提高太阳能电池的效率。半导体纳米晶在第三代太阳能电池中有着重要作用，人们已经制备出各种半导体纳米材料作为这种新型高效太阳能电池的原料，如Ⅱ-Ⅵ族的 CdS、CdSe、CdTe[130-132]，Ⅲ-Ⅴ族的 InP、InAs 和 GaAs[133-136]，Ⅳ-Ⅵ族的 PbS、PbSe、PbTe[137-139]等。这些半导体纳米晶既可以组装成简单的耗尽异质结型太阳能电池，又可以作为染料敏化太阳能电池中敏化剂。

太阳能电池的两端电极结构需要较大的器件面积和感光体积。径向结构的半导体纳米线很好地解决了传统薄膜电池光吸收层厚度和载流子扩散长度的矛盾[140, 141]。每根纳米线径向结的扩散长度仅有数百纳米，这极大地减少了光生载流子在扩散路径上的复合。而长度数微米的纳米线阵列和三维形貌可以增加光吸收，有望减少材料成本，提高太阳能电池的转换效率[142]。因此，基于纳米材料的太阳能电池研究备受关注[143-145]。Ⅲ-Ⅴ族材料中的 GaAs、InP 具有理想光学带隙及较高的吸收效率、抗辐射能力强、对热不敏感等，是制造高效太阳能电池的理想材料。科学家们还在硅太阳能电池背面通过合成组分可调谐 $In_xGa_{1-x}As$ 纳米线阵列使太阳光被多次吸收，同时借助阵列和基底的点接触减少光生载流子的复合概率来提高外量子效率，相比于普通硅基太阳能电池，该结构的外量子效率提高了 36%[146]。轴向 pn 结的 InP 纳米线阵列太阳能电池获得了 13.8%的转换效率，对于直射光的吸收超过块状材料体系[147]。

2.3.4 半导体纳米线机械能-电能转换器件

机械能转换为电能是一种重要的机械能收集转换利用方式。基于压电效应工作的机械能收集转换器件早有研究，这些器件多采用块体压电材料[148]。在半导体纳米线材料中，有很多材料具有优异的压电特性，因此成为非常重要的机械能收集转换器件，即纳米发电机。基于压电半导体纳米线的纳米发电机被大量开发出来，成为一种重要的机械能-电能转换器件。2006 年，佐治亚理工学院的王中林等利用原子力显微镜针尖扫动氧化锌（ZnO）纳米线，观测到了纳米尺度下的压电信号响应，并首次提出了纳米发电机（nanogenerator）的概念[43]。这种在纳米尺度下利用材料压电性能实现机械能-电能转换的方法也被广泛应用到其他材料中。采用 PtIr 针尖扫动竖直生长的长度约 160nm 的 GaN 纳米线，得到了 0.02nA 的电流响应[149]。通过镀铂的针尖拨动长度约 1μm 的 CdS 纳米线，得到了 3mV 的电压响应[150]。采用相同的手段拨动横卧并一端固定的 100μm 长的 ZnO 纳米线，得到了 5mV 的电压输出[151]。原子力显微镜下的对压电纳米线的研究只能初步显示其能将机械能转化为电能，但并不能形成独立的器件。2007 年，王中林小组设计了 ZnO 纳米线阵列构成的直流纳米发电机[152]。这种结构采用镀铂锯齿状电极，通过超声波致使纳米线阵列发生振动，与锯齿状上电极发生接触，实现了直流发电，输出电流可达到 1nA。为了方便集成，采用横卧纳米线结构的纳米发电机被设计出来。王中林小组通过金属电极将 ZnO 微纳线固定于柔性基底上，并通过弯曲柔性基底使微纳线拉伸或压缩，产生了 20～50mV 的交流压电输出[153]。研究发现，应变速率对发电机的输出性能有很大影响，应变速率越快，产生的输出电压和电流就越大[154]。利用这种结构发电，可以将手指运动、小鼠奔跑等生物机械能转换为电能[155]。除了 ZnO，其他种类的一维压电材料如 $BaTiO_3$ 纳米线也可运用到构筑机械能-电能转换器件中[156]。

单根压电微纳线所产生的输出有限，因此将多根横卧纳米线并联可以成倍提高发电机输出。利用微纳加工手段在柔性基底上制备平行电极阵列，并通过控制生长条件使得 ZnO 纳米线在电极一端沿平行于基底方向生长，得到了 700 列、每列包含约 20000 个横卧的 ZnO 纳米线的器件，最终得到约 1.2V 的输出电压和约 26nA 的输出电流[157]。王中林小组利用简单的扫刮印刷法成功地将竖直生长的 ZnO 纳米线转移至柔性基底上，并沿相同方向横卧，然后沉积电极阵列，得到的发电机输出电压可达到 2.03V[158]。

阵列式结构是压电纳米发电机的经典结构[159]。它是由底电极、压电纳米线阵列、顶电极组成的三明治结构。Choi 等利用聚合物基底上转移的石墨烯作为电极，制备了柔性透明的压电纳米发电机，输出电流可达到 $2\mu A/cm^2$，且具有很好的稳定性。三明治结构的器件需要使上电极与高低不平的纳米线阵列保持良好的接触，以产生最大化的感应电荷，同时还应保证电极中的电子不流入压电材料中[160]。Choi 等进一步设计了表面粗糙的碳纳米管顶电极，改善了其与 ZnO 纳米线阵列的接触，形成的肖特基结有效阻止了电子的流动，提高了发电机性能[161]。除了纳米线阵列，不同形貌的纳米结构，如纳米管[162]、核壳结构[163]也被引入三明治结构中。另外，$BaTiO_3$[164]、PZT[165]、KNN[166]等铁电材料也可采用三明治结构，与 ZnO 不同的是，它们要经过极化过程才能使压电方向一致。

近年来，柔性电子器件在可穿戴、可植入电子器件等方面得到了广泛应用。压电纳米发电机需要对复杂机械能产生响应，满足在弯曲、拉伸、扭转等复杂受力条件下的输出，需要具备很好的柔性和稳定性。然而，以压电陶瓷为代表的绝大多数压电材料都为硬脆材质，器件的柔性需要借助材料和结构设计来实现，目前解决柔性问题的途径主要有两种。一种途径是将一维微米/纳米线或二维薄膜等低维压电材料构建在柔性基底上，低维结构会在一定程度上提高压电材料对应变的承受能力；另一种途径是将压电材料与柔性聚合物材料进行混合得到复合压电材料。在柔性纤维如碳纤维、芳纶纤维等表面径向生长 ZnO 纳米线阵列也可构建柔性压电纳米发电机，通过多根纤维的集成可获得较高的输出性能。王中林小组将两根生长有 ZnO 纳米线阵列的芳纶纤维缠绕，其中一根纤维的 ZnO 阵列表面镀有金电极，两根纤维互相移动时可产生约 4nA 的电流[167]。Lee 等在柔性纤维表面构建了 Au/ZnO/Au 三层同轴结构[168]。将纤维固定在 PS 基底上并进行弯曲得到了 32mV 的输出电压和 2.1nA/cm^2 的输出电流。张跃研究小组设计了碳纤维/ZnO 阵列/纸复合结构的柔性发电机[169]。相比于平面结构，纤维状柔性压电纳米发电机可增大单位面积内 ZnO 纳米线阵列的数目，且在结构上有利于多个纳米发电机的集成，这为设计织物型柔性纳米发电机提供了思路。

2.3.5 半导体纳米线传感器件

随着人们对生活品质的要求越来越高，大量的信息需要采集、处理，包括温度、压强、光强、气氛、湿度、生物信息等。传感器就是实现各种信号探测的器件，最主要的功能就是感知和获取一种形态的信息，然后将其转换成另一种形态的信息，对被测对象的某一定量具有感受或者响应与检出功能，并使之按照一定规律转换成与之对应的有输出信号的元器件或者装置。科技的发展对传感器产品也提出了新的要求，要求它们具有更低的成本、更强的功能、更快的响应及更优的可靠性。因此为了满足社会进步、科学发展的需求，研究和开发多功能、高稳定性、微型化的传感器依然是一个重要的方向。半导体功能材料具有丰富的物理特性和物理效应，结合纳米材料所带来的优异表面活性和高比表面积等效应，使得半导体纳米线在离子传感器、气体传感器、压力传感器、生物传感器、湿度传感器、光探测器等方面都具有很好的应用前景。

半导体纳米材料的物理或化学性质受到周围环境的影响较大，如气体、温度、湿度等。气体传感器是半导体材料应用比较广泛的一个领域。气体传感器主要实现对有毒、易燃、易腐蚀性气体的响应，给人们的生活提供了安全保障。目前，大部分的气敏传感器都是表面控制电阻型气敏传感器。SnO_2[170]、α-Fe_2O_3[171]、Ag_2S[172]是研究较多的气敏传感器材料，这类材料遇到不同化学性质的气体，其电阻会发生改变。SnO_2 是最具代表性的半导体气体敏感材料之一，得到了广泛的研究。通过在 α-Fe_2O_3 纺锤体的表面掺杂 Au，发现其气体传感和催化性能都有改善，尤其对乙醇的响应，掺 Au 的灵敏度比没掺 Au 的最大提高了 4 倍[173]。通过改性，SnO_2 能用于很多气体的检测。Cu 掺杂的 SnO_2 可以构建性能优异的 H_2S 气体传感器[174]，Ag 修饰能显著提高 SnO_2 的乙醇气敏性能[175]。铁氧化物对 CO 等还原性气体响应较好，Ag_2S 则对氧气有响应。在半导体内掺微量的贵金属就能进一步改善传感性能，如提高气敏响应、选择性及缩短响应时间和恢复时间等。通过金属 Sb 掺杂 SnO_2 纳米线构建乙醇传感器，可在 300℃用于探测乙醇，乙醇浓度为 0.5ppm（ppm 为 10^{-6}）时敏感值为 2.3，浓度为 100ppm 时敏感值为 50.6[176]。

ZnO 纳米线具有高比表面积，其电输运特性对表面吸收非常敏感，在气体传感方面有重要的应用前景[177-183]。Shindle 等通过喷雾热解法合成了 ZnO 纳米棒，在 50℃对 100×10^{-6}mg/L 的 H_2S 有很好的灵敏度和稳定性[177]。采用水热法制备的单晶 ZnO 纳米线对有机蒸气具有优异的传感性能[178]。三维多孔 ZnO 多级结构具有高比表面积，在 280℃高温下对乙醇蒸气具有优异的气敏特性[179]。韩国研究人员用静电纺丝制备高分子纳米纤维模板，得到空心 ZnO 纳米纤维，其在 375℃时对 CO 和 NO_2 有较好敏感性能[180]。单纯 ZnO 气敏传感器具有灵敏度低、工作温度高和选择性差等缺点，通过元素掺杂可以进一步提高其气敏的特性。贵金属元素具有很强的催化性，通过掺杂 Pd、Ag、Ru 和 Au 等贵金属元素可有效改善 ZnO 的气敏特性。Pd 掺杂的 ZnO 纳米纤维相比未掺杂 ZnO 的灵敏度提高、响应速度加快、工作稳定性降低[181]。另外，通过掺杂系统元素和金属氧化物也可提高 ZnO 气敏传感器的灵敏度，改善其选择性[182, 183]。

在逻辑电路和生物传感、应力/应变探测方面，半导体纳米线明显表现出优异的性能。Lieber 的研究小组根据“自下而上”的构建理念，采用 p 型的硅纳米线和 n 型的 GaN 纳米线组成十字交叉的 pn 结构建了一个纳米逻辑电路[82]。Lieber 研究小组于 2001 年采用 B 掺杂的 Si 纳米线构建了用于 pH 测定的纳米传感器[184]，并于 2005 年采用 Si 纳米线阵列构建了用于癌细胞探测的传感器[185]。这种纳米线传感器基于一个 p 型的 Si 纳米线。Si 纳米线的表面先用 3-氨基丙基三乙氧基硅烷（APTES）进行处理。一般来说，自然获得的 Si 纳米线的表面断缺的键被—OH 饱和形成硅烷醇。通过这种处理，可以在这种表面上形成大量的氨基官能团。这些氨基和硅烷醇可以作为氢离子的受主，它们之间的反应可以改变纳米线表面的载流子浓度。ZnO 纳米材料也经常应用于生物传感器。北京科技大学张跃课题组开展了系列研究，先后构建了基于四针氧化锌和氧化锌纳米线的葡萄糖、乳酸和尿酸传感器[186-192]。虽然纳米线器件在生物传感领域中有了较好的发展，但是纳米线器件在生物检测中也遇到一些问题，如纳米线较为脆弱，在多次检测过程中容易受到损害，对电极和纳米线的保护要求较高。

利用材料的压电效应，将力学信号转化为电学信号，可以实现对应力/应变的传感。ZnO 是具有压电特性的半导体材料。2006 年，王中林小组用单根 ZnO 纳米线构建了压电传感场效应晶体管[193]。在纳米线的一端用银浆固定在 Si 基片上，另一端用 W 针尖接触并可压动纳米线。当两端加载固定电压时，通过 W 针尖拨动纳米线，可以看到电流明显改变，受纳米线的挠度控制，并且当挠度较小时，弯曲力与纳米线的电导率呈线性关系。这种压电场效应晶体管被应用于纳牛顿级的压力探测器。2008 年，王中林小组利用 ZnO 微米线的压电效应，组建了柔性压力应变传感器[194]。其电极接触为肖特基接触，当拉应力增加时 *I-V* 曲线上移，当压应力增加时 *I-V* 曲线下移。曲线的变化可以归结为应力作用下电极接触位置的肖特基势垒发生了变化，当弯曲微米棒时，由于弯曲程度不同，其形成的压电势不同，从而影响势垒高度，导致电流随应变变化而变化。此外，王中林小组还采用 ZnO 纳米线构建了力电开关[195]。由于力的影响，弯曲的细丝产生了一个宽度方向的电压降，拉伸和压缩表面分别是正向和负向电压。压电效应产生的电压和电流能作为外加电路系统的开关，并最终测量出外加应力。张跃研究小组也对半导体纳米线应力/应变传感器的构建开展了深入研究[196, 197]，研制出基于 ZnO 压电和压阻效应的单根纳米线压电子应力传感器。当拉伸应变为 0.5%时，电流敏感度达到 200%[197]。

随着科技的发展，人们对传感器的灵敏度、选择性、稳定性等方面的要求越来越高。因此，新型高性能传感器的研究与开发越来越重要。随着传感器的微型化、智能化和多功能化，半导体纳米线的制备及其在传感器中的应用必将得到显著发展。

2.3.6 半导体纳米线场发射器件

电子发射是指电子在外场作用下从材料中逸出的现象。一般来说，电子发射共有四种形式，即热电子发射、光电子发射、次级电子发射和场致电子发射。在这四种形式的电子发射中，前三者都是通过提高电子的能量使其从固体表面逸出，而场致电子发射是降低材料表面势垒，并未提高电子能量，即不需要激发就可以从表面逸出。根据场致电子发射理论，一维纳米材料的长径比大、尖端尖锐，非常有利于在电场作用下发射电子。因此，纳米线材料具有作为场致发射冷阴极的独特形貌特征。很多半导体纳米线在场发射领域的应用研究已经引起了世界范围内许多科学家的兴趣，并且很多在电子器件上得到了应用。

在用于场发射器件研究的半导体纳米线中，既有 n 型半导体，又有 p 型半导体。人们对这两种半导体的场发射性能做了大量的研究，有常见的 n 型半导体 ZnO[198-203]、TiO_2[204-206]、SnO_2[207, 208]等，也有 p 型半导体 CuO[209-211]等。张跃研究小组对 ZnO 纳米线的场发射性能进行了系统研究[212-214]，发现了 ZnO 纳米线阵列的发射电流密度随其直径和尖端尺寸减小而增加。通过 In 元素掺杂可以提高 ZnO 纳米线的场发射性能。Garry 等分别用化学水浴沉积法和气相输运法制备了 ZnO 纳米线，研究了纳米线的形貌对场发射性能的影响[215]。结果表明，不同生长方法得到的纳米线场发射性能不同。纳米线的密度对场发射性能影响较大，而形貌差异太大时无法根据生长密度比较场发射性能；纳米线的长度或者长径比会影响场发射结果。Rikka 等用化学气相沉积法制备了 SnO_2 纳米线，对其进行了场致发射性能研究[216]。SnO_2 纳米线的开启电场为 1.75V/μm，阈值电场为 2.48V/μm，场增强因子为 3.29×10^3，场发射性能与碳纳米管不相上下。通过湿化学方法制备了尖顶纳米线、平顶纳米线和纳米管三种不同形貌的 CuO 纳米线，不同形貌纳米线具有不同场发射性能，平顶纳米线的场发射性能最好[217]。

虽然半导体纳米线的场发射性能发现比碳纳米管晚，但是其性能可以与碳纳米管比拟。同时，半导体纳米线的场发射性能与其形貌有很大的关系，通过制备过程中制备工艺参数的调控可以显著提高材料的场发射性能。

以上简要回顾了半导体纳米线在各类功能器件中的应用情况。可以看出，半导体纳米线材料的应用领域广泛、构建的器件性能优异，可以满足电子器件“更小、更快、更冷”的要求，有望得到实际应用，进入人们的日常生活。半导体纳米线材料的性能及应用研究也正在继续广泛展开，各类器件的性能也在不断提升。基于半导体纳米线的新型及高性能器件必将是21世纪纳米科技产业重要的研究内容。随着制备技术的完善和研究的深入、器件性能的不断提高、纳米产业化的推进，半导体纳米线必将在新能源、环保、信息科学技术、生物医学、安全、国防等领域发挥重要的作用。

参考文献

[1] Hobbs R G，Petkov N J，Holmes D，et al. Self-seeded growth of germanium nanowires：Coalescence and Ostwald ripening. Chemistry of Materials，2013，25：215-222.

[2] Agarwal R，Lieber C M. Semiconductor nanowires：Optics and optoelectronics. Applied Physics A，2006，85：209-215.

[3] Chen C Q，Shi Y，Zhu J，et al. Size dependence of Young’s modulus in ZnO nanowires. Physical Review Letters，2006，96：075505.

[4] Huang Y，Bai X，Zhang Y. *In situ* mechanical properties of individual ZnO nanowires and the mass measurement of nanoparticles. Journal of Physics：Condensed Matter，2006，18：179-184.

[5] Huang Y，Zhang Y，Wang X，et al. Size independence and doping dependence of bending modulus in ZnO nanowires. Crystal Growth & Design，2009，9：1640-1642.

[6] Song J，Wang X，Riedo E，et al. Elastic property of vertically aligned nanowires. Nano Letters，2005，5：1954-1958.

[7] Lucas M，Mai W，Yang R，et al. Aspect ratio dependence of the elastic properties of ZnO nanobelts. Nano Letters，2007，7：1314-1317.

[8] Wen B M，Sader J E，Boland J J. Mechanical properties of ZnO nanowires. Physical Review Letters，2008，101：175502.

[9] Agrawal R，Peng B，Espinosa H D. Experimental-computational investigation of ZnO nanowires strength and fracture. Nano Letters，2009，9：4177-4183.

[10] He M R，Shi Y，Zhou W，et al. Diameter dependence of modulus in zinc oxide nanowires and the effect of loading mode：*In situ* experiments and universal core-shell approach. Applied Physics Letters，2009，95：091912.

[11] Ni H，Li X. Young’s modulus of ZnO nanobelts measured using atomic force microscopy and nanoindentation techniques. Nanotechnology，2006，17：3591-3597.

[12] Li P，Liao Q，Yang S，et al. *In situ* transmission electron microscopy investigation on fatigue behavior of single ZnO wires under high-cycle strain. Nano Letters，2014，14：480-485.

[13] Hessman D，Lexholm M，Dick K A，et al. High-speed nanometer-scale imaging for studies of nanowire mechanics. Small，2007，3：1699-1702.

[14] Solanki H S，Sengupta S，Dubey S，et al. High Q electromechanics with InAs nanowire quantum dots. Applied Physics Letters，2011，99：213104.

[15] Foster A P，Maguire J K，Bradley J P，et al. Tuning nonlinear mechanical mode coupling in GaAs nanowires using cross-section morphology control. Nano Letters，2016，16：7414-7420.

[16] Liu K H，Gao P，Wang E G，et al. *In situ* probing electrical response on bending of ZnO nanowires inside transmission electron microscope. Applied Physics Letters，2008，92：213105.

[17] Yang Y，Qi J J，Guo W，et al. Size dependence of transverse electric transport in single ZnO nanoneedles. Applied Physics Letters，2010，96：152101.

[18] Yang Y，Qi J J，Zhang Y，et al. Controllable fabrication and electromechanical characterization of single crystalline Sb-doped ZnO nanobelts. Applied Physics Letters，2008，92：183117.

[19] Yan M，Zhang H T，Chang P H，et al. Self-assembly of well-aligned gallium-doped zinc oxide nanorods. Journal of Applied Physics，2003，94：5240-5246.

[20] Xu C X，Sun X W，Chen B J. Field emission from gallium-doped zinc oxide nanofiber array. Applied Physics Letters，2004，84：1540-1542.

[21] Zhou M J，Zhu H J，Jiao Y，et al. Optical and electrical properties of Ga-doped ZnO nanowire arrays on conducting substrates. Journal of Physical Chemistry C，2009，113：8945-8947.

[22] Zhang X，Zhang Y，Wang Z L，et al. Synthesis and characterization of $Zn_{1-x}Mn_xO$ nanowires. Applied Physics Letters，2008，92：2102.

[23] He J H，Lao C S，Chen L J，et al. Large-scale Ni-doped ZnO nanowire arrays and electrical and optical properties. Journal of the American Chemical Society，2005，127：16376-16377.

[24] Jia X，Xu H，Gao J，et al. Ultralow electron mobility of an individual Cu-doped ZnO nanowire. Physica Status Solidi，2013，210：1217-1220.

[25] Cui Y，Duan X F，Hu J T，et al. Doping and electrical transport in silicon nanowires. Journal of Physical Chemistry B，2000，104：5213-5216.

[26] Fuhrer A，Fröberg L，Pedersen J N，et al. Few electron double quantum dots in InAs/InP nanowire heterostructures. Nano Letters，2007，7：243-246.

[27] Tan Y W，Xue X Y，Qing P，et al. Controllable fabrication and electrical performance of single crystalline Cu_2O nanowires with high aspect ratios. Nano Letters，2007，7：3723-3728.

[28] Seong H K，Choi H J，Lee S K，et al. Optical and electrical transport properties in silicon carbide nanowires. Applied Physics Letters，2004，85：1256-1258.

[29] Han N，Wang F Y，Hou J J，et al. Tunable electronic transport properties of metal-cluster-decorated Ⅲ-Ⅴ nanowire transistors. Advanced Materials，2013，25：4445-4451.

[30] Li Q H，Wan Q，Liang Y X，et al. Electronic transport through individual ZnO nanowires. Applied Physics Letters，2004，84：4556.

[31] Calarco R，Marso M，Richter T，et al. Size-dependent photoconductivity in MBE-grown GaN-nanowires. Nano Letters. 2005，5：981-984.

[32] Zhang D，Chava S，Berven C，et al. Experimental study of electrical properties of ZnO nanowire random networks for gas sensing and electronic devices. Applied Physics A，2010，100：145-150.

[33] Umar A，Rahman M M，Kim S H，et al. Zinc oxide nanonail based chemical sensor for hydrazine detection. Chemical Communications，2007，2：166-168.

[34] Zhang Q，Qi J，Huang Y，et al. Negative differential resistance in ZnO nanowires induced by surface state modulation. Materials Chemistry and Physics，2011，131：258-261.

[35] Heo Y W，Tien L C，Norton D P，et al. Electrical transport properties of single ZnO nanorods. Applied Physics Letters，2004，85：2002.

[36] Thelander C，Caroff P，Plissard S，et al. Effects of crystal phase mixing on the electrical properties of InAs nanowires. Nano Letters，2011，11：2424-2429.

[37] Varghese J，Barth S，Keeney L，et al. Nanoscale ferroelectric and piezoelectric properties of Sb_2S_3 nanowire arrays. Nano Letters，2012，12：868-872.

[38] Marquardt O，Hauswald C，Wölz M，et al. Luminous efficiency of axial $In_xGa_{1-x}N$/GaN nanowire heterostructures：Interplay of polarization and surface potentials. Nano Letters，2013，13：3298-3304.

[39] Wang Z L. Piezopotential gated nanowire devices：Piezotronics and piezo-phototronics. Nano Today，2010，5：540-552.

[40] Gao Z Y，Zhou J，Gu Y D，et al. Effects of piezoelectric potential on the transport characteristics of metal-ZnO nanowire-metal field effect transistor. Journal of Applied Physics，2009，105：113707.

[41] Wang Z L，Yang R S，Zhou J，et al. Lateral nanowire/nanobelt based nanogenerators，piezotronics and piezo-phototronics. Materials Science and Engineering R，2010，70：320-329.

[42] Zhao M H，Wang Z L，Mao S X. Piezoelectric characterization of individual zinc oxide nanobelt probed by piezoresponse force microscope. Nano Letters，2004，4：587-590.

[43] Wang Z L，Song J. Piezoelectric nanogenerators based on zinc oxide nanowire arrays. Science，2006，312：242-246.

[44] Stettner T，Kostenbader T，Ruhstorfer D，et al. Direct coupling of coherent emission from site-selectively grown Ⅲ-Ⅴ nanowire lasers into proximal silicon waveguides. ACS Photonics，2017，4：2537-2543.

[45] Alanis J A，Saxena D，Mokkapati S，et al. Large-scale statistics for threshold optimization of optically pumped nanowire lasers. Nano Letters，2017，17：4860-4865.

[46] Jurczak P，Zhang Y Y，Wu J，et al. Ten-fold enhancement of InAs nanowire photoluminescence emission with an InP passivation layer. Nano Letters，2017，17：3629-3633.

[47] Assali S，Dijkstra A，Li A，et al. Growth and optical properties of direct band gap Ge/$Ge_{0.87}Sn_{0.13}$ core/shell nanowire arrays. Nano Letters，2017，17：1538-1544.

[48] Ra Y H，Rashid R T，Liu X，et al. Scalable nanowire photonic crystals：Molding the light emission of InGaN. Advanced Functional Materials，2017，27：1702364.

[49] Sadaf S M，Zhao S，Wu Y，et al. An AlGaN core-shell tunnel junction nanowire light-emitting diode operating in the ultraviolet-C band. Nano Letters，2017，17：1212-1218.

[50] Dai Y，Zhang Y，Li Q K，et al. Synthesis and optical properties of tetrapod-like zinc oxide nanorods. Chemical Physics Letters，2002，358：83-86.

[51] Djurisic A B，Leung Y H. Optical properties of ZnO nanostructures. Small，2006，2：944-961.

[52] Yang L L，Zhao Q X，Willander M，et al. Annealing effects on optical properties of low temperature grown ZnO nanorod arrays. Journal of Applied Physics，2009，105：053503.

[53] Bae S Y，Na C W，Kang J H，et al. Comparative structure and optical properties of Ga-，In-，and Sn-doped ZnO nanowires synthesized via thermal evaporation. Journal of Physical Chemistry B，2005，109：2526-2531.

[54] Wang R P，Xu G，Jin P. Size dependence of electron-phonon coupling in ZnO nanowires. Physical Review B，2004，69：113303.

[55] Fu X W，Fu Q，Kou L Z，et al. Modifying optical properties of ZnO nanowires via strain-gradient. Frontiers of Physics，2013，8：509-515.

[56] Fu X W，Liao Z M，Liu R，et al. Size-dependent correlations between strain and phonon frequency in individual ZnO nanowires. ACS Nano，2013，7：8891-8898.

[57] Fu X，Liao Z M，Liu R，et al. Strain loading mode dependent bandgap deformation potential in ZnO micro/nanowires. ACS Nano，2015，9：11960-11967.

[58] Han X，Kou L，Zhang Z，et al. Strain-gradient effect on energy bands in bent ZnO microwires. Advanced Materials，2012，24：4707-4711.

[59] Wei B，Zheng K，Ji Y，et al. Size-dependent bandgap modulation of ZnO nanowires by tensile strain. Nano Letters，2012，12：4595-4599.

[60] Xu S，Guo W，Du S，et al. Piezotronic effects on the optical properties of ZnO nanowires. Nano Letters，2012，12：5802-5807.

[61] Garnett E，Yang P D. Light trapping in silicon nanowire solar cells. Nano Letters，2010，10：1082-1087.

[62] Zhu J，Yu Z F，Burkhard G F，et al. Optical absorption enhancement in amorphous silicon nanowire and nanocone arrays. Nano Letters，2009，9：279-282.

[63] Sköld N，Karlsson L S，Larsson M W，et al. Growth and optical properties of strained GaAs-$Ga_xIn_{1-x}P$ core-shell nanowires. Nano Letters，2005，5：1943-1947.

[64] Kuykendall T，Ulrich P，Aloni S，et al. Complete composition tunability of InGaN nanowires using a combinatorial approach. Nature materials，2007，6：951.

[65] Joyce H J，Leung J W，Gao Q，et al. Phase perfection in zinc blende and wurtzite Ⅲ-Ⅴ nanowires using basic growth parameters. Nano Letters，2010，10：908-915.

[66] Bao J，Bell D C，Capasso F，et al. Optical properties of rotationally twinned InP nanowire heterostructures. Nano Letters，2008，8：836-841.

[67] Sadaf S M，Ra Y H，Szkopek T，et al. Monolithically integrated metal/semiconductor tunnel junction nanowire light-emitting diodes. Nano Letters，2016，16：1076-1080.

[68] Sarwar A G，Carnevale S D，Yang F，et al. Semiconductor nanowire light-emitting diodes grown on metal：A direction toward large-scale fabrication of nanowire devices. Small，2015，11：5402-5408.

[69] Liu C H，Yiu W C，Au F C K，et al. Electrical properties of zinc oxide nanowires and intramolecular p-n junctions. Applied Physics Letters，2003，83：3168-3170.

[70] Peng K Q，Huang Z P，Zhu J. Fabrication of large-area silicon nanowire p-n junction diode arrays. Advanced Materials，2004，16：73-76.

[71] Carnevale S D，Kent T F，Phillips P J，et al. Polarization-induced pn diodes in wide-band-gap nanowires with ultraviolet electroluminescence. Nano Letters，2012，12：915-920.

[72] Barrigón E，Hultin O，Lindgren D，et al. GaAs nanowire pn-junctions produced by low-cost and high-throughput aerotaxy. Nano Letters，2018，18：1088-1092.

[73] Yusoff M Z M，Hassan Z，Ahmed N M，et al. pn-Junction photodiode based on GaN grown on Si（111）by plasma-assisted molecular beam epitaxy. Materials Science in Semiconductor Processing，2013，16：1859-1864.

[74] Park W I，Yi G C，Kim J W，et al. Schottky nanocontacts on ZnO nanorod arrays. Applied Physics Letters，2003，82：4358-4360.

[75] Yang Y，Qi J，Liao Q，et al. High-performance piezoelectric gate diode of a single polar-surface dominated ZnO nanobelt. Nanotechnology，2009，20：125201.

[76] Yang Y，Liao Q，Qi J，et al. PtIr/ZnO nanowire/pentacene hybrid back-to-back double diodes. Applied Physics Letters，2008，93：133101.

[77] Yao J，Yan H，Lieber C M. A nanoscale combing technique for the large-scale assembly of highly aligned nanowires. Nature Nanotechnology，2013，8：329-335.

[78] Xiang J，Lu W，Hu Y，et al. Ge/Si nanowire heterostructure as high-performance field-effect transistors. Nature，2006，441：489-493.

[79] Li L，Lu H，Yang Z，et al. Bandgap-graded CdS(x)Se($1-x$) nanowires for high-performance field-effect transistors and solar cells. Advanced Materials，2013，25：1109-1113.

[80] Guo N，Hu W，Liao L，et al. Anomalous and highly efficient InAs nanowire phototransistors based on majority carrier transport at room temperature. Advanced Materials，2014，2：8203-8209.

[81] Moore G E. Progress in digital integrated electronics. Electron Devices Meeting，1975，21：11-13.

[82] Huang Y，Duan X，Cui Y，et al. Logic gates and computation from assembled nanowire building blocks. Science，2001，294：1313-1317.

[83] Cui Y，Lieber C M. Functional nanoscale electronic devices assembled using silicon nanowire building blocks. Science，2001，291：851-853.

[84] Huang Y，Duan X，Cui Y，et al. Gallium nitride nanowire nanodevices. Nano Letters，2002，2：101-104.

[85] Wang J，Gudiksen M，Duan X，et al. Highly polarized photoluminescence and photodetection from single indium phosphide nanowires. Science，2001，293：1455-1457.

[86] Pan D，Fu M，Yu X，et al. Controlled synthesis of phase-pure InAs nanowires on Si（111）by diminishing the diameter to 10 nm. Nano Letters，2014，14：1214-1220.

[87] Yu J W，Wu H M，Yeh B C，et al. DC characteristics and high frequency response of GaN nanowire metal-oxide-semiconductor field-effect transistor. Physica Status Solidi C，2009，6：S535-S537.

[88] Jiang X，Xiong Q，Nam S，et al. InAs/InP radial nanowire heterostructures as high electron mobility devices. Nano Letters，2007，7：3214-3218.
[89] Tomioka K，Yoshimura M，Fukui T. A Ⅲ-Ⅴ nanowire channel on silicon for high-performance vertical transistors. Nature，2012，488：189-192.
[90] Wallentin J，Ek M，Wallenberg L R，et al. Electron trapping in InP nanowire FETs with stacking faults. Nano Letters，2011，12：151-155.
[91] Borg B M，Dick K A，Ganjipour B，et al. InAs/GaSb heterostructure nanowires for tunnel field-effect transistors. Nano Letters，2010，10：4080-4085.
[92] Colinge J P，Lee C W，Afzalian A，et al. nanowire transistors without junctions. Nature Nanotechnology，2010，5：225-229.
[93] Ionescu A M，Riel H. Tunnel field-effect transistors as energy-efficient electronic switches. Nature，2011，479：329-337.
[94] Wu W Z，Wen X N，Wang Z L. Taxel-addressable matrix of vertical-nanowire piezotronic transistors for active and adaptive tactile imaging. Science，2013，340：952-957.
[95] Svensson J，Dey A W，Jacobsson D，et al. Ⅲ-Ⅴ nanowire complementary metal-oxide semiconductor transistors monolithically integrated on Si. Nano Letters，2015，15：7898-7904.
[96] Hultin O，Otnes G，Borgström M T，et al. Comparing hall effect and field effect measurements on the same single nanowire. Nano Letters，2016，16：205-211.
[97] Haraguchi K，Katsuyama T，Hiruma K. Polarization dependence of light emitted from GaAs p-n junctions in quantum wire crystals. Journal of Applied Physics，1994，75：4220-4225.
[98] Minot E D，Kelkensberg F，Kouwen M，et al. Single quantum dot nanowire LEDs. Nano Letters，2007，7：367-371.
[99] Tomioka K，Motohisa J，Hara S，et al. GaAs/AlGaAs core multishell nanowire-based light-emitting diodes on Si. Nano Letters，2010，10：1639-1644.
[100] Qian F，Gradecak S，Li Y，et al. Core/multishell nanowire heterostructures as multicolor，high-efficiency light-emitting diodes. Nano Letters，2005，5：2287-2291.
[101] Duan X，Huang Y，Cui Y，et al. Indium phosphide nanowires as building blocks for nanoscale electronic and optoelectronic devices. Nature，2001，409：66-69.
[102] Zhang X，Lu M，Zhang Y，et al. Fabrication of a high-brightness blue-light-emitting diode using a ZnO-nanowire array grown on p-GaN thin film. Advanced Materials，2009，21：2767-2770.
[103] Huang M H，Mao S，Feick H，et al. Room-temperature ultraviolet nanowire nanolasers. Science，2001，292：1897-1899.
[104] Duan X，Huang Y，Agarwal R，et al. Single-nanowire electrically driven lasers. Nature，2003，421：241-245.
[105] Paxizauskie P J，Sirbuly D J，Yang P. Semiconductor nanowire ring resonator laser. Physical Review Letters，2006，96：143903.
[106] Zimmler M A，Bao J，Capasso F，et al. Laser action in nanowires：Observation of the transition from amplified spontaneous emission to laser oscillation. Applied Physics Letters，2008，93：051101.
[107] Ding Y，Yang Q，Guo X，et al. Nanowires/microfiber hybrid structure multicolor laser. Optics Express，2009，17：21813-21818.
[108] Xiao Y，Meng C，Wang P，et al. Single-nanowire single-mode laser. Nano letters，2011，11：1122-1126.
[109] Pan A，Zhou W，Leong E S P，et al. Continuous alloy-composition spatial grading and superbroad wavelength-tunable nanowire lasers on a single chip. Nano letters，2009，9：784-788.
[110] Chu S，Wang G P，Zhou W H，et al. Electrically pumped waveguide lasing from ZnO nanowires. Nature Nanotechnology，2011，6：506.
[111] Saxena D，Mokkapati S，Parkinson P，et al. Optically pumped room-temperature GaAs nanowire lasers. Nature Photonics，2013，7：963-968.

[112] Li K H, Liu X, Wang Q, et al. Ultralow-threshold electrically injected AlGaN nanowire ultraviolet lasers on Si operating at low temperature. Nature Nanotechnology, 2015, 10: 140-144.
[113] Burgess T, Saxena D, Mokkapati S, et al. Doping-enhanced radiative efficiency enables lasing in unpassivated GaAs nanowires. Nature Communications, 2016, 7: 11927.
[114] Boland J L, Casadei A, Tütüncüoglu G, et al. Increased photoconductivity lifetime in GaAs nanowires by controlled n-type and p-type doping. ACS Nano, 2016, 10: 4219-4227.
[115] Fu Y P, Zhu H, Stoumpos C C, et al. Broad wavelength tunable robust lasing from single-crystal nanowires of cesium lead halide perovskites($CsPbX_3$, X = Cl, Br, I). ACS Nano, 2016, 10: 7963-7972.
[116] Fu Y Y, Zhu H M, Schrader A W, et al. Nanowire lasers of formamidinium lead halide perovskites and their stabilized alloys with improved stability. Nano Letters, 2016, 16: 1000-1008.
[117] Saxena D, Jiang N, Yuan X M, et al. Design and room-temperature operation of GaAs/AlGaAs multiple quantum well nanowire lasers. Nano Letters, 2016, 16: 5080-5086.
[118] Yokoo A, Takiguchi M, Birowosuto M D, et al. Subwavelength nanowire lasers on a silicon photonic crystal operating at telecom wavelengths. ACS Photonics, 2017, 4: 355-362.
[119] Zhou J, Gu Y, Hu Y, et al. Gigantic enhancement in response and reset time of ZnO UV nanosensor by utilizing Schottky contact and surface functionalization. Applied Physics Letters, 2009, 94: 191103.
[120] Bugallo A L, Tchernycheva M, Jacopin G, et al. Visible-blind photodetector based on p-i-n junction GaN nanowire ensembles. Nanotechnology, 2010, 21: 315201.
[121] Pettersson H, Zubritskaya I, Nghia N T, et al. Electrical and optical properties of InP nanowire ensemble p^+-i-n^+photodetectors. Nanotechnology, 2012, 23: 135201.
[122] Lu C Y, Chang S J, Chang S P, et al. Ultraviolet photodetectors with ZnO nanowires prepared on ZnO: Ga/glass templates. Applied Physics Letters, 2006, 89: 153101.
[123] Peng S M, Su Y K, Ji L W, et al. Transparent ZnO nanowire-network ultraviolet photosensor. IEEE Transactions on Electron Devices, 2011, 58: 2036-2040.
[124] Hayden O, Agarwal R, Lieber C M. Nanoscale avalanche photodiodes for highly sensitive and spatially resolved photon detection. Nature Materials, 2006, 5: 352-356.
[125] Nie B, Luo L B, Chen J J, et al. Fabrication of p-type ZnSe: Sb nanowires for high-performance ultraviolet light photodetector application. Nanotechnology, 2013, 24: 095603.
[126] Yang Y, Guo W, Qi J, et al. Self-powered ultraviolet photodetector based on a single Sb-doped ZnO nanobelt. Applied Physics Letters, 2010, 97: 223113.
[127] Zheng D, Wang J, Hu W, et al. When nanowire meet ultra-high ferroelectric field-high performance full-depleted nanowire photodetectors. Nano Letters, 2016, 16: 2548-2555.
[128] Miao J, Hu W, Guo N, et al. Single InAs nanowire room-temperature near-infrared photodetectors. ACS Nano, 2014, 8: 3628-3635.
[129] Liu Z, Luo T, Liang B, et al. High-detectivity InAs nanowire photodetectors with spectral response from ultraviolet to near-infrared. Nano Research, 2013, 6: 775-783.
[130] Peng Z A, Peng X G. Formation of high-quality CdTe, CdSe, and CdS nanocrystals using CdO as precursor. Journal of the American Chemical Society, 2001, 123: 183-184.
[131] Sites J, Pan J. Strategies to increase CdTe solar-cell voltage. Thin Solid Films, 2007, 515: 6099-6102.
[132] Tang Z Y, Kotov N A, Giersig M. Spontaneous organization of single CdTe nanoparticles into luminescent nanowires. Science, 2002, 297: 237-240.
[133] Toda Y, Moriwaki O, Nishioka M, et al. Efficient carrier relaxation mechanism in InGaAs/GaAs self-assembled quantum dots based on the existence of continuum states. Physical Review Letters, 1999, 82: 4114-4117.
[134] Novotny C J, Yu E T, Yu P K L. InP nanowire/polymer hybrid photodiode. Nano Letters, 2008, 8: 775-779.
[135] Li N, Lee K, Renshaw C K, et al. Improved power conversion efficiency of InP solar cells using organic window layers. Applied Physics Letters, 2011, 98: 053504.

[136] Ren S Q，Zhao N，Crawford S C，et al. Heterojunction photovoltaics using GaAs nanowires and conjugated polymers. Nano Letters，2011，11：408-413.

[137] Schaller R D，Klimov V I. High efficiency carrier multiplication in PbSe nanocrystals：Implications for solar energy conversion. Physical Review Letters，2004，92：186601.

[138] Ellingson R J，Beard M C，Johnson J C，et al. Highly efficient multiple exciton generation in colloidal PbSe and PbS quantum dots. Nano Letters，2005，5：865-871.

[139] Murphy J E，Beard M C，Norman A G，et al. PbTe colloidal nanocrystals：Synthesis，characterization，and multiple exciton generation. Journal of the American Chemical Society，2006，128：3241-3247.

[140] Tang J，Huo Z，Brittman S，et al. Solution-processed core-shell nanowires for efficient photovoltaic cells. Nature Nanotechnology，2011，6：568-572.

[141] Pan C，Luo Z，Xu C，et al. Wafer-scale high-throughput ordered arrays of Si and coaxial Si/$Si_{(1-x)}Ge_{(x)}$wires：Fabrication，characterization，and photovoltaic application. ACS Nano，2011，5：6629-6636.

[142] Kempa T J，Cahoon J F，Kim S K，et al. Coaxial multishell nanowires with high-quality electronic interfaces and tunable optical cavities for ultrathin photovoltaics. Proceedings of the National Academy of Sciences，2012，109：1407-1412.

[143] Lu Y，Lal A. High-efficiency ordered silicon nano-conical-frustum array solar cells by self-powered parallel electron lithography. Nano Letters，2010，10：4651-4656.

[144] Rensmo H，Keis K，Lindström H，et al. High light-to-energy conversion efficiencies for solar cells based on nanostructured ZnO electrodes. Journal of Physical Chemistry B，1997，101：2598-2601.

[145] Zhang X，Sun X H，Jiang L D. Absorption enhancement using nanoneedle array for solar cell. Applied Physics Letters，2013，103：211110.

[146] Shin J C，Mohseni P K，Yu K J，et al. Heterogeneous integration of InGaAs nanowires on the rear surface of Si solar cells for efficiency enhancement. ACS Nano，2012，6：11074-11079.

[147] Feve G，Bocquillon E，Freulon V，et al. Coherence and indistinguishability of single electron wavepackets emitted by independent sources. American Physical Society，2013，339：1054-1057.

[148] Anton S R，Sodano H A. A review of power harvesting using piezoelectric materials. Smart Materials and Structures，2007，16：R1-R21.

[149] Su W S，Chen Y F，Hsiao C L，et al. Generation of electricity in GaN nanorods induced by piezoelectric effect. Applied Physics Letters，2007，90：063110.

[150] Lin Y F，Song J，Ding Y，et al. Piezoelectric nanogenerator using CdS nanowires. Applied Physics Letters，2008，92：064552.

[151] Song J，Zhou J，Wang Z L. Piezoelectric and semiconducting coupled power generating process of a single ZnO belt/wire. a technology for harvesting electricity from the environment. Nano Letters，2006，6：1656-1662.

[152] Wang X，Song J，Liu J，et al. Direct-current nanogenerator driven by ultrasonic waves. Science，2007，316：102-105.

[153] Yang R，Qin Y，Dai L，et al. Power generation with laterally packaged piezoelectric fine wires. Nature Nanotechnology，2009，4：34-39.

[154] Yang R，Qin Y，Li C，et al. Characteristics of output voltage and current of integrated nanogenerators. Applied Physics Letters，2009，94：022905.

[155] Yang R，Qin Y，Li C，et al. Converting biomechanical energy into electricity by a muscle-movement-driven nanogenerator. Nano Letters，2009，9：1201-1205.

[156] Wang Z，Hu J，Suryavanshi A P，et al. Voltage generation from individual $BaTiO_3$ nanowires under periodic tensile mechanical load. Nano Letters，2007，7：2966-2969.

[157] Xu S，Qin Y，Xu C，et al. Self-powered nanowire devices. Nature Nanotechnology，2010，5：366-373.

[158] Zhu G，Yang R，Wang S，et al. Flexible high-output nanogenerator based on lateral ZnO nanowire array. Nano Letters，2010，10：3151-3155.

[159] Zhu G，Wang A C，Liu Y，et al. Functional electrical stimulation by nanogenerator with 58 V output voltage. Nano Letters，2012，12：3086-3090.

[160] Choi D，Choi M Y，Choi W M，et al. Fully rollable transparent nanogenerators based on graphene electrodes. Advanced Materials，2010，22：2187-2192.

[161] Choi D，Choi M Y，Shin H J，et al. Nanoscale networked single-walled carbon-nanotube electrodes for transparent flexible nanogenerators. Journal of Physical Chemistry C，2010，114：1379-1384.

[162] Lin Z H，Yang Y，Wu J M，et al. $BaTiO_3$ nanotubes-based flexible and transparent nanogenerators. Journal of Physical Chemistry Letters，2012，3：3599-3604.

[163] Seol M L，Im H，Moon D I，et al. Design strategy for a piezoelectric nanogenerator with a well-ordered nanoshell array. ACS Nano，2013，7：10773-10779.

[164] Koka A，Zhou Z，Sodano H A. Vertically aligned $BaTiO_3$ nanowire arrays for energy harvesting. Energy & Environmental Science，2014，7：288-296.

[165] Gu L，Cui N Y，Cheng L，et al. Flexible fiber banogenerator with 209 V output voltage directly powers a light-emitting diode. Nano Letters，2013，13：91-94.

[166] Kang P G，Yun B K，Sung K D，et al. Piezoelectric power generation of vertically aligned lead-free（K，Na）NbO_3 nanorod arrays. RSC Advances，2014，4：29799-29805.

[167] Qin Y，Wang X，Wang Z L. Microfibre-nanowire hybrid structure for energy scavenging. Nature，2008，451：809-813.

[168] Lee M，Chen C Y，Wang S，et al. A hybrid piezoelectric structure for wearable nanogenerators. Advanced Materials，2012，24（13）：1759-1764.

[169] Liao Q，Zhang Z，Zhang X，et al. Flexible piezoelectric nanogenerators based on a fiber/ZnO nanowires/paper hybrid structure for energy harvesting. Nano Research，2014，7：917-928.

[170] Wang B，Zhu L F，Yang Y H，et al. Fabrication of a SnO_2 nanowire gas sensor and sensor performance for hydrogen. Journal of Physical Chemistry C，2008，112：6643-6647.

[171] Wang G，Gou X，Horvat J，et al. Facile synthesis and characterization of iron oxide semiconductor nanowires for gas sensing application. Journal of Physical Chemistry C，2008，112：15220-15225.

[172] Yang J，Ying J Y. Room-temperature synthesis of nanocrystalline Ag_2S and its nanocomposites with gold. Chemical Communications，2009，22：3187-3189.

[173] Zhang J，Liu X，Wang L，et al. Au-functionalized hematite hybrid nanospindles：General synthesis，gas sensing and catalytic properties. Journal of Physical Chemistry C，2011，115：5352-5357.

[174] Shukla G P，Bhatnagar M C. H_2S gas sensor based on Cu doped SnO_2 nanostructure. Journal of Materials Science and Engineering A，2014，4：99-104.

[175] Hwang I S，Choi J K，Woo H S，et al. Facile control of C_2H_5OH sensing characteristics by decorating discrete Ag nanoclusters on SnO_2 nanowire networks. ACS Applied Materials & Interfaces，2011，3：3140-3145.

[176] Wan Q，Huang J，Xie Z，et al. Branched SnO_2 nanowires on metallic nanowire bacbones for ethanol sensors application. Applied Physics Letters，2008，92：102101.

[177] Shinde S D，Patil G E，Kajale D D，et al. Synthesis of ZnO nanorods by spray pyrolysisi for H_2S gas sensor. Journal of Alloys and Compounds，2012，528：109-114.

[178] Gu C P，Li S S，Huang J R，et al. Preferential growth of long ZnO nanowires and its application in gas sensor. Sensors Actuators B，2013，177：453-459.

[179] Zhang J，Wang S，Xu M，et al. Hierarchically porous ZnO architectures for gas sensor application. Crystal Growth & Design，2009，9：3532-3537.

[180] Katoch A，Abideen Z U，Kim J H，et al. Influence of hollowness variation on the gas-sensing properties of ZnO hollow nanofibers. Sensors and Actuators B：Chemical，2016，232：698-704.

[181] Wei S，Yu Y，Zhou M. CO gas sensing of Pd-doped ZnO nanofibers synthesized by electrospinning method. Materials Letters，2010，64：2284-2286.

[182] Cao G，Pan G，He P，et al. Preparation and gas sensing property studies of CeO_2-doped ZnO thick film. Journal of Functional Materials，2013，44：682-684.

[183] Zeng Y，Zhang T，Wang L J，et al. Enhanced toluene sensing characteristics of TiO_2-doped flowerlike ZnO nanostructures. Sensors Actuators B，2009，140：73-78.

[184] Cui Y，Wei Q，Park H，et al. Nanowire nanosensors for highly sensitive and selective detection of biological and chemical species. Science，2001，293：1289-1291.

[185] Zheng G，Patolsky F，Cui Y，et al. Multiplexed electrical detection of cancer marker with nanowire sensor array. Nature Biotechnology，2005，23：1294-1901.

[186] Lei Y，Yan X，Zhao J，et al. Improved glucose electrochemical biosensor by appropriate immobilization of nano-ZnO. Colloids Surface B：Biointerfaces，2011，82：168-172.

[187] Ma S，Liao Q，Liu H，et al. An excellent enzymatic lactic acid biosensor with ZnO nanowires-gated AlGaAs/GaAs high electron mobility transistor. Nanoscale，2012，4：46415-6418.

[188] Zhao Y，Yan X，Kang Z，et al. Highly sensitive uric acid biosensor based on individual zinc oxide micro/nanowires. Microchimica Acta，2013，180：759-766.

[189] Liu X，Lin P，Yan X，et al. Enzyme-coated single ZnO nanowire FET biosensor for detection of uric acid. Sensors and Actuators B Chemical，2013，176：22-27.

[190] Song Y，Zhang X，Yan X，et al. An enzymatic biosensor based on three-dimensional ZnO nanotetrapods spatial net modified AlGaAs/GaAs high electron mobility transistors. Applied Physics Letters，2014，105：213703.

[191] Ma S，Zhang X，Liao Q，et al. Enzymatic lactic acid sensing by In-doped ZnO nanowires functionalized AlGaAs/GaAs high electron mobility transistor. Sensors and Actuators B：Chemical，2015，212：41-46.

[192] Kang Z，Yan X，Zhao L，et al. Gold nanoparticle/ZnO nanorod hybrids for enhanced reactive oxygen species generation and photodynamic therapy. Nano Research，2015，8：2004-2014.

[193] Wang X D，Zhou J，Song J H，et al. Piezoelectric field effect transistor and nanoforce sensor based on a single ZnO nanowire. Nano Letters，2006，6：2768-2772.

[194] Zhou J，Gu Y D，Fei P，et al. Flexible piezotronic strain sensor. Nano Letters，2008，8：3035-3040.

[195] Zhou J，Fei P，Gao Y F，et al. Mechanical-electrical triggers and sensors using piezoelectric micowires/nanowires. Nano Letters，2008，8：2725-2730.

[196] Yang Y，Qi J，Guo W，et al. Electrical bistability and negative differential resistance in single Sb-doped ZnO nanobelts/SiO_x/p-Si heterostructured devices. Applied Physics Letters，2010，96：093107.

[197] Yang Y，Qi J J，Gu Y S，et al. Piezotronic strain sensor based on single bridged ZnO wires. Physica Status Solidi Rapid Research Letters，2009，3：269-271.

[198] Saito Y，Hamaguchi K，Uemura S，et al. Field emission from multi-walled carbon nanotubes and its application to electron tubes. Applied Physics A：Materials Science & Processing，1998，67：95-100.

[199] Fan S，Chapline M G，Franklin N R，et al. Self-oriented regular arrays of carbon nanotubes and their field emission properties. Science，1999，283：512-514.

[200] Htay M T，Hashimoto Y. Field emission property of ZnO nanowires prepared by ultrasonic spray pyrolysis. Superlattices and Microstructures，2015，84：144-153.

[201] Li F，Zhang L，Wu S，et al. Au nanoparticles decorated ZnO nanoarrays with enhanced electron field emission and optical absorption properties. Materials Letters，2015，145：209-211.

[202] Farid J，Ramin Y，Dilip S，et al. Influence of chemical routes on optical and field emission properties of Au-ZnO nanowire films. Vacuum，2014，101：233-237.

[203] Dong H M，Yang Y H，Yang G W. Growth and field emission property of ZnO nanograsses. Materials Letters，2014，115：176-179.

[204] Wang L L，Hung M，Gennady N，et al. Enhanced field emission from self-assembled ZnO nanorods on graphene/Ni/Si substrates. Materials Letters，2013，112：183-186.

[205] Huang B R，Lin J C，Lin T C，et al. Aggregated TiO_2 nanotubes with high field emission properties. Applied

Surface Science，2014，311：339-343.
[206] Ye Y，Liu Y H，Guo T L. Effect of H_2O content in electrolyte on synthesis and field emission property of anodized TiO_2 nanotubes. Surface and Coating Technology，2014，25：28-33.
[207] Wang C W，Zhu W D，Chen J B，et al. Low-temperature ammonia annealed TiO_2 nanotube arrays：Synergy of morphology improvement and nitrogen doping for enhanced field emission. Thin Solid Films，2014，556：440-446.
[208] Yuan J J，Li H D，Wang Q L，et al. Facile fabrication of aligned SnO_2 nanotube arrays and their field-emission property. Materials Letters，2014，118：43-46.
[209] Hu H L，Zhang D，Liu Y H，et al. Highly enhanced field emission from CuO nanowire arrays by coating of carbon nanotube network films. Vacuum，2015，115：70-74.
[210] Liu Y L，Zhong L，Peng Z Y，et al. Field emission properties of one-dimensional single CuO nanoneedle by *in situ* microscopy. Journal of Materials Science，2010，45：3791-3796.
[211] Zhu Y W，Sow C H，Thong J T L. Enhanced field emission from CuO nanowire arrays by *in situ* laser irradiation. Journal of Applied Physics，2007，102：114302.
[212] Huang Y，Bai X，Zhang Y，et al. Field-emission properties of individual ZnO NWs studied *in situ* by transmission electron microscopy. Journal of Physics：Condensed Matter，2007，19：176001.
[213] Huang Y，Zhang Y，Gu Y，et al. Field-emission of a single In-doped ZnO nanowire. Journal of Physical Chemistry C，2007，111：9039-9043.
[214] Huang Y H，Zhang Y，Liu L，et al. Controlled synthesis and field emission properties of ZnO nanostructures with different morphologies. Journal of Nanoscience and Nanotechnology，2006，6：787-790.
[215] Garry S，McCarthy E，Mosnier J P，et al. Influence of ZnO nanowire array morphology on field emission characteristics. Nanotechnology，2014，25：135604.
[216] Rikka V R，Sameera I，Bhatia R，et al. Synthesis，characterization and field emission properties of tin oxide nanowires. Materials Chemistry and Physics，2015，166：26-30.
[217] Hu L Q，Zhang D，Hu H L，et al. Field electron emission from structure-controlled one-dimensional CuO arrays synthesized by wet chemical process. Journal of Semiconductors，2014，35：073003.

第3章 半导体纳米线功能器件的加工技术

3.1 引　言

近年来，随着科学家们对纳米科学与技术关注程度越来越高，纳米器件的研究取得了快速发展，多种纳米材料原型器件展现在世人面前。这些器件有传统器件在纳米领域中的延伸，也有纳米科技出现后全新的器件概念应用。正如当代微电子的发展离不开半导体制造技术，半导体纳米线器件的实现也依赖于与之相适应的制备方法。科研领域对目前半导体微纳加工制造的主流技术和纳米科学技术引入新技术做了形象的概括，分别是“自上而下”方法和“自下而上”方法。

3.2 “自上而下”微纳加工技术

“自上而下”方法是工业界成熟、可靠、系统的工程，有着坚实技术基础支撑。“自上而下”是从宏观对象出发，以光刻工艺为基础，对材料或原料进行加工，最小尺寸和精度通常由光刻或刻蚀环节的分辨率决定。基于光刻工艺的微纳加工技术主要包括两部分：图形成像和图形转移。除了光刻工艺外，通过聚焦离子束直接加工也是一种十分重要的加工技术。

3.2.1 图形成像

图形成像是指光刻技术，包括光学曝光、电子束曝光和纳米压印技术等广义光刻技术[1]。它们的主要作用是掩模，帮助形成其他材料的微纳米结构。

1. 光学曝光技术

光学曝光是最早用于半导体集成电路的微细加工技术，在半导体纳米器件加工中也经常用到。光学曝光的原理是基于高分子聚合物材料的光敏化学作用，改变高分子聚合物材料在特定显影溶液中的可溶性，使曝光部分或未曝光部分溶解形成表面微纳米浮雕图形。通过光学曝光把设计掩模图形制作到目标基底上需要经过一整套复杂的涂胶、曝光、显影、去胶等工艺过程。

1）涂胶：涂胶又称为甩胶。光刻胶是滴在目标基底的中央，然后通过旋转使胶均匀地甩到整个硅片表面。胶的厚度可以通过旋转的速度控制。

2）曝光：涂过胶的目标基底可以放进曝光机进行曝光。曝光是图形成像的核心工艺过程，可分为正胶工艺和负胶工艺，如图 3-1 所示。采用相同掩模板制作时，二者可获得互补的图形结构。

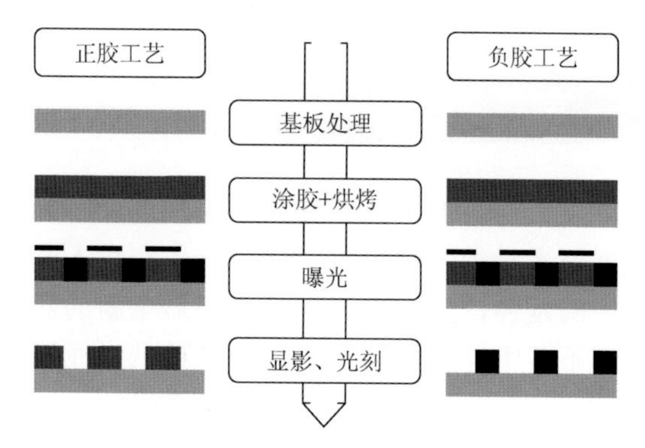

图 3-1 曝光工艺中的正胶工艺和负胶工艺

3）显影：通常有浸没法、喷淋法和搅拌法三种显影方法。其中浸没法最简单，不需要任何特殊设备，是把目标基底浸入显影池内一段时间，然后取出清洗掉残留的显影液；喷淋法是将显影液喷淋到高速旋转的目标基底表面，清洗和干燥也是在硅片旋转过程中完成的；搅拌法是综合了浸没法和喷淋法的特点，先将目标基底表面覆盖一层显影液并维持一段时间，然后高速旋转硅片并同时喷淋显影液，最后的清洗和干燥也是在旋转中完成的。

4）去胶：通过光刻实现了图形成像并对基底进行了加工之后，光刻胶已完成它的使命，需要清除掉。去胶有湿法与干法两种。湿法是用各种酸碱类溶液或有机溶剂将胶层腐蚀掉。最普通的腐蚀溶剂是丙酮。丙酮可以溶解清除绝大部分光刻胶。干法是用氧等离子刻蚀去胶。

2. 电子束曝光技术

电子束曝光是迄今分辨率最高的一种光刻技术。对于纳米线器件的图形成像，电子束曝光更是一种不可或缺的加工手段，用于构筑纳米线器件的电极。利用现代电子束曝光设备和特殊的抗蚀剂工艺已经能够制作小于 10nm 的精细结构。其曝光工艺与光学曝光类似，在此不再赘述。

3. 纳米压印技术

压印技术是自 20 世纪 90 年代中期发展起来的一类新的技术，是基于物理成型法形成的表面浮雕图形。纳米压印技术是 S. Chou 博士 1995 年在美国明尼苏达大学纳米结构实验室开发的[2]。纳米压印是一种全新的纳米图形复制方法，其特点是具有超高分辨率、高产量、低成本。高分辨率是因为它没有光学曝光中的衍射现象。它制作超微细图形的能力可以与电子束曝光技术媲美。高产量是因为它可以像光学曝光那样并行处理，同时制作成百上千个器件。低成本是因为它不像光学曝光机那样需要复杂的光学系统，或像电子束曝光机那样需要复杂的电磁聚焦系统。最初提出的纳米压印方式为热压纳米压印。但塑料或高分子聚合物材料热压成型需要高温高压。高温加热和冷却会延长压印周期，降低了产出率。随着对纳米压印技术的深入研究，基于纳米压印的原理派生出一系列低温低压或常温常压的纳米压印技术，如多种形式的紫外固化纳米压印技术[3]。聚合物材料不再被压印成型，而是被紫外光辐照固化成型。

3.2.2 图形转移

无论是光学曝光还是电子束曝光或纳米压印，只是完成了微纳米加工过程的一半。下一步是将曝光或压印形成的有机聚合物微纳米图形结构转移到各种功能材料上。图形转移技术是微纳米加工技术的重要组成部分，主要分为以下两类：以光刻为掩模或用其他掩模形式将另一种材料沉积到基底上，即沉积法图形转移；以光刻胶图形为掩模将基底或基底上的薄膜刻蚀清除，即刻蚀法图形转移。

1. 沉积法图形转移技术

沉积法图形转移技术主要依赖于各种薄膜的沉积技术，所以根据薄膜的形成方法不同，沉积法图形转移也可以具体分为溶脱剥离法[4]、电镀法[5]等技术。其中溶脱剥离法是在构筑半导体纳米线器件中最常用的一种方法。溶脱剥离法图形转移技术在 30 多年前就已经提出，并很早就已经与电子束曝光技术结合实现了小于 20nm 线条图形的制作[6]。溶脱剥离法实际上是制作金属薄膜图形的主要方法，因为许多金属材料都无法使用刻蚀方法形成图形，只能通过薄膜沉积与溶脱剥离技术得到所需的图形。溶脱剥离法图形转移的基本原理即由光学或电子束曝光首先形成有机聚合物图形，在薄膜沉积之后将有机聚合物层用丙酮等溶剂溶解清除，凡没有被光刻胶覆盖的区域都留下了金属薄膜，实现了由光刻胶图形向金属薄膜图形的转移。

2. 刻蚀法图形转移技术

刻蚀是利用化学或物理方法将未受到光刻胶图形保护部分的材料从表面清除。刻蚀法图形转移技术是除了沉积法图形转移技术之外的另一个重要的图形转移技术。在纳米器件的加工中也具有举足轻重的地位。刻蚀的方法包括化学湿法刻蚀、等离子体干法刻蚀和其他物理与化学刻蚀技术。无论何种刻蚀方法，都可以用两个基本参数考察其性能：一是掩模的抗刻蚀比，二是刻蚀的方向性或各向异性度。掩模的抗刻蚀比表示在刻蚀基底材料过程中掩模材料的消耗程度。刻蚀的各向异性代表基底不同方向刻蚀速率的比。如果刻蚀在各个方向的速率相同，则刻蚀是各向同性的。如果刻蚀在某一方向最大而在其他方向最小，则刻蚀是各向异性的。

（1）化学湿法刻蚀

化学湿法刻蚀是最早用于半导体工业的图形转移技术。湿法刻蚀最显著的特点是各向同性刻蚀。当然也有例外，某些刻蚀液对硅的不同晶面的腐蚀速率不同。但大多数的湿法刻蚀都是各向同性的。各向同性的湿法刻蚀不可能有很高的分辨率，因此很快被干法刻蚀所取代。但是，金属辅助化学腐蚀是用化学湿法刻蚀实现硅的各向异性刻蚀的另一种简单方法。利用金属颗粒起到的掩模作用，可得到硅纳米线，如果将金属颗粒替换成周期性分布的金属网格结构，通过化学腐蚀可以生成周期性分布的垂直的硅纳米线[7]。

（2）反应离子刻蚀

干法刻蚀技术包括所有不涉及化学腐蚀液体的刻蚀技术，其中反应离子刻蚀技术是应用最广泛的，也是微纳米加工中最强的技术。反应离子刻蚀是在等离子体中完成的。反应离子刻蚀可以简单地归纳为离子轰击辅助的化学反应过程。离子与化学活性气体的参与是反应离子刻蚀的必要条件之一。另一个必要条件是刻蚀反应物必须为挥发性产物，能够被真空系统抽走，离开反应刻蚀表面。反应离子刻蚀中使用的化学活性气体以卤素类气体为主。尽管反应离子刻蚀过程十分复杂，但可以定性地描述为四种同时发生的过程[8]。

1）物理溅射。离子轰击样品表面，一方面清除了表面碳氢化合物污染和天然氧化层，有利于反应气体分子的吸附，另一方面也对表面进行物理溅射刻蚀。

2）离子反应。活性气体的离子与样品表面原子反应，生成挥发性产物被真空系统抽走。

3）产生自由基。入射离子将样品表面吸附的化学活性分子分解成为自由基。

4）自由基反应。由入射离子产生的自由基在样品表面迁移，并与表面原子反应生成挥发性产物被真空系统抽走。

3.2.3 聚焦离子束加工

有些微纳加工方法可以直接形成各种微纳米结构，而不需要光刻环节，如聚焦离子束加工技术。聚焦离子束与聚焦电子束在本质上是一样的，都是通过带电粒子经过电磁场聚焦形成细束。但是重质量离子可以直接将固体表面的原子溅射剥离，因此聚焦离子束更广泛地作为一种直接加工工具。对于纳米器件的加工来说，聚焦离子束可以实现纳米线透射样品的制备和电极的沉积等。

3.3 “自下而上”微纳加工技术

面对传统工艺方法所面临的困难，Harvard 大学的 C. M. Lieber 提出了“自下而上”的概念[9-11]，如图 3-2 所示。从原子和分子层面出发，人为控制条件下，操控纳米线或其他纳米结构自组织生长和组装成所需功能结构的过程，称为“自下而上”方法。从某种角度说，“自下而上”是基于纳米科学技术提出的新的低成本的方法。半导体纳米线可以单独地由组装生长获得；通过控制和优化生长过程调控纳米线材料和结构性质，并形成所需的各种复合结构；组装这些纳米线的基础单元并制备成为器件结构，就可以实现功能应用。方法的核心概念是在纳米线基元制备生长之初，就根据应用需要进行有目的的材料和结构设计，形成有功能的微纳结构。因为纳米制备不受限于光刻技术，该方法有可能实现更小的器件特征尺寸。

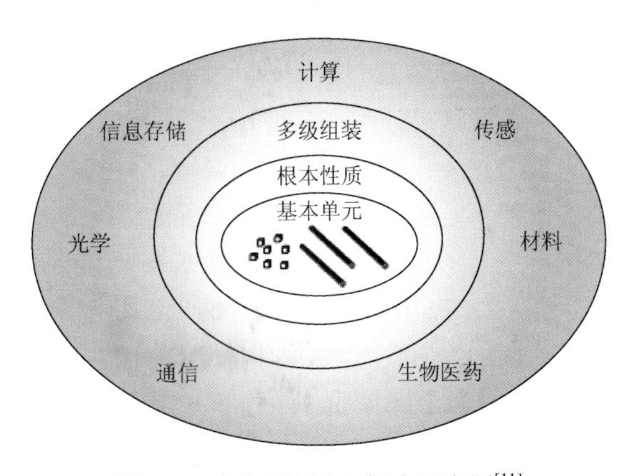

图 3-2 “自下而上”概念示意图[11]

尽管现在已经有许许多多的方法可控制备不同的纳米线，但在研究早期，纳米线的加工方法基本上还是依靠“自上而下”的传统光刻方法来制备。如何从原子/分子水平“自下而上”地可控制备硅等半导体纳米线在当时是一个严峻的挑战，一些科学家开始探索新的可控制备方法。

3.3.1 气相沉积法

1. 化学气相沉积

化学气相沉积（chemical vapor deposition，CVD）法主要是利用所需制备元素的一种或几种气相化合物或单质在基底表面上进行化学反应生成纳米材料。其材料的制备过程包括气体的扩散、反应气体在基底表面的吸附、表面反应、形核和生长、气体解吸和扩散挥发等步骤。气相法是极其常用的纳米材料制备方法，包括化学气相沉积法和物理气相沉积（physical vapor deposition，PVD）法。一般来说，在气相沉积反应过程中不发生化学反应，只存在原料形态转变的物理过程称为物理气相沉积法。反之，在物理蒸发过程中发生化学反应的过程则称为化学气相沉积法。例如，以锌粉为原料时，存在锌蒸气与氧反应生成氧化锌的化学过程，氧化锌粉和碳粉等为原料时，存在先发生碳热还原反应再发生氧化反应的过程。

利用气相沉积法制备一维 ZnO 纳米材料时，通常使用可控气氛管式炉，通过精确调控反应气氛（载气类型、气氛分压、气流速度）、反应温度、沉积速度、催化剂种类及状态（薄膜厚度或颗粒粒度）、沉积基片类型及放置位置、方式等参数制备多种形貌结构和尺度的一维 ZnO 纳米材料。

Zeng 等[12]选用单晶硅为基底，硅烷为硅源，金为催化剂，在 440℃下成功获得了直径为 15～100nm 的多晶纳米线；后来他们又加入硼烷为掺杂气体，获得了长度大于 1μm，直径约为 50nm 的掺硼纳米线，这为进一步生长制备硅纳米 pn 结提供了技术基础。自 2002 年以来，张跃研究小组通过纯金属锌粉蒸发沉积方法，在无催化剂的条件下，调节蒸发、反应和沉积的温度，控制载气和反应气体的总量和比例，在不同的制备条件下，获得了多种不同形貌的一维或准一维氧化锌纳米材料，这些氧化锌材料包括不同形貌特征的四针状纳米棒及其他形状纳米棒、纳米阵列、纳米线、纳米带、齿状纳米结构、纳米钉、纳米针及掺杂不同元素的纳米线、纳米带等。2002 年，张跃小组[13]首次报道了纳米级四针状 ZnO 结构（图 3-3），制备四针状纳米 ZnO 所用原料为金属锌粉，硅片基片上无任何催化剂层。通过热蒸发沉积的方法，在较低温、无催化剂的条件下，高产量地制备了多种形貌的一维或准一维 ZnO 纳米材料（图 3-4）[14, 15]。

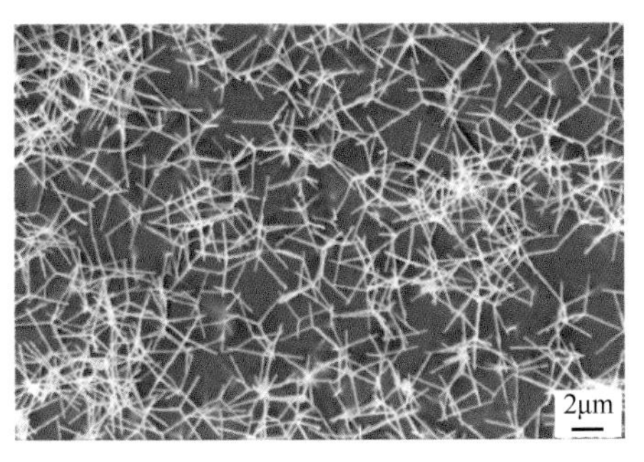

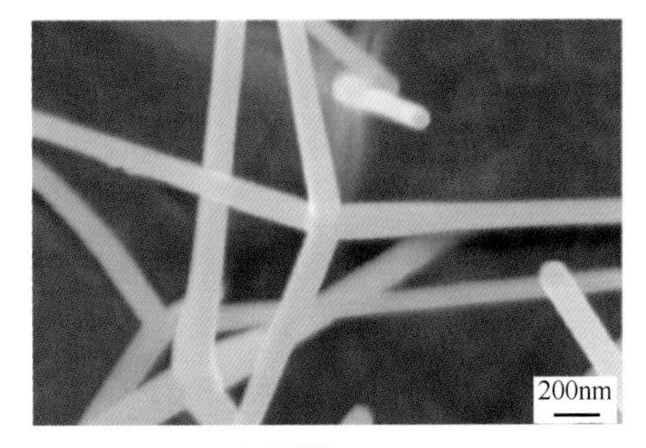

图 3-3　锌粉蒸发制备的四针状 ZnO 纳米棒[13]

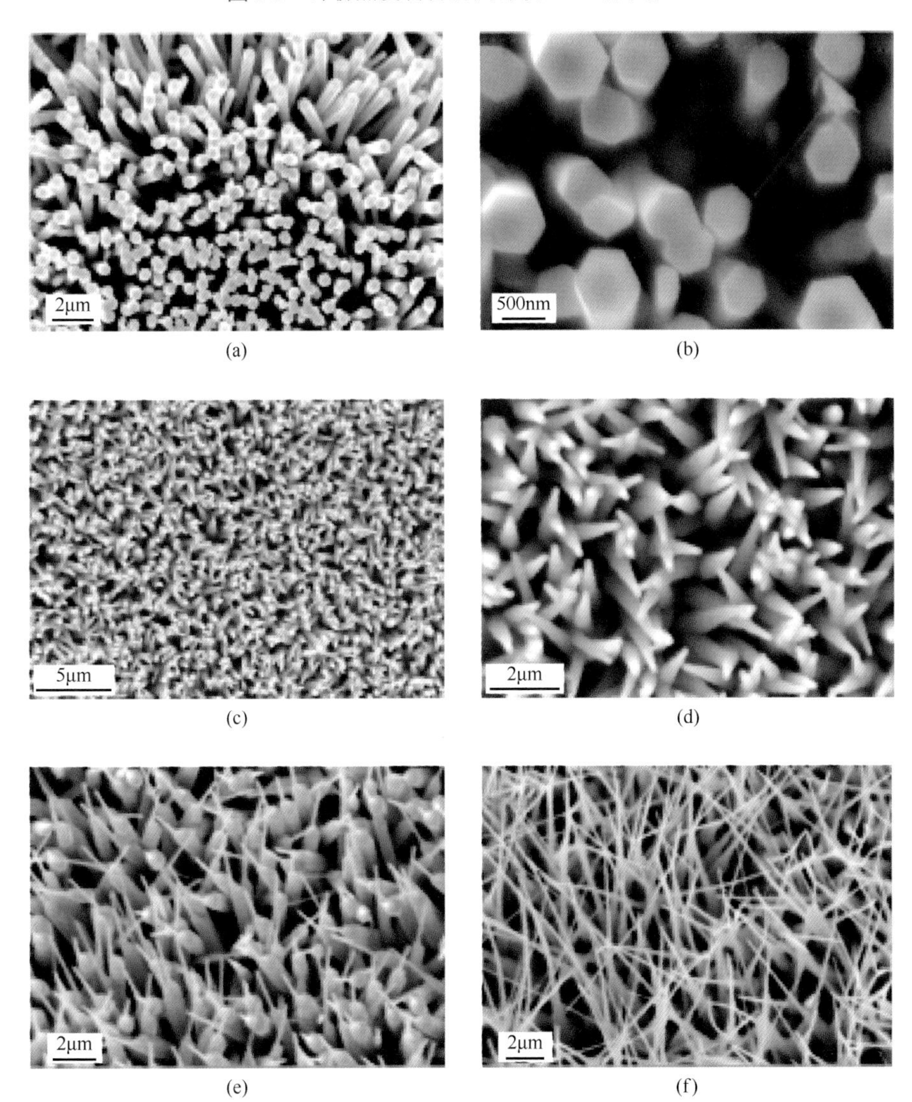

图 3-4　锌粉蒸发制备的氧化锌阵列[14, 15]

化学气相沉积法是近几十年发展起来的比较成熟的一种制备方法，其优点在于可以制备纯度较高、结晶程度很好的纳米线。此类制备方法对制备条件要求苛刻，反应温度较高。

2. 简单物理气相沉积

以物理气相沉积法制备一维纳米材料是通过加热使原料粉末蒸发，先转变为气态，再沉积成一维固态纳米材料的一种方法。这种方法可以不需要脉冲激光这种昂贵的装置，如图 3-5 所示，利用这种简单物理气相沉积法可以制备状如棉花团一样宏观量的硅纳米线[11]。从透射电镜显微照片可以看出，这种硅纳米线的表面非常纯净，平均直径仅约 12nm，长度在几十微米，大部分都沿〈111〉轴向生长。

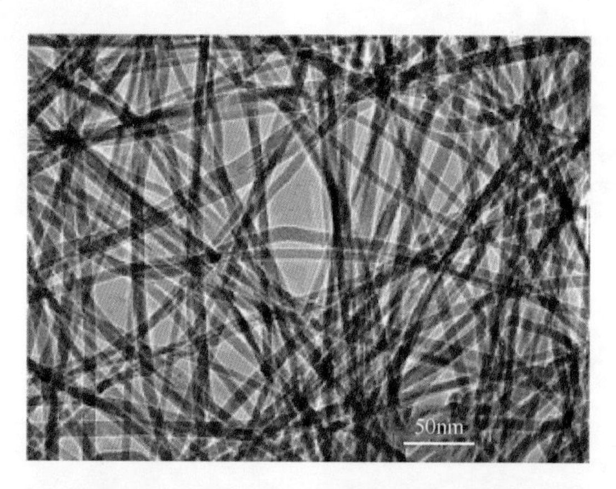

图 3-5　物理气相沉积制备的硅纳米线[11]

张洪洲等系统研究了生长气压对纳米线直径的影响，发现纳米线的直径（d）与气压（p）之间存在 $d \propto p^{0.4}$，即生长室内的压力越小，硅纳米线的直径也越小。关于影响纳米线生长取向的关键因素，王宁等经过系统研究发现，纳米线的生长轴向与纳米线的直径大小有关，比较大的纳米线其取向都为〈111〉方向，随纳米线直径的减小，还会出现〈110〉、〈112〉轴向的生长。

利用简单物理气相沉积法制备硅纳米线的工作是半导体纳米线研究能够引起国内外广泛兴趣并走向众多实验室的一个重要的转折点。这是因为该方法具有诸多优点，包括设备简单，无须投入昂贵仪器，利用可以控温的真空管式炉就能够开展工作。另外，由于无须添加催化剂，可以制备出没有杂质元素的本征的硅纳米线，这一点对于输运等性质研究来讲非常重要，因为金属元素杂质（尤其是磁性金属元素）往往会成为电荷输运的散射中心，对器件性能带来严重的影响。

3. 脉冲激光沉积

脉冲激光沉积（pulsed laser deposition，PLD）是利用一束高能激光辐射蒸发源（靶材）表面，使表面迅速加热熔化蒸发，而后冷却结晶生长的一种方法。其在制备纳米线时，在靶材中掺入少量的纳米金属元素如 Fe、Au、Ni 等，以 Ar 或 N_2 等作为保护气体，将其放入高温石英管中，在一定的温度和压力作用下，用激光烧蚀靶材，在出气口处即可获得所需的纳米线，如图 3-6 所示。此时，液态金属催化剂纳米颗粒限制了纳米线的直径，并通过不断吸附反应物使之在催化剂和纳米线界面上过饱和溢出，使得纳米线沿一维方向生长。

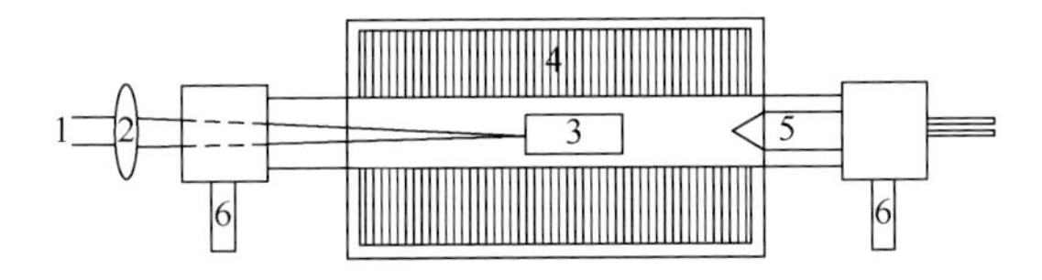

图 3-6　利用脉冲激光蒸发制备硅纳米线的催化剂引导纳米线的可控生长机理示意图[16]

1. 激光；2. 会聚透镜；3. 靶材；4. 加热器；5. 基底；6. 出气口

飞秒脉冲激光（10^{-15}s）具有很高的能量密度，使得靶材蒸发过程成为一个非平衡过程，形成的粒子尺寸非常小，达到真正的纳米级别，并且粒子尺寸分布范围小，有利于沉积形成细小均匀的纳米产物。Lieber 研究团队利用脉冲激光和催化剂来规模制备硅纳米线[16]。该研究工作的核心如图 3-7 所示，利用脉冲激光与高温条件使带有催化剂（Fe）的硅粉末靶材瞬间蒸发（气相，V），硅与催化剂极易形成低共熔相（液相，L）而形成纳米尺度的小液滴，随着更多的硅被吸收到小液滴，硅元素会因为过饱和而以硅纳米线（固态，S）形式从中析出以降低其表面自由能。由于在硅纳米线的生长过程中涉及气-液-固三相共存，因此这种生长模式称为 VLS 生长模式。VLS 模式生长纳米线的一个基本特征是，生长完成后，每个纳米线顶部都会顶着一个催化剂纳米颗粒。

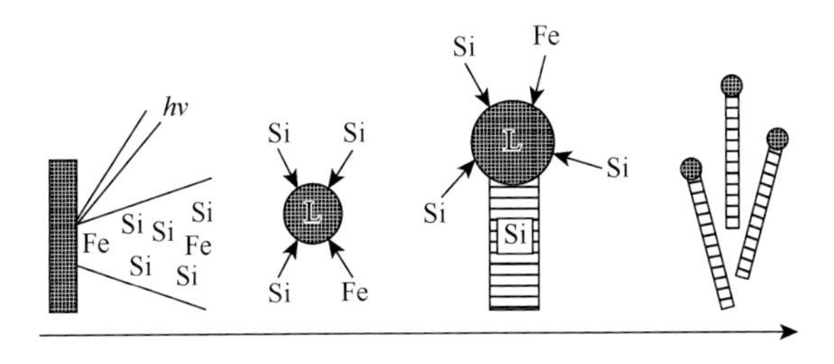

图 3-7　催化剂通过 VLS 机制引导纳米线在取向、直径大小方面进行可控生长，生长完成后每个纳米线顶端都顶着一个催化剂纳米颗粒，这是纳米线 VLS 生长的标志[16]

在超高真空的 TEM 中进行的 Au 催化的 Ge 纳米线的原位生长中，Ross 和他的合作者观察到的现象表明，当温度降低到约 100℃时，气-液-固纳米线的生长模式可以维持不变，这一温度远低于体块的 Au-Ge 共晶温度（361℃）[17]。纳米尺寸效应无法解释气-液-固生长温度显著下降的现象。有人提出，在低于共晶温度的某个温度范围内，纳米线生长所需的 Ge 过饱和可动态地抑制固体 Au 形核[18, 19]。然而，当温度足够低（在这种情况下为 255℃）时，具有光滑弯曲表面的 Au、Ge 微滴最终迅速固化成为多面的催化剂纳米颗粒，并且 Ge 线继续以 VSS 生长模式生长，这是以前的其他研究者提出的解释。有趣的是，当温度回升到低于共晶温度的原始 VLS 生长温度时，VSS 生长模式仍可以保持到温度达到远高于共晶温度的值。因此，VLS 和 VSS 生长模式都可以在相同的温度下运行，具体取决于热历史［图 3-8（a～d)］。

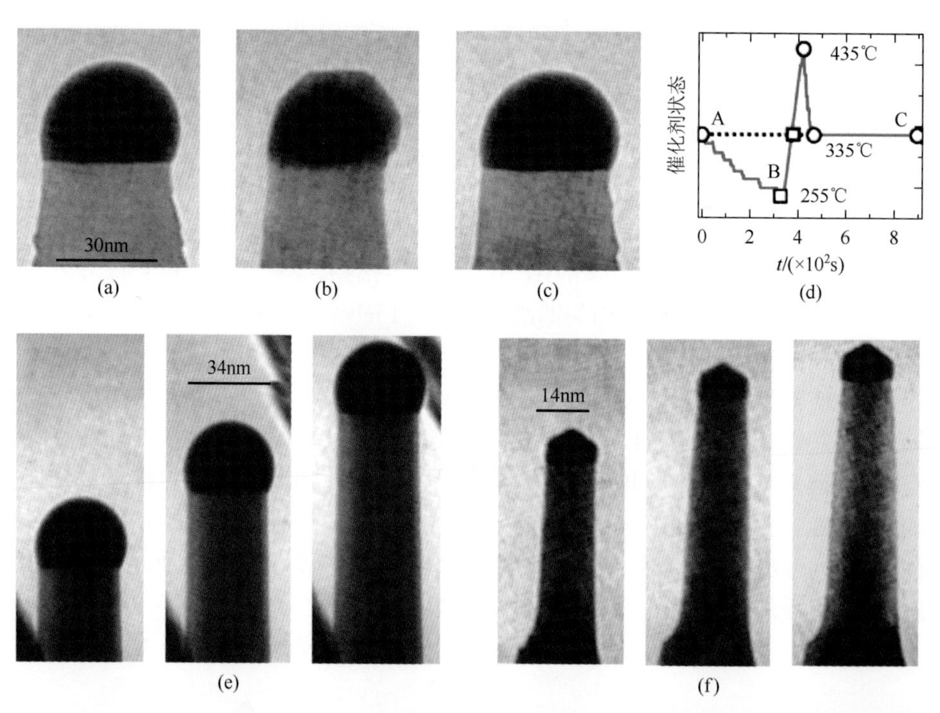

图 3-8　共晶温度下金颗粒辅助 Ge 纳米线生长[17]：在 Ge 纳米线尖端的 Au-Ge 催化剂颗粒在 0s（a）、328s（b）和 897s（c）下的明场 TEM 图像，显示其加热和降温过程中的固-液和液-固转变；（d）不同时长下样品的温度和催化剂状态（空心圆圈代表液态，空心方块代表固态），图中的 A、B 和 C 分别对应图（a）、（b）和（c）；（e）在 340℃和 4.6×10^{-6}Torr（1Torr≈133.322Pa）下，通过气-液-固生长的 Ge 纳米线在 0s、309s 和 618s 的 TEM 图像（从左到右），背景特征充当标记，显示出增长率为 9.9×10^{-2}nm/s；（f）在相同的温度和压力下生长的第二根线的另一系列图像，但在 0s、1340s 和 1824s（从左到右）下具有固体催化剂，此 VSS 模式的增长率为 1.3×10^{-2}nm/s

在大块金属-半导体相图中，通常存在稳定的化合物。在合金化阶段，金属和半导体之间的固态反应可以产生用作催化剂纳米颗粒的结晶小面化合物纳米颗粒[20, 21]。这与VLS合金化工艺完全不同。然而，也发现VSS生长的纳米线的形核是异质的，类似于VLS生长的情况。对于具有不同小面的固体催化剂纳米颗粒而言，迄今初始的形核位点仍不清楚。在纳米线生长阶段，在不同的VSS系统中观察到催化剂/纳米线界面处的台阶形核和横向生长[20, 21]。发现台阶形核总是发生在纳米线台阶上。对于VLS生长模式，纳米线的成长也应该可以预见，尽管由于其动力学更快而尚未直接观察到。在相同合成条件下对VSS和VLS纳米线生长模式的实时TEM研究表明，在VSS模式下实现的导线生长速率比在VLS模式下低约一个数量级［图3-8（e，f）］[17]。这可能是由于半导体元件在固体催化剂纳米颗粒中溶解度和/或扩散性低。

3.3.2　液相反应法

1. 水热反应法

水热反应（hydrothermal reaction）法，即使用特殊设计的装置，人为地创造一个高温高压环境，使难溶或不溶的物质溶解或反应，生成该物质的溶解产物，并在达到一定的过饱和度后进行结晶生长[22]。水热反应法指在一定温度和压力条件下，利用水溶液中物质的化学反应制备纳米材料的方法。在水热条件下，水可作为一种化学组分起作用并参与反应，既是溶剂又是矿化剂，同时还是压力的传递介质。利用水热反应合成晶体材料的一般程序包括：设计反应物料并确定配方比例、配料与混料，装釜、封釜、加压，确定反应温度、时间、状态，取样，样品表征。反应物浓度、反应温度和反应时间等因素可以影响制备材料的尺寸。

水热反应法合成的产物具有粒径小、纯度高、结晶良好、产率高且可控生长等多方面的优点，目前已被广泛应用于各种纳米线材料的合成。水热反应法合成纳米线可以从以下两个方面入手：①利用产物本身晶体的各向异性。在一定条件下，某个晶面快速生长从而生成纳米线，包括一些难溶物的溶解、结晶生成产物。目前研究较多的是铌酸盐、钒酸盐和钨酸盐，其产物具有很高的长径比和良好的均一性，但受产物本身特性的影响，该方法受到限制。②利用模板法辅助生长合成纳米线。目前主要是研究利用合适的表面活性剂辅助作为软模板来合成。

张跃小组[23]在硅基片上采用磁控溅射方法沉积晶种层，再采用水热反应法制备了ZnO纳米阵列。沉积的晶种层为ZnO薄膜，厚度为60nm，$Zn(NO_3)_2$和$(CH_2)_6N_4$的浓度为0.05mol/L，水热反应温度为90℃，反应时间为6h，得到的ZnO纳米阵列形貌如图3-9所示。

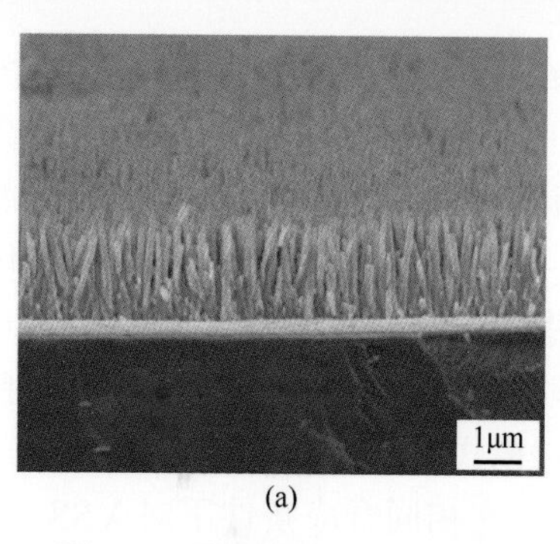

(a)

(b)

图 3-9　磁控溅射 ZnO 晶种层加水热反应法制备的 ZnO 纳米阵列[23]

（a）ZnO 纳米阵列截面形貌图；（b）ZnO 纳米阵列俯视形貌图

Xi 等[24]用四氯化锡、盐酸和尿素的水溶液为原料，在 90℃下的高压釜中水热反应 24h，清洗后在真空 50℃下静置 4h，得到 SnO_2 一维纳米阵列。Kim 等[25]以四氯化锡和氢氧化钠水溶液为原料，首先在石墨球上制备 SnO_2 晶种，然后在 200℃下的高压釜中水热反应 24～72h，得到 SnO_2 一维纳米阵列。其 SnO_2 一维纳米阵列直径可由反应水溶液的原料配比和浓度调节。

2. *微乳液法*

微乳液（microemulsion）是一种高度分散的间隔化液体，水或油相在表面活性剂（助表面活性剂）的作用下以极小的液滴形式分散在油或水中，形成各向同性的、透明的、热力学稳定的、有序的组合体。其结构特点是质点大小或聚集分子层的厚度为纳米量级，分布均匀，为纳米材料的制备提供了有效的模板或微反应器。通常是将两种反应物分别溶于组成完全相同的两份微乳液中，然后在一定条件下混合使两种反应物通过物质交换产生反应。通过超速离心或将水和丙酮的混合物加入反应完成后的微乳液等办法，使反应产物与微乳液分离，再以有机溶剂清洗以去除附着在表面的油和表面活性剂，最后在一定温度下干燥处理，即可得到所需的纳米材料。

Zhu 小组[26]利用 CTAB/环己烷/异丁醇/水作为反应介质，在微乳液体系中制备了 CdSe 纳米线。加入 Na_2SeSO_3 水溶液，然后慢慢滴加水合联氨，NaOH 调节 pH 值为 10，将乳液移入聚四氟乙烯塑料反应釜中，90℃反应 3h 时得到红色透明的乳液，自然冷却，丙酮破乳，水洗，可得到 CdSe 纳米线。微乳液法是制备纳米粉体的常用方法之一，但在制备一维纳米线时，产物的形貌难以控制，特别是长径比一般不大，因此在制备一维纳米线时，该方法优势并不明显。

3. *溶胶-凝胶法*

溶胶-凝胶（sol-gel）法是将易水解或醇解的金属醇盐或无机盐经水解直接

形成溶胶，然后使溶质聚合凝胶化，再将凝胶干燥、焙烧，去除有机成分，最后得到无机材料。这些无机材料包括颗粒粉料、薄膜或纤维等。通常溶胶-凝胶过程根据使用的原料不同，可分为有机途径和无机途径两类。在有机途径中，通常以金属有机醇盐为原料，将酯类化合物或金属醇盐溶于有机溶剂中，形成均匀的溶液，然后加入其他组分，通过水解与缩聚反应制得溶胶，并进一步缩聚得到凝胶，再加热去除有机溶液，经干燥处理，最后得到金属纳米氧化物。在无机途径中，溶胶可以通过无机盐水解、与配体形成配合物、加分散剂等方法制得。再经某种方式处理（如加热脱水）使溶胶变成凝胶，干燥和焙烧后形成纳米金属氧化物。

Shao 小组[27]利用溶胶-凝胶法制备氧化锌纳米线，其具体制备过程如图 3-10 所示：将聚乙烯醇（PVA）与水合乙酸锌［$Zn(CH_3COO)_2 \cdot 2H_2O$］的水溶液混合，然后在 60℃水浴加热保温 8h，形成溶胶。在溶胶中施加 16kV 电压，将作为电极的铝箔上的沉积物，在真空及 70℃下加热 8h，然后高温煅烧即可获得产物，其形貌如图 3-11 所示。

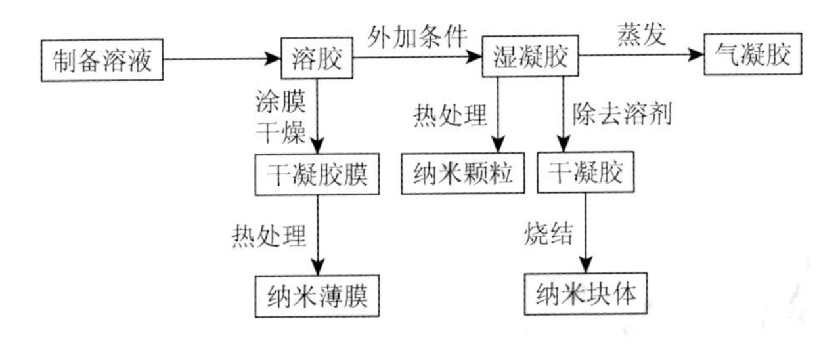

图 3-10　溶胶-凝胶法步骤示意图

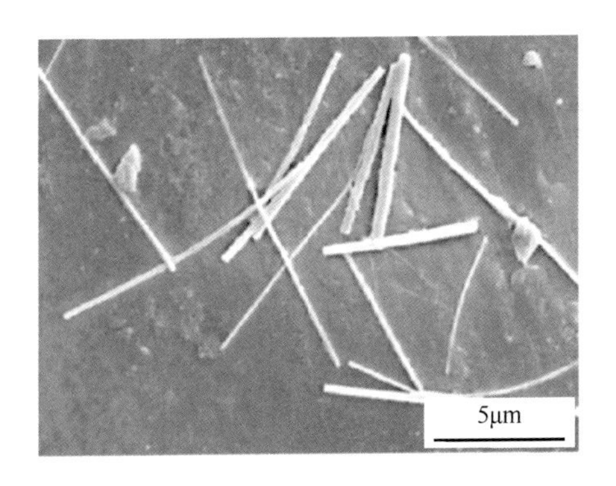

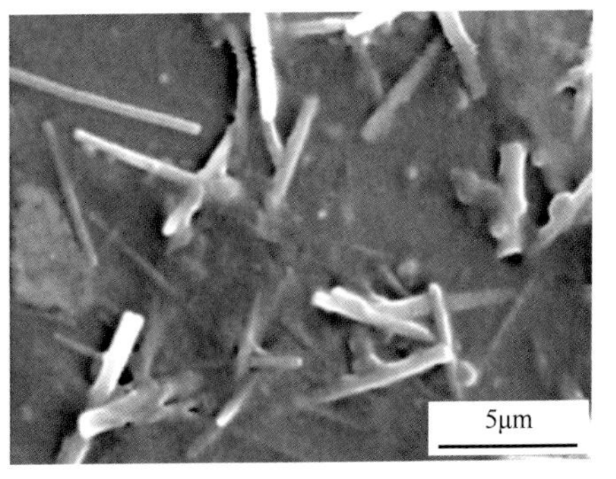

图 3-11　溶胶-凝胶法制备的氧化锌纳米棒[27]

溶胶-凝胶法与其他方法相比具有许多独特的优点。

1）溶胶-凝胶法中所用的原料首先被分散到溶剂中而形成低黏度的溶液，因此，可以在很短的时间内获得分子水平的均匀性，在形成凝胶时，反应物之间很可能是在分子水平上被均匀地混合。

2）由于经过溶液反应步骤，很容易均匀定量地掺入一些微量元素，实现分子水平上的均匀掺杂。

3）与固相反应相比，化学反应容易进行，而且仅需要较低的合成温度。一般认为溶胶-凝胶体系中组分的扩散在纳米范围内，而固相反应时组分扩散是在微米范围内，因此化学反应容易进行，温度较低。

4）选择合适的条件可以制备各种新型材料。

4. 电化学沉积法

电化学沉积（electrochemical deposition，ECD）法制备一维纳米材料，与普通的溶液化学法（如水热反应法）相比增加了电场辅助作用，通常在三电极（基片为静电阴极，再加上阳极和参比电极）的电化学池中进行，通过对基片加载负电位沉积生长一维纳米棒或纳米线。

电化学沉积法制备一维纳米结构材料，实际上就是一个氧化还原的过程。反应在大多情况下是按阴极还原机理进行：配制反应所需的电解液（电解液中一般包括需要沉积的原材料、易于使反应物共沉积的一些添加剂），在某一特定的温度、电解液浓度及 pH 下，选择恒电流、恒电位或脉冲电流、脉冲电位中的某一方法，在工作电极表面沉积得到所需要的纳米材料。工作电极一般选用 ITO、FTO、铜片及镍片等。电化学沉积法最大的特点就是经济简单，但是影响因素复杂，所制备的材料受到电解液浓度、pH、沉积电流、反应温度、电极表面形态等多方面的影响，在制备过程中需要调节各个参数以达到平衡点。电化学沉积法制备一维纳米材料时，可以在电解液中加入合适的表面活性剂，其会选择性地吸附在某些晶面上，来促进晶体的各向异性生长。

Jin 小组[28]通过对 $Zn(NO_3)_2$ 和 NaOH 溶液电化学沉积制备 ZnO 纳米棒的研究表明，沉积时的阴极电位对纳米棒的形貌有显著影响，并且电位大小存在某一合适值，电位过大不利于纳米棒的形貌形成。他们对 70℃、$Zn(NO_3)_2$ 浓度为 0.001mol/L 的溶液分别施加电压 0V、0.7V、0.9V、1.1V、1.3V、1.5V，所制备的 ZnO 纳米棒如图 3-12 所示，图 3-12（a）、（b）、（c）、（d）分别为电压 0V、0.7V、0.9V、1.1V 时的 ZnO 形貌。当电压为 0.7V、0.9V 时，ZnO 纳米棒垂直于基片，且高度和分布都很均匀；当电压超过 1.1V 时，纳米棒形貌变得与不加电压时的形貌相似，形貌质量下降。

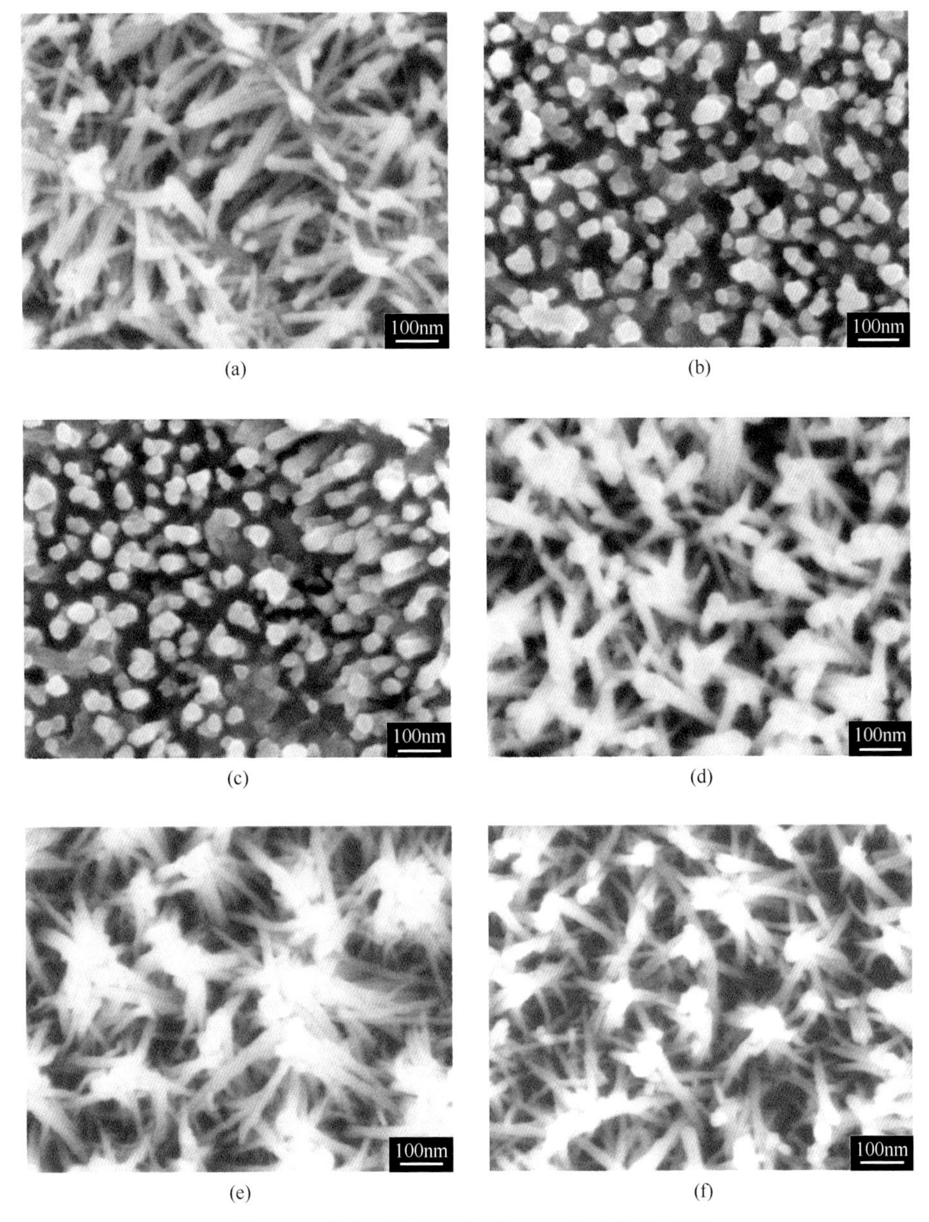

(a) (b) (c) (d) (e) (f)

图 3-12　施加不同电压时的 ZnO 纳米棒形貌[28]

（a）0V；（b）0.7V；（c）0.9V；（d）1.1V；（e）1.3V；（f）1.5V

3.3.3　模板法

模板法（template method）是指以基质材料中的孔道或者具有限域能力的其他结构作为材料的形核生长部位，从而制备一维材料或者特定形貌材料的方法。

这种方法为制备特定形貌、结构的微/纳米材料提供了一种简便、高效的方法，并广泛用于有机半导体微/纳米线材料的制备。早在20世纪70年代，模板法就已应用于制备一维纳米材料[29]。

根据所采用模板限域能力的不同，模板法又可分为软模板（如棒状胶束和微乳液等）合成法与硬模板（如多孔阳极氧化铝，多孔聚碳酸酯，微孔、中孔分子筛和碳纳米管等）合成法。软模板合成法是利用在溶液中形成的一些表面活性剂的胶束、生物大分子及嵌段聚合物等作为微/纳米材料的生长模板。如图3-13所示，使用任何技术来填充或者覆盖模板结构，即可产生一维中空状和实心线状纳米结构。

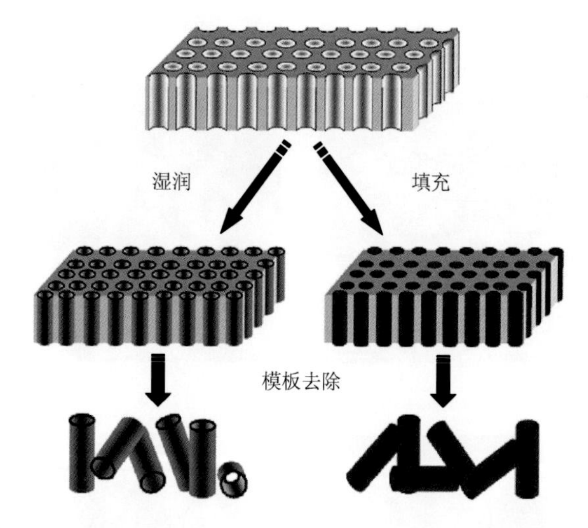

图3-13 以多孔膜为模板合成纳米管和纳米线的示意图。去除模板后即可得到一维纳米结构[30]

在硬模板法生长过程中，一般是先将前驱体溶解于合适的溶剂中，然后在模板的一侧镀上金属作为工作电极浸入生长溶液，接着引入背电极，用电化学沉积的方法生长所需要的纳米线，最后刻蚀去除模板。在这种技术中，模板含有小孔，这些空的区域被选择的材料填满形成相应的纳米线。用硬模板法制备的一维纳米线其直径和长度都取决于模板的尺寸，因此往往要得到直径很小的纳米线，对模板的要求很高。但是，硬模板法能够形成有序的纳米线阵列，在场发射领域和平面显示方面大有用武之地。

硬模板法制备一维纳米材料时，最理想的过程是在孔道的底部形核，然后逐步向上连续生长，每个孔道里的纳米线长成完整的单晶体。但模板中的孔道细长，不利于溶液中作为纳米线生长原料的溶质的迁移，且孔道壁也可能成为溶质的形核部位，因此硬模板法制备的纳米棒或纳米线常常存在很多缺陷，甚至单根纳米线可能是多晶体。另外，从模板中分离纳米棒或纳米线不太容易，且由于孔道内表面质量、化学法分离模板与产物的过程等因素的影响，纳米产物的表面质量常常不如其他方法制备的纳米线或纳米棒。

近年来，人们广泛采用纳米光刻技术调节聚甲基丙烯酸甲酯（PMMA）层厚度来制作图案化 ZnO 纳米线阵列[31]。通过调节 ZnO 种子层的厚度和溶液浓度可以有效地控制 ZnO 纳米线的形貌和取向。电子束曝光（electron beam lithography，EBL）技术是高分辨率无掩模光刻技术，其中使用聚焦电子束在光刻胶（photoresist，PR）材料上记录预定形状[32, 33]。通过这种方法，得到了直径可控、图案密度可调的高取向 ZnO 纳米线阵列。然而，电子束曝光技术方法成本太高，处理速度慢，不适于大面积周期 ZnO 纳米线阵列制作[34]。与上述方法相比，紫外曝光技术是一种通过紫外光将掩模板图形转移到光刻胶上的手段。紫外曝光技术使用紫外光从光掩模转移到光刻胶的几何图案。通过紫外曝光技术可以在不同基底上获得各种尺寸和形状的图案。紫外曝光技术是一种用于在基材上形成几何图案的微细加工方法。通常，通过光处理将掩模上的几何图案转移到光刻胶上。图 3-14 为紫外曝光技术辅助生长氧化锌纳米线的流程图。首先，将光刻胶旋涂到基底上。其次，用掩模将强紫外光照射到基底上。光处理引起正性光刻胶的化学变化，这允许通过溶液除去光刻胶的暴露区域。对于负性光刻胶，未曝光区域变得可溶。因此，几何图案从掩模复制在基底上。最后就制作出具有不同几何图案的 ZnO 纳米线阵列。紫外曝光技术是制备具有不同周期性的图案化 ZnO 纳米线阵列的简单而有效的方法。通过改变制备条件和光掩模可以控制基底上的 ZnO 纳米线阵列的形状、尺寸和数量。

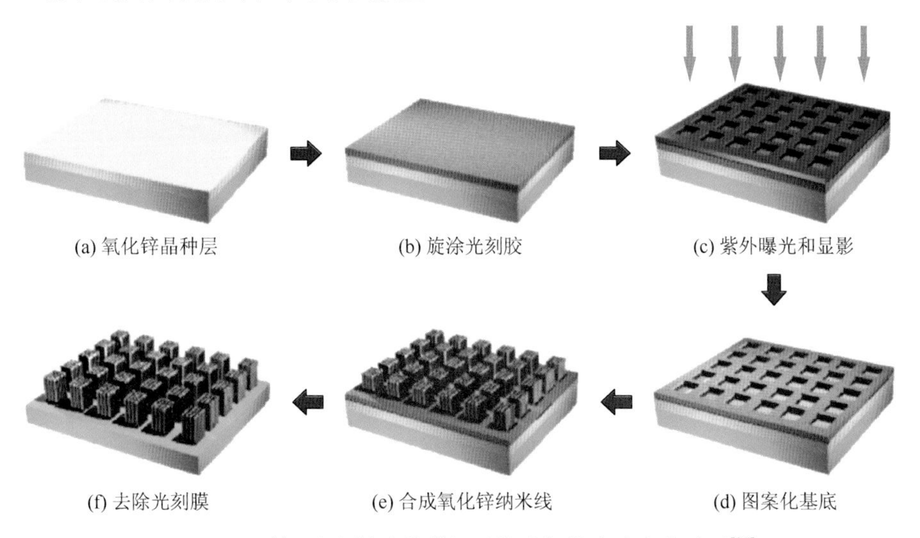

图 3-14　利用光刻技术的模板法构建氧化锌纳米线阵列[35]

软模板法主要采用表面活性剂为结构指示剂，通过自组装过程形成介孔材料。

这里表面活性剂能够引导一维纳米材料的生长。一维纳米材料的长径比是由胶束和微乳模板的形状、尺寸及前驱体盐和表面活性剂的浓度控制的。大量的实验结果表明，软模板法比硬模板法具有更高的灵活性，往往容易得到尺寸更小的一维纳米结构。在 SnO_2 一维纳米结构的化学或电化学反应中，表面活性剂分子的浓度达到临界值时，能够自发地组织成棒状胶束，吸附在晶体的某些晶面作为软模板，来促进一维结构的行程，反应结束后，表面活性剂分子需要被选择性去除，来得到纯相物质。Massimiliano 等利用聚苯乙烯（PS）胶乳微球作为模板剂，将 $SnCl_4$ 的前驱体溶胶倒入其中。在 PS 微球开始密堆积自组装形成阵列的同时，前驱体浸润到该结构的空隙中，凝胶干燥后在 500℃下退火 5h，一步制备得到 SnO_2 一维纳米结构[36]。

3.3.4 定向附着法

自从关于通过零维纳米晶体的定向连接自发形成单晶纳米线的开创性报告发布以来，基于这种技术在过去十年的持续研究努力成就了纳米线形态和尺寸的可控制备。传统的溶液合成方法已被广泛用于各种胶体纳米粒子的受控合成[37, 38]。传统上，晶体粗化已被描述为以较小颗粒为代价的大颗粒生长[39]。这种奥斯特瓦尔德熟化过程的驱动力是表面能的减少。在这个过程中，过饱和介质中形成微小的晶核，然后晶体生长，其中较大的颗粒将以小颗粒为代价增长，这是由于大颗粒和较小颗粒之间的溶解度有明显差异。在这些系统中，较大的粒子是通过一个定向的附着机制从初级的纳米颗粒中生长出来的，相邻的纳米颗粒通过共同的晶体取向和这些粒子在平面界面上的对接而自组装。从热力学观点来说，这种自发取向的附着的驱动力是，消除高能表面可大幅减少表面自由能[40]。

3.4 半导体纳米线器件的加工工艺

目前在尚缺乏针对纳米结构的完整制造体系的情况下，器件制备需要考虑半导体纳米线自身结构的特点，并借鉴成熟的半导体微纳制造技术。对于半导体纳米线等纳米体系，它并不具备天然的兼容性。纳米线的三维微结构和离散结构，使得现有的“自上而下”平面微纳加工工艺，如图形化光刻、薄膜沉积，无法实现应有的精度和均匀性。而通过注入、刻蚀等工艺从薄膜获得的纳米线材料和结构质量欠佳，特别是表面质量不理想，如表面粗糙。电子束光刻等高精度工艺，还受到加工面积和效费比的制约，很难用于大规模大面积的纳米线器件制备。这些都说明单纯移植现有的“自上而下”平面工艺技术来制备半导体纳米线功能器件是不可行的。而“自下而上”方法，虽然提出了不同于传统工艺的思路，但也不能单独制备纳米线结构的功能化器件。利用物理或者化学过程，以及组装排列纳米线结构的技术，很难获得大面积的一致性，精度和可控性仍然不甚理想。因此“自上而下”或“自下而上”方法都很难单独实现半导体纳米线功能化，目前可行的策略是将两种方法结合起来。在纳米线体系中，制备功能器件主要分两个部分。

1）制备纳米线作为功能器件的基元。这一部分是“自下而上”的概念。在原子、分子层面上，“自下而上”地调节生长环境中的物质组分和条件，控制生长的各个阶段，从而获得具有特定功能的纳米线，作为器件的构造基元。

2）在制备纳米线基础上，制备电极等功能结构，完成最终器件的构筑。电极与纳米线基元形成特定功能结构，属于“自上而下”的概念，主要是基于传统“自上而下”的加工工艺的延续和改进。

因此，本节将针对构筑半导体纳米线功能器件的具体加工工艺展开介绍。由于在前面“自下而上”的介绍部分对纳米线“自下而上”的制备已经进行了详尽的说明，本节关于具体器件中的纳米线制备细节将不再赘述。

3.4.1　电极构筑

对制备好的半导体纳米线进行电极构筑，最终实现功能性器件，主要采用的是“自上而下”的加工技术。针对不同的器件结构，电极结构主要有三种：两端电极结构、阵列电极结构及侧面电极结构，如图 3-15 所示。基于这三种电极结构，许多半导体纳米线器件的原型器件被开发出来。这些器件有的是传统器件在纳米线体系的延伸，有的是基于纳米线全新概念的应用。下面将根据这三种电极结构的半导体纳米线功能器件进行展开介绍。

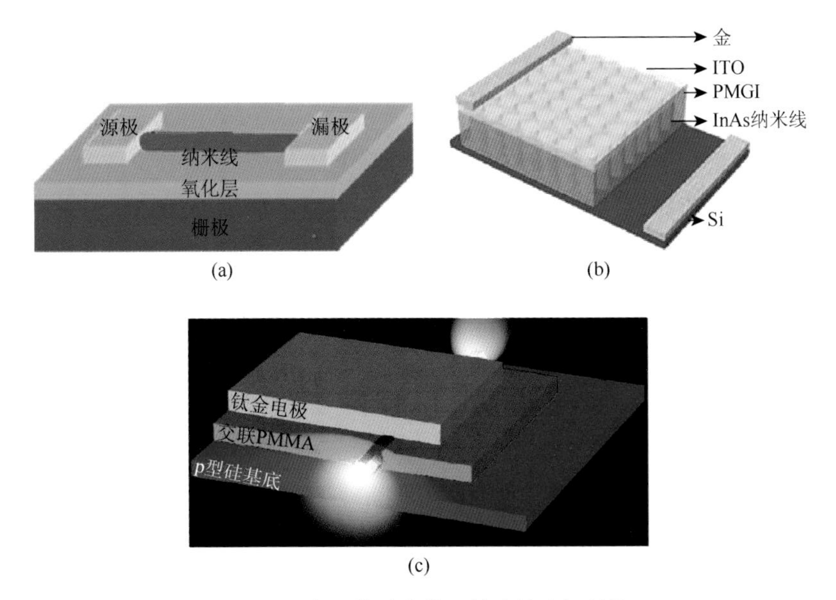

图 3-15　半导体纳米线器件中的电极结构

（a）两端电极结构[41]；（b）阵列电极结构[42]；（c）侧面电极结构[43]

1. 单根纳米线轴向的两端电极构筑

最常见的电极结构，是在轴向纳米线的两端制造电极，形成两端的电极结构。利用纳米线长度天然形成的电学、光学传输路径，精度数微米的微加工技术能够制备两端电极结构。

电子束曝光的发展使得微加工的精度达到了数十纳米甚至更小，成为研究和构筑纳米线器件的重要技术。运用该技术可以进行精细的图形化，精确地为单根纳米线制备电极。该技术主要是通过电子束曝光技术及随后的金属蒸镀在纳米线的选定位置形成电极图形。运用该技术可以进行精细的图形化，精确地为单根纳米线制备电极。但是其加工面积小和成本高，无法满足大规模电极结构的制备要求，其多用于单根纳米线的示范性器件，如基于单根半导体纳米线的晶体管和传感器等。

除了电子束曝光，还可以采用交流电泳制备两端电极。首先通过光刻图形化和金属沉积，在绝缘的基底上预先制作电极。纳米线充分地分散到溶液中，再将悬浮着纳米线的溶液滴至图形电极上。由于纳米线的介电常数大于溶液的介电常数，电极上加载的交流电场可以感应纳米线的偶极子偏转，产生电泳静电力。静电力指向电场方向，驱使纳米线按这个方向排列，两端落在相对的电极上。2000 年，Smith 等[44]利用预先制备好的平行电极外加交流电场对金纳米线实现了排列。哈佛大学 Lieber 研究组的 Duan 等[45]的关于磷化铟纳米线光电器件的文章中也提到了这种方法，并通过改变电场方向到垂直方向上采用叠层的方法获得了纳米线交错结，如图 3-16 所示。这种方法在批量纳米线制备电极的同时也实现了小规模的组装集成。

2. 纳米线阵列的两端电极构筑

对于自组织生长的垂直于基底的纳米线阵列，如 ZnO 纳米线阵列，实现两端的电极结构，需要解决三维结构与平面工艺不兼容的问题。虽然采用导电的生长基底可以获得纳米线阵列与基底的电学接触，但结构相对分离的纳米线顶部无法提供承载薄膜电极的平面，光刻工艺也无法高精度地实施。构筑纳米线阵列顶电极的方法类似于半导体工业制备中的平坦化过程，使用胶状绝缘材料，如 PMMA 等，通过旋涂填充纳米线之间的空间，使三维结构趋于平整，填充的绝缘材料隔绝两个电极防止短路。Liu 等[46]利用该方法构筑了基于 ZnO 同质结型光泵浦激发的发光二极管，如图 3-17 所示。其主要是利用分子束外延法制备了 n 型 ZnO 薄膜，然后通过化学气相沉积法生长 Sb 掺杂的 p 型 ZnO 纳米棒，在氧化锌纳米棒上利用旋涂技术旋涂了 PMMA 薄膜，使得 PMMA 绝缘聚合物填塞 ZnO 纳米棒空隙，再构筑顶电极 ITO，防止顶部电极 ITO 与 n 型 ZnO 薄膜接触而影响发光。由于该技术旋涂无选择地覆盖整个纳米线顶部，还需要使用反应刻蚀除去多余绝缘层以露出纳米线顶端，再施以其他工艺制备顶部电极。在这一结构中，对填充材料的反应刻蚀是关键，需要保证纳米线顶部暴露，又不能过度刻蚀形成新的三维结构。同时纳米线阵列高度也要求尽可能一致。

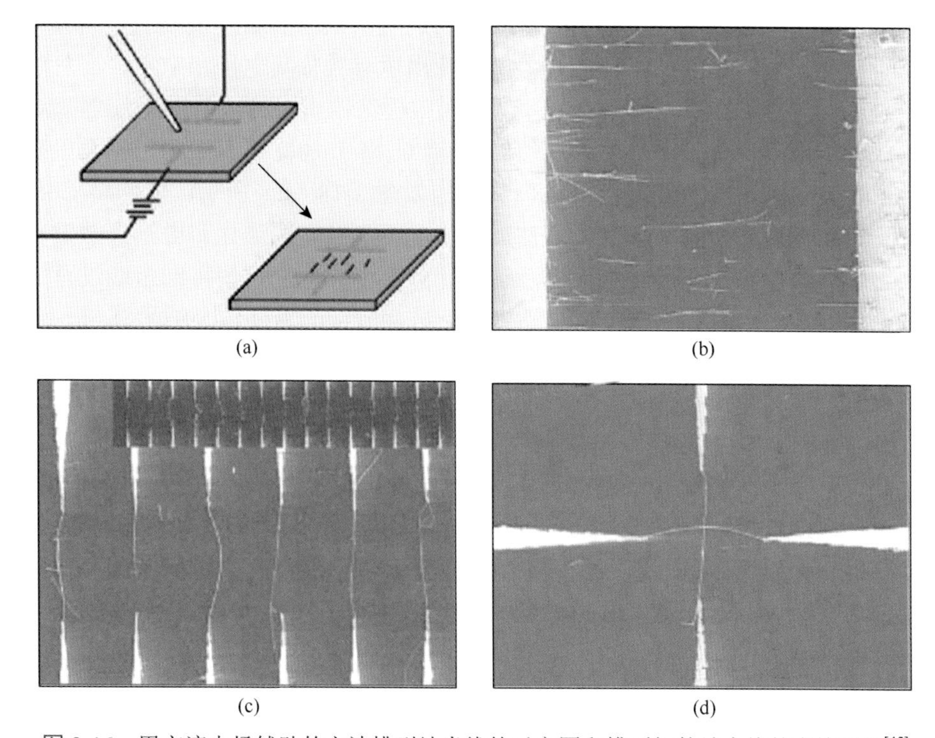

图 3-16　用交流电场辅助的方法排列纳米线的示意图和排列好的纳米线的电镜照片[45]

（a）交流电场辅助排列纳米线示意图；（b）分布在平行电极板间的纳米线阵列；（c）电场辅助法得到的平行排列纳米线；（d）电场辅助法得到的十字交叉纳米结

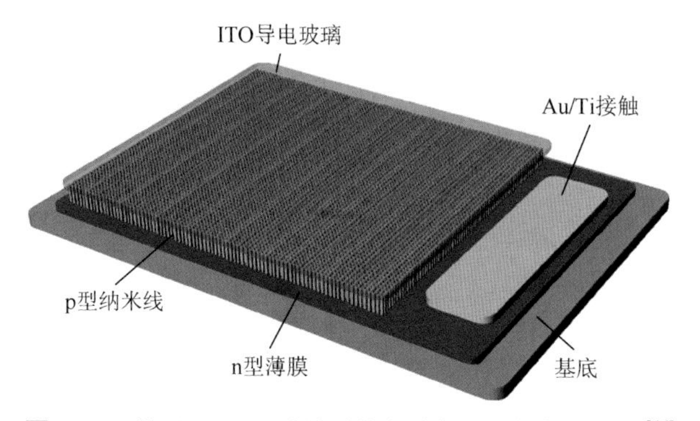

图 3-17　基于 ZnO 同质结型的光致发光二极管示意图[46]

3. 纳米线侧面电极的构筑

上述平面和阵列的两端电极结构中，电学回路沿纳米线轴向经两端电极与外电路连接，侧面电极结构是另一种纳米线器件的结构，即电极与纳米线侧面接触，电学回路通过纳米线截面，可以获得较大的电学接触面积，有利于对纳米线基元的电学注入；电极与纳米线构成的功能结构产生的电场沿着纳米线的径向分布，有利于对载流子输运的控制，在光电探测应用中有效分离电子和空穴，而且载流子通过径向较短的距离即被电极收集。侧面电极结构实现高效的电注入/抽取，使得其成为纳米线光电子器件较为理想的结构。C. M. Lieber 研究组利用侧面电极实现了第一个电注入纳米线激光器[47]，其结构如图 3-18（a）所示。他们将 CdS 纳米线平置在重掺杂的 p-Si 基底上，然后运用电子束曝光图形化和电子束蒸镀制作中间绝缘层 Al_2O_3 和 Ti/Au 电极。蒸镀原子具有的方向性，使得纳米线没有完全被绝缘层覆盖，金属上电极得以与纳米线形成接触。n 型的 CdS 纳米线与 p 型 Si 基底形成 pn 结，通过基底注入的空穴与上电极注入的电子在纳米线中复合发出光子。纳米线两端平整的节理端面形成的 Fabry-Perot 光腔，使光在纳米线中形成共振，产生激射。Capasso 研究组[48]也利用了侧面电极结构，研究了 ZnO 和 GaN 纳米线的电子发光。其构筑流程如图 3-18（b）所示：将纳米线放置在掺杂基底上，获得下电极的 pn 接触。再使用旋涂的绝缘材料获得厚度与平置纳米线直径近似的绝缘层。旋涂绝缘层无选择性地覆盖整个基底和纳米线。通过反应刻蚀剪薄绝缘层，直至纳米线上侧面露出。再经过薄膜沉积技术获得上侧面的电学接触。

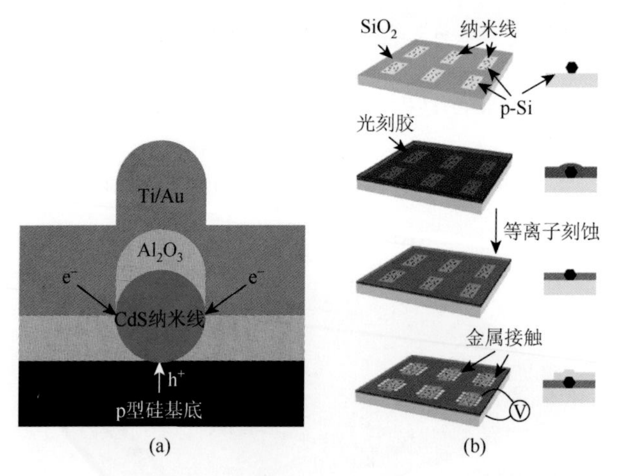

图 3-18 （a）纳米线电致激光器结构示意图[47]；（b）侧面电极构筑流程[48]

3.4.2 栅极构筑

除了单纯纳米线两端电极的构筑，基于纳米线的场效应晶体管的栅极构筑也是半导体纳米线器件加工中非常重要的一部分。纳米结构在场效应晶体管结构中可以作为天然的载流子输运通道，随着半导体工业即将面临的器件微小化的工艺困境日益临近，越来越多的科研小组和大型的半导体公司如IBM、英特尔等，都把目光转向了一维纳米结构。在基于半导体纳米线的场效应晶体管的构筑中，栅极的构筑直接关系到器件的栅压调控能力。其中基于半导体纳米线的场效应晶体管根据纳米线的放置位置又可以分为水平型和垂直型两种。这两种不同类型的晶体管也具有不同的栅极构筑方式，下面将分别展开叙述。

1. 基于半导体纳米线水平型晶体管

基于半导体纳米线的水平型场效应晶体管由于制备工艺相对简单，被广泛研究。1998年，Sander J. Tans等[49]利用单根半导体导电性的单壁碳纳米管成功制备了场效应管结构的三端开关器件，其结构如图3-19所示。以300nm热氧化的氧化硅层作为绝缘层，基底硅作为背面栅电极，铂电极作为源和漏电极。这种背栅的结构是一维纳米结构场效应器件最常用的结构。背栅结构的水平型纳米线场效应晶体管的制备利用了带有绝缘层的硅基底，不需要额外构筑栅极，仅需经过材料转移和电极图形转移两步即可实现。相比于背栅结构，利用高介电常数的栅介质层构筑包覆纳米线的顶栅结构，可以实现更有效的栅压调控，进一步提高基于纳米线的场效应晶体管的性能。这种构筑顶栅的加工工艺也被广泛采用。

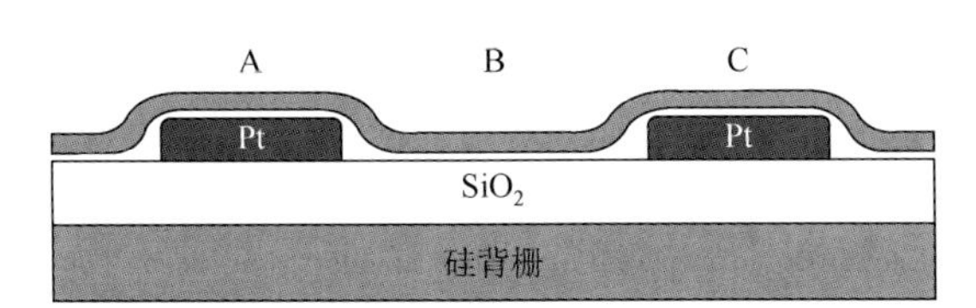

图3-19 单壁碳纳米管的场效应晶体管的结构示意图[49]

A. 源极；B. 栅极；C. 漏极

2. 基于半导体纳米线垂直型晶体管

相较于水平型的器件结构，基于半导体纳米线的垂直型场效应晶体管需要更为复杂的加工工艺。

P. Nguyen等[50]利用氧化铟纳米线构筑了垂直型的场效应晶体管。其具体的加工工艺如图3-20所示：①在氧化铝基底上生长垂直的氧化铟纳米线阵列，其中底部的氧化铟缓冲层作为器件的源电极，垂直生长的氧化铟作为沟道[图3-20（a）]；②利用化学气相沉积法沉积二氧化硅，将氧化铟纳米线隔离开［图 3-20（b）]；③利用化学力学抛光技术将顶部的二氧化硅去掉，暴露出氧化铟纳米线的顶端［图3-20（c）]；④在顶端沉积15nm Pt电极作为器件的漏电极［图3-20（d）]；⑤图案化沉积45nm厚的氧化铪作为栅介质层［图3-20（e）]；⑥在氧化铪上方再沉积15nm厚的铂电极作为栅电极［图3-20（f）]。最终构建出如图3-20（g）所示的垂直型的基于氧化铟纳米线场效应晶体管。

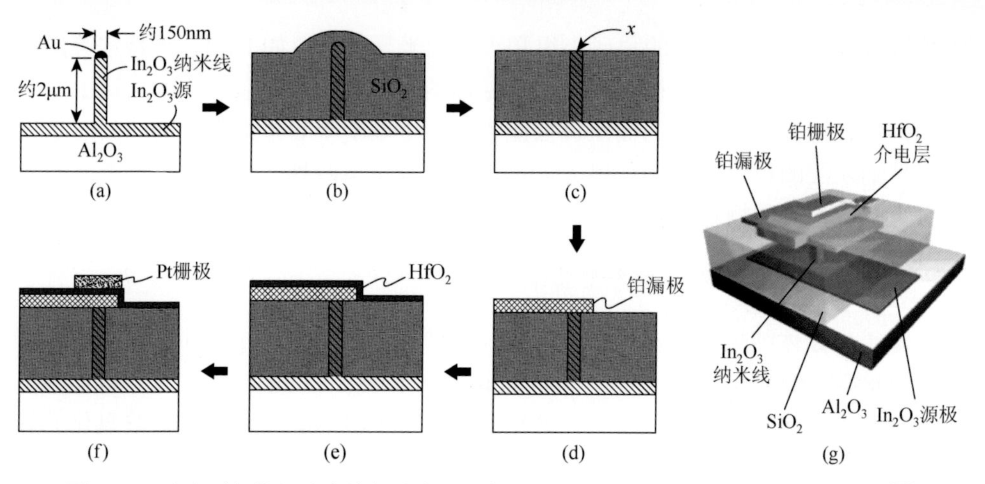

图 3-20 垂直型氧化铟纳米线场效应晶体管的加工流程（a～f）及器件模型（g）[50]

x 表示刻蚀的深度

Ng 等[51]利用氧化锌纳米线阵列构筑了垂直型的场效应晶体管，与 P. Nguyen 等利用氧化铟纳米线构筑的垂直型结构不同的是：其栅介质层包覆在垂直生长的氧化锌纳米线周围，可以实现更有效的栅极调控。其具体的加工工艺如图 3-21 所示：①利用金作催化剂在碳化硅基底上生长垂直的氧化锌纳米线［图 3-21（a）］；②利用化学气相沉积法沉积 20nm 厚的二氧化硅作为栅介质层［图 3-21（b）］；

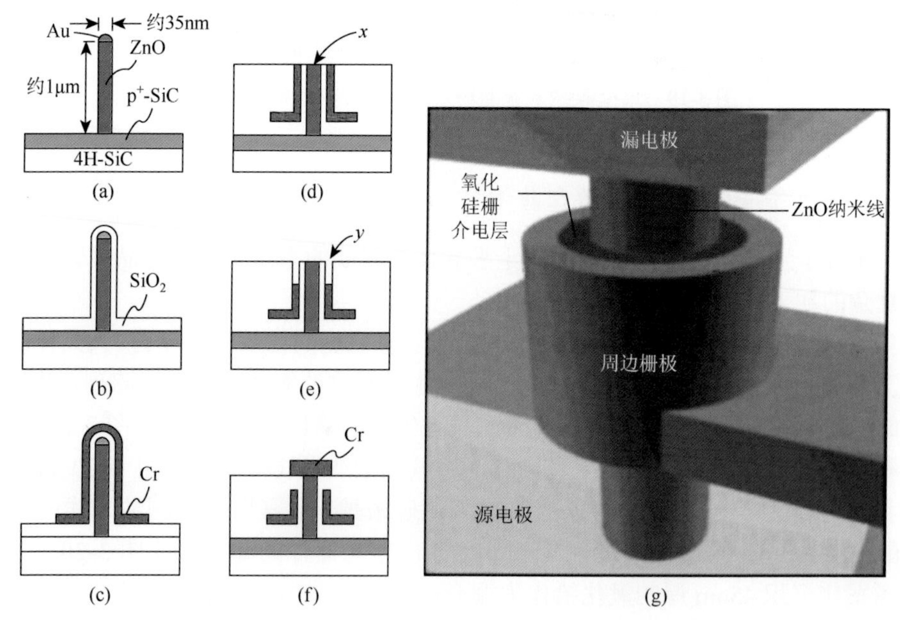

图 3-21 垂直型氧化锌纳米线场效应晶体管的加工流程（a～f）及器件模型（g）[51]

x, *y* 表示刻蚀的深度

③利用离子束沉积 40nm 的铬包覆二氧化硅，构成栅电极［图 3-21（c）］；④再次利用化学气相沉积法沉积二氧化硅将器件与外界隔离开，然后进行化学力学抛光，使顶端的氧化锌暴露出来［图 3-21（d）］；⑤通过选区曝光和湿法刻蚀，将铬电极刻掉一部分，防止其与顶电极接触；⑥沉积二氧化硅填补铬被刻蚀的部分，再进行化学力学抛光露出氧化锌的顶端，最后沉积金属铬作为器件的顶电极［图 3-21（f）］。

虽然现在垂直型场效应晶体管的加工工艺还很复杂，但是垂直型场效应晶体管在超高密度纳米尺度电子和光电子器件的大规模集成方面是非常有发展潜力的。因此，优化垂直型场效应晶体管的加工工艺将是半导体纳米线走向实际应用的非常重要的研究方向。

3.4.3　半导体纳米线的自组装

实现基于半导体纳米线器件的大规模集成需要解决的一个关键问题就是对纳米基元结构的组装，这使得纳米结构能够形成有序的排列，并能够精确定位在器件制备需要的位置。下面将介绍几种已经报道的关于一维纳米结构组装和排列的工作，其中一些方法已经能够大规模制备器件。

1. 微流动通道法

2000 年，Messer 等[52]利用聚二甲基硅氧烷［poly（dimethylsiloxane），PDMS］微浇铸形成微米量级的微通道网络，然后将纳米线悬浮溶液滴在通道开口端，由于毛细管作用，溶液将填充到微通道中，然后将微通道网络放置在真空中使溶剂蒸发，就可以得到平行排列的纳米线阵列。处在微通道中的液面如图 3-22 所示，形成月牙形状，纳米线被限制并最终排列在微通道的两个边缘。2001 年，Huang 等[53]用微流动的方法成功地对磷化镓、磷化铟和硅纳米线进行组装，形成了功能性的电学器件网络，并研究了其电学传输性能。

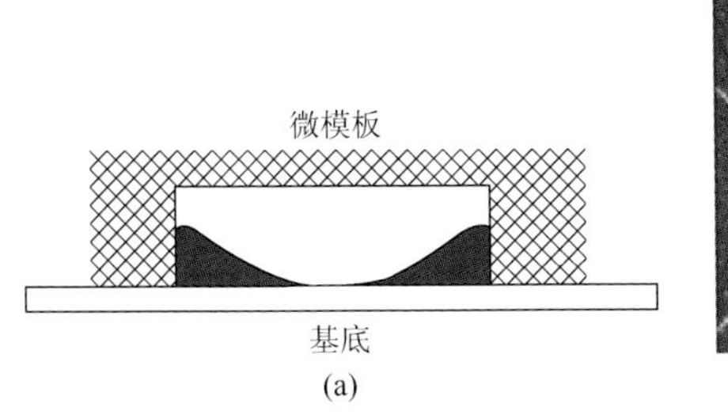

(a)

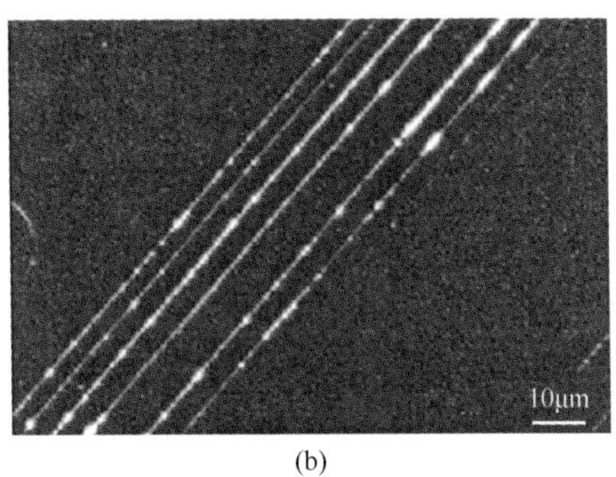

(b)

图 3-22　PDMS 微模板通道排列纳米线的示意图（a）和组装好的纳米线阵列的 SEM 照片（b）[52]

2. Langmuir-Blodgett 膜技术

Langmuir-Blodgett（LB）膜技术是制备有机分子超薄膜的传统方法，出现在20世纪初。它的基本原理是，带有亲水头基和疏水长链的两性分子在水表面铺展成单分子层，然后通过压缩可以在水表面形成类似于固体的有序态，通过膜转移方法可以将LB膜转移到各种固体基底上。LB膜由于有有序组织性质，正逐渐成为人们实现纳米结构排列的工具，2001年Kim等[54]第一次应用这种技术成功实现了对小长径比的纳米棒的组装，构成了类似于液晶的结构。2003年，Whang等[55]和Tao等[56]分别实现了对大长径比的Si和Ag纳米线的组装，表面活性剂和纳米线的相互作用在水表面造成了流动，通过计算机控制的槽栅移动将分散在LB槽水表面的纳米线压缩到更高的密度，很多纳米线重新取向平行于槽栅。其重要特征和优势如下：纳米线的间距可以从纳米到微米尺度进行控制，Whang等[55]已经通过可靠的金属接触实现了纳米线之间互连；有可能实现单层的转移，层与层之间纳米线构成平行或交错结构，可用于光电器件，适用于大规模有序集成。

3. 接触印刷法

微流动通道法和LB膜技术是通过两步溶液法实现单层阵列集成，但是集成的纳米线的直径在20～40nm，对于直径小于15nm的纳米线来说，这两种方法的成功率很低。为了克服集成纳米线的尺寸极限，Javey等[57]提出了一种基于干法转移的接触印刷法，实现了多层的密度可控的纳米线集成，如图3-23所示。①先将可控生长的纳米线阵列通过接触印刷法转移到目标基底上，具体步骤如下：首先将光刻图案化器件基底固定在操作台上，将纳米线生长基底倒置在图案化器件基底的顶部，使得纳米线与器件基底接触；然后从顶部施加轻微的手动压力，将生长基底滑动1～3mm，接触摩擦力使生长基底上的纳米线转移到目标的器件基底上；最后，去除生长基底，得到在目标基底上整齐排列的纳米线印刷阵列。②利用常规的“自上而下”光刻和金属沉积工艺在纳米线的印刷阵列上制造器件和电路。③为了构建一个基于纳米线的三维器件结构，纳米线印刷和器件制造步骤被迭代多次，并沉积绝缘的氧化硅作为缓冲层，最终获得垂直堆叠的电子器件结构。这个过程对于广泛报道的纳米线材料和器件设计是通用的。此外，该方法的简单性和低处理温度要求使其成为在不同层中实现具有不同功能的高性能三维集成电路的理想选择。Ford等[58]通过引入润滑剂改进了这种方法。在转移过程中，润滑剂可以作为两个基底之间的间隔层并减少纳米线之间的摩擦，有效地防止了纳米线在接触摩擦过程中的破损和脱落，更有效地构筑高度有序的纳米线阵列。

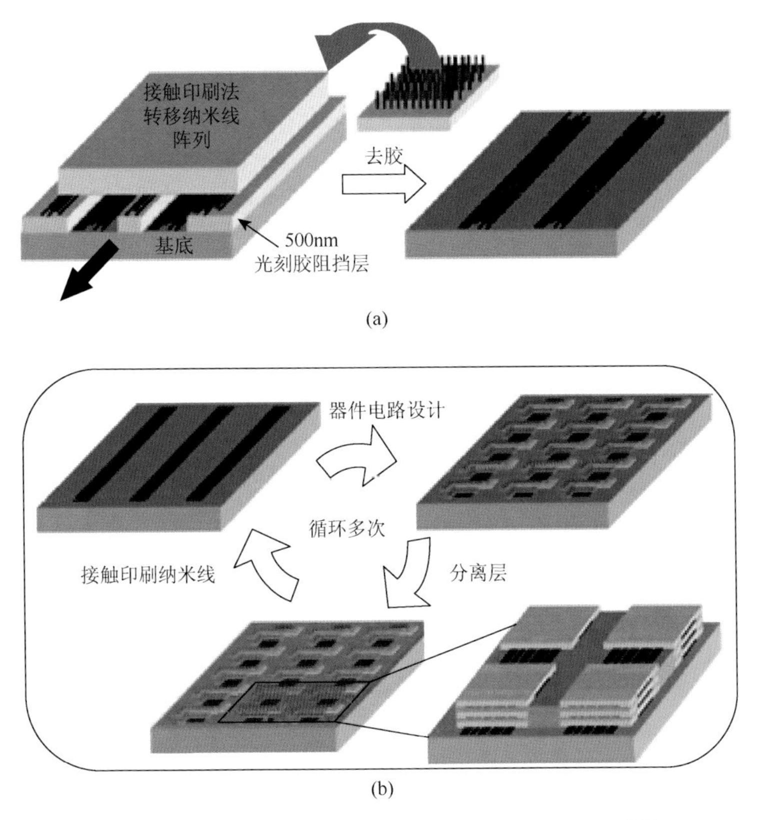

图 3-23　接触印刷法实现纳米线三维集成的流程图[57]

4. 有机吹泡法

Yu 等利用膨胀的悬浮气泡产生的剪切应力使在气泡中的纳米线对齐，从而实现纳米线的自组装[59]，如图 3-24 所示。在这种方法中，首先制备基于纳米线的均匀聚合物悬浮液，然后使用圆形模具膨胀，通过控制压力和膨胀速率形成气泡。膨胀期间形成的剪切力促使纳米线对齐，同时排列的纳米线的密度也可以通过悬浮液的浓度控制。薄膜可以转移到柔性基底及高度弯曲的表面，显示出半导体纳米线在构筑大面积柔性电子器件方面的巨大潜力。

5. 半导体超晶格模板法

2003 年，Melosh 等[60]发明了半导体超晶格模板法来制备整齐排列的半导体纳米线阵列。其具体步骤如图 3-25 所示。首先通过选择性刻蚀 GaAs/AlGaAs 超晶格在 GaAs 层之间形成空隙，然后通过沉积金属，可以形成金属纳米线，如果用超晶格纳米线图形转移技术将金属纳米线转移到半导体的基底上作为掩模，通过反应离子刻蚀的方法刻蚀半导体基底，最终在基底上获得半导体的纳米线。通

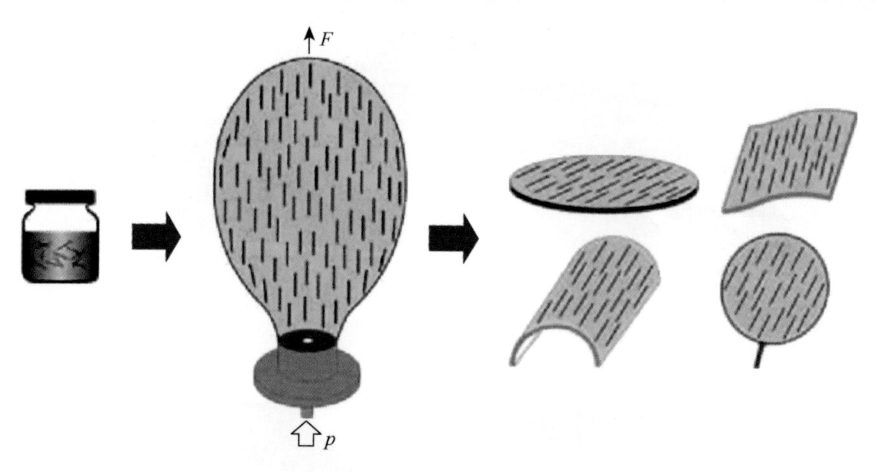

图 3-24 有机吹泡法实现纳米线自组装示意图[59]

过这样的方法，可以获得直径为 8nm、线距为 8～16nm、长度为毫米量级的纳米线阵列，而且准直性、连续性很好，缺陷少。这种方法通过微纳加工工艺可以直接制备出准直性良好的半导体纳米线。

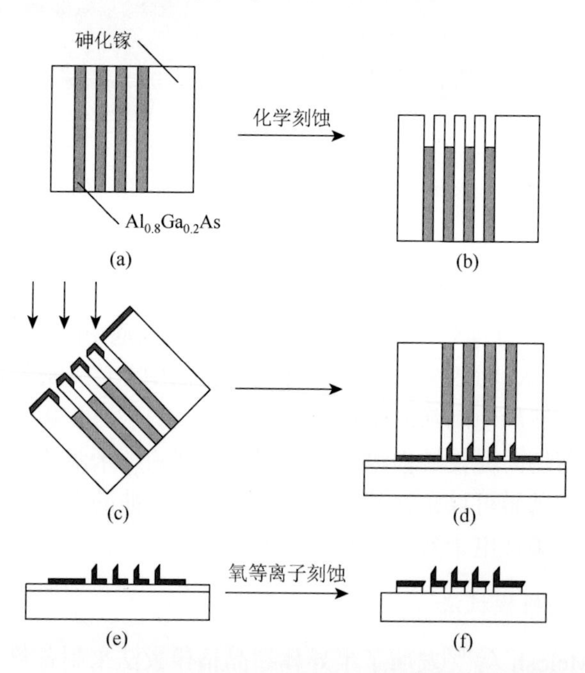

图 3-25 用超晶格模板法制备半导体纳米线阵列的实验过程示意图[60]

参考文献

[1] 崔铮. 微纳米加工技术及应用. 3 版. 北京：高等教育出版社，2013.

[2] Chou S Y，Krauss P R，Renstrom P J. Imprint of sub-25 nm vias and trenches in polymers. Applied Physics Letters，1995，67（21）：3114-3116.

[3] Haisma J，Verheijen M，Kees V D H，et al. Mold-assisted nanolithography：A process for reliable pattern replication. Journal of Vacuum Science & Technology B，1996，14（6）：4124-4128.

[4] Ilataakis M，Canavcuo B J，Shaw J M. Single-step optical lift-off process. IBM Journal of Research and Development，1980，24（4）：452-460.

[5] Romankiw L，Croll I，Hatzakis M. Batch-fabricated thin-film magnetic recording heads. IEEE Transactions on Magnetics，1970，6（3）：597-601.

[6] Beaumont S P，Bower P G，Tamamura T，et al. Sub-20-nm-wide metal lines by electron-beam exposure of thin poly（methylmethacrylate）films and liftoff. Applied Physics Letters，1981，38（6）：436-439.

[7] Huang Z，Geyer N，Werner P，et al. Metal-assisted chemical etching of silicon：A review. Advanced Materials，2011，23（2）：285-308.

[8] Wilkinson C D W，Rahman M. Dry etching and sputtering. Philosophical Transactions of the Royal Society of London A：Mathematical，Physical and Engineering Sciences，2004，362（1814）：125-138.

[9] Cobden D H. Molecular electronics：Nanowires begin to shine. Nature，2001，409（6816）：32-33.

[10] Lieber C M. Nanoscale science and technology：Building a big future from small things. MRS Bulletin，2003，28（7）：486-491.

[11] Yu D，Bai Z，Ding Y，et al. Nanoscale silicon wires synthesized using simple physical evaporation. Applied Physics Letters，1998，72（26）：3458-3460.

[12] Zeng X，Xu Y，Zhang S，et al. Silicon nanowires grown on a pre-annealed Si substrate. Journal of Crystal Growth，2003，247（1）：13-16.

[13] Dai Y，Zhang Y，Li Q，et al. Synthesis and optical properties of tetrapod-like zinc oxide nanorods. Chemical Physics Letters，2002，358（1）：83-86.

[14] Huang Y，Zhang Y，Liu L，et al. Controlled synthesis and field emission properties of ZnO nanostructures with different morphologies. Journal of Nanoscience and Nanotechnology，2006，6（3）：787-790.

[15] Zhang Y，Huang Y H，He J，et al. Quasi one-dimensional ZnO nanostructures fabricated without catalyst at lower temperature. Frontiers of Physics in China，2006，1（1）：72-84.

[16] Morales A M，Lieber C M. A laser ablation method for the synthesis of crystalline semiconductor nanowires. Science，1998，279（5348）：208-211.

[17] Kodambaka S，Tersoff J，Reuter M C，et al. Germanium nanowire growth below the eutectic temperature. Science，2007，316（5825）：729-732.

[18] Persson A I，Larsson M W，Stenstrom S，et al. Solid-phase diffusion mechanism for GaAs nanowire growth. Nature Materials，2004，3（10）：677-681.

[19] Dick K A，Deppert K，Martensson T，et al. Failure of the vapor-liquid-solid mechanism in Au-assisted MOVPE growth of InAs nanowires. Nano Letters，2005，5（4）：761-764.

[20] Hofmann S，Sharma R，Wirth C T，et al. Ledge-flow-controlled catalyst interface dynamics during Si nanowire growth. Nature Materials，2008，7（5）：372-375.

[21] Chou Y C，Wen C Y，Reuter M C，et al. Controlling the growth of Si/Ge nanowires and heterojunctions using silver-gold alloy catalysts. ACS Nano，2012，6（7）：6407-6415.

[22] Wang C，Tang K，Yang Q，et al. Growth of $Pb_5S_2I_6$ meso-scale tubular crystals. Journal of Crystal Growth，2001，226（2）：175-178.

[23] Liao Q，Yang Y，Xia L，et al. High intensity，plasma-induced emission from large area ZnO nanorod array cathodes. Physics of Plasmas，2008，15（11）：114505.

[24] Xi G，Ye J. Ultrathin SnO_2 nanorods：Template-and surfactant-free solution phase synthesis，growth mechanism，optical，gas-sensing，and surface adsorption properties. Inorganic Chemistry，2010，49（5）：2302-2309.

[25] Kim J G，Nam S H，Lee S H，et al. SnO_2 nanorod-planted graphite：An effective nanostructure configuration for reversible lithium ion storage. ACS Appllied Materials Interfaces，2011，3（3）：828-835.

[26] Liu S，Qian X，Yuan J，et al. Synthesis of monodispersed CdSe nanocrystals in poly（styrene-alt-maleic anhydride）at room temperature. Materials Research Bulletin，2003，38（8）：1359-1366.

[27] Yang X，Shao C，Guan H，et al. Preparation and characterization of ZnO nanofibers by using electrospun PVA/zinc acetate composite fiber as precursor. Inorganic Chemistry Communications，2004，7（2）：176-178.

[28] Zhao J，Jin Z G，Li T，et al. Preparation and characterization of ZnO nanorods from NaOH solutions with assisted electrical field. Applied Surface Science，2006，252（23）：8287-8294.

[29] Kawai S，Ishiguro I. Recording characteristics of anodic oxide films on aluminum containing electrodeposited ferromagnetic metals and alloys. Journal of the Electrochemical Society，1976，123（7）：1047-1051.

[30] Barth S，Hernandez-Ramirez F，Holmes J D，et al. Synthesis and applications of one-dimensional semiconductors. Progress in Materials Science，2010，55（6）：563-627.

[31] Kim S B，Lee W W，Yi J，et al. Simple，large-scale patterning of hydrophobic ZnO nanorod arrays. ACS Appllied Materials Interfaces，2012，4（8）：3910-3915.

[32] Zhang X，Liao Q，Liu S，et al. Poly（4-styrenesulfonate）-induced sulfur vacancy self-healing strategy for monolayer MoS_2 homojunction photodiode. Nature Communications，2017，8：15881.

[33] Zhang D B，Wang S J，Cheng K，et al. Controllable fabrication of patterned ZnO nanorod arrays：Investigations into the impacts on their morphology. ACS Appllied Materials Interfaces，2012，4（6）：2969-2977.

[34] Kim Y J，Yoo H，Lee C H，et al. Position-and morphology-controlled ZnO nanostructures grown on graphene layers. Advanced Materials，2012，24（41）：5565-5569.

[35] Si H，Kang Z，Liao Q，et al. Design and tailoring of patterned ZnO nanostructures for energy conversion applications. Science China Materials，2017，60（9）：793-810.

[36] D'arienzo M，Armelao L，Cacciamani A，et al. One-step preparation of SnO_2 and Pt-doped SnO_2 as inverse opal thin films for gas sensing. Chemistry of Materials，2010，22（13）：4083-4089.

[37] Matijevic E. Preparation and properties of uniform size colloids. Chemistry of Materials，1993，5（4）：412-426.

[38] Matijević E. Controlled colloid formation. Current Opinion in Colloid & Interface Science，1996，1（2）：176-183.

[39] Sugimoto T. Preparation of monodispersed colloidal particles. Advances in Colloid and Interface Science，1987，28：65-108.

[40] Xia Y，Yang P，Sun Y，et al. One-dimensional nanostructures：Synthesis，characterization，and applications. Advanced Materials，2003，15（5）：353-389.

[41] Cui Y，Zhong Z，Wang D，et al. High performance silicon nanowire field effect transistors. Nano Letters，2003，3（2）：149-152.

[42] Wei W，Bao X Y，Soci C，et al. Direct heteroepitaxy of vertical InAs nanowires on Si substrates for broad band photovoltaics and photodetection. Nano Letters，2009，9（8）：2926-2934.

[43] Bao J，Zimmler M A，Capasso F，et al. Broadband ZnO single-nanowire light-emitting diode. Nano Letters，2006，6（8）：1719-1722.

[44] Smith P A，Nordquist C D，Jackson T N，et al. Electric-field assisted assembly and alignment of metallic nanowires. Applied Physics Letters，2000，77（9）：1399-1401.

[45] Duan X，Huang Y，Cui Y，et al. Indium phosphide nanowires as building blocks for nanoscale electronic and optoelectronic devices. Nature，2001，409（6816）：66-69.

[46] Chu S，Wang G，Zhou W，et al. Electrically pumped waveguide lasing from ZnO nanowires. Nature Nanotechnology，2011，6（8）：506-510.

[47] Duan X，Huang Y，Agarwal R，et al. Single-nanowire electrically driven lasers. Nature，2003，421（6920）：241-245.

[48] Zimmler M A，Stichtenoth D，Ronning C，et al. Scalable fabrication of nanowire photonic and electronic circuits using spin-on glass. Nano Letters，2008，8（6）：1695-1699.

[49] Tans S J，Verschueren A R M，Dekker C. Room-temperature transistor based on a single carbon nanotube. Nature，1998，393（6680）：49-52.

[50] Nguyen P，Ng H T，Yamada T，et al. Direct integration of metal oxide nanowire in vertical field-effect transistor. Nano Letters，2004，4（4）：651-657.

[51] Ng H T，Han J，Yamada T，et al. Single crystal nanowire vertical surround-gate field-effect transistor. Nano Letters，2004，4（7）：1247-1252.

[52] Messer B，Song J H，Yang P. Microchannel networks for nanowire patterning. Journal of the American Chemical Society，2000，122（41）：10232-10233.

[53] Huang Y，Duan X，Cui Y，et al. Logic gates and computation from assembled nanowire building blocks. Science，2001，294（5545）：1313-1317.

[54] Kim F，Kwan S，Akana J，et al. Langmuir-Blodgett nanorod assembly. Journal of the American Chemical Society，2001，123（18）：4360-4361.

[55] Whang D，Jin S，Wu Y，et al. Large-scale hierarchical organization of nanowire arrays for integrated nanosystems. Nano Letters，2003，3（9）：1255-1259.

[56] Tao A，Kim F，Hess C，et al. Langmuir-Blodgett silver nanowire monolayers for molecular sensing using surface-enhanced Raman spectroscopy. Nano Letters，2003，3（9）：1229-1233.

[57] Javey A，Nam S W，Friedman R S，et al. Layer-by-layer assembly of nanowires for three-dimensional，multifunctional electronics. Nano Letters，2007，7（3）：773-777.

[58] Ford A C，Ho J C，Fan Z，et al. Synthesis，contact printing，and device characterization of Ni-catalyzed，crystalline InAs nanowires. Nano Research，2008，1（1）：32-39.

[59] Yu G，Cao A，Lieber C M. Large-area blown bubble films of aligned nanowires and carbon nanotubes. Nature Nanotechnology，2007，2（6）：372-377.

[60] Melosh N A，Boukai A，Diana F，et al. Ultrahigh-density nanowire lattices and circuits. Science，2003，300（5616）：112-115.

第4章 半导体纳米线电子器件

4.1 引　言

半导体纳米材料，由于其独特的结构、形貌和尺寸效应，可以广泛地应用于现有的 CMOS 工业，包括场效应晶体管及阻变存储器件、场发射器件等各种电子器件。半导体纳米线电子器件的发展对推动后摩尔时代新型电子器件的发展具有重要作用。本章将主要介绍并展望半导体纳米线在电子器件领域的应用。

4.2 场效应晶体管

当今的微电子学是在平面印刷的微加工技术的基础上发展起来的，其基本的器件结构是 CMOS 晶体管。1947 年，世界上第一只晶体管在美国贝尔实验室问世。在半导体集成电路发展过程中，1960 年贝尔实验室的 Kahng 和 Atalla 发明并首次制成了金属-氧化物-半导体场效应晶体管（MOSFET），为大规模和超大规模集成电路的发展打下坚实的基础。正是由于晶体管的体积减小、集成度的提高，才有了信息时代的飞速发展。英特尔公司创始人戈登・摩尔进而提出了著名的摩尔定律，即当价格不变时，单位面积上集成电路可容纳的晶体管数目平均每隔一年增加一倍，性能也将提升一倍。

对于未来晶体管几种可能的发展方向，英特尔公司曾提出[1]：①改进晶体管结构，用三栅或环栅等三维结构控制导电沟道，来取代现在的平面型 CMOS 技术，这一技术利于降低驱动电压；②采用Ⅲ-Ⅴ族材料、碳纳米管等高迁移率材料代替目前的硅基材料，可以获得高频、高性能和低功耗的晶体管；③改变现有晶体管的工作原理，通过栅电压控制沟道中的势垒高度，同时利用电子在结处的带间隧穿实现载流子输运，这样有利于优化晶体管的亚阈值摆幅（subthreshold-swing，SS），进一步降低器件的驱动电压。

为了控制更短的栅控制沟道中的电子运动，人们开始从平面晶体管向全耗尽的绝缘体上硅（silicon on insulator，SOI）器件和三维立体晶体管过渡，发展出了三维晶体管的大生产技术。而三维立体晶体管是一种多栅结构的电子器件，经历了双栅、鳍栅、π 型栅、Ω 型栅、三栅和环形栅等技术的研发过程。而环栅器件发展到极限，将成为"后 CMOS"系列器件之一的纳米线场效应晶体管[2]。

4.2.1　硅纳米线场效应晶体管

对于人们非常关注的"后 CMOS"的电子器件之一的纳米线场效应晶体管（NWFET），主要是用半导体纳米线代替平面型 CMOS 器件的沟道。其中，半导体纳米线的材料可由硅、锗、III-V 族化合物和 II-VI族化合物等多种半导体或异质结制成。纳米线场效应晶体管的主要优势体现在以下几方面[3]：①NWFET 可以很好地抑制短沟道效应，使晶体管尺寸进一步缩小；②NWFET 利用其自身的细沟道和围栅结构，来改善栅极的调制力和抑制短沟道效应，可以缓解晶体管对栅介质厚度的要求，减小栅极漏电流；③使用纳米线沟道，还可以缓解元素掺杂带来的沟道内杂质离散分布和库仑散射的问题。

NWFET 的关键工艺是纳米线的制作，可分为"自上而下"和"自下而上"两种工艺路线。对于硅纳米线而言，"自上而下"的制备方法主要利用光刻工艺（光学光刻或电子束光刻）和刻蚀工艺（电感耦合等离子体刻蚀、反应离子刻蚀或湿法腐蚀）；而"自下而上"的制备方法主要是运用金属颗粒催化剂作为成核点的气-液-固（VLS）生长机制。

对于"自上而下"的制备过程，主要采用 CMOS 工艺，用电子束光刻和反应离子刻蚀得到纳米线的初始状态，经氢气退火工艺可使纳米线的外表面平滑，为了整形其截面并将硅纳米线迁移到相连接的 SOI 衬底上进行减薄，采用高温氧化工艺获得直径低于 10nm 的纳米线，最小尺寸的纳米线可达 3nm。之后，由高介电常数材料（等效氧化层 1.5nm）、TaN 金属栅和多晶 Si 等组成的栅叠层将硅纳米线包围起来。最后，采用选择外延工艺形成纳米线两端的支撑和栅极外两侧的源/漏区。

2005 年，Suk 等报道了在硅基底上通过镶嵌栅工艺制备的直径为 10nm 的双 Si 纳米线环栅 MOSFET[4]。他们在硅纳米线上覆盖了 2nm 厚的栅氧化层和 TiN 金属栅，其有效栅长为 30nm。n 型沟道纳米线 FET 和 p 型沟道纳米线 FET 的导通电流分别为 2.64mA/μm 和 1.1mA/μm，其器件关闭时的漏电流分别为 3.1nA/μm 和 5.6pA/μm，其 SS 分别为 71mV/dec 和 66mV/dec，其漏端引入的势垒降低值（DIBL）分别为 31mV/V 和 15mV/V。由于环形栅结构和超薄纳米线沟道的特点，器件表现出很好的抑制短沟道效应性能。2009 年，Bangsarutip 等报道了具有纳米线尺寸按比例缩小能力的高性能、高均匀环栅 Si 纳米线 MOSFET，其具有较强的驱动电流能力和出色的静电控制力[5]。其栅长为 35nm（纳米线尺寸为 13.3nm×20nm）的 n-FET 和栅长为 25nm（纳米线尺寸为 9nm×13.9nm）的 p-FET

的导通电流分别为 1.1mA/μm 和 1.32mA/μm，关闭时的漏电流均约为 5mA/μm，其 SS 均为 85mV/dec，其 DIBL 分别为 65mV/V 和 105mV/V。2010 年他们又报道了环栅硅纳米线 CMOS 的 25 级环形振荡器[6]，其纳米线尺寸为 3～14nm，对应的栅长为 25～55nm，该环形振荡器为 25 级，由反相器、两路与非推动器和两路输出缓冲器组成。使用频谱分析仪测量环形振荡器的输出信噪比，其大于 40dB。电路性能呈现典型的环形振荡器特点，随着电源电压 V_{DD} 的增加，更快的环形振荡器具有更高的动态环形振荡器电流 I_{DDA} 和更少的延迟时间。测量参数表明，该纳米线器件具有较低的界面态密度。该纳米线器件的直流和交流性能的差异反映亚纳米器件的自热效应，且纳米线器件尺寸越小，其自热效应越明显。

“自下而上”的工艺路线制作垂直 Si 纳米线，主要基于气-液-固生长机制，生长时需要金属颗粒作为催化媒介。金属颗粒的位置决定了生长纳米线的位置，纳米线的直径取决于金属颗粒的大小，长度由反应时间控制。此外，还可以通过控制到达液滴的气相原子的组分来改变纳米线的组分，实现纳米线的掺杂。Zheng 等[7]报道了采用硅烷为原料，磷烷为杂质源，以金颗粒作为媒介，基于气-液-固生长的方法制作掺 P 的、直径为 20nm 的 Si 纳米线。他们还研究了不同 P 掺杂浓度对沟道电导和迁移率的影响。Goldberger 等[8]以氯烷为原料，溴化硼为杂质源，以直径 50nm 的金颗粒为媒介，基于气-液-固生长机理制备了垂直生长的 Si 纳米线，并以热氧化的 SiO_2 作为栅介质，制作出围栅垂直 NWFET，纳米线直径为 20～30nm，栅长为 500～600nm。利用气-液-固生长方法制作的 Si 纳米线直径细、表面粗糙度小，而且可以在生长过程中控制掺杂。但是缺点是垂直生长的纳米线难于集成实现电路功能，而要构造水平纳米线晶体管，还需通过其他手段（如原子力显微探针操纵）对生长的纳米线进行组装。

除了硅基材料以外，第四主族元素锗和锡元素，也在“后 CMOS 器件”研究中开始活跃起来。2002 年，斯坦福大学 Chui 等[9]利用 ZrO_2 钝化 Ge 表面实现了 Ge 基 p-MOSFET，其迁移率是 Si 器件的 2 倍。2006 年，Zimmerman 等[10]开发了 350℃下用 Si_2H_6 钝化 Ge 的工艺，发现降低温度可以有效阻止 Ge 原子向栅极介质扩散，抑制 Ge—O 键的形成，从而有效降低界面态密度，器件的空穴迁移率达到 $358cm^2/(V·s)$。如果在 Ge 薄膜上加入面内压应变，会导致 Ge 材料价带去简并，空穴的有效质量变小，进而提高 Ge 薄膜的迁移率。在 2007 年报道的 GeSn 合金将有可能具有比 Ge 更高的空穴迁移率[11]，可作为 p-MOSFET 器件的沟道替代材料。通过表面钝化工艺的优化和应变工程的引入，可以极大地提高 Ge 基和 GeSn 基 p-MOSFET 的器件性能。2012 年，Ge 基 p-MOSFET 的空穴有效迁移率已达到硅器件的 10 倍以上[12]。

虽然理论上 Ge 和 GeSn 的空穴迁移率非常高，但是在器件制备工艺方面还存在很多难点，其真实性能还有待提高。此外，Ge 和 GeSn 器件的关键工艺和可靠性也同样缺乏深入研究，因此，Ge 基和 GeSn 基 FET 距离实际应用还有很长的路要走。

4.2.2　碳纳米管场效应晶体管

除了ⅣA 族单元素材料之外，碳纳米管 CNT 是 CMOS 尺寸缩小到 10nm 以下的替换沟道重要的备选材料之一。碳纳米管是由单层或若干层石墨烯卷曲而成的笼状“纤维”，是一种具有独特结构的一维量子材料。单壁碳纳米管直径在 0.7～2nm。当在没有晶格振动的散射时，载流子通过完美的碳纳米管时可以实现弹道输运。碳纳米管的禁带宽度约为 0.9eV，且导带和价带的边缘是对称的，导致其电子和空穴的迁移率都较高。在室温下，碳纳米管的迁移率高达 $100000cm^2/(V·s)$[13]。

有别于传统硅基晶体管的“自上而下”的制备流程，碳纳米管场效应晶体管（CNTFET）的制备工艺采用“自下而上”方式，就像垒积木一样，将材料一层层地搭建到一起。碳纳米管场效应晶体管的器件示意图和结构示意图如图 4-1 所示[14]。

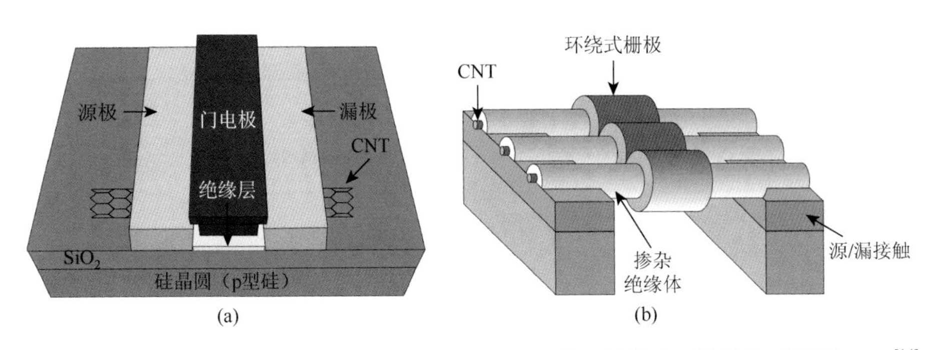

图 4-1　碳纳米管场效应晶体管的器件示意图（a）及其晶体管阵列的结构示意图（b）[14]

1998 年，最早的碳纳米管场效应晶体管分别由代尔夫特理工大学和 IBM 的研究小组研制成功[15, 16]。IBM 公司采用原子力显微镜技术制成碳纳米管晶体管。研究人员在硅基底上沉积了一层二氧化硅介质，用金制两个电极，采用原子力显微镜在两电极间放置了一根半导体性的碳纳米管。单壁碳纳米管扮演“沟道”的作用，而两端金属电极作为源和漏电极。重掺杂的硅基底本身被用作栅（或作后栅）。这些碳纳米管表现为 p 型场效应管。为了提高器件性能，IBM 改进了器件源漏电极之间的接触制作工艺流程。让半导体性的单壁碳纳米管分散地排列在表面氧化了的硅基底晶圆上，源电极和漏电极由与硅技术兼容的金属，如钛或钴，覆盖在纳米管之上。电极接触区经高温热退火，以钛电极为例，电极接触区将形成 TiC 合金，在金属和碳纳米管之间产生很强的耦合，减少了接触电阻[17]。近年来，碳纳米场效应晶体管有了很大的发展。2016 年，美国威斯康星大学麦迪逊分校 Brady 等[18]成功研制出了 1in（1in = 2.54cm）大小的碳纳米晶体管，获得的碳纳米晶体管的电流承载能力是硅晶体管的 1.9 倍，使其性能首次超越了硅晶体管和砷化镓晶体管。2017 年北京大学彭练矛等[19]首次制备出栅长 5nm 的高性能碳纳米晶体管，并证明其性能超越同等尺寸的硅基 CMOS 场效应晶体管，将碳纳米场效应晶体管的性能推至接近理论极限。

根据工作机制不同，常见的 CNTFET 主要有如下 3 种结构：肖特基势垒型 CNTFET[20, 21]、类金属-氧化物-半导体（MOS）型 CNTFET[22, 23]、隧穿型 CNTFET[24]。CNTFET 已经经历了一系列技术革新，包括碳纳米管沟道弹道式传输、环绕式闸极的自对准结构、阵列式结构和碳纳米管阵列密度、纳米级沟道长度及改进的接触电阻等方面。其性能参数和应用前景如表 4-1 所示。

表 4-1　几种类型 CNTFET 器件的性能表征与应用前景[25]

CNTFET 器件类型	栅源电压控制情况	电子输运情况	电流开关比	阈值电压	应用前景	文献
Pb/SWNT/Al 结构	跨导较大	电子迁移率较高	＞10^2	—	纳米集成电路	[26]
双面电极型	逆亚阈值斜率≥60mV/dec	—	—	背栅–2.5V 时，前栅约–1.2V	环形振荡电路，提高振荡频率范围	[27]
自对准顶栅极	逆亚阈值斜率＞60mV/dec	电子迁移率较高	极大提高	—	低功耗器件	[28]
柱状环绕式自对准全包围栅型	逆亚阈值斜率：p 型低至 85mV/dec；n 型低至 95mV/dec	—	＞10^4	0.25V	数字开关，构建逻辑器件	[29]
阵列式或多通道	跨导：p 型达 50.2μS；n 型达 36.5μS	p 型为 7169cm²/(V·s)；n 型为 5311cm²/(V·s)	p 型为 10^5～10^6；n 型为 10^6～10^7	p 型–0.5V；n 型 0.65V	互补逆变器，实现 31.2 倍的电压增益，用于大规模电子集成电路	[30]
异质双金属栅型	栅压 0.4V 时，跨导为 28.7μS；栅压 0.6V 时，跨导为 99.8μS		栅压为 0.6V，约 6295	约 0.4V	高速/高频电路	[31]
单接触垂直型	跨导为 0.9～2.5μS	11～32cm²/(V·s)	—	—	硅基纳米集成电路	[32]

基于碳纳米管具有准一维弹道运输、电流承载能力高、电子迁移率高等特性，CNTFET 器件将在跨导、电子迁移率、电流开关比及阈值电压等方面表现出明显

优于传统硅器件的优异性能，从而进一步提高微电子线路的集成度和微型化。然而，随着沟道长度的减小，关闭电流会增大，短沟道效应依然严重，这是不可避免的。只有通过合理选取沟道长度与合适的掺杂工艺，才可以有效地减弱器件的短沟道效应，改善器件的性能。

此外，碳纳米管与金属之间的接触电阻对器件性能的影响也较大。需要通过选取合适类型金属和金属-碳纳米管接触长度，来实现较低的接触电阻和更优异的器件性能。多通道 CNTFET 可以克服单根碳纳米管在构建晶体管时制造工艺难且个体差异明显等问题。另外，多通道 CNTFET 在跨导、载流子迁移率、电流开关比、阈值电压等晶体管关键性能方面将体现极高的优势，且更能够抵御外界环境变化的影响，性能更稳定。因此，多通道式 CNTFET 是目前最具有实用化优越性的一种晶体管类型。

4.2.3 Ⅲ-Ⅴ族和Ⅱ-Ⅵ族半导体场效应晶体管

除Ⅳ族半导体之外，III-Ⅴ族材料具有优秀的光电性能（因为多数为直接带隙半导体），尤其在载流子迁移率方面与硅相比，具有得天独厚的优势。例如，$In_xGa_{1-x}As$ 材料中电子的迁移率比纯硅高 8～30 倍，而 InSb 的电子迁移率甚至比硅高 50 倍以上。除此之外，调节 $In_xGa_{1-x}As$ 中 In 组分可以得到窄带系半导体，其表面的电子积累层有利于在源极和漏极之间形成欧姆接触。因此，III-Ⅴ族高迁移率沟道材料的场效应晶体管具有巨大的发展潜力。

III-Ⅴ族纳米线晶体管可分为垂直结构和水平结构两类。对于垂直纳米线结构晶体管而言，其优点是III-Ⅴ族纳米线容易在基底上生长，以及进行绝缘介质和金属环栅的沉积，但其缺点是与当前的平面硅 CMOS 工艺不兼容，与目前大规模、高度集成的工业化集成电路（IC）生产相比，其逻辑布线更为困难。此外，在 Si（111）基底上生长的垂直 InAs 纳米线，由于旋胶和上电极与纳米线接触等后续工艺的影响，会导致 InAs 纳米线批量倒塌，使接下来的工艺无法进行。这也是除了生产工艺不兼容与逻辑布线难度提高，垂直晶体管无法取代主流硅平面 CMOS 晶体管的又一原因。

垂直纳米线晶体管，一般采用“自下而上”的制备工艺，使用 VLS 化学气相生长技术能够批量制备III-Ⅴ族纳米线阵列。2006 年，Bryllert 等[33]报道了利用该方法制备的垂直高迁移率环栅 InAs 纳米线晶体管，晶体管的剖面如图 4-2（a）所示。如图 4-2 所示，可以看到在 InAs 基底上垂直生长同质纳米线，导热性能较好的 SiN_x 作为晶体管的栅介质与隔离介质，覆盖性能更为优异的 Au 作为电极。由图 4-2（b）的器件 SEM 图片可以发现，中间为垂直栅阵列，上端为漏极，基底为源极。单个晶体管中的沟道，并不是图 4-2（a）中所示的单纳米线沟道，而是由几十根垂直纳米线组成的阵列，这种设计既可以提高器件的机械强度，又能提升驱动电流与跨导；同时沟道中的掺杂浓度约为 $2\times10^{17}cm^{-3}$，也确保了较大的驱动电流。

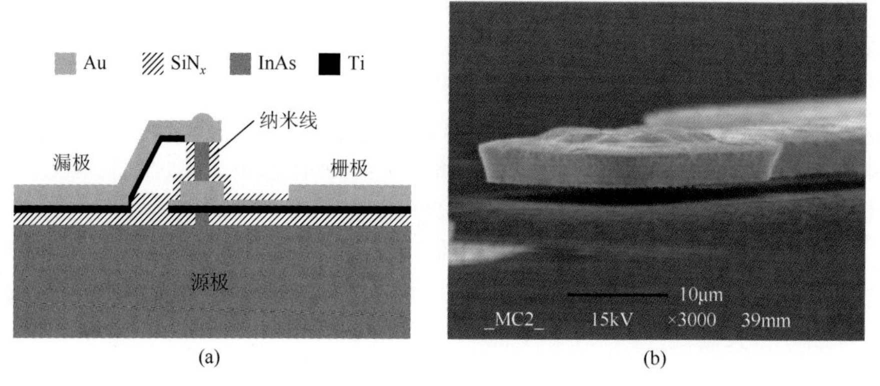

(a) (b)

图 4-2 （a）单个晶体管的剖面简图；（b）晶体管的 SEM 图[33]

实际测试中，电子迁移率达到了 3000cm²/(V·s)，远高于目前的硅器件，在高频功率器件中有潜在的应用。同时这种晶体管仍然遵循 $\sqrt{I_{DS}} \propto V_{GS}$（$I_{DS}$ 为源漏电流，V_{GS} 为栅源电压）的数学关系，这有利于对器件性能参数的分析。但是这种 n 型环栅晶体管的阈值电压 V_{TH} 约为–0.15eV。这是由于沟道需要更负的偏压才能使载流子完全耗尽，这也意味着晶体管的静态功耗可能高于传统的硅晶体管。

此外，垂直型晶体管具有一个共性问题[34]，即与传统的大规模平面 IC 工艺并不兼容，若投入应用则需要面对批量更换生产线的问题；器件的工艺流程和栅极逻辑布线与目前的平面硅 CMOS 晶体管相比更为复杂，间接导致了生产成本的提高，这些因素都限制了垂直型晶体管的工业化生产。相比之下，水平纳米线晶体管具有工艺兼容性好、工艺难度低且成本相对较低等诸多优点。因此，水平结构的Ⅲ-Ⅴ族纳米线晶体管与垂直结构晶体管相比，优势更为明显。

2012 年，Ye 等[35]利用干法刻蚀制备了悬空的水平 InGaAs 纳米线结构，进而制成了 InGaAs 环栅纳米线场效应晶体管，如图 4-3 所示。由于干法刻蚀具有各向同性的特点，其可获得任意晶向的纳米线。他们利用电感耦合等离子体刻蚀（ICP）技术沿〈110〉晶向刻蚀 InGaAs 纳米线沟道，而沟道层采用的是三明治结构，该结构依然会在沟道中央形成二维电子气，同时用 $(NH_4)_2S$ 溶液对 InGaAs 纳米线进行钝化处理，可以进一步减弱界面态的影响，并提高空穴迁移率。采用 $Al_2O_3/LaAlO_3$ 等高 k 栅介质，利于等效氧化层厚度减薄，从而提高栅控能力，但氧化层厚度过薄会使 I_{OFF} 增大，不利于器件正常工作。器件整体是由Ⅲ-Ⅴ族材料制成的，依然存在成本高昂的问题；同时，ICP 刻蚀过程中存在较大的浪费，而且会对纳米线造成损伤，这些因素都会制约该晶体管的工业化生产。此外，通过干法刻蚀技术制备的纳米线可能存在良品率的问题。因此，人们采用特殊的转移技术获得水平III-V族纳米线，进而制成高性能晶体管。其中最普遍的方法就是通过将III-V族纳米线转移到 Si/SiO_2 水平基底的途径制备晶体管，这样既能削减成本，又能获得高性能的III-V族纳米线晶体管。

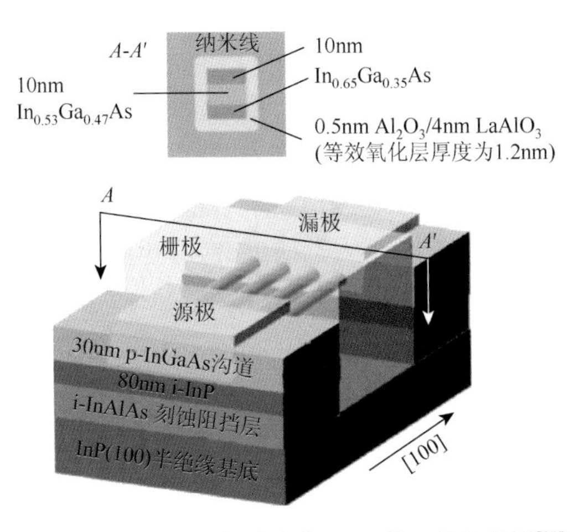

图 4-3　InGaAs 环栅纳米线 FET 的三维结构图[35]

纳米线平面转移实际上就是基于“自下而上”工艺的一种获得水平纳米线的折中方法。通过现有的 SA-MOVPE 技术[36]或 VLS 生长均能够较容易地批量获得垂直生长的III-V族纳米线阵列，然后将垂直III-V族纳米线通过特殊技术（如超声技术）转移到置于液体介质中的基底平面上，并进行栅介质的沉积与源漏接触，进而制成水平III-V族纳米线沟道晶体管。Hou 等[37]采用 VLS 生长在硅基底上获得垂直结构 InGaAs 纳米线，而后在乙醇中利用超声技术将纳米线振落到另一个 p 型掺杂 Si/SiO_2 基底上，再进行源漏接触等后续处理，最终获得电子迁移率近 $3000cm^2/(V\cdot s)$的背栅型纳米线场效应晶体管。

与垂直结构相比，使用超声振动等纳米线转移技术构建的水平环栅纳米线晶体管将III-V族材料与硅集成，具有更好的工艺兼容性，这样会大幅降低工艺难度；与完全由III-V族材料制备的器件相比，其会大幅削减工艺成本。但不容忽视的一个关键问题是，这种技术仍然无法精确定位纳米线，导致有效栅长改变，增加了器件性能分析的难度。精确定位作为一种制备水平纳米线晶体管必需的解决方案亟待科研人员进行深入研究。

除了III-V族半导体之外，II-VI族半导体也是半导体纳米材料场效应晶体管研究的热点之一。Su 等[38]机械剥离出了 84nm 厚的 $SnSe_2$，并构筑了底栅 FET，温度从 300K 降到 77K 时，迁移率从 $8.6cm^2/(V\cdot s)$上升到 $28cm^2/(V\cdot s)$。Song 等[39]利用原子层沉积的方法，在机械剥离的单层 SnS_2 器件上构筑了 Al_2O_3（35nm）顶栅 FET。FET 的迁移率达到了 $50cm^2/(V\cdot s)$，然而其亚阈值摆幅依然有 10V/dec。

Pei 等[40]采用有机电解液(将 $LiClO_4$ 质量分数为 20%的聚氧化乙烯溶于无水甲醇)作为顶栅，同时结合 70nm 厚的 HfO_2 作为底栅，共同调控 $SnSe_2$-FET 沟道载流子。其沟道载流子浓度超过了 $10^{13}cm^{-2}$，同时具有较高的开关比（10^4），较之前报道的底栅 FET 提高了两个数量级。Huang 等[41]采用去离子水作为顶栅，构筑了基于 SnS_2 的 FET，迁移率高达 $230cm^2/(V·s)$。他们推断优异的 FET 性能可能是由于液态环境减少了表面吸附态，同时高介电常数的液态栅极很有效地屏蔽了界面处的库仑散射中心。Pan 等[42]通过机械剥离的方法得到了不同 Se 含量的 $Sn_{2-x}Se_x$ 纳米片，发现随着 Se 含量的增加，栅极对沟道载流子的调控能力逐渐减弱。

ZnO 纳米线场效应晶体管也是人们研究Ⅱ-Ⅵ族半导体器件的一个热点。2003 年，佐治亚理工大学的 Arnold 等[43]首次报道的 ZnO 纳米带场效应晶体管中采用的是底接触结构，器件的转移曲线并不平滑，说明电子在传输过程中受到了强烈散射，而后期报道的 ZnO 基的场效应晶体管都采用顶电极的制备工艺。源漏电极的接触质量，除了取决于上述的接触方式外，还要受到金属功函数和半导体材料费米能级的相对位置影响。对于 ZnO，如果直接采用 Au 作源漏电极，很容易形成肖特基接触。2006 年，Cheng 等[44]利用 Ti 制备欧姆接触对氧化锌纳米带的本征性能进行了研究，获得了较好的迁移率[$440cm^2/(V·s)$]，并进一步指出金属 Cr 容易形成非欧姆接触。这和体材料理论是相互吻合的，ZnO 的电子亲和能为 4.2～4.5eV，为了形成较好的接触，要求电极金属功函数小于 4.5eV，这样和薄膜 ZnO 相似，金属 In、Ga、Al、Ti 和 ZnO 容易形成较好的接触，但是考虑到电极的化学稳定性，一般采用 Ti/Au 电极。Heo 等[45]采用电极顶栅结构制备了 ZnO 纳米线场效应晶体管栅绝缘层为 50nm 的(Ce，Tb)$MgAl_{11}O_{19}$，实现了对纳米线电导的有效调控，器件的阈值电压约为–3V，跨导为 5nS，迁移率约为 $3cm^2/(V·s)$。2006 年，Keem 等[46]进一步优化了顶栅极结构，首先制备悬空纳米结构，而后利用原子层沉积工艺制备厚度约为 17nm 的 Al_2O_3 作为绝缘层，器件的阈值电压约为–4V，跨导为 0.2S，迁移率为 $30.2cm^2/(V·s)$。对顶栅结构进一步优化，Ng 等[47]还制备了采用环形绕栅极的 ZnO 纳米线场效应晶体管，这种结构相比于顶栅极结构，增大了栅极绝缘层对纳米线的包裹，增强了栅极对纳米结构电学性能的调控。借助这一结构，首次在 ZnO 纳米线上通过场效应实现 p 型沟道，这对于通常呈现 n 型导电的 ZnO 而言是很困难的。

4.2.4 二维材料晶体管

石墨烯是一种二维单原子层材料，具有高迁移率和一个或几个原子层厚度的纳米材料。石墨烯可在半导体圆片上生长，比碳纳米管更易光刻微纳加工。石墨烯的载流子迁移率高达 $2.3\times10^5cm^2/(V·s)$[48]，是硅的 140 倍，但由于上下界面散射等因素，其迁移率在形成器件的超薄沟道后也会出现大幅下降。此外，石墨烯

的电阻率为 $10^{-6}\Omega/cm$，比银的电阻率（$1.59\times10^{-6}\Omega/cm$）低，其导热系数为 5300W/(m·K)[49]（比碳纳米管和金刚石高）；透光率高达 97.7%，近乎完全透明[50]，而且其强度极高（比钻石还坚硬）[51]。由于石墨烯是半金属，其禁带宽度为零；当加垂直电场或制成宽度小于 5nm 的纳米带时，其禁带可以打开形成窄禁带半导体。

2007 年，Echtermeyer 等[52]成功研制了第一个石墨烯场效应晶体管（GFET）。自此之后，石墨烯场效应晶体管的研究持续升温。Ponomarenko 等[53]制备出了仅一个原子厚、几纳米宽的石墨烯量子点器件。在这种尺度下，石墨烯存在约为 0.5eV 的禁带，且器件仍然能保持较好的导电性。同时，他们预测石墨烯量子点器件的特征尺寸最小可降低到 1nm，为摩尔定律的延续提供了一种可能。

2010 年 1 月，Lin 等[54]在 *Science* 上发表了关于频率达到 100GHz 的高频石墨烯场效应晶体管的文章；同年，Liao 等[55]采用自对准纳米线栅极，利用 Co_2Si/Al_2O_3 核壳结构的纳米线栅制备得到了高速石墨烯晶体管，该器件表现出高达 100～300GHz 的本征截止频率，其性能与高迁移率的 InP 晶体管相当，是同等栅长的硅基 CMOS 器件的 2 倍。2012 年，Park 等[56]在柔性绝缘基底（PET）上制备 GFET 气体探测器，其可用于戊基丁酸盐的特异性识别。GFET 在高频光传感器上也得到了应用，Xia 等[57]研究证实了 GFET 光传感器具有较优异的光响应特性，本征带宽达到或大于 500GHz，光强调制频率高达 40GHz。Raghavan 等[58]研究了基于聚偏氟乙烯-三氟乙烯铁电薄膜的 GFET 存储器，发现器件在高低阻态都具有良好的稳定性。Lin 等[59]设计制作并测试了基于 GFET 的射频混频器，该混频器在一个 SiC 晶圆上集成了 GFET、电感等所有的电路元器件，其工作频率最高可达到 10GHz，同时表现出良好的热稳定性。Hans 等[60]设计并验证了基于 GFET 的三级射频接收器电路，该电路能对信号进行滤波、放大、降频和混频，该电路处理数字文本载波信号的传输频率高达 4.3GHz，这表明基于 GFET 集成电路可以应用于无线通信领域。

由于石墨烯具备高载流子迁移率、良好的机械和化学稳定性等优势，其在高频、小尺寸场效应晶体管领域具有广阔的应用前景。随着 GFET 器件的快速发展，石墨烯必将成为硅基材料有力的竞争者和替代品，满足集成电路芯片更高的集成度、更小的尺寸、更快的运算速度等方面的需求。

尽管 GFET 的应用前景非常巨大，但也面临着诸多挑战[61]。首先，要将石墨烯打开一个较大的带隙，来提高器件的开关比。尽管研究者们尝试多种方法来打开石墨烯的带隙，但打开的带隙还不足以有效关闭石墨烯晶体管。此外，要使大面积石墨烯晶体管工作在电流饱和状态。Lee 等[62]在柔性基底上沉积六角 BN 层作为 GFET 的栅介质，成功观察到了柔性基底上 GFET 的电流饱和现象。另外，需要制备出工业应用上需要的大面积高质量无缺陷的石墨烯膜，来克服实验室制作 GFET 工艺中的不可重复性。在沉积薄膜的各种方法中，CVD 是一种最有希望以低成本制备出大面积均匀的石墨烯薄膜的技术。最后，要有效控制 GFET 的载流子类型。由于石墨烯有双极性的电场效应，能够同时传输空穴和电子，为了在实际中使石墨烯 FET 作为逻辑器件，要控制狄拉克点电压以控制 GFET 的导电载流子类型。

除石墨烯等二维单原子层材料以外，二硫化钼、黑磷等二维范德瓦尔斯材料也是目前晶体管研究的热点之一。中国科技大学的陈仙辉与复旦大学的张远波等合作，成功制备出了具有能隙的二维黑磷单晶场效应晶体管[63]。当二维黑磷材料厚度小于 7.5nm 时，其在室温下可以得到可靠的晶体管性能，其漏电流调制幅度在 10^5 量级上，*I-V* 特征曲线展现出良好的电流饱和效应。晶体管的电荷载流子迁移率还呈现出厚度依赖性，当二维黑磷材料厚度在 10nm 时，获得了最高的迁移率值［约为 $1000cm^2/(V·s)$］。这些性能表明，二维黑磷场效应晶体管具有极高的应用潜力。2016 年，美国能源部劳伦斯伯克利国家实验室的研究人员[64]利用碳纳米管和二硫化钼材料，成功研制出目前世界上最小的晶体管，如图 4-4 所示，其栅极长度仅 1nm，远低于硅基晶体管长度最小值 5nm 的理论极限。晶体管电流开关比约为 10^6，其 SS 为 65mV/dec。

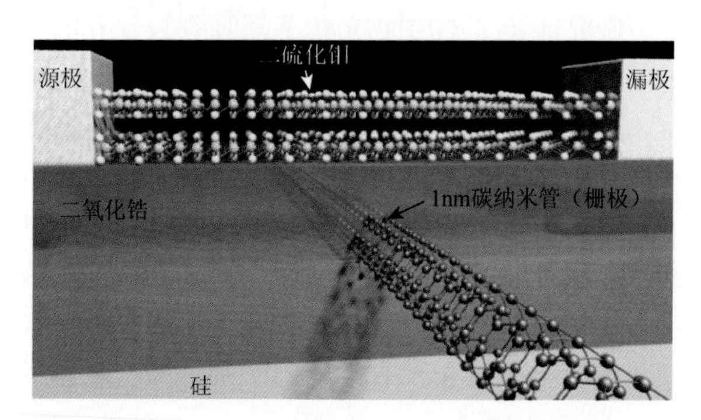

图 4-4　MoS_2-CNT FET 的结构模型示意图[64]

纳米材料在“后 CMOS”新器件的新进展，预示着纳米材料和纳电子学等全新领域有望突破摩尔定律的藩篱，彻底改变微电子学的面貌。新兴的“后 CMOS”器件需要物理上或功能上集成在一个 CMOS 平台上，这种集成要求将这些异质半导体或其他高迁移率沟道材料在硅基底上进行外延生长或能够被完整地转移至硅基底上，而这极富挑战性，需要集成电路器件工艺专门学家与材料学家、工程师们的紧密合作，克服一切困难，共同迎接新的挑战。

4.3 阻变存储器件

存储器（memory）是现代信息技术中用于保存信息的记忆设备，其主要功能是存储各种数据和程序，通常采用具有两种稳定状态（分别表示为“0”和“1”）的物理器件（存储单元）来实现存储功能。以大量存储单元组成的阵列为核心，加上必要的地址译码和读写控制电路，即为存储集成电路；再加上必要的 I/O 接口和一些额外的电路如存取策略管理，则形成存储芯片。在集成电路产业中，半导体存储器颇为重要，并广泛应用于信息、安全、国防等领域。大数据、云计算、物联网等技术的发展，使得存储分析信息的需求呈爆炸式增长。提高存储器的性能成为信息技术发展的关键之一。

目前主流的非易失半导体存储器采用浮栅结构的闪存（flash）存储器[65]。浮栅闪存的结构在近 30 年来没有大的变化，其发展主要体现为特征尺寸缩小。但是随着电子器件尺寸的缩小，要求传统的 flash 存储器的存储密度不断提升，功能层变薄导致隧穿效应明显增强，以致器件结构尺寸将接近微电子器件的物理极限[66-68]。同时，flash 存储器毫秒级的擦写速度、百万次的循环寿命及高的擦除电压也制约了其进一步的应用[69]。半导体芯片工艺将不再跟随摩尔定律的发展，因此开发存储密度更高、读写速度更快的新型存储技术已势在必行[70]。

电阻式随机存储器（resistive random access memory，RRAM）是在施加不同电压下材料显示的不同电阻值来进行数据存储的一类非易失性存储器[71]。1971 年，蔡少棠从物理学对称性角度出发，推测出电荷与磁通量关系器件——忆阻器[72]。2008 年 HP 公司 Williams 研究小组[73]开发出基于二氧化钛（TiO_2）材料的 RRAM 器件。随着电压改变，器件的阻值可以相互转变，这使得 RRAM 器件引起各国研究者重视。相比传统器件，阻变存储器具有独特的优势：①器件的存储单元结构简单，一般是三明治结构；②RRAM 擦写速度快（擦写速度指擦除或写入时间，即 RRAM 器件的高低阻态转变时间），RRAM 器件比传统 flash 器件响应速度快几个量级[74]；③器件的存储密度高，器件结构简单，易于集成，器件一般在几纳米范围发生电阻变化[75-77]，这使得 RRAM 不受传统半导体技术物理极限的限制；④器件可以多级存储，根据不同的电阻值，RRAM 材料体系施加相应的限制电流，可以稳定控制多种电阻态，用来实现多态存储，提高存储的容量[78]。

目前，RRAM 主要是从薄膜器件和纳米线器件两方面开展研究。国内外多个课题组研究的重点都在薄膜类器件。薄膜类阻变存储器主要从器件的稳定性、多级存储、突触的模拟几个方向开展。与纳米薄膜器件相比，随着器件集成度不断提高，半导体纳米线因具有一些独特的物理、化学特性，其相应的功能器件有望表现出特殊的功能或工作机制，用于组装成具有较高存储密度的纳米线阵列结构忆阻器[79-81]。如果采用电极/氧化物薄膜/电极三明治结构，由于氧化物层完全被夹在上下电极之间，很难实时直接观测到氧化物层在电激励下微观结构及化学成分的变化。而氧化物纳米线的直径为数纳米或数十纳米，在研究忆阻机理方面具有独特的优势，同时单晶纳米线 RRAM 器件有助于揭示其物理机制[82-85]，因此纳米线是作为阻变存储器的理想材料。

4.3.1 阻变存储器的基本工作原理

阻变存储器的基本结构为三明治结构，由上电极、下电极及电阻转变层三层组成，其中的电阻转变层为各种介质薄膜材料，它在外加电压、电流等电信号的作用下会在不同电阻状态之间进行可逆的转变，电阻状态通常为高、低两种阻态，在多值存储或忆阻器中则有多种电阻态。图 4-5 给出了一种双极性导电细丝（CF）型 RRAM 器件的直流（DC）电压扫描 *I-V* 曲线示意图及电阻和细丝的转变过程[86]。大多数情况下，刚制备得到的 RRAM 器件材料中的缺陷很少，因而通常表现出具有很高电阻的初始阻态（IRS），如图 4-5（a）所示。这时若实施一个电形成（forming）过程，即给器件施加正电压进行扫描，当电压增高到 forming 电压（V_{forming}）时，器件将转变为低阻态（LRS）。在此过程中阻变层里产生了缺陷（金属阳离子或氧阴离子），导电缺陷连通形成了导电细丝，进而获得可重复的阻变效应，如图 4-5（b）所示。随后进行负电压扫描，电压增大至临界值 V_{reset} 时，阻变层中的导电细丝断裂，器件从低阻态转变为高阻态（HRS），发生擦除（reset）转变，如图 4-5（c）所示。再次施加正电压扫描，器件从高阻态转变为低阻态，导电细丝连通。此即为写入（SET）转变，如图 4-5 所示。forming 过程或 SET 过程通常需要限流（compliance current，CC）来防止电流过大造成器件失效，通常由晶体管、二极管、电阻或测试仪器自带的限流功能来实现。

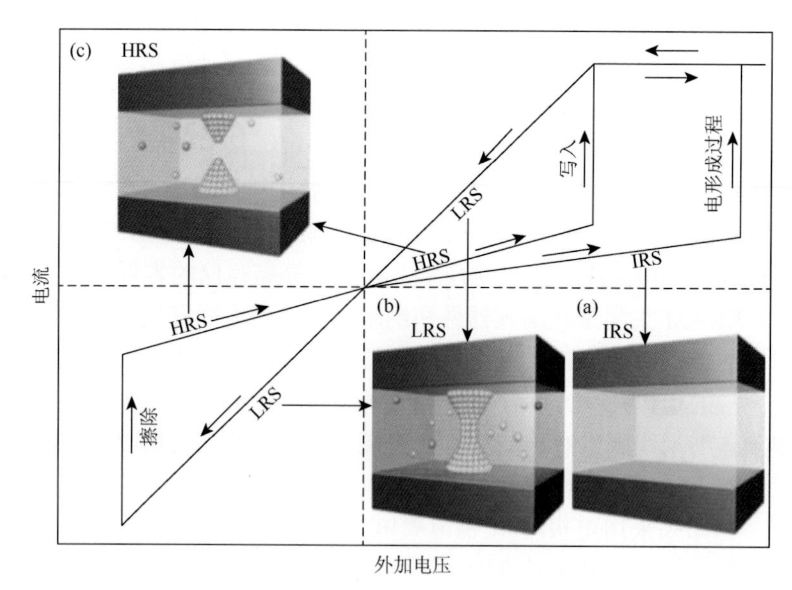

图 4-5 双极性导电细丝型 RRAM 器件的 *I-V* 曲线示意图[86]

插图 a～c 显示阻变过程中的 3 种不同的电阻状态

通常将电阻转变分为单极性转变和双极性转变两种操作模式，如图 4-6 所示。单极性电阻转变是指器件在发生 SET 和 RESET 转变时电压的方向相同，同为正向电压或者同为负向电压，只是电压的大小有所不同。通常单极性 RRAM 器件中 SET 过程所需要的电压大于 RESET 过程所需要的电压。双极性电阻转变是指在 SET 和 RESET 转变过程中，施加的电压的极性是相反的，即一正一负。此外，少部分 RRAM 器件也表现出无极性电阻转变，即器件的 SET 和 RESET 转变过程在任何极性下都可以发生。

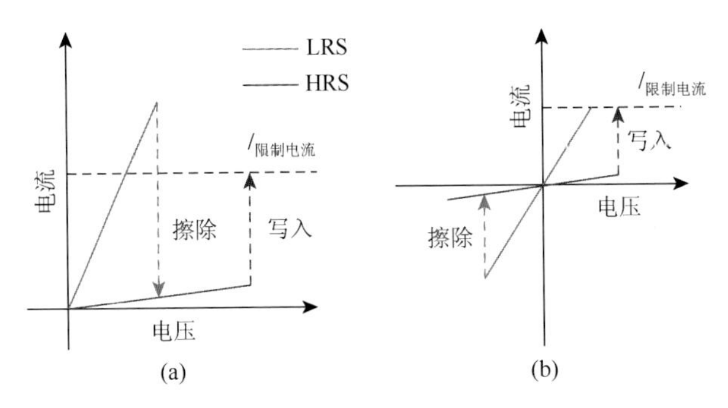

图 4-6 RRAM 的单极性转变（a）和双极性转变（b）

4.3.2 阻变材料的研究

目前已报道的具有电阻转变的材料范围非常广，不仅有成分简单的二元金属氧化物和硫化物，还有结构复杂的钙钛矿结构氧化物和有机半导体材料。已经报道 $SrTiO_3$[87]、$BaTiO_3$[88]、$Pr_{0.7}Cao_{0.3}MnO_3$[89]等钙钛矿的氧化物都具有阻变存储的潜力，钙钛矿氧化物的 RRAM 器件具有较高的存储窗口、优异的响应速度及小的转变电压，但钙钛矿结构不稳定，与传统 CMOS 工艺兼容性不好，并且成分复杂的缺陷限制了其发展。虽然有机物阻变材料研究较晚，但是材料自身具有明显的优势，使得这类材料得到广泛关注。有机物 Cu-TCNQ[90]、Ag-TCNQ 和 PCDM[91]等材料都报道出具有阻变现象。通过研究发现有机化合物材料的几大优点：柔性好，给柔性电子产品学带来了光明；可以大面积制造，实现器件大批量生产；制作成本低等。但有机化合物材料有自身的缺陷，器件易老化，性能不稳定，同时适用的环境有限制等，这些都是未来需要解决的问题[92]。

二元过渡金属族氧化物因结构成分简单、易于生产、价格便宜并且易与 CMOS 工艺兼容等优点，具有重要的研究价值，因此国外众多半导体公司开始研究二元过渡金属族氧化物的阻变性能，如 Samsung 和 HP 分别开发了基于氧化镍（NiO）[93]、二氧化钛（TiO_2）[94]、氧化铜（CuO_x）[95, 96]材料的 RRAM 器件。同时国内许多高校也开始了二元过渡金属族氧化物阻变性能的研究，其中中国科学院微电子研究所的刘明研究组[77]、清华大学的潘峰研究组[97]和中国科学院宁波材料技术与工程研究所的李润伟研究组[98]等在氧化物阻变存储器方面都有着出色的成果。

1. 一维 ZnO 基 RRAM 器件

氧化锌（ZnO）作为一种简单的过渡金属二元氧化物，实验中存在电致电阻转变效应。目前很多课题组都选择了 ZnO 作为阻变材料，一方面是由于 ZnO 稳定性较好，价格相对便宜，有较大的应用前景。另一方面是由于 ZnO 材料的结构相对简单，在电极施加电压后在介质层发生阻变，可以通过表征更好地分析导电类型。因此，ZnO 的电阻转变效应已经引起广泛的关注与研究。

2011 年，Chiang 等[99]在金属 Ti/ZnO-NW/Ti 忆阻器中发现了稳定单极性忆阻现象。同年，清华大学潘峰研究组[100]利用单晶氧化锌（ZnO）构建了铜（Cu）/ZnO-NW/钯（Pd）RRAM 器件，器件的开关比大于 10^5，保持时间大于 2×10^6s。观察能量色散 X 射线谱结果发现，在低阻态过程后，沿 ZnO 纳米线方向 Cu 元素浓度大于其他区域的浓度，因此他们认为单晶 ZnO 纳米线与多晶 ZnO 薄膜的阻变机制不同，是由纳米线表面的金属岛链的形成引起的。2013 年，Huang 等[101]通过原位透射电子显微镜（TEM）和能量色散 X 射线谱（EDS）分析金（Au）/单根 ZnO 纳米线/金结构的 RRAM 器件的阻变机制，发现器件有着相对稳定的双极性阻变行为，通过对 ZnO 纳米线在高低阻态进行 EDS 研究，发现器件高阻态时锌氧比几乎为 1∶1，而低阻态是由氧原子丢失形成的富锌通道组成，并通过原位透射电子显微镜发现 ZnO 纳米线形成的导电细丝断开的位置在阳极附近，如图 4-7 所示。

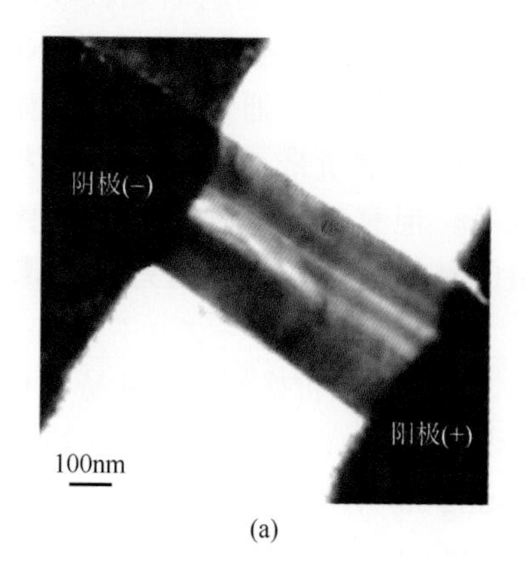

(a)

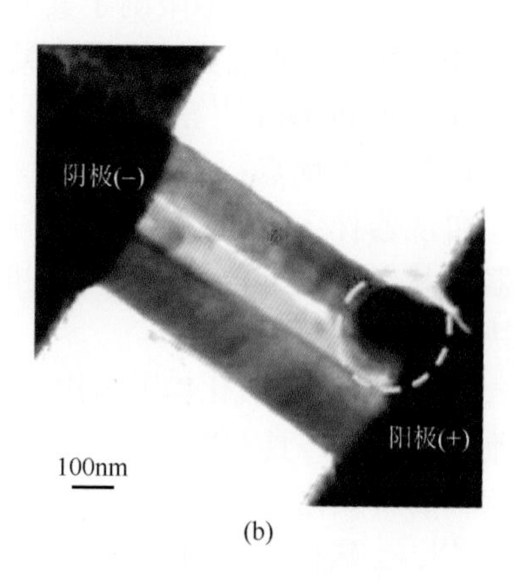

(b)

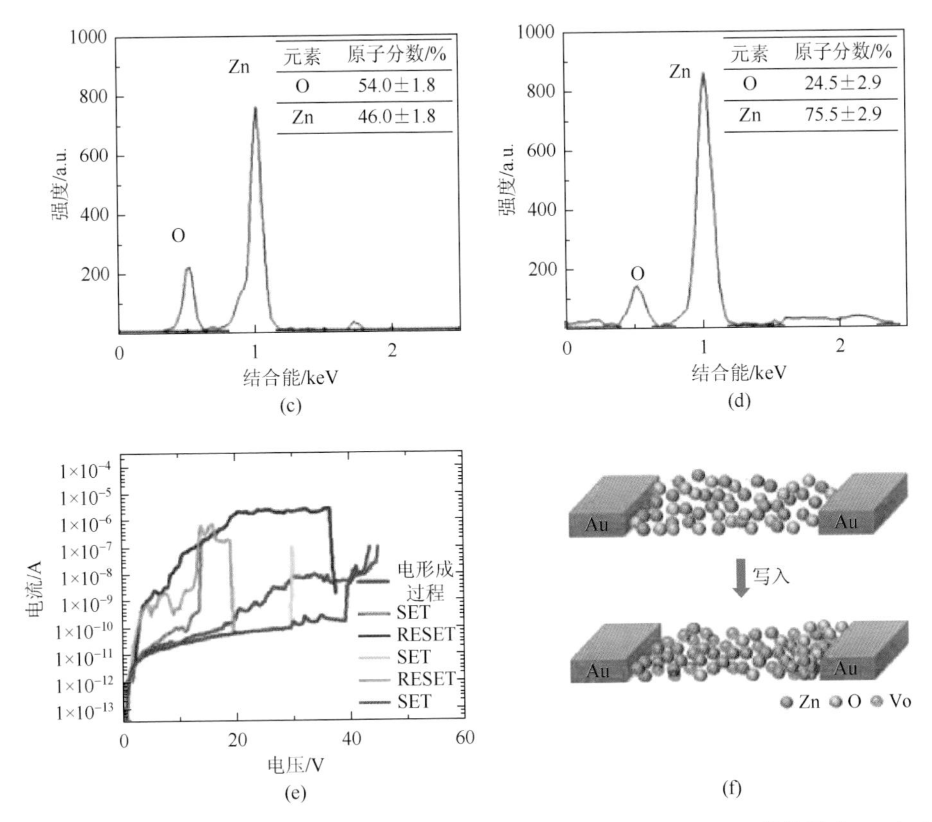

图 4-7　阻变前（a）、后（b）Au/ZnO NW/Au 的 RRAM 器件的透射电子显微镜照片；（c）和（d）分别是（a）和（b）中红点处的元素分布图谱；（e）是 Au/ZnO NW/Au RRAM 器件的电流-电压曲线；（f）写入前后的 ZnO 结构图[101]

具有易于制备、丰富的点缺陷（如氧空位和锌间隙等）的 ZnO 纳米棒阵列也被引入阻变存储器件的研究中[102]。2010 年，Chang 等[103]制备了 ZnO 纳米棒阵列的阻变存储器件，器件的开关比为 10，在 100 次的循环扫描过程中，SET 电压和 RESET 电压的平均标准差分别为（0.72±0.04）V 和（−0.59±0.07）V，表现出了较好的稳定性。作者认为氧空位或锌间隙在电场作用下形成的导电细丝是器件产生阻变行为的主要原因。2013 年，Dugaiczyk 等[104]在 Cu 基底上合成了 ZnO 纳米线阵列，然后采用导电原子力显微镜的探针作为电极，对单根纳米棒的电学性能进行了测试，器件表现出了单极的存储效应，他们认为纳米棒的表面效应是引起器件阻变行为的主要原因。

然而以 ZnO 纳米棒为主体材料的器件，表现出较低的开关比和高的操作电压。在电子器件中，纳米材料大量的表面缺陷对电流影响严重，因此表面工程方法，如表面或界面修饰技术，是改善器件性能的重要手段[105]。2015 年，北京科技大学张跃研究组使用水热法在 AZO 导电玻璃上一步法合成了氧化锌纳米棒阵列薄膜，进一步构建了 Au/ZnO NRs/AZO 结构的阻变存储器，如图 4-8 所示[106]。通过氢气退火的方法，在氧化锌表层引入一层高氧空位度的薄层，使器件的开关比由 10 提升到了 10^4，提高了 3 个数量级；同时，器件的 SET 电压由约 7V 降至小于 6V。此外，阻变存储器不需要电形成过程，而且表现出完整的写入—读取—擦除的过程，同时器件也表现出优异的稳定性。将阿伦尼乌斯活化能理论引入阻变存储器中氧空位的迁移过程，可解释氢气快速退火对器件性能产生影响的原因：氢气快速退火，降低了氧空位跃迁的势垒，增加了迁移驱动力。从活化能理论引出的电阻变化速率的时间相关性，也通过实验中改变电压扫描速率得到验证。

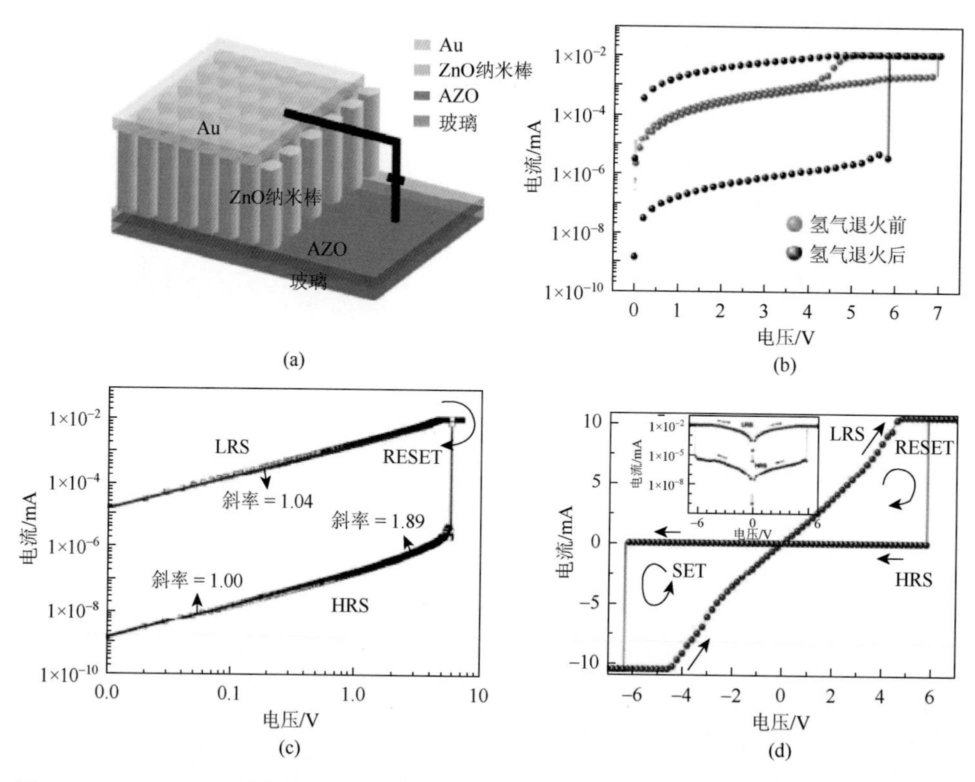

图 4-8 （a）Au/ZnO 纳米棒/AZO 器件结构示意图；（b）退火处理后器件的电流-电压曲线，插图为半刻度下的电流-电压曲线；（c）基于电流-电压的对数曲线和线性拟合曲线；（d）氢气退火前后器件的电流-电压对比[106]

2013 年，Younis 等[107]利用 CeO_2 量子点进行表面修饰，将 ZnO 纳米棒存储器件的开关比提高到了 10^2 以上。2016 年，Wang 等[108]发现碳量子点修饰 ZnO 纳米棒表面后，器件的开关比提高了约 100 倍。2017 年，Anoop 等[109]研究了氧化石墨-氧化锌纳米棒阵列异质结多层结构对器件阻变性能的影响，重复三次生长异质结后发现高阻态电流显著减小，开关比最高可以达到 3.3×10^5，相比单层 ZnO

纳米棒阵列器件提高了 3 个数量级，如图 4-9 所示。氧化石墨烯层的加入有利于

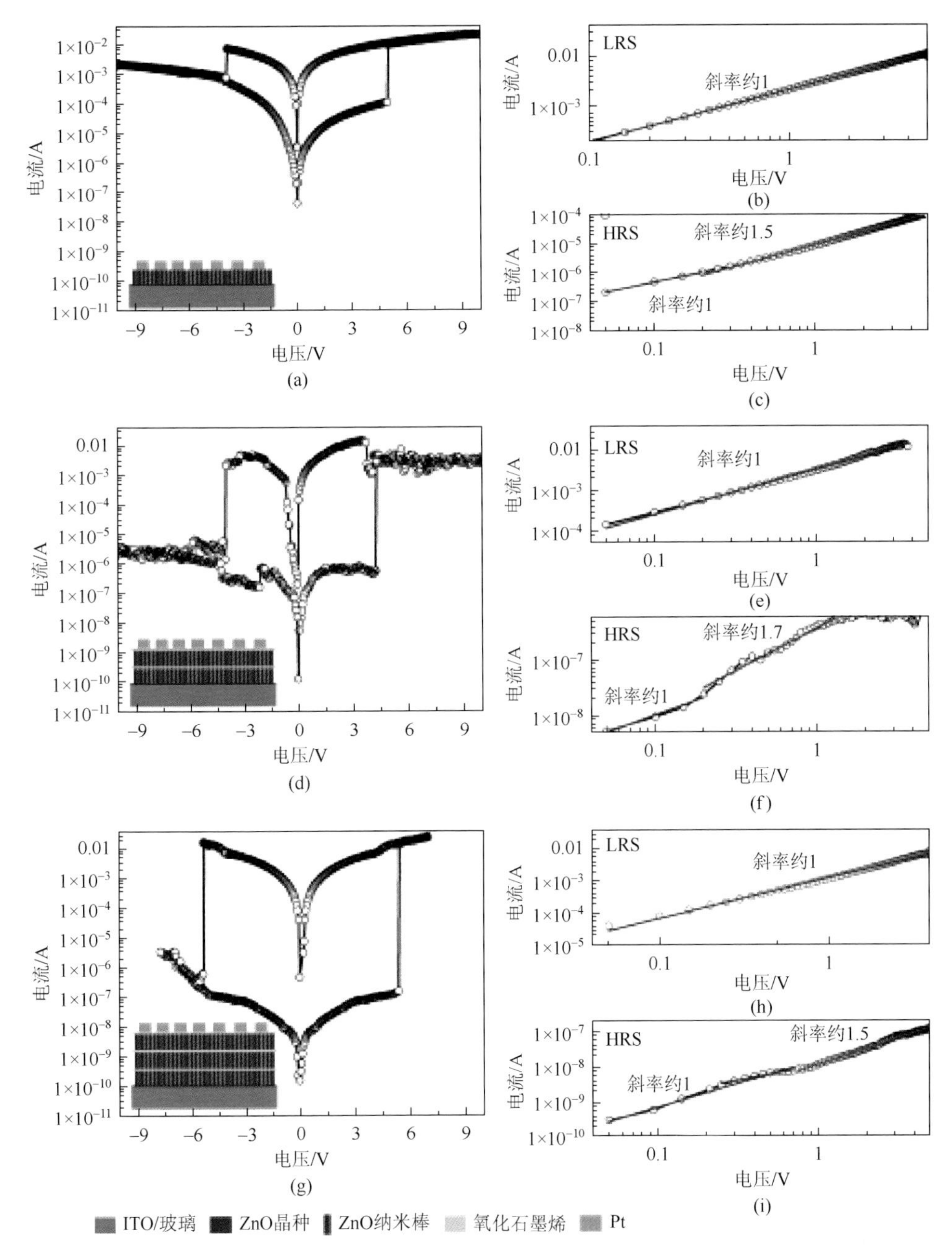

图 4-9　电流-电压曲线：(a) ZnO NRs (Z_1)，(d) GO/ZnO NRs/GO/ZnO NRs (Z_2)，(g) GO/ZnO NRs/GO/ZnO NRs/GO/ZnO NRs (Z_3)；高低阻态区 lg I-lg V 对应的线性拟合曲线 Z_1（b，c），Z_2（e，f）和 Z_3（h，i）[109]

ZnO 纳米棒阵列沿（002）方向生长，而沿（002）方向生长的 ZnO 纳米棒阵列可以作为氧空位的“蓄水池”，从而有效提升器件的性能。

2010 年，Tseng 等[110]发现纳米棒之间空隙容易造成顶电极与底电极漏电流问题，导致器件的成品率非常低。他们在纳米棒上面旋涂了一层高分子聚合物 PMMA，克服了漏电流问题。在阻变机制的研究方面，通过对 *I-V* 曲线的线性拟合，空间电荷限制电流机制能够很好地解释器件的阻变现象。2014 年，Chuang 等[111]利用光刻技术，在一对 ZnO 纳米棒之间构造了一种桥式结构，制备的阻变存储器件开关比达到了 10^6，同时也克服了漏电流的问题，如图 4-10 所示。纳米棒表面形成的导电细丝及纳米棒尖端接触面的大量缺陷都对器件的阻变行为产生了影响。

(a)

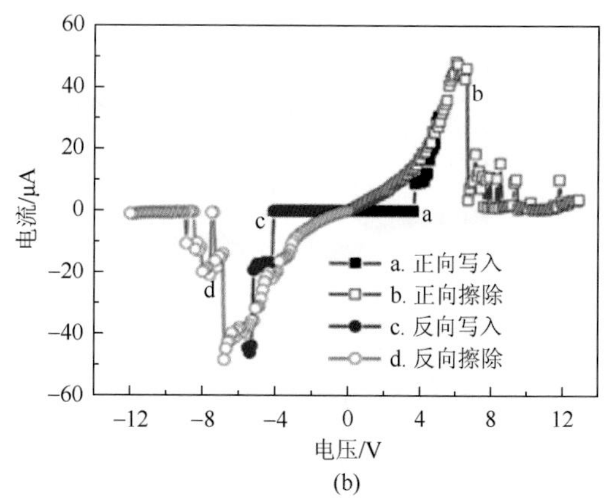

(b)

图 4-10 （a）桥式结构的扫描电镜图片；（b）一个桥式结构的双稳态和单极性 RS 特征曲线[111]

2. 一维 NiO 基 RRAM 器件

氧化镍（NiO）被认为是阻变存储器的理想材料之一，其与多种电极材料，如 Pt、Au、W、Ru 和 Ni 等均可实现电阻转变。利用这些电极材料，氧化镍通常可实现单极转变效应。除了常规的单极转变特性，氧化镍也在双极转变型忆阻器中得到广泛的应用。已报道的 NiO 薄膜 RRAM 器件证实了纳米尺度下物理化学特性对器件的阻变性能有重要影响，但是研究纳米尺度上阻变特性的发生及其机理依然是一个难题[112]。目前研究的 NiO 纳米线 RRAM 器件主要包括：①单根纳米线 RRAM 器件；②分段异质结构纳米线 RRAM 器件；③核壳结构纳米线 RRAM 器件。

Oka 等[113]在导电原子力显微镜下发现 NiO 单根纳米线会表现出一定的双极性阻变行为。该研究小组进一步通过 NiO 纳米线与铂（Pt）电极实现了 RRAM 器件的构建，发现器件具有双极性阻变行为［图 4-11（a）］，这与之前利用导电原子力显微镜观察到的结果相一致，且器件表现出稳定的阻变特性，可擦写次数达到 10^6。之后他们研究了不同气体氛围对器件稳定性的影响，相比其他气体，臭氧气体的存在有助于导电性能提高[114]。值得注意的是，这些气体氛围对 NiO 薄膜器件的阻变性能无影响，如图 4-11（b）所示。

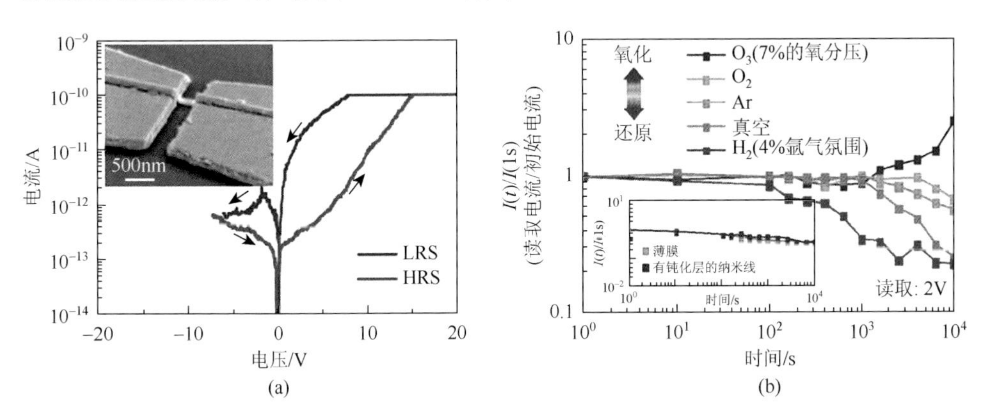

图 4-11　（a）NiO 纳米线结构 RRAM 器件的电阻转变 *I-V* 曲线，插图为器件扫描电镜图片；（b）在不同气氛中低阻态电流的保持时间[114]

为了减小形成、转变和重置电压，一般根据需要减少活跃层的长度。2009 年，Herderick 等[115]通过恒定电流在阳极氧化铝模板的纳米孔内依次电镀金、镍和金，然后分别在不同氧分压环境中高温处理得到氧化镍（NiO），成功获得了一种 Au-NiO-Au 分段异质结单根纳米线，其中 NiO 的长度为 900nm，直径为 250nm，如图 4-12（a，b）所示。当在高氧分压中高温处理时，Au-NiO-Au 纳米线器件表现出良好的双极性阻变行为，转变/重置电压为 6V 左右，小于单根 NiO 纳米线器件的转换电压［图 4-12（c，d)]，而在低氧分压中高温热处理时，器件仅表现出低阻态，无高低阻态之间的转变［图 4-12（e，f)]。进一步通过卢瑟福背散射谱估算不同氧分压下 NiO 中镍空位浓度，发现在高氧分压下镍空位浓度略高于低氧分压，从而验证了阻态转变是由镍空位浓度变化引起的。基于这种制备方法，将 NiO 长度减小到 20nm 时，重置电压降低到 2V 以下，重置电流小于微安级。2013 年，Brivio 等[116]构建了 Au/NiO_x/Ni/Au 分段异质结纳米线阵列，每根纳米线均可以作为一个 RRAM 器件，并表现出良好的阻变性能。

与分段异质结纳米线相比，核壳型纳米线可以在径向上获得纳米尺度异质结结构，具有独特的优势：①绝缘外壳厚度小且可控，可以用作有效转变层；②导电核心的存在有利于在交叉组中形成交联[117]。2011 年，He 等[118]选择 Ni 作为纳米线的内核，其表面覆盖一层 NiO，从而构建了 Ni/NiO 核壳结构纳米线 RRAM 器件［图 4-13（a，b)]，并第一次报道了在室温下通过设置补偿电流，单根 Ni/NiO 核壳结构纳米线中记忆与阈值电阻转换之间的可控交替。大的补偿电流会引起记

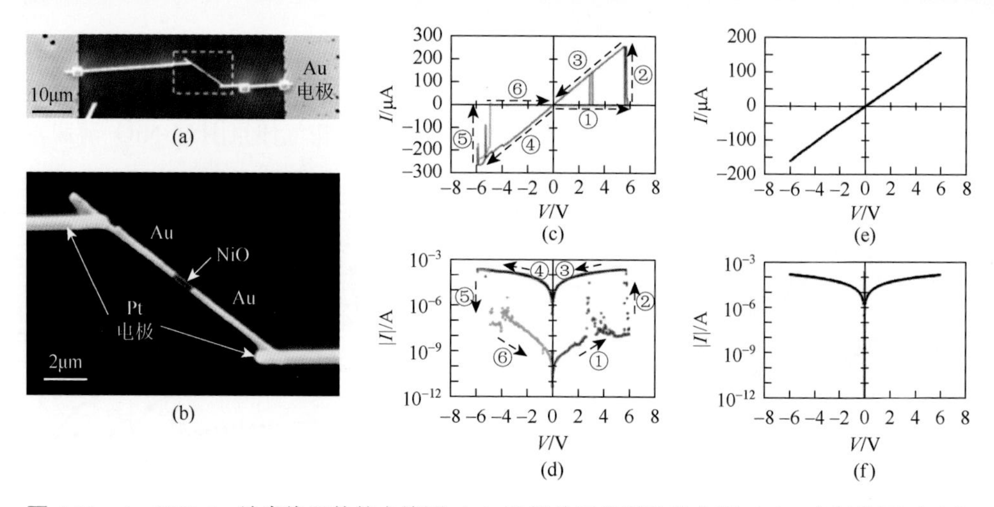

图 4-12　Au-NiO-Au 纳米线器件的电镜图（a）及器件示意图的放大图（b）；高氧分压下对应阻变器件的电流-电压特征曲线线性标度（c）和半对数刻度（d）；低氧分压下对应阻变器件的电流-电压特征曲线线性标度（e）和半对数刻度（f）[115]；| I |. 绝对电流；①～⑥变化的顺序

忆电阻转变，而当设置小的补偿电流时，阈值电阻变换则会出现。然后，该研究小组介绍了电场诱导的阈值电阻变换，以及在记忆电阻转变过程中焦耳热和电场共同诱导了导电细丝的形成。

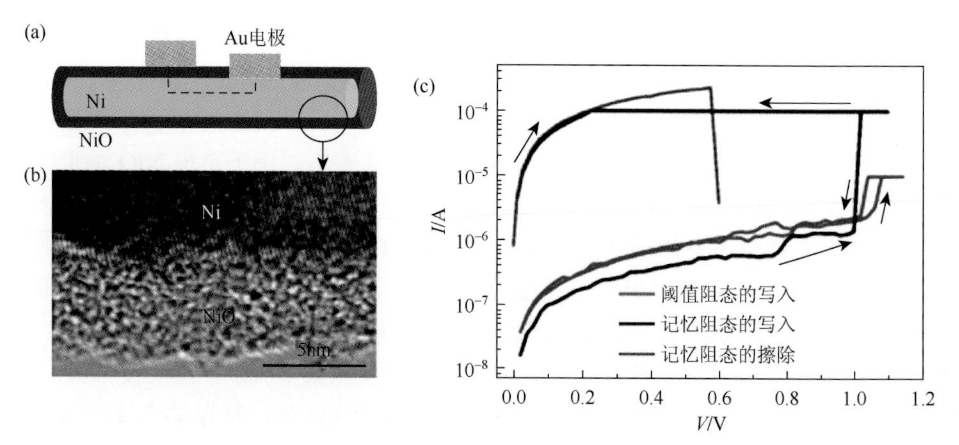

图 4-13　Ni/NiO 核壳结构纳米线：(a) 结构示意图；(b) 扫描电镜图片；(c) 电流-电压曲线[118]

3. 其他二元过渡金属族氧化物 RRAM 器件

此外，其他一些二元过渡金属族氧化物（氧化铪、氧化钛等）也表现出阻变性能，被应用于 RRAM 器件的研究当中。

氧化铪是通常用于高性能半导体场效应管门绝缘层中的高介电常数材料，但是有缺陷的氧化铪同时也是一种优异的阻变材料。2017 年，Huang 等[119]制备了 ITO/HfO_2 核壳结构纳米线，并用于构建 RRAM 器件，其转变电压约为 0.6V，耐疲劳性达到 10^3，如图 4-14 所示。与平面 HfO_2 薄膜 RRAM 器件相比，ITO/HfO_2 核壳结构纳米线 RRAM 器件表现出更加优异的阻变存储性能。转变电压和重置电压的标准差（σ）/平均值（μ）比值分别从 0.38 到 0.14 和 0.33 到 0.05。

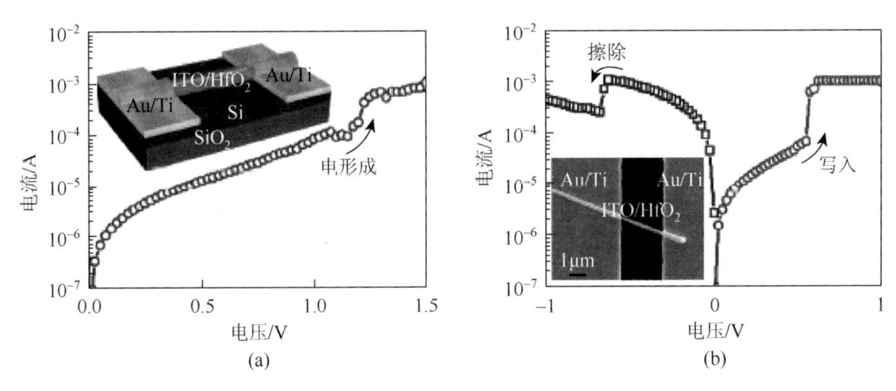

图 4-14 （a）Au/ITO-HfO_2 NW/Au 器件在电形成过程中的电流-电压曲线，插图为器件结构示意图；（b）Au/ITO-HfO_2 NW/Au 器件阻变变化的电流-电压曲线（半对数刻度），插图为器件的电镜照片[119]

2010 年，Nagashima 等[120]研究了基于氧化钴（Co_3O_4）纳米线结构的 RRAM 器件，发现器件不仅具有自整流的功能，而且器件的保持性高达 10^8，同时还观察到单根纳米线器件具有多阻态，如图 4-15 所示。通过分析阻变特性，纳米线器件中的双极性型阻变是由电场引起的，而不是电流。

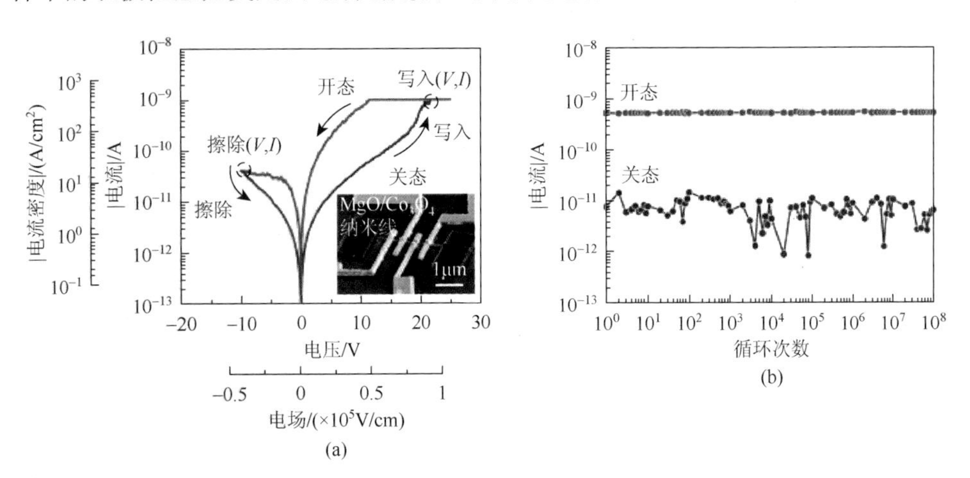

图 4-15 （a）纳米线 RRAM 器件的电流-电压曲线，外部刻度分别是相应的电流密度（y 轴）和电场（x 轴）；（b）纳米线 RRAM 器件在开态和关态下的保持时间[120]

2015 年，中国台湾交通大学 Hong 等[121]通过高倍透射电子显微镜研究了 CuO 纳米线器件的阻变机理，通过 HRTEM 可以看出发生阻变后形成了 Cu_2O，在阴极附近导电细丝为 3.8nm，随着向阳极靠近导电细丝变小，如图 4-16 所示。进一步通过 EDS 和 EELS（电子能量损失谱）发现，单根纳米线器件阻变来源于氧空位的聚集，大量的氧空位不仅可以作为导电通道，还可以引起机械应变，从而导致相变。

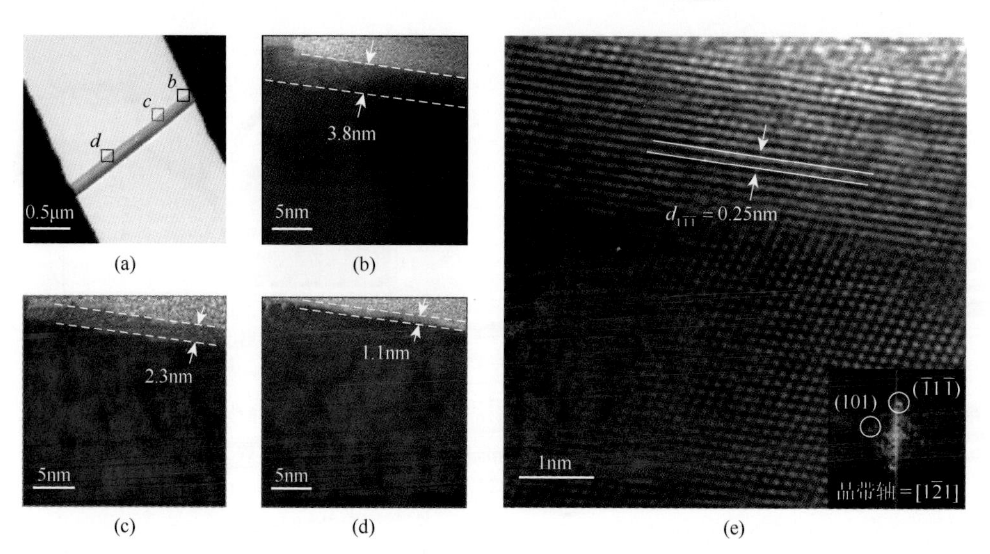

图 4-16 （a）氧化铜纳米线的低倍透射电镜图片；（b～d）高倍透射电镜图片下观察到图（a）中相应点 *b*、*c* 和 *d* 处的导电细丝；（e）CuO 和 Cu_2O 界面的高倍透射电镜图片[121]

氧化钛也是重要的忆阻器材料之一。2017 年，Manning 等[122]合成了单根 Ag@TiO_2 核壳结构纳米线［图 4-17（a)］，并首次在单纳米线系统中证明了非极性电阻变换。在双极性转变型和单极性转变型模式下，Ag@TiO_2 核壳结构纳米线的开关比分别为 10^5 和 10^7［图 4-17（c～f)］。这种独特的双模式转变行为来源于 TiO_2 外壳具有丰富缺陷的多晶结构，以及 Ag 内核与 Ag 电极之间的相互作用关系。

虽然已在多种材料中发现电阻转变效应，但是其具体物理机制仍不明确，目前，忆阻器的阻变机理主要分为以界面为基础的整体效应和基于导电丝的局域效应[71]。整体效应忆阻器的阻变原理，主要与材料体内的缺陷对电荷的捕获和释放过程或者是电极与阻变材料界面势垒的变化有关，其特点为忆阻器的高、低阻态电阻均随着器件面积的改变而发生较大变化。局域效应的基本原理是，忆阻器在受到电激励后，会在材料体内形成导电能力较强的导电通道，阻变性能在材料局部区域内发生。随着器件面积的变化，低阻态时电阻基本保持不变，而高阻态时则发生较大变化，因此以该机理为基础的忆阻器具有更好的可缩小性[112]。

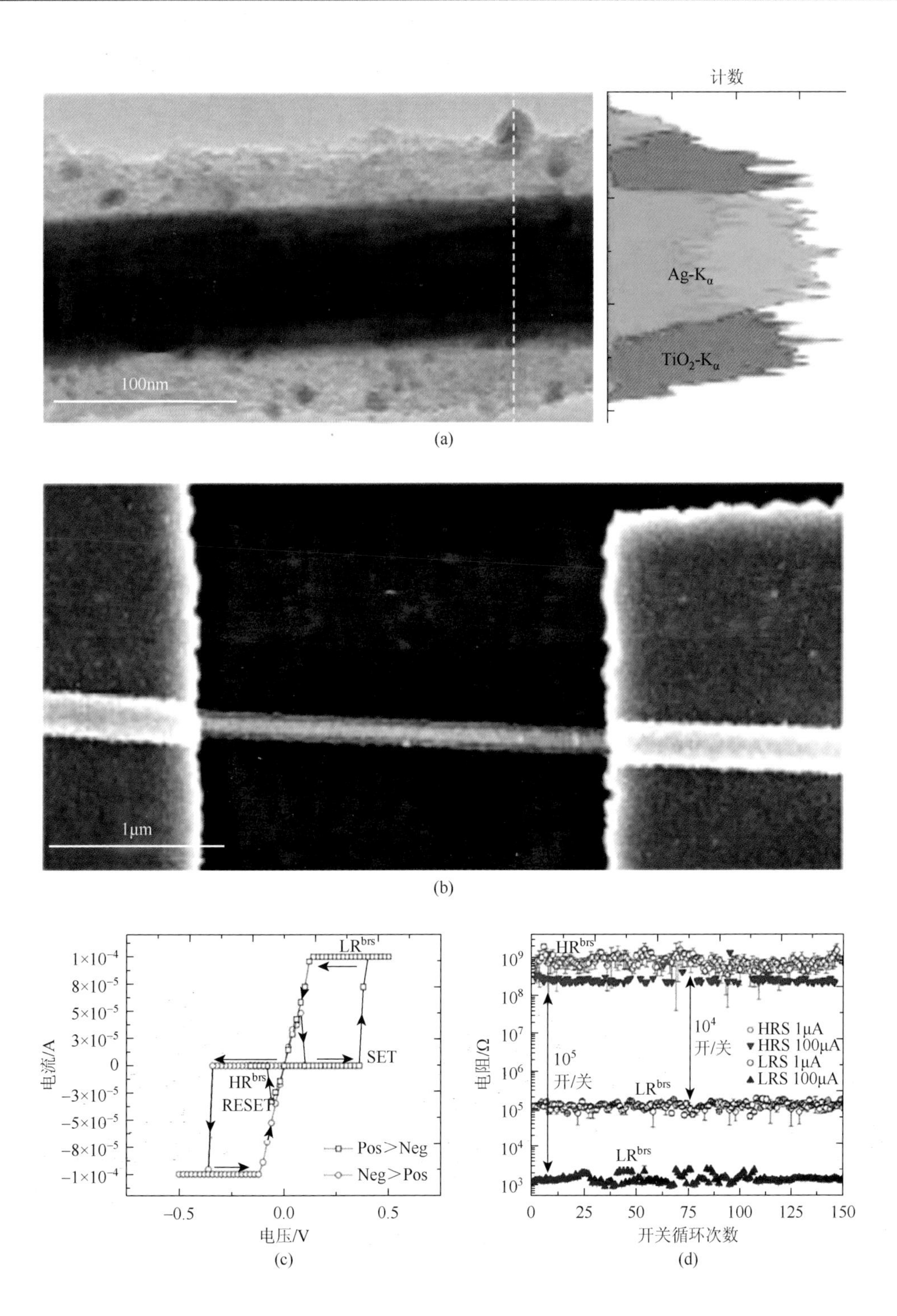
计数
Ag-Kα
TiO2-Kα
100nm
(a)
1μm
(b)
LRbrs
SET
HRbrs
RESET
Pos>Neg
Neg>Pos
电流/A
电压/V
(c)
HRbrs
10^4
开/关
10^5
开/关
LRbrs
LRbrs
HRS 1μA
HRS 100μA
LRS 1μA
LRS 100μA
电阻/Ω
开关循环次数
(d)

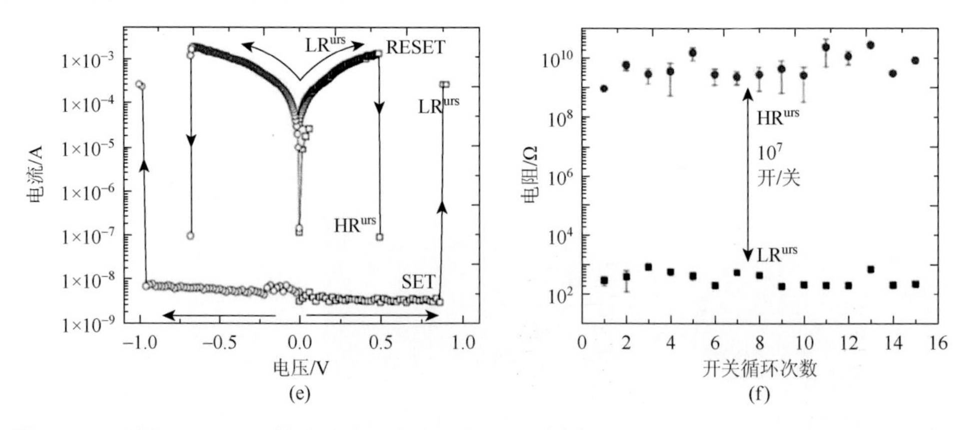

图 4-17（a）单根 Ag@TiO_2 核壳结构纳米线的低倍透射电镜图片及相应的 EDS 元素分布图；（b）单根 Ag@TiO_2 核壳结构纳米线 RRAM 器件的扫描电镜图片；在双极性状态下电流-电压曲线（c）和保持时间曲线（d）；在非极性状态下电流-电压曲线（e）和保持时间曲线（f）；LR^{brs}. 双极低阻态；HR^{brs}. 双极高阻态；LR^{urs}. 单极低阻态；HR^{urs}. 单极高阻态；HRS. 高阻态；LRS. 低阻态；Pos. 正偏压；Neg. 负偏压[122]

目前，大量的文献报道了在不同材料体系中忆阻器的相关性能，对 RRAM 存储材料已经进行了深入的探索，取得了长足的进展。但每种材料有自身的优缺点，并不是每种材料都适合应用到 RRAM 中，所以探索性能最佳的 RRAM 材料，并将其应用到产业化中仍是研究者下一步研究的目标。

4.3.3 阻变存储器的集成

在对忆阻器的单元进行研究后，为了实现存储器的应用，必须进行集成化，即将 10^9 甚至更多的单元组成在一起，用于存储大量信息，实现大数据的存储。2011 年，Cagli 等[123]利用阳极氧化铝模板合成了 Ni/NiO 核壳结构纳米线，其中 Ni 可以作为电极，NiO 可以作为阻变层。在低阻态时，异质结中导电细丝会接触表面 NiO 层，从而导致低电阻状态。在高阻态时，reset 转变会引起导电细丝断开。进一步分别以此构建了三种不同类型的 RRAM 器件（图 4-18），发现其存在两个数量级上的电阻变化，而且不论是两根纳米线之间还是纳米线和金电极之间，在 NiO 表层发生了明显的金属-绝缘转变。

2012 年，Hsu 等[124]构建了 Au/Ga_2O_3 核壳结构纳米线，在驱动电压为 2V 时，开关比超过了 10^3，保持时间至少为 3×10^4s。在电压仅为 0.2V 时开关比还可以达到 10。重要的是其实现了双极性电阻切换且具有写入和擦出电压不变的特征，这有利于在一根纳米线上重复沉积多个电极，从而实现了多个阻变器件的集成，如图 4-19 所示。

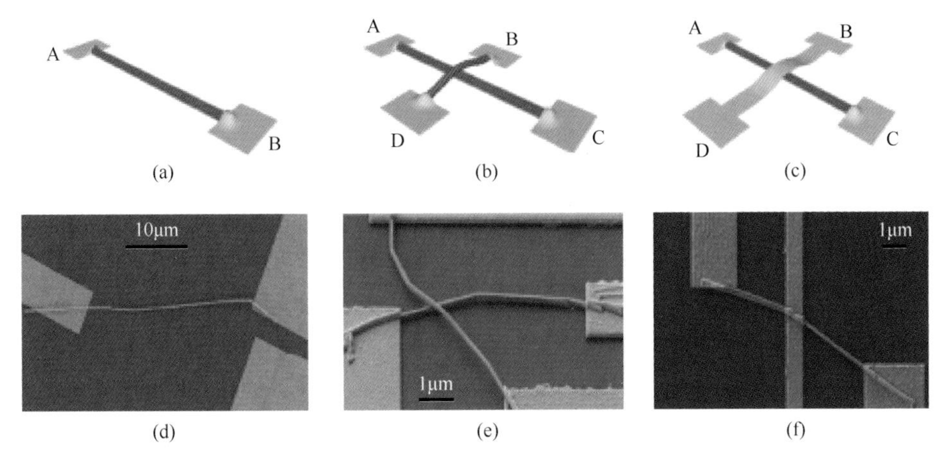

图 4-18　（a～c）RRAM 器件结构示意图，（d～f）RRAM 器件扫描电镜图片；这些结构分别是单根核壳纳米线（a，d），在两个相互垂直核壳结构纳米线之间的一个“自下而上”的交叉（b，e）和在核壳结构纳米线与金带之间的一个混合“自下而上”或“自上而下”的交叉结构[123]

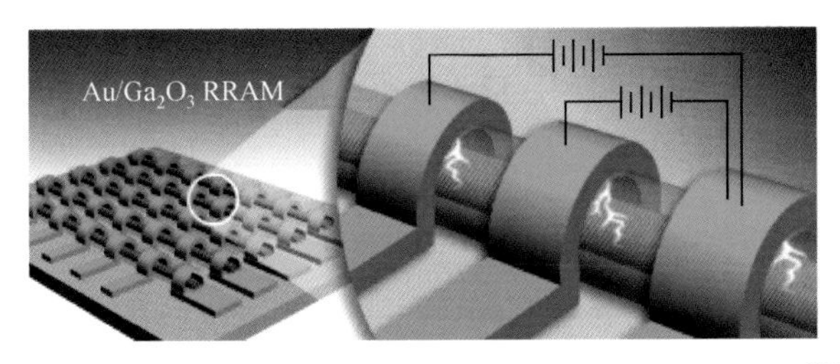

图 4-19　Au/Ga_2O_3 核壳结构纳米线 RRAM 集成的示意图[124]

2017 年，Ting 等[125]在合成 Ni/NiO 核壳结构纳米线的基础上，进一步构建了交叉结构纳米线 RAAM 器件，如图 4-20 所示。如图 4-20（a）所示，在 forming 或 SET 过程中，氧离子扩散到 NiO 外壳或者外部环境中，从而形成一个导电路径。与此相反，从 NiO 外壳中获得的氧离子会破坏导电细丝，并且在超真空下交叉中心引起形变。进一步形成的高密度交叉结构 RRAM 器件，可应用于神经形态计算系统中，如图 4-20（b）所示。

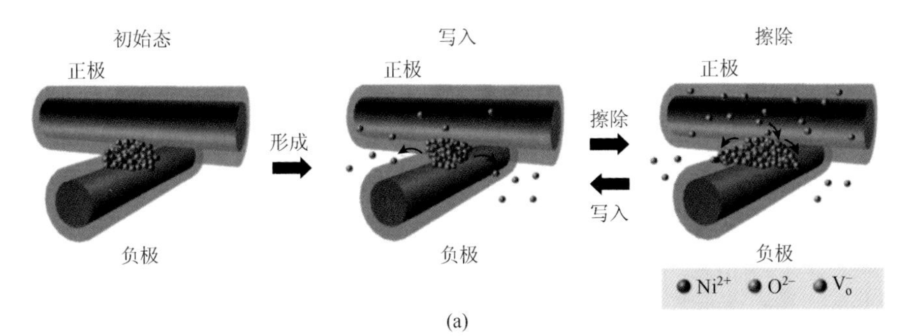

(a)

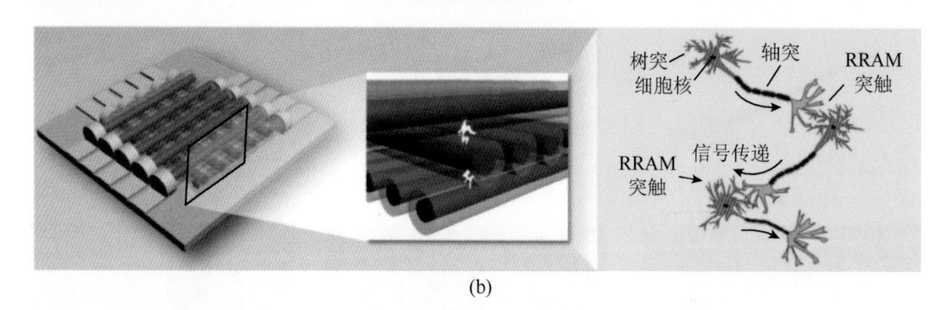

(b)

图 4-20 (a)阻变过程中交叉结构 RRAM 器件反应机理；(b)高密度交叉结构 RRAM 器件示意图，以及在神经形态计算系统中的应用[125]

综上所述，二元金属氧化物由于结构简单、材料组分容易控制且与 CMOS 工艺兼容较好的特点，逐渐受到了产业界和学术界的青睐。在许多二元金属氧化物材料中均发现了电阻转变效应。目前，对二元金属氧化物忆阻器的研究仍处于探索阶段，这主要是由于影响器件性能的因素较多，如材料、电极、制备条件等，因此对阻变机理仍然没有统一定论。同时，对于如何提高器件耐久性、保持特性，尤其是在提高器件参数的一致性方面仍然需要进行大量的研究。另外，器件从单元研究向集成化发展时面临诸多挑战。

4.4 场发射器件

场发射冷阴极具有功耗低、响应速度快等优点，使冷阴极已经广泛用于电子枪、显示器、行波管及其他真空电子器件领域中。采用微加工技术容易制备出大面积场发射阵列，从而大大提高了发射电流密度。一维纳米线结构具有很大的长径比和尖锐的尖端结构，易于获得高的场增强因子，将一维纳米线结构作为场发射材料具有十分广阔的应用，推动了大量密集研究的开展。半导体材料作为场发射材料，不会出现金属发射材料因发热温度升高而导致的电阻变化，发射稳定、不易烧蚀，半导体场发射材料也被广泛研究。半导体纳米线具有独特的形貌结构和场发射稳定优势，成为场发射材料领域的研究前沿。ZnO、Si、GaN、TiO_2、CdS、AlN、SiC 和 Cu_2S 等多种半导体纳米线结构都可用于场发射器件的研究。本节将介绍并展望半导体纳米线在场发射器件领域的应用。

4.4.1 场发射理论基础

固体中有大量电子，在正常条件下除非被激发，电子不能逃逸出固体。最常见的激发方法都要求特定温度、电场、光辐射及高能电子等条件。如果电子获得的额外能量足以克服势垒，则可以从固体中逃逸。场发射是通过提供外部强电场来抑制物体表面势垒，而不是为电子提供额外能量。当施加的电场为零时，电子不能逃逸，因为能量低于势垒。随着施加电场增强，势垒的高度及宽度降低。这样，发射体中的大量电子能够利用隧道效应，甚至在 0K 下穿过势垒顶部逃逸，形成场电子发射。1928 年，Fowler 与 Nordheim 提出通过量子理论，即在 0K 下将电子从金属表面发射到真空的理论。在金属与真空的界面加一个电场，将金属的能带结构变弯，并引导电子穿过金属势垒[126]。然后推导出场发射电流密度公式，称为 F-N 公式。当电场值不是太大时，此公式可以简化如下：

$$J = A\frac{F^2}{\phi}\exp\left(-\frac{B\phi^{3/2}}{E}\right) \tag{4-1}$$

式中，J 是电流密度，$\mathrm{A/m^2}$；F 是实际表面电场强度，V/m；ϕ 是功函数；E 是实际电场强度，V/m；A 和 B 是常数，$A = 1.56\times10^{-10}$，$B = 6.83\times10^{9}$。

在实际研究中，可以测量阴极及阳极之间的电压（V）和距离（d），因此实际表面电场强度（F）如下：

$$F = \beta\frac{V}{d} \tag{4-2}$$

式中，β 是场增强因子。

从 F-N 公式可以看出对于相同的材料，电场强度越大，发射电流就越大。在相同的电场下，尖端尖锐的场强更大，因此选择尖端尖锐的纳米结构作为场发射显示器上的发射体具有明显优势。纳米结构自带超细尖部，可达几十纳米甚至几纳米，可以极大降低场发射阈值电压及开启电场，而且高密度纳米结构可用作电子发射体以进行高强度电子发射。

4.4.2　半导体纳米线的场发射特性

在半导体纳米线的场发射特性研究中，一般以发射电流密度为 $0.1\mu\mathrm{A/cm^2}$ 时的电压/电场值为开启电压/电场，电流密度为 $1\mathrm{mA/cm^2}$ 时的电压/电场值为阈值电压/电场。ZnO 纳米结构具有负电子亲和力、高机械强度、高热稳定性和化学稳定性及高比表面积等特性，因此非常适用于场发射器件。关于大面积 ZnO 纳米线的场发射特性的报道很多[127-136]。通过金属蒸气沉积方法，在 550℃的较低温度下，在硅基板上制备了排列整齐的单晶 ZnO 纳米线[127]。直径为 50nm 的 ZnO 纳米线阵列冷阴极具有以下性质：开启电场大约为 6V/μm，阈场为 11V/μm，场增强因子大约为 847。随样品制备温度提高，纳米线晶化程度提高，场增强因子增大。虽然 ZnO 纳米线的场增强因子比碳纳米管低许多，但做平板显示器时，其亮度已足够。实际上 $0.1\mathrm{mA/cm^2}$ 的电流密度可产生大于 $1000\mathrm{cd/cm^2}$ 的亮度。2005 年，在稀释溶液中通过催化剂和无模板剂化学反应，在硅基底上合成一致、大面积的双层 ZnO 纳米棒阵列，如图 4-21 所示[128]，该研究提出了双层 ZnO 纳米棒阵列的生长机制。通过调制 ZnO 纳米棒的直径，可优化 ZnO 纳米棒阵列的场发射特性。

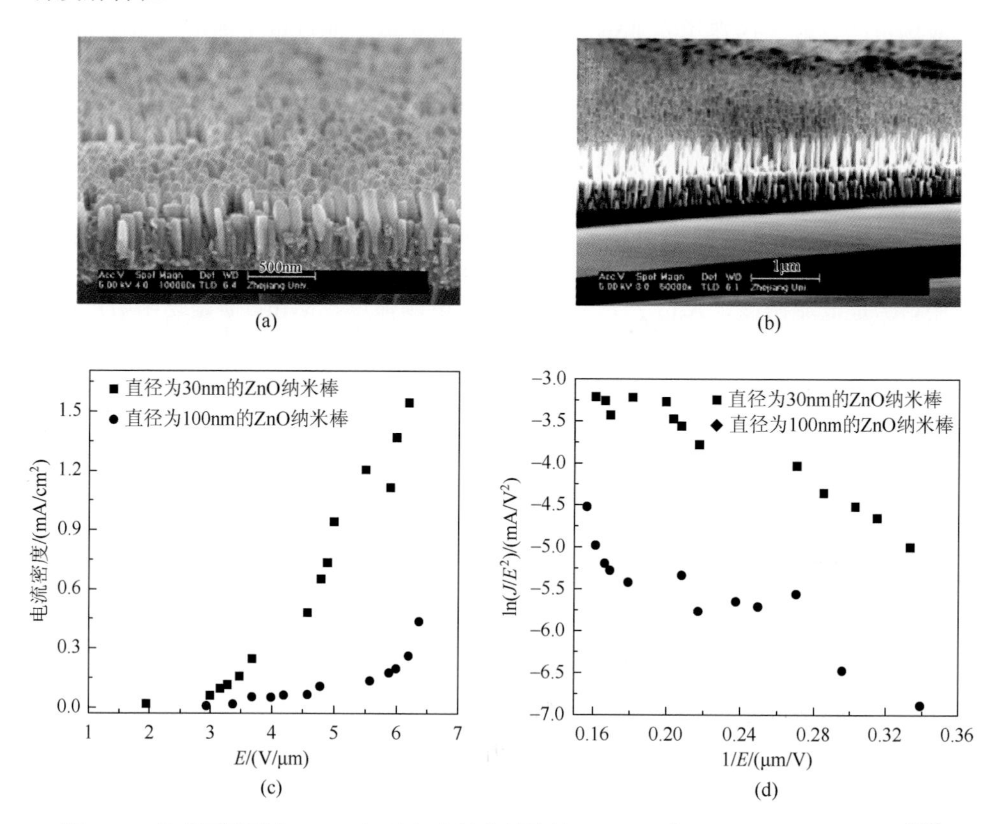

图 4-21 具有不同形态（a，b）及相应场发射特性（c，d）的双层 ZnO 纳米棒阵列[128]

由气相沉积法制备的 ZnO 纳米针阵列场发射特性的研究[129]结果表明，开启电场大约为 2.4V/μm。当电场大约为 7V/μm 时，发射电流密度大约为 $2.4mA/cm^2$。纳米针尖锐的针尖几何形貌是导致良好场发射性能的原因。此外，还有许多研究工作研究了具有不同形态的 ZnO 纳米结构的场发射特性[130-134]。对具有不同尖部形状的 ZnO 纳米结构场发射特性进行对比研究，像针一样的 ZnO 纳米结构具有最好的场发射特性。在其他形状中也得到优异的场发射特性，如铅笔形状及注射器形状的 ZnO 纳米结构。Wei 等利用 ZnO 纳米管由水热合成方法制备，并研究了其场发射特性，结果显示其具有优异的场发射稳定性[133]。另外，ZnO 纳米棒阵列的密度通过生长位置的控制进行了调制。高密度 ZnO 纳米棒阵列具有优异的场发射特性[134]。

四针状 ZnO（T-ZnO）纳米结构材料为一种优异的场发射材料。T-ZnO 纳米结构材料可以作为表面传导发射体制造表面传导场发射阴极[135]。相邻发射体的距离及厚度对 T-ZnO 薄膜的电子发射效率影响的研究显示，当电极之间的距离为 0.1mm 并且膜厚度为 8μm 时，最优的电子发射效率为 60%。当发射电流密度达到 $0.6mA/cm^2$ 时，开启电场为 1V/μm，可以满足场发射显示设备的要求。阴极具有良好的发射稳定性及一致性。T-ZnO 纳米结构阴极通过丝网印刷法进行制造[136]。通过在 ZnO 及 Ag 膜之间添加碳纳米管缓冲层可以显著改进场发射特性。这是由于通过碳纳米管在 ZnO 及基层之间形成了良好的机械及电气接触。

双晶体 ZnO 纳米线阵列通过锌膜热氧化法制备，并且具有高性能的场发射特性[137]。制成的图案化 ZnO 纳米阵列及相应的场发射特性如图 4-22 所示。场发射测量结果显示，制备的 ZnO 纳米线具有优异的场发射特性，可以获得一致的发射，开启电场为 7.8V/μm。此方法对场发射应用的 ZnO 纳米线大规模合成具有优势。

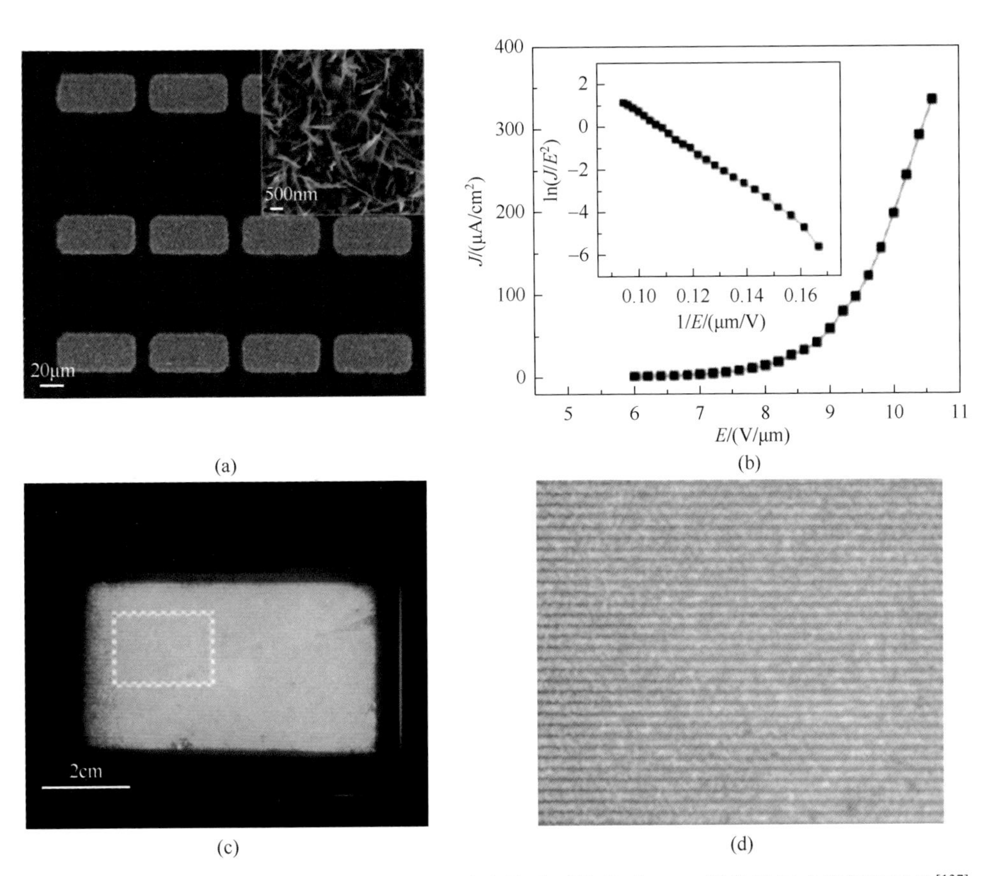

图 4-22　在 ITO 玻璃上制备的图案化 ZnO 纳米线阵列的典型 SEM 图像及相应场发射特性[137]

（a）ZnO 纳米线阵列；（b）阵列的发射电流曲线；阵列发射的发光照片（c）及放大图（d）

关于单根 ZnO 纳米线的场发射特性的报道不多，主要是北京科技大学张跃研究组开展了系统的研究[138, 139]。单根 ZnO 纳米线的场发射性能可以更准确地揭示 ZnO 纳米线的本征发射性能及对纳米线场发射性能产生影响的因素。另外，他们还研究了单根掺铟 ZnO 纳米线的场发射特性。

单根 ZnO 纳米线场发射性能在改装过的高真空透射电子显微镜中进行测试。测试时真空度约为 10^{-7}Pa，温度为室温，纳米线尖端与阳极距离（极间距）可调。图 4-23 为单根 ZnO 纳米线场发射测试时的原位形貌照片。

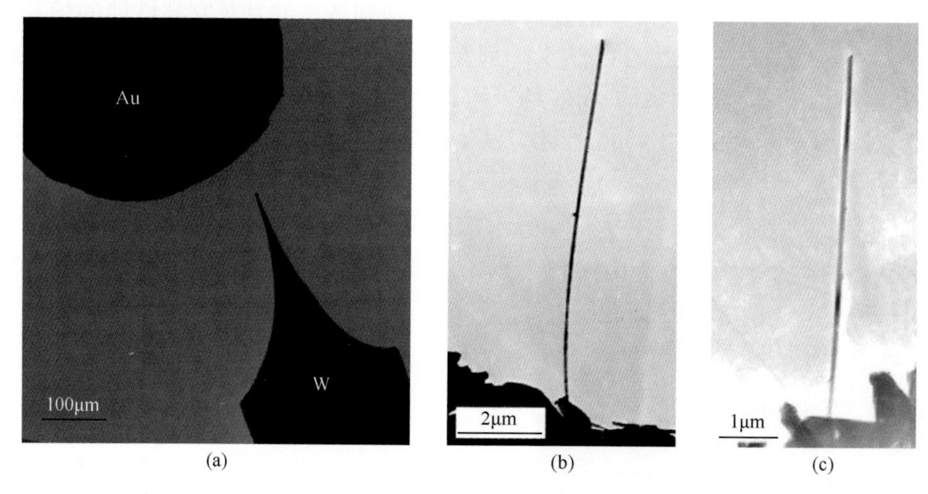

图 4-23 原位单根纳米线场发射特性测量[138]

单根纳米线场发射电流测试利用两根纳米线完成，极间距从 1.5μm 到 200μm，场发射测试结果及 F-N 曲线如图 4-24 所示。曲线边标注的数字即为各组测量值对应的极间距。

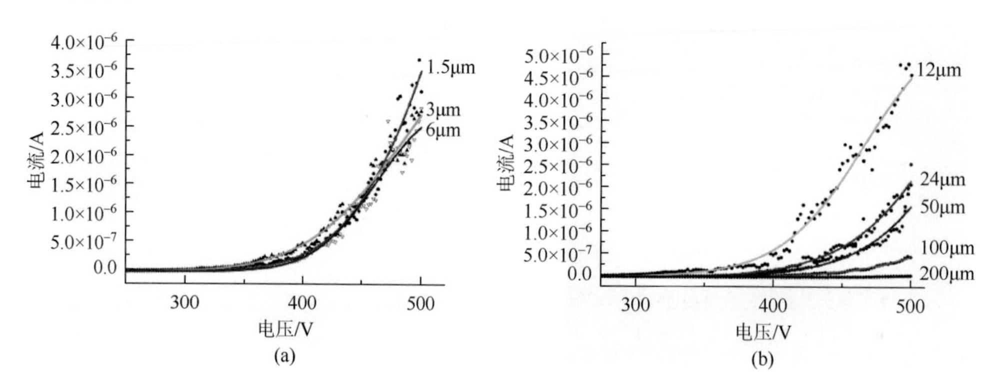

图 4-24 纳米线在不同电极间距下的场发射电流-电压曲线[138]

纳米线场发射的电压-电流曲线表明：在不同的极间距下，随着两极间电压的增大，场发射电流迅速增大；同时，随着极间距增大，场发射的开启电压提高。通过 F-N 曲线计算出的场增强因子 β 显示，场增强因子随极间距增加而增大，并呈良好的线性关系，如图 4-25 所示。另外，掺铟 ZnO 纳米线的场发射具有两种发射机制：导带发射及价带发射[139]。

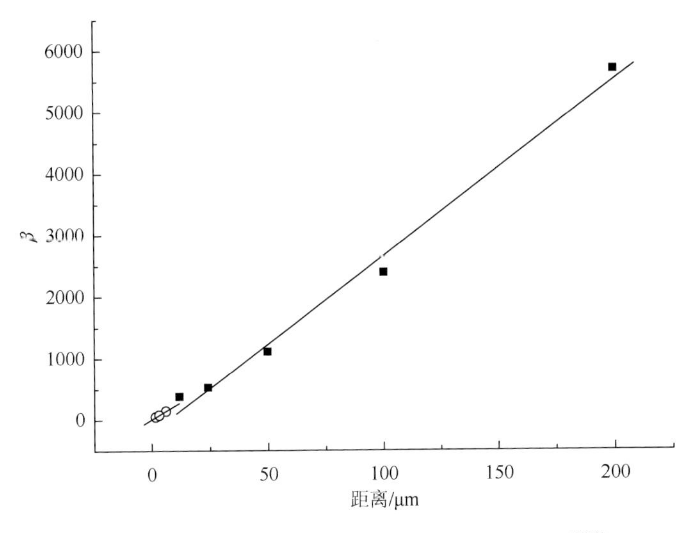

图 4-25　场增强因子（β）与电极间距离的关系[138]

一般具有较低功函数的材料可以在特定场产生较高的电子发射电流。ZnS 的功函数仅略高于其他一些流行的场发射材料，同样具有制作场发射器件的潜质[140]。研究发现，有序 ZnS 纳米带的场发射性能与无序状态相比有显著提高，其电子发射的开启场强低至 3.55V/μm，而场增强因子则高达 1.85×10^3。在 5.5V/μm 的电场下，其电子发射电流密度能达到 14.6mA/cm^2，且电子发射比较稳定。这些特性使得有序 ZnS 纳米带在制作场发射器件方面具有很高的价值。测量单晶超细 ZnS 纳米带的场发射性能发现，在电流密度为 10μA/cm^2 下其电子发射的开启场强为 3.47V/μm，在场强 5.5V/μm 下，其电子发射电流密度能达到 11.5mA/cm^2，场增强因子高达 2000[141]。分析认为，其优异的场发射特性是由特定的超细带状形状造成的。

碳布上生长的 Si 纳米线在 3.4V/μm 的电场下，同样可以获得 1mA/cm^2 的发射电流密度[142]，如图 4-26 所示。Si 纳米线所具有的高长径比和碳布的编织几何形状的组合效应，导致了高达 6.1×10^4 的场增强因子下低场的产生。这样的结果预示着可以将硅纳米线场发射器应用到包括微波器件的真空微电子器件中。Fang 等研究了 Si 纳米线阵列的场发射性能，发现其电子发射的场强为 7.3V/μm，场增强因子为 424[143]。

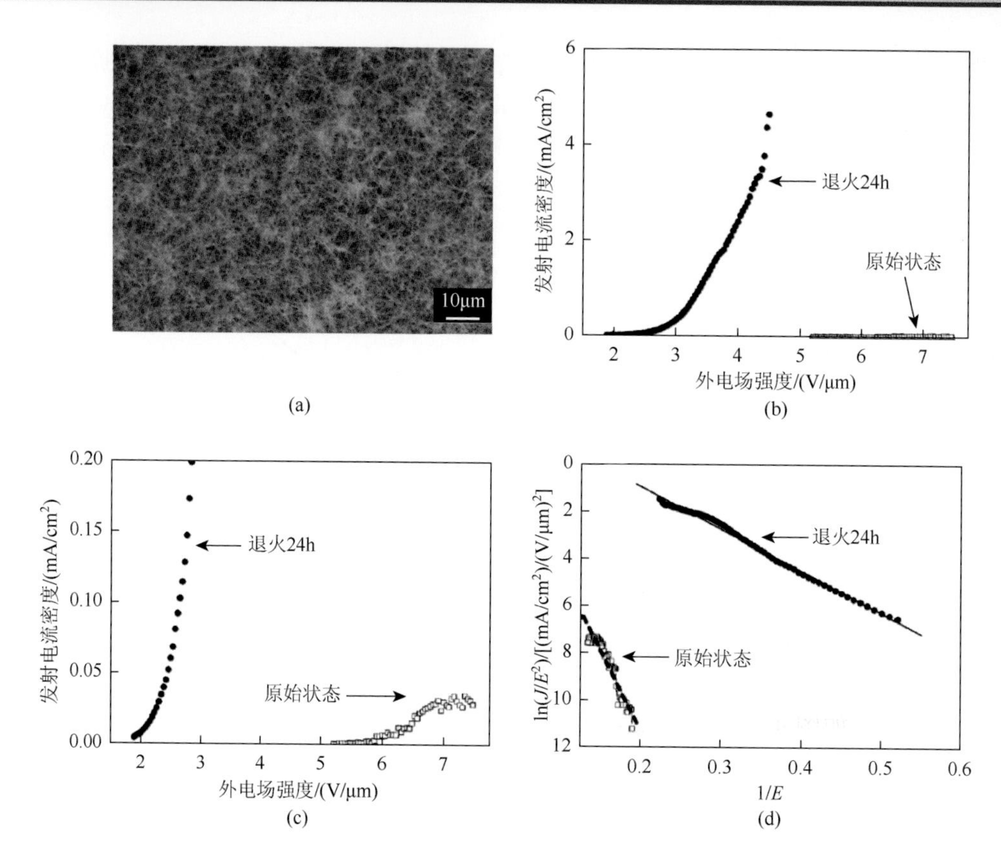

图 4-26 （a）CVD 法制备的 Si 纳米线的 SEM 照片；（b）电流密度-电场强度曲线；（c）低电流密度区域显示开启电压；（d）F-N 曲线[142]

由电流密度-电场强度特性测试可以发现，SiC 纳米线也具有优异的场发射性能[144, 145]，其在电子场发射领域具有巨大潜力。在 0.7～1.5V/μm 的施加电场下观察到 $10\mu A/cm^2$ 的场发射电流密度，并且在低至 2.5～3.5V/μm 的电场中可以实现 $10mA/cm^2$ 的电流密度，如图 4-27 所示。这些结果代表了在技术上有用的电流密度下任何场发射材料报道的最低电场，表明取向良好的 SiC 纳米线可能具有用于真空微电子器件的应用前景。

研究发现，单根针状的 SiC 纳米线非常适合场电子发射，在低至 9.6V/μm 的电场中可以达到电流密度为 $30.8mA/cm^2$ 的稳定发射，其最大发射电流密度高达 $83mA/cm^2$[146]。具有竹节状结构的 β-SiC 纳米线场发射的开启场强为 10.1V/μm，性能优异，可以作为低成本、大面积场发射电子器件的潜在材料[147]。

在 6MV/m 的场强下，观察到了 Cu_2S 纳米线阵列稳定的电子辐射，在具有不同场增强因子的稀疏 Cu_2S 纳米线阵列组成的薄膜中观察到了 F-N 图中的非线性变化[148, 149]。研究人员认为 F-N 曲线中的非线性变化是由场增强因子的变化导致

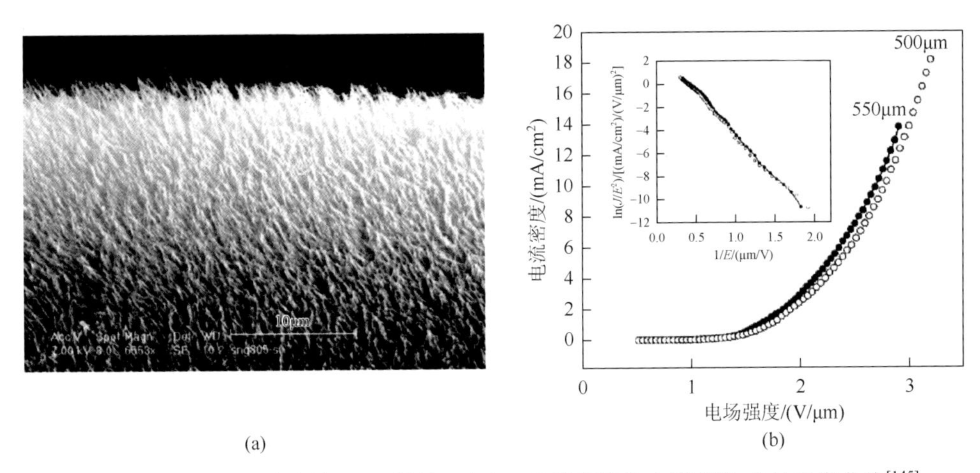

图 4-27 （a）SiC 纳米线 SEM 照片；（b）SiC 纳米线的电流密度 电场强度曲线[145]

的。利用透明阳极技术观察整个阵列的均匀发射，可以观察施加电流的场特性和场发射位置的分布，发现其开启场强与纳米阵列的形态和密度等结构参数有关，并记录了它们随施加场的变化。此外，他们使用场发射显微镜研究各个纳米线的发射，发现其由许多空间分辨的漫射点组成。记录在不同场强下和随时间的稳定电流发射，如图 4-28 所示。这些发现表明，半导体纳米线作为冷阴极发射器的制备材料极具潜力，值得进一步全面研究。

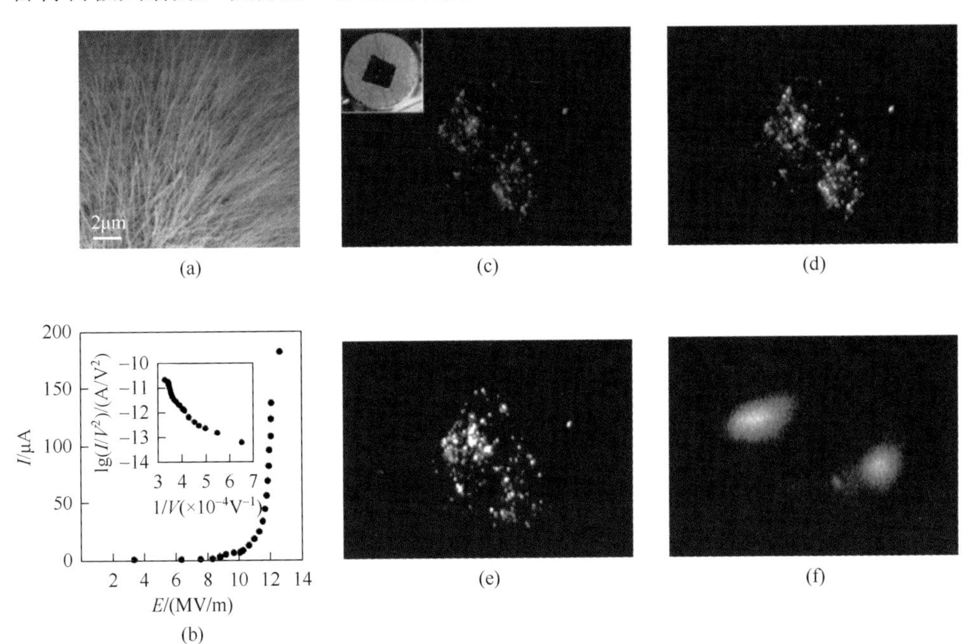

图 4-28 （a）Cu_2S 纳米线阵列的 TEM 照片；（b）*F-N* 曲线图；（c～e）纳米线阵列在不同场强下的发射照片；（f）电镜照片[149]

TiO_2纳米线阵列同样可以在低电压下提供稳定的高电流电子发射[150]。在24h内监测的发射电流有轻微波动，但是没有显示出衰减的迹象。由电感耦合（CCD）相机捕获的阴极发光图像非常明亮，并且发光强度是均匀的，如图4-29所示。这种卓越的性能表明，TiO_2纳米线阵列比碳纳米管的化学稳定性更高，非常适合用于电子发射设备，特别是平板显示器和真空微电子设备等。Ti箔上生长的直径为20～50nm、长度为微米量级的大面积均匀准排列TiO_2纳米线阵列具有良好的场发射性能，其电子发射的开启场强为4.1V/μm，这表明其适宜作为电子发射纳米器件的制造材料[151]。

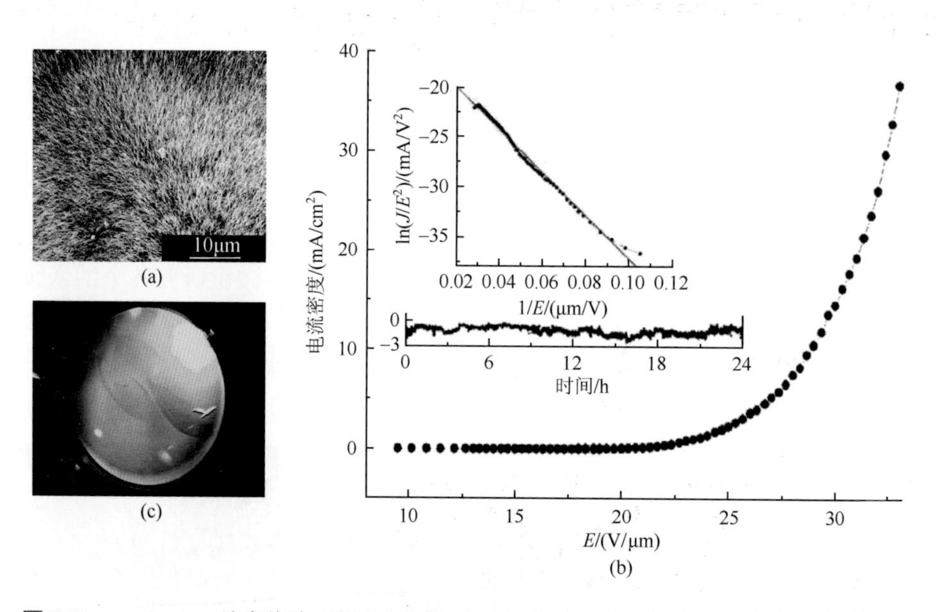

图4-29 （a）TiO_2纳米线阵列的SEM照片；（b）纳米线阵列的电流密度-场强曲线图；（c）TiO_2纳米线阵列发射的荧光照片[150]

场发射性能研究表明，MoO_3纳米线阵列电子发射的开启场强和阈值场强分别为3.5MV/m和7.65MV/m[152]。利用透明阳极技术研究了MoO_3纳米线阵列发射场的空间分布，发现其发射电流相对比较均匀，如图4-30所示。这些可能归因于纳米线的高度和直径具有非常好的均匀性，并且纳米线之间的距离也比较合理。最后，发现MoO_3纳米线阵列的发射电流随时间的稳定性能控制在10%以内。这些发现表明，MoO_3纳米线阵列适合冷阴极电子源器件的应用。此外，Mo、MoO_2和MoO_3纳米线都具有很好的场发射性能[153]。三种纳米线的电子发射开启场强分别为2.2MV/m、2.4MV/m和3.5MV/m，其阈值场强分别为6.24MV/m、5.6MV/m和7.65MV/m，具有应用在真空微电子器件中的潜力。

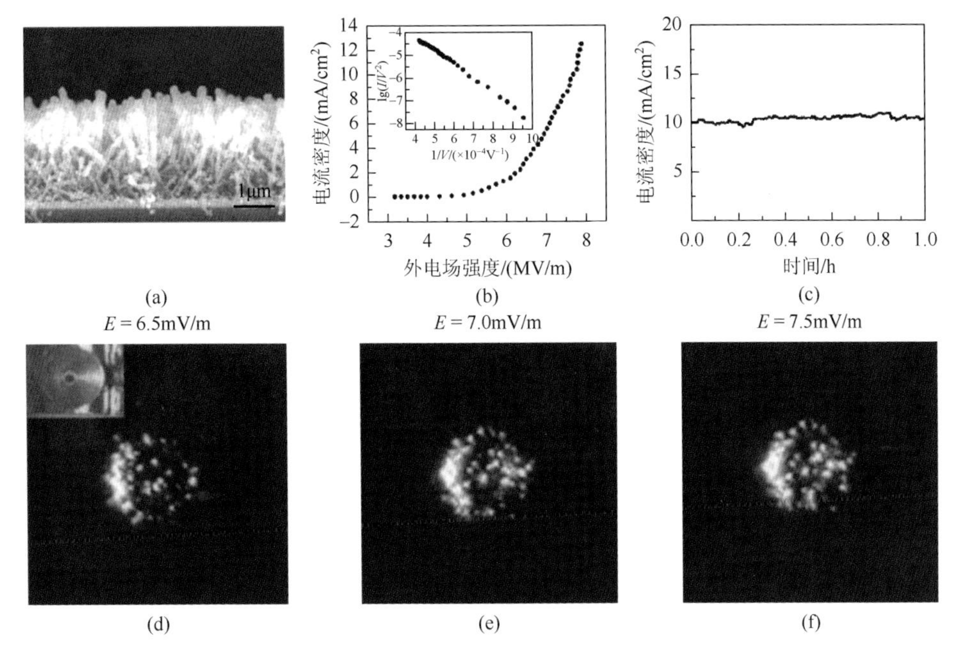

图 4-30　（a）MoO_3 纳米线阵列的 SEM 照片；（b）MoO_3 纳米线阵列电子发射的电流密度-场强曲线图与 *F-N* 曲线图；（c）MoO_3 纳米线阵列电子发射的电流密度的稳定性；（d～f）MoO_3 纳米线阵列在不同场强下发射位置的空间分布图[153]

WO_3 纳米阵列的尖端显示出了优异的场发射性能，具有低的阈值场强 4.37MV/m，且整个阵列都能长时间稳定均匀地发射[154]。这些研究结果使得 WO_3 纳米阵列成为场发射显示器的有潜力的候选材料。为了在场发射显示器中应用各种冷阴极纳米发射器并实现高亮度，研究者提出了具有双栅极的场发射显示器器件结构和相应的驱动方法[155]。可以通过分别向下栅极和上栅极施加适当的正或负电压来实现单独的像素寻址。通过使用碳纳米管和 WO_3 纳米线组装的冷发射器成功证明了该器件的可行性。该器件证明了运动图像的显示，并且获得了高达 2500cd/m^2 的亮度，如图 4-31 所示。该结果对于使用纳米发射器的场发射显示器的发展具有重要意义。

具有尖锐尖端的双晶 GaN 纳米线具有约 7.5V/μm 的较低电子发射开启场强，是低成本和大面积电子发射器的良好候选者之一[156]。根据分析可知，其优异的场发射性能归因于双晶结构缺陷和尖锐尖端。单晶、取向一致的 CdS 纳米线阵列具有相对高的发射电流密度（0.3mA/cm^2）和低的电子发射开启场强（4.7V/μm），这使得 CdS 纳米线阵列成为场发射显示器有希望的候选材料[157]。

研究生长在 p-Si 基底上的长度为 1200nm、底部直径为 100nm、尖端直径为 10nm 的 AlN 纳米针尖阵列的场发射性能发现，在 10V/μm 的场强下，其电子发射的开启场强为 6V/μm，最高电流密度为 0.22A/cm^2，而生长在 n 型 Si 基底的 AlN

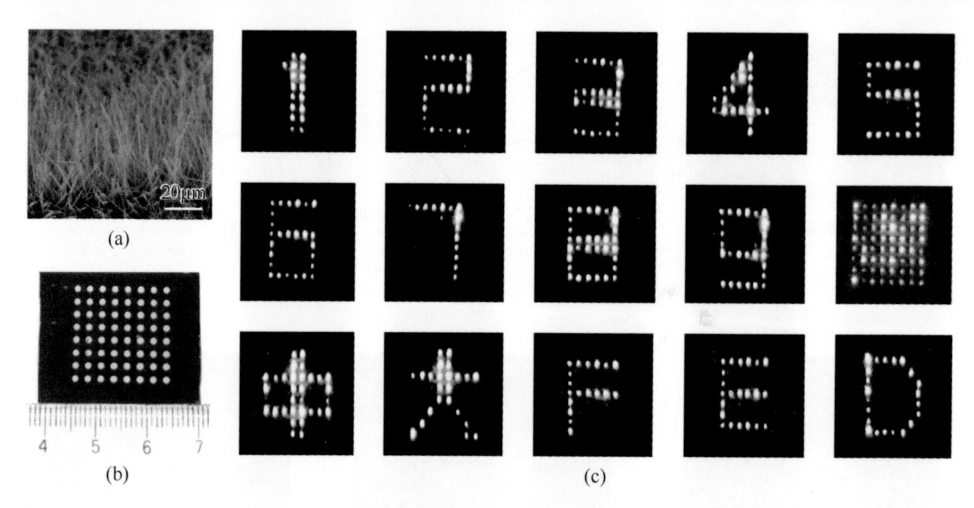

图 4-31　（a）WO_3 纳米线阵列的 SEM 照片；（b）8 像素×8 像素的 WO_3 纳米线阵列照片；（c）双门控场发射显示器显示的阿拉伯数字和汉字[155]

纳米针尖阵列没有显著的场发射特性[158]。研究人员利用 Si-AlN 异质节能带图解释了这个现象：n 型 Si 和 AlN 的界面存在能垒，消除了电流，而 p 型 Si 和 AlN 界面不存在能垒。在长达 10h 的持续场发射性能测试过程中，p-Si/AlN 纳米尖端能稳定地进行电子发射。

4.4.3　半导体纳米线场发射性能的调控

大面积半导体纳米线的图案化生长是一种有效的改进场发射特性的方法。ZnO 纳米线的图案化生长结合了 ZnO 纳米颗粒种子的直接图案及随后低温水热生长，如图 4-32 所示[159]。通过控制图案几何形状及印刷时间，形成径向生长的 ZnO 纳米线结构，用于组装成高效场发射器件。组装后的最优图案化 ZnO 纳米线场发射器件具有很低的开启电场，这是由于图案化 ZnO 纳米线阵列的径向结构降低了场发射屏蔽影响。

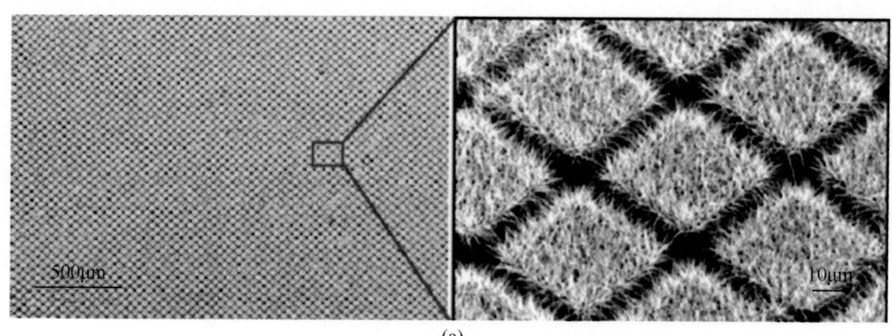

(a)

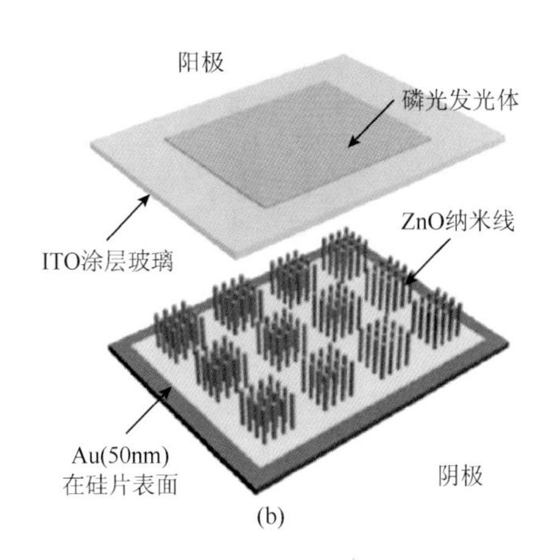

(b)

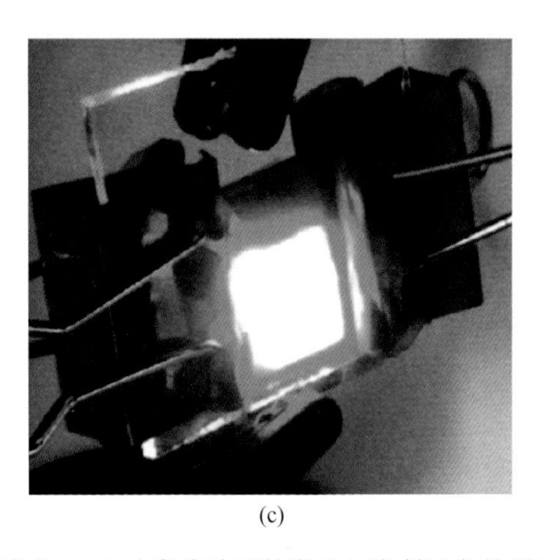
(c)

图 4-32　图案化 ZnO 纳米线阵列（a）及采用图案化 ZnO 纳米线阵列的发光场发射设备的原理图（b）和实物图（c）[159]

半导体纳米线的场发射特性不仅受其特性（功函数）影响，而且受到几何因素（纳米线尺寸、尖部形态、密度分布等）、掺杂因素等的影响。另外，纳米线的生长基片及纳米线的后续处理（如退火）对场发射特性也有重要影响。

1. 形态

张跃研究组通过比较针状 ZnO 纳米线阵列及六棱柱 ZnO 纳米线阵列，研究形态对场发射特性的影响[160]。场发射特性研究条件为室温，真空度为 3.5×10^{-7}Pa，电极间距离为 300μm，电压可在 0～1100V 范围内进行调制。在场发射特性测量中采用的 ZnO 纳米结构形态如图 4-33 所示。两种 ZnO 纳米阵列的场发射开启电场强度均为 2.3～2.4V/μm。当电场强度达到 3.7V/μm，场发射电流密度分别达到 4.31×10^{-5}A/cm^2 和 1.94×10^{-5}A/cm^2，存在较大差别。六棱柱 ZnO 纳米阵列的端面平整光滑，顶端尺寸大，六边形的边长为 300～500nm。不同 ZnO 阵列具有不同的尖端几何形貌，正是尖端几何形貌的差别导致了场发射性能的差异。

(a)

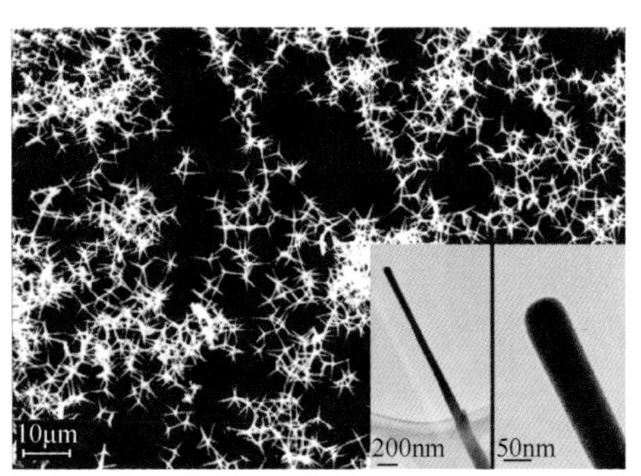

(b)

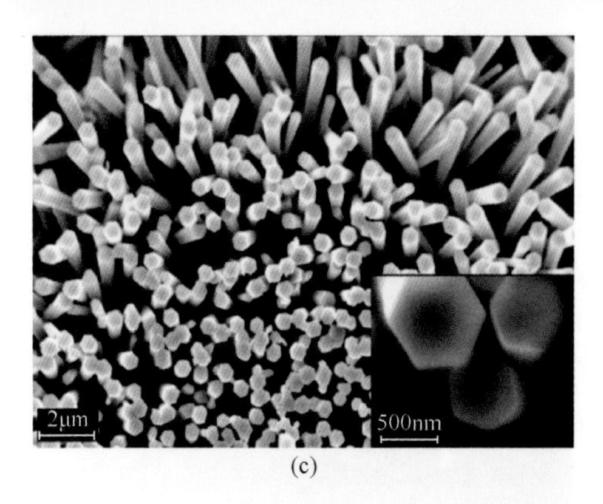

(c)

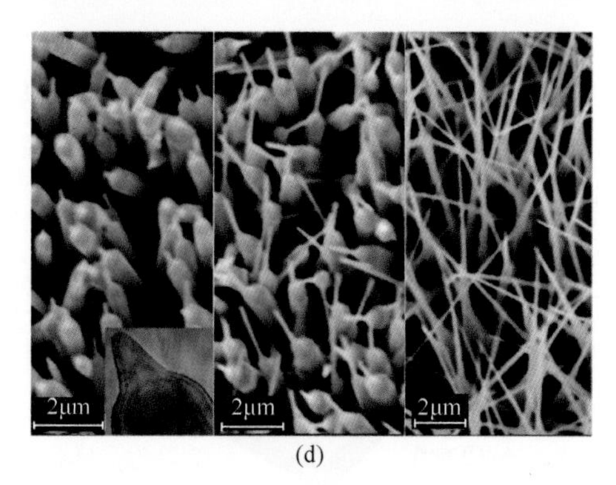

(d)

图 4-33 场发射特性研究中采用的不同形态 ZnO 纳米结构[160]

同样，北京大学俞大鹏研究组的研究也表明，纳米针尖锐的针尖几何形貌是导致良好场发射性能的原因，并且场增强因子（β）与发射体半径的倒数呈线性关系[128, 129]。其他文献报道也具有类似的研究结果[161]。

2. 掺杂

掺杂是一种改进半导体纳米线场发射特性的有效方法。张跃研究组发现，通过 In 掺杂不仅提高了 ZnO 纳米线的场发射强度，并且 In 掺杂后的 ZnO 纳米线显示出不同的场发射特性[139]。In 掺杂 ZnO 纳米线的 In 含量为 17.2 at%（at%为原子分数），测试时纳米线发射端与阳极的极间距为 1.5μm，施加最高电压为 420V。In 掺杂 ZnO 纳米线的电压-场发射电流曲线、F-N 关系曲线如图 4-34 所示。

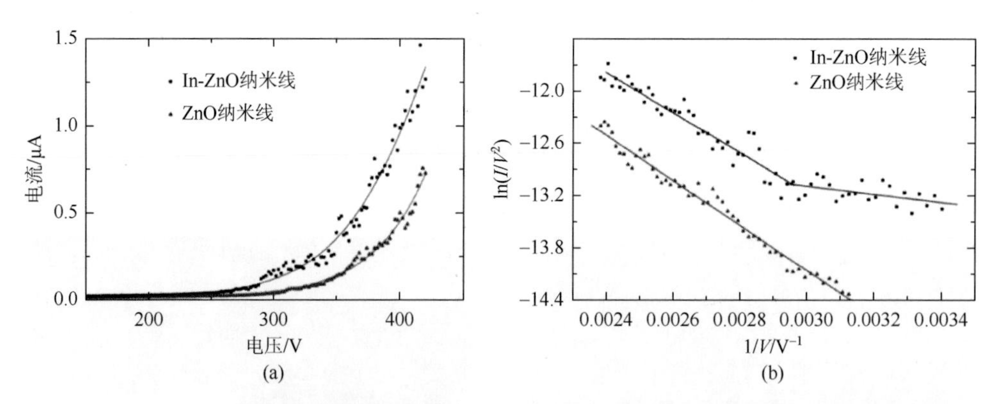

图 4-34 （a）单根纳米线发射电流与电压的关系；（b）单根纳米线的 F-N 曲线[139]

他们的结果表明，单根掺铟纳米线的场发射性能好于纯 ZnO 纳米线。纯 ZnO 纳米线的 $1/V$-ln（I/V^2）值可以拟合出完美的直线，而掺铟 ZnO 纳米线只能分段拟合为两段不同斜率的线段。根据计算，这两条线段对应的功函数分别为 4.89eV

和 1.70eV，能量差异为 3.19eV，这与 ZnO（3.37eV）带隙十分接近。以上计算结果表明，In 掺杂 ZnO 与纯 ZnO 相比，功函数更低，因而具有更好的场发射性能。利用第一性原理计算纯 ZnO 和 In 掺杂 ZnO 的电子结构和态密度（DOS），可以有助于理解纯 ZnO 和 In 掺杂 ZnO 场发射特性的差异。计算表明，In 掺杂之后的 ZnO 费米面处于导带，参与场发射的电子来源于两部分，分别是价带边电子和费米面之下的部分导带电子。场发射电流中来源于导带的电子具有较小的功函数，因而导致开启电压低；但是由于其态密度很低，所以发射电流小。当施加电压增大到价带电子的发射占主导地位时，发射电流才显著上升。因此，In 掺杂 ZnO 纳米线的 F-N 关系曲线拟合后为具有不同斜率的两条直线。

通过 Ga 掺杂同样可以提高 ZnO 纳米纤维阵列的场发射性能[162]。当 Ga 掺杂的原子分数为 0.73%时，功函数由纯 ZnO 的 5.3eV 降为掺杂后的 4.47eV，有效降低了纳米纤维的发射阈值电场，提高了纳米纤维的场发射性能。通过 Mg 掺杂也可以有效降低四针状 ZnO 纳米棒的发射阈值电场，提高场发射电流密度[163]。

3. 其他影响因素

还原性气体处理可以改进半导体纳米线的场发射特性。通过 H_2 等气氛处理，纳米 ZnO 的氧空位浓度增加，自由电子浓度也相应增加，因而发射电流强度增大。通过将 ZnO 纳米线在气氛中暴露处理，使纳米线的功函数从 5.3eV 降低到 5.08eV，场发射的开启电场强度相应从 3.9V/μm 降低到 3.6V/μm[164]。张跃研究组通过 500℃温度下在氢气气氛中保温 1h 处理，使四针状纳米 ZnO 的场发射开启电压显著下降、场发射电流显著增大[165]。

根据研究报道，在氧气氛中退火也能使 ZnO 纳米棒阵列的场发射性能得到改善[166]。将化学气相法制备的 ZnO 纳米棒阵列经氧、空气及 NH_3 气氛退火处理后发现，场发射性能由高到低的排列顺序为氧气氛退火纳米棒、直接生长的纳米棒、空气气氛退火及 NH_3 气氛退火纳米棒。研究者分析认为氧气氛退火有可能导致了 ZnO 纳米棒功函数下降。

许多研究结果表明，ZnO 纳米材料的生长基底对发射性能有很大的影响。在 Au/Ti/n-Si 基底上生长取向性好的 ZnO 纳米针，其场发射开启场强仅为 0.85V/μm，在电场强度为 5.0V/μm 时，电流发射密度达到 1mA/cm^2[167]。生长在碳布上的 ZnO 纳米线获得了极低的场发射阈值电场（约为 0.7V/μm）和极大的场增强因子（约为 41100），即在电场强度为 0.7V/μm 时，场发射电流密度达到 1mA/cm^2[168]。这说明场发射性能，除与 ZnO 纳米线有关外，还与碳布参与发射有关。

改变 ZnO 纳米材料的生长基底或者对基底进行一定的处理，同样能大幅改善 ZnO 纳米材料的强流场发射性能。采用不锈钢作为阴极基片，可改善 ZnO 纳米棒阵列阴极的强流脉冲发射性能。在直径为 50mm 的硅基片和不锈钢基片上生长的密度和形貌相近的 ZnO 纳米阵列阴极，发射电流强度可从硅基的 1.47kA（电流密度为 74.87A/cm^2）提高到不锈钢基的 2.60kA（电流密度为 132.42A/cm^2）[169]。

对于其他半导体纳米材料场发射特性的调制与改善，研究人员也做了大量的探索，如碳纳米管的几何排布对其场发射性能的影响[170]。低密度薄膜的发射场很高，因为很少有高度较小的发射器；相反，高密度薄膜的发射效率更高，但由于密集填充的相邻管之间的屏蔽效应及由于少数突出管的高度较小而保持较低的发射效率，要兼顾碳纳米管的高度和间距。最终得到高度为 3μm、间距为 2μm 时，碳纳米管的场发射性能将得到更大程度的发挥。

在枝杈分层结构的 ZnS 纳米管的场发射性能研究中，人们发现了非常大的发射增强现象。这主要是由于具有纳米结构的尖锐和准排列的 ZnS 尖端分层结构，都是潜在的场发射器结构。通过多级结构来逐步进行发射增强[171]，如图 4-35 所示。这种结构被认为是潜在纳米电子器件的重要候选结构。

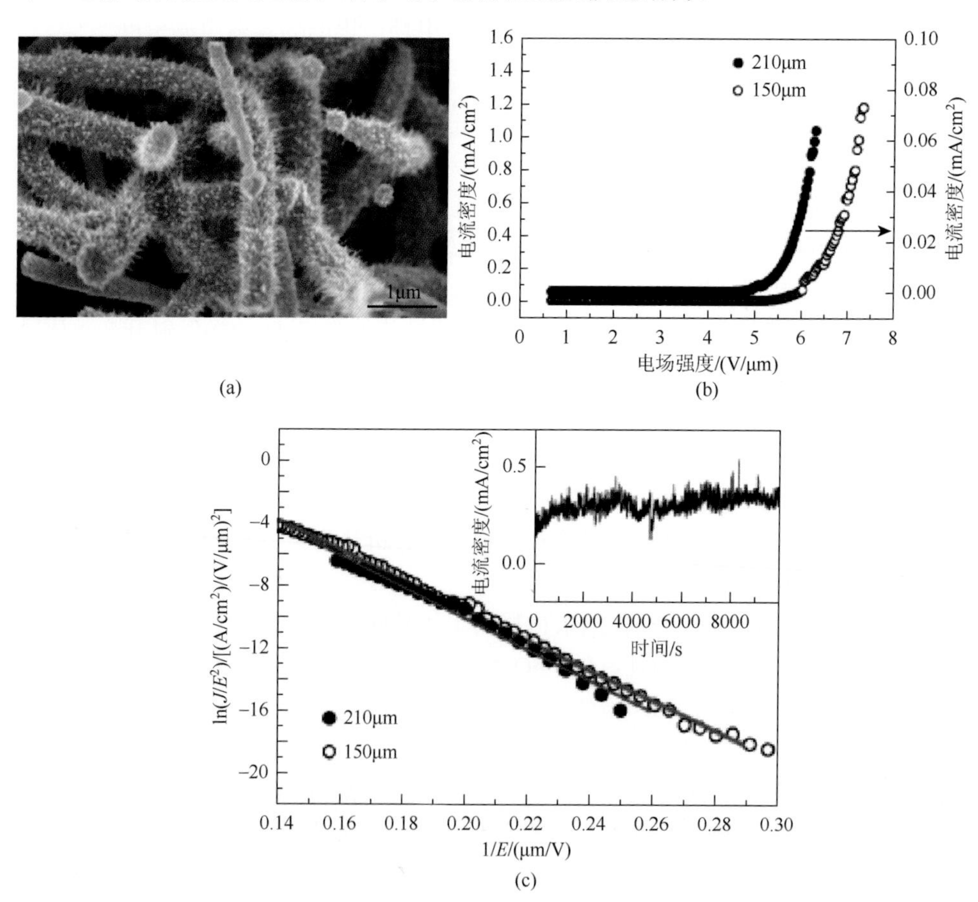

图 4-35 （a）ZnS 纳米管枝杈多级结构的 SEM 照片；（b）两种不同间距的电流密度-电场强度曲线图；（c）相应的 F-N 曲线图[171]

基于电流-电压测试和 F-N 方程，人们研究了 Si 纳米线的场发射性能，发现随着纳米线直径的减小，其场发射性能增强，H_2 等离子体的处理也可以明显改善纳米线的场发射性能[172]。直径为 100nm 的单晶 Si 纳米线在 3.4V/μm 的电场下，在 0.01mA/cm^2 的发射电流密度下其开启电场为 2V/μm，在 0.2cm^2 的面积下可获得 1mA/cm^2 的发射电流密度[173]。将样品在 550℃真空下退火会极大地改善其场发射性能。掺杂 4.2%铒的 Si 纳米线具有非常优异的场发射性能，其场增强因子高达 1260[174]。

有研究对比了核壳型 SiC-SiO_2 纳米线和纯 SiC 纳米线的场发射性能[175]。结果发现，在 10μA/cm^2 的场发射电流密度下，纯的 SiC 纳米线、涂覆有 SiO_2 厚度分别为 10nm 和 20nm 的 SiC 纳米线的电子辐射开启场强分别为 4.0V/μm、3.3V/μm 和 4.5V/μm。涂覆有 10nm 厚度 SiO_2 的 SiC 纳米线比纯的 SiC 纳米线具有更高的场发射电流，因此场发射性能更优，如图 4-36 所示。

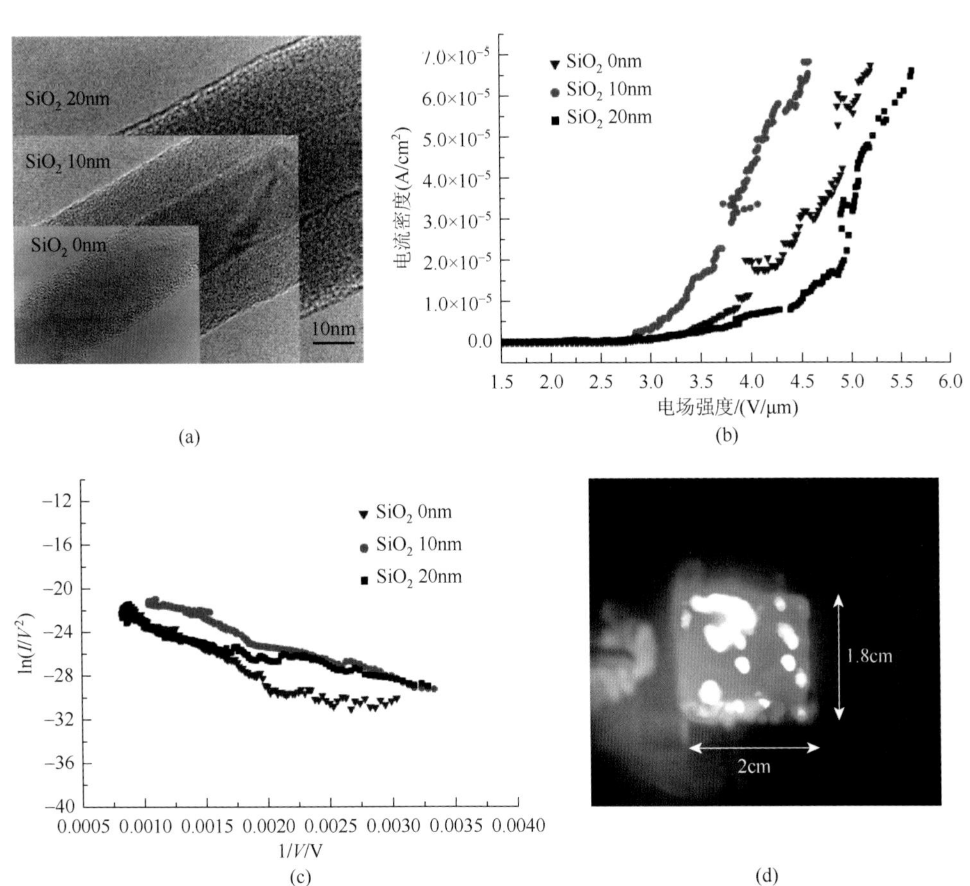

图 4-36　(a) 涂覆不同厚度 SiO_2 层的 SiC 纳米线的 TEM 照片；(b) 不同厚度 SiO_2 包覆的 SiC 纳米线的电流密度-电场强度曲线；(c) 纳米线的 F-N 曲线图；(d) 涂覆有 10nm 厚 SiO_2 层的 SiC 纳米线电子发射的透明阳极图[175]

垂直排列在钛基板上的掺氮 TiO_2 纳米管阵列表现出有效的电子场发射性能[176]。由于 TiO_2 纳米管中掺杂氮和氧空位共存，这种掺氮的 TiO_2 纳米管阵列在高场发射电流（在 4h 内场发射电流为 160μA 时波动<3%）及低电子发射开启场强和阈值（分别为 11.2V/μm 和 24.4V/μm）时表现出非常好的稳定性。这项工作表明，通过引入受体态和供体态，将电子发射效率差的纯 TiO_2 纳米管转化为有利和有效的可能性，无论是在 TiO_2 带隙内掺杂大于价带的最大值的氮或者低于导带最小值的氧空位都可以实现。可以预期，将这种掺杂概念应用于其他过渡金属族氧化物可以扩大场发射材料的范围。

研究发现，P 掺杂可有效地将 GaN 纳米线的电子发射开启场强降低到 5.1V/μm，这可能是由于 P 掺杂导致了纳米线表面粗糙[177]。优异的场发射特性表明，相对于纯的 GaN 纳米线，P 掺杂的 GaN 纳米线在电子发射器方面的潜力更大，有望在将来用于平板显示器等。这使得探索其他掺杂剂掺入各种纳米结构成为提高纳米结构场发射性能的一个有效思路。

良好排列的 CdS 纳米线阵列在 20V/μm 的施加电场下可以实现 225mA/cm^2 的高发射电流密度[178]。这与制备温度确定沉积物形态有关，沉积物形态、密度等导致场发射性能的巨大差异。这种高电流密度将使得良好排列的 CdS 纳米线阵列能够为平板显示器的应用产生足够的亮度并用作高亮度电子源。这些研究者还研究了取向一致的纳米锥、纳米棒、裂隙纳米棒、准排列纳米线和纳米线等五种不同类型的一维 CdS 纳米结构在受激发射和场发射性能方面的差异[179]。CdS 纳米结构的排列对其受激发射特性具有主要影响，排列越好，阈值场强越低，长径比越大，其受激发射性能越好，但尺寸对其受激发射特性的影响很小。因此具有更大长径比和排列更规整的 CdS 纳米线阵列发射器表现出更好的场发射性能。排列规整的 CdS 纳米棒阵列具有较低的受激发射阈值，而准排列纳米线阵列产生较高的场发射电流，并且由于较大的长径比和较好的排列规整度而具有较低的电子发射开启场强。CdS 纳米结构阵列是未来在平板显示器、高亮度电子源和纳米激光器中应用的有希望的候选材料。

4.4.4 半导体纳米线强流场发射器件

上述场发射性能在阴极处于低压直流电场条件下进行测量，在此条件下，阴极的发射电流密度不高，最多达到 A/cm^2 级别。这种发射电流强度很难满足加速器、行波管及其他高强度电子束设备要求。强流场发射是指阴极在高压脉冲电场下实现的强流电子束发射，强流电子束发射也不是基本的场致发射过程，而是场致等离子体发射，也可称为爆炸性发射（explosive emission）。阴极表面发射体（微观表面突起）的存在，使得晶须顶端场强可以增加到宏观场强的数百倍，这导致发射体吸附气体受热并等离子体化，在阴极表面形成等离子体层，等离子体在电场下发射电子束，电流密度达几十 A/cm^2。有关 ZnO 纳米线阵列强流场发射性能的研究，目前也仅见于张跃研究组的报道[169, 180]。

ZnO 纳米线阵列的强流场发射性能采用高压脉冲电场进行测试，可采用单脉冲和双脉冲两种形式。双脉冲测试时，脉冲功率系统输出的脉冲宽度大约为 100ns，两个脉冲间隔大约为 400ns，加载电压最大为 8×10^5V，阴阳极间距为 98mm。阴极发射面是直径为 50mm 的圆，测试环境真空度约为 1×10^{-3}Pa。ZnO 纳米线阵列阴极强流场发射的电压和电流波形、阴极发射电子时的 CCD 照片如图 4-37 所示。

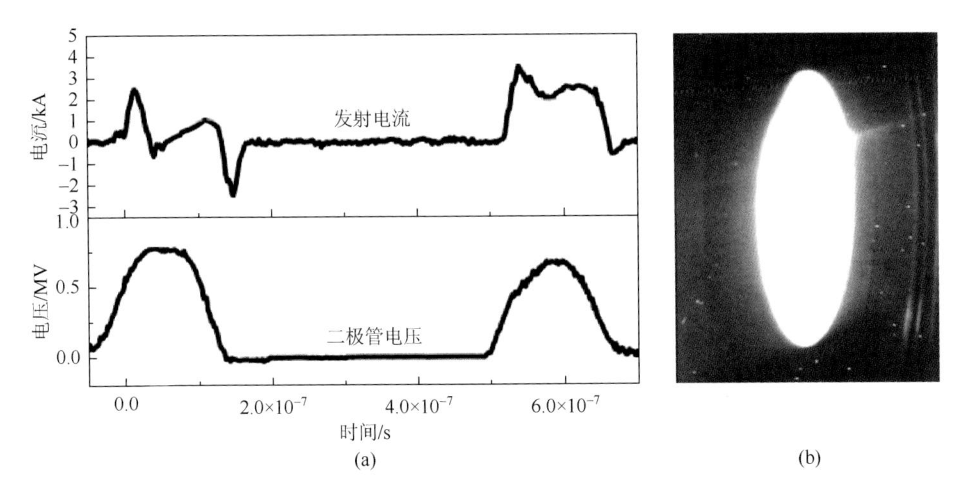

图 4-37 （a）ZnO 纳米阵列阴极的电压及电流波形；（b）阴极电子发射的 CCD 照片[169]

研究发现，在平均场强 8.16V/μm 的脉冲电场下，硅基片 ZnO 纳米线阵列发射电流密度达到 91.16A/cm^2，而不锈钢基片 ZnO 纳米线阵列发射电流密度达到 132.42A/cm^2。ZnO 纳米线阵列在发射强流电子束的过程中，发射体首先在高压电场下发射电子，为场致发射；随后，发射体吸附的气体被电子束电离形成等离子体；最后等离子体在电场作用下发射强流电子束。强流电子束发射过程中存在场致发射和场致等离子体发射两种电子发射机制[181]。

通过成分、形貌等的调控，这些场发射器件的性能也正在不断改进，基于半导体纳米线的场发射将是全球范围内重要的研究领域，半导体纳米线已经广泛用于场发射器件领域。除了具备优异的场发射性能，场发射材料还需要兼具经济实惠、易于大面积制备和制备工艺简便等综合特点才能真正实现应用。随着制备技术的改进及性能优化，半导体纳米结构场发射器件将在平板显示器、电子发射器、真空微电子设备等领域占据主导地位。

4.5 其他电子器件

4.5.1 pn结和肖特基二极管

二极管（diode）是一种具有不对称电导的双电极电子元件。理想的二极管在正向导通时两个电极（阳极和阴极）间拥有零电阻，而反向时则有无穷大电阻，即电流只允许由单一方向流过二极管。对二极管所具备的这种单向特性的应用，通常称为整流功能[182]。一个正向偏置的二极管两端的电压降变化只与电流有关系，并且是温度的函数。因此，这一特性可用于温度传感器或参考电压。半导体二极管的非线性电流-电压特性，可以选择不同的半导体材料和掺杂不同的杂质而形成杂质半导体来改变。特性改变后的二极管在使用上除了用作开关外，还有很多其他的功能，如用来调节电压（齐纳二极管）、限制高电压从而保护电路（雪崩二极管）、无线电调谐（变容二极管）、产生射频振荡（隧道二极管、耿氏二极管、IMPATT 二极管）及产生光（发光二极管）。

双极性结型晶体管（bipolar junction transistor，BJT）俗称三极管，是一种具有三个终端的电子器件。双极性晶体管是电子学历史上具有革命意义的一项发明[183]，其发明者威廉・肖克利、约翰・巴丁和沃尔特・布喇顿被授予 1956 年的诺贝尔物理学奖。两种不同掺杂物聚集区域之间的边界由 pn 结形成[184]。双极性晶体管由三部分掺杂程度不同的半导体制成，晶体管中的电荷流动主要是由于载流子在 pn 结处的扩散作用和漂移运动。以 NPN 晶体管为例，按照设计，高掺杂的发射极区域的电子，通过扩散作用运动到基极。在基极区域，空穴为多数载流子，而电子为少数载流子。由于基极区域很薄，这些电子又通过漂移运动到达集电极，从而形成集电极电流，因此双极性晶体管被归到少数载流子设备[185]。双极性晶体管能够放大信号，并且具有较好的功率控制、高速工作及耐久能力，所以它常被用来构成放大器电路，或驱动扬声器、电动机等设备，并被广泛地应用于航空航天工程、医疗器械和机器人等应用产品中[186]。

此外，肖特基二极管是以贵金属（金、银、铝、铂等）（A）为正极，以 n 型半导体（B）为负极，利用二者接触面上形成的势垒具有整流特性而制成的金属-半导体器件。因为 n 型半导体中存在着大量的电子，贵金属中仅有极少量的自由电子，所以电子从浓度高的 B 中向浓度低的 A 中扩散。显然，金属 A 中没有空穴，也就不存在空穴自 A 向 B 的扩散运动。随着电子不断从 B 扩散到 A，B 表面电子浓度逐渐降低，表面电中性被破坏，因此形成势垒，其电场方向为 B→A。但在该电场作用下，A 中的电子也会产生 A→B 的漂移运动，从而削弱由于扩散运动而形成的电场。当建立起一定宽度的空间电荷区后，电场引起的电子漂移运动和浓度不同引起的电子扩散运动达到相对的平衡，便形成了肖特基势垒。

使用 p 型和 n 型半导体纳米线制造 pn 结二极管的一种直接方法是用两个不同掺杂类型的纳米线组装成交叉的纳米线结构[187-190]。例如，Lieber 研究组[188]报道了交叉 InP（直接带隙）组成的半导体纳米线 pn 结，其表现出整流行为和发光性能。更显著的是，电致发光（EL）很容易在正向偏压下的这些纳米级 pn 结中观察到［图 4-38（a）］。EL 和 PL 的图像比较表明，EL 最大位置对应于交叉点 PL 图像，证明光源自纳米线 pn 结。该结的 *I-V* 特性［图 4-38（b）插图］显示出清晰的整流特性及 1.5V 的开启电压。EL 的强度随着正向偏压的增加而迅速提升。

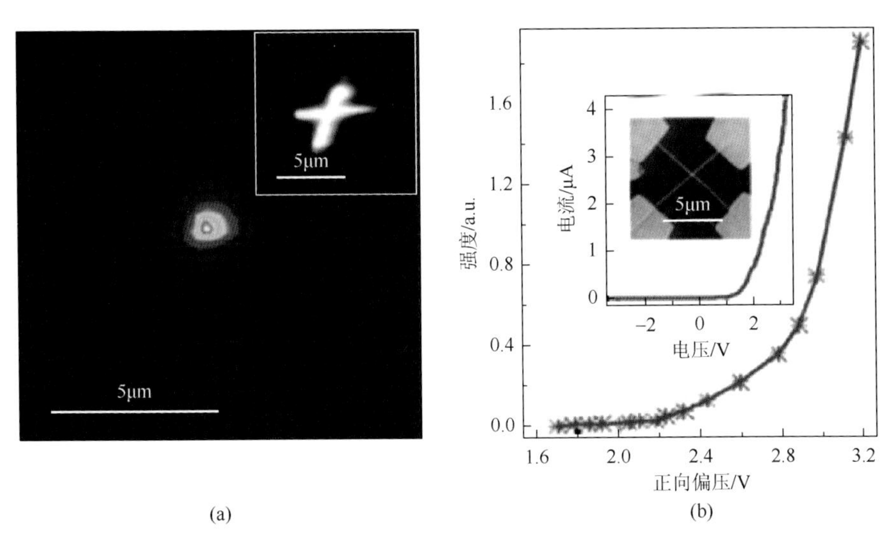

图 4-38　（a）纳米线 pn 结在正向偏压下的电致发光图，插图为该结的 PL 图；（b）电致发光强度和正向偏压的关系，插图为该 pn 结的 *I-V* 特征和 FESEM 图[188]

利用单根或多根 n 型和 p 型纳米线相互交叉能形成多个 pn 结并制作出相对复杂的纳米功能器件。Cui 等研究了通过交叉两个 n 型、两个 p 型纳米线形成 nn、pp 和 pn 结，并研究了其输运特性［图 4-39（a）］[189]。值得注意的是，由于可以选择特定类型的纳米线来组装相应的器件，所报道的 pn 结是可重复制备的。*I-V* 数据表明，n-n 和 p-p 交叉结构中各个纳米线上均显示线性或接近线性的 *I-V* 特性［图 4-39（b，c）］，表明实验中所采用的金属电极与纳米线形成了欧姆或近似欧姆接触。这一点对 pn 结来说非常重要，因为它使得纳米线和金属接触不会产生非线性的 *I-V* 曲线。利用上述方法，即采用交叉的 p 型和 n 型纳米线来构建 pn 结，可获得多种多样的功能纳米器件并可对其光电特性进行研究。通过连续沉积及干燥 n 型和 p 型纳米线的稀溶液，可以重复制备出 pn 结。基于交叉 Si 纳米线的 pn 结，其 *I-V* 曲线如图 4-39（d）所示。每根 n 型和 p 型纳米线的线性 *I-V* 曲线表明纳米线和金属电极之间是欧姆接触，而交叉的 pn 结表现出明显的整流特性；也就是说，在反向偏压时结内流动的电流很小，而在正向偏压时结内电流会急剧上升。

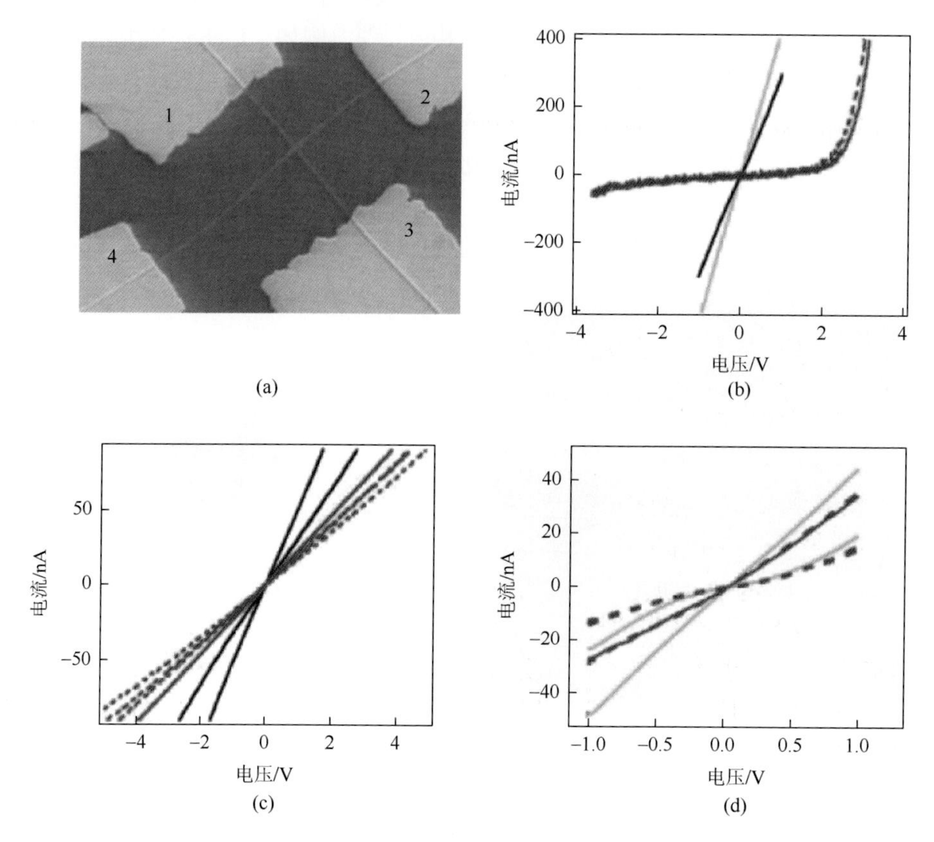

图 4-39 交叉纳米线形成的 pn 结：（a）交叉 InP 纳米线器件的 SEM 图，其中四个金属电极与四个臂相互接触；（b～d）nn、pp 和 pn 结的 *I-V* 特性，在（b）中，红色曲线对应通过 pn 结的四端 *I-V*；实线为穿过一对相邻纳米线的传输行为，虚线表示其他三对相邻纳米线的传输行为；黑色和绿色曲线分别是单一 p 型和 n 型纳米线的 *I-V* 曲线，红色是 pn 结的 *I-V* 曲线[189]

此外，上述整流特性也在交叉的 p 型和 n 型 InP 纳米线所构成的 pn 结中被观察到并得到了证实。第一，单根 p 型和 n 型 InP 纳米线和金属电极可形成欧姆接触，且具有线性 *I-V* 特性，因此排除了金属和半导体之间产生肖特基二极管的可能性[191]。第二，通过确定 pn 结的 *I-V* 特性，每对相邻电极表现出类似的整流特性，以及电流值也比通过单根纳米线的电流小得多，证明了该 pn 结主导着 *I-V* 特性。第三，四个终端的测量［图 4-39（d)]，其中电流通过相邻的两个电极，同时 pn 结的电压变化可以通过剩下两个电极进行测量，并相比于两终端上相同电流值的测量结果，表现出类似的 *I-V* 特性且伴随着较小的电压降（0.1～0.2V)。第四，测量的超过 40 个独立的 Si 交叉 pn 结在 *I-V* 数据中均显示出类似的整流特性。第五，交叉的纳米线 pn 结的形成不仅限于 Si 纳米线，对其他半导体材料都是通用的。例如，利用 p-InP/n-InP，p-Si/n-InP 和 p-Si/n-GaN[190]等纳米线均可以构建交叉的 pn 结且都表现出一致的电学整流特性。

纳米线 pn 二极管的另一种结构是采用轴向连接的形式形成轴向生长的 p 和 n 型掺杂纳米线。第一个轴向 pn 结二极管在 1992 年被证实，其中在 GaAs 纳米线的横截面区域中形成结，其直径约为 100nm[192]。后来，Gudiksen 等[193]报道了纳米线超晶格的生长结构，以及由 Au 纳米团簇催化和掺杂调控形成的基于单根硅纳米线的 pn 结，并基于单根纳米线的多种电学测量手段对纳米线 pn 结进行了表征（图 4-40）。电流（*I*）与电压（V_{sd}）测量结果显示，该轴向纳米线 pn 结同样具有整流特性［图 4-40（a）］。在反向偏压下，pn 结的静电力显微镜（EFM）图像表明，整个电压降发生在 pn 结处［图 4-40（b）］。另外，用纳米线装置记录的扫描栅显微镜（SGM）图像显示，采用正向偏压和扫描的尖端正极在结的右侧有传导增强现象［图 4-40（c）］，说明该区域为 n 型区域，而结左侧传导下降表明 p 型区域耗尽。2008 年，Kempa 等[194]报道了轴向调制掺杂 p-i-n 和串联 p-i-n^+-p^+-i-n Si 纳米线作为光电元件，轴向调制是通过在生长期间的不同时间切换掺杂气体来实现的。使用 KOH 溶液的选择性蚀刻显示出清晰的二极管各区域结构［图 4-40（d，e）］。*I-V* 测量结果［图 4-40（f）］还显示其具有良好的反向截止电流和 0.6V 的开启电压。通过对比 p-i-n 和串联 p-i-n^+-p^+-i-n Si 纳米线的 *I-V* 特性，可以发现在 AM 1.5G 照明下 Si 纳米线光伏器件的开路电压大幅增加，这有利于该器件光电转换效率的提升［图 4-40（g）］。

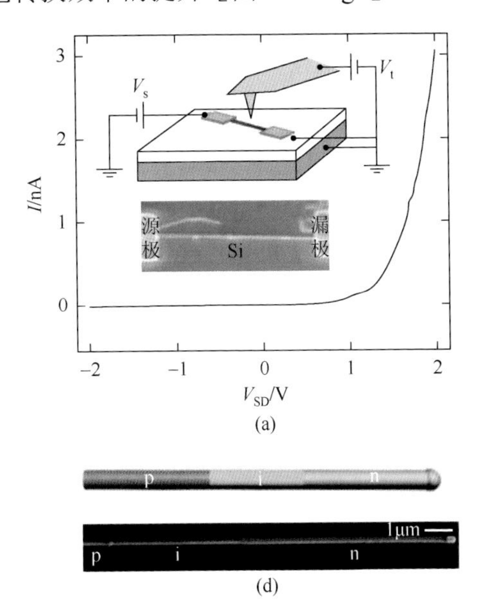

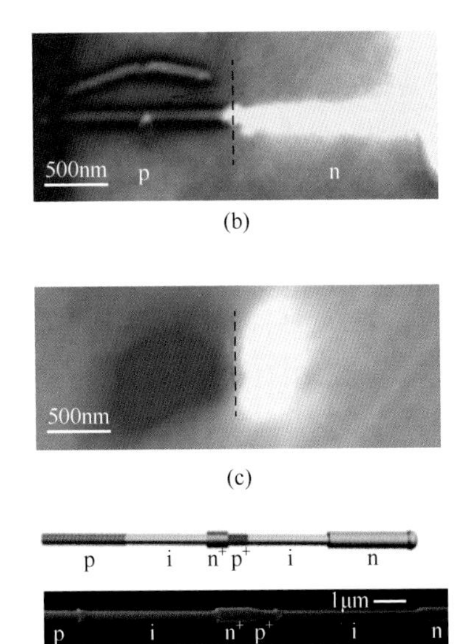

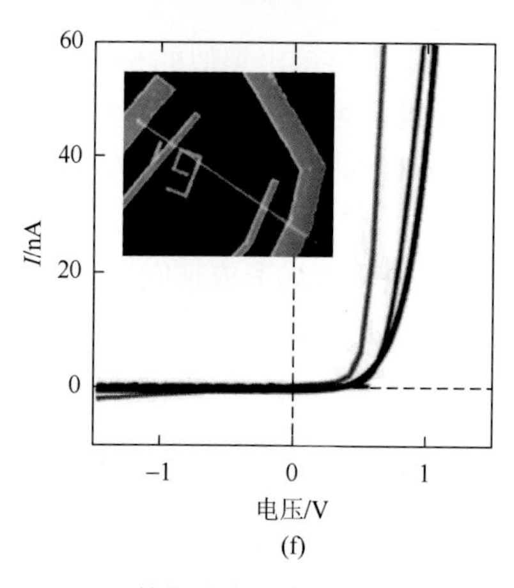

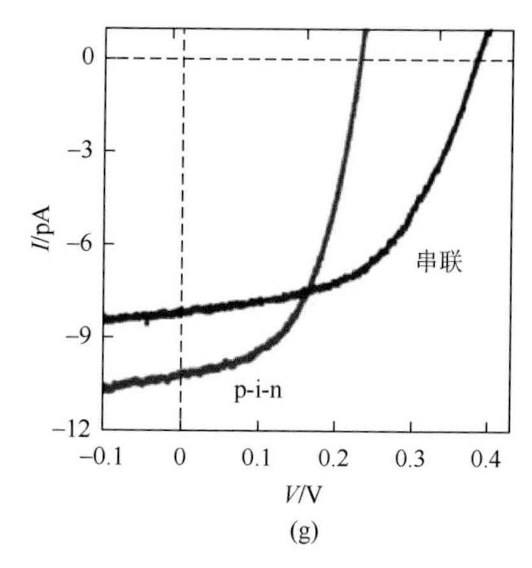

图 4-40 （a）单根纳米线电学特性；（b）纳米线基二极管在反向偏压下的 EFM 图；（c）SGM 图像显示为尖端扫描过后，源漏电流的变化；轴向调控掺杂 p-i-n 结构（d）和串联 p-i-n^+-p^+-i-n（e）Si 纳米线的示意图和结构表征；（f）具有不同 i 区域长度的 p-i-n 结构 Si 纳米线在暗态下的 *I-V* 特性；（g）p-i（2μm）-n（红色）和 p-i-n^+-p^+-i-n，$i = 2\mu m$（蓝色）Si 纳米线的 *I-V* 响应[194]

在 Ge 纳米线下，磷和硼原子的结合主要是通过纳米线表面积与体积的关系来主导的。因此，通过简单的掺杂调控是无法实现 Ge 纳米线 pn 结的。为了避免这种束缚，Tutuc 等[195]设计了一种新型的器件结构：先制备 n 型和未掺杂区段的核，然后均匀涂覆 p 型壳。所得到的 Ge 纳米线表现出类似预期的轴向 pn 结特性。Hoffmann 等[196]利用标准的“自上而下”的半导体掺杂与离子注入技术，实现了纳米线轴向的 pn 结构。该方法具有精确控制掺杂剂量、高的掺杂深度并可达到 10^{20}～$10^{21}cm^{-3}$ 的高掺杂浓度等优点。该离子注入的不足是高温退火通常需要使掺杂剂具有电学活性。另外，pn 同质结和异质结均与支链纳米线进行了集成和整合，包括 p-Si/n-GaAs 骨架/分支异质结构[197]，以及在扭结处实现具有轴向 pn 结的纳米线扭结[198]。

纯 ZnO 由于其氧空位的存在通常为 n 型半导体。由于难以制备出稳定的掺杂 p 型 ZnO，因此高性能的 ZnO 基 pn 同质结很难获得。为了构建紫外光检测及发射器件，一些研究组尝试了基于 n 型 ZnO 纳米材料的肖特基二极管和 pn 异质结二极管，但很少有关于肖特基二极管和 pn 结二极管连接的双二极管的报道。在双二极管中，大电流（交流电）可以流通，小电流无法通过。该器件独特的性能使其可能作为纳米尺度的交流电限流器使用。负微分电阻（NDR）器件由于在低能耗电子器件方面的应用潜力引起了研究人员的注意。NDR 效应经常出现于有机大分子、聚合物或复杂的多层量子结构中。

2008 年，北京科技大学张跃研究组构建并研究了 PtIr/ZnO 纳米线/并五苯异质结双二极管。构建器件所用材料为：PtIr 针尖、单根 ZnO 纳米线、并五苯薄膜、20nm 厚的金薄膜和氧化铟锡（ITO）基底。双二极管的构筑流程如图 4-41 所示[199]。图 4-41（e）为在 20nN 力的作用下，PtIr/n-ZnO 纳米线/ITO 薄膜及 PtIr/n-ZnO 纳米线/并五苯薄膜/ITO 薄膜两种不同结构器件的 *I-V* 特征曲线。在正的电压下，PtIr/n-ZnO 纳米线/ITO 薄膜结构二极管的开启电压为–1V，施加电压为±2.5V 时，相应的电流比值为 6281。ITO 电极的功函数与 ZnO 的功函数同为 4.5eV，它们之间的接触为欧姆接触。通过在 ZnO 纳米线不同位置上施加 20nN 的加载力，在一些 *I-V* 特性曲线中出现了 NDR 效应，如图 4-41（f）所示。当 ZnO 纳米线放置在并五苯薄膜表面时，薄膜上较高的点会与 ZnO 纳米线紧密接触，但是较低的点与纳米线之间无法接触，会有空气层存在。这层空气形成了绝缘介电层，对 NDR 效应的形成有重要的影响。当介电层存在时，电流通过并五苯薄膜/空气介电层/ZnO 纳米线（p-i-n）结构，这种 p-i-n 结构可能导致 NDR 效应的出现。

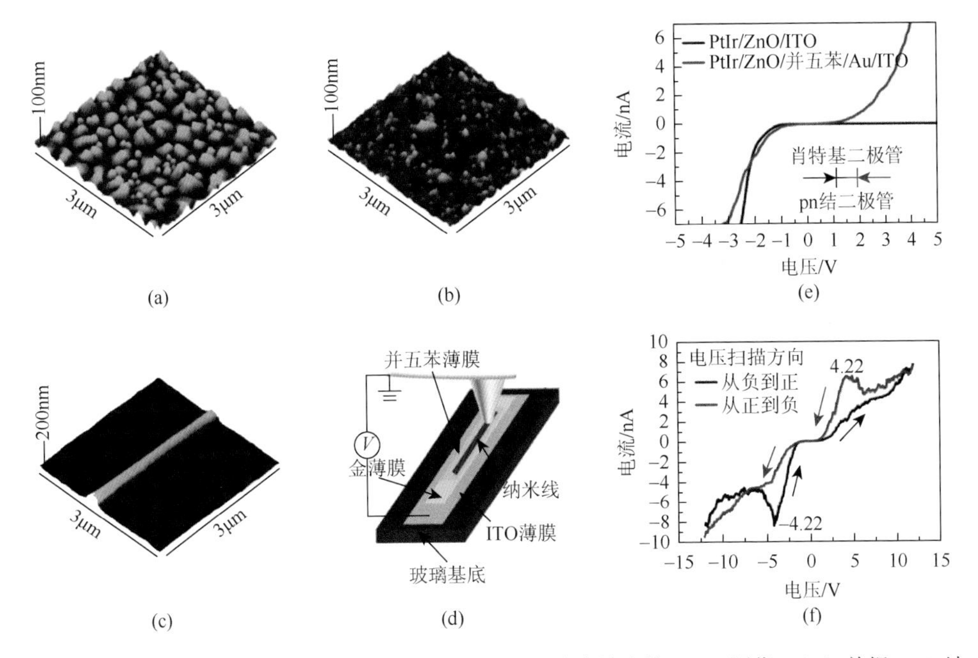

图 4-41　（a）SiO_2 基底的 AFM 图像；（b）Au/ITO/玻璃基底的 AFM 图像；（c）单根 ZnO 纳米线在并五苯薄膜上的 AFM 图像；（d）AFM 测试原理图；（e）PtIr/n-ZnO/ITO 和 PtIr/n-ZnO/并五苯/Au/ITO 两种结构的 *I-V* 特性；（f）双二极管的 *I-V* 曲线[199]

在过去十几年中，人们对各种基于 ZnO 纳米结构的纳米装置产生了极大兴趣，如场效应晶体管、光电传感器、压电器件等。目前，室温下的 NDR 效应存在于有机分子、复合材料及复杂的多层量子结构中，而这常常被归因于电子共振隧穿。基于 NDR 效应的纳米器件可能在低能量存储和逻辑电路上有大的应用前景。张跃研究组构建并研究了 ZnO 纳米带双二极管[200]。这个双二极管是由 PtIr 针尖/ZnO 纳米带/6T 薄膜/ITO 薄膜构成，如图 4-42 所示。图 4-42（c）是双二极管的示意图，由于 ITO 电极的功函数和 ZnO 的电子亲和势都为 4.5eV，ITO 与 ZnO 形成了欧姆接触。PtIr 针尖的功函数为 5.5eV，PtIr 针尖与 ZnO 形成了肖特基接触。图 4-42（d）和 4.42（e）显示了连续两次测量下，双二极管在不同加载力下的 *I-V* 曲线。在第一次测量中 NDR 现象可以在 *I-V* 特征曲线中清楚地观察到，在第二次测量时 NDR 现象消失。随着加载力的增大，NDR 现象变得越来越明显，在 NDR 区域可以看到电流振荡着减小。在第二次测量中，PtIr 针尖/ZnO 纳米带/6T 薄膜/ITO 薄膜结构的 *I-V* 曲线和 PtIr 针尖/ZnO 纳米带/ITO 薄膜结构的 *I-V* 曲线几乎是一样的，表明 6T 薄膜在第一次测量中可能已经被破坏。通过双二极管的电流立即增加，将导致 6T 薄膜被击穿。纳米材料的击穿电流通常由最大电流密度（J_{max}）决定。为了获得 6T 薄膜击穿时的电流密度，可以利用式（4-3）计算 AFM 针尖和二极管之间的接触面积。由于 ZnO 纳米带的厚度远远大于 AFM 针尖的接触尺寸，因此电流在纳米带中的扩散必须计算进去。利用损耗传输模型，通过 6T 薄膜的最大注入电流密度（J_{max}）可表示为

$$J_{max} = \frac{I_{max} / S}{[1 + 2(\pi k T n \mu_e t / I_{max})^{1/2}]} \tag{4-3}$$

式中，I_{max} 是通过 AFM 针尖的最大正向电流；S 是原子力针尖与 ZnO 纳米带的

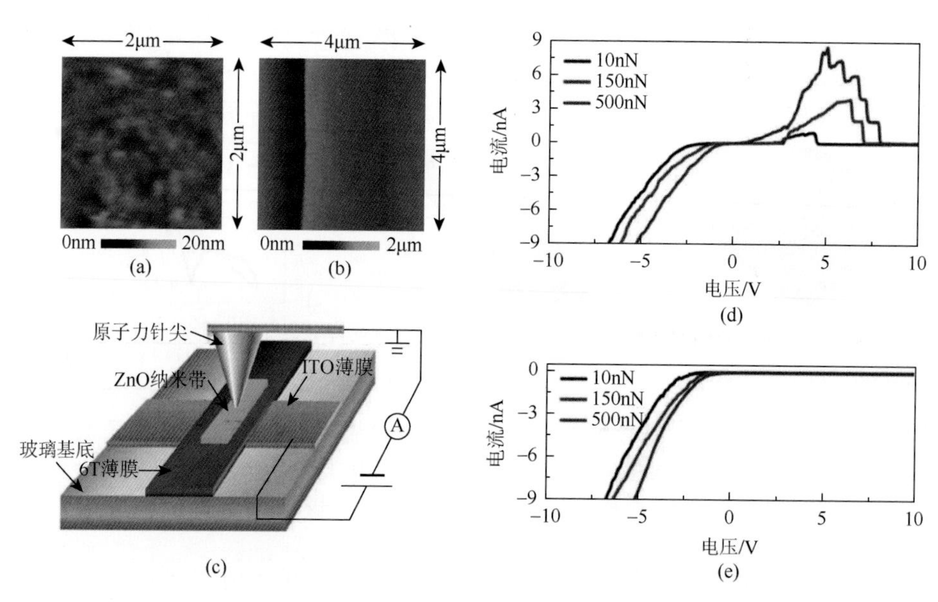

图 4-42　ITO 基底上 6T 薄膜（a）及单根 ZnO 纳米带（b）的 AFM 图；（c）PtIr 针尖/ZnO 纳米带/6T 薄膜/ITO 基底形成的双二极管示意图；（d，e）在不同加载力下，纳米带上同样厚度不同位置测量的 *I-V* 曲线：（d）第一次测量，（e）第二次测量[200]

接触面积；k 是玻尔兹曼常量；T 是热力学温度；n 是自由电子密度；μ_e 是 ZnO 中电子迁移率；t 是 ZnO 纳米带的厚度。采用式（4-3），在 10nN 的加载力下，通过 6T 薄膜的临界电流密度为 8.4×10^2A/cm^2。结果表明，如果通过 6T 薄膜中的电流密度大于临界电流密度，二极管将会被损坏，实验结果为电子纳米器件的安全服役提供了指导。

过去十几年中，由于在非易失性存储应用方面的潜力，电场控制的电阻开关器件受到越来越广泛的关注。虽然这类器件主要是通过 NDR 效应和双稳态来实现，但是对于电阻开关机理却并没有统一的结论。NDR 效应起源于 Esaki 隧穿二极管，而也有人报道 NDR 效应在分子与有机电学器件中出现，并且其可能的机理包括电荷转移和电荷在薄膜或纳米颗粒处的诱捕。张跃小组研究了基于 Sb 掺杂 ZnO 纳米带/SiO_x/p-Si 异质结器件的电双稳态，如图 4-43 所示[201]。为了研究 Sb 掺杂对电双稳态及 NDR 效应的影响，单根纯 ZnO 纳米带器件的 *I-V* 特性曲线如图 4-43（e）所示。在结果中并没有观察到电双稳态及 NDR 效应，并且在负电压下可以观察到类似于二极管的整流特性，这与基于 Sb 掺杂 ZnO 纳米带所构建的器件是不同的。为了解释基于不同 ZnO 纳米带所构建器件的 *I-V* 特性曲线，研究了 ZnO 纳米带掺杂前与掺杂后的 PL 谱，如图 4-43（f）所示。两者之间有着明显的区别：Sb 掺杂 ZnO 纳米带紫外发射峰中心位于 385nm 处，纯 ZnO 纳米带红移了 9nm。Sb 掺杂 ZnO 纳米带有着较弱的紫外发射峰及位于 520nm 的较强绿光发射峰。强绿光发射峰说明在掺杂纳米带的内部有大量的氧空位。NDR 效应通常出现在基于掺杂类 n 型和 p 型材料的隧穿二极管中，其机理与导带和价带之间的隧穿效应有关。

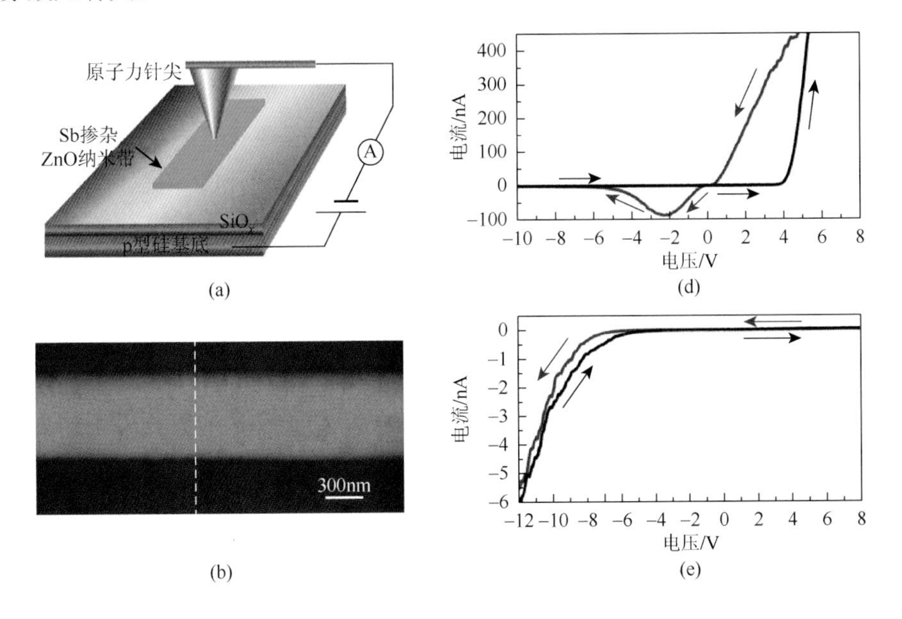

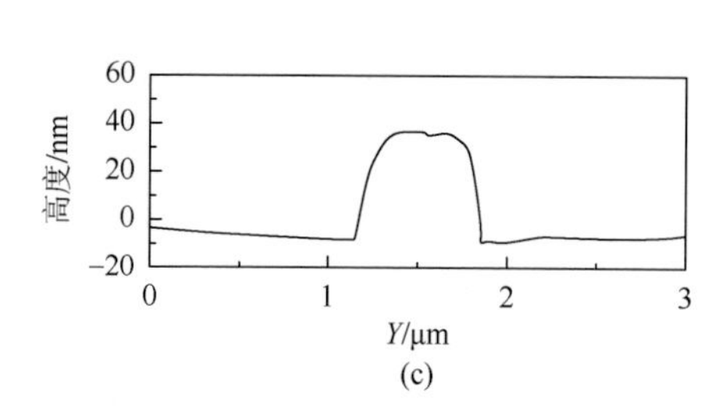

(c)

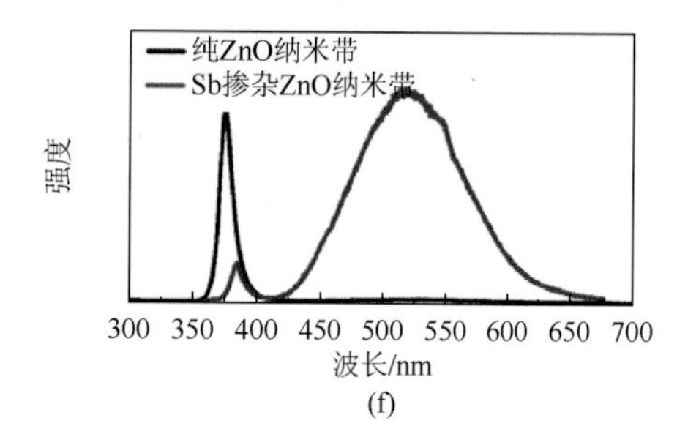

(f)

图 4-43 （a）Sb 掺杂 ZnO 纳米带/SiO_x/p-Si 异质结器件原理图；（b）单根 Sb 掺杂 ZnO 纳米带的 AFM 图像；（c）单根 Sb 掺杂 ZnO 纳米带的横断面扫描曲线；（d）PtIr/单根 Sb 掺杂 ZnO 纳米带/SiO_x/p-Si 异质结器件在黑暗条件的 *I-V* 特性曲线；（e）PtIr/单根 ZnO 纳米带/SiO_x/p-Si 异质结器件在黑暗条件的 *I-V* 特性曲线；（f）室温下纯 ZnO 纳米带及 Sb 掺杂 ZnO 纳米带的 PL 谱[201]

4.5.2 逻辑门电路

逻辑门是数字集成电路的基本构建模块，使用二极管或晶体管作为电子开关实现[202]。有七个基本逻辑门：AND，OR，NOT，NAND，NOR，XOR 和 XNOR。除 NOT 门外，大多数逻辑门都有两个二进制值的输入，并输出两个二进制条件之一 true（1）或 false（0），分别对应高和低的电压[203]。研究人员还深入研究了交叉的纳米线 pn 结和交叉的纳米线 FET 的组装和形成不同的逻辑门结构并用于实现基本计算过程[203-208]。哈佛大学 Lieber 小组利用 p-Si/n-GaN 纳米线构建了逻辑门，如图 4-44 所示[190]。首先，通过使用 2（p）和 1（n）交叉来实现 OR 门 pn 结阵列，两个 p-Si 纳米线作为输入（V_{i1} 和 V_{i2} 分别对应两个纳米线的输入电压），n-GaN 纳米线作为输出（V_o 对应该纳米线输出电压）[图 4-44（a）]。在该器件中，当两个输入电压均为低电压时（0V），输出状态为低（逻辑 0）；而当一个以上输入电压为高电压时（5V），输出为高（逻辑 1）[图 4-44（b）]，其中高输入对应于前向对应的 pn 结的偏置。输出输入（V_o-V_i）电压响应 [图 4-44（b）中插图] 显示，当设置一个低输入时（0V），V_o 随 V_i 线性增加。当第二个输入设置为高电

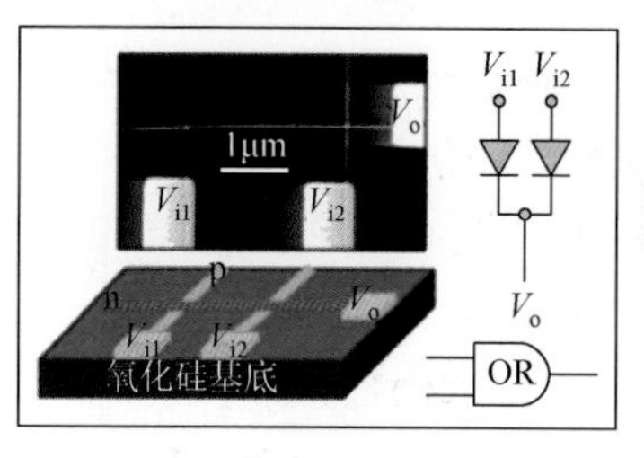

(a)

OR逻辑地址输入

(b)

V_{i1}/V V_{i2}/V	OR V_o/V
0.0(0) 0.0(0)	0.00(0)
0.0(0) 5.0(1)	4.58(1)
5.0(1) 0.0(0)	4.57(1)
5.0(1) 5.0(1)	4.79(1)

(c)

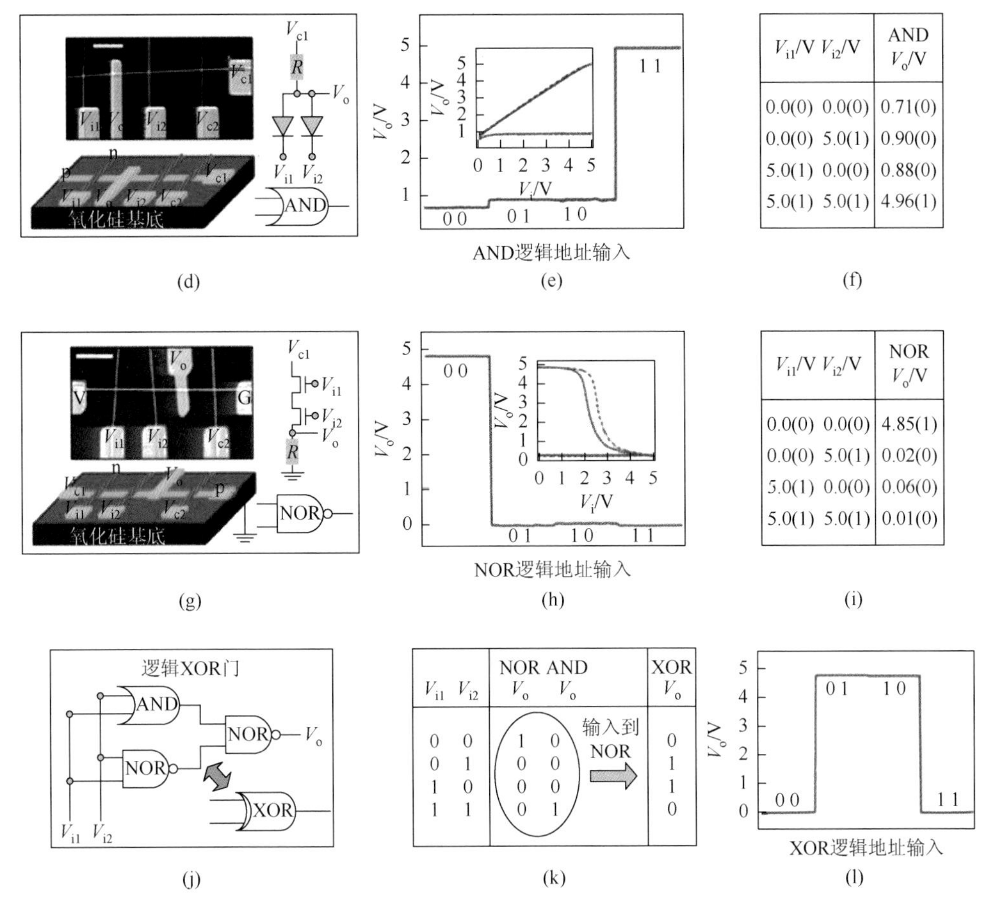

图 4-44　（a）逻辑 OR 门的示意图；（b）OR 门输出电压与逻辑地址输入的关系；（c）OR 门的实验真值表；（d）逻辑 AND 门的示意图；（e）AND 门输出电压与逻辑地址输入的关系；（f）AND 门的实验真值表；（g）逻辑 NOR 门的示意图；（h）NOR 门输出电压与逻辑地址输入的关系；（i）NOR 门的测量真值表；（j）逻辑 XOR 门的示意图；（k）逻辑 XOR 门的真值表；（l）输出电压与逻辑 XOR 门的地址输入的关系[203]

压时（5V），V_o-V_i 数据也显示出几乎恒定的高输出。该 1 加 2 交叉纳米线结构的实验真值表［图 4-44（c）］证明该纳米线设备具有 OR 门的功能。

AND 门由 1 根 p-Si 和 3 根 n-GaN 纳米线多结阵列构成［图 4-44（d）］。在这种结构中，p-Si 纳米线偏置为 5V，两根 GaN 纳米线用作输入，第三根用于具有常数的栅极通过耗尽 p-Si 纳米线的一部分来产生电阻器的电压。当一个或两个输入都很低时，逻辑为 0，且能从该设备观察到［图 4-44（e）］，因为 $V_i = 0$ 对应于正向偏置的低电阻拉低了 pn 结的输出（逻辑 0）。当两个输入都很高时，逻辑为 1，因为这个条件对应于反向偏置 pn 结二极管的电阻远大于恒定电阻；也就是说，恒定电阻上有一个很小的电压降，高电压是在输出端实现。V_o-V_i 数据［图 4-44（e）

中插图］表明，当另一个输入为低时显示恒定的低 V_o，当另一个输入为高时几乎呈线性行为。该 pn 结纳米线设备的真值表［图 4-44（f）］证明该器件具有 AND 门的功能。

通过使用 1 根 p-Si 和 3 根 n-GaN 纳米线形成交叉结构的 FET 阵列，可组装出一个逻辑 NOR 门［图 4-44（g）］。该 NOR 门将 2.5V 应用于一个交叉的纳米线 FET 以产生约 100MΩ 的恒定电阻，而 p-Si 纳米线沟道的偏压为 5V。剩下的两根 n-GaN 纳米线的输入电压可作为两个交叉并串联的纳米线 FET 的门电压。通过这种方式，输出取决于两根交叉的纳米线 FET 和恒定电阻器的电阻比。当一个或两个输入都很高时，逻辑为 0［图 4-44（h）］。此时该晶体管关闭，电阻远高于恒定电阻器，因此大部分电压在晶体管上下降。逻辑 1 状态只有当两个晶体管都处于导通且两个输入都很低时才能实现。V_o-V_i 关系［图 4-44（h）中插图］显示出恒定低 V_o（当另一个输入很高时），而另一端输入为低时，V_o 变化很大且有非线性关系。这个纳米线设备的真值表［图 4-44（i）］证明了该器件为逻辑 NOR 门。此外，多输入逻辑 NOR 门通过消除其中一个输入，可以作为 NOT 门（简单的换流器）。

最后，作者将多个 AND 和 NOR 门互连实现了 XOR 门形式的基本计算［图 4-44（j）］，它是通过使用 AND 和 NOR 门的输出作为第二个 NOR 门的输入来实现的。重要的是，XOR 器件的实验数据［图 4-44（l）］表明，当两个输入均为低电压或高电压时，逻辑状态为 0 或低，而当一个输入为低而另一个输入为高时，逻辑状态为 1 或高。

Yu 等使用组装的 Si/金属纳米线交叉阵列设计实现了二极管和基于 FET 的逻辑门，如图 4-45 所示[204]。换流器结构是通过采用 1 根 Si/非晶-Si（α-Si）纳米线和 2 根 Ag 纳米线构成交叉阵列来实现的，从二极管电极 Ag 纳米线上测得的输出电压可以通过改变输入电压进行调节：输入电压高时，为“低”状态，输入电压低时，处于“高”状态［图 4-45（a）］。逻辑 AND 门也由 2 根 Si/α-Si 纳米线和 1 根 Ag 纳米线组装而成［图 4-45（b）］，使用 3 根 Si/α-Si 纳米线和 2 根 Ag 纳米线阵列可进一步构建逻辑 NAND 门［图 4-45（c）］。利用这些可调控和预测的逻辑门结构可以实现几乎任何逻辑电路的组装。

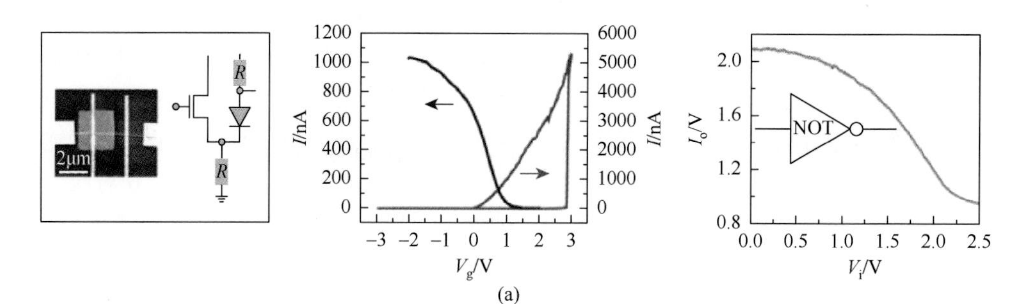

(a)

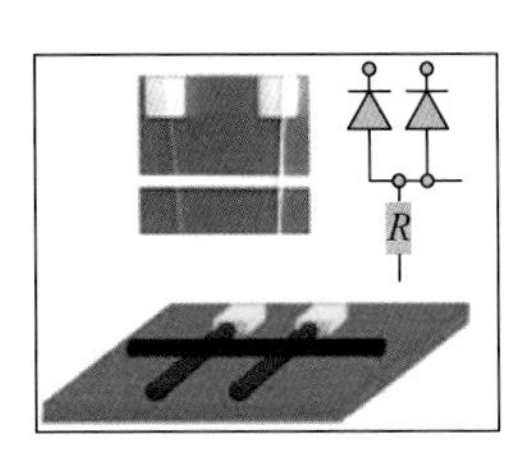

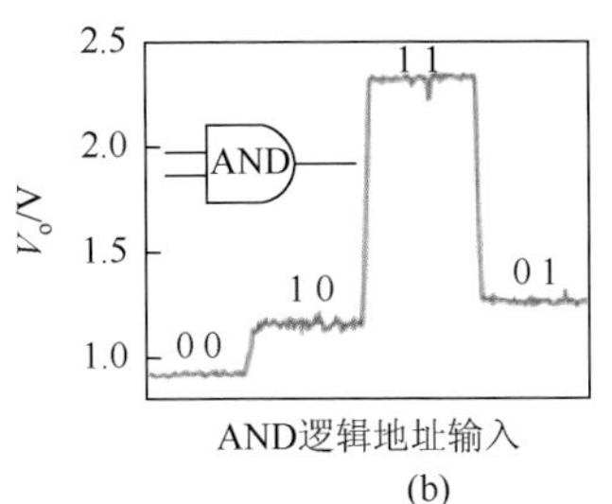

AND逻辑地址输入

V_{i1}/V	V_{i2}/V	AND V_o/V
0.0(0)	0.0(0)	0.93(0)
2.5(1)	0.0(0)	1.16(0)
2.5(1)	2.5(1)	2.31(1)
0.0(0)	2.5(1)	1.27(0)

(b)

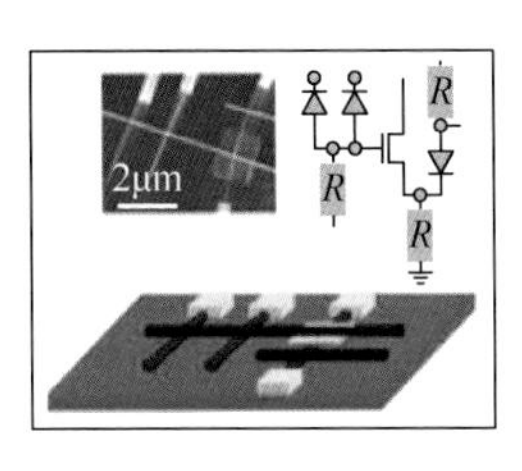

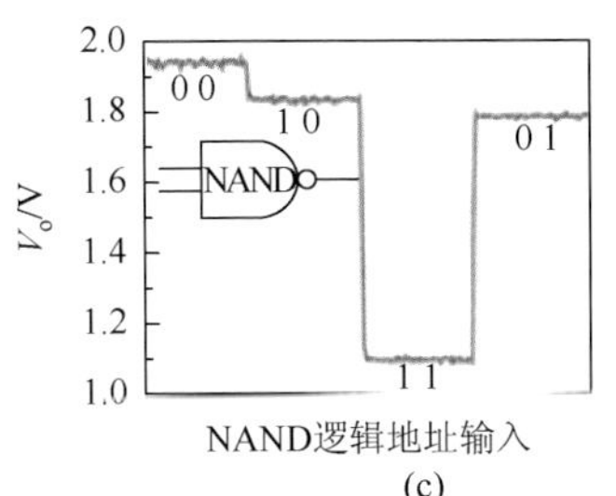

NAND逻辑地址输入

V_{i1}/V	V_{i2}/V	NAND V_o/V
0.0(0)	0.0(0)	1.95(1)
2.5(1)	0.0(0)	1.84(1)
2.5(1)	2.5(1)	1.10(0)
0.0(0)	2.5(1)	1.79(1)

(c)

图 4-45　基于核/壳 Si 和 Ag 交叉纳米线的逻辑门结构：(a)（左）组装换流器结构和符号电子电路的 SEM 图像，（中）I-V 曲线，（右）输出-输入关系曲线（V_o-V_i）；(b，c)（左）逻辑 AND 和 NAND 门，（中）输出电压与四个可能的逻辑地址输入之间的关系，（右）AND 和 NAND 门的实验真值表[204]

参 考 文 献

[1] Mayberry M. Pushing past the frontiers of technology. https://www. nist. gov/sites/default/files/documents/pml/div683/conference/Mayberry_final. pdf[2018-3-6].

[2] 赵正平. 三维晶体管和后 CMOS 器件的进展. 微纳电子技术，2014，51（1）：1-11.

[3] 张严波，熊莹，杨香，等. Si 纳米线场效应晶体管研究进展. 微纳电子技术，2009，46（11）：641-663.

[4] Suk S D，Lee S Y，Kim S M，et al. High performance 5 nm radius twin silicon nanowire MOSFET（TSNWFET）：Fabrication on bulk Si wafer，characteristics and reliability. Proceedings of IEEE International Electron Devices Meetings. Washington DC：IEEE，2005.

[5] Bangsarutip S，Cohen G M，Majumdar A，et al. High performance and highly uniform gate-all-around silicon nanowire MOSFETs with size dependent scaling. Proceedings of 2009 IEEE International Electron Devices Meetings. Baltimore：IEEE，2009.

[6] Bangsarutip S，Majumdar A，Cohen G M，et al. Gate-all-around silicon nanowire 25-stage CMOS ring oscillators with diameter down to 3 nm. Proceedings of 2010 Symposium on VLSI Technology. Honolulu：IEEE，2010.

[7] Zheng G，Lu W，Jin S，et al. Synthesis and Fabrication of high-performance n-type nanowire transistors. Advanced Materials，2004，16（21）：1890-1893.

[8] Goldberger J，HochbaumaI，Fan R，et al. Silicon vertically integrated nanowire field effect transistors. Nano Letters，2006，6（5）：973-977.

[9] Chui C O，Kim H，Chi D，et al. A sub-400 ℃ germanium MOSFET technology with high-k dielectric and metal gate. Proceedings of International Electron Devices Meeting. San Francisco：IEEE，2002：437-440.

[10] Zimmerman P，Nicholas G，Jaeger B D，et al. High performance Ge pMOS devices using a Si-compatible process flow. Proceedings of International Electron Devices Meeting. San Francisco：IEEE，2006.

[11] Sau J D，Cohen L M. Possibility of increased mobility in Ge-Sn alloy system. Physical Review B，2007，75（4）：045208.
[12] Chern W，Hashemi P，Teherani J T，et al. High mobility high-k-all-around asymmetrically-strained germanium manowire trigate p-MOSFETs. Proceedings of International Electron Devices Meeting. San Francisco：IEEE，2012：387-390.
[13] Javey A，Guo J，Wang Q，et al. Ballistic carbon nanotube field-effect transistors. Nature，2003，424（6969）：654-657.
[14] Avouris P，Chen Z，Perebeinos V. Carbon-based electronics. Nature Nanotechnology，2007，2（10）：605-615.
[15] Tans S J，Verschueren A R M，Dekker C. Room-temperature transistor based on a single carbon nanotube. Nature，1998，393（6680）：49-52.
[16] Martel R，Schmidt T，Shea H R，et al. Single-and multi-wall carbon nanotube field-effect transistors. Applied Physics Letters，1998，73（17）：2447-2449.
[17] Martel R，Derycke V，Avouris P，et al. Ambipolar electrical transport in semiconducting single-wall carbon nanotubes. Physical Review Letters，2001，87（25）：256805.
[18] Brady G J，Way A J，Safron N S，et al. Quasi-ballistic carbon nanotube array transistors with current density exceeding Si and GaAs. Science Advances，2016，2（9）：e1601240.
[19] Qiu C，Zhang Z，Xiao M，et al. Scaling carbon nanotube complementary transistors to 5-nm gate lengths. Science，2017，355（6322）：271-276.
[20] Guo J，Lundstrom M，Datta S. Performance projections for ballistic carbon nanotube field-effect transistors. Applied Physics Letters，2002，80（17）：3192-3194.
[21] Hazeghi A，Krishnamohan T，Wong H S P. Schottky-barrier carbon nanotube field-effect transistor modeling. IEEE Transactions on Electron Devices，2007，54（3）：439-445.
[22] Javey A，Tu R，Farmer D B，et al. High performance n-type carbon nanotube field-effect transistors with chemically doped contacts. Nano Letters，2005，5（2）：345-348.
[23] Chen N，Klinke C，Afzali A，et al. Self-aligned carbon nanotube transistors with charge transfer doping. Applied Physics Letters，2005，86（12）：123108.
[24] Koswatta S O，Nikonov D E，Lundstrom M S. Computational study of carbon nanotube pin tunnel FETs. IEEE International Electron Devices Meeting. Washington：IEEE，2005：518-521.
[25] 常春蕊，赵宏微，刁加加，等. 碳纳米管用于场效应晶体管的应用研究. 科技导报，2016，34（23）：106-114.
[26] 钟汉清，陈长鑫，刘晓东. 基于 Pd/SWNT/Al 结构的场效应晶体管的研究. 半导体光电，2015，36（3）：435-438.
[27] Frégonèse S，Maneux C，Zimmer T. A compact model for dual-gate one-dimensional FET：Application to carbon-nanotube FETs. IEEE Transaction on Electron Devices，2011，58（1）：206-215.
[28] Wang H，Chang S，Hu Y，et al. A novel barrier controlled tunnel FET. IEEE Electron Device Letters，2014，35（7）：798-800.
[29] Franklin A D，Koswatta S O，Farmer D B，et al. Carbon nanotube complementary wrap-gate transistors. Nano Letters，2013，13（6）：2490-2495.
[30] Chen C，Xu D，Kong E S，et al. Multichannel carbon-nanotube FETs and complementary logic gates with nanowelded contacts. IEEE Electron Device Letters，2006，27（10）：852-855.
[31] 刘兴辉，赵宏亮，李天宇，等. 基于异质双栅电极结构提高碳纳米管场效应晶体管电子输运效率. 物理学报，2013，62（14）：147308.
[32] Li J，Wang Q，Yue W，et al. Integrating carbon nanotubes into silicon by means of vertical carbon nanotube field-effect transistors. Nanoscale，2014，6（15）：8956-8961.
[33] Bryllert T，Wernersson L E，Froberg L E，et al. Vertical high-mobility wrap-gated InAs Nanowire transistor. IEEE Electron Device Letters，2006，27（5）：323-325.
[34] 张望，韩伟华，吕奇峰，等. III-V族纳米线晶体管的研究进展. 微纳电子技术，2016，53（2）：87-97.

[35] Ye P D，Gu J J，Wang X W，et al. 20-80 nm channel length InGaAs gate-all-around nanowire MOSFETs with EOT = 1.2 nm and lowest SS = 63 mV/dec. Proceedings of International Electron Device. San Francisco：IEEE，2012.

[36] Tomioka K，Tanaka T，Hara S，et al. Ⅲ-Ⅴ nanowires on Si substrate：Selective-area growth and device applications. IEEE Journal of Selected Topics in Quantum Electronics，2011，17（4）：1112-1129.

[37] Hou J J，Han N，Wang F，et al. Synthesis and characterization for high-performance electronic devices. ACS Nano，2012，6（4）：3624-3630.

[38] Su Y，Ebrish M A，Olson E J，et al. $SnSe_2$ field-effect transistors with high drive current. Applied Physics Letters，2013，106（26）：263104.

[39] Song H S，Li S L，Gao L，et al. High-performance top-gated monolayer SnS_2 field-effect transistors and their integrated logic circuits. Nanoscale，2013，24（2）：025202.

[40] Pei T，Bao L，Wang G，et al. Fer-layer $SnSe_2$ transistors with high on/off rations. Applied Physics Letters，2016，108（5）：053506.

[41] Huang Y，Sutter E，Sadowski J T，et al. Tin disulfide-An emerging layered metal dichalcogenide semiconductor：Materials properties and device characteristics. ACS Nano，2014，8（10）：10743-10755.

[42] Pan T S，De D，Manongdo J，et al. Field effect transistors with layered two-dimensional $SnS_{2-x}Se_x$ conduction channels：Effects of selenium substitution. Applied Physics Letters，2013，103（9）：093108.

[43] Arnold M S，Avouris P，Pan Z W，et al. Field effect transistors based on single semiconducting oxide nanobelts. Journal of Physical Chemistry B，2003，107（3）：659-663.

[44] Cheng Y，Xiong P，Fields L，et al. Intrinsic characteristics of semiconducting oxide nanobelt field-effect transistors. Applied Physics Letters，2006，89（9）：093114.

[45] Heo Y W，Tien L C，Kwon Y，et al. Depletion-mode ZnO nanowire field-effect transistor. Applied Physics Letters，2004，85（12）：2274-2276.

[46] Keem K，Jeong D Y，Kim S，et al. Fabrication and device characterization of omega-shaped-gate ZnO nanowire field-effect transistors. Nano Letters，2006，6（7）：1454-1458.

[47] Ng H T，Han J，Yamada T，et al. Single crystal nanowire vertical surround-gate field-effect transistor. Nano Letters，2004，4（7）：1247-1252.

[48] Bolotin K I，Sikes K J，Jiang Z，et al. Ultrahigh electron mobility in suspended graphene. Solid State Communications，2008，146（9-10）：351-355.

[49] Balandin A A，Ghosh S，Bao W，et al. Superior thermal conductivity of single-layer graphene. Nano Letters，2008，8（3）：902-907.

[50] Nair R R，Blake P，Grigorenko A N，et al. Fine structure constant defines visual transparency of graphene. Science，2008，320（5881）：1308-1308.

[51] Lee C，Wei X，Kysar J W，et al. Measurement of the elastic properties and intrinsic strength of monolayer graphene. Science，2008，321（5887）：385-388.

[52] Echtermeyer T J，Lemme M C，Bolten J，et al. A graphene field-effect device. IEEE Electron Device Letters，2007，28（4）：282-284.

[53] Ponomarenko L A，Schedin F，Katsenlson M I，et al. Choatic dirac billiard in graphene quantum dots. Science，2008，320（5874）：356-358.

[54] Lin Y M，Dimitrakopoulos C，Jenkins K A，et al. 100 GHz transistors from wafer-scale epitaxial graphene. Science，2010，327（5966）：662-662.

[55] Liao L，Lin Y C，Bao M，et al. High-speed graphene transistors with a self-aligned nanowire gate. Nature，2010，467（7313）：305-308.

[56] Park S J，Kwon O S，Lee S H，et al. Ultrasensitive flexible graphene based field-effect transistor（FET）-type bioelectronic nose. Nano Letters，2012，12（10）：5082-5090.

[57] Xia F N，Mueller T，Lin Y M，et al. Ultrafast graphene photodetector. Proceedings of Lasers and Electro-Optics（CLEO）and Quantum Electronics and Laser Science Conference（QELS）. San Jose：IEEE，2010：1-2.

[58] Raghavan S，Stolichnov I，Setter N，et al. Long-term retention in organic ferroelectric-graphene memories. Applied Physics Letters，2012，100（1）：023507.
[59] Lin Y M，Valdesgercia A，Han S J，et al. Wafer-scale graphene integrated circuit. Science，2011，332（6035）：1294-1297.
[60] Hans S J，Valdes G A，Oida S，et al. High-performance multi-stage graphene RF receiver integrated circuit. Proceedings of IEEE International Electron Devices Meeting. Washington：IEEE，2013.
[61] 王聪，刘玉荣. 基于石墨烯场效应晶体管的研究进展. 半导体技术，2016，41（8）：561-579.
[62] Lee J H，Ha T J，Parrish K N，et al. High-performance current saturating graphene field-effect transistor with hexagonal boron nitride dielectric on flexible polymeric substrates. IEEE Electron Device Letters，2013，34（2）：172-174.
[63] Li L，Yu Y，Ye G J，et al. Black phosphorus field-effect transistors. Nature Nanotechnology，2014，9（5）：372-377.
[64] Desai S B，Madhvapathy S R，Sachid A B，et al. MoS_2 transistors with 1-nanometer gate lengths. Science，2016，354（6308）：99-102.
[65] Kahng D，Sze S M. A floating gate and its application to memory devices. Bell System Technical Journal，1967，46：1288-1295.
[66] Waser R，Aono M. Nanoionics-based resistive switching memories. Nature Materials，2007，6：833-840.
[67] Valov I，Waser R，Jameson J R，et al. Electrochemical metallization memories—Fundamentals，applications，prospects. Nanotechnology，2011，22：289502.
[68] Lu W C，Lieber M. Nanoelectronics from the bottom up. Nature Materials，2007，6：841-850.
[69] Makarov A，Sverdlov V，Selberherr S. Emerging memory technologies：Trends，challenges，and modeling methods. Microelectronics Reliability，2012，52：628-634.
[70] Waldrop M M. The chips are down for Moore's law. Nature，2016，530：144-147.
[71] Sawa A. Resistive switching in transition metal oxides. Materials Today，2008，11：28-36.
[72] Chua L. Memristor-the missing circuit element. IEEE Transactions on Circuit Theory，1971，18：507-519.
[73] Yang J J，Pickett M D，Li X，et al. Memristive switching mechanism for metal/oxide/metal nanodevices. Nature Nanotechnology，2008，3：429-433.
[74] Hosoi Y，Tamai Y，Ohnishi T，et al. High speed unipolar switching resistance RAM（RRAM）technology. International Electron Devices Meeting，San Francisco，2006.
[75] Szot K，Speier W，Bihlmayer G，et al. Switching the electrical resistance of individual dislocations in single-crystalline $SrTiO_3$. Nature Materials，2006，5：312-320.
[76] Peng S，Zhuge F，Chen X，et al. Mechanism for resistive switching in an oxide-based electrochemical metallization memory. Applied Physics Letters，2012，100：072101.
[77] Liu M，Abid Z，Wang W，et al. Multilevel resistive switching with ionic and metallic filaments. Applied Physics Letters，2009，94：233106.
[78] Krishnan K，Muruganathan M，Tsuruoka T，et al. Highly reproducible and regulated conductance quantization in a polymer-based atomic switch. Advanced Functional Materials，2017，27：1605104.
[79] Barth J V，Costantini G，Kern K. Engineering atomic and molecular nanostructures at surfaces. Nature，2005，437：671-679.
[80] Hu J，Odom T W，Lieber C M. Chemistry and physics in one dimension：synthesis and properties of nanowires and nanotubes. Accounts of Chemical Research，1999，32：435-445.
[81] Xia Y，Yang P，Sun Y，et al. One-dimensional nanostructures：synthesis，characterization，and applications. Advanced Materials，2003，15：353-389.
[82] Ma G，Tang X，Zhang H，et al. Ultra-high ON/OFF ratio and multi-storage on NiO resistive switching device. Journal of Materials Science，2016，52：238-246.
[83] Han N，Park M U，Yoo K H. Memristive switching in $Bi_{1-x}Sb_x$ nanowires. ACS Applied Materials Interfaces，2016，8：9224-9230.

[84] Zhou Y, Peng Y, Yin Y, et al. Modulating memristive performance of hexagonal WO_3 nanowire by water-oxidized hydrogen ion implantation. Scientific Report，2016，6：32712.

[85] Kwon D H，Kim K M，Jang J H，et al. Atomic structure of conducting nanofilaments in TiO_2 resistive switching memory. Nat Nanotechnology，2010，5：148-153.

[86] Karthik K R G，Prabhakar R R，Hai L，et al. A ZnO nanowire resistive switch. Applied Physics Letters，2013，103：123114.

[87] Li Y，Long S，Liu Y，et al. Conductance quantization in resistive random access memory. Nanoscale Research Letters，2015，10：420.

[88] Yan Z，Guo Y，Zhang G，et al. High-performance programmable memory devices based on co-doped $BaTiO_3$. Advanced Materials，2011，23：1351-1355.

[89] Liu X，Yang Y L，Lin W H，et al. Determination of both jasmonic acid and methyl jasmonate in plant samples by liquid chromatography tandem mass spectrometry. Chinese Science Bulletin，2010，55：2231-2235.

[90] Müller R, Genoe J, Heremans P. Nonvolatile Cu/CuTCNQ/Al memory prepared by current controlled oxidation of a Cu anode in LiTCNQ saturated acetonitrile. Applied Physics Letters，2006，88：242105.

[91] Mills C A, Taylor D M, Riul A, et al. Effects of space charge at the conjugated polymer/electrode interface. Journal of Applied Physics，2002，91：5182-5189.

[92] Kim M, Jeong J H, Lee H J, et al. High mobility bottom gate InGaZnO thin film transistors with SiO_x etch stopper. Applied Physics Letters，2007，90：212114.

[93] Ahn Y，Son J Y. The effect of size on the resistive switching characteristics of NiO nanodots. Journal of Physics and Chemistry of Solids，2016，99：134-137.

[94] Cortese S, Trapatseli M, Khiat A, et al. On the origin of resistive switching volatility in Ni/TiO_2/Ni stacks. Journal of Applied Physics，2016，120：065104.

[95] Chen A，Haddad S，Wu Y C，et al. Switching characteristics of Cu_2O metal-insulator-metal resistive memory. Applied Physics Letters，2007，91：123517.

[96] Dong R，Lee D S，Xiang W F，et al. Reproducible hysteresis and resistive switching in metal-Cu_xO-metal heterostructures. Applied Physics Letters，2007，90：042107.

[97] Yang Y C，Pan F，Liu Q，et al. Fully room-temperature-fabricated nonvolatile resistive memory for ultrafast and high-density memory application. Nano Letters，2009，9：1636-1643.

[98] Zhu X，Su W，Liu Y，et al. Observation of conductance quantization in oxide-based resistive switching memory. Advanced Materials，2012，24：3941-3946.

[99] Yen D C，Wen Y C，Ching Y H，et al. Single-ZnO-nanowire memory. IEEE Transactions on Electron Devices，2011，58：1735-1740.

[100] Yang Y，Zhang X，Gao M，et al. Nonvolatile resistive switching in single crystalline ZnO nanowires. Nanoscale，2011，3：1917-1921.

[101] Huang Y T，Yu S Y，Hsin C L，et al. *In situ* TEM and energy dispersion spectrometer analysis of chemical composition change in ZnO nanowire resistive memories. Analytical Chemistry，2013，85：3955-3960.

[102] Lee S C, Hu Q, Baek Y J, et al. Analog and bipolar resistive switching in pn junction of n-type ZnO nanowires on p-type Si substrate. Journal of Applied Physics，2013，114：064502.

[103] Chang W Y，Lin C A，He J H，et al. Resistive switching behaviors of ZnO nanorod layers. Applied Physics Letters，2010，96：242109.

[104] Dugaiczyk L, Ngo-Duc T T, Gacusan J, et al. Resistive switching in single vertically-aligned ZnO nanowire grown directly on Cu substrate. Chemical Physics Letters，2013，575：112-114.

[105] Kango S，Kalia S，Celli A，et al. Surface modification of inorganic nanoparticles for development of organic-inorganic nanocomposites—A review. Progress in Polymer Science，2013，38：1232-1261.

[106] Sun Y，Yan X，Zheng X，et al. High on-off ratio improvement of ZnO-based forming-free memristor by surface hydrogen annealing. ACS Applied Materials Interfaces，2015，7：7382-7388.

[107] Younis A，Chu D，Lin X，et al. High-performance nanocomposite based memristor with controlled quantum dots as charge traps. ACS Applied Materials Interfaces，2013，5：2249-2254.

[108] Wang X，Xu J，Shi S，et al. Using carbon quantum dots to improve the resistive switching behavior of ZnO nanorods device. Physics Letters A，2016，380：262-266.

[109] Anoop G，Panwar V，Kim T Y，et al. Resistive switching in ZnO nanorods/graphene oxide hybrid multilayer structures. Advanced Electronic Materials，2017，3：1600418.

[110] Tseng Z L，Kao P C，Shih M F，et al. Electrical bistability in hybrid ZnO nanorod/polymethylmethacrylate heterostructures. Applied Physics Letters，2010，97：212103.

[111] Chuang M Y，Chen Y C，Su Y K，et al. Negative differential resistance behavior and memory effect in laterally bridged ZnO nanorods grown by hydrothermal method. ACS Appl Mater Interfaces，2014，6：5432-5438.

[112] Lee M J，Han S，Jeon S H，et al. Electrical manipulation of nanofilaments in transition-metal oxides for resistance-based memory. Nano Letters，2009，9：1476-1481.

[113] Oka K，Yanagida T，Nagashima K，et al. Nonvolatile bipolar resistive memory switching in single crystalline NiO heterostructured nanowires. Journal of the American Chemical Society，2009，131：3434-3435.

[114] Oka K，Yanagida T，Nagashima K，et al. Resistive-switching memory effects of NiO nanowire/metal junctions. Journal of the American Chemical Society，2010，132：6634-6635.

[115] Herderick E D，Reddy K M，Sample R N，et al. Bipolar resistive switching in individual Au-NiO-Au segmented nanowires. Applied Physics Letters，2009，95：203505.

[116] Brivio S，Perego D，Tallarida G，et al. Bipolar resistive switching of Au/NiO_x/Ni/Au heterostructure nanowires. Applied Physics Letters，2013，103：153506.

[117] Dong Y，Yu G，McAlpine M C，et al. Si/a-Si core/shell nanowires as nonvolatile crossbar switches. Nano Letters，2008，8：386-391.

[118] He L，Liao Z M，Wu H C，et al. Memory and threshold resistance switching in Ni/NiO core-shell nanowires. Nano Letters，2011，11：4601-4606.

[119] Huang C H，Chang W C，Huang J S，et al. Resistive switching of Sn-doped In_2O_3/HfO_2 core-shell nanowire：geometry architecture engineering for nonvolatile memory. Nanoscale，2017，9：6920-6928.

[120] Nagashima K，Yanagida T，Oka K，et al. Resistive switching multistate nonvolatile memory effects in a single cobalt oxide nanowire. Nano Letters，2010，10：1359-1363.

[121] Hong Y S，Chen J Y，Huang C W，et al. Single-crystalline CuO nanowires for resistive random access memory applications. Applied Physics Letters，2015，106：173103.

[122] Manning H G，Biswas S，Holmes J D，et al. Nonpolar resistive switching in Ag@TiO_2 core-shell nanowires. ACS Appl Mater Interfaces，2017，9：38959-38966.

[123] Cagli C，Nardi F，Harteneck B，et al. Resistive-switching crossbar memory based on Ni-NiO core-shell nanowires. Small，2011，7：2899-2905.

[124] Hsu C W，Chou L J. Bipolar resistive switching of single gold-in-Ga_2O_3 nanowire. Nano Letters，2012，12：4247-4253.

[125] Ting Y H，Chen J Y，Huang C W，et al. Observation of resistive switching behavior in crossbar core-shell Ni/NiO nanowires memristor. Small，2018，14：1703153.

[126] Fowler R H，Nordheim L W. Electron emission in intense electric fields. Proceedings of the Royal Society of London A，1928，119：173-181.

[127] Lee C J，Lee T J，Lyu S C，et al. Field emission from well-aligned zinc oxide NWs grown at low temperature. Applied Physics Letters，2002，81：3648-3650.

[128] Zhang H，Yang D，Ma X，et al. Synthesis and field emission characteristics of bilayered ZnO nanorod array prepared by chemical reaction. Journal of Physical Chemistry B，2005，109：17055-17059.

[129] Zhu Y W，Zhang H Z，Sun X C，et al. Efficient field emission from ZnO nanoneedle arrays. Applied Physics Letters，2003，83：144-146.

[130] Zhao Q，Zhang H Z，Zhu Y W，et al. Morphological effects on the field emission of ZnO nanorod arrays. Applied Physics Letters，2005，86：203115.

[131] Wang R C，Liu C P，Huang J L，et al. ZnO nanopencils：Efficient field emitters. Applied Physics Letters，2005，87：013110.

[132] Li C，Di Y，Lei W，et al. Field emission from injector-like ZnO nanostructure and its simulation. Journal of Physical Chemistry C，2008，112：13447-13449.

[133] Wei A，Sun X W，Xu C X，et al. Stable field emission from hydrothermally grown ZnO nanotubes. Applied Physics Letters，2006，88：213102.

[134] Zhang Y，Lee C. Site-controlled growth and field emission properties of ZnO nanorod arrays. Journal of Physical Chemistry C，2009，113：5920-5923.

[135] Li C，Hou K，Lei W，et al. Efficient surface-conducted field emission from ZnO nanotetrapods. Applied Physics Letters，2007，91：163502.

[136] Li C，Hou K，Yang X，et al. Enhanced field emission from ZnO nanotetrapods on a carbon nanofiber buffered Ag film by screen printing. Applied Physics Letters，2008，93：233508.

[137] Zhao C X，Li Y F，Zhou J，et al. Large-scale synthesis of bicrystalline ZnO nanowire arrays by thermal oxidation of zinc film：Growth mechanism and high-performance field emission. Crystal Growth & Design，2013，13：2897-2905.

[138] Huang Y H，Bai X D，Zhang Y，et al. Field-emission properties of individual ZnO NWs studied *in situ* by transmission electron microscopy. Journal of Physics：Condensed Matter，2007，19：176001.

[139] Huang Y H，Zhang Y，Gu Y S，et al. Field-emission of a single In-doped ZnO nanowire. Journal of Physical Chemistry C，2007，111：9039-9043.

[140] Fang X S，Bando Y，Ye C H，et al. Crystal orientation-ordered ZnS nanobelt quasi-arrays and their enhanced field-emission. Chemical Communications，2007，3048-3050.

[141] Fang X S，Bando Y，Shen G Z，et al. Ultrafine ZnS nanobelts as field emitters. Advanced Materials，2007，19：2593-2596.

[142] Zeng B Q，Xiong G Y，Chen S，et al. Field emission of silicon nanowires grown on carbon cloth. Applied Physics Letters，2007，90：033112.

[143] Fang X S，Bando Y，Ye C H，et al. Si nanowire semisphere-like ensembles as field emitters. Chemical Communications，2007，4093-4095.

[144] Wong K W，Zhou X T，Au F C K，et al. Field-emission characteristics of SiC nanowires prepared by chemical-vapor deposition. Applied Physics Letters，1999，75：2918-2920.

[145] Pan Z W，Lai H L，Au F C K，et al. Oriented silicon carbide nanowires：Synthesis field emission properties. Advanced Materials，2000，12：1186-1190.

[146] Wu Z S，Deng S Z，Xu N S，et al. Needle-shaped silicon carbide nanowires：Synthesis and field electron emission properties. Applied Physics Letters，2002，80：3829-3831.

[147] Shen G Z，Bando Y，Ye C H，et al. Synthesis，characterization and field-emission properties of bamboo-like β-SiC nanowires. Nanotechnology，2006，17：3468-3472.

[148] Chen J，Deng S Z，Xu N S，et al. Field emission from crystalline copper sulphide nanowire arrays. Applied Physics Letters，2002，80：3620-3622.

[149] Chen J，Deng S Z，She J C，et al. Effect of structural parameter on field emission properties of semiconducting copper sulphide nanowire films. Journal of Applied Physics，2003，93：1774-1777.

[150] Xiang B，Zhang Y，Wang Z，et al. Field-emission properties of TiO_2 nanowire arrays. Journal of Physics D：Applied Physics，2005，38：1152-1155.

[151] Huo K F，Zhang X M，Fu J J，et al. Synthesis and field emission properties of rutile TiO_2 nanowires arrays grown directly on a Ti metal self-source substrate. Journal of Nanoscience and Nanotechnology，2009，9：3341-3346.

[152] Zhou J，Deng S Z，Xu N S，et al. Synthesis and field-emission properties of aligned MoO_3 nanowires. Applied Physics Letters，2003，83：2653-2655.

[153] Zhou J，Xu N S，Deng S Z，et al. Large-area nanowire arrays of molybdenum and molybdenum oxides：Synthesis and field emission properties. Advanced Materials，2003，15：1835-1840.

[154] Zhou J，Gong L，Deng S Z，et al. Growth and field-emission property of tungsten oxide nanotip arrays. Applied Physics Letters，2005，87：223108.

[155] Chen J，Dai Y Y，Luo J，et al. Field emission display device structure based on double-gate driving principle for achieving high brightness using a variety of field emission nanoemitters. Applied Physics Letters，2007，90：253105.

[156] Liu B D，Bando Y，Tang C C，et al. Needlelike bicrystalline GaN nanowires with excellent field emission properties. Journal of Physical Chemistry B，2005，109，17082-17085.

[157] Tang Q，Chen X H，Li T，et al. Template-free growth of vertically aligned CdS nanowire array exhibiting good field emission property. Chemistry Letters，2004，33：1088-1089.

[158] Shi S C，Chen C F，Chattopadhyay S，et al. Field emission from quasi-aligned aluminum nitride nanotips. Applied Physics Letters，2005，87：073109.

[159] Kang H W，Yeo J，Hwang J O，et al. Simple ZnO NWs patterned growth by microcontact printing for high performance field emission device. Journal of Physical Chemistry C，2011，115：11435-11441.

[160] Huang Y H，Zhang Y，Liu L，et al. Controlled synthesis and field emission properties of ZnO nanostructures with deferent morphologies. Journal of Nanoscience and Nanotechnology，2006，6：787-790.

[161] Yao I，Lin P，Tseng T Y. Nanotip fabrication of zinc oxide nanorods and their enhanced field emission properties. Nanotechnology，2009，20：183-187.

[162] Xu C X，Sun X W，Chen B J. Field emission from gallium-doped zinc oxide nanofiber array. Applied Physics Letters，2004，84：1540-1542.

[163] Pan H，Zhu Y，Sun H，et al. Electroluminescence and field emission of Mg-doped ZnO tetrapods. Nanotechnology，2006，17：5096-5100.

[164] Jang H S，Kang S O，Nahm S H，et al. Enhanced field emission from the ZnO NWs by hydrogen gas exposure. Materials Letters，2006，61：1679-1682.

[165] Chen H S，Qi J J，Zhang Y，et al. Field emission characteristics of ZnO nanotetrapods and the effect of thermal annealing in hydrogen. Chinese Science Bulletin，2007，52：1287-1290.

[166] Zhao Q，Xu X Y，Song X F，et al. Enhanced Field emission from ZnO nanorods via thermal annealing in oxygen. Applied Physics Letters，2006，88：033102.

[167] Park C J，Choi D，Yoo J，et al. Enhanced field emission properties from well-aligned zinc oxide nanoneedles grown on the Au/Ti/n-Si substrate. Applied Physics Letters，2007，90：083107.

[168] Jo S H，Banerjee D，Ren Z F. Field emission of zinc oxide NWs grown on carbon cloth. Applied Physics Letters，2004，85：1407-1409.

[169] Liao Q L，Yang Y，Xia L，et al. High intensity，plasma-induced emission from large area ZnO nanorod array cathodes. Physics of Plasmas，2008，15：114505.

[170] Bonard J M，Weiss N，Kind H，et al. Tuning the field emission properties of patterned carbon nanotube films. Advanced Materials，2001，13：184-188.

[171] Gautam U K，Fang X S，Bando Y，et al. Synthesis，structure，and multiply enhanced field-emission properties of branched ZnS nanotube-in nanowire core-shell heterostructures. ACS Nano，2008，2：1015-1021.

[172] Au F C K，Wong K W，Tang Y H，et al. Electron field emission from silicon nanowires. Applied Physics Letters，1999，75：1700-1702.

[173] Zeng B Q，Xiong G Y，Chen S，et al. Field emission of silicon nanowires. Applied Physics Letters，2006，88：213108.

[174] Huang C T，Hsin C L，Huang K W，et al. Er-doped silicon nanowires with 1. 54μm light-cmitting and cnhanced electrical and field emission properties. Applied Physics Letters，2007，91：033133.

[175] Ryu Y，Tak Y，Yong K. Direct growth of core-shell SiC-SiO_2 nanowires and field emission characteristics. Nanotechnology，2005，16：S370-S374.

[176] Liu G，Li F，Wang D W，et al. Electron field emission of a nitrogen-doped TiO_2 nanotube array. Nanotechnology，2008，19：025606.
[177] Liu B D，Bando Y，Tang C C，et al. Excellent field-emission properties of p-doped GaN nanowires. Journal of Physical Chemistry B，2005，109：21521-21524.
[178] Lin Y F，Hsu Y J，Lu S Y，et al. Non-catalytic and template-free growth of aligned CdS nanowires exhibiting high field emission current densities. Chemical Communications，2006，2391-2393.
[179] Zhai T Y，Fang X S，Bando Y，et al. Morphology-dependent stimulated emission and field emission of ordered CdS nanostructure arrays. ACS Nano，2009，3：949-959.
[180] Liao Q L，Qi J J，Yang Y，et al. Morphological effects on the plasma-induced emission properties of large area ZnO nanorod array cathodes. Journal of Physics D：Applied Physics，2009，42：215203.
[181] Liao Q L，Zhang Y，Xia L，et al. Intense electron beam emission from carbon nanotubes and mechanism. Journal of Physics D：Applied Physics，2007，40：6626-6630.
[182] 李庆常，王美玲. 数字电子技术基础. 北京：机械工业出版社，2009.
[183] 陈星弼，张庆中. 晶体管原理与设计. 北京：电子工业出版社，2006.
[184] 孟庆巨，刘海波，孟庆辉. 半导体器件物理. 北京：科学出版社，2005.
[185] 童诗白，华成英. 模拟电子技术基础. 4 版. 北京：高等教育出版社，2006.
[186] Quirk M，Serda J. 半导体制造技术. 韩郑生，译. 北京：电子工业出版社，2005.
[187] Zhong Z，Qian F，Wang D，et al. Synthesis of p-type gallium nitride nanowires forelectronic and photonic nanodevices. Nano Letters，2003，3：343-346.
[188] Duan X，Huang Y，Cui Y，et al. Indium phosphide nanowires as building blocks for nanoscale electronic and optoelectronic devices. Nature，2001，409：66-69.
[189] Cui Y，Lieber C M. Functional nanoscale electronic devices assembled using silicon nanowire building blocks. Science，2001，291：851-853.
[190] Huang Y，Duan X，Lieber C. Nanowires for integrated multicolor nanophotonics. Small，2005，1：142-147.
[191] Sze S M. Physics of Semiconductor Devices. New York：Wiley，1981.
[192] Haraguchi K，Katsuyama T，Hiruma K，et al. GaAs p-n junction formed in quantum wire crystals. Applied Physics Letters，1992，60：745-747.
[193] Gudiksen M S，Lauhon L J，Wang J，et al. Growth of nanowire superlattice structures for nanoscale photonics and electronics. Nature，2002，415：617-620.
[194] Kempa T J，Tian B，Kim D R，et al. Single and tandem axial p-i-n nanowire photovoltaic devices. Nano Letters，2008，8：3456-3460.
[195] Tutuc E，Appenzeller J，Reuter M C，et al. Realization of a linear germanium nanowire p-n junction. Nano Letters，2006，6：2070-2074.
[196] Hoffmann S，Bauer J，Ronning C，et al. Axial p-n junctions realized in silicon nanowires by ion implantation. Nano Letters，2009，9：1341-1344.
[197] Jiang X，Tian B，Xiang J，et al. Rational growth of branched nanowire heterostructures with synthetically encoded properties and function. Proceedings of the National Academy of Sciences of the United States，2011，108：12212-12216.
[198] Jiang Z，Qing Q，Xie P，et al. Kinked p-n junction nanowire probes for high spatial resolution sensing and intracellular recording. Nano Letters，2012，12：1711-1716.
[199] Yang Y，Liao Q，Qi J，et al. PtIr/ZnO nanowire/Pentacene hybrid back-to-back double diodes. Applied Physics Letters，2008，93：133101.
[200] Yang Y，Qi J，Liao Q，et al. Negative differential resistance in PtIr/ZnO ribbon/sexithiophen hybrid double diodes. Applied Physics Letters，2009，95：123112.
[201] Yang Y，Qi J，Guo W，et al. Electrical bistability and negative differential resistance in single Sb-doped ZnO nanobelts/SiO_x/p-Si heterostructured devices. Applied Physics Letters，2010，96：093107.

[202] Roth C H，Kinney L L. Fundamentals of logic design. 7th ed. Cengage Learning，Stamford，Connecticut，2014.
[203] Huang Y，Duan X，Cui Y，et al. Logic gates and computation from assembled nanowire building blocks. Science，2001，294：1313-1317.
[204] Yu G，Lieber C M. Assembly and integration of semiconductor nanowires for functional nanosystems. Pure and Applied Chemistry，2010，82：2295-2314.
[205] Park W I，Kim J S，Yi G C，et al. ZnO nanorod logic circuits. Advanced Materials，2005，17：1393-1397.
[206] Ma R M，Dai L，Huo H B，et al. High-performance logic circuits constructed on single CdS nanowires. Nano Letters，2007，7：3300-3304.
[207] Wu W，Wei Y，Wang Z L. Strain-gated piezotronic logic nanodevices. Advanced Materials，2010，22：4711-4715.
[208] Raza S R，JináJeon P. Long single ZnO nanowire for logic and memory circuits：NOT，NAND，NOR gate，and SRAM. Nanoscale，2013，5：4181-4185.

第5章 半导体纳米线发光器件

5.1 引　言

半导体材料导带中的电子由高能态向低能态跃迁时，能量减小，如果以光子的形式释放能量，则这一过程称为辐射跃迁，这一过程就是半导体的发光过程，其实质是电子和空穴的复合。将电子激发到高能态通常可以通过电激发和光激发，因此，半导体发光也可以分为电致发光和光致发光。此外，电子跃迁也可以通过其他形式释放能量，如热能等，称为非辐射跃迁。对于高效的半导体发光器件，如发光二极管和激光器，辐射寿命要小于非辐射寿命。直接带隙半导体材料内部电子跃迁为直接带隙跃迁，没有声子参与，与间接带隙结构半导体材料相比，发光效率更高。因此，直接带隙的Ⅱ-Ⅵ族 ZnS、ZnO、CdS、CdSe 和Ⅲ-Ⅴ族 GaN、GaAs、InP 等是理想的发光材料。一维半导体纳米材料，由于量子限域效应，其内部激子浓度加大，发光强度会进一步增强。本章将围绕不同材料、不同形貌的一维半导体纳米材料的发光性能展开讨论，主要介绍其在发光二极管和激光器方面的应用。

5.2 发光二极管

发光二极管（light emitting diode，LED），是一种在半导体 pn 结或与其类似结构上通以正向电流时，能发射可见或非可见辐射的半导体发光器件。1907 年 Round 报道了 SiC 晶体中的黄光电致发光现象[1]，这是固体发光二极管的最早报道。半导体发光二极管是继白炽灯和荧光管光源之后的第三代光源，具有发光效率高，单色性好，发热量少，体积小等优点，大大改善了人们的生活水平，在现代社会中起着重要作用。过去十多年里，半导体纳米线及其阵列因为在纳米光子学领域的潜在应用而受到了研究者的大量关注。纳米线具有天然的各向异性结构，在特定的尺寸限制条件下，可以作为光波导腔发射激光[2-5]。使用纳米线及其阵列作为发光二极管的发射层，与薄膜器件相比，具有独特的优势[6, 7]。纳米线可以作为直接光波导，并且不需要使用透镜和反射器就利于进行光提取，因此，预期这种纳米结构器件性能可以得到显著的提升。此外，纳米线的使用可以有效避免晶界边界的存在，从而使结区不存在缺陷的非辐射复合而大大提高光发射效率。

5.2.1　纳米线发光二极管

半导体纳米线已经成为光电子器件的多功能构建单元，包括光探测器[8-10]、发光二极管[11-13]和激光器[2-4]。组装和电互连这些构建单元的能力特别关键，因为它可以实现在单个芯片上制造出在宽范围的波长上发射光的有源器件，这是传统技术很难实现的。电驱动纳米尺度发光二极管通常可以利用线间 pn 结、线面 pn 结和线内 pn 结制备得到，其中线间 pn 结由两种不同掺杂的纳米线相互交叉形成，线内 pn 结是由轴向或者径向（核壳）调制掺杂得到。

2001 年，Lieber 研究小组[11]首次利用十字交叉 n 型和 p 型两种掺杂类型的 InP 纳米线的方法构建了纳米尺度发光二极管，正向偏压下，从纳米尺度 pn 结处很容易观察到电致发光现象，如图 5-1 所示。十字交叉纳米线结的光致发光图像［图 5-1（a）插图］显示了两个十字交叉的线状结构，电致发光和光致发光图像的对比表明电致发光最强的位置对应着光致发光图像的十字交叉点，从而表明了光是从纳米线 pn 结处发射的。该结的 *I-V* 特性曲线［图 5-1（b）］显示出明显的整流特性，在约 1.5V 处电流开启快速。电致发光强度相对电压的关系曲线表明偏压低达 1.7V 就可以探测到大量光。电致发光强度随着偏压的增加快速增加，与 *I-V* 特性一致。电致发光谱显示发光峰的峰值中心约在 820nm，该值相对于块状 InP 的带隙（925nm）大大蓝移。利用直径更小的纳米线构建的 pn 结得到的电致发光谱显示出更大的蓝移，表明这种现象可能是由激子的量子限制效应引起的。由于表面态的非辐射复合过程的存在，这种十字交叉 pn 结的量子效率比较低，

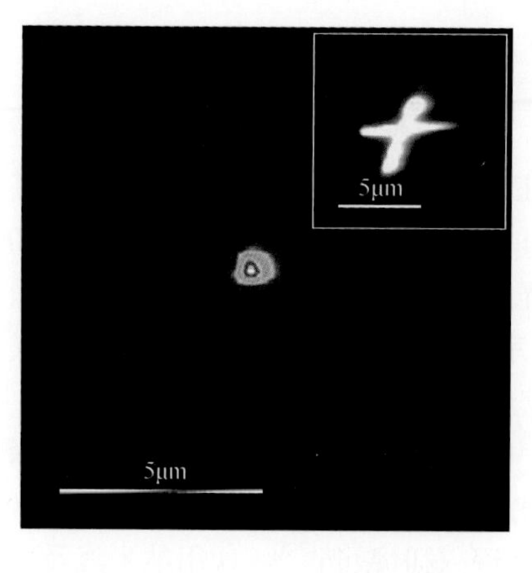

(a)

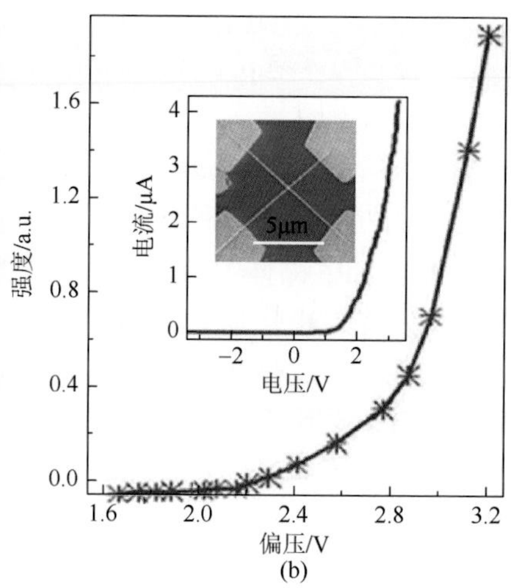

(b)

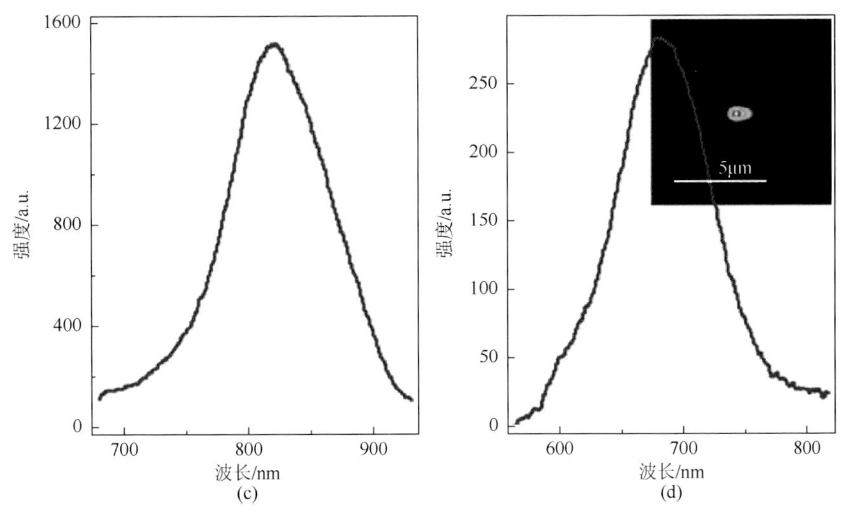

图 5-1　纳米线 pn 结的光电性能表征：（a）2.5V 正向偏压下纳米线 pn 结发光的电致发光图像，插图是结的光致发光图像；（b）电致发光强度和电压之间的关系，插图显示了 *I-V* 曲线和结本身的场发射扫描电镜图像，n 型和 p 型纳米线的直径分别是 65nm 和 68nm；（c）图（a）中结的电致发光谱；（d）另一个 pn 结器件正向偏压下的电致发光谱，n 型和 p 型纳米线的直径分别是 39nm 和 49nm

仅 0.001%左右。后来，来自同一小组的 Huang 等[14]发展了构建十字交叉 pn 结技术，他们利用独特的流体直接组装技术，将一系列高效直接带隙的Ⅲ-Ⅴ（n-GaN、n-InP）和Ⅱ-Ⅵ（n-CdS、n-$CdS_{0.5}Se_{0.5}$、n-CdSe）纳米线和间接带隙的 p 型硅纳米线组装成单个或阵列十字交叉 pn 结纳米尺度发光二极管，这些器件的发光范围覆盖了紫外到近红外范围（图 5-2）。图 5-3（a）给出了十字交叉纳米线异质结的组装示意图，首先利用流体组装方法将 A 纳米线的平行阵列定向分布在基底上，然后将 B 纳米线的平行阵列沿着与 A 纳米线垂直的方向分布，从而得到十字交叉纳米线矩阵。图 5-3（b）是 p-Si 纳米线和直接带隙 n 型纳米线构建的纳米发光二极管的结构和能带示意图。

相对于十字交叉纳米线 pn 结结构而言，纳米线与平面结构构建的 pn 结能够实现更可靠和高效的电注入，并且制备更简单。Capasso 等[15]报道了一种能让电子稳定注入单根 ZnO 纳米线的方法，由此构建了单根 n-ZnO 纳米线与 p-Si 基底的异质结纳米尺度发光二极管，该器件在室温下能发射覆盖 350～850nm 的宽波长范围，其中峰值中心约 380nm 处弱的光发射是由 ZnO 中的激子复合引起的。研究人员借助一种高分辨负电子束胶 PMMA 和电子束光刻技术，精确制备了沿着纳米线的金属上电极，同时采用平面基底作为下电极。这一方法为其他单根纳米线的器件构建提供了参考。之后，他们又深入研究了该器件中 ZnO 纳米线的激子相关电致发光光谱[16]。

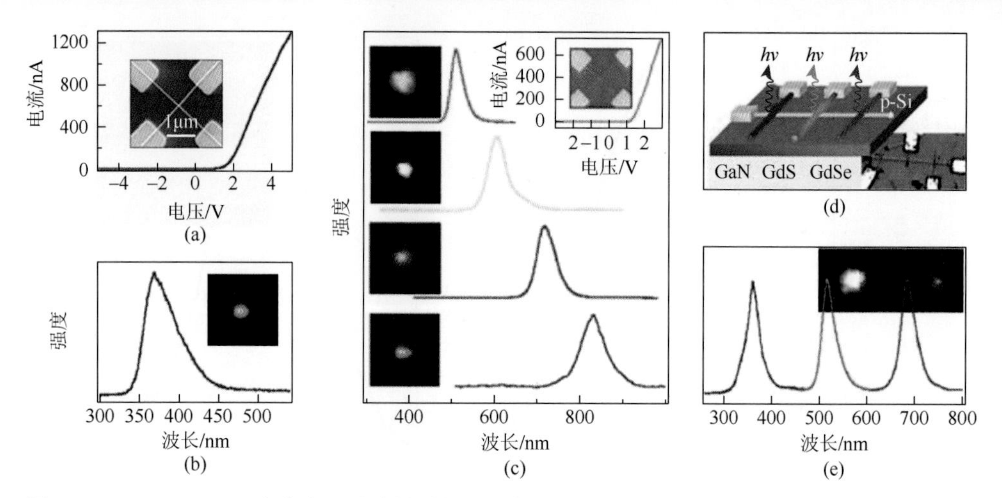

图 5-2 （a）p-Si/n-GaN 十字交叉纳米线结的 *I-V* 曲线，插图是一个典型十字结的扫描电镜图像；（b）十字交叉 p-Si/n-GaN 纳米线纳米发光器件的电致发光谱，峰值中心约为 365nm；插图显示了强度分布的电致发光图像，其中纳米结点的强度最大；（c）依次是 p-Si 分别和 n-CdS、CdSSe、CdSe 及 InP 构建的十字交叉 pn 结二极管的电致发光谱，插图显示了 p-Si/n-CdS 十字交叉纳米结的 *I-V* 和 SEM 图像；（d）三色纳米发光器件线阵列的示意图和相应 SEM 图像；（e）是图（d）中三个发光器件对应的正交电致发光谱和发光颜色图像

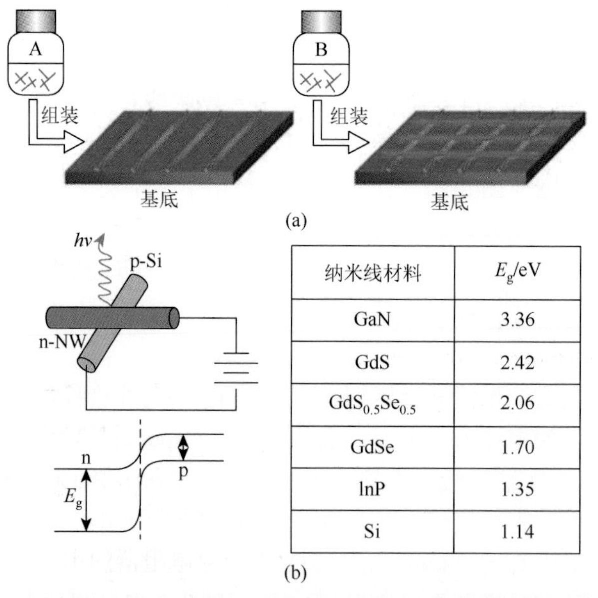

纳米线材料	E_g/eV
GaN	3.36
GdS	2.42
$GdS_{0.5}Se_{0.5}$	2.06
GdSe	1.70
lnP	1.35
Si	1.14

图 5-3 （a）十字交叉纳米线异质结的组装示意图，首先，用流体组装法将橙色线代表的纳米线平行阵列定向分布在基底上，然后沿垂直方向沉积绿线代表的 B 纳米线的平行阵列，从而得到十字交叉纳米线矩阵；（b）左边是 p-Si 纳米线和直接带隙 n 型纳米线形成的纳米发光器件的结构和能带示意图，右表列出了研究中使用的不同材料在 300K 下的带隙值

尽管 ZnO 纳米线因其在电子和光子器件中重要的潜在应用而受到大量的关注，然而，高质量 p 型 ZnO 纳米线的制备限制了 ZnO 同质结发光二极管器件的应用[15, 16]。因此，研究者另辟蹊径，利用其他 p 型材料（Si[17]、GaN[18, 19]、NiO[20]、$CuAlO_2$[21]、$SrCu_2O_2$[22]、PEDOT: PSS[23]等）与 n 型 ZnO 纳米线构建纳米尺度发光二极管。张跃研究小组[24]通过将单根 ZnO 微米/纳米线转移到 p 型 GaN 基底，制备了单根 ZnO 微米/纳米线和 GaN 薄膜异质结发光二极管，并观察到了高电流注入下的饱和电致发光现象，理论分析表明该现象可能是非辐射复合饱和和电光转换效率限制共同作用的结果。在正向偏压下，该器件发射出强的峰值中心约为 460nm 的蓝光，由异质结的光致发光谱和电致发光谱［图 5-4（c，d)］对比分析可知，这是由 ZnO 中的电子和 GaN 中的空穴在界面处发生辐射复合引起的。

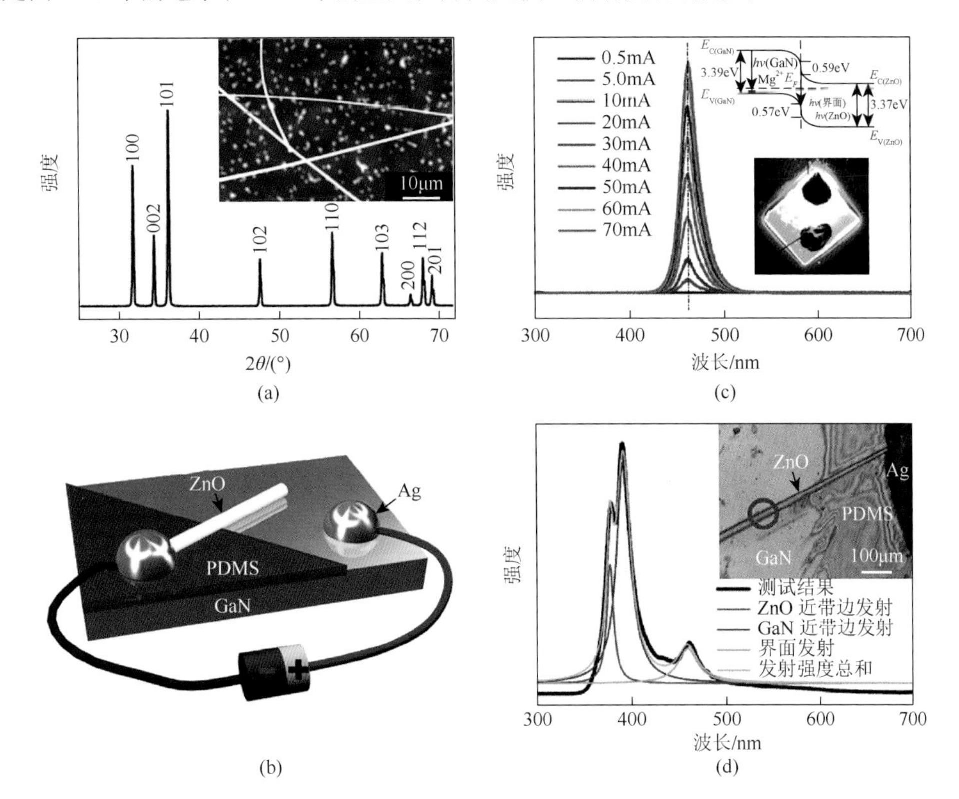

图 5-4 （a）CVD 合成 ZnO 纳米线的 XRD 图谱，插图是纳米线的 SEM 图像；（b）发光器件的设计示意图；（c）不同注入电流下的电致发光谱，上面插图显示了无电路注入时 p-GaN/n-ZnO 异质结的能带图，下面插图显示了 1mA 注入电流下异质结器件的光发射图像；（d）器件的选区光致发光谱图像，插图是图中圆圈标记的选区的光学图像

2011 年，Wang 等[25]首次报道了利用压电光电子学效应增强单根 ZnO 微米线/GaN 薄膜异质结发光二极管的发光性能。应变时 ZnO-GaN 界面处产生的正压

电离子等效于给器件施加额外的正向偏压，从而导致耗尽区和内建电场减小，如图 5-5（a）所示。同时，在 ZnO-GaN 界面处将产生一个能带陷阱和空穴陷阱通道，这将导致电子空穴对辐射复合过程大大增强。因此，通过特定装置对器件施加 0.093%的压应变，该 ZnO 微米线/GaN 发光二极管在固定外加正向偏压下的发光强度和注入电流分别提高了 17 倍和 4 倍，相应的电光转换效率提高了 4.25 倍。此外，他们也通过实验证实了电致发光强度的提高是由极性压电效应引起的，而不是由其他的非极性因素（如压阻效应或者光弹性效应）导致的。

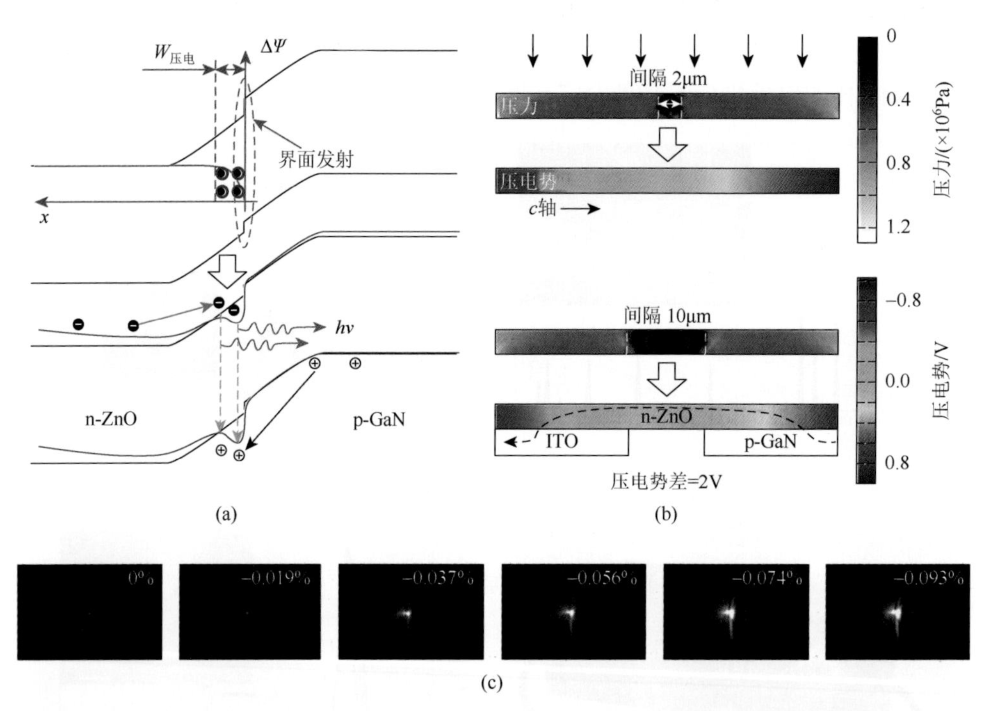

图 5-5 （a）和（b）显示了 n-ZnO 线-p-GaN 薄膜发光二极管在应变下光发射增强的可能机制，其中（a）为 pn 结在没有（上）和存在（下，红色）压缩应变下的能带结构示意图，应变下产生的压电势会导致 ZnO 侧界面处产生沟道，蓝线显示了沿 x 轴（ZnO 线的 c 轴）方向的电势分布，正压电电荷分布在紧邻界面的 $W_{压电}$宽度内，红点表示界面附近的局域压电电荷，它们将产生一个载流子捕获通道，下图中 ZnO 侧红线的斜率代表压电势对载流子运动的驱动效应，（b）在 1MPa 压缩应变下，间隔分别为 2μm 和 10μm 下 ZnO 线内的应变和压电势仿真分布图，采用有限元分析方法（COMSOL）计算线内的应变和压电势，用于计算的线的直径和长度分别是 2μm 和 50μm；（c）不同应变下封装后的单根线发光器件发光的 CCD 图像

在十字交叉纳米线 pn 结和纳米线/平面 pn 结中，电子空穴的注入直接发生在两种材料的界面处。然而，这些方法构建的纳米线发光二极管的发光效率较低，可能是间接电激励和非外延纳米尺度结造成的[26]。因此研究者采用直接生长不同

掺杂的核壳纳米线异质结来克服这些限制，并构建了线内 pn 结发光二极管。2004 年，Qian 等[27]较早报道了利用准确定义掺杂的核/壳/壳（CSS）纳米线异质结来实现有源纳米光子器件高效载流子注入的策略。他们采用金属有机化学气相沉积法（MOCVD）生长了 n-GaN/InGaN/p-GaN 的 CSS 纳米线结构，并采用高分辨透射电镜（TEM）和能量色散 X 射线分析（EDX）对结构和成分进行了详细表征，见图 5-6（a～c）。透射电子显微镜图像揭示了合成的 CSS 纳米线是无缺陷单晶结构，同时能量色散 X 射线分析线扫描分析研究证实，在核壳纳米线合成过程中可以很好地控制壳层厚度和成分。光致发光谱结构［图 5-6（d）］进一步显示了 CSS 结构的光学性能是由 InGaN 壳的强带边发射峰控制，其峰值中心约在 448nm，这表明 InGaN 壳在 CSS 结构中是一个高效辐射复合区域。同时，电致发光谱曲线［图 5-6（f）］表明正向偏压下，这些 CSS 纳米线 pn 结可以发射出明亮的蓝光，该蓝光源于 InGaN 壳层。后来，Qian 等[26]又利用 MOCVD 方法生长了 n-GaN/$In_xGa_{1-x}N$/GaN/p-AlGaN/p-GaN 核/多层壳纳米线径向异质结，并构建了高效纳米线发光二极管。通过改变 InGaN 壳层中 In 的摩尔分数，可以调控器件发射光的波长，从而实现了发光波长可调的多色纳米线发光光源。

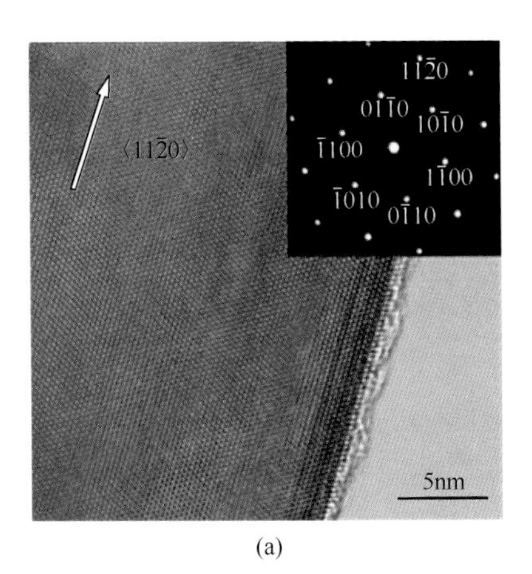

(a)

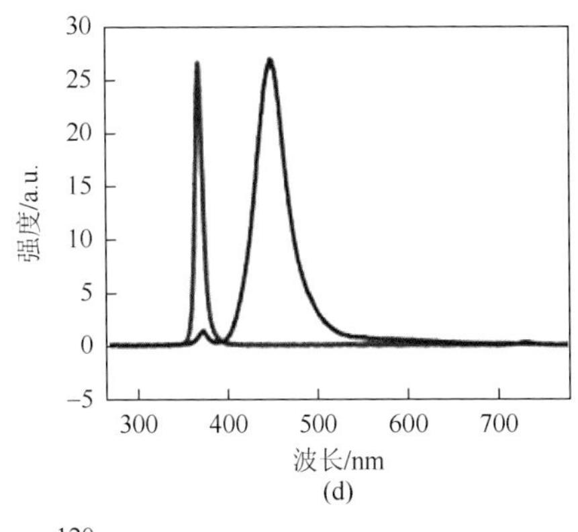

(d)

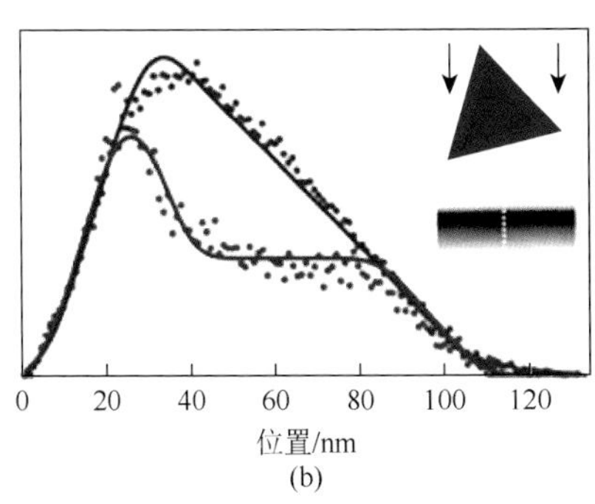

(b)

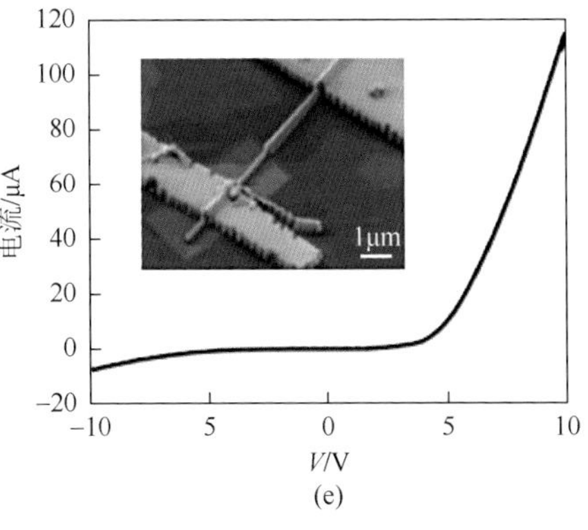

(e)

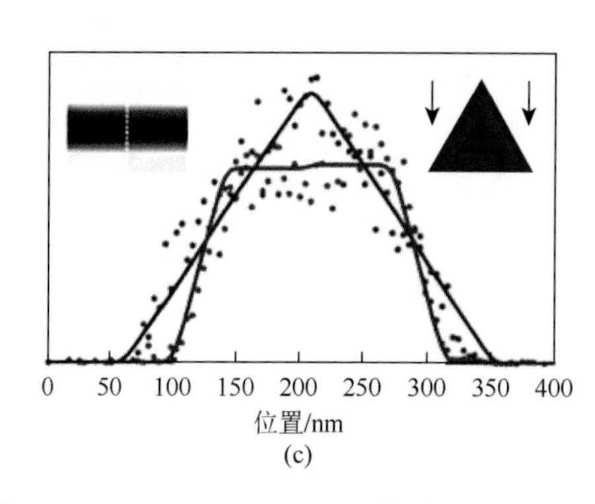

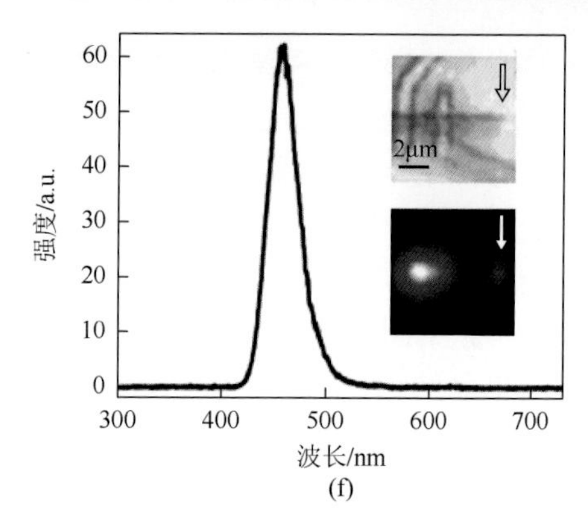

图 5-6 （a～c）n-GaN/InGaN 核/壳和 n-GaN/InGaN/p-GaN 核/壳/壳纳米线的结晶结构和成分分布图，其中，（a）为单晶 n-GaN/InGaN/p-GaN 核/壳/壳纳米线沿[0001]晶向轴的高分辨 TEM 图像，白色箭头标识了纳米线的⟨11$\bar{2}$0⟩生长方向，插图显示了[0001]晶向轴对应的电子衍射条纹指数；（b）和（c）分别为 n-GaN/InGaN 核/壳和 n-GaN/InGaN/p-GaN 核/壳/壳纳米线中镓元素（蓝色）和铟元素（红色）的正交 EDX 线分布曲线，插图显示了纳米线的扫描 TEM 图像和纳米线横截面的模型；（d）单根 n-GaN（红色）和 n-GaN/InGaN/p-GaN 核/壳/壳（蓝色）纳米线的正交光致发光谱；（e）n-GaN/InGaN/p-GaN 核/壳/壳纳米线器件的 *I-V* 曲线；（f）7V 正向偏压下核/壳/壳 pn 结的电致发光谱，插图显示了核/壳/壳结构的明场（上图）和电致发光（下图）图像，电致发光图像是 12V 正向偏压 4K 温度下拍摄的

Lee 等[28]利用 MOCVD 方法同时可控合成了 InGaN/GaN 多量子阱单轴（*c* 面）和同轴（*m* 面）纳米线异质结，并利用聚焦离子束技术制备了两种异质结纳米线发光二极管。一种异质结结构是 *c* 面生长的 10 对 InGaN/GaN 多量子阱层夹在 n-GaN 和 p-GaN 纳米线之间［图 5-7（a）]，另一种是 p-GaN/10 对 InGaN/GaN 多量子阱层结构包裹着 n-GaN 核纳米线，见图 5-7（b）。高分辨透射电镜研究表明，多量子阱的垒层和阱层结构具有一定的间隔，并且界面区域非常陡直。图 5-7（d）显示了正向注入电流 25μA 下测得的 *c* 面和 *m* 面取向多量子阱纳米线发光二极管的电致发光谱，通过对比分析可以看出，*c* 面取向的纳米线发光二极管发射出峰值中心为 417.5nm 的蓝光，而 *m* 面取向的纳米线发光二极管发射出峰值中心为 425nm 的光，此外，*m* 面器件的电致发光强度比 *c* 面器件的高 28.6%。发光效率的提高是由于 *m* 面取向的纳米线发光二极管不存在压电极化效应。因此，高质量 *m* 面同轴纳米线结构更适合用于实现高亮度的发光二极管。

Zhou 等[29]利用简单的化学气相合成法生长了 p-AlGaN/n-ZnO 轴向 pn 异质结。ZnO 和 AlGaN 的晶格匹配，因此得到了高质量的外延界面结构，使得异质结纳米线在施加偏压时具有典型的二极管整流特性，并且在 4μA 注入电流下器件可发射出峰值中心为 394nm 的紫外光，这主要是由 ZnO 和 AlGaN 界面层处的高激子效率导致的。

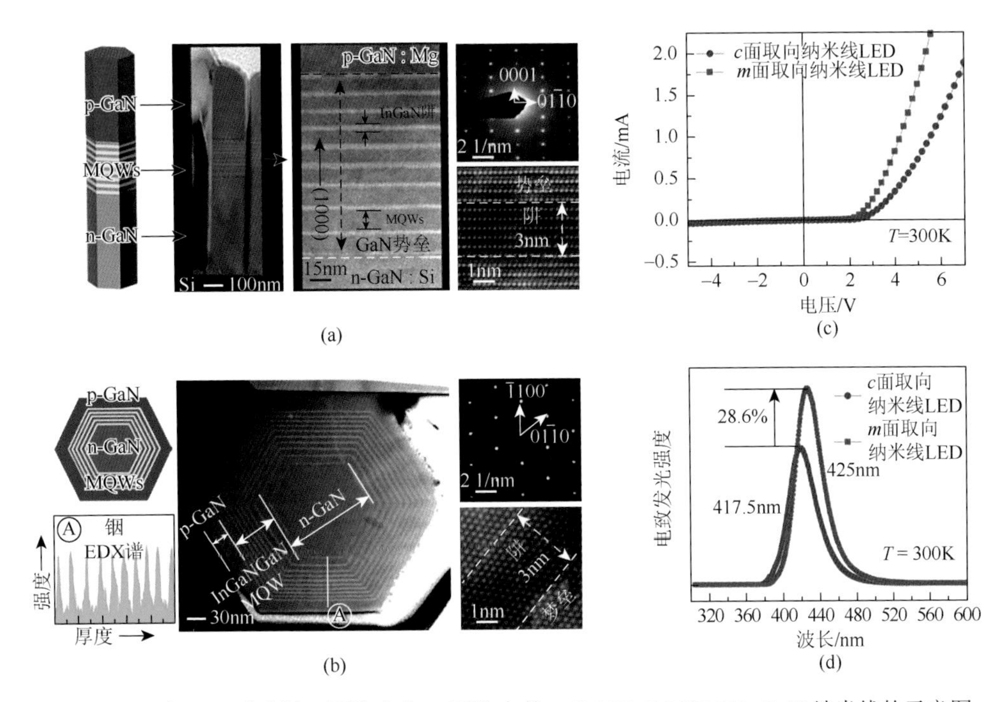

图 5-7　（a）和（b）分别为 *c* 面取向和 *m* 面取向的 p-GaN/InGaN/GaN/n-GaN 纳米线的示意图、低倍和高倍 HR-TEM 图像和选区衍射条纹及晶格图像；（c）*c* 面和 *a* 面取向纳米线发光二极管的 *I-V* 曲线；（d）25μA 注入电流下 *c* 面和 *m* 面取向纳米线发光二极管的电致发光强度曲线，正向注入电流为 25μA

5.2.2　纳米线阵列发光二极管

单根纳米线 pn 结发光二极管在研究纳米线发光二极管原型器件及其发光机理中具有重大的科学意义，然而，其注入效率和可靠性较低，同时又常常需要耗时的电子束光刻技术定义金属电极。因此越来越多的研究者开始关注纳米线阵列发光二极管器件。Park 等[18]制备了仅可工作在反向偏压下的 n-ZnO 纳米棒阵列/p-GaN 薄膜发光二极管。他们通过无催化金属有机物化学气相外延法在 p-GaN（0001）基底上垂直生长了取向良好的 n-ZnO 纳米棒阵列，形成了纳米尺寸异质结，进而构建了电致发光器件。由于纳米尺寸结的形成，该器件具有高的电流密度和强的电致发光。在 3V 反向偏压下，电致发光谱包含了一个以 2.2eV 为中心的宽的黄色发射带，该发射峰主要是由 ZnO 纳米棒界面处形成的高浓度缺陷引起的，此外，随着反向偏压由 3V 增加到 7V，发射峰的强度逐渐增加。当反向偏压增加到 4V 和 5V 时，可以分别观察到 2.8eV 对应的蓝色发光峰和 3.35eV 对应的紫外发射峰，前者与 GaN 中的 Mg 受主能级有关，后者与 GaN 带边的紫外发射有关。Jeong 等[7]利用 MOCVD 连续生长了 Mg 掺杂 GaN 薄膜、ZnO 纳米线阵列和多晶 ZnO 薄膜，从而制备了一种 ZnO 纳米线阵列嵌入的 p-GaN 薄膜/n-ZnO 薄膜异质结。与相应的薄膜异质结发光二极管相比，嵌入纳米线阵列结构器件存在低密度界面缺陷纳米尺寸结，使得电致发光发射和注入电流提高。同时，沉积在 n-ZnO 纳米线阵列上 Al 掺杂的 ZnO 薄膜，可以为纳米异质结提供更多的电子，并且能够简化金属顶电极的制作工艺。张跃研究小组[19]借助化学气相沉积法在 p-GaN 基底上无催化剂直接合成了高结晶质量、取向良好的 ZnO 纳米线阵列，并成功实现了 n-ZnO 纳米线/p-GaN 薄膜异质结的高亮度紫外-蓝光电致发光，如图 5-8 所示。图 5-8（b）显示了随着外加正向偏压的增加，电致发光谱发光峰蓝移。如果外加偏压较低，载流子具有相对较低的能量分布，因此在界面处来自 ZnO 导带的电子和来自 GaN 价带的空穴可能发生辐射复合，导致相对较低能量下的电致发光发射。但是，界面处的电势分布取决于所施加电压的大小。当施加的电压高时，载流子的能量增加，可能导致 GaN 和 ZnO 的带边发射。这可能是造成电致发光峰蓝移的原因。此外，该研究小组还研究了紫外辐照对器件的影响，如图 5-8（c）所示，紫外辐

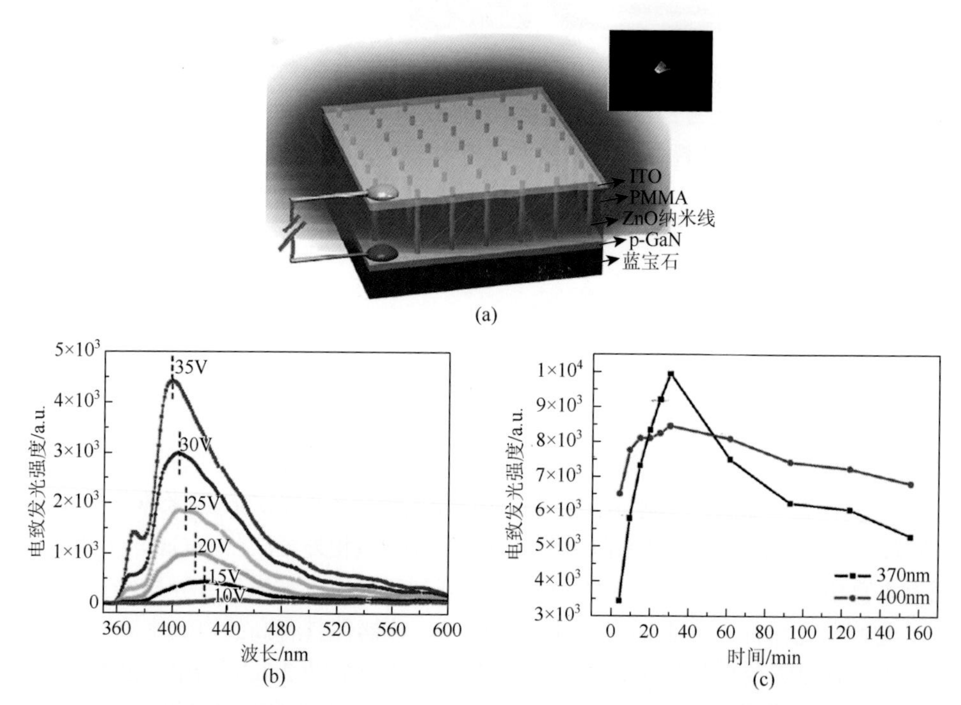

图 5-8 （a）n-ZnO 纳米线/p-GaN 薄膜杂化异质结发光二极管器件的结构示意图，插图是使用商业数码相机拍摄器件的发光图像；（b）器件在不同正向偏压下（10V、15V、20V、25V、30V、35V）的电致发光谱图，图中显示了紫外到蓝光的发射峰，并且随着偏压的增加发光峰发生蓝移；（c）紫外辐照关闭后 370nm 和 400nm 处电致发光峰的强度随时间变化的关系曲线

照不仅能增加载流子密度，也可以降低界面处肖特基势垒的高度。紫外光辐照关闭后30min内，器件整体的电致发光强度增加，这很可能是由紫外辐照产生的高浓度残余载流子引起的。当紫外辐照关闭一段时间以后，剩余载流子被大量复合，从而导致电致发光强度降低。因此，在ZnO纳米线阵列/GaN薄膜杂化异质结中可以通过紫外辐照调控电致发光的强度。

研究发现，电化学沉积技术可以用来生长ZnO纳米线阵列，具有简单、低价、无催化且无晶种层的优势。Lupan等[30]利用电化学沉积的ZnO纳米线和p-GaN（0001）薄膜基底制备了高质量外延异质结发光二极管，该器件可以在较低的外加偏压下工作。在外加偏压4.4V以上，器件发射出中心在397nm窄范围的紫外光，ZnO中的激子复合是导致该紫外光发射的原因。随着外加偏压的增加，器件的电致发光发射快速增强，而且高度稳定和可重复。器件在低电压下具有低的发射阈值和强的光发射，这主要源于ZnO NW和p型GaN之间的界面质量高，具有非常低的缺陷密度。这表明电沉积工艺是一种制备高质量界面的有效方法。

与通过上述工艺制备的ZnO纳米线/棒阵列相比，通过电子束光刻（EBL）和湿化学方法的组合，制备得到的空间分布可控的ZnO纳米阵列更适合用于构建发光二极管器件[31]。该方法制备得到的发光二极管具有相当高的外量子效率（2.5%）。在正向偏压下，每一根纳米线就是一个发光器件，由于每个光斑之间的间距是4μm，因此可以实现高达6350dpi的分辨率，如图5-9所示。电致发光光谱的高斯反卷积分析表明，蓝色/近紫外电致发光发射的起源可以对应三种不同的

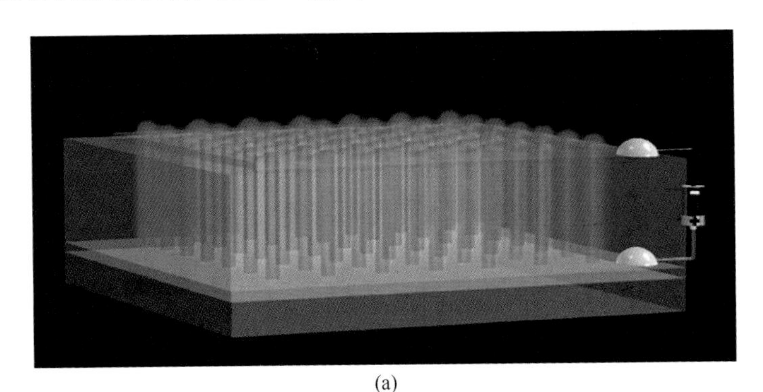

(a)

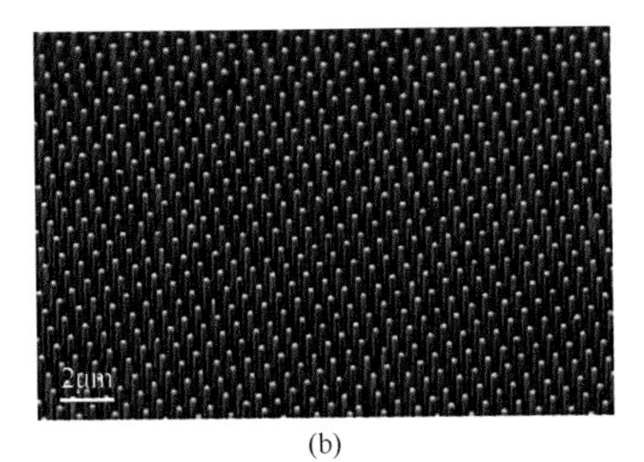

(b)

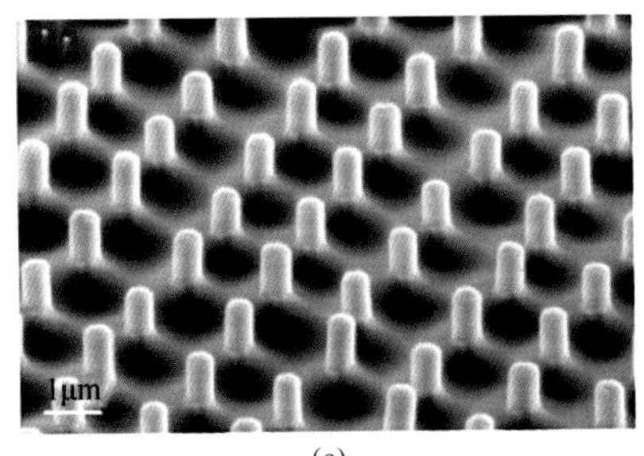

(c)

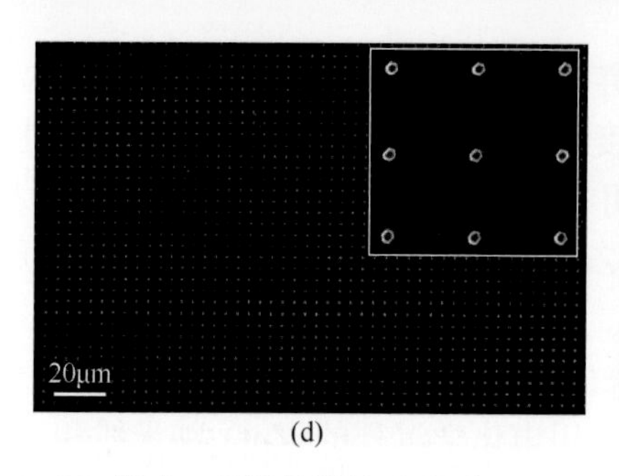

(d)

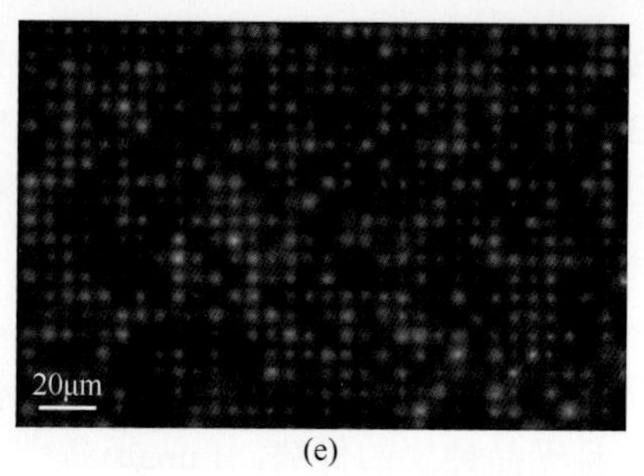

(e)

图 5-9 （a）发光二极管的设计示意图；（b）刚生长的图案化垂直 ZnO 纳米线的 60°倾斜 SEM 图像；（c）包覆了 SiO_2 和 PMMA 后并刻蚀暴露处顶端的纳米线的 SEM 图像；（d）ZnO 纳米线阵列的正面 SEM 图像，通过 EBL 可以很容易调控纳米线阵列的间距和分布；（e）点亮的发光二极管的光学图像

电子-空穴复合过程，即 GaN 带边发射、界面发射和 ZnO 带边发射。Pan 等[32]证明了压电 ZnO 纳米棒阵列/GaN 发光二极管可用作压力分布的高分辨率电致发光成像。该器件基于在 p 型 GaN 膜上生长的 ZnO 纳米棒的光刻图案阵列。该纳米棒阵列发光器件可以在 5V 偏压下被均匀点亮，像素分辨率为 6350dpi。由于 $+c$ 轴为择优生长方向，器件处于压缩应变状态时，在 ZnO-GaN 界面附近会产生永久性的不可移动的正压电电荷。正压电势可能会导致界面处能带的局部下陷，这将有利于暂时捕获附近界面处的空穴，从而提高载流子向异质结的注入速率。因此可以增加电子和空穴的复合，导致更高的发光强度。基于该纳米发光二极管电致发光强度的变化，可以绘制整个器件上的压力/应变，绘制速率约为 90ms。由于 ZnO 纳米棒阵列是低温合成的，该制造工艺可适用于其他柔性基底。此外，通过优化 ZnO 纳米棒的尺寸可以进一步提高空间分辨率。

有机材料已被证明具有传统无机材料不易获得的新特性。因此，研究人员将聚合物的高柔性和无机纳米结构的高化学稳定性结合起来，研发了无机/有机混合发光二极管，并受到了极大关注。Könenkamp 等[23]报道了一种由电化学沉积 ZnO 纳米棒阵列和 p 型导电聚合物构成的杂化发光二极管器件。由刚生长的氧化锌纳米棒制得的器件可以发射覆盖 350～850nm 波长范围的宽谱电致发光峰，而由在 300℃退火后的 ZnO 纳米棒制得的器件发射出中心 393nm 的窄紫外光发射。之后，他们又利用电沉积 n 型 ZnO 纳米线和 p 型聚合物实现了高度柔性的发光二极管器件[33]。Lee 等[34]开发了一种由 ZnO 纳米棒和 p 型导电聚合物聚氟[poly（fluorine），PF］组成的杂化白光发光二极管。获得的电致发光器件呈现出覆盖从 400nm 到 800nm 整个可见光范围的宽发射带［图 5-10（b）]，这分别对应于显著增强的 ZnO 表面缺陷发射和聚合物相关发射的发光峰。傅里叶变换红外光谱证实了 ZnO 纳米棒/聚合物异质结中存在羟基基团，会形成像 $Zn(OH)_2$ 缺陷的缺陷中心。该研究提供了一种制造 ZnO 基白光发射器件方便且低成本的方法。

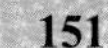

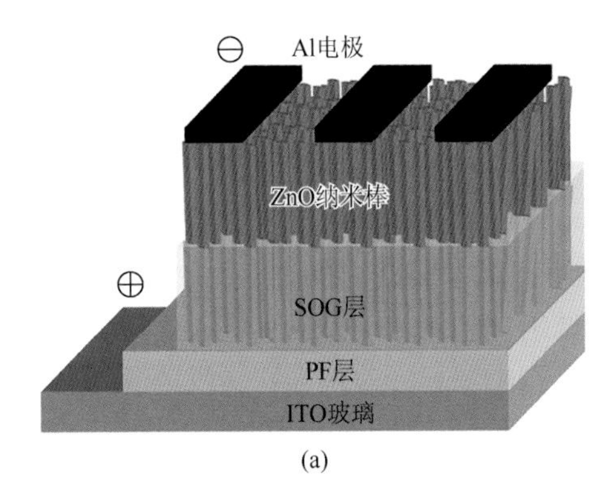

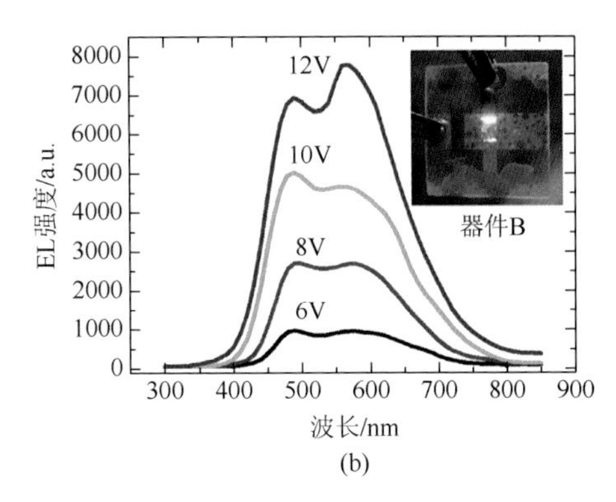

图 5-10　(a) ZnO 纳米棒阵列/PF 异质结白光发光二极管的结构示意图；(b) 器件 B 在不同直流偏压下的室温电致发光谱，插图是 10V 正向偏压下器件 B 的光发射图像

5.3　激　光　器

泵浦源和增益介质是激光器的两个基本组成部分。具有亚稳态能级的工作介质受到光能、电能、化学能甚至是核能泵浦源激励，发生粒子数反转，使受激辐射占主导地位，将发射光放大。光学谐振腔又可以将特定波长、特定方向的辐射光选择性放大，将其他杂质光子过滤掉，从而形成频率、方向、相位一致的辐射光束，即激光。根据增益介质的不同可以将激光器分为气体激光器（如氦氖激光器、二氧化碳激光器、氩离子激光器）、液体激光器（乙醇激光器、甲醇激光器）、固态激光器（红宝石激光器、钕钒酸钇激光器、钛蓝宝石激光器）和半导体激光器（如砷化镓激光器、硫化镉激光器、磷化铟激光器、硫化锌激光器）。半导体激光器也称激光二极管（laser diode，LD），半导体材料受到光辐射或外加电场作用，内部载流子受激跃迁到高能级位置，当激发态的电子和空穴复合时，发出辐射光。通常情况下，半导体激光器的激励源是注入电流，其发射光范围涵盖了紫外、可见和红外光等多个波段。相比于其他激光器，以半导体材料为增益介质的激光器具有质量小、制备工艺简单、寿命长、稳定可靠、易于调控等优势，是一种非常具有商业价值的器件。

一维半导体纳米材料是一种非常理想的光增益材料，与传统的光波导材料相比，由“自下而上”方法制备的半导体纳米线的表面结晶质量更好、更平滑，可以有效减少光损失。半导体纳米线的折射率高，通常情况下其直径小于辐射波长，可以有效地将光波束缚在体内。此外，单根纳米线的顶部和底部可以作为谐振腔的两端，天然地对辐射波具有选择增强作用，而且单根半导体纳米线通常为单晶结构，内部没有晶界，本身就是优良的光传播导体。因此，基于一维半导体纳米材料的激光器越来越受到关注。

早期人们用 ZnSe 和 InGaN 薄膜制备短波长的绿紫二极管激光器。此外，ZnO

纳米颗粒和薄膜也被用来制备紫外激光器。对于宽禁带半导体材料，只有当载流子浓度足够高时，才能在电子-空穴等离子体过程中实现光增益，这种机制的激光器通常要求有较高的激光阈值。而在半导体中激子复合机制是一种更高效的辐射方式，可以显著降低受激辐射的阈值。为了实现室温下的受激辐射，半导体材料的激子束缚能应该大于 26meV。ZnO 的激子束缚能为 60meV，高于 ZnSe（22meV）和 GaN（25meV），因此有望在室温条件下实现受激辐射。通过减小半导体材料的尺寸，可以进一步降低激光阈值。因为量子尺寸效应使得纳米材料表面存在大量的表面态，在能带边界处形成许多能级，由于载流子限域效应，可进一步提高辐射复合率。

2001 年，加利福尼亚大学伯克利分校的杨培东课题组首次制备了一维半导体纳米线激光器，这也是世界上最小的激光器[35]。他们首先采用简单的气相传输凝结法在蓝宝石基底上自组装了 ZnO 纳米线阵列，从图 5-11（a，b）可以看出，ZnO 纳米线阵列是选择性地生长在金沉积的区域，纳米线的直径在 20～150nm，95%的纳米线的直径在 70～100nm。通过控制生长时间，纳米线的长度可以在 2～10μm 变化。纳米线沿着（0001）晶向择优生长，形成无数个激光谐振腔。在光辐照时，其激光阈值为 40kW/cm^2。在 385nm 附近出现激光发射峰，发射峰宽小于 0.3nm，低于 17nm 的自发辐射的半高宽，如图 5-11（c）所示。这一自发辐射的能量比带

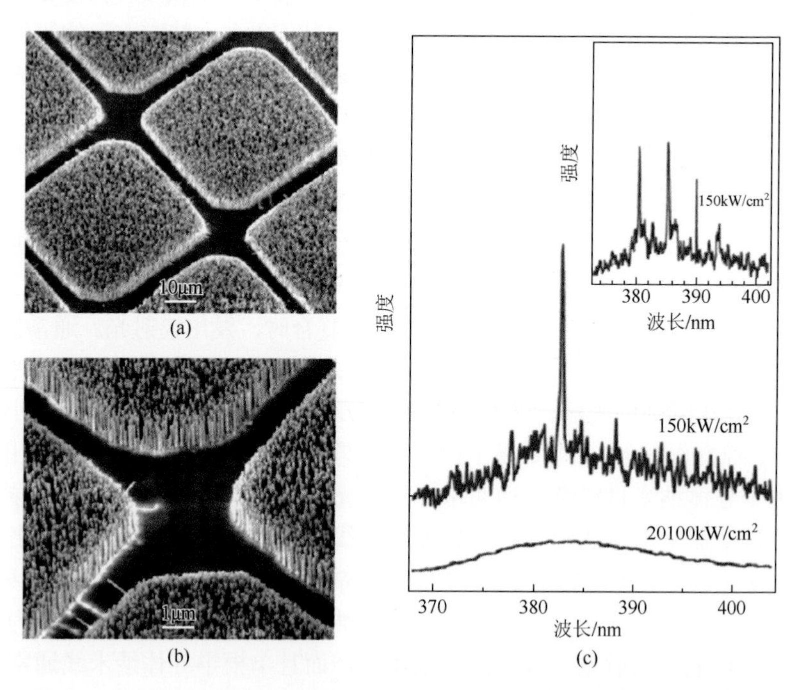

图 5-11 用气相传输凝结法在蓝宝石基底上制备的 ZnO 纳米线阵列顶视 SEM 图片（a）和斜视 SEM 图片（b）；（c）ZnO 纳米线阵列在 20100kW/cm^2 和 150kW/cm^2 光强辐照时的激光光谱，插图是曲线的放大图

隙能量（3.37eV）小 140meV，这主要是由激子复合造成的，一个激子复合产生一个光子。由于对最大光增益波长的择优放大作用，随着泵浦源能量的增强，发射峰逐渐变窄。寿命测试表明，激子的辐射复合是由一个快过程和一个慢过程组成，时间常数分别为 70ps 和 350ps。光致发光的寿命主要是由缺陷浓度决定，这些缺陷俘获电子和空穴，导致它们发生非辐射复合。尽管光致发光衰减的确切原因尚不清楚，当其寿命比薄膜的寿命更长，表明 ZnO 纳米线的结晶质量非常好。他们认为纳米线两端起到了谐振腔的作用，放大了 385nm 激光辐射强度。另外，由于 ZnO 的折射率约为 2.5，是周围空气折射率的 2 倍多，可以对在 ZnO 纳米线内传输的光起到限域作用。

早在 20 世纪 70 年代，人们已经在块体 GaN 材料中发现了低温受激辐射现象，在 20 世纪 90 年代又相继报道了 GaN 薄膜在室温时的激光现象。直径为几百微米，厚度为几微米的微柱结构的氮化镓薄膜的激光阈值约为 200kW/cm^2，在这种尺度的薄膜中，激光谐振模式以回音壁模式为主导。当材料直径远大于辐射激光波长时，横向回音壁模式可以形成光增益。而当辐射激光的波长大于材料直径时，如纳米线等，回音壁模式由于衍射效应，不再是主导，Fabry-Perot 光波导模式将变得更重要。2002 年，杨培东等用镍催化的气相法在蓝宝石基底上合成了 GaN 纳米线，其直径在 30～150nm，而长度缺口也达到几百微米。他们用远场显微镜在一根直径为 300nm，长度为 40μm 的氮化镓纳米线上发现了光泵浦激光发射现象[36]，如图 5-12（a，b）所示。在纳米线的两端有明显的局部光发射现象，表明谐振模式是 Fabry-Perot 模式，而不是回音壁模式。在阈值以下，光致发光谱平缓，没有发现明显的发射峰，而接近阈值时，有尖锐的发射峰（小于 1nm）出现，表明受激辐射开始发生。随着泵浦光源的能量增加，其他激光模式开始出现。在更高的泵浦积分量时，可以观察到最大激光发射。为了获得更高的空间分辨率，他们还用近场扫描光学显微镜观察了单根氮化镓纳米的激光发射现象。图 5-12（d）将地形图和光致发光谱结合起来显示氮化镓顶端的激光发射情况。图 5-12（e）是在纳米线顶端光发射区域采集的近场光谱图。从图中可以看到一个尖锐的发射峰，其线宽约为 0.8nm，表明纳米线发射的激光具有很好的方向性。图 5-12（f）所示远场光谱图表明在阈值附近，发射峰变宽，半峰宽超过 5nm，这主要是由于存在其他光致发光背景，而且纳米线中存在多谐振腔模式。这些发射峰的间距约为 1nm，与纵向 Fabry-Perot 模式相对应。

电驱动的半导体激光器已经在远程通信、信息存储、医学诊断和治理等方面获得广泛应用。这些器件的成功主要得益于成熟的半导体平面生长技术，这使得集成电子器件能够大规模重复生产。但是这种方法的价格仍然很高，而且很难和其他技术集成，如硅微电子器件。为了解决这一难题，人们已经开始研究使用有机分子、高分子聚合物和无机纳米结构来制造激光器，因为这些材料可以直接通过化学过程形成器件。人们已经在有机分子[37]和无机纳米晶体中发现了光致激光发射现象，但是，电流驱动的激光发射更容易和现在的电子设备相匹配。2003 年，段镶锋课题组首次在单根硫化镉纳米线上发现了电泵浦激光发射现象[38]。该单根硫化镉纳米线激光器的结构如图 5-13（a）所示，n 型的 CdS 纳米线放置在重掺杂的 p 型 Si 片上形成 pn 结。氧化铝在硫化镉和硅片之间起到绝缘作用，钛/金薄膜作为电极。从图 5-13（b）可以观察到明显的电致激光发生。这是由于在加正向偏压时，电子空穴在 n 型 CdS 纳米线和 p 型硅之间形成的空间电荷区发生复合，形成光子，纳米线起到谐振腔的作用，将辐射光传播、放大，最终形成了激光。

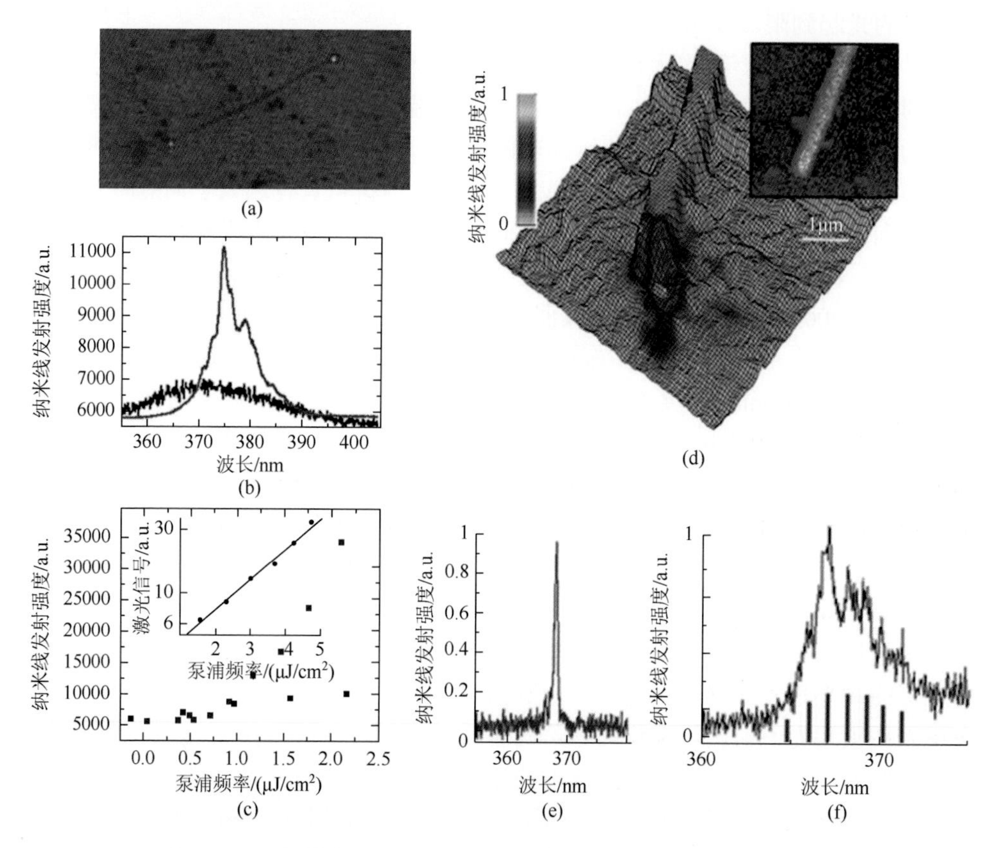

图 5-12 （a）单根 GaN 纳米线激光器的远场光学显微照片，光线从样品底部射出，展示其结构，激发源的能量密度为 3μJ/cm²，颜色显示激光从纳米线的顶端发射出；（b）黑色的光谱是由 1mW 的连续光谱激发得到的光致发光谱，蓝色曲线是由 1μJ/cm² 泵浦激光源激发得到的；（c）蓝色是激光阈值和入射光强的关系，黑色是光致发光强度和入射光强的关系曲线；（d）单根 GaN 纳米线的地形图和光致发光谱结合的近场显微照片（e）在纳米线顶端的近场光谱；（f）纳米线在纵向谐振模式下的远场光谱

由电流-激光强度曲线可以看出，激光强度随注入电流呈非线性关系。在低注入电流时，发射峰较宽，半高宽约为 18nm，与自发辐射一致。但是超过 200μA 时，在 509.6nm 附近出现了一系列的尖峰，其半峰宽约为 0.3nm，表明出现了激光辐射现象。这些峰源自部分自发辐射，平均峰间距约为 1.8nm，此时 Fabry-Perot 谐振模式占主导。这表明在单根纳米线上可以实现电流注入受激辐射，这是一种制备集成电驱动光电子器件的有效方法。

块体 CdS 通过三种机制实现光增益：激子-激子散射机制、激子-纵向光子散射机制和激子-电子散射机制。块体 CdS 材料的形状和结晶质量影响光增益和受激辐射产生的机制。2005 年，Lieber 课题组阐明了单根 CdS 激光器的受激辐射原理[39]。他们通过气-液-固法制备了直径为 80～150nm，长度约为 100μm 的单晶 CdS 纳米线，然后将其分散到绝缘硅基底上。光致发光谱的激光源是掺杂 Ti 的蓝宝石激光器，波长约为 405nm。如图 5-14（a）所示，PL 谱从 CdS 纳米线的一端收集。从图 5-14（b）可以清楚地看到在纳米线的顶端有激光发射现象。从图 5-14（c）可以看出，在 488～530nm 范围内，光致发光谱的形状比较一致，都在 488.8nm、490.5nm、513nm、522nm 和 530nm 处出现发射峰，通过和 CdS 块体的光致发光谱对比可以得到，这些峰分别对应中性受体束缚激子、激子-激子散射、自由电子-束缚空穴辐射复合和自由电子-束缚空穴跃迁的 LO 光子能级。光源能量密度曲线表明，P 峰强度在高能量密度时上升迅速，成为主导。P 峰强度增大 1.8 倍，I_1 强度增大 0.95 倍。当泵浦源的能量密度超过 200nJ/cm^2，光致发光谱的强度出现超线性上升。在此强度之上，在 490.5nm 处出现线宽为 0.3nm 的尖峰，表明出现激光辐射现象。通过光致发光谱的峰位和强度随入射光强的变化可以判断，单根 CdS 纳米线激光器在 4.2K 时的受激辐射机制是激子-激子过程。图 5-14（d）给出了低温时在阈值之上时，490.5nm 峰强随温度的变化关系。当温度高于 100K 时，光致发光峰移到约 494nm 处，然后以和阈值以上相似的速度继续红移。在 494nm 处的发射峰是激子-LO 带。图 5-14（e）是阈值能量密度和温度的关系曲线，从图中可以看出，在温度低于 50K 时，阈值能量密度上升缓慢，速率约为 4.5nJ/(cm^2·K)，

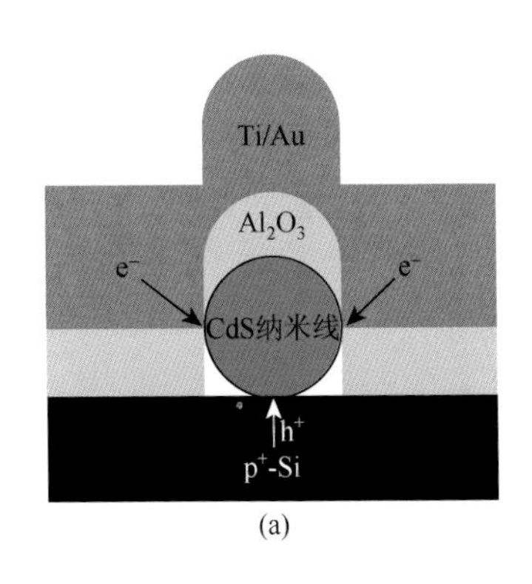

(a)

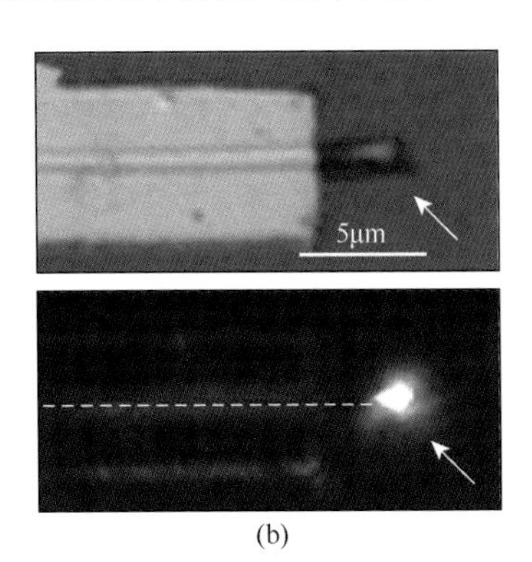

(b)

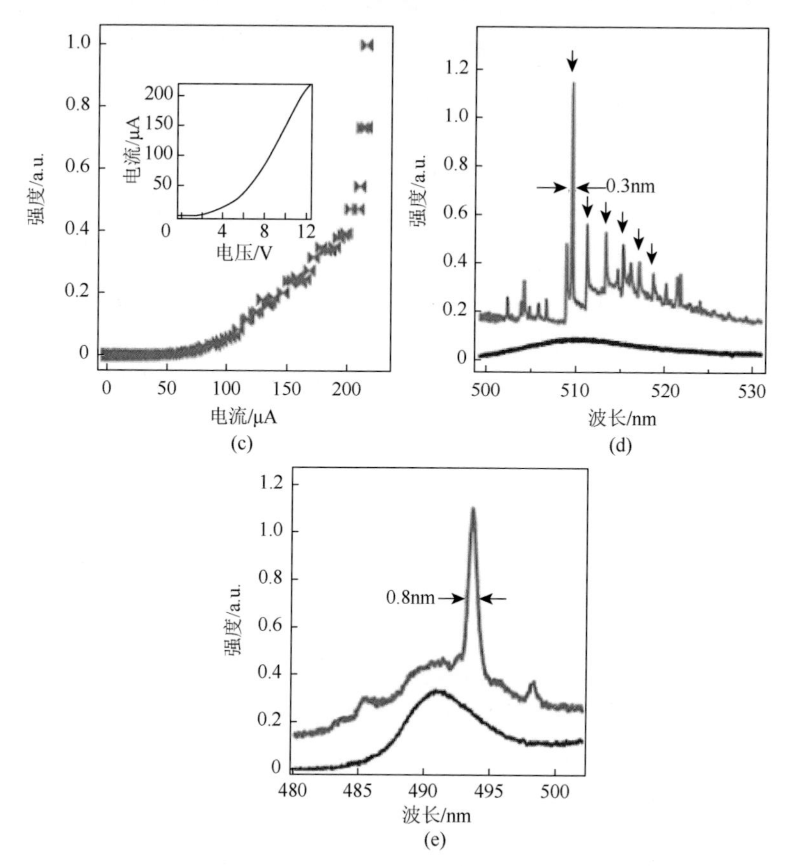

图 5-13 （a）单根 CdS 纳米线激光器的器件结构示意图，电子和空穴可以在整个纳米线长度范围内从顶端金属层和底部 p-Si 层注入 CdS 纳米线内，首先，将 CdS 纳米线放置在重掺杂的 p-Si 基底上（空穴浓度大于 $4\times10^{19}cm^{-3}$，厚度为 500μm），然后分别用电子束光刻法和电子束蒸镀法沉积 60～80nm 厚的氧化铝层和 40nm 厚的 Ti 及 200nm 厚的 Au，纳米线的一端作为光发射端，不沉积金属；（b）上图是该单根纳米线激光器的光学图片，箭头指示了裸露的 CdS 纳米线的一端，比例尺为 5μm，下图是在室温时，注入电流为 80μA 时的电致发光照片，箭头指示的是纳米线的发光端，虚线标明了纳米线的位置；（c）辐射强度和注入电流之间的关系曲线，在 200μA 以上时，辐射强度快速增大，表明此时达到了激光阈值，插图是器件的电流-电压曲线；（d）红色曲线是当注入电流为 120μA 时的电致发光谱，绿色曲线是当注入电流为 210μA 时的电致发光谱，黑色箭头指示的是 Fabry-Perot 谐振腔模式，平均间距是 1.83nm；（e）在 8K 时，红色曲线是当注入电流为 200μA 时的电致发光谱，绿色曲线是当注入电流为 280μA 时的电致发光谱，为了清楚地展示差别，两条线之间偏移了 0.1 个单位，在高注入时，单个发射峰的线宽约为 0.8nm，接近仪器的分辨率

然后上升速率加快，达到 $14nJ/(cm^2\cdot K)$。在 75K 时出现的位于 490.5nm 处的明显的激光发射峰表明，在低温时，激子-激子散射是 CdS 纳米线光学谐振腔光增益的主要机制。温度低于 75K 时，CdS 纳米线系统和温度的依赖关系很弱。而当温

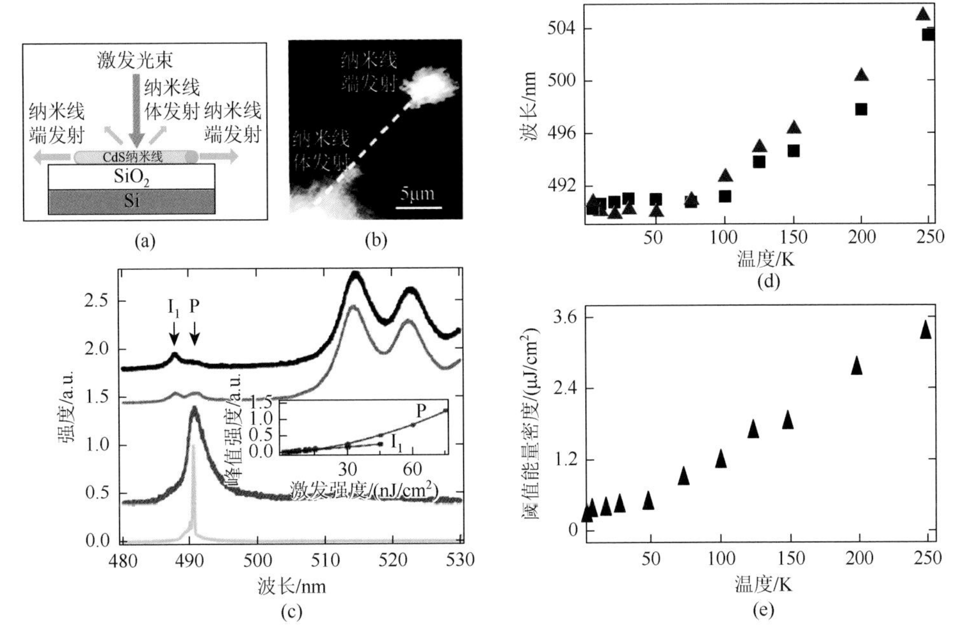

图 5-14　（a）单根 CdS 纳米线光学实验示意图；（b）单根 CdS 纳米线的激光辐射图片，激励源是直径为 5μm，光强度为 $10nJ/cm^2$ 的激光源，图像标尺为 5μm；（c）黑色、蓝色、红色和绿色曲线分别是当激光源能量密度为 $0.6nJ/cm^2$、$1.5nJ/cm^2$、$30nJ/cm^2$ 和 $240nJ/cm^2$ 时，在 4.2K 温度下采集的 CdS 纳米线的光致发光谱，插图分别是 I_1 峰（黑色方块）和 P 峰（红色圆圈）随入射光强的变化关系图，实线是拟合曲线；（d）在受激辐射阈值之上和之下的关键光谱特征随温度的变化曲线，红色三角是最显著激光峰随温度的变化曲线，黑色方块是导致激发辐射的 PL 峰随温度的变化关系，后者数据是在低光能量密度下收集的，光强密度在 $25nJ/cm^2$（4.2K）到 $125nJ/cm^2$（250K）之间；（e）激光阈值强度和温度的关系曲线

度高于 75K 时，高激子态数量增多，造成激子散射过程中激光阈值升高。综上所述，CdS 纳米线的激光辐射主要源自激子的形成，该研究也为开发高效低阈值的激光器提供了新方法。

如果想扩宽纳米线激光器的光谱范围，需要提供电子-空穴的注入率、优化光学谐振腔结构和降低激光辐射阈值，而且该半导体材料的带隙宽度应该是可以调节的。基于氮化铝镓铟（AlGaInN）合金的平面发光二极管和激光器是光谱可调纳米注入激光器的理想结构。事实上，Lieber 等已经研究了 n-GaN/InGaN/p-GaN 核壳结构异质结发光二极管，并且通过氮化铟镓壳层来调节发射光谱[40]。但是，这一器件的光波导和光学谐振腔性能很差，所以并没有观察到激光发射现象。除此以外，氮化镓纳米线的光泵浦激光发射现象已经有报道，但是，其激光泵浦所需要的最小能量密度仍然远远大于硫化镉纳米线和氧化锌纳米线激光器。2005 年，Lieber 课题组又报道了用金属有机化学气相沉积（MOCVD）法制备的氮化镓纳米线的光泵浦激光发射现象，他们解决了控制激光发射的关键问题，即光学谐振腔，通过控制金属有机化学气相沉积过程中的工艺参数，可以有效地降低光泵浦激光发射阈值[41]。他们以三甲基镓为镓源，以氨气为氮源，以硅烷为n型掺杂剂，以氢气为载气，采用MOCVD法在蓝宝石基底上沉积了氮化镓纳米线。通过简单地控制温度就可以得到两种不同性质的氮化镓纳米线，高温时的形貌更好。如图5-15（a）所示，氮化镓纳米线为单晶的纤锌矿结构，在[0001]轴上的选区衍射图谱表明，用MOCVD法生长的GaN的晶向为$\langle 11\bar{2}0\rangle$。图5-15（b）的扫描电子显微镜图片显示，纳米线的截面呈三角形，其直径分布在100～300nm。纳米线的厚度很均匀，表面光滑，长度达到100μm。在远场荧光显微镜图片［图5-15（d～f）］中可以观察到明显的激光发射现象。在光泵浦能量较低时，在高温氮化镓的中部和顶端都可以观察到明显的自发辐射现象，而随着光泵浦能量的增强，顶端发射强度提高，表明光波导效应增强。图5-15（g）的光谱分析表明，随着入射光强周期性的变化，光谱出现了明显的红移，这表明氮化镓纳米线形成了Fabry-Perot光学谐振腔。图5-15（h）表明，在入射光能量较低时，自发辐射的发射峰的中心在365nm处，当高于阈值22kW/cm^{2}时，在373nm（3.33eV）处出现一个半高宽小于0.8nm的尖峰。在阈值以上，发射峰强度随入射光功率呈超线性变化，而低于阈值时，发射峰强度随入射光功率呈亚线性变化。22kW/cm^{2}是单根氮化镓纳米线激光器在室温时的最低阈值。

通过改变纳米线的形状可以影响其光学谐振腔性能，进而影响激光发射特性。2006年，Pauzauskie等报道了氮化镓半导体纳米线环形腔激光器，同直线形的纳米线激光器相比，其激光辐射和自发辐射性能大不相同[42]。他们以金属镓和氨气为前驱体，在900℃的高温炉用化学气相传输法制备了氮化镓纳米线。他们用微操作器械将放置在绝缘硅片上的单根氮化镓纳米线弯曲成首尾相接的纳米环。如图5-16（c）所示，环形氮化镓纳米线的光致发光谱和线形氮化镓纳米线的光致发光谱明显不同，尤其是在自发辐射区红色边出现调制现象。由于没有出现近带边光子再吸收，所以光致发光谱的蓝色边没有模式出现。计算得到的模式间距非常符合环形谐振腔模式，8μm的纳米环在380nm模式波长处出现1.4nm分裂峰。从图5-16（d）可以看到，确切的峰间距为2.1nm。有趣的是，单个模式在自发辐射的红色半边分裂成成对出现的峰。由于耦合后的介质不连续性，在腔内引入了不可避免的扰动，将谐振简并破坏为顺时针和逆时针模式传播。谐振腔内的随机缺陷，如均方根表面粗糙度，或有意放置在谐振腔内或连接谐振腔内的介质不连续性，导致模式简并发生分裂。这三种扰动都存在于这种环形的纳米线中。众所周知，一个扰动的谐振腔理论上等同于两个成对的完美的谐振腔，如一个光激子分子，这导致了退化分解成成键和不成键两种模式。纳米线和纳米环之间的激光发射行为也明显不同。纳米环的激光发射最大红移非常明显，在某些情况下多达10nm。例如，在相似的光泵浦强度（1050μ/cm^2）下，环形激光器最大发射峰相

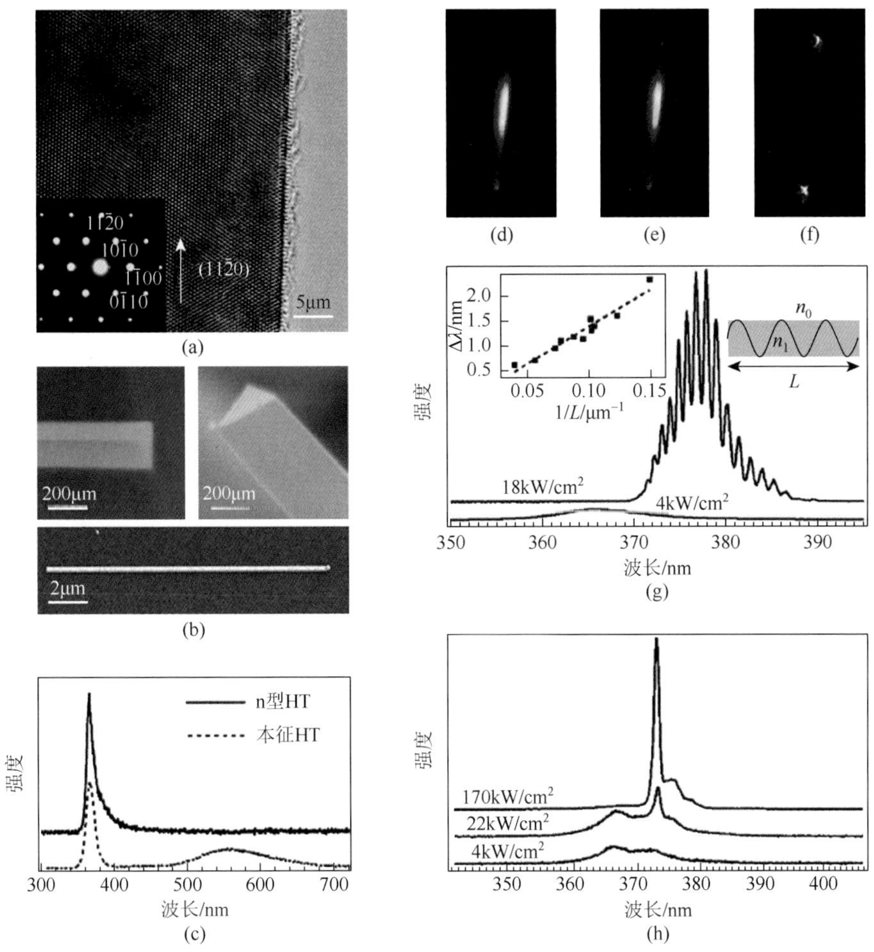

图 5-15 （a）n 型高温 MOCVD GaN 纳米线沿[0001]中心轴（标尺为 5nm）的高分辨 TEM 图片，衍射图谱表明 $\langle 11\bar{2}0\rangle$ 为纳米线的生长方向；（b）高温纳米线的 SEM 图片，左边的标尺是 200nm，右边的标尺是 200nm，下图的标尺为 2μm；（c）n 型和高温纳米线在激光强度为 3kW/cm^2 照射时的光致发光谱；单根氮化镓纳米线分别在光强为 4kW/cm^2（d）、17kW/cm^2（e）和 66kW/cm^2（f）时的光致发光图片；（g）13μm 长的氮化镓纳米线在光强为 4kW/cm^2 和 18kW/cm^2 辐照时的光致发光谱表明，Fabry-Perot 谐振腔机制是激光发射的主要机制，其平均模间距为 1.1nm，右边插图是光学谐振腔的模型图；（h）n 型高温氮化镓纳米线分别在光强为 4kW/cm^2、22kW/cm^2 和 170kW/cm^2 时的光致发光谱

比线形纳米线出现 9nm 红移。尽管电子空穴等离子体机制可能是这两种形状纳米线的激光发射机制，但是简单的线加热或尺寸大小转变引起的带隙重正化参数并不能解释这一现象。图 5-16（d）插图显示，集成的单个纳米环模式强度在 377.3nm 和 379.4nm 处显示出明显的光增益钉扎。并且在环形模式光谱中心随着泵浦源变化的曲线中，出现的红移现象与等离子体动态变化一致。这里没有出现激光模式

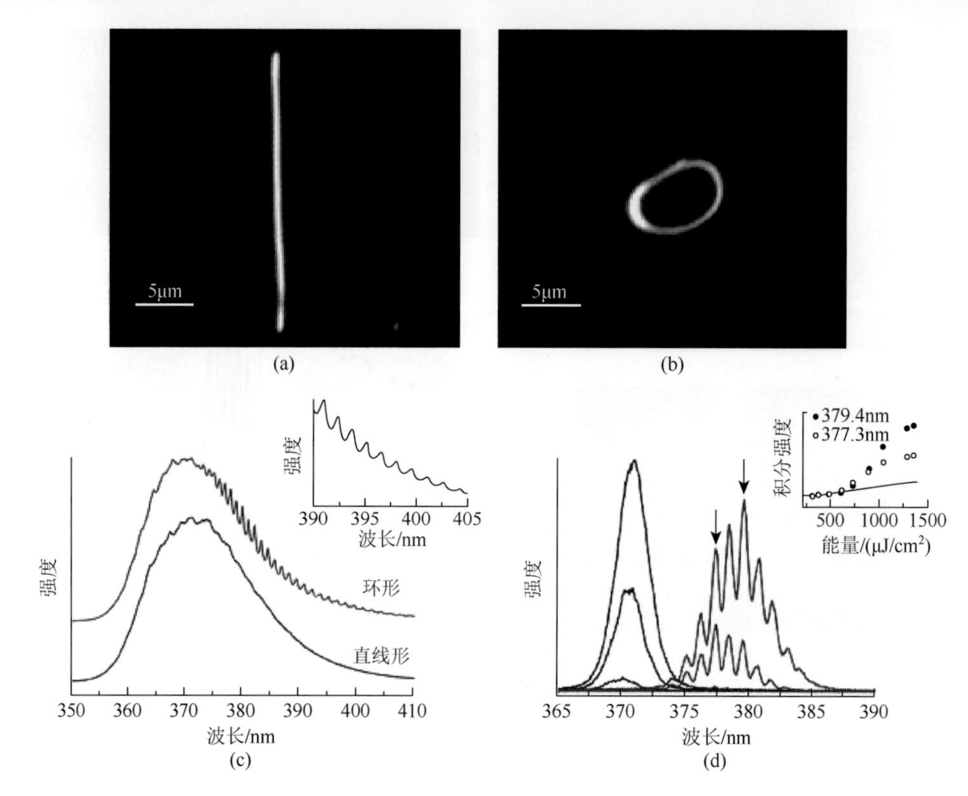

图 5-16 （a）单根氮化镓纳米线在弯曲前的扫描电镜图片，标尺为 5μm；（b）相应的纳米线弯曲成环状后的扫描电镜图片，标尺为 5μm；（c）直线形和环形氮化镓纳米线的光致发光谱，插图是环形纳米线在长波长波段的光致发光谱；（d）直线形和环形氮化镓纳米线的激光发射谱，插图是环形谐振腔的两个分离模型的模增益分析

分裂与更短波长的光散射的增强有关。除此之外，他们还发现环形模式的红移是随着纳米环直径的减小而增加的。这种环形腔激光器相比 Fabry-Perot 光学谐振腔具有更高的 Q 值和更好的光谱特性。

通过合理地设计和合成复杂结构的纳米线可以获得增强的新型的电子和光子功能。例如，锗/硅核壳结构纳米线作为晶体管的性能大幅提升，均质材料和纳米粗糙度的硅纳米线也展现出了很好的热电效应。2008 年，Qian 等首次报道了基于 IIIA 族氮化物的多量子阱核壳结构纳米线在室温时可以发射多光谱激光[43]。透射电子显微分析表明，三角形截面的氮化镓纳米线核心能够实现高度均匀的$(InGaN/GaN)_n$ 量子阱的无位错外延生长，其中 n 分别为 3，13 和 26，氮化铟镓阱的厚度为 1～3nm。光学激发此纳米量子阱，可以观察到 365～494nm 的激光发射峰，光泵浦阈值随量子阱数 n 变化。他们的工作表明，这种复杂结构的纳米线有可能成为独自的注入激光器。

波长连续可调的激光器，可以发射任意想要的波长的激光，这在光纤通信、环境监测等方面都非常重要。通过改变光学谐振腔的形状，或者选择新的光增益材料都可以实现连续光谱激光发射。通常情况下，在纳米线激光器中实现光增益需要依靠端面反射或者环共振，由于缺少模式选择机制，存在着多模式激光发射。为了获得单模式激光发射，需要在纳米线上制备分布式布拉格反射镜，但是，这在实际实验过程中存在着许多的困难。另一种可行的方法是，通过大幅减小光学谐振腔中激光的传播路程，可以拓展多模式的自由空间范围，直到只有一种模式留下为止。但是，缩短谐振腔中光的传播路程必然会减小光增益，导致激光阈值提高。2011 年，Xiao 等通过将纳米线的两端折叠成两个环，形成环状镜子和耦合谐振腔实现了激光发射模式选择，这一方法源自于 Vernier 效应[44]。由于这种环状镜子的反射率要远高于断面反射，因此，其激光阈值大幅降低。而且通过纳米探针可以方便地调节纳米环的尺寸，从而实现波长可调的单模式纳米激光器。他们通过化学气相传输法在硅基底上生长了 CdSe 纳米线，然后将其转移到 MgF_2 基底上，并将多余部分折断。为了观察形状对激光发射的影响，他们分别考察了单根硒化镉纳米线（长度为 75μm，直径为 200nm）在没有环状镜子、有一个环状镜子和有两个环状镜子时的激光发射情况。如图 5-17（a～c）所示，为了尽量保持光泵浦源的光能量密度均匀一致，三者的形状尺寸基本保持一致。没有纳米环的纳米线的激光发射模式为纳米线端面反射。当把纳米线左端折叠成环状时，其半径约为 3.1μm。这样该纳米线就形成了两个谐振腔，即端面-端面谐振腔和端面-环状镜子谐振腔。之后，再将右端的纳米线折叠成环状，纳米线就有了四个谐振腔。用波长为 532nm 的激光作为泵浦源，从图 5-17（a）可以看到在纳米线两端亮度相似，说明两端的反射率相近。对于有单个环的纳米线，自由端的亮度明显增强，说明环端的反射率要高于自由端面。当两端都成环时，两端的激光输出都明显增强。图 5-17（d～f）分别是这三种结构纳米线的光致发光谱。随着光泵浦能量的增强，激光能量倾向于集中在少数几个模式，如果单纯地增强入射光强度，很难实现单模式激光发射。但是，随着将纳米线两端折叠成环，在同样的激发强度下，出现了单模式激光发射，而且环数越多，发射峰波长越大。最终在双环硒化镉纳米线中，在 738nm 处出现了单模式激光发射，激光发射峰宽为 0.12nm。这是由 Vernier 效应对谐振模式的选择造成的。

除了无机半导体纳米线材料，无机-有机复合半导体材料，如钙钛矿材料，也可以用来制备纳米激光器。钙钛矿材料（$CH_3NH_3PbX_3$，X = I，Br，Cl）是近年来兴起的太阳能电池材料，它们采用溶液法制备，而且光电转换效率很高，因此备受科学界关注。钙钛矿的光生载流子寿命长，为 10～100ns，而且传输距离长，达到微米级，因此其效率较高。而且钙钛矿的荧光产率高、光谱可调控，因此也是纳米激光器的理想材料。事实上，钙钛矿薄膜和纳米盘已经展现出很高的光增益，但是，它们的激光辐射阈值仍然居高不下，这可能是由钙钛矿的多晶结构造成的。2015 年，Jin 等用低温溶液法制备了高结晶质量的钙钛

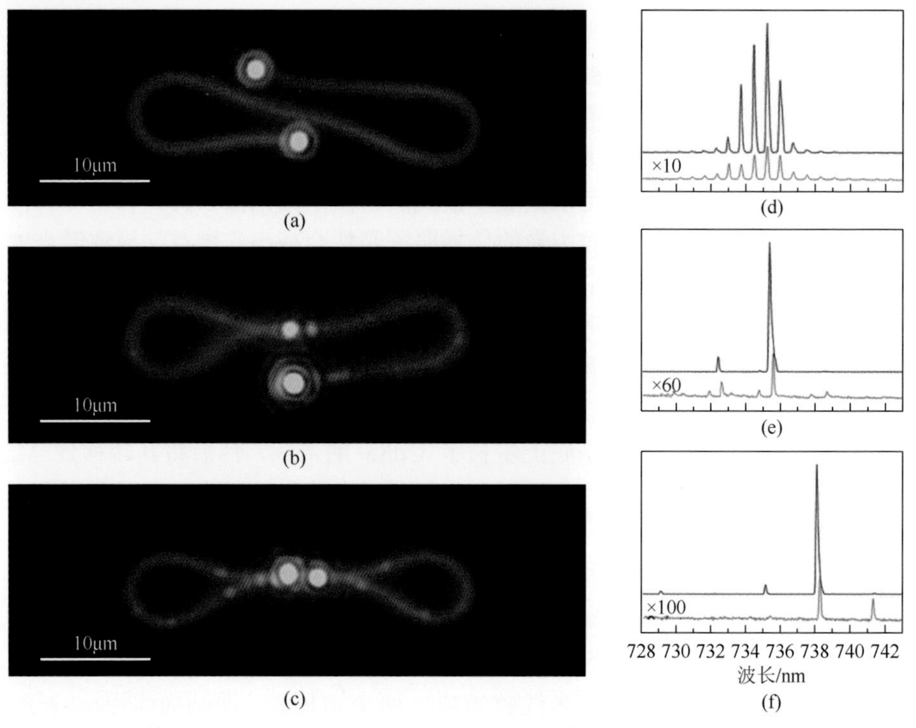

图 5-17 无环状镜子（a）、一个环状镜子（b）、两个环状镜子（c）CdSe 纳米线的光致发光显微图片；（d～f）分别是对应的光致发光谱，红色的曲线对应的是泵浦源能量密度在阈值以上，灰色的曲线对应的是泵浦源能量密度在阈值以下

矿纳米线，并观察到了激光发射现象[45]。他们将单根的钙钛矿纳米线转移到绝缘硅基底上，在干燥氮气的气氛保护下，用自制的远场荧光显微镜观察其光泵浦激光发射现象，如图 5-18（a）所示。波长为 402nm 的激光束为泵浦源，其直径大于纳米线的长度，以产生均匀的光照。图 5-18（b）是钙钛矿纳米线在不同入射光辐射时的发射光谱二维彩图。从图 5-18（c）可以明显地观察到在激光阈值附近出现了发射峰。在低能量密度时（小于 $600nJ/cm^2$），每个发射峰都以 777nm 为中心，半高宽约为 44nm，这表明此时是自发辐射。当能量密度高于 $600nJ/cm^2$ 时，在 787nm 处出现一个尖峰，并且随着入射光能量密度的增加，该峰强度剧烈增大，而其他非激光辐射宽峰仍然保持不变，这是单模式激光发射在起作用。图 5-18（c）插图展示的是峰强度、峰半高宽随入射光能量的变化趋势。通过拟合该曲线，得到钙钛矿纳米线的激光阈值约为 $595nJ/cm^2$。半高宽在阈值以下几乎为一常数，高于阈值时，迅速降低两个数量级。从图 5-18（d）可以观察到，低于阈值时，整根纳米线都能均匀地发出光，而高于阈值时，纳米线两端的辐射强度更加明显。纳米线两端强烈的激光发射现象是由光波导效应及 Fabry-Perot 光学谐振腔效应造成的。当光泵浦强度为 $630nJ/cm^2$ 时，激

光峰占主导地位，其半高宽约为 0.22nm。其质量因子 Q 约为 3600，比 GaAs-AlGaAs 核壳纳米线激光器在 4K 时的 Q 值高一个数量级。随着光泵浦能量增强，发射峰出现蓝移（小于等于 0.5nm），并且激光峰变宽。这种随着载流子浓度提高而出现的蓝移现象已经在纳米线激光器中有报道，其原因可以归结为以下几点：热致带隙宽度/折射系数变化、能带填满、光学密度波动和电子空穴多体交互作用。在 29 根钙钛矿纳米线中，有超过 85%的纳米线都有激光发射现象，这充分证明通过室温溶液法制备的钙钛矿纳米线具有非常良好的结晶质量。除了单模式激光发射外，他们还从钙钛矿纳米线上发现了多模式激光发射现象。他们还通过时间分辨光致发光谱［图 5-18（e）］进一步研究了单晶钙钛矿纳米线的激光发射现象。在低光泵浦能量密度时，自发辐射的寿命约为 150ns。高能量密度时，自发辐射寿命降至 5.5ns。在阈值载流子密度时，俄

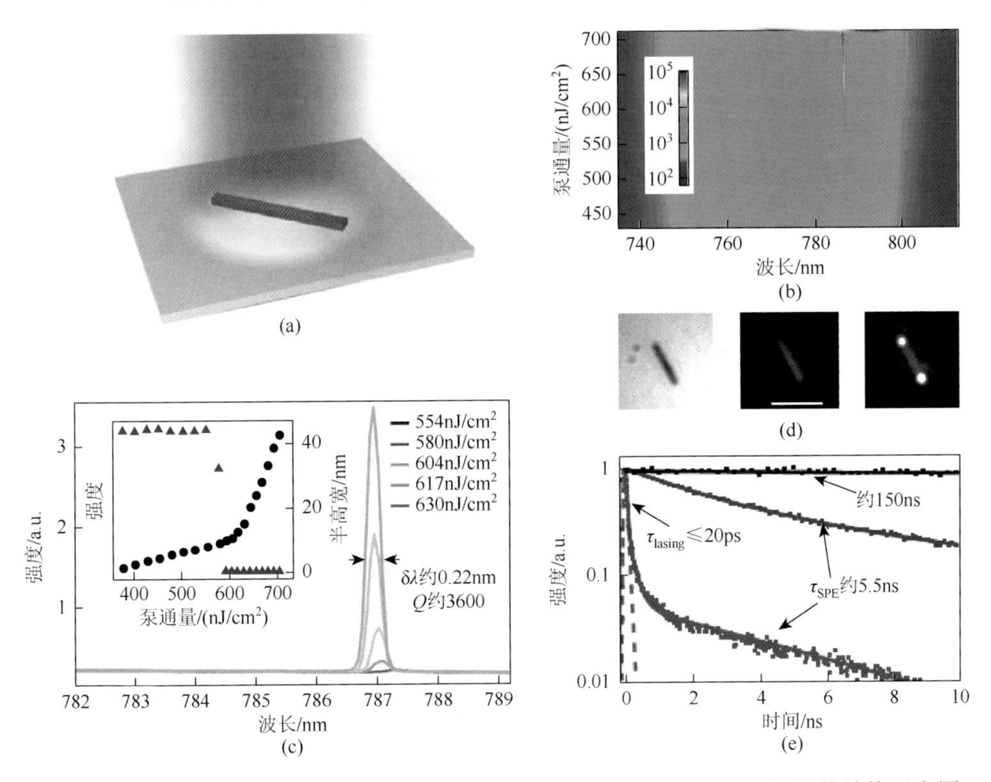

图 5-18 （a）单根 $CH_3NH_3PbI_3$ 纳米线在 402nm 激光（150fs，250kHz）辐照的结构示意图；（b）钙钛矿纳米线激光器在不同入射光辐照时的光致发光谱二维彩图；（c）单根钙钛矿纳米线激光器在不同泵浦源能量密度下的光致发光谱曲线，插图是激光发射峰强度及发射峰半高宽随入射光能量的变化曲线；（d）左图为 8.5μm 长单根纳米线的光学显微镜图像，中图和右图分别为低于和高于阈值泵浦强度下的纳米线发光图像；（e）单根钙钛矿纳米线激光器的时间分辨光致发光谱

歇复合过程与受激辐射（小于 20ps）相比可以忽略不计。他们认为钙钛矿纳米线的低阈值激光发射是由电子-空穴等离子体造成的。最终，他们发现单根钙钛矿纳米线的激光发射阈值为 220nJ/cm^2，质量因子 Q 约为 3600。这一激光阈值与载流子浓度 1.5×10^{16}cm^{-3} 相对应。基于时间分辨光致发光谱的动力学分析表明，单晶的钙钛矿纳米线对载流子的俘获效应小，激光量子产率可以达到 100%。如此出色的激光发射性能表现，再加上钙钛矿纳米线简单的室温制备方法，使其成为理想的纳米激光器原材料。

参考文献

[1] Round H J. A note on carborundum. Semiconductor devices：Pioneering papers. World Scientific，1991：879-879.

[2] Morales A，Lieber C. A laser ablation method for the synthesis of crystalline semiconductor nanowires. Science，1998，279：208-211.

[3] Yan R，Gargas D，Yang P. Nanowire photonics. Nature Photonics，2009，3：569-576.

[4] Johnson J，Yan H，Schaller R，et al. Single nanowire lasers. Journal of Physics and Chemistry B，2001，105：11387-11390.

[5] Yan H，He R，Johnson J，et al. Dendritic nanowire ultraviolet laser array. Journal of the American Chemistry Society，2003，125：4728-4729.

[6] Lupan O，Pauporté T，Viana B，et al. Epitaxial electrodeposition of ZnO nanowire arrays on p-GaN for efficient UV-light-emitting diode fabrication. ACS Applied Materials & Interfaces，2010，2（7）：2083-2090.

[7] Jeong M C，Oh B Y，Ham M H，et al. ZnO-nanowire-inserted GaN/ZnO heterojunction light-emitting diodes. Small，2007，3（4）：568-572.

[8] Wang J，Gudiksen M S，Duan X，et al. Highly polarized photoluminescence and photodetection from single indium phosphide nanowires. Science，2001，293（5534）：1455-1457.

[9] Kind H，Yan H，Messer B，et al. Nanowire ultraviolet photodetectors and optical switches. Advanced Materials，2002，14（2）：158-160.

[10] Hayden O，Agarwal R，Lieber C M. Nanoscale avalanche photodiodes for highly sensitive and spatially resolved photon detection. Nature Materials，2006，5（5）：352-356.

[11] Duan X，Huang Y，Cui Y，et al. Indium phosphide nanowires as building blocks for nanoscale electronic and optoelectronic devices. Nature，2001，409（6816）：66-69.

[12] Gudiksen M S，Lauhon L J，Wang J，et al. Growth of nanowire superlattice structures for nanoscale photonics and electronics. Nature，2002，415（6872）：617-620.

[13] Zhong Z，Qian F，Wang D，et al. Synthesis of p-type gallium nitride nanowires for electronic and photonic nanodevices. Nano Letters，2003，3（3）：343-346.

[14] Huang Y，Duan X，Lieber C M. Nanowires for integrated multicolor nanophotonics. Small，2005，1（1）：142-147.

[15] Bao J，Zimmler M A，Capasso F，et al. Broadband ZnO single-nanowire light-emitting diode. Nano Lett，2006，6（8）：1719-1722.

[16] Zimmler M A，Voss T，Ronning C，et al. Exciton-related electroluminescence from ZnO nanowire light-emitting diodes. Applied Physics Letters，2009，94（24）：241120.

[17] You J，Zhang X，Zhang S，et al. Electroluminescence behavior of ZnO/Si heterojunctions：Energy band alignment and interfacial microstructure. Journal of Applied Physics，2010，107（8）：083701.

[18] Park W I，Yi G C. Electroluminescence in n-ZnO nanorod arrays vertically grown on p-GaN. Advanced Materials，2004，16（1）：87-90.

[19] Zhang X M，Lu M Y，Zhang Y，et al. Fabrication of a high-brightness blue-light-emitting diode using a ZnO-nanowire array grown on p-GaN thin film. Advanced Materials，2009，21（27）：2767-2770.

[20] Long H，Fang G，Huang H，et al. Ultraviolet electroluminescence from ZnO/NiO-based heterojunction light-emitting diodes. Applied Physics Letters，2009，95（1）：013509.

[21] Ling B，Sun X W，Zhao J L，et al. Electroluminescence from a n-ZnO nanorod/p-$CuAlO_2$ heterojunction light-emitting diode. Physica E：Low-dimensional Systems and Nanostructures，2009，41（4）：635-639.

[22] Ohta H，Kawamura K I，Orita M，et al. Current injection emission from a transparent p-n junction composed of p-$SrCu_2O_2$/n-ZnO. Applied Physics Letters，2000，77（4）：475-477.

[23] Konenkamp R，Word R C，Godinez M. Ultraviolet electroluminescence from ZnO/polymer heterojunction light-emitting diodes. Nano Letters，2005，5（10）：2005-2008.

[24] Li X，Qi J，Zhang Q，et al. Saturated blue-violet electroluminescence from single ZnO micro/nanowire and p-GaN film hybrid light-emitting diodes. Applied Physics Letters，2013，102（22）：465-471.

[25] Yang Q，Wang W，Xu S，et al. Enhancing light emission of ZnO microwire-based diodes by piezo-phototronic effect. Nano Lett，2011，11（9）：4012-4017.

[26] Qian F，Gradecak S，Li Y，et al. Core/multishell nanowire heterostructures as multicolor，high-efficiency light-emitting diodes. Nano Letters，2005，5（11）：2287-2291.

[27] Qian F，Li Y，Gradecak S，et al. Gallium nitride-based nanowire radial heterostructures for nanophotonics. Nano Letters，2004，4（10）：1975-1979.

[28] Ra Y H，Navamathavan R，Yoo H I，et al. Single nanowire light-emitting diodes using uniaxial and coaxial InGaN/GaN multiple quantum wells synthesized by metalorganic chemical vapor deposition. Nano letters，2014，14（3）：1537-1545.

[29] Tang X，Li G，Zhou S. Ultraviolet electroluminescence of light-emitting diodes based on single n-ZnO/p-AlGaN heterojunction nanowires. Nano Letters，2013，13（11）：5046-5050.

[30] Lupan O，Pauporté T，Viana B. Low-voltage UV-electroluminescence from ZnO-nanowire array/p-GaN light-emitting diodes. Advanced Materials，2010，22（30）：3298-3302.

[31] Xu S，Xu C，Liu Y，et al. Ordered nanowire array blue/near-UV light emitting diodes. Adv Mater，2010，22（42）：4749-4753.

[32] Pan C，Dong L，Zhu G，et al. High-resolution electroluminescent imaging of pressure distribution using a piezoelectric nanowire LED array. Nature Photonics，2013，7（9）：752.

[33] Nadarajah A，Word R C，Meiss J，et al. Flexible inorganic nanowire light-emitting diode. Nano Letters，2008，8（2）：534-537.

[34] Lee C，Wang J，Chou Y，et al. White-light electroluminescence from ZnO nanorods/polyfluorene by solution-based growth. Nanotechnology，2009，20（42）：425202.

[35] Huang M H，Mao S，Feick H，et al. Room-temperature ultraviolet nanowire nanolasers. Science，2001，292：1897-1899.

[36] Johnson J C，Choi H J，Knutsen K P，et al. Single gallium nitride nanowire lasers. Nature Materials，2002，1（2）：106-110.

[37] Kozlov V G，Bulovic V，Burrows P E，et al. Laser action in organic semiconductor waveguide and double-heterostructure devices. Nature，1997，389：362-363.

[38] Duan X，Huang Y，Agarwal R，et al. Single-nanowire electrically driven lasers. Nature，2003，421：241-245.

[39] Agarwal R，Barrelet C J，Lieber C M. Lasing in single cadmium sulfide nanowire optical cavities. Nano Letters，2005，5（5）：917-920.

[40] Duan X，Lieber C. Laser-assisted catalytic growth of single crystal GaN nanowires. Journal of the American Chemistry Society，2000，122：188-189.

[41] Gradečak S，Qian F，Li Y，et al. GaN nanowire lasers with low lasing thresholds. Applied Physics Letters，2005，87（17）：173111.

[42] Pauzauskie P J，Sirbuly D J，Yang P. Semiconductor nanowire ring resonator laser. Phys Review Letter，2006，96（14）：143903.

[43] Qian F，Li Y，Gradečak S，et al. Multi-quantum-well nanowire heterostructures for wavelength-controlled lasers. Nature Materials，2008，7：701.

[44] Xiao Y，Meng C，Wang P，et al. Single-nanowire single-mode laser. Nano Letters，2011，11（3）：1122-1126.

[45] Zhu H，Fu Y，Meng F，et al. Lead halide perovskite nanowire lasers with low lasing thresholds and high quality factors. Nature Materials，2015，14（6）：636-642.

第6章

半导体纳米线光电转换器件

6.1 引言

随着社会科技与经济的蓬勃发展，人类对化石能源进行着无节制开采和利用，导致地球正面临着严重的能源危机和环境污染[1]。迄今人类社会仍然主要依赖于化石能源。随着世界人口和经济规模的不断增大，化石能源的消耗速度越来越快，正在加速走向枯竭，能源危机已经越来越引起世界各国的重视。化石能源在消耗的同时还会产生环境污染和温室气体排放，由此造成的问题已经严重威胁人类的可持续发展，开发可再生的清洁能源已经是人类社会势在必行的战略选择。根据 BP 能源提供的数据，煤炭、石油、天然气在能源利用方面所占的比例高达 86%，而清洁能源利用率仅占 9.3%，其中氢能占 73.5%，太阳能的利用仅占 3.5%。因此对于可再生能源的利用及廉价、清洁的新能源的开发成为当前国际能源研究领域的重点。可再生能源包括风能、潮汐能、地热能、生物质能、水能和太阳能。其中太阳能是地球上分布最广泛的、可永续利用的清洁能源，有着巨大的开发应用潜力[2]。太阳能的利用形式主要有光-热利用、光-生物利用、光-电利用和光-化学利用。光电转换主要依赖太阳能电池实现，光-化学利用主要通过光电化学电池实现。在众多材料体系中，一维半导体材料具有巨大的比表面积，这既利于光的吸收，也利于光生电荷和水溶液反应[3]。此外，一维半导体通常是单晶结构，为光生电荷提供了直接的传输通道，有益于电荷的收集。另外，利用光伏电池将太阳光直接转化成电能，是现阶段比较成熟的已经商业化的技术。但目前的太阳能电池技术仍然存在着效率问题、稳定性问题和价格问题。近年来钙钛矿材料在光伏电池上的研究为寻找高效率、低成本的新技术带来希望。

6.2 太阳能电池

太阳能电池是一种通过光电效应或者光化学反应直接把光能转化成电能的装置。1839 年法国物理学家 Becquerel 发现了光生伏打效应，随后英国科学家发现当太阳光照射硒半导体时会产生电流[4, 5]。这种光电效应太阳能电池的工作原理如下：半导体 pn 结受到光照，激发形成空穴-电子对，在 pn 结电场的作用下，激子首先被分离成为电子与空穴并分别向阴极和阳极输运。光生空穴流向 p 区，光生电子流向 n 区，接通电路后就形成电流[6]。太阳能技术发展至今，大致经历了三个阶段：第一代太阳能电池主要指单晶硅和多晶硅太阳能电池，目前其在实验室的光电转换效率已经分别达到 25%和 20.4%[7]。第二代太阳能电池主要包括非晶硅薄膜电池和多晶硅薄膜电池。硅薄膜太阳能电池是以 SiH_4 或 $SiHCl_3$ 为硅原料，用化学气相沉积法或等离子体增强化学气相沉积法制作太阳能电池，其优势是可以大批量、低成本生产，其光电转换效率最高已达 20.1%。第三代太阳能电池主要指具有高转换效率的一些新概念电池，如染料敏化电池、量子点电池及有机太阳能电池等[8, 9]。在众多半导体材料结构中，纳米棒阵列具有三维空间结构，比表面积大，有助于复合其他材料，可提供有效电子传输通道，利于光生电子-空穴的有效分离，被广泛应用于太阳能电池中[10-14]。

6.2.1 染料敏化太阳能电池

在 20 世纪 90 年代初，瑞士洛桑高等工学院的 Gratzel 及其同事在高效染料敏化太阳能电池方面取得重大突破，基于纳尺度多孔 TiO_2 材料在标准太阳光下获得 7.1%的光电转换效率[15-17]。从此，大量的研究工作者致力于染料敏化太阳能电池的研究，有希望实现高效率和低成本的新型电池以替代传统的硅基光伏器件。染料敏化太阳能电池一般由以下五个部分组成：导电基底（透明导电材料）、纳米半导体薄膜、染料光敏化剂、电解质和对电极，其结构如图 6-1 所示[18]。导电基底材料分为光阳极材料和光阴极（对电极）材料，包括透明导电玻璃、金属片、聚合物导电基底等。纳米半导体薄膜的主要作用是吸附染料光敏化剂，并传输激发态染料产生的电子到导电基底上。染料光敏化剂对电池的光吸收效率和光电转换效率至关重要。电解质可分为液态、准固态和固态三种，可将光阳极上处于氧化态的染料还原，同时自身在对电极接受电子并被还原[19]。

光阳极半导体材料负责收集和传输光生电子，对器件性能有着至关重要的影响。半导体材料的比表面积、化学稳定性、结晶性等因素严重影响染料吸附、载流子行为、光利用率。半导体纳米线不仅具有高比表面（利于染料的吸附），而且具有载流子直线传输通道（利于载流子传输），是理想的染料敏化电池光阳极结构。

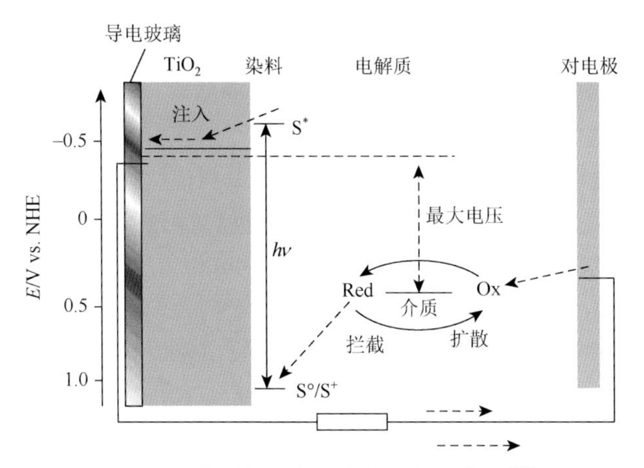

图 6-1　染料敏化太阳能电池的示意图[18]

S°. 染料；S^*. 激发态染料；S^+. 氧化态染料

TiO_2 半导体是目前染料敏化太阳能电池中主要使用的光阳极材料。Grimes 首次通过水热合成法制备长度约 5μm 的取向生长的 TiO_2 纳米线阵列，并用于构建染料敏化太阳能电池，获得 5.02%的光电转换效率[20-26]。

Kuang 课题组通过两步水热法制备了多级 TiO_2 纳米线阵列复合结构（由长单晶纳米线支架和短单晶纳米棒分支组成），并应用于染料敏化太阳能电池中，其制备过程如图 6-2 所示[26]。首先通过水热法和离子交换过程制备 $H_2Ti_2O_4(OH)_2$ 阵列；随后 500℃热处理 3h 后得到锐钛矿 TiO_2 纳米线阵列；将上述 TiO_2 纳米线阵列经过二次水热生长，得到多级 TiO_2 纳米线阵列复合结构；将该复合结构生长在基底上得到光阳极并用于染料敏化太阳能电池。

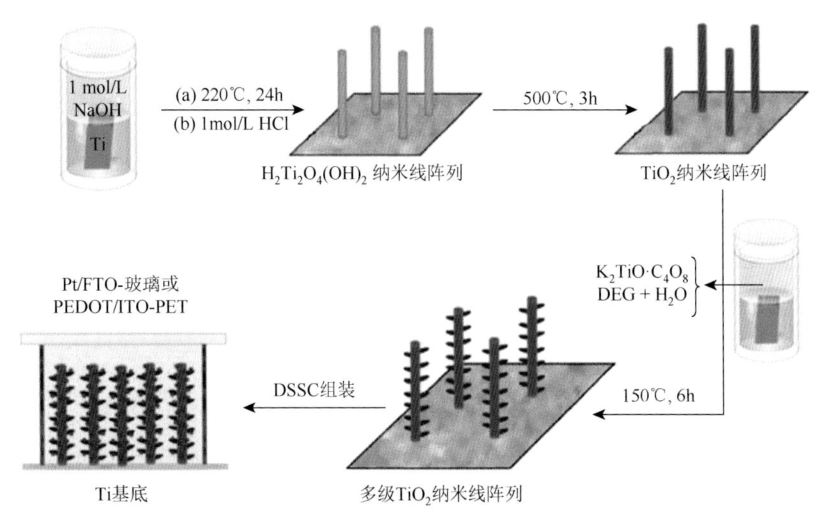

图 6-2　TiO_2 纳米线阵列复合结构及染料敏化太阳能电池制备过程[26]

该多级 TiO_2 纳米线阵列复合结构的透射电镜照片如图 6-3 所示。长纳米线阵列直径为 72nm，沿[100]面取向生长，短纳米线单晶直径在 5～12nm，长度为 20～40nm，并均匀覆盖在长 TiO_2 纳米线阵列表面。该多级结构具有大比表面积，有助于吸附更多的染料分子，而且具有优异的光散射能力，提高了光利用率。基于该多级 TiO_2 纳米线阵列复合结构构建了染料敏化太阳能电池，相比于基于单独氧化钛纳米线阵列光阳极的电池，其短路电流密度提升了 52%（由 5.29mA/cm^2 提高到 8.03mA/cm^2），电池光电转换效率提升了 45%（由 3.12%提高到 4.51%）。此外，首次将多级 TiO_2 纳米线阵列复合结构应用于柔性太阳能电池并获得了 4.32% 的光电转换效率。

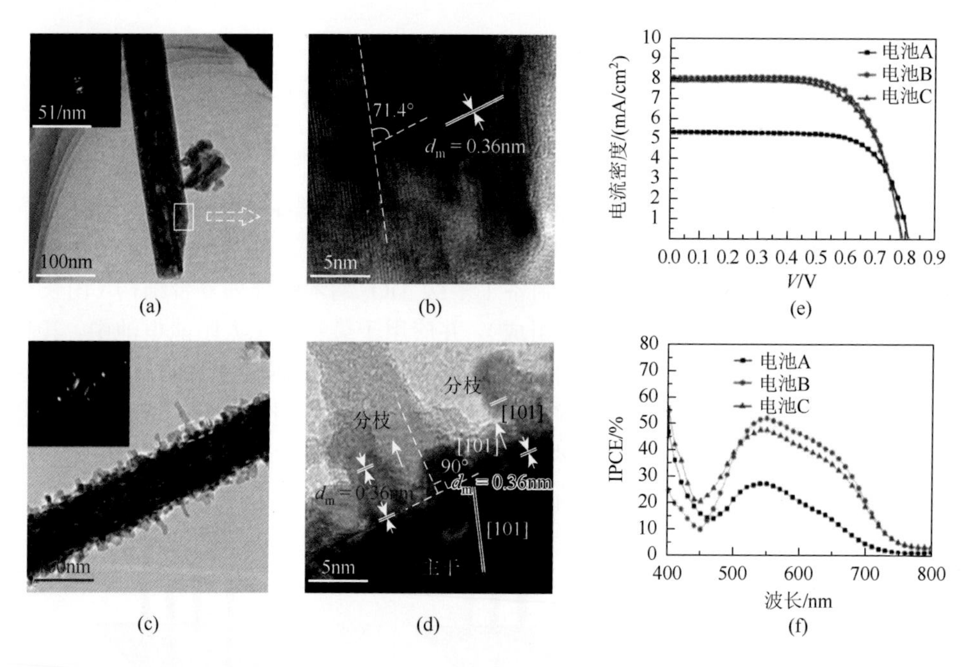

图 6-3 TiO_2 纳米线阵列复合结构透射电镜图（a）、高分辨透射电子显微镜图（b）及局部区域的透射电镜图（c）、高分辨透射电子显微镜图（d），（a）和（c）中的插图分别是长 TiO_2 纳米线和短 TiO_2 纳米线的选区电子衍射图；（e）染料敏化太阳能电池 A、B、C 的电流密度-电压曲线，电池 A：FTO 基底上生长 TiO_2 纳米线（Pt 为对电极），电池 B：FTO 基底上生长多级 TiO_2 纳米线复合结构（Pt 为对电极），电池 C：基于多级 TiO_2 纳米线复合结构的柔性电池（PEDOT/ITO-PET 为对电极）；（f）三种电池的单色光电转换效率曲线[26]

ZnO 半导体与 TiO_2 的能带结构相近，ZnO 纳米线阵列光阳极不仅具有电子复合率低、比表面积大进而光散射能力强的优势，而且可提供电子直线传输路径，被广泛应用于染料敏化太阳能电池[21-25]。光阳极材料的纳米结构对染料敏化太阳能电池的光电转换效率有着重要的影响。通过对 ZnO 纳米线阵列进行表面修饰可提高性能。张跃课题组通过在 ZnO 纳米线阵列表面复合量子点及同质复合 ZnO 薄膜和颗粒的方法优化光阳极结构，提高染料敏化太阳能电池的性能[24]。通过旋涂 0.25mol/L 的乙酸锌与乙醇胺的乙二醇单甲醚溶液得到多层 ZnO 薄膜图层。基于该纳米结构的染料敏化太阳能电池性能曲线如图 6-4（a）所示。对比发现，复合不同厚度 ZnO 薄膜严重影响了器件性能，随着修饰次数增加，电池性能参数均呈现先上升后下降的变化趋势。修饰一层 ZnO 薄膜后器件光电转换效率最高达 0.54%，相比复合前提高了 26%。这是由于 ZnO 薄膜提高了对染料的吸附和对电子的传输能力。而多层薄膜填充了阵列的孔隙，减少了染料吸附有效面积，孔隙率下降。ZnO 纳米颗粒也被用来构建复合光阳极结构。基于不同厚度 ZnO 纳米颗粒与纳米线阵列复合结构所构建的染料敏化太阳能电池性能如图 6-4（b）所示。对比发现，随着纳米颗粒厚度增加，短路电流密度与电池效率呈现近线性增长趋势。这是由于复合结构增大了染料吸附的有效表面积，然而纳米颗粒导致电子复合严重，降低了开路电压。器件最高效率在覆盖 3 层纳米颗粒后获得，为 2.8%。

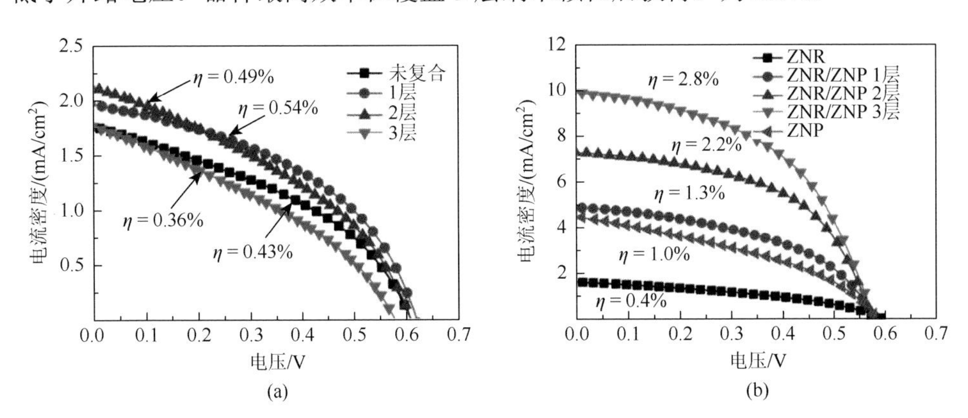

图 6-4　（a）修饰不同层 ZnO 薄膜后染料敏化太阳能电池电流密度-电压曲线；（b）复合不同厚度 ZnO 纳米颗粒后染料敏化太阳能电池电流密度-电压曲线[24]

2014 年，张跃课题组结合双光束激光干涉技术与水热合成法设计图案化 ZnO 纳米阵列光阳极[9]。通过 0°、0° + 30°、0° + 60°和 0° + 90°四种双光束激光干涉曝光模式得到四种模板，精确调控 ZnO 纳米棒阵列的周期与排列方式。不同排列方式制备的纳米阵列密度不同，其中 0° + 30°、0° + 60°和 0° + 90°排列方式下每个模板孔洞的纳米棒数目分别为 13 根、7 根和 10 根，如图 6-5（a～c）所示。不同排列方式的 ZnO 纳米棒阵列形成三角形间隙，不仅有利于染料分子在纳米线根部的吸附，同时有利于 ZnS 薄膜全方位包覆。此外，采用背面有 Al 反射层的 Pt-FTO 作为对电极，实现了太阳光的二次吸收利用。图 6-5（d）所示是不同 ZnO 排列方式下染料敏化太阳能电池的性能对比曲线，发现图案化技术提高了器件效率，其中 0° + 60°排列方式的光阳极具有最强的宽光谱吸收能力，器件效率最高达到

2.09%。这说明 ZnO-ZnS 核壳纳米棒阵列的排列方式影响光阳极的光散射能力和染料吸附数目，进而对染料敏化太阳能电池的性能产生重要影响。如图 6-5（e）所示，0°和 0° + 60°方式排列的 ZnO 阵列在引入 Al 反射层后分别实现了 27.6%和 17.4%的效率提升，说明 Al 反射层有效地将未被吸收的光反射回光阳极，促进光的二次吸收，进而提高器件性能。

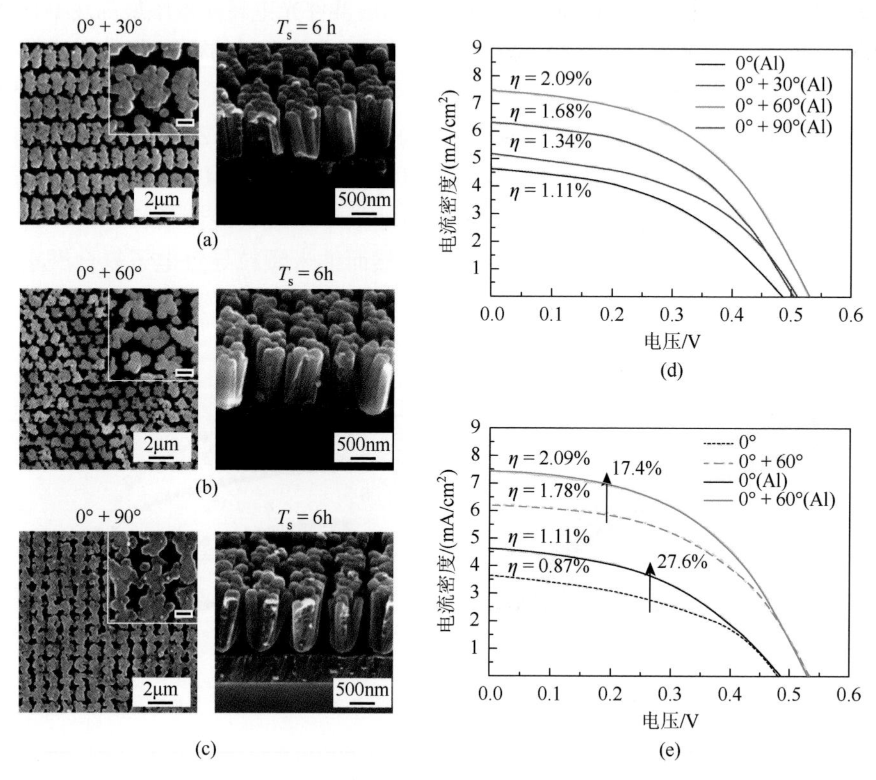

图 6-5 不同排列方式 ZnO 纳米线光阳极与染料敏化太阳能电池性能对比：（a～c）0° + 30°、0° + 60°和 0° + 90°三种双光束激光干涉曝光模式得到三种模板所制备的 ZnO 纳米线阵列的电镜图；（d）不同排列方式 ZnO 纳米线阵列光阳极对应的器件电流密度-电压曲线；（e）引入 Al 反射层前后染料敏化太阳能电池的电流密度-电压曲线[9]

在 ZnO 纳米线阵列长时间敏化后 Zn^{2+} 与染料分子形成络合物，表面发生腐蚀，进而降低了染料敏化太阳能电池的性能。2011 年张跃教授选用 Al_2O_3 和 SiO_2 两种耐酸碱的氧化物包覆在 ZnO 纳米线阵列表面，抑制其因发生过敏化而分解[25]。将异丙醇铝与去离子水按照 1∶100～1∶200 的物质的量比进行混合制成氧化铝溶液，随后旋涂在 ZnO 纳米线阵列表面，500℃退火处理 30min 得到 Al_2O_3/ZnO 复合纳米线阵列。图 6-6（a）为 Al_2O_3 包覆后 ZnO 纳米线光阳极敏化 20min、40min、60min、120min 后所得染料敏化太阳能电池的性能曲线。随着敏化时间延长，器件效率呈现先增加后减小的趋势，其下降速率得到缓解。其中敏化 40min 后获得的最高光电转换效率为 0.36%。此外，SiO_2 作为一种稳定的氧化物同样被用作 ZnO 纳米线阵列的保护层。配制浓度在 10%～26%（质量分数）的氧化硅水溶液旋涂在纳米线表面，500℃退火处理 30min 得到 SiO_2/ZnO 复合纳米线阵列。图 6-6（b）为 SiO_2 包覆后 ZnO 纳米线阵列光阳极敏化 20min、40min、60min、120min 后所得染料敏化太阳能电池的性能曲线。器件的光电转换效率先增大后减小，敏化 60min 后获得了最高的光电转换效率 0.35%。通过在 ZnO 纳米线阵列表面包覆 Al_2O_3 和 SiO_2 两种稳定氧化物，有效地缓解了 ZnO 纳米线阵列光阳极的过敏化现象，提高了光阳极的耐腐蚀性能，提高了器件的稳定性。此外，为了防止 Zn^{2+} 与染料分子的形成，CdS 量子点作为 n 型半导体被用来替代染料以提高器件稳定性[27]。

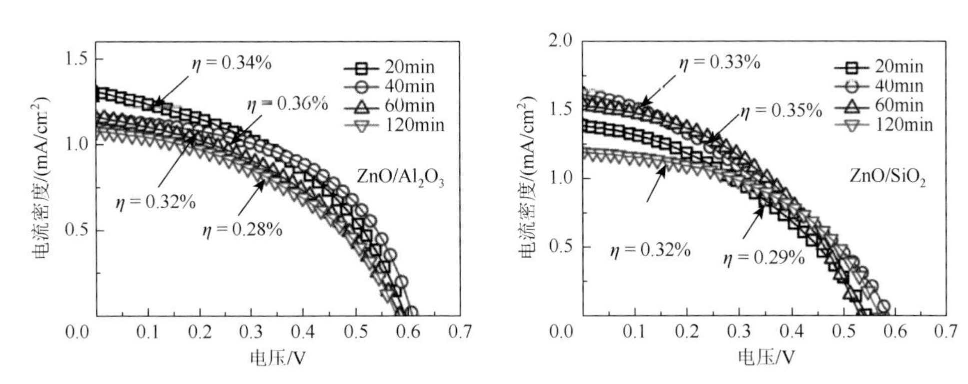

图 6-6 包覆 Al_2O_3（a）和 SiO_2（b）的 ZnO 纳米线阵列光阳极在不同敏化时间后的电流密度-电压曲线[25]

6.2.2 钙钛矿太阳能电池

有机-无机杂化钙钛矿材料的晶体结构为 ABX_3 型，BX_6 八面体共顶连接形成三维网络结构，可以容忍较宽的 B—X—B 键角范围，八面体之间存在扭转角度，使钙钛矿结构的对称性随温度降低而降低[4]。$CH_3NH_3PbI_3$ 在不同的温度下具有不同的晶体结构：在 161.4K 以下为斜方晶系（*Pnma*）；161.4～330.4K 为四方晶系（*I4/mcm*）；而在 330.4K 以上为立方晶系（$Pm\overline{3}m$）。钙钛矿材料原料成本低且生产工艺简单，而且由于成分和结构的不同有许多奇特的性质，基于该材料的太阳能电池在短短几年内光电转换效率已达到 22.1%[28-33]。钙钛矿材料在带边有着大的吸收振子强度，所以在可见区中有很强的吸收[34]。同时材料自身具有电子空穴传输特性，所以它可以应用于 p-i-n 结也可以用于 pn 结电池。钙钛矿太阳能电池的工作机理与有机太阳能电池的工作机理几乎一致，只是在光生激子和光生载流子上有所差异。因为四方相钙钛矿的束缚能最大为 50meV[35]，正交晶相束缚能为 37～50meV[36]，也有文献指出束缚能应为 1～10meV[37]，即使是 50meV 的束缚能，光照后膜内产生的也是自由载流子，所以钙钛矿材料受激产生的是自由载流子而不是激子。这个现象已由 D'Innocenzol 在 2014 年证实，钙钛矿材料激子束缚能类似于无机材料，所以电池的异质结只是简单的选择性电荷收集，而不是激子离域化。这就促成了钙钛矿太阳能电池与有机太阳能电池和无机电池的工作机理的差异性。全固态钙钛矿光伏电池发展至今，其电池原理一直是研究者竞相探究的方向。目前对于钙钛矿电池的工作原理主要有两种观点。第一种是钙钛矿作为光敏材料，吸光激发形成电子空穴对，进而电荷分离，电子注入多孔的氧化钛导带，电子通过纳米多孔膜传输，称为染料敏化观点。第二种是钙钛矿双极性材料为本征层，该层负责吸收太阳光、产生激子、电荷分离，同时负责传输电子等，纳米多孔的二氧化钛或者氧化铝膜作为钙钛矿层的载体，称为异质结观点。

基于这两种原理，目前研究的钙钛矿太阳能电池结构主要集中于三种，如图 6-7 所示。第一种是介孔结构，此结构是由染料敏化太阳能电池演化而来，钙

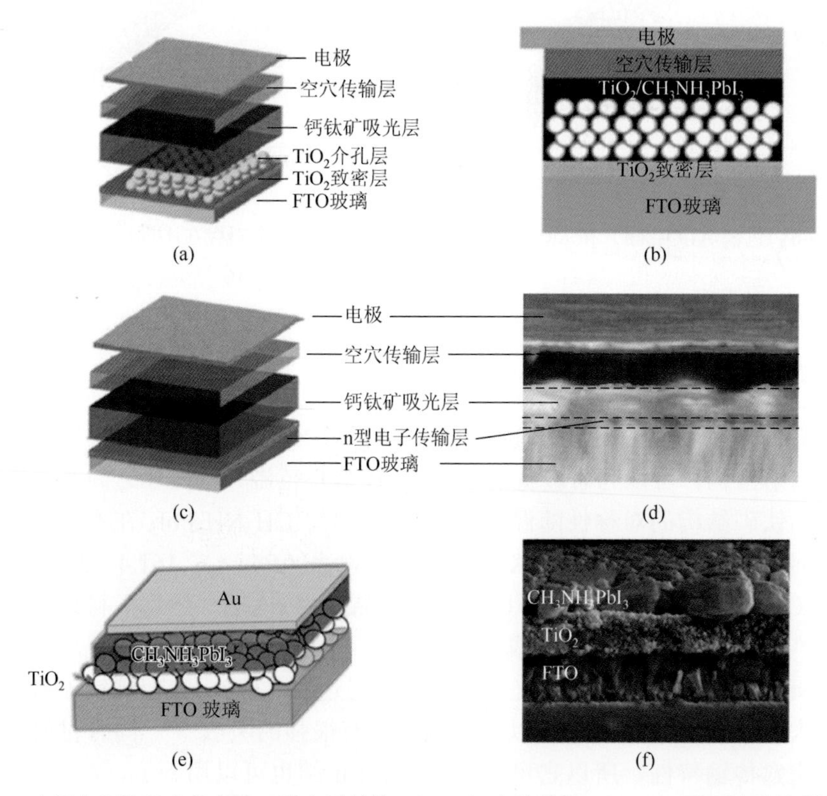

图 6-7 全固态钙钛矿光伏电池三种主要结构：（a，b）介孔结构；（c，d）平面异质结薄膜结构；（e，f）无空穴传输层（HTM）钙钛矿太阳能电池[38]

钛矿材料作为光敏化剂覆盖在多孔 TiO_2 或 Al_2O_3 上，其结构为透明导电玻璃/TiO_2 或 ZnO 致密层/钙钛矿敏化的多孔 TiO_2 或 Al_2O_3 层/HTM/金属电极[38, 39]；第二种是平面异质结薄膜结构，其结构为透明导电玻璃/TiO_2 或 ZnO 致密层/钙钛矿层/HTM/金属电极，在这种结构中，钙钛矿既是光吸收层又是电子和空穴的传输层[40-42]；第三种是无 HTM 的钙钛矿太阳能电池[43, 44]。

电子传输层在钙钛矿太阳能电池中的作用是接收钙钛矿吸光层的电子，将其传输至透明电极，同时阻挡空穴与电子的复合。电子传输层的材料要具备与钙钛矿相匹配的能级，才能接收电子并阻挡空穴；要具备较高的电子迁移速率，才能实现高的电池效率；要具备良好的透光性能，才能保证钙钛矿吸光层接收到足够的光能。目前钙钛矿太阳能电池中电子传输材料多制成介孔结构，在这样的结构中，钙钛矿可以穿透介孔层，这样可以缩短电子从钙钛矿向 n 型半导体层的输运距离，降低电子和空穴的复合率。此外，介孔结构有利于钙钛矿层的生长，易于得到形貌和结晶性优良的钙钛矿，制备出的钙钛矿太阳能电池效率较高，而且可重复性很好。现在广泛应用 TiO_2 作为电子传输材料，此外还有 ZnO_2、Al_2O_3、ZrO_2、WO_3、Fe_2O_3、SnO_2 等金属氧化物，以及富勒烯（C_{60}）、富勒烯衍生物（$PC_{60}BM$、ICBA、Bis-C_{60}）等有机电子传输材料。随着研究的不断深入，将会有更多性能优良的电子传输材料[38, 39]。

TiO_2 纳米线阵列作为开孔结构，直径与长度可调，且电子迁移率比纳米颗粒高两个数量级[45]。Park 利用取向生长的 TiO_2 纳米线阵列制备得到 $CH_3NH_3PbI_3$ 钙钛矿太阳能电池，获得 9.4%的光电转换效率[46]。为进一步促进载流子传输，Li 制作锥状 TiO_2 纳米线作为电子传输层，钙钛矿太阳能电池效率提高到 12%[47]。TiO_2 纳米线阵列在生长过程中产生孔隙和缺陷，影响了电荷的传输，降低了电池光电转换效率。原子层沉积技术可实现单原子层逐层沉积，且沉积的薄膜具有极佳的均匀性和薄膜覆盖率。韩国研究人员 Mali 利用原子层沉积技术在水热法制备的 TiO_2 纳米线阵列表面沉积了厚 1～5nm 的 TiO_2 薄膜，其制备过程如图 6-8 所示[48]。

首先，利用原子层沉积技术钝化单步水热过程制备的 TiO_2 阵列，随后将 CH_3NH_3I（MAI）和 PbI_2 溶解在 γ-丁内酯溶剂中并旋涂到 TiO_2 阵列上，沉积 $CH_3NH_3PbI_3$，然后在热板上加热。在该结构中，涂覆 $CH_3NH_3PbI_3/TiO_2$ 的 FTO 基底为工作电极，$CH_3NH_3PbI_3$ 纳米颗粒夹在电子传输层（TiO_2）和空穴传输层（spiro-MeOTAD）之间充当吸收层。电池受到光照，在钙钛矿层产生光生电子-空穴对：

$$CH_3NH_3PbI_3 \longrightarrow CH_3NH_3PbI_3(h^+ + e^-)$$

TiO_2 材料和钙钛矿材料能带匹配，钙钛矿材料产生的光生电子传输到 TiO_2 材料，$CH_3NH_3PbI_3(h^+ + e^-) + TiO_2 \longrightarrow CH_3NH_3PbI_3\,(h^+) + TiO_2\,(e^-)$。同时空穴通过 spiro-MeOTAD 传输到外电路。

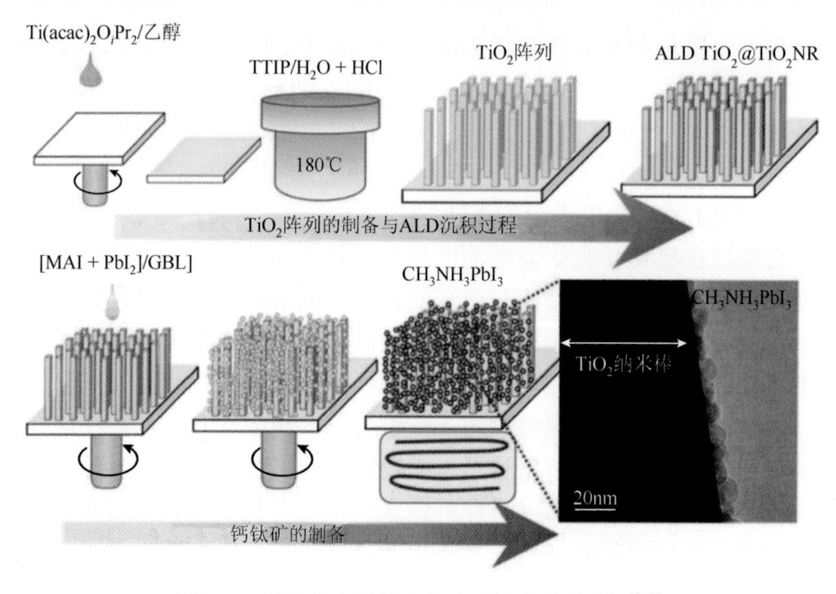

图 6-8 钙钛矿太阳能电池合成过程的示意图[48]

如带隙示意图 6-9（a）所示，原子层沉积氧化钛层可有效地防止电子传输层中电子与钙钛矿材料中的空穴复合，同时降低了氧化钛表面缺陷。与未处理和 $TiCl_4$ 处理的氧化钛纳米线阵列相比，原子层沉积技术处理后的氧化钛纳米线阵列构建的钙钛矿太阳能电池开压和填充因子随着沉积厚度的变化而变化。如图 6-9（b，c）所示，随着沉积厚度增加，电池开路电压与填充因子增加，但厚度超过 5nm 后，短路电流下降。当厚度为 4.8nm 时电池开压最大为 0.945V，复合速率最低，电池效率达 13.45%。

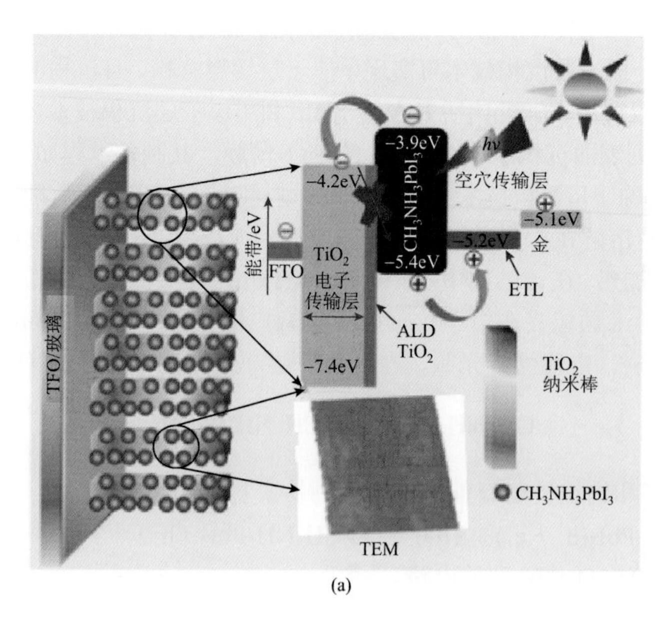

(a)

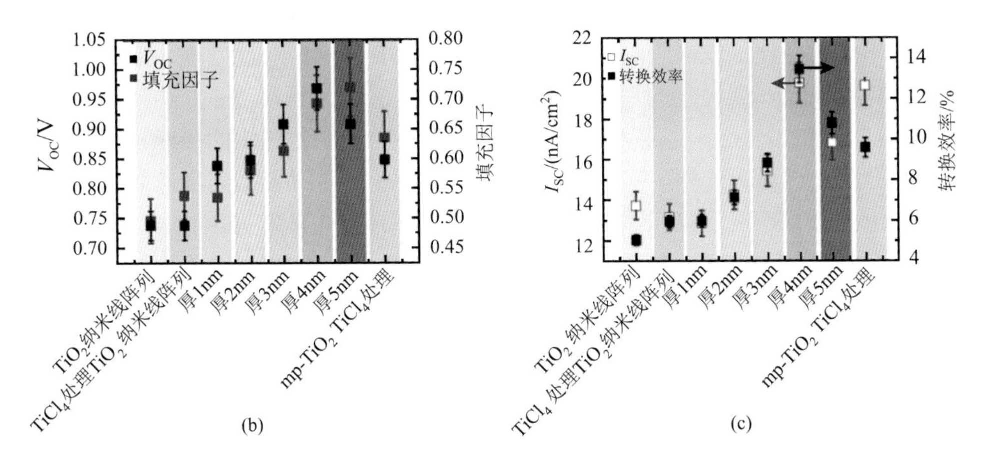

图 6-9　(a) 钙钛矿太阳能电池能带结构示意图；TiO_2 纳米线阵列、$TiCl_4$ 处理 TiO_2 纳米线阵列、介孔 TiO_2；(b) 不同厚度原子层沉积 TiO_2 薄膜后的 TiO_2 纳米线阵列构筑的钙钛矿太阳能电池开路电压与填充因子；(c) 短路电流与光电转换效率[48]

ZnO 半导体的电子迁移率比 TiO_2 高，是另一种常用于钙钛矿太阳能电池的电子传输层材料。王命泰课题组在 ZnO 纳米线上沉积 CdS 量子点，不仅钝化了 ZnO 纳米线表面缺陷，提高了器件开路电压，同时 CdS 量子点提高了器件吸光能力，如图 6-10 所示。CdS 包裹 ZnO 纳米线促进了界面载流子的迁移，减少了界面复合，将 ZnO/CdS 核壳纳米线阵列用于 $CH_3NH_3PbBr_3$ 钙钛矿太阳能电池中，获得 4.31%的效率[49]。2015 年 Amassian 课题组采用 TiO_2 包裹的 ZnO 纳米线阵列作为电子传输层，构建的钙钛矿太阳能电池获得 15.35%的光电转换效率[50]。同年该课题组用氮元素掺杂 ZnO 纳米线阵列，提高了电子传输性能。通过添加聚乙烯亚胺

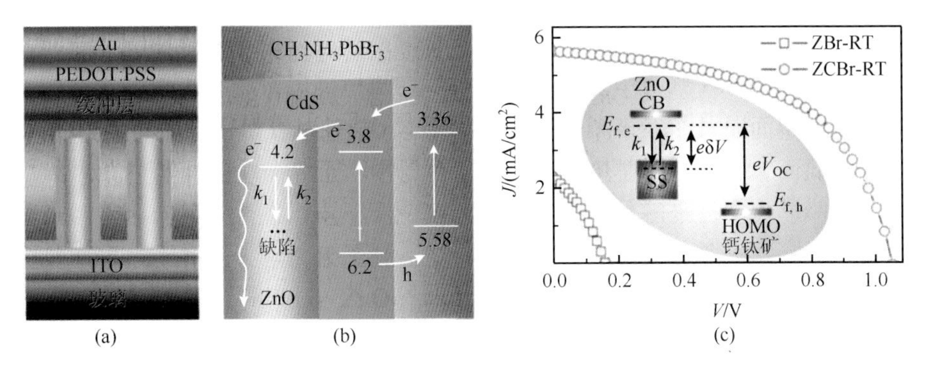

图 6-10　(a) ZnO@CdS 基钙钛矿太阳能电池示意图；(b) $ZnO/CdS/CH_3NH_3PbBr_3$ 能带示意图 (图中数字的单位是 eV)；(c) 引入 CdS 量子点前后钙钛矿太阳能电池电流密度-电压曲线 (ZBr-RT：未热处理 $ZnO/CH_3NH_3PbBr_3$ 基钙钛矿电池，ZCBr-RT：未热处理 $ZnO/CdS/CH_3NH_3PbBr_3$ 基钙钛矿电池)[49]

制备出不同长径比的 ZnO 纳米线阵列，如图 6-11 所示。对比发现，利用大长径比 ZnO 纳米线阵列构建的钙钛矿太阳能电池效率高，且在 ZnO 纳米线高度为 1070nm 时获得最大值。这说明大长径比有利于钙钛矿与 ZnO 的接触，有利于载流子的产生与分离。此外，聚乙烯亚胺被用来调控 ZnO 功函数，聚乙烯亚胺包覆的 ZnO 纳米线阵列功函数下降了 0.37eV，提高了短路电流和开路电压。最终在元素掺杂、长径比调控和界面调控的共同作用下，基于 ZnO 纳米线阵列的钙钛矿太阳能电池获得 15.1%的光电转换效率[51]。孟庆波课题组通过 Al 元素掺杂 ZnO 纳米线阵列，当掺杂浓度为 5%时，钙钛矿太阳能电池效率最高，达 10.7%。图 6-12 为不同掺杂浓度下钙钛矿太阳能电池性能参数变化。对比发现，Al 元素掺杂提高了 ZnO 导带位置，提高了开路电压[52]。

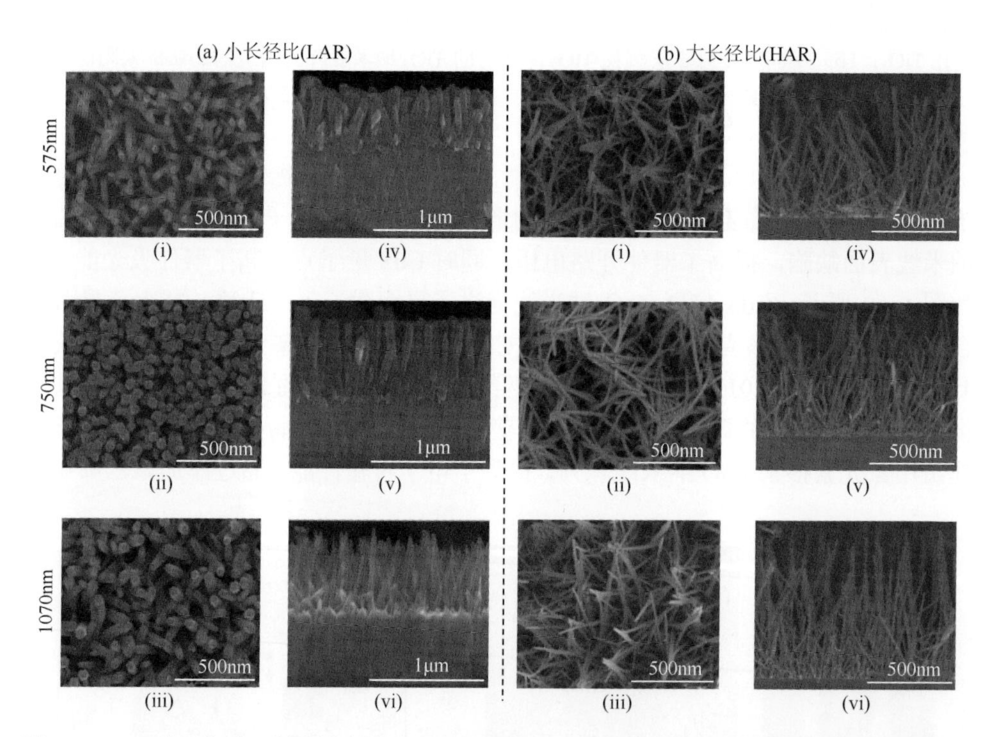

图 6-11 （a）未添加聚乙烯亚胺制备的小长径比的 N：ZnO 纳米线阵列形貌图；（b）添加聚乙烯亚胺制备的大长径比的 N：ZnO 纳米线阵列形貌图[51]

6.2.3 pn 异质结太阳能电池

异质结太阳能电池具有成本低、光电转换效率高和制备工艺简单的优势，已成为光伏发电领域的研究热点之一[53]。Cu_2O 材料为典型的窄禁带半导体（禁带

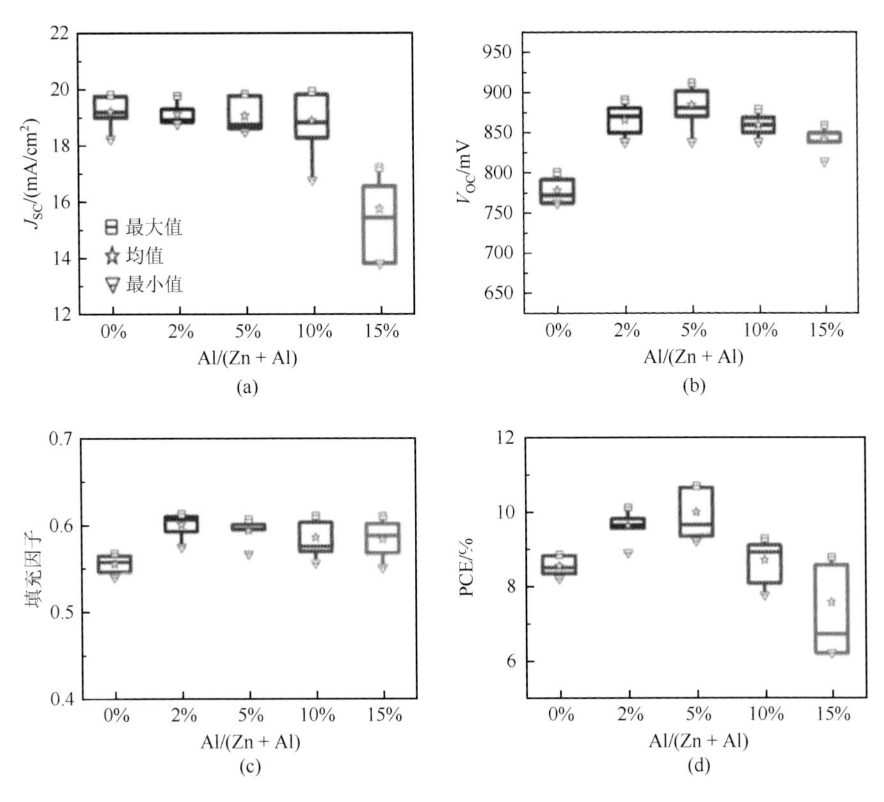

图 6-12 不同 Al 元素掺杂浓度下钙钛矿太阳能电池性能参数变化：(a) 短路电流变化；(b) 开路电压变化；(c) 填充因子变化；(d) 光电转换效率变化[52]

宽度为 1.9～2.38eV)，可直接利用 95%以上的太阳能，Shockley-Queisser 理论效率高达 20%。Cu_2O 与 ZnO 材料能级和晶格匹配度高，Cu_2O 的光生电子易移动到 ZnO 中，利于载流子的分离。ZnO/Cu_2O 异质结太阳能电池是由 n 型 ZnO 和 p 型 Cu_2O 两种不同的半导体材料组成的 pn 结太阳能电池，其结构如图 6-13 所示。pn 结两侧均为欧姆接触电极，负责电子的高效传输。电极方面，ZnO 一侧采用 FTO、ITO 或 AZO 等导电薄膜作为电极，Cu_2O 一侧多使用 Au、Pt 等金属薄膜作为电极，光照从透明电极一侧（ZnO）进光[54]。为使 pn 结太阳能电池产生光生电动势（或光生积累电荷），需要满足以下两个条件：首先，半导体材料对一定波长的入射光有足够大的光吸收系数（α），即要求入射光子的能量 $h\nu$ 大于或等于半导体材料的带隙 E_g，使该入射光子能被半导体吸收而激发出光生非平衡的电子空穴对；其次，电池具有光伏结构，即有一个内建电场所对应的势垒区。势垒区的重要作用是分离两种不同电荷的光生非平衡载流子，在 p 区内积累非平衡空穴，而在 n 区内积累非平衡电子，于是产生一个与平衡 pn 结内建电场相反的光生电场，从而在 p 区和 n 区之间建立了光生电动势。除了上述 pn 结能产生光伏效应外，金属-半导体形成的肖特基结也能产生光伏效应，如 Cu/Cu_2O，其工作原理与 pn 结相似[55, 56]。

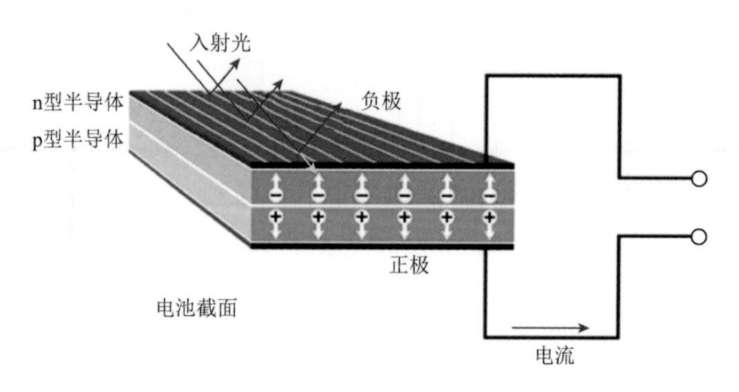

图 6-13 pn 结太阳能电池结构示意图[54]

2009 年，杨培东在取向生长的 ZnO 纳米线阵列空隙中填充 Cu_2O 纳米颗粒薄膜，构建全无机氧化物异质结太阳能电池。但是该方法形成的异质结界面不连续，缺陷较多[57]。2010 年，Cui 课题组通过电沉积技术在 ZnO 纳米线阵列中填充 Cu_2O，实现 0.88%的光电转换效率[58]。但是 ZnO 纳米线阵列间隙大小不一，导致 Cu_2O 材料无法均匀填充，限制了器件效率。2015 年，张跃教授设计并构建了一种由图案化 ZnO 纳米棒阵列和 Cu_2O 薄膜组成的 ZnO/Cu_2O 三维有序纳米异质结太阳能电池[59]。利用双光束激光干涉法制备线状排列的条纹模板、方形排列的孔洞模板，并水热生长 ZnO 纳米线阵列，如图 6-14（a～c）所示。在图案化前后的纳米线阵列上沉积 Cu_2O 薄膜得到三种不同类型的 ZnO/Cu_2O 异质结，如图 6-14（d～f）所示。对比发现，图案化后 Cu_2O 薄膜充分填充到 ZnO 间隙中，有利于光生载流子产生分离。基于上述三种异质结构建的电池中，方形排列 ZnO 纳米线阵列构建的异质结电池性能最高为 1.52%，相比图案化前提高了 2.3 倍。

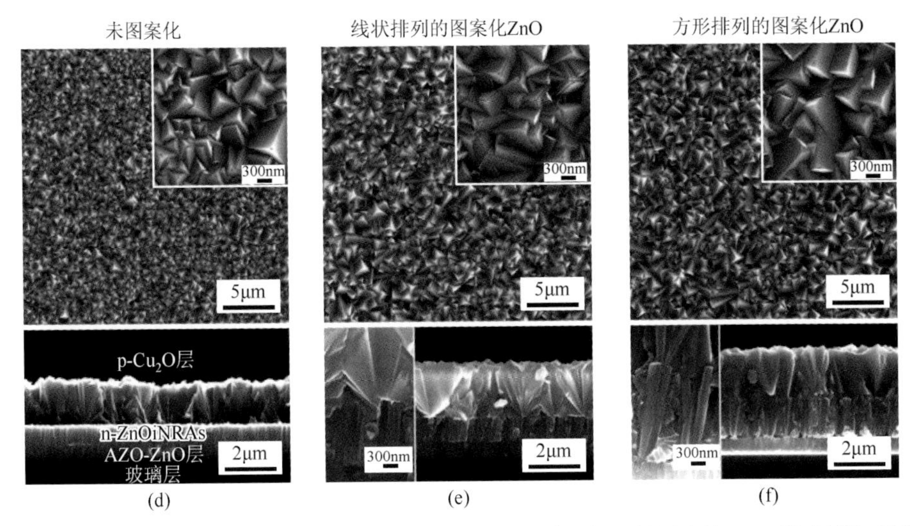

图 6-14 （a）未图案化 ZnO 纳米线阵列的形貌图；（b）线状排列的图案化 ZnO 纳米线阵列形貌图；（c）方形排列的图案化 ZnO 纳米线阵列形貌图；基于未图案化 ZnO 纳米线阵列（d）、线状排列 ZnO 纳米线阵列（e）、方形排列图案化 ZnO 纳米线阵列（f）的异质结形貌正视与侧视图[59]

6.3 光电化学电池制氢

太阳能是取之不尽、用之不竭的可再生的绿色能源，人类从未放弃过对太阳光利用的探索。在不远的未来，人类将怎样利用太阳能？或许将太阳能转化成化学能将是人类利用太阳能的终极目标。试想一下，利用阳光将地球上储量丰富的海水分解成热值极高的氢气和生物呼吸离不开的氧气，这是非常理想的技术。通过光电化学电池有望实现这一目标。它利用具有光催化活性的半导体材料吸收太阳光，产生光生电子和空穴，并进一步和水反应，发生析氢和析氧反应[60-63]。

6.3.1 光电化学电池制氢原理

1972 年，发现在紫外光辐照下，二氧化钛光阳极可以将水直接分解成氢气和氧气[64]。这预示着可以利用取之不尽、用之不竭的太阳能分解地球上分布极广的海水，来实现太阳能到化学能的直接转换，为人类解决能源问题提出了新方法。氢气的热值非常高，是汽油的三倍多，而且燃烧产物只有水，非常清洁环保。氢气作为一种化学燃料，相比电能具有便携性。然而目前工业制氢的方法主要是裂解石油气，不仅耗能高，而且污染非常严重。在自然界绿色植物利用光合作用直接将太阳能储存在碳水化合物之中，利用半导体材料的光催化性能，可以吸收太阳光将水直接分解生成氢气，将太阳能转化为氢能，这一技术称为人工光合作用。

目前太阳光分解水技术主要有两类，一类为光催化技术，另一类为光电化学技术。前者由于水的氧化反应和质子还原反应发生在同一纳米颗粒上，因此光生电子、空穴的复合率高，产氢效率低；后者依靠外加偏压传输光生电子，析氧反应和析氢反应分别发生在不同电极上，因此产氢效率更高。光电化学电池由光阳极、电解液和对电极构成。光阳极和水溶液接触后，由于两者的费米能级位置不同，在光阳极表面发生能带弯曲，形成类肖特基结的内建电场。当光阳极受到光辐照后，光生电子-空穴对在界面空间电场作用下发生分离，光生空穴到达固液界面氧化水产生氧气，光生电子在内建电场和外电场作用下通过外电路跃迁到对电极，还原水中的质子形成氢气，从而将水分解。

制备光阳极的关键是选择合适的半导体材料，为了使水的分解反应顺利进行，半导体的导带位置应高于质子还原电位，价带位置应低于水的氧化电位，这样才能给予光生电子和光生空穴足够的过电位来发生析氢和析氧反应。在标准热力学状态下，水的分解电压为 1.23V，而考虑到光电化学反应过程中的能量损耗等问题，半导体的带隙宽度应在 1.8～2.2eV。

光转氢效率（η）是衡量光电化学电池性能的关键指标，在光电化学反应中，光电流的大小决定了水分解反应的速率，假设法拉第效率为 100%，则光转氢效率可以表示为

$$\eta = \frac{J(1.23 - V_{\mathrm{RHE}})}{P}$$

式中，J 是光电流密度；V_{RHE} 是相对于氢标准电极的电压；P 是入射光功率。入射单色光子电子转换效率（IPCE）是另一个表征光电化学电池转换效率的关键参数，是指光电化学电池每吸收一个光子转换成一个电子的概率，是光生电子数和入射光子数的比值，即

$$\mathrm{IPCE} = \frac{1240J}{\lambda P}$$

式中，λ 是入射光的波长；1240 为修正系数。

6.3.2 光电化学电池的吸光性能优化

通过对光电极的表面结构精细设计，延长入射光的光程，可以有效提高光电化学电池对太阳光的利用率。通过激光干涉法制备图案化的高度有序化的纳米线阵列，利用光散射效应，可大大提高光电极的光俘获效率。

通过水热法直接在掺铝氧化锌导电玻璃基底（AZO）上生长的 ZnO 纳米线阵列非常致密，如薄膜一般，如图 6-15 所示，这种平整的表面结构不利于光的俘获。张跃研究小组通过双光束激光干涉法在 AZO 基底上先制备具有图案的光刻胶模板，然后用水热法生长 ZnO 纳米线，可以得到规整排列的 ZnO 纳米簇。由于 AZO

表面的 ZnO 是多晶的，所以从模板孔洞中生长出的 ZnO 纳米线并不是单根的，而是一簇。纳米线的周期约为 1μm，单根 ZnO 纳米线的直径约为 200nm，高度为 1.8μm。由于图案化模板暴露出的晶种层面积减小，所以在相同浓度和反应时间条件下生长出的纳米线的长度更大。这种图案化的 ZnO 纳米线阵列具有更大的比表面积，可以减小入射光的反射率。通过时域有限差分法（FDTD）模拟样品对入射光的吸收率，可以看到图案化 ZnO 纳米线阵列对 400nm 入射光的吸收强度明显高于纯 ZnO 纳米线阵列，这主要是由光的反射和干涉效应造成的。

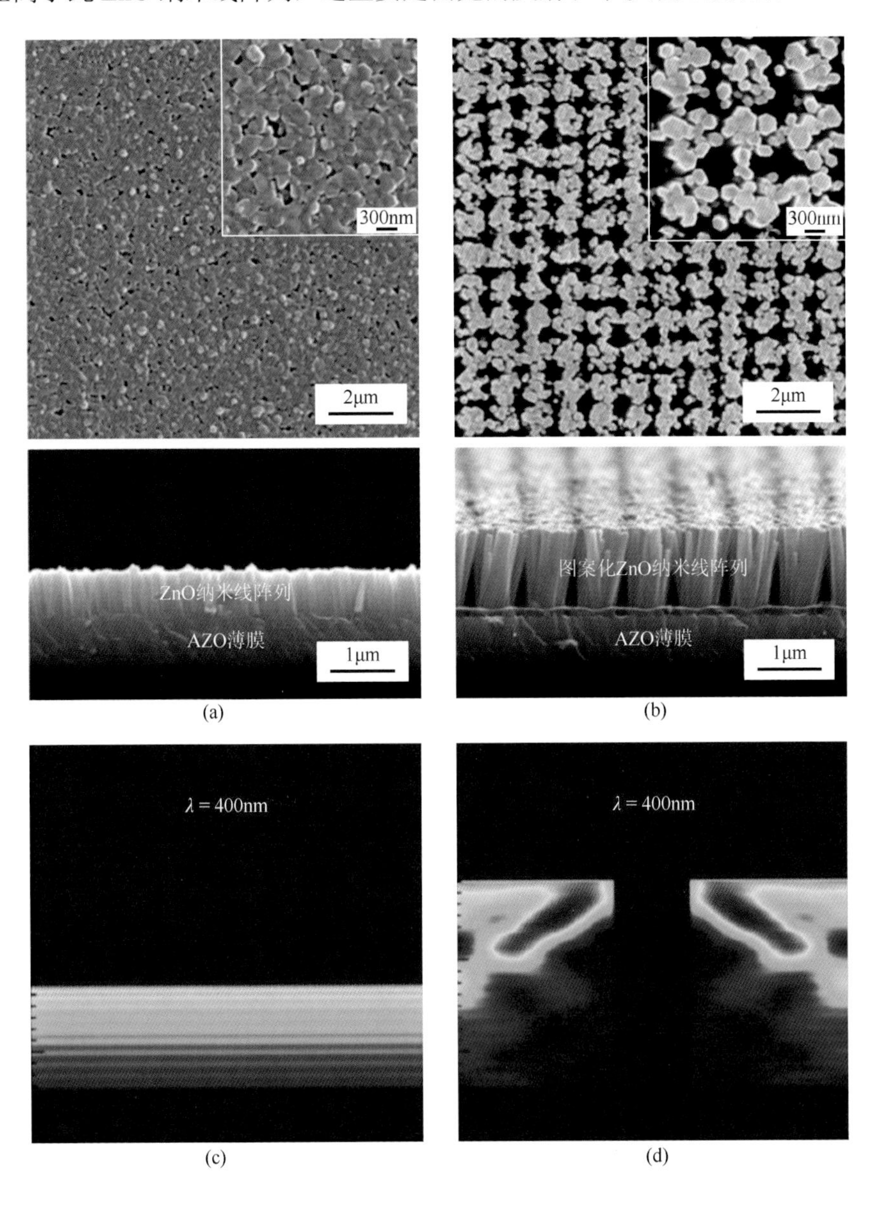

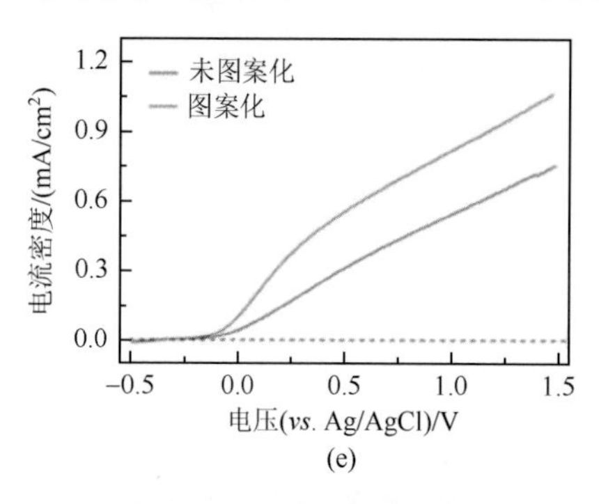

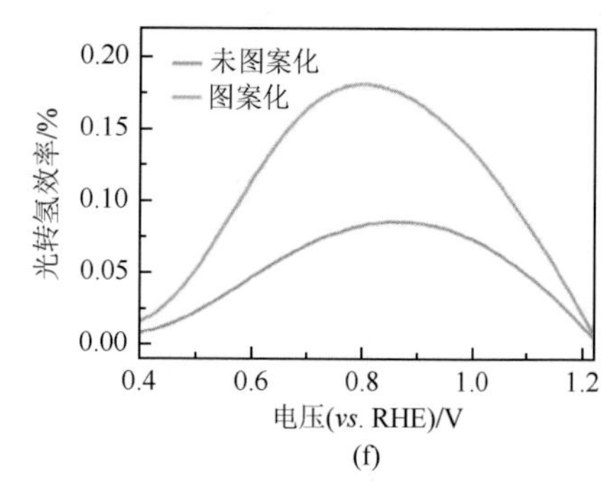

图 6-15 纯 ZnO（a）和图案化 ZnO（b）纳米线阵列的 SEM 图片；纯 ZnO（c）和图案化 ZnO（d）纳米线阵列的模拟光吸收侧视图（入射光波长为 400nm）；纯 ZnO（e）和图案化 ZnO（f）纳米线阵列光阳极的电流密度-电压曲线和光转氢效率曲线[65]；插图显示相应的 SEM 放大图像

通过图 6-15（e）可以看到，在 $100mW/cm^2$ 模拟太阳光照射下，纯 ZnO 纳米线薄膜在 1.5V vs. Ag/AgCl 偏压下的光电流密度为 $0.75mA/cm^2$。图案化的 ZnO 纳米线阵列光阳极在相同条件下的光电流密度约为纯 ZnO 纳米线阵列光阳极的 1.5 倍。图案化 ZnO 纳米线阵列光阳极在 0.8V *vs.* Ag/AgCl 偏压时光转氢效率达到最大，为 0.18%，是纯 ZnO 纳米线阵列光阳极的 2.4 倍。这主要是因为图案化的 ZnO 纳米线阵列具有很强的光散射效应，而且比表面积更大，因此增强了光俘获能力，促进了光生载流子在固液界面的传输，从而提高了整体的光转氢效率[65]。

此外，通过合成三维枝杈状结构光电极，也可增加表面积，提高光俘获效率。王旭东课题组基于原子层沉积（ALD）系统，开发了一种表面反应控制的脉冲化学气相沉积（SPCVD）技术，或称为高温原子沉积（HTALD）技术，可以在狭小空间内均匀生长高密度纳米棒。此法已经有效地在阳极氧化铝（AAO）、硅（Si）纳米线、氧化锌（ZnO）纳米线和纤维素等多种基底上生长 TiO_2 枝杈，进而实现了三维枝杈状单组分或多组分异质结构。这些三维结构的光解水制氢效果与其相对应的一维纳米线结构相比均有显著提高。

图 6-16 展示了 TiO_2 和 Si 纳米线异质结构的制备过程、扫描电子显微镜照片及光解水制氢电流密度-电压曲线。此三维结构的制备开始于气相干法和化学湿法刻蚀重掺杂 Si 而得到较长的 Si 纳米线，随后将得到的纳米线放入 ALD 系统中生长高密度的单晶 TiO_2。TiO_2 枝杈吸收太阳光后产生电子空穴对，空穴氧化电解液中氢氧根得到氧气，电子通过导体 Si 骨架传输到对电极还原氢离子得到氢气。与 TiO_2 薄膜结构相比，三维枝杈状结构显著提高了催化反应所需的比表面积，同时通过光反射提高了整个电极的光吸收，因此，三维结构得到了更大的光阳极电流和更高的光解水制氢效率。与纳米线结构相比，三维枝杈状结构能将光-氢转化效率提高 4～5 倍。与纳米颗粒催化剂相比，三维枝杈状纳米结构能将有效的光

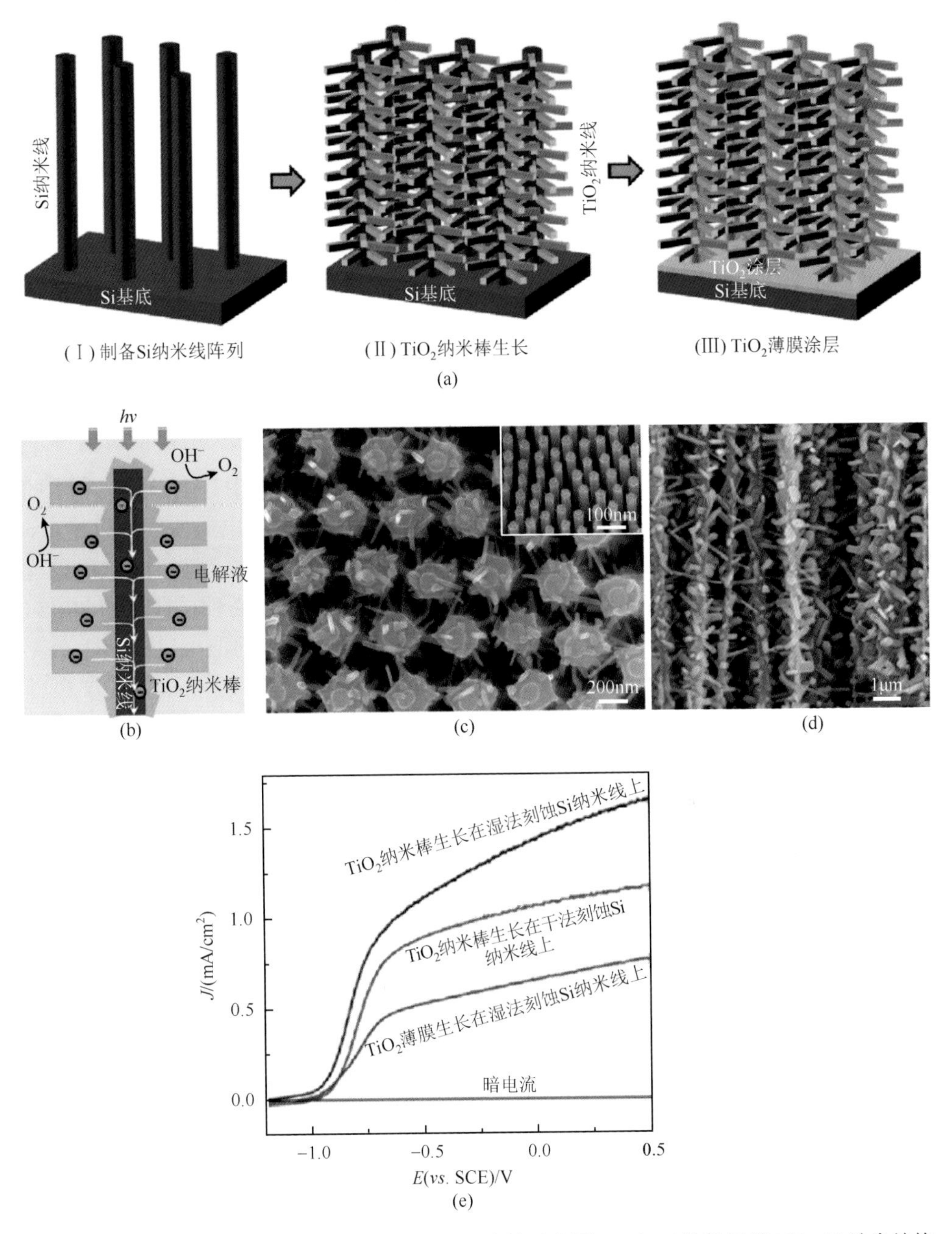

图 6-16 （a）三维枝杈状 TiO_2-Si 纳米结构合成路线示意图；（b）三维枝杈状 TiO_2-Si 纳米结构作为电极光解水原理图；（c）扫描电子显微镜照片：干法刻蚀 Si 纳米线和 TiO_2 枝杈结构，插图为干法刻蚀 Si 纳米线阵列；（d）横截面扫描电子显微镜照片：三维枝杈状 TiO_2-Si 纳米结构，枝杈为 TiO_2，枝干为化学法制备的 Si 纳米线；（e）三维枝杈状 TiO_2-Si 纳米结构作为电极光解水的电流密度-电压曲线，测试条件：450W 氙灯光照，1mol/L 氢氧化钾溶液[66]

吸收厚度提高 10 倍以上，从而大大提高光的吸收转化效率。此外，高温 ALD 技术还可以简单实现氯和氮掺杂 TiO_2 枝杈，通过提高 TiO_2 在可见光波段的光吸收进一步提高催化制氢效果[66]。

在刻蚀的 Si 纳米线阵列上二次生长 ZnO 纳米线，构建枝杈状三维结构可以显著提高光俘获能力。如图 6-17 所示，刻蚀 5min 的 Si 纳米线阵列的光吸收率约为 95%［图 6-17（a2）和图 6-17（b2）中的红线］，这是由刻蚀的 Si 纳米线排列不规则造成的。经过 30min 生长的 Si/ZnO 样品的光吸收能力增强到 97.5%［图 6-17（a1）和图 6-17（b1）中的蓝线］，这是由于 ZnO 纳米线填充在 Si 纳米线之间，平滑了光入射介质到 Si 基底之间的折射系数。图 6-17（c）展示生长在单根 Si 纳米线上的 ZnO 纳米线的 SEM 图片。Si 纳米线的直径大于 20nm 时，带隙和块状 Si 的带隙相同。ZnO 导带位置低于 Si，有利于光生电子从 Si 跃迁到 ZnO 一侧，并进一步参与水的还原反应，而光生空穴流入 Si 基底中。由于氧气和水的作用在固液界面处出现能带弯曲和电子势垒。通过电流密度-电压曲线可以看出，生长 ZnO 纳米线的时间越长，光电流密度越大。生长 2.5h 的样品在−1.5V 时的光电流密度达到 $8mA/cm^2$，是生长 30min 样品的 2 倍，是只有晶种层样品的 80 倍。这主要是因为 ZnO 纳米线越长，表面积越大，光吸收能力越强。从图 6-17（e）可以看出，光照下在电极表面有明显的氢气泡冒出[67]。

TiO_2 组分的三维枝杈状纳米结构同样展现出很好的光解水制氢效果和优良的稳定性。基于高温 ALD 技术，采用 ZnO 纳米线为起始模板，得到了由中空的 TiO_2 纳米管和单晶 TiO_2 枝杈组成的三维纳米结构。图 6-18 展示了 TiO_2 纳米管形成过程、TiO_2 三维纳米结构的扫描电子显微镜和透射电子显微镜图片及自然光和氙灯光（含较强紫外光）下光解水制氢的电流密度-电压曲线。研究发现，ZnO 纳米线在高温 ALD 系统中并不能稳定存在，而是与 TiO_2 的前驱体四氯化钛发生阳离子交换反应，并在独特的气固相柯肯达尔效应作用下形成中空的 TiO_2 纳米管。此钛管的形成过程可以与 TiO_2 枝杈的生长过程无缝衔接在一起，得到纯 TiO_2 组分的三维枝杈状结构。与 TiO_2/ZnO 核壳结构相比，该结构显著增大的比表面积和微量的锌元素残留使其在自然光下实现了 7 倍高的光电流。此研究中发现，以 ZnO 为模板的气固相柯肯达尔效应极大地拓展了高温 ALD 技术生长 TiO_2 枝杈的应用范围。理论上，通过预先沉积 ZnO 牺牲层，高温 ALD 技术可以在任意纳米骨架上实现 TiO_2 枝杈结构的生长。例如，纤维素模板上已经实现了 TiO_2 枝杈结构的生长并获得了良好的光解水效果[68]。

在太阳光谱中，紫外光只占 5%左右，可见光占 45%，对于宽禁带半导体材料，提高其光电化学转换效率的关键是改善其光吸收性能。利用贵金属的表面等离子体共振效应可以提高光阳极对可见光的吸收，同时复合窄带隙半导体材料也是改善光吸收的有效方法。

近年来，纳米金颗粒被广泛应用于光催化和其他太阳能转化器件的研究。在

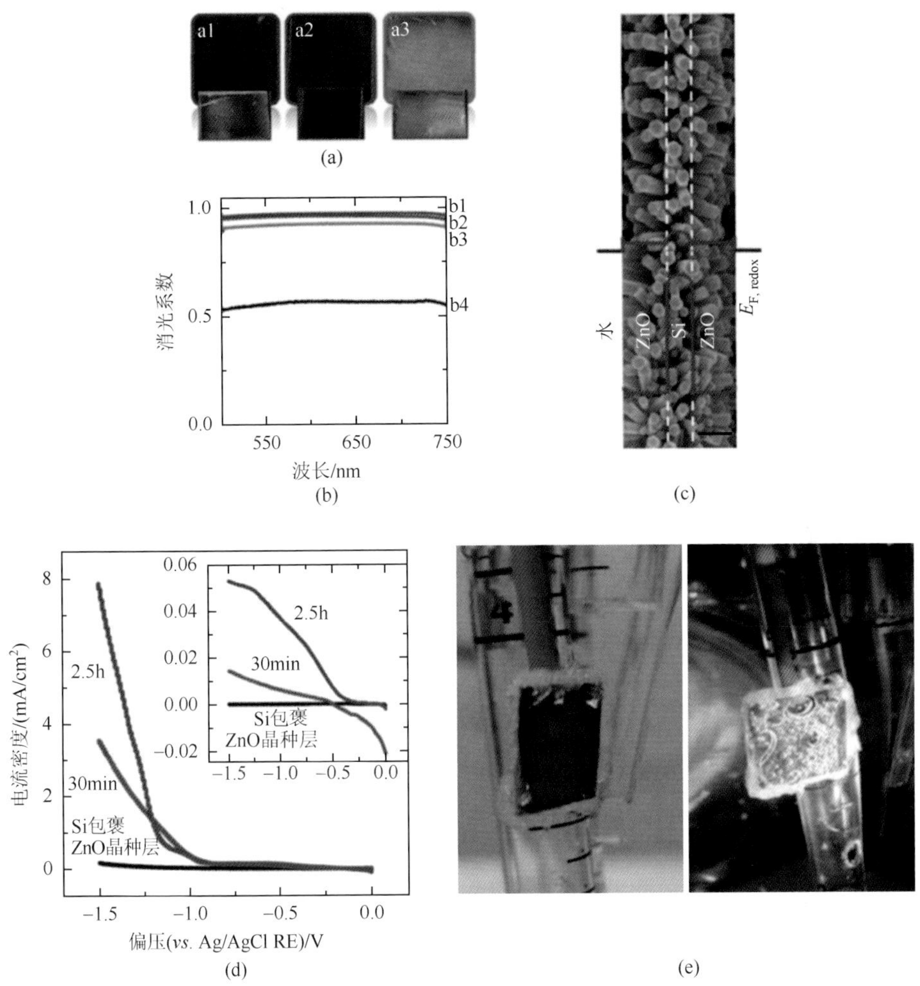

图 6-17　在 5min 刻蚀的 Si 纳米线阵列上生长 0.5h 的 ZnO 纳米线样品（a1，b1）、5min 刻蚀的 Si 纳米线阵列（a2，b2）、在 5min 刻蚀的 Si 纳米线阵列上生长 2.5h 的 ZnO 纳米线样品（a3，b3）、抛光的 Si 片（b4）的光学图片（第一行：顶视图，第二行 45°图）（a）和消光系数（b）；（c）单根 Si 纳米线上生长的 ZnO 纳米线阵列；（d）不同生长时间的 Si/ZnO 纳米线阵列样品的电流密度-电压曲线；（e）样品在暗态（左）和光照（右）时的照片[67]

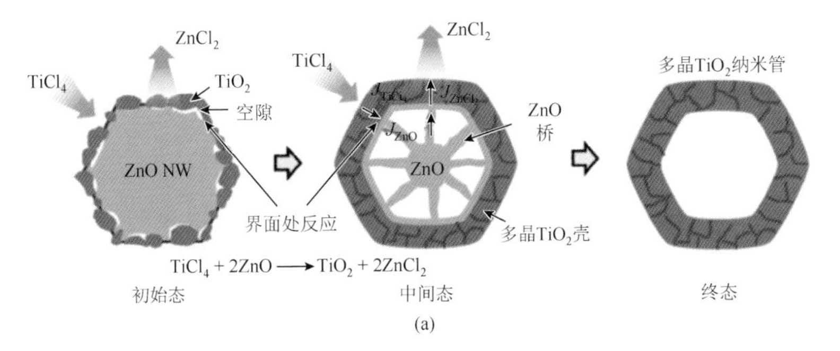

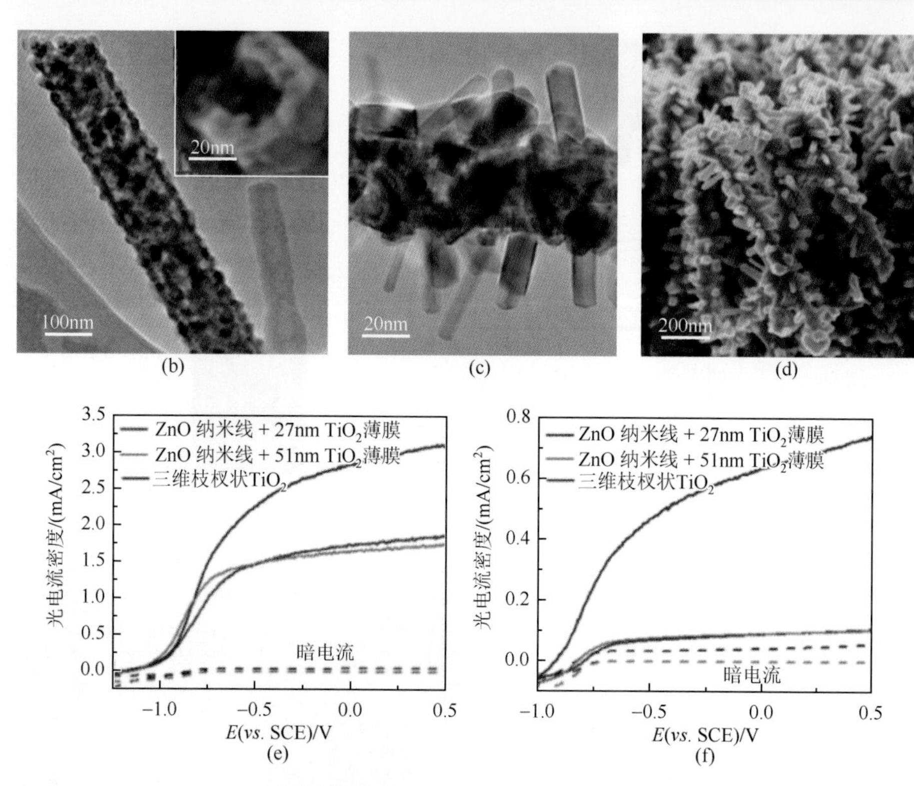

图 6-18 （a）柯肯达尔效应作用下由 ZnO 模板转化为中空 TiO_2 过程示意图；（b）中空 TiO_2 纳米管的透射电子显微镜照片；（c）由中空 TiO_2 管和单晶 TiO_2 纳米棒组成的三维枝杈结构的扫描电子显微镜照片；（d）三维枝杈状 TiO_2 纳米结构阵列的横截面扫描电子显微镜照片；三维枝杈状 TiO_2 纳米结构作为电极光解水的电流密度-电压曲线（e），测试光强为 150W 氙灯光照；（f）100mW/cm^2 标准模拟太阳光照，电解液为 1mol/L 氢氧化钾溶液[68]

以往的研究中，人们关注纳米颗粒与可见光和红外光之间的关系、光散射性能和局部等离子体共振效应[69]。与无机半导体光敏化剂相比，贵金属纳米颗粒的耐光腐蚀性更强[70]。张跃研究小组以氯金酸为原料，通过光化学还原法可以在 ZnO 纳米线阵列表面沉积金纳米颗粒。然后用原子层沉积法在 ZnO/Au 复合材料表面沉积 Al_2O_3 保护层，图 6-19 给出了该复合结构的表面形貌图，可以看到 ZnO 纳米线表面光滑、棱角分明，表面均匀分布了一层金纳米颗粒。金纳米颗粒修饰后 ZnO 纳米线仍然保持了和基底垂直的状态。图 6-19（c，d）展示了金纳米颗粒的透射电镜照片。由紫外可见吸收光谱可以看到，所有样品都对紫外光有很好的吸收。值得注意的是，ZnO/Au 和 ZnO/Au/Al_2O_3 样品在 525nm 处都出现了明显的吸收峰，这是金纳米颗粒的表面等离子体共振效应造成的。这表明通过沉积金颗粒可以有效提高光阳极对可见光的利用率。在受到可见光照射时，金纳米颗粒上产生的热电子传输到 ZnO 纳米线上，增大了光电流。因此，ZnO/Au/Al_2O_3 光阳极在 0.55V *vs*. RHE 时光转氢效率达到最大，为 0.67%，远高于纯 ZnO 纳米线阵列的光转氢效率（0.1%）[71]。

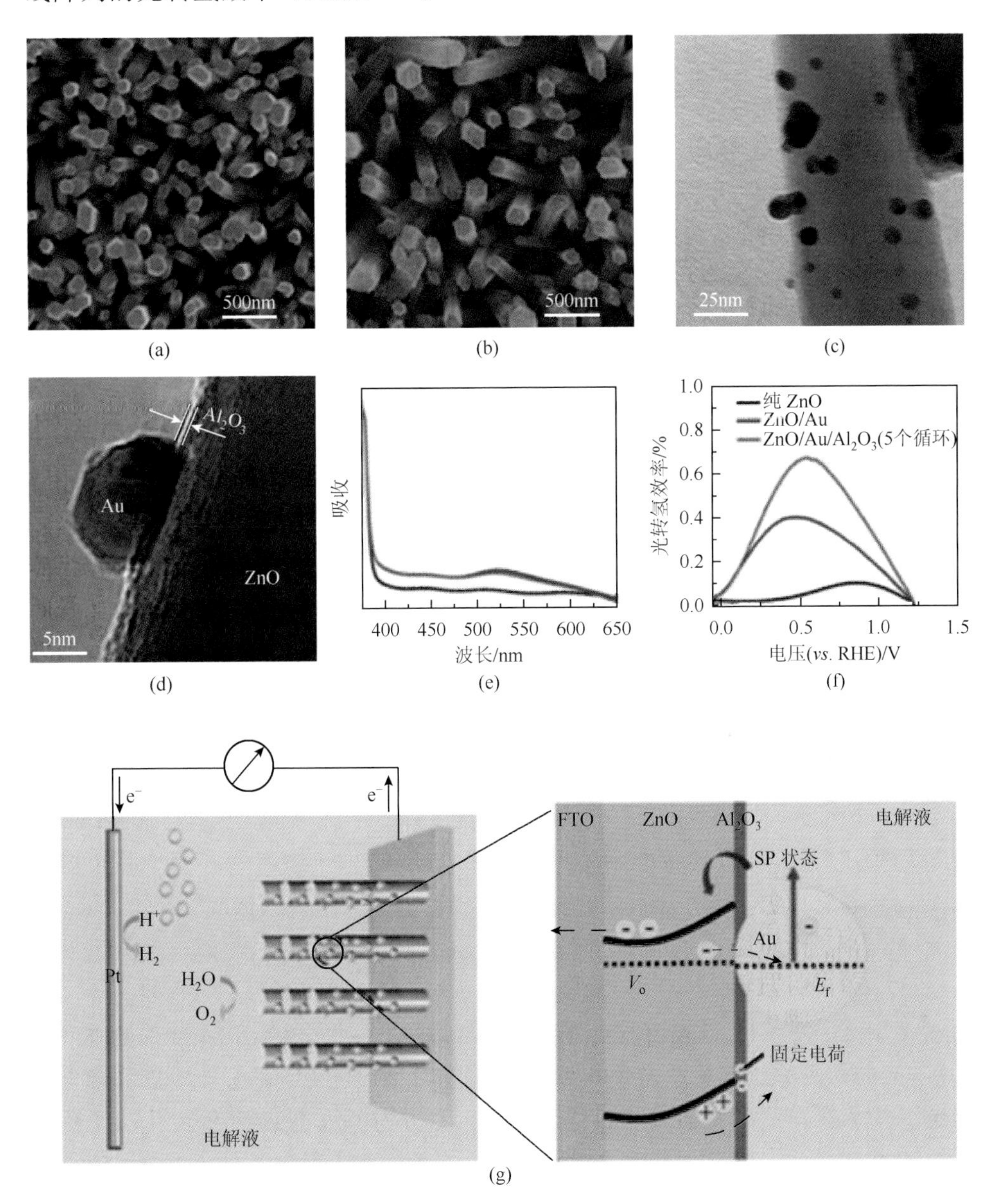

图 6-19　ZnO（a）和 ZnO/Au 复合材料（b）的顶部 SEM 图片；ZnO/Au/Al_2O_3 低倍（c）和高倍（d）的 TEM 图片；（e）ZnO，ZnO/Au 和 ZnO/Au/Al_2O_3 的紫外可见吸收光谱；（f）样品的光转氢效率随电压的变化曲线；（g）ZnO/Au/Al_2O_3 光阳极的工作原理示意图[71]

ZnO/ZnS/Au 纳米复合结构被用来制备光阳极，金纳米颗粒受到可见光辐照后，由于表面等离子体共振效应产生热电子，并注入 ZnO 一侧，因此这种复合结构光阳极的光转氢效率达到 0.21%，是纯 ZnO 纳米线阵列的 3.5 倍[72-74]。这些结果表明，贵金属/ZnO 异质结构光阳极在光电化学分解水制氢领域及其他光伏领域有着巨大的应用前景。

通过复合窄带隙半导体材料也可以有效提高光阳极对可见光的利用率。在众多的光敏化剂中，CdS 量子点经常用来修饰 ZnO 光阳极。由于 CdS 的带隙合适，约为 2.4eV，而且可以和 ZnO 形成Ⅱ型能带结构，非常有利于光生电子-空穴对的分离，从而提高光阳极的光电化学性能[74]。通过化学浴沉积法可以在 ZnO 表面制备 CdS 纳米颗粒。在 ZnO/CdS 表面沉积一层 $ZnFe_2O_4$（ZFO），可以进一步提高光阳极对可见光的吸收，而且可以形成阶梯状的能带结构，减小光生载流子的复合。这种复合光阳极的光转氢效率达到 4.4%，是纯 ZnO 光阳极的 10 倍[75]。

通过离子层吸附反应法也可以在 ZnO 纳米线表面沉积 CdS 纳米颗粒。IPCE 谱被用来研究这种三维枝杈状 ZnO/CdS 复合结构光阳极的光吸收性能，如图 6-20 所示。与纯 ZnO 光阳极相比，这种复合结构光阳极在紫外和可见光区域的光吸收能力都大幅提高，这主要得益于 CdS 对可见光的吸收。另外，三维枝杈状结构产生的光散射效应对光吸收的贡献也不能忽视。三维空间结构的 ZnO 骨架不仅可以增大 CdS 纳米颗粒的吸附量，还可以增加固液接触面积，在增强光俘获能力的同时，也提高了光生电荷收集能力。该复合材料光阳极的光转氢效率达到了 3.1%[76]。

近年来 ZnO 纳米分级结构在光吸收方面表现出很大优势。这种结构不仅为载流子提供了直接的传输通道，还可以提高固液接触面积，被广泛应用于光电转换器件。此外，Ni 基催化剂由于具有催化活性高、化学性质稳定、无毒且储量丰富等优点，广受科学界关注。利用 ZnO 纳米棒-纳米片混合维度结构取代纳米棒-纳米棒结构，可获得更有效的光吸收，尤其是在底部区域的纳米棒，进一步可以增

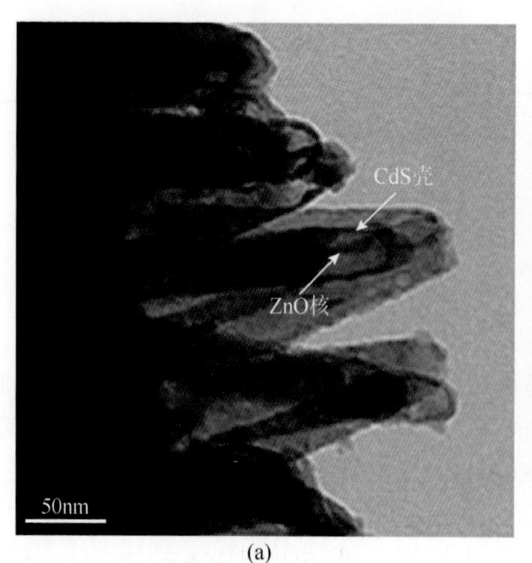

(a)

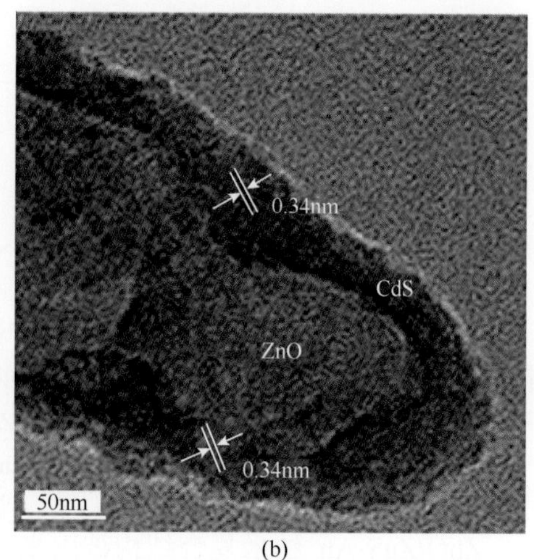

(b)

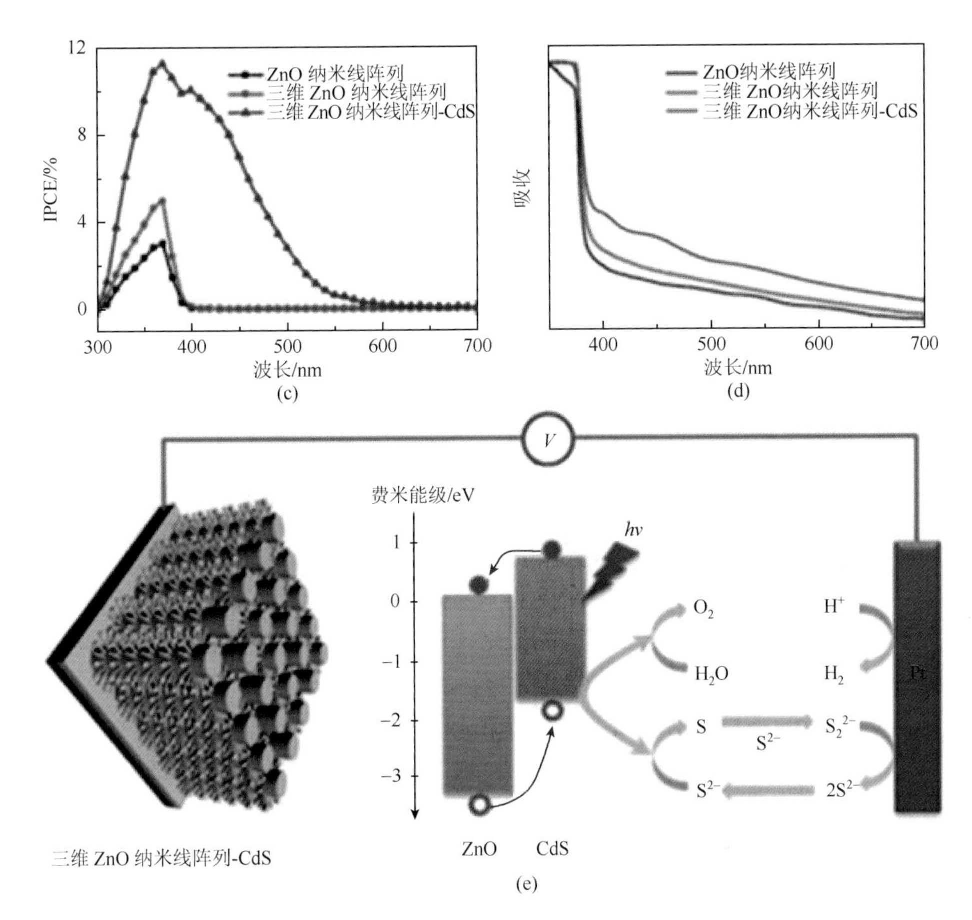

图 6-20 三维枝杈状 ZnO/CdS 复合结构光阳极的 TEM 图片（a，b）；ZnO 纳米线阵列、ZnO/CdS 纳米线阵列和三维枝杈状 ZnO/CdS 复合结构的 IPCE-波长曲线（c）和紫外可见吸收光谱（d）；（e）三维枝杈状 ZnO/CdS 复合结构光阳极的工作原理示意图[76]

强光俘获效率。进一步沉积 CdS 纳米颗粒增强其对可见光的吸收，而沉积 $Ni(OH)_2$ 催化剂，可提高光阳极的光电化学活性和稳定性。

复合结构的制备流程如下：首先在导电玻璃基底上电化学沉积 ZnO 纳米片，然后利用 ALD 方法在垂直于基底生长的 ZnO 纳米片上制备晶种层，并用水热合成的方法制备二次生长的纳米棒，构建 2D-1D 混合维度空间纳米结构光阳极，然后分别用化学浴沉积法和水热法沉积 CdS 纳米颗粒和 $Ni(OH)_2$ 催化剂，其结构如图 6-21 所示。FDTD 模拟结果表明，1D/1D 分级结构的电场强度主要集中在上端枝杈边缘，下端枝杈结构上的电场强度很弱，表明这种分级结构的可见光吸收主要集中在上端的部分枝杈结构上。而 2D/1D 分级结构上的电场强度不仅分布在上端，而且在下端二次生长的纳米棒上也有很强的电场强度，表明这种分级表现出更好的可见光吸收性能。该分级结构在增加可见光吸收材料 CdS 负载量的同时，有效提升了 ZnO/CdS 异质结的有效结区面积，实现了光生载流子的高效产生和有效分离。进一步修饰 $Ni(OH)_2$ 催化剂后，$Ni^{2+}/Ni^{3+}/Ni^{4+}$一系列氧化还原反应加速了光生空穴的消耗，使光转氢效率提升至 4.12%，为 ZnO 纳米片光阳极的 20.6 倍。同时空穴的快速消耗减少了光生空穴在 CdS 表面的累积，从而抑制了 CdS 的光腐蚀，提升了光阳极的稳定性[77]。

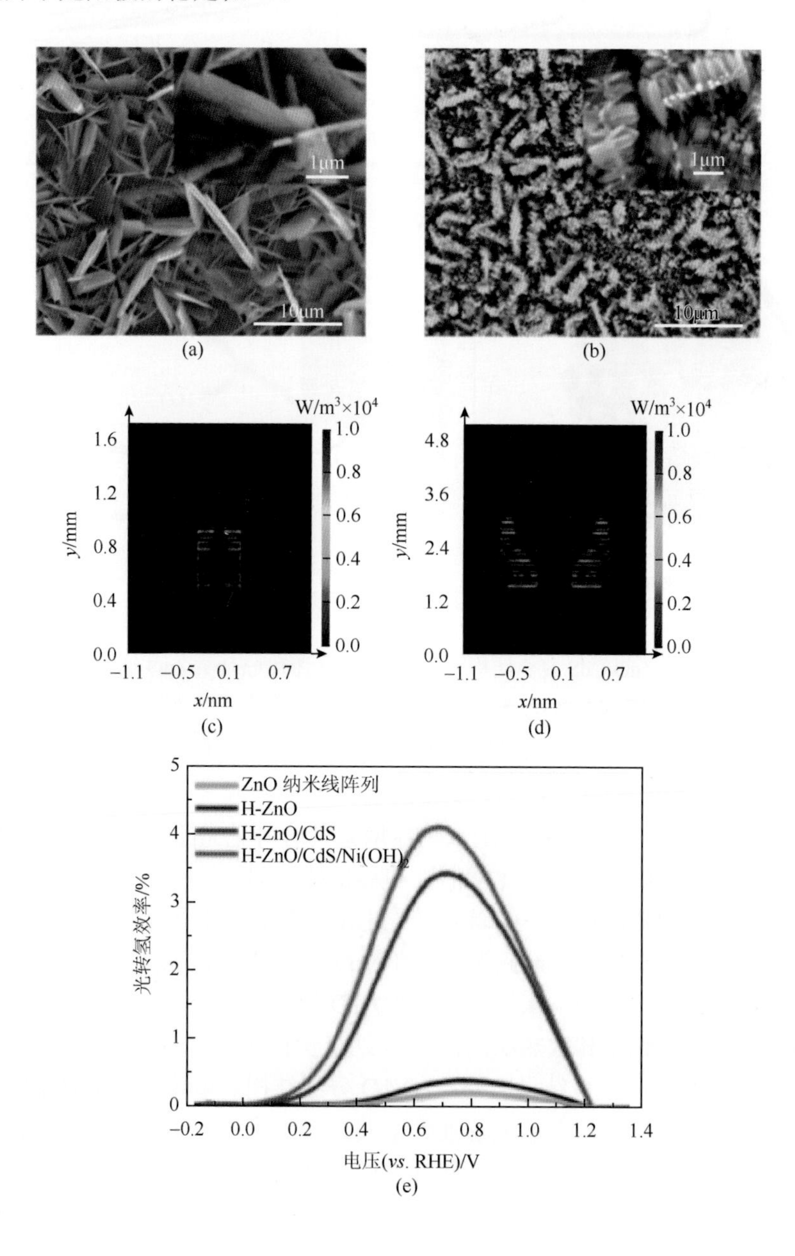

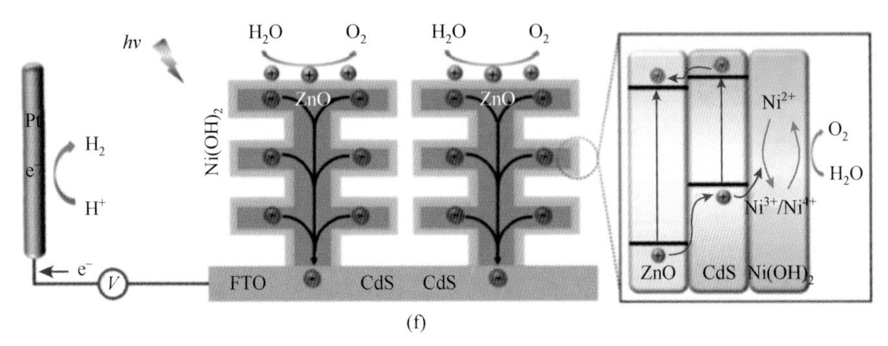

(f)

图 6-21 ZnO 纳米片阵列（a）和分级 ZnO 纳米棒-纳米片分级结构（b）的 SEM；修饰 CdS 的 ZnO 纳米棒-纳米棒分级结构（c）和修饰 CdS 的 ZnO 纳米棒-纳米片分级结构（d）在平面波（波长为 450nm）照射下的模拟光吸收侧视图；（e）四种光阳极对应的光转氢效率图；（f）H-ZnO/CdS/$Ni(OH)_2$ 能带结构示意图[77]

良好的可见光吸收是光阳极获得高转换效率的保证，除了 CdS 纳米颗粒，硫化铟锌（$ZnIn_2S_4$）纳米材料也被用来提高 ZnO 光阳极的可见光吸收效率。通过溶剂热法将硫化铟锌纳米片生长到还原氧化石墨烯上，再转移到 ZnO 纳米线阵列上。如图 6-22 所示，ZnO/还原氧化石墨烯/硫化铟锌复合材料在可见光区域的光吸收能力明显增强，主要得益于硫化铟锌的带隙较窄。同样硫化铟锌也可以和 ZnO 形成Ⅱ型能带结构，促进光生电子和空穴的分离。另外，三元复合的硫化铟锌比 CdS 的耐光腐蚀性更强[78]。

6.3.3 光电化学电池的电荷分离性能优化

光生电荷的分离是光电化学分解水反应中的重要环节，人们采用不同策略提高电荷分离效率，如复合高电子迁移率材料为光生电荷提供高速电子传输通道、沉积钝化层抑制界面电荷复合等。石墨烯由于具有超高的电子迁移率[$15000cm^2/(V·s)$][79]，在多个研究领域广受关注。还原氧化石墨烯表面有丰富的官能团，不仅表面积大，

(a)

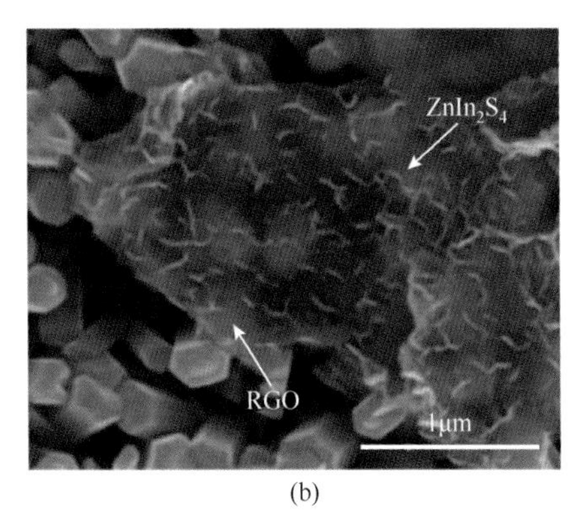

(b)

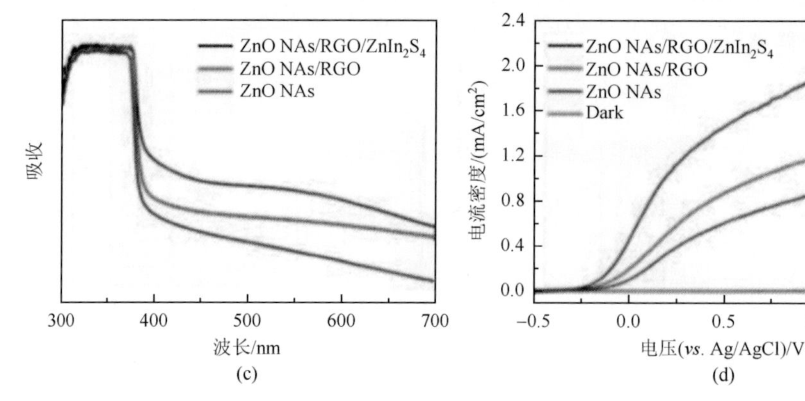

图 6-22 ZnO/还原氧化石墨烯（a）和 ZnO/还原氧化石墨烯/硫化铟锌复合材料（b）SEM 图；ZnO、ZnO/还原氧化石墨烯和 ZnO/还原氧化石墨烯/硫化铟锌复合材料光阳极紫外可见吸收谱（c）与电流密度-电压曲线（d）[80]

而且功能丰富。在还原氧化石墨烯上原位生长无机半导体材料，界面结合力强，电荷传输率高，非常有利于光生电荷的分离。

在 ZnO 和硫化铟锌之间引入还原氧化石墨烯，可以增大光阳极表面积，同时降低界面光电化学反应势垒。光生电子-空穴对在 ZnO 和硫化铟锌之间形成的空间电场作用下发生分离。硫化铟锌导带上的电子跃迁到 ZnO 导带上，在外电压作用下，通过外电路到达对电极还原质子产生氢气。ZnO 价带上的光生空穴注入硫化铟锌价带，氧化水分子，生成氧气。还原氧化石墨烯可以提高光生电荷在 ZnO 和硫化铟锌之间的传输效率，因此这种三元复合材料光阳极的光转氢效率比纯 ZnO 光阳极提高了 2 倍。有趣的是，不仅沉积在 ZnO 纳米线阵列顶端的还原氧化石墨烯可以提高电荷分离率，还原氧化石墨烯插入 ZnO 纳米线阵列和基底之间也可以提高电子传输效率。通过直接在还原氧化石墨烯上生长 ZnO 纳米线阵列，光阳极的光电化学性能得到提升，这主要是由于还原氧化石墨烯提高了 ZnO 内部的光生电子到外电路的传输效率[81]。

引入钝化层阻止光生电荷在界面处复合也是提高电荷分离率的有效方法。原子层沉积法可以制备超薄的、高质量的表面钝化层。Al_2O_3 的介电常数高，是一种理想的钝化膜材料，已被用在 Al_2O_3/TiO_2[82]、Al_2O_3/Fe_2O_3[83]、Al_2O_3/WO_3[84]复合结构中。在 $ZnO/Au/Al_2O_3$ 光阳极的制备过程中，Al_2O_3 以每个循环 1Å 的速度分别沉积了 5、10 和 20 个循环。高纯氩气作为载气，流量为 25 SCCM（SCCM 表示每分钟标准毫升）[71]。反应温度和压力分别为 150℃和 0.2Torr。三甲基铝和去离子水分别泵入 20ms 和 15ms，然后泵入氮气 20s。之后反应腔用氮气冷却。如图 6-23 所示，循环次数的增加阻碍了电荷的传输，光电流密度减小。PL 谱显示，沉积了 Al_2O_3 钝化层的样品的深能级缺陷发射峰强度减弱，说明钝化层对光生电子和空穴的复合起到抑制作用。当 Al_2O_3 钝化层的厚度为 0.5nm 时（5 个循环），光转氢效率达到最高。

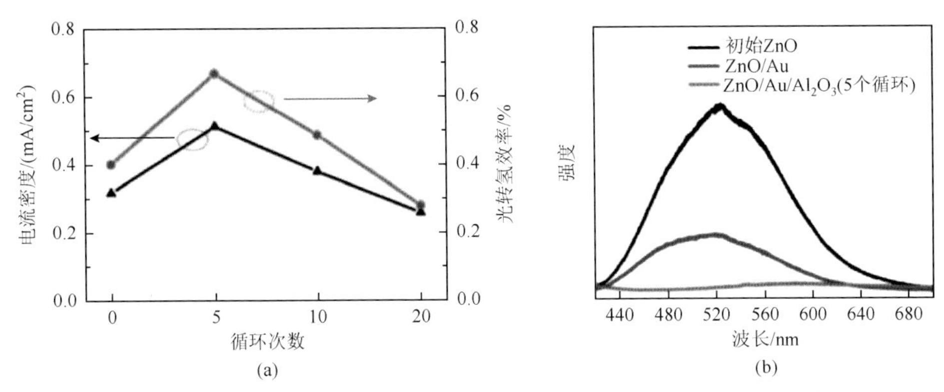

图 6-23 （a）不同循环次数下 $ZnO/Au/Al_2O_3$ 光阳极的电流密度；（b）不同光阳极的 PL 谱[71]

另外，Al_2O_3 和 ZnS 也被用来钝化 ZnO 纳米线阵列光阳极。采用离子交换法在 ZnO 表面沉积 ZnS 保护层，将 ZnO 纳米线阵列浸泡在 0.2mol/L 硫代乙酰胺溶液中进行硫化，95℃保持 15min。然后分别用去离子水和乙醇清洗样品，自然晾干。如图 6-24 所示，ZnS 均匀分布在 ZnO 纳米线表面。ZnS 的覆盖减

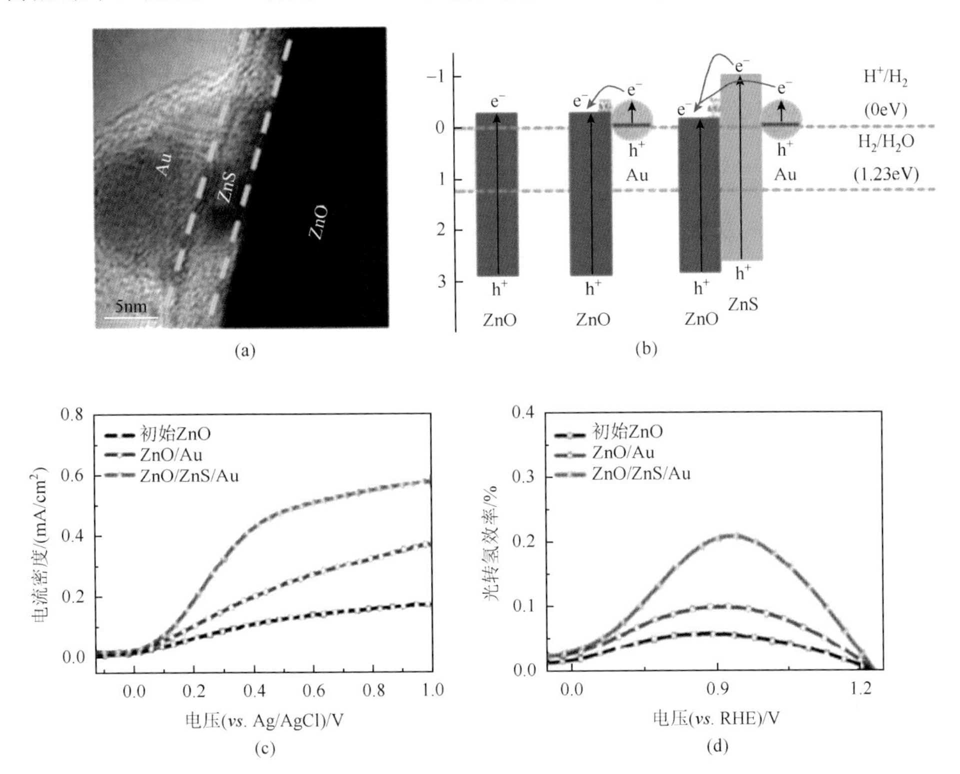

图 6-24 （a）ZnO/ZnS/Au 的 TEM 图片；（b）ZnO，ZnO/Au 和 ZnO/ZnS/Au 光阳极的能带结构；（c）ZnO，ZnO/Au 和 ZnO/ZnS/Au 光阳极的电流密度-电压曲线；（d）光阳极的光转氢效率-电压曲线[72]

小了氧空穴等表面俘获态密度和吸附氧的数量，因此电荷分离率得到提高。而且 ZnO/ZnS 之间的晶格错配也减小了 ZnO 的带隙宽度。这意味着金纳米颗粒上产生的热电子的能量增加，更容易透过 ZnS 跃迁到 ZnO 导带上，大幅提高了可见光利用率[72]。

碳量子点具有电导率高、无毒、强度大、化学性质稳定等优点，在纳米科技的多个领域受到关注，尤其是在光催化领域。在碳前驱液中很容易在半导体光电极表面沉积碳层。如图 6-25 所示，沉积 Cu_2O 和碳量子点后，IPCE 在 400nm 处达到 59%，在 AM 1.5G 模拟太阳光辐照下，光电流密度达到 3.06mA/cm^2（1.0V *vs*. RHE），而且光照 1h 后光电流仍保持了峰值的 87.3%。不仅开启电压发生了负向的移动，而且光电流密度和稳定性相比纯的 TaON 光阳极都有所增大。氧化亚铜的引入增强了光阳极对可见光的吸收，而且氧化亚铜和 TaON 之间形成的内建电场也促进了光生电子-空穴对的分离，碳量子点的导电性好，促进了光生载流子的传输[85, 86]。

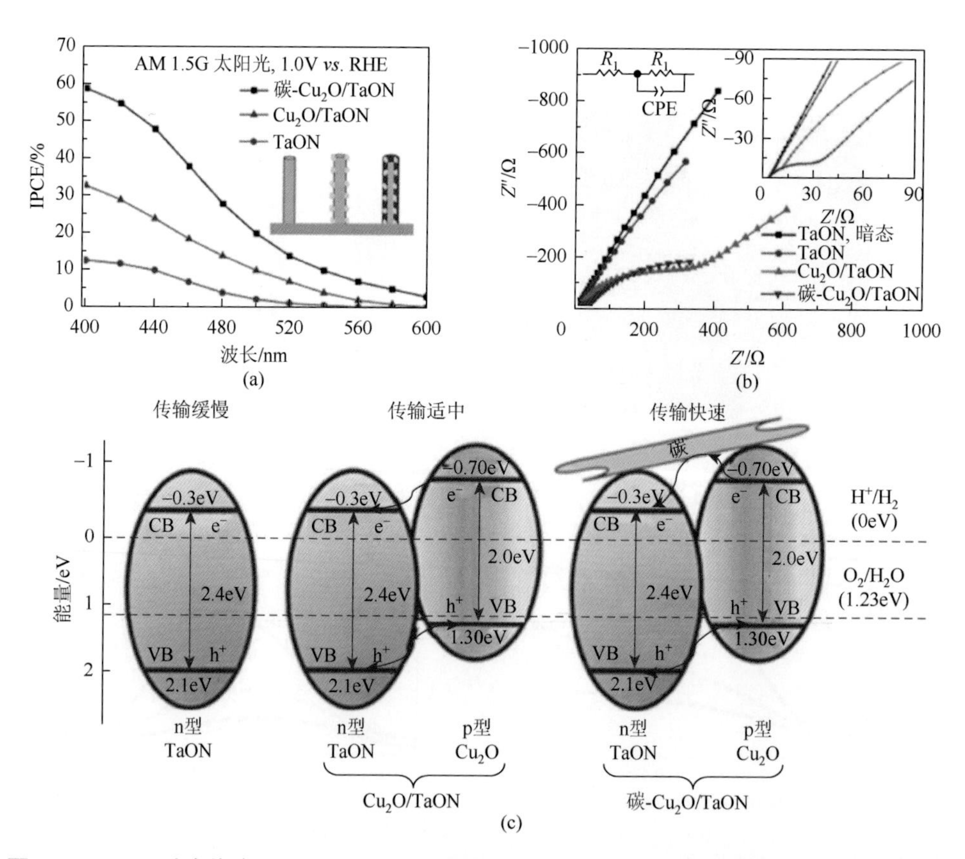

图 6-25 TaON 纳米线阵列、Cu_2O/TaON 纳米线阵列和碳-Cu_2O/TaON 纳米线阵列的 IPCE 曲线（a）和电化学交流阻抗谱（b）；（c）TaON 纳米线阵列、Cu_2O/TaON 纳米线阵列和碳-Cu_2O/TaON 纳米线阵列光阳极的工作原理示意图[86]

6.3.4 光电化学电池的稳定性优化

稳定性差一直是阻碍光电化学电池制氢技术大规模应用的关键问题。由于半导体材料直接和溶液接触，容易发生光腐蚀，因此沉积具有防腐蚀功能的保护层是改善光阳极稳定性的有效方法。这种保护层一方面可以钝化表面，防止光生电荷复合，另一方面可以有效阻止光腐蚀反应。

众所周知，CdS 的光催化性能十分优异，但其本身也存在着严重的光腐蚀问题。在一些强氧化环境中，硫负离子容易被氧化形成硫单质，从而破坏光阳极晶体结构。通过原子层沉积法在 CdS 表面沉积 TiO_2 保护层是提高其光电化学稳定性的有效途径。如图 6-26 所示，张跃研究小组在三维 ZnO/CdS 复合结构光阳极表面沉积二氧化钛保护层后，光电流经过光照后仍保持了峰值的 80%，而没有保护

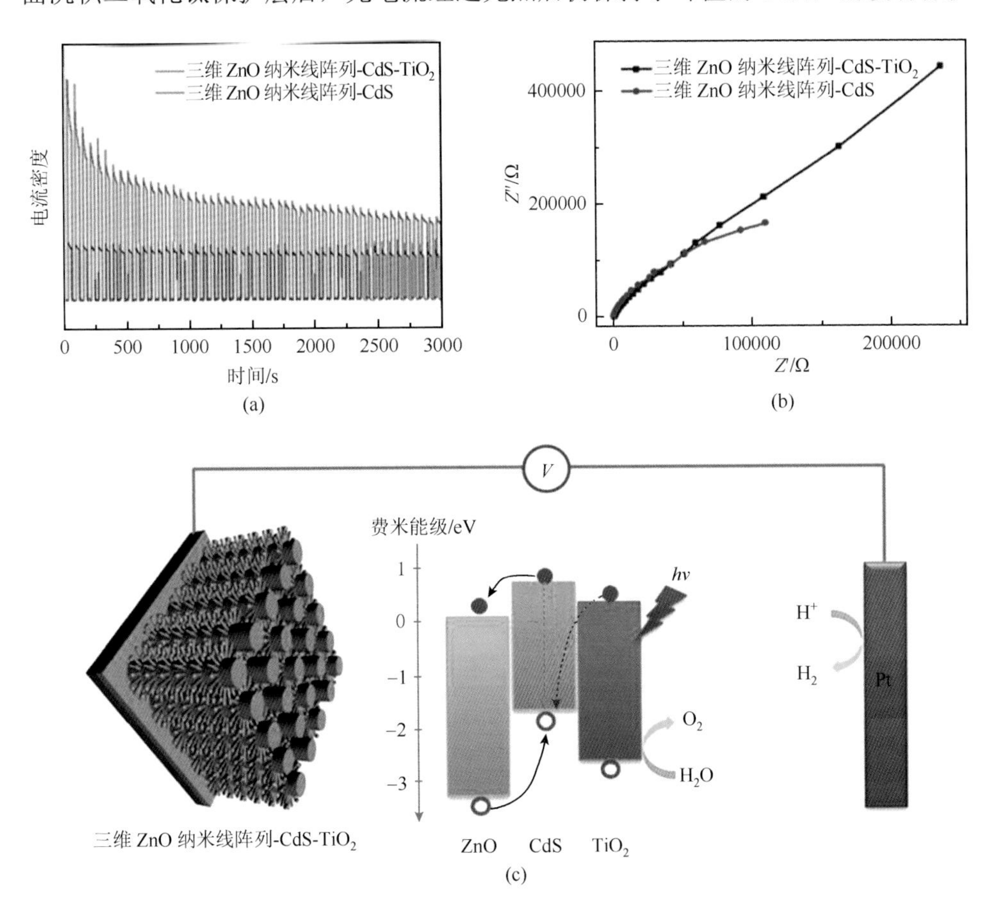

图 6-26 三维枝杈状 ZnO/CdS 光阳极和三维枝杈状 $ZnO/CdS/TiO_2$ 光阳极的稳定性测试曲线（a）和交流阻抗谱（b）；（c）三维枝杈状 $ZnO/CdS/TiO_2$ 光阳极的工作原理图[76]

层的样品光电流仅保持了峰值的45%[76]。由于二氧化钛的价带位置低，光生电荷复合更容易发生在CdS内部，而且二氧化钛保护层中的光生电子也可以中和一部分CdS中的光生空穴，阻止了硫单质的析出反应，从而降低了光腐蚀反应速率。尽管光阳极耐光腐蚀性提高了，但是保护层增大了界面阻抗，阻碍了光电化学反应的进行，因此光转氢效率有所下降。所以稳定性和转换效率是一对矛盾共同体，在实际应用中需要平衡两者的影响。

二氧化钛保护层同样可以用来阻止硅的钝化反应。传统半导体硅材料具有适宜的能带结构、优异的结晶性能，并已实现了高度成熟的产业化，成为极有商业化潜质的光电化学电极材料。与平面硅晶圆相比，具有多孔表面的硅材料（也称为黑硅，b-Si）可通过内部通道表面捕获光，从而最大程度减小了光反射，同时大大增加了用于化学反应的活性区域面积。这些优势促使学者围绕b-Si展开了大量的研究工作，尤其是在太阳能-化学能转化领域。然而，扩大的表面积会引发不必要的载流子复合，也会加速表面钝化及电化学腐蚀现象的发生。这些缺点严重制约了黑硅基光电极效率的提升及寿命的延长。然而，利用ALD技术在光电极表面实现保护策略，在促进光电极内部光生载流子的分离的前提下，可大大延长b-Si光电极的工作寿命。

采用银辅助化学刻蚀法，通过调控刻蚀溶液中各成分比例、刻蚀时间等工艺参数，在n型Si基底表面刻蚀出不同孔隙结构、尺寸的b-Si纳米材料。采用ALD技术在其表面沉积一层超薄非晶TiO_2薄膜，同时进一步与析氧催化剂$Co(OH)_2$结合，构建了用于光电化学分解水的b-Si/TiO_2/$Co(OH)_2$异质结光阳极，如图6-27所示。该光阳极在0.1mol/L NaOH电介质中，当外在电压为1.48V *vs.* RHE时，能够产生饱和光电流密度32.3mA/cm^2。相比于平面Si和其他未保护的b-Si光阳极，厚度为8nm的TiO_2非晶膜引入钝化了b-Si的表面缺陷，提升了光生空穴的寿命，从而促进了界面处光生载流子的分离。与此同时，TiO_2非晶膜有效阻止了b-Si在空气或电解质中发生氧化反应生成SiO_2，并有效抑制了光生电荷对b-Si的腐蚀，使其工作寿命从小于0.5h提高至4h，空气中的稳定时间高达3个月[87]。

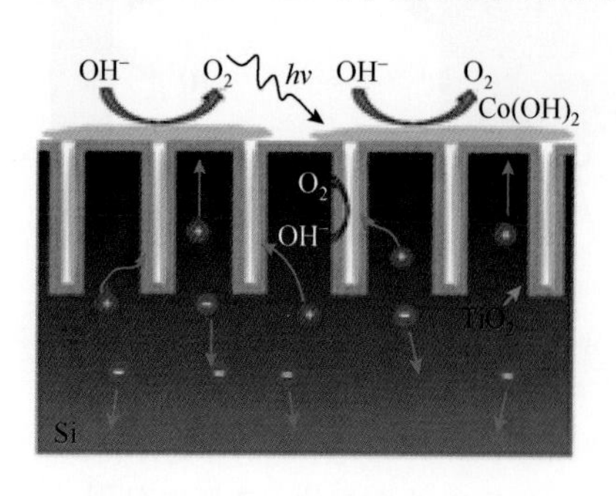

(a)

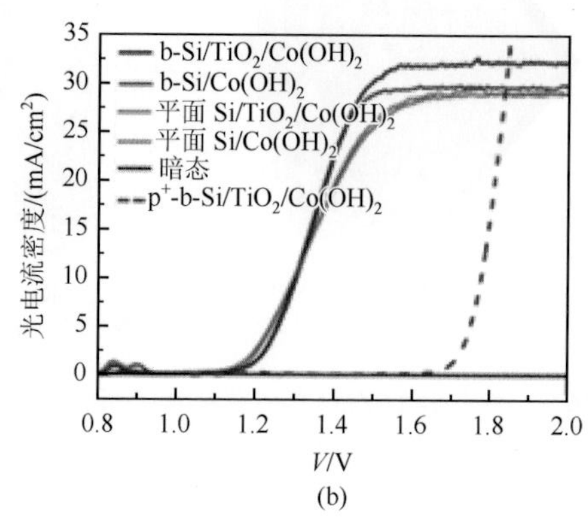

(b)

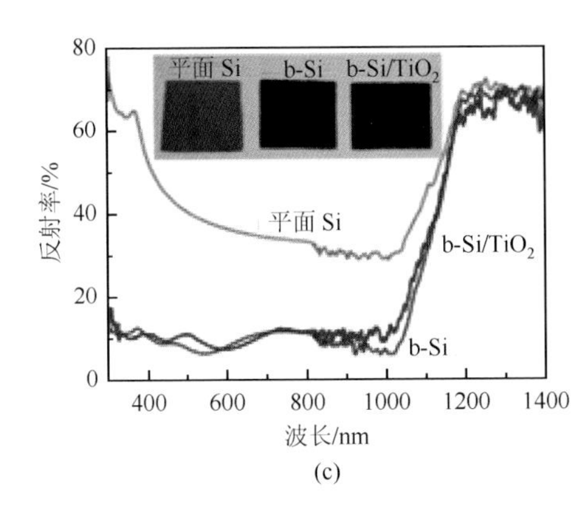

(c)

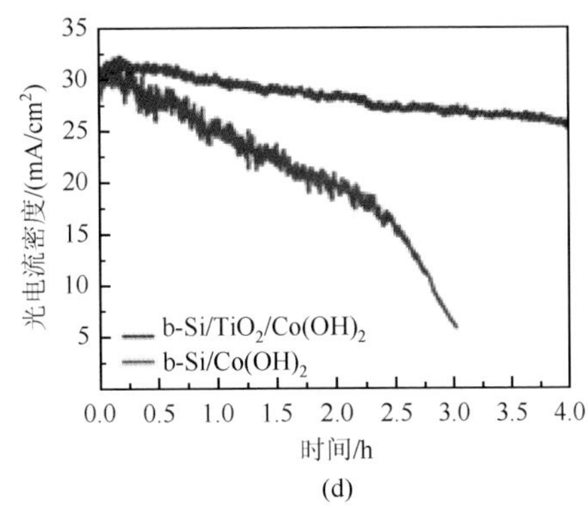

(d)

图 6-27 (a) b-Si/TiO_2/$Co(OH)_2$ 光电化学分解水光阳极结构示意图;(b) 平面 Si/$Co(OH)_2$、平面 Si/TiO_2/$Co(OH)_2$、b-Si/$Co(OH)_2$、b-Si/TiO_2/$Co(OH)_2$ 电极的电流密度-电压曲线;(c) 平面 Si、b-Si 和 b-Si/TiO_2 光阳极的全波长光反射谱;(d) b-Si/$Co(OH)_2$ 和 b-Si/TiO_2/$Co(OH)_2$ 的光电流密度-时间曲线[87]

除了二氧化钛,铁酸锌($ZnFe_2O_4$,ZFO)也被用来保护 ZnO/CdS 光阳极[75]。铁酸锌的制备方法简单,原料易得。其带隙为 1.9eV,对可见光的利用率高,与硫化镉能形成台阶状的能带结构,有利于光生载流子的分离和传输,并且其在水溶液中具有良好的稳定性,因此被广泛地应用于光电化学电池中。

张跃研究小组通过尿素辅助自燃法制备铁酸锌保护层,大幅提升了光阳极的稳定性。将硝酸锌和硝酸铁以 1∶2 的物质的量比溶解于去离子水中,再加入适量尿素,搅拌均匀。将此前驱液旋涂于 ZnO/CdS 纳米线阵列上,在 350℃条件下保温 30min,自然冷却。为了去除有机杂质、稳定材料微观结构,将样品在氩气中 600℃退火 5h。通过电流密度-电压曲线(图 6-28)可以看出,光照下,纯 ZnO 纳米线阵列光阳极在 0V *vs.* Ag/AgCl 时的电流密度为 0.39mA/cm^2。修饰 CdS 纳米颗粒以后,相同电压下,光电流密度增大到 2.73mA/cm^2。这主要是由于 CdS 纳米颗粒增强了光阳极对可见光的吸收效率。修饰了铁酸锌之后,光电流密度达到最大值 3.88mA/cm^2。经过计算,ZFO/CdS/ZnO 复合结构光阳极的光转氢效率达到 4.43%,是纯 ZnO 纳米线阵列光阳极的 15 倍。稳定性测试结果表明,经过修饰铁酸锌后,样品的稳定性得到提高。光照下的交流阻抗谱表明,铁酸锌保护层促进了界面电荷传输,减小了电荷传输阻力。硫化镉和铁酸锌的修饰增加了光阳极对可见光的吸收能力;同时,由于氧化锌、硫化镉和铁酸锌三者之间的阶梯状能带结构,当光照时硫化镉内部激发的空穴将注入铁酸锌内部,进而硫化镉量子点的光腐蚀现象由于铁酸锌的修饰而有所抑制,因此光阳极的稳定性大幅提升。

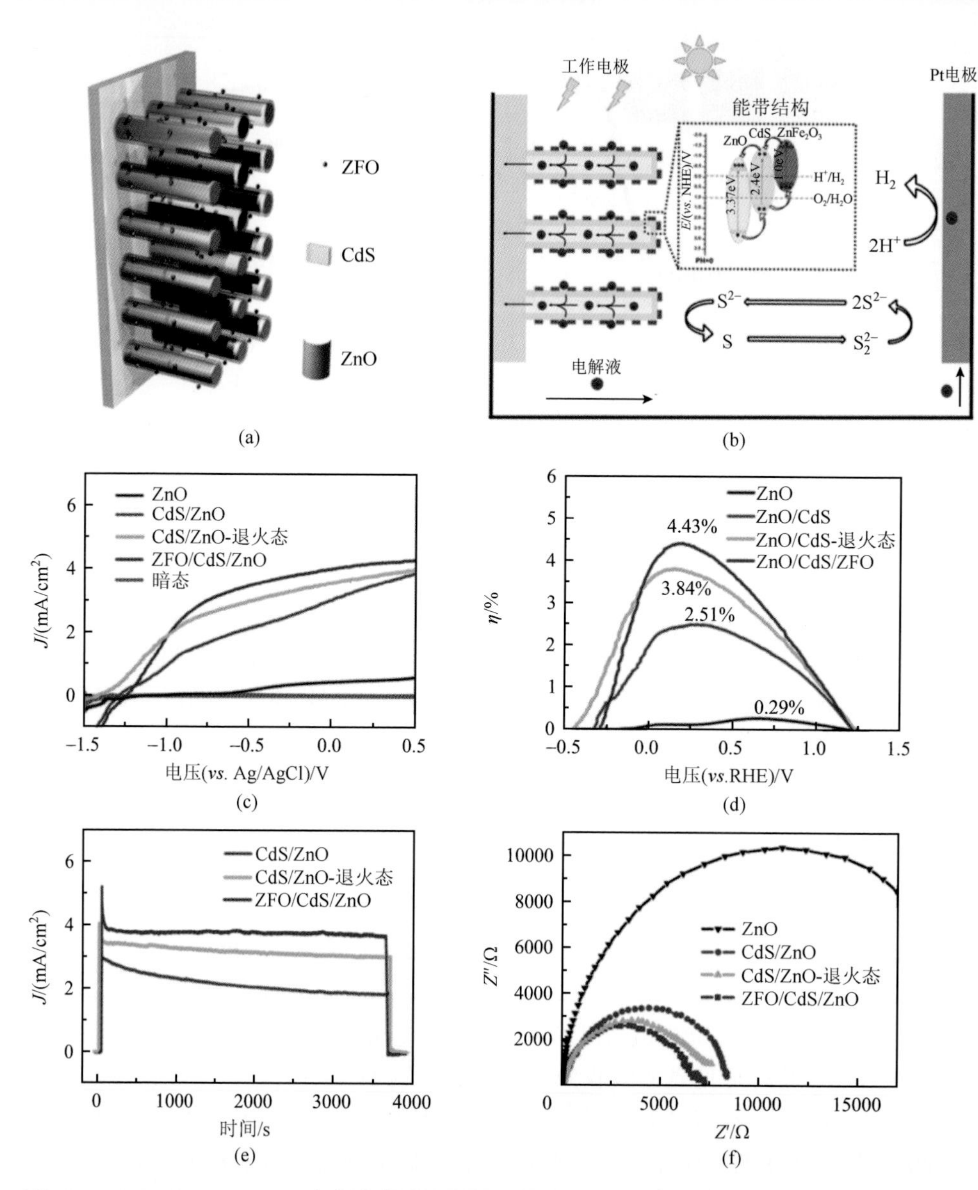

图 6-28 （a）ZFO/CdS/ZnO 纳米线阵列的结构示意图；（b）工作原理示意图；（c）不同光阳极的 *J-V* 曲线和（d）效率曲线；（e）不同光阳极的稳定性测试曲线和（f）电化学交流阻抗谱[75]

参考文献

[1] 张跃. 一维氧化锌纳米材料. 北京：科学出版社，2010：2.

[2] 杨术明. 染料敏化纳米晶太阳能电池. 郑州：郑州大学出版社，2007：9.

[3] 司浩楠，康卓，陈翔，等. 图案化氧化锌在能源器件中的应用. 北京科技大学学报，2017，39：973-980.

[4] Smith W. The action of light on selenium. Journal of the Society of Telegraph Engineers，1873，2：31-33.

[5] Chapin D M，Fuller C，Pearson G. A new silicon p-n junction photocell for converting solar radiation into electrical power. Journal of Applied Physics，1954，25：676-677.
[6] Polman A，Knight M，Garnett E C，et al. Photovoltaic materials：Present efficiencies and future challenges. Science，2016，352.
[7] Strümpel C，McCann M，Beaucarne G，et al. Modifying the solar spectrum to enhance silicon solar cell efficiency—An overview of available materials. Solar Energy Materials and Solar Cells，2007，91：238-249.
[8] Mathew S，Yella A，Gao P，et al. Dye-sensitized solar cells with 13% efficiency achieved through the molecular engineering of porphyrin sensitizers. Nature Chemistry，2014，6：242-247.
[9] Chen X，Bai Z，Yan X，et al. Design of efficient dye-sensitized solar cells with patterned ZnO-ZnS core-shell nanowire array photoanodes. Nanoscale，2014，6：4691-4697.
[10] Li L B，Wu W Q，Rao H S，et al. Hierarchical ZnO nanorod-on-nanosheet arrays electrodes for efficient CdSe quantum dot-sensitized solar cells. Science China Materials，2016，59：807-816.
[11] Liyanage W P R，Wilson J S，Kinzel E C，et al. Fabrication of CdTe nanorod arrays over large area through patterned electrodeposition for efficient solar energy conversion. Solar Energy Materials & Solar Cells，2015，133：260-267.
[12] Nai J，Kang J，Guo L. Tailoring the shape of amorphous nanomaterials：recent developments and applications. Science China Materials，2015，58：44-59.
[13] Sun Z，Liao T，Kou L. Strategies for designing metal oxide nanostructures. Science China Materials，2017，60：1-24.
[14] Wu F，Cao F，Liu Q，et al. Enhancing photoelectrochemical activity with three-dimensional p-CuO/n-ZnO junction photocathodes. Science China Materials，2016，59：825-832.
[15] Grätzel M. Dye-sensitized solar cells. Journal of Photochemistry and Photobiology C：Photochemistry Reviews，2003，4：145-153.
[16] Thavasi V，Renugopalakrishnan V，Jose R，et al. Controlled electron injection and transport at materials interfaces in dye sensitized solar cells. Materials Science and Engineering R，2009，63：81-99.
[17] Bouclé J，Ackermann J. Solid-state dye-sensitized and bulk heterojunction solar cells using TiO_2 and ZnO nanostructures：Recent progress and new concepts at the borderline. Polymer International，2012，61：355-373.
[18] Kinoshita T，Nonomura K，Jeon N J，et al. Spectral splitting photovoltaics using perovskite and wideband dye-sensitized solar cells. Nature Communications，2015，6：8834.
[19] Lee C P，Li C T，Ho K C. Use of organic materials in dye-sensitized solar cells. Materials Today，2017，20：267-283.
[20] Feng X，Shankar K，Varghese O K，et al. Vertically aligned single crystal TiO_2 nanowire arrays grown directly on transparent conducting oxide coated glass：Synthesis details and applications. Nano Letters，2008，8：3781-3786.
[21] Wang Z L. Zinc oxide nanostructures：Growth，properties and applications. Journal of Physics：Condensed Matter，2004，16：R829.
[22] Yang Q，Liu Y，Pan C，et al. Largely Enhanced efficiency in ZnO nanowire/p-polymer hybridized inorganic/organic ultraviolet light-emitting diode by piezo-phototronic effect. Nano Letters，2013，13：607-613.
[23] Malakooti M H，Patterson B A，Hwang H S，et al. ZnO nanowire interfaces for high strength multifunctional composites with embedded energy harvesting. Energy & Environmental Science，2016，9：634-643.
[24] Qin Z，Huang Y，Liao Q，et al. Effect of surface modifications on ZnO nanorod arrays electrode for dye-sensitized solar cells. Journal of Nanoscience and Nanotechnology，2012，12：463-468.
[25] Qin Z，Huang Y，Liao Q，et al. Stability improvement of the ZnO nanowire array electrode modified with Al_2O_3 and SiO_2 for dye-sensitized solar cells. Materials Letters，2012，70：177-180.
[26] Liao J Y，Lei B X，Chen H Y，et al. Oriented hierarchical single crystalline anatase TiO_2 nanowire arrays on Ti-foil substrate for efficient flexible dye-sensitized solar cells. Energy & Environmental Science，2012，5：5750-5757.
[27] Qi J，Liu W，Biswas C，et al. Enhanced power conversion efficiency of CdS quantum dot sensitized solar cells with ZnO nanowire arrays as the photoanodes. Optics Communications，2015，349：198-202.
[28] Feron K，Belcher W J，Fell C J，et al. Organic solar cells：Understanding the role of förster resonance energy

transfer. International Journal of Molecular Sciences，2012，13：17019-17047.
[29] Green M A，Ho-Baillie A，Snaith H J. The emergence of perovskite solar cells. Nature Photonics，2014，8：506-514.
[30] Yang W S，Park B W，Jung E H，et al. Iodide management in formamidinium-lead-halide-based perovskite layers for efficient solar cells. Science，2017，356：1376-1379.
[31] Holtus T，Helmbrecht L，Hendrikse H C，et al. Shape-preserving transformation of carbonate minerals into lead halide perovskite semiconductors based on ion exchange/insertion reactions. Nature Chemistry，2018，10：740-745.
[32] Chakhmouradian A R，Woodward P M. Celebrating 175 years of perovskite research：A tribute to Roger H. Mitchell. Physics and Chemistry of Minerals，2014，41：387-391.
[33] Correa-Baena J P，Saliba M，Buonassisi T，et al. Promises and challenges of perovskite solar cells. Science，2017，358：739-744.
[34] Stranks S D，Snaith H J. Metal-halide perovskites for photovoltaic and light-emitting devices. Nature Nanotechnology，2015，10：391-402.
[35] D'innocenzo V，Grancini G，Alcocer M J，et al. Excitons versus free charges in organo-lead tri-halide perovskites. Nature Communications，2014，5：3586.
[36] Tanaka K，Takahashi T，Ban T，et al. Comparative study on the excitons in lead-halide-based perovskite-type crystals $CH_3NH_3PbBr_3$ $CH_3NH_3PbI_3$. Solid State Communications，2003，127：619-623.
[37] Even J，Pedesseau L，Katan C. Analysis of multivalley and multibandgap absorption and enhancement of free carriers related to exciton screening in hybrid perovskites. Journal of Physical Chemistry C，2014，118：11566-11572.
[38] Si H，Liao Q，Kang Z，et al. Deciphering the NH_4PbI_3 intermediate phase for simultaneous improvement on nucleation and crystal growth of perovskite. Advanced Functional Materials，2017，27：1701804.
[39] Si H，Liao Q，Zhang Z，et al. An innovative design of perovskite solar cells with Al_2O_3 inserting at ZnO/perovskite interface for improving the performance and stability. Nano Energy，2016，22：223-231.
[40] Klug M T，Osherov A，Haghighirad A A，et al. Tailoring metal halide perovskites through metal substitution：Influence on photovoltaic and material properties. Energy & Environmental Science，2017，10：236-246.
[41] McMeekin D P，Wang Z，Rehman W，et al. Crystallization kinetics and morphology control of formamidinium-cesium mixed-cation lead mixed-halide perovskite via tunability of the colloidal precursor solution. Advanced Materials，2017，29：1607039.
[42] Noel N K，Habisreutinger S N，Wenger B，et al. A low viscosity，low boiling point，clean solvent system for the rapid crystallisation of highly specular perovskite films. Energy & Environmental Science，2017，10：145-152.
[43] Etgar L. Hole-transport material-free perovskite-based solar cells. MRS Bulletin，2015，40：674-680.
[44] Lin P Y，Wu T，Ahmadi M，et al. Simultaneously enhancing dissociation and suppressing recombination in perovskite solar cells. Nano Energy，2017，36：95.
[45] Wojciechowski K，Saliba M，Leijtens T，et al. Sub 150℃ processed meso-superstructured perovskite solar cells with enhanced efficiency. SPIE Organic Photonics + Electronics，2014，9184（3）：91840Q-91840Q-1.
[46] Kim H S，Lee J W，Yantara N，et al. High efficiency solid-state sensitized solar cell-based on submicrometer rutile TiO_2 nanorod and $CH_3NH_3PbI_3$ perovskite sensitizer. Nano Letters，2013，13：2412-2417.
[47] Zhong D，Cai B，Wang X，et al. Synthesis of oriented TiO_2 nanocones with fast charge transfer for perovskite solar cells. Nano Energy，2015，11：409-418.
[48] Mali S S，Shim C S，Park H K，et al. Ultrathin atomic layer deposited TiO_2 for surface passivation of hydrothermally grown 1D TiO_2 nanorod arrays for efficient solid-state perovskite solar cells. Chemistry of Materials，2015，27：1541-1551.
[49] Liu C，Qiu Z，Meng W，et al. Effects of interfacial characteristics on photovoltaic performance in $CH_3NH_3PbBr_3$-based bulk perovskite solar cells with core/shell nanoarray as electron transporter. Nano Energy，2015，12：59-68.

[50] Mahmood K，Swain B S，Amassian A. Core-shell heterostructured metal oxide arrays enable superior light-harvesting and hysteresis-free mesoscopic perovskite solar cells. Nanoscale，2015，7：12812-12819.

[51] Mahmood K，Swain B S，Amassian A. 16.1% efficient hysteresis-free mesostructured perovskite solar cells based on synergistically improved ZnO nanorod arrays. Advanced Energy Materials，2015，5：1500568.

[52] Dong J，Zhao Y，Shi J，et al. Impressive enhancement in the cell performance of ZnO nanorod-based perovskite solar cells with Al-doped ZnO interfacial modification. Chemical Communications，2014，50：13381-13384.

[53] Mariani G，Wang Y，Wong P S，et al. Three-dimensional core-shell hybrid solar cells via controlled *in situ* materials engineering. Nano Letters，2012，12：3581-3586.

[54] Chen L C. Review of preparation and optoelectronic characteristics of Cu_2O-based solar cells with nanostructure. Materials Science in Semiconductor Processing，2013，16：1172-1185.

[55] Yuan D，Guo R，Wei Y，et al. Heteroepitaxial patterned growth of vertically aligned and periodically distributed ZnO nanowires on GaN using laser interference ablation. Advanced Functional Materials，2010，20：3484-3489.

[56] Chen L C. Review of preparation and optoelectromoc characteristics of Cu_2O-based solar cells nanostructure. Materials Science in Semiconductor Processing，2013，16：1172-1185.

[57] Yuhas B D，Yang P. Nanowire-based all-oxide solar cells. Journal of the American Chemical Society，2009，131：3756-3761.

[58] Cui J，Gibson U J. A simple two-step electrodeposition of Cu_2O/ZnO nanopillar solar cells. Journal of Physical Chemistry C，2010，114：6408-6412.

[59] Chen X，Lin P，Yan X，et al. Three-dimensional ordered ZnO/Cu_2O nanoheterojunctions for efficient metal-oxide solar cells. ACS Applied Materials & Interfaces，2015，7：3216-3223.

[60] Wu Y，Wang D，Li Y. Understanding of the major reactions in solution synthesis of functional nanomaterials. Science China Materials，2016，59：938-996.

[61] Xue M，Zhou H，Xu Y，et al. High-performance ultraviolet-visible tunable perovskite photodetector based on solar cell structure. Science China Materials，2017，60：407-414.

[62] Ye X，Cai A，Shao J，et al. Large area assembly of patterned nanoparticles by a polydimethylsiloxane template. Science China Materials，2015，58：884-892.

[63] Zhang Z，Han X，Zou J. Direct realizing the growth direction of epitaxial nanowires by electron microscopy. Science China Materials，2015，58：433-440.

[64] Fujishima A，Honda K. Electrochemical photolysis of water at a semiconductor electrode. Nature，1972，238：37-38.

[65] Hu Y P，Yan X Q，Gu Y S，et al. Large-scale patterned ZnO nanorod arrays for efficient photoelectrochemical water splitting. Applied Surface Science，2015，339：122-127.

[66] Shi J，Hara Y，Sun C，et al. Three-dimensional high-density hierarchical nanowire architecture for high-performance photo electrochemical electrodes. Nano Letters，2011，11：3413-3419.

[67] Sun K，Jing Y，Li C，et al. 3D branched nanowire heterojunction photoelectrodes for high-efficiency solar water splitting and H_2 generation. Nanoscale，2012，4：1515-1521.

[68] Yu Y，Yin X，Kvit A，et al. Evolution of hollow TiO_2 nanostructures via the kirkendall effect driven by cation exchange with enhanced photoelectrochemical performance. Nano Letters，2014，14：2528-2535.

[69] Zhang X，Liu Y，Lee S T，et al. Coupling surface plasmon resonance of gold nanoparticles with slow-photon-effect of TiO_2 photonic crystals for synergistically enhanced photoelec-trochemical water splitting. Energy & Environmental Science，2014，7：1409-1419.

[70] Warren S C，Thimsen E. Plasmonic solar water splitting. Energy & Environmental Science，2012，5：5133-5146.

[71] Liu Y，Yan X，Kang Z，et al. Synergistic effect of surface plasmonic particles and surface passivation layer on ZnO nanorods array for improved photoelectrochemical water splitting. Scientific Reports，2016，6：29907.

[72] Liu Y，Gu Y，Yan X，et al. Design of sandwich-structured ZnO/ZnS/Au photoanode for enhanced efficiency of photoelectrochemical water splitting. Nano Research，2015，8：2891-2900.

[73] Kang Z，Yan X，Wang Y，et al. Self-powered photoelectrochemical biosensing platform based on Au NPs@ZnO nanorods array. Nano Research，2015，9：344-352.

[74] Zhao K，Yan X，Gu Y，et al. Self-powered photoelectrochemical biosensor based on CdS/RGO/ZnO nanowire array heterostructure. Small，2016，12：245-251.

[75] Cao S，Yan X，Kang Z，et al. Band alignment engineering for improved performance and stability of $ZnFe_2O_4$ modified CdS/ZnO nanostructured photoanode for PEC water splitting. Nano Energy，2016，24：25-31.

[76] Bai Z，Yan X，Li Y，et al. 3D-branched ZnO/CdS nanowire arrays for solar water splitting and the service safety research. Advanced Energy Materials，2016，6：1501459.

[77] Liu Y，Kang Z，Si H，et al. Cactus-like hierarchical nanorod-nanosheet mixed dimensional photoanode for efficient and stable water splitting. Nano Energy，2017，35：189-198.

[78] Li M，Su J，Guo L. Preparation and characterization of $ZnIn_2S_4$ thin films deposited by spray pyrolysis for hydrogen production. International Journal of Hydrogen Energy，2008，33：2891-2896.

[79] Yu Y，Chen G，Wang G，et al. Visible-light-driven $ZnIn_2S_4$/$CdIn_2S_4$ composite photocatalyst with enhanced performance for photocatalytic H_2 evolution. International Journal of Hydrogen Energy，2013，38：1278-1285.

[80] Bai Z，Yan X，Kang Z，et al. Photoelectrochemical performance enhancement of ZnO photoanodes for $ZnIn_2S_4$ nanosheets coating[J]. Nano Energy，2015，14：392-400.

[81] Kang Z，Gu Y，Yan X，et al. Enhanced photoelectrochemical property of ZnO nano-rods array synthesized on reduced graphene oxide for self-powered biosensing application. Biosensors & Bioelectronics，2015，64：499-504.

[82] Hwang Y J，Hahn C，Liu B，et al. Photoelectrochemical properties of TiO_2 nanowire arrays：A study of the dependence on length and atomic layer deposition coating. ACS Nano，2012，6：5060-5069.

[83] Formal F L，Tetreault N，Cornuz M，et al. Passivating surface states on water splitting hematite photo-anodes with alumina overlayers. Chemical Science，2011，2：737-743.

[84] Kim W，Tachikawa T，Monllor-Satoca D，et al. Promoting water photooxidation on transparent WO_3 thin films using an alumina overlayer. Energy & Environmental Science，2013，6：3732-3739.

[85] Lin Y G，Hsu Y K，Chen Y C，et al. Visible-light-driven photocatalytic carbon-doped porous ZnO nanoarchitectures for solar water-splitting. Nanoscale，2012，4：6515-6519.

[86] Hou J，Yang C，Cheng H，et al. High-performance p-Cu_2O/n-TaON heterojunction nanorod photoanodes passivated with an ultrathin carbon sheath for photoelectrochemical water splitting. Energy & Environmental Science，2014，7：3758-3768.

[87] Yu Y，Zhang Z，Yin X，et al. Enhanced photoelectrochemical efficiency and stability using a conformal TiO_2 film on a black silicon photoanode. Nature Energy，2017，2：17045.

第7章 半导体纳米线压电纳米发电机

7.1 引 言

近年来，无线便携式电子设备如手机、智能手环、智能眼镜等越来越多地出现在人们生活中，这些电子设备都是依靠电池供电，电池容量已经成为制约电子设备持续工作的主要限制因素。未来大量智能设备的出现将会形成物联网，物联网的建立需要大量的传感器节点，这些传感器具有数量多、分布广的特点，如何对这些传感器实现高效率、低成本供能是亟待解决的问题。环境中存在着各种各样的能量，如太阳能、热能、机械能等，其中机械能的分布几乎不受时间和空间的影响。随着微电子技术的不断发展，电子设备和传感器中的电子器件尺寸不断下降，其耗电功率也不断下降，用极少的能量即可对电子器件进行驱动。如果能够有效地将环境中的机械能转化为电能，将会使电子器件随时从环境中获取能量，从而摆脱对电池的依赖，解决电子器件持续工作问题[1]。

机械能转换为电能的过程即为力电转换过程。传统的力电转换过程主要基于电磁感应原理，依靠电磁发电机将较大规模的机械能转化为电能。然而，这些大规模的机械能多数只存在于特定地域和特定时间。环境中存在更多的是微弱的、不规律的机械能，如微风、物体振动、人体运动、雨滴等，这些微弱的能量是无处不在的，满足分布式能源的要求。环境中微弱机械能的收集转换需要通过新途径来实现[2]。2006 年，佐治亚理工学院的王中林等利用原子力显微镜针尖扫动氧化锌（ZnO）纳米线，观测到了纳米尺度下的压电信号响应，并首次提出了压电纳米发电机（nanogenerator）的概念[3]。压电纳米发电机是一种基于压电效应工作的力电转换器件，它借助低维纳米材料对微弱机械力的灵敏响应，可以收集环境中的微弱机械能并将其转换为电能。基于压电效应的力电转换器件早有研究，这些器件多采用块体压电材料[4]。相比于块体压电材料，一维纳米压电材料在实现力电转换方面有以下优势：纳米线对微弱应变有更灵敏的响应，能够实现环境中微弱机械能的收集；纳米线具有更优异的机械性能，能够承受更大的应变，因此力电转换的效率更高；由于尺寸较小，纳米线器件更易于和其他功能纳米器件集成，形成自驱动系统[5]。本章所涉及的力电转换器件主要是基于压电半导体纳米线的压电纳米发电机。

7.2 压电半导体纳米线概述

Ⅱ-Ⅵ和Ⅲ-Ⅴ化合物如 ZnO、GaN、CdS 等具有非中心对称的六方纤锌矿结构，是典型的具有压电性能的半导体，其结构为两种原子以密排六方的形式形成 AB 堆垛并交叠嵌套而成。六方纤锌矿晶体的压电性能产生机制是极性键夹角在应变下发生变化。以 ZnO 为例，如图 7-1（a）所示，当晶体沿 c 轴（[0001]方向）产生应变时，Zn_2—O_1 极性键与 c 轴之间夹角 θ 发生变化，引起内部正负电荷中心出现偏移[6]，从而产生极化电荷，即对外表现出压电势。如图 7-1（b）所示，当 ZnO 纳米线受到沿 c 轴方向的拉伸应变时，纳米线顶部表现为正的压电势，底部表现为负的压电势；受到压缩应变时则与之相反。

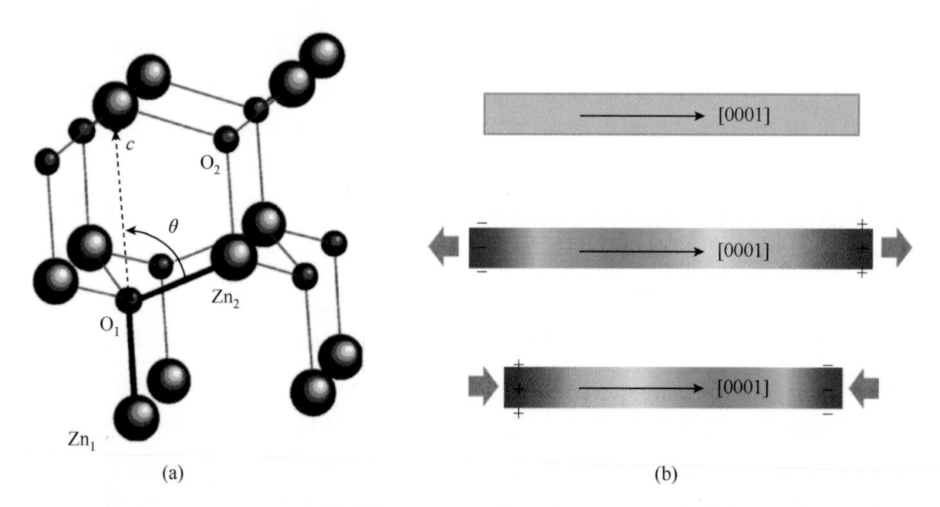

图 7-1 （a）ZnO 晶体结构[6]；（b）一维纳米压电材料不同应变时的压电势

不同的压电材料，其压电性能有所不同。对于同种一维纳米压电半导线，其压电性能表现出明显的尺寸依赖性。图 7-2 给出了实验测得的几种常见压电材料的压电应力常数（e_{33}）随纳米线直径变化的依赖关系[7]。随着纳米线（管）直径的减小，六方纤锌矿结构的 ZnO、GaN 的压电常数显著升高，钙钛矿结构的 $BaTiO_3$ 纳米的压电常数降低，而六方氮化硼纳米管（h-BN）的压电常数则变化不大。压电材料的表层原子结构和平衡状态与块体内部原子有很大不同，这是因为表层原子有更少的邻近原子，这会导致表面产生不同于晶体内部的残余应力，从而具有不同的压电性能。当材料尺寸下降时，表面体积比显著上升，从而引起材料的压电性能随尺寸变化。因此，采用纳米线压电材料能够获得更优异的压电性能。

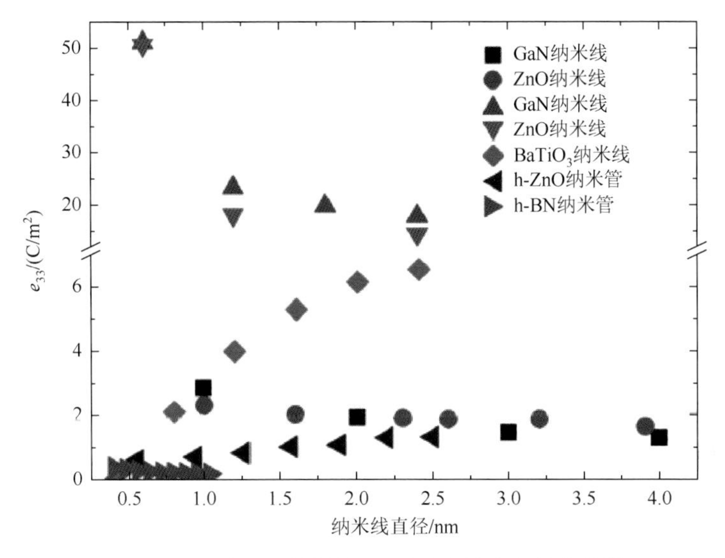

图 7-2 几种压电材料的 e_{33} 随纳米线直径的变化[7]

随着材料尺寸下降到纳米尺度，纳米线的力学性能也会发生显著变化。如图 7-3 所示，当 ZnO 纳米线的直径小于某个阈值（小于 100nm）时，其弹性模量随着直径的减小显著增大[8, 9]。理论模拟研究表明，ZnO 纳米线表面的壳层原子经过弛豫之后具有更小的间距，其模量高于纳米线内部核的部分。随着 ZnO 纳米线的直径不断下降，壳层所占的比例增大，因此纳米线的模量升高。另外，ZnO 纳米线断裂强度也明显高于块体材料，发生断裂时应变可高达 5%[10, 11]，可以承受

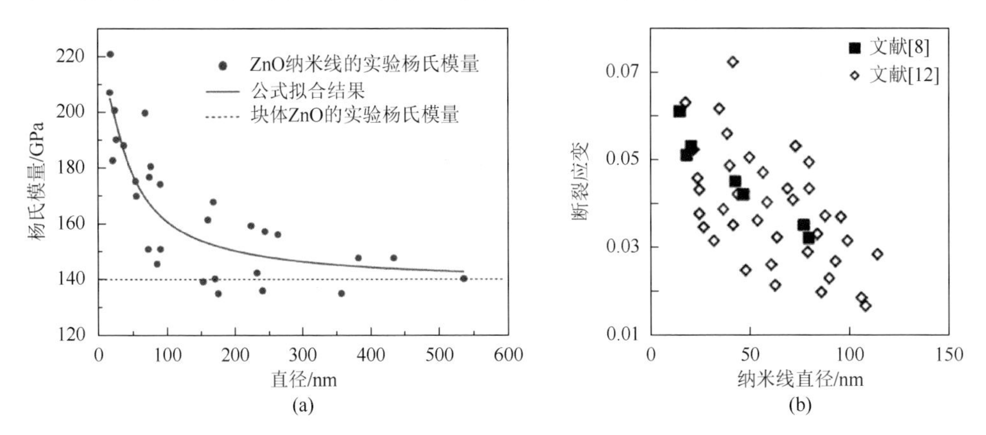

图 7-3 （a）一维 ZnO 纳米线的杨氏模量；（b）断裂时的应变与直径的依赖关系[8, 12]

■和◇表示不同文献来源

1.8%的循环弯曲应变而不致断裂[13]。因此在相同条件下，ZnO 纳米线可承受比块体材料更大的应变，从而产生更大的压电势。

7.3 压电纳米发电机的结构及原理

从器件结构划分，压电半导体纳米线构成的纳米发电机可分为单根纳米线器件和纳米线阵列器件。下面将分别针对这两种类型器件及柔性器件的结构和原理进行介绍。

7.3.1 单根纳米线器件

用 AFM 导电针尖扫动压电半导体纳米线可以观察到压电输出信号，这是压电纳米发电机的雏形结构，如图 7-4 所示。当 Pt 针尖扫动 ZnO 纳米线时，Pt 与

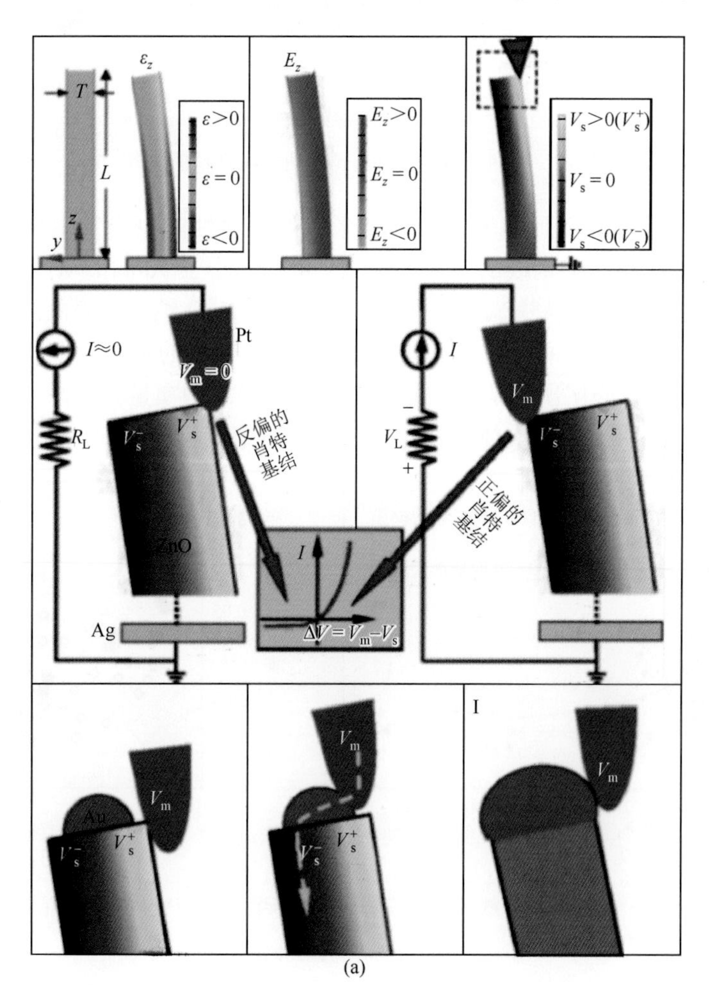

(a)

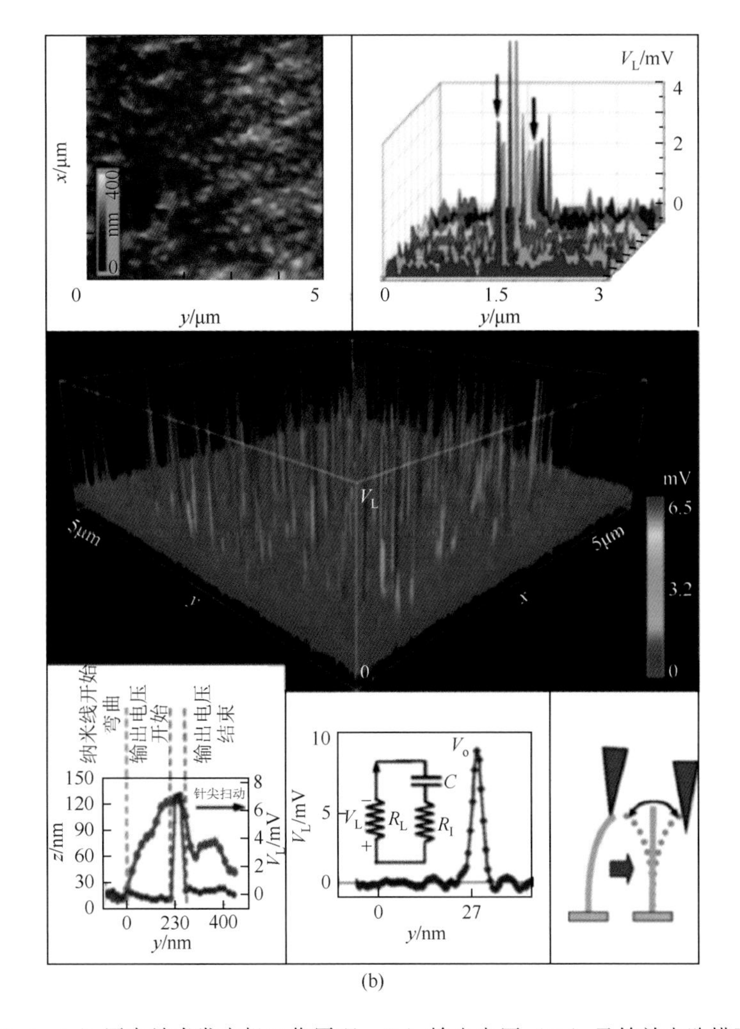

(b)

图 7-4 （a）压电纳米发电机工作原理；（b）输出电压（V_L）及等效电路模型[3]

ZnO 的接触界面会形成肖特基结。当针尖与 ZnO 纳米线的拉伸面接触时，由于ZnO 纳米线拉伸面的电势为正，电子经外电路从底电极流向探针，而此时由于肖特基结处于反向偏置状态，电子无法流入纳米线，而是积聚在针尖与纳米线间的界面处。但由于扫动过程比较缓慢，产生的信号很小而无法被探测到。当针尖与ZnO 纳米线的压缩面接触时，ZnO 纳米线压缩面的电势为负，肖特基结处于正向偏置状态，电子从 ZnO 纳米线流向针尖，直到压电电荷完全被中和，这个过程速度非常快，因此能够产生一个可被探测的压电信号，输出电压可达 8mV。这个过程实现了纳尺度下的机械能向电能的转换。采用同样的方法在其他压电半导体纳米线中均可检测到压电输出信号。用 Pt/Ir 针尖扫动长度约 160nm 的 GaN 纳米线可得到 0.02nA 的电流输出[14]。Lin 等[15]用镀铂的针尖拨动长度约 1μm 的 CdS 纳米线得到了 3mV 的电压输出。Song 等[16]拨动横卧的长度为 100μm 左右的 ZnO 纳米线，得到了 5mV 的电压输出。

以上对压电半导体纳米线施加应变的方式均是通过 AFM 针尖拨动来实现的，为了在实际应用中对纳米线施加应变，通常采用将纳米线横卧在柔性基底上的结构，通过柔性基底的弯曲实现纳米线的弯曲，如图 7-5 所示。Yang 等[17]通过金属电极将 ZnO 微纳线固定于柔性基底上，由于柔性基底的厚度和模量均远大于 ZnO 微纳线，因此器件弯曲的中心面仍位于柔性基底内部，所以柔性基底的弯曲会使 ZnO 微纳线发生拉伸或压缩。通过拉伸或压缩直径为 100～800nm、长度为 100～500μm 的 ZnO 纳米线，可产生 20～50mV 的输出电压[18]（图 7-5）。此外，施加应变的速率对发电机的输出有很大影响[19]，应变速率越快，产生的输出电压和电流就越大。这是由于施加应变的速率越快，单位时间内产生的压电电荷就越多，因此产生的输出电流就越大。其他种类的一维压电材料如 $BaTiO_3$ 纳米线[20]、PVDF 微纳线[21]等也可采用类似的结构。

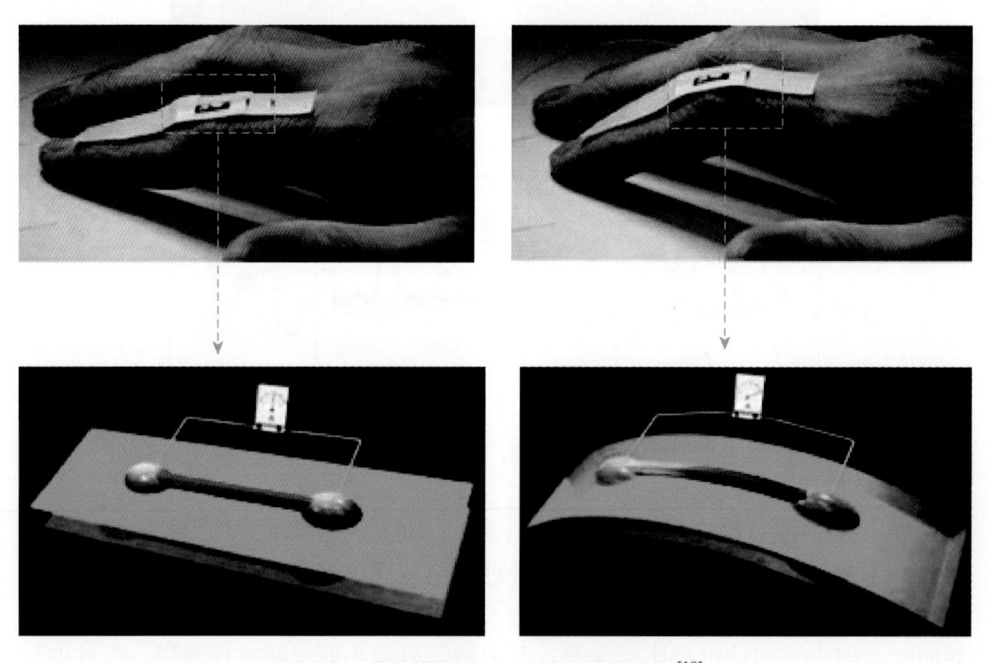

图 7-5 单根横卧的 ZnO 微纳线发电机[18]

单根压电微纳线所产生的压电势是有限的，采用“自下而上”的组装方法将多根横卧的微纳米线串并联构筑纳米发电机，显著提高了纳米发电机的输出（图 7-6）。Xu 等[22]利用微纳加工手段在柔性基底上制备了平行电极阵列，并通过控制生长条件使得 ZnO 纳米线在电极一端沿平行于基底方向生长，得到了 700 列、每列包含约 20000 个横卧的 ZnO 纳米线的器件，最终得到约 1.2V 的输出电压和约 26nA

的输出电流。Zhu 等[23]利用简单的扫刮印刷法成功地将竖直生长的 ZnO 纳米线转移至柔性基底上，并沿相同方向横卧，然后沉积电极阵列，器件结构如图 7-6（b）所示，得到的发电机输出电压可达到 2.03V。

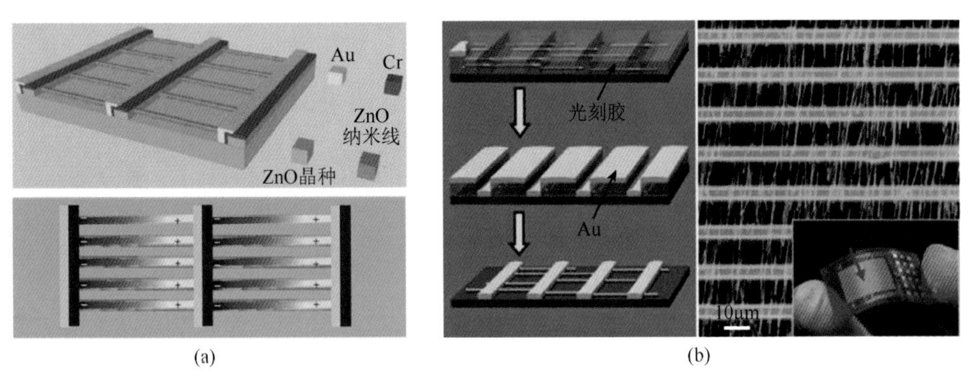

图 7-6 （a）横卧 ZnO 微纳线串并联纳米发电机[22]；（b）扫刮印刷法获得大面积平行横卧 ZnO 纳米线[23]

7.3.2　纳米线阵列器件

通常，将纳米线进行“自下而上”的组装需要复杂的工艺流程，一些压电材料可以直接生长为纳米线阵列的结构，利用这一结构可构建纳米线阵列纳米发电机，其一般是由底电极、竖直排列的压电纳米线阵列及顶电极组成的三明治结构。为了在纳米线阵列结构中实现类似 AFM 针尖拨动产生纳米线弯曲的状态，Wang 等[24]在 ZnO 纳米线阵列上方覆盖了起伏结构的电极，并使 ZnO 纳米线在超声作用下持续振动，如图 7-7 所示，从而产生持续的直流电输出，输出电压和电流分别能够达到 0.5mV 和 0.4nA。

为了提高纳米线阵列的机械稳定性，通常利用聚甲基丙烯酸甲酯（PMMA）对纳米线阵列进行封装，过程如图 7-8 所示。在生长有纳米线阵列的基底上旋涂 PMMA，然后通过氧等离子体刻蚀使纳米线的顶端露出，最后将顶电极覆盖在纳米线阵列上方，形成电极-纳米线阵列-电极三明治结构。$BaTiO_3$[25]、PZT[26]、KNN[27]、PVDF[28]等压电陶瓷形成的一维纳米线阵列均可采用类似的结构设计纳米发电机，与 ZnO 不同的是，要通过高压极化使内部电偶极子取向一致才能对外产生压电输出[29]。

7.3.3　柔性压电纳米发电机

以柔性聚合物或金属薄膜作为基底，通过低温手段在其表面制备纳米线阵列，可构建柔性压电纳米发电机。纳米线阵列会随着柔性基底弯曲产生拉伸或压缩应变，进而产生压电势。Hu 等[30, 31]构建了一种双面纳米线阵列结构的纳米发电机，如图 7-9（a）所示。利用水热法在聚苯乙烯（PS）基底两面对称生长 ZnO 纳米线阵列，当 PS 基底向下弯曲时，位于基底上方的纳米线阵列在沿纳米线方向上发生压缩应变，而下方的纳米线阵列发生拉伸应变。由于上下表面的 ZnO 极化方向恰好相反，因此上下阵列产生的压电势方向相反，两者叠加产生的输出电压和电流分别达到 10V 和 0.6μA。Lee 等[32]通过控制生长在 PI 基底上制备了稀疏的 ZnO 纳米线阵列，并将聚偏四氟乙烯（PVDF）填充在纳米线间隙中，如图 7-9（b）所示，该纳米发电机产生的输出电压和输出电流密度分别为 0.2V 和 $10nA/cm^2$。

另一种柔性纳米发电机可通过在柔性纤维如碳纤维、芳纶纤维等表面生长 ZnO 纳米线得到，通过编织、缠绕多根纤维可实现器件的集成。Qin 等[33]在两根 Kevlar 纤维表面均生长了 ZnO 纳米线阵列，在其中一根纳米线阵列表面制备了 Au 层作为电极，并将两根纤维缠绕得到了一种柔性纳米发电机，如图 7-10（a）所示。两根纤维相对移动时可使 ZnO 纳米线阵列互相摩擦产生弯曲，该纳米发电

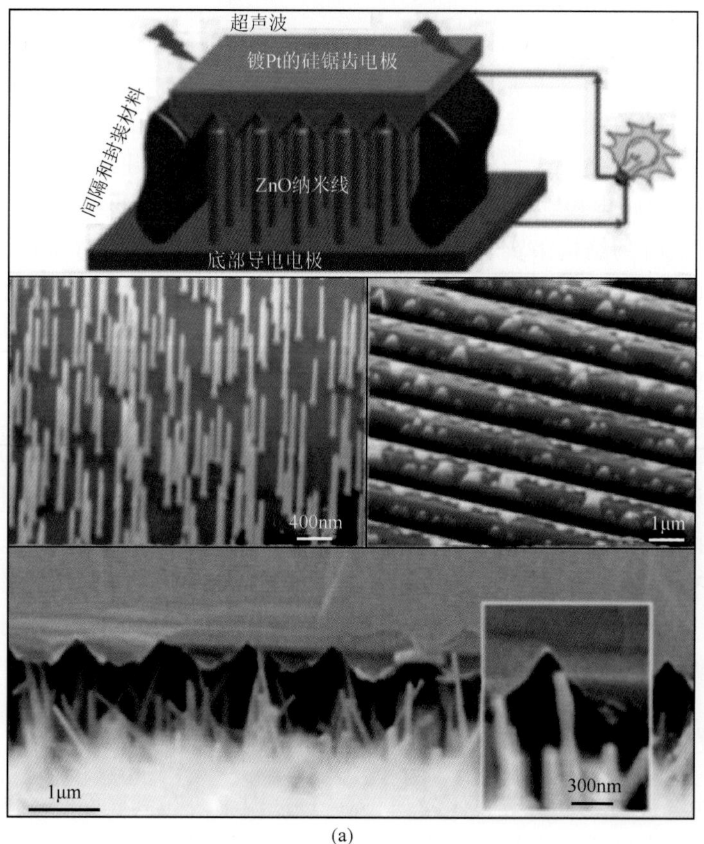

(a)

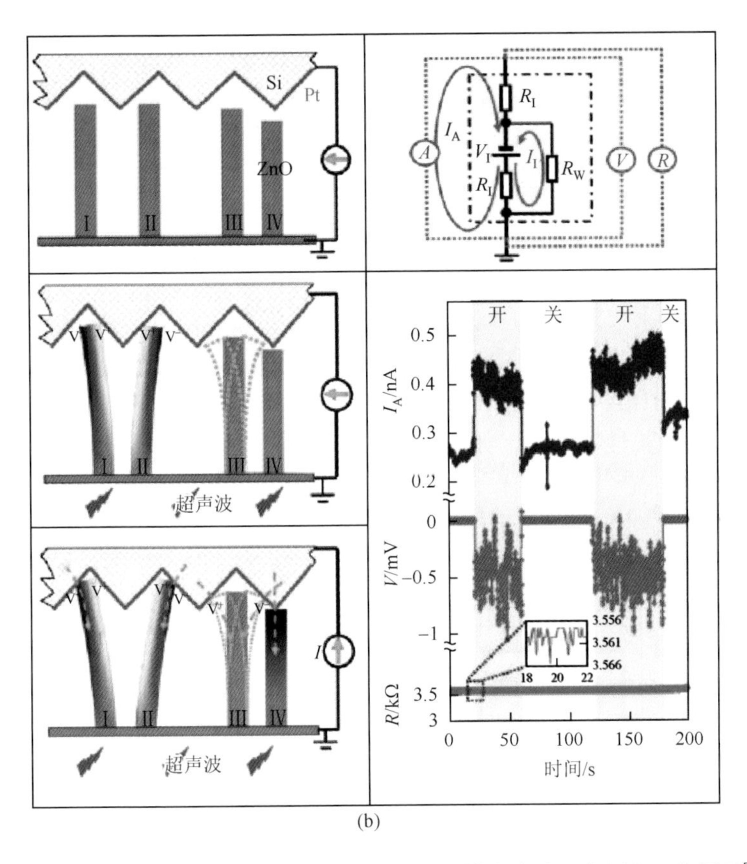

(b)

图 7-7　（a）纳米线阵列纳米发电机结构；（b）输出电流、电压和工作原理[24]

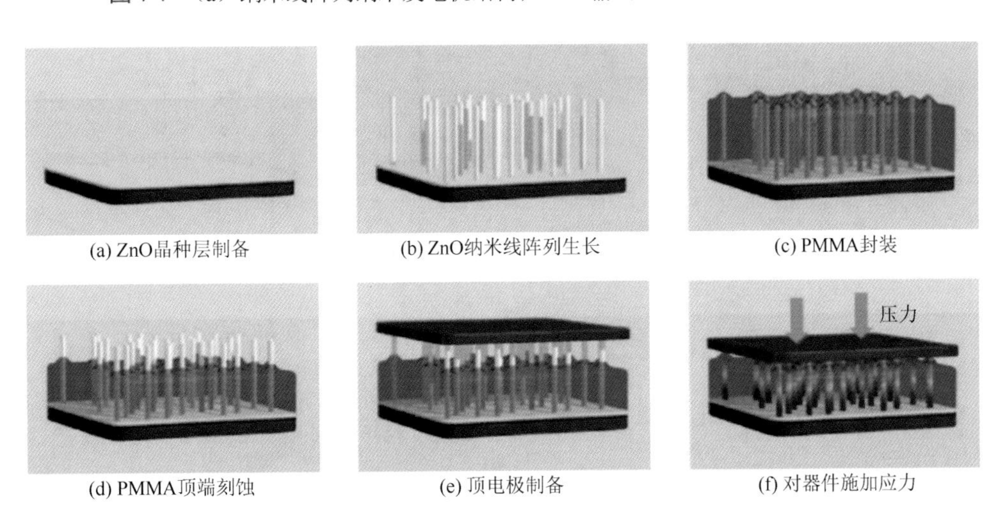

(a) ZnO晶种层制备　(b) ZnO纳米线阵列生长　(c) PMMA封装

(d) PMMA顶端刻蚀　(e) 顶电极制备　(f) 对器件施加应力

(g) 生长后的ZnO纳米线

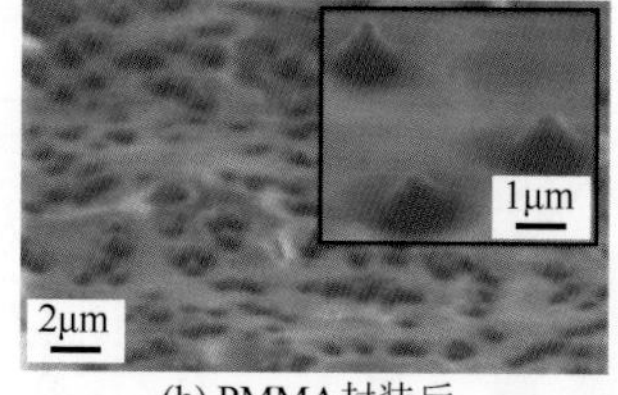

(h) PMMA封装后

(i) 顶端刻蚀后

图 7-8 纳米线阵列纳米发电机封装过程[22]

机产生的输出电流约为 4nA。Lee 等[32]在柔性纤维表面构建了 Au/ZnO/Au 三层同轴结构，如图 7-10（b）所示，将纤维固定在 PS 基底上并进行弯曲得到了 32mV 的输出电压和 $2.1nA/cm^2$ 的输出电流密度。张跃研究小组设计了碳纤维/ZnO 阵列/纸复合结构的柔性发电机，如图 7-10（c）所示，600 根碳纤维进行并联时可产生 100nA 输出电流[34]。相比于平面结构，纤维状柔性压电纳米发电机可在单位面积内获得数量更多的 ZnO 纳米线，这种结构有利于多个器件的集成，为设计具有纺织结构的纳米发电机提供了思路。

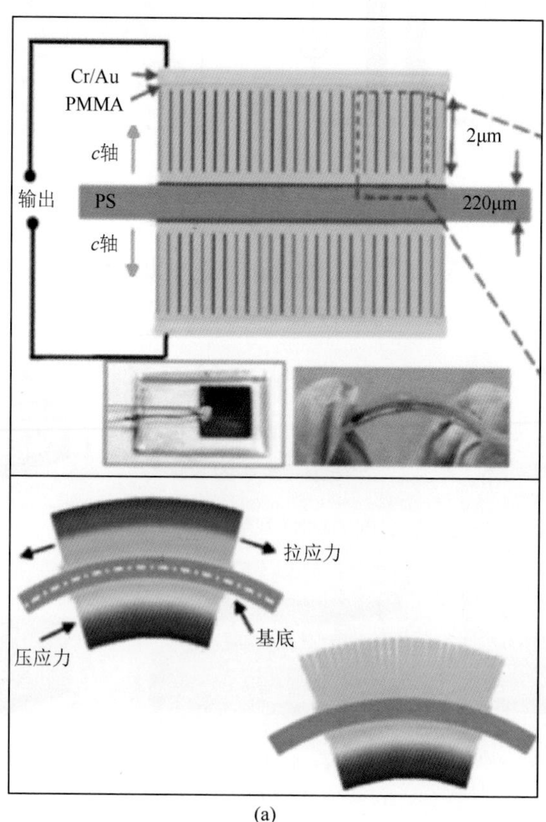

(a)

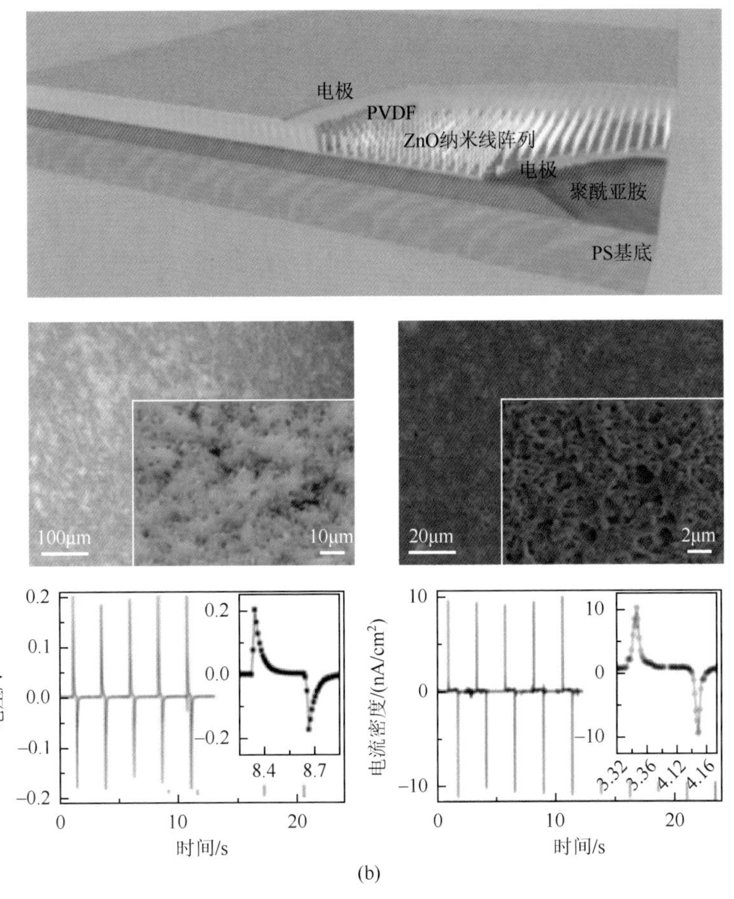

图 7-9 （a）PS 基底双面生长 ZnO 纳米线阵列构建柔性压电纳米发电机结构及原理[30]；（b）PVDF/ZnO 阵列/PI 柔性压电纳米发电机及输出[32]

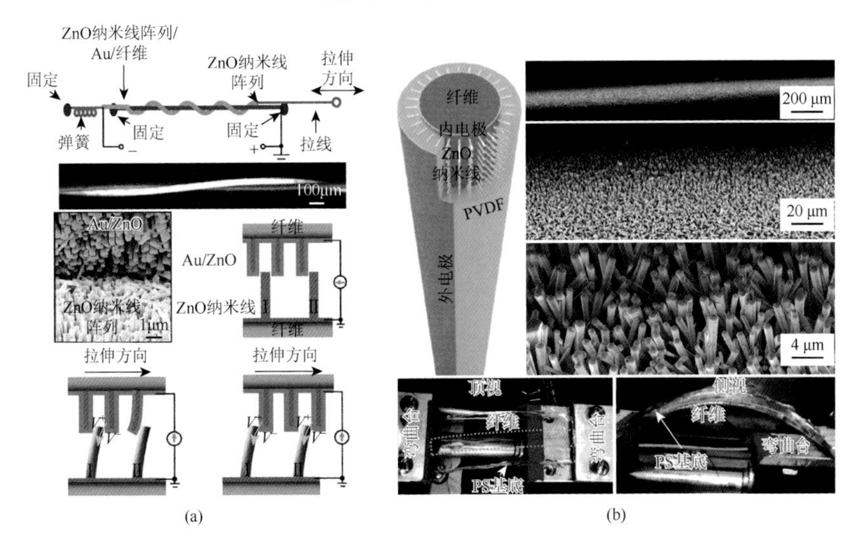

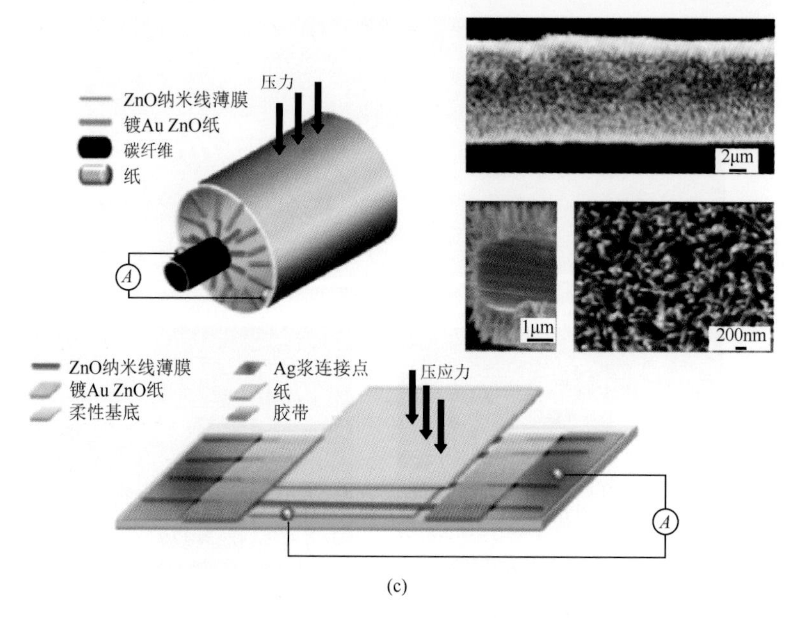

(c)

图 7-10 （a）生长有 ZnO 纳米线阵列的芳纶纤维缠绕结构的发电机[33]；（b）纤维表面 Au/ZnO/Au 三层同轴结构发电机[32]；（c）碳纤维/ZnO 阵列/纸复合结构发电机[34]

7.4 压电纳米发电机的性能调控

7.4.1 材料优化设计

压电半导体材料内部存在自由载流子，这些载流子会在自身的压电电势的作用下重新分布，进而对压电电势产生屏蔽作用，限制器件的输出性能。通过理论计算可预测载流子浓度对压电势的影响程度，如图 7-11 所示，对于一根半径为 150nm、长度为 4μm 的压电半导体纳米线，随着自由电子浓度从 $1\times10^{16}cm^{-3}$ 增大到 $5\times10^{17}cm^{-3}$，纳米线所产生的压电势从 40mV 下降至 5mV[35]。因此，减小载流子屏蔽作用成为提高压电半导体力电转换器件性能的重要手段。

ZnO 在本征状态下表现为 n 型导电特性，屏蔽作用主要来自自由电子。造成 ZnO 本征 n 型的原因是自然存在的氧空位缺陷，因此减少 ZnO 的氧空位缺陷浓度可以减小屏蔽作用。空气退火是一种调控 ZnO 氧空位缺陷浓度的有效方法，将 ZnO 在空气中加热至 200℃以上可使其内部的氧空位缺陷浓度下降[36]，从而显著提高压电输出性能[31]。等离子体处理也可用来调控 ZnO 中氧空位缺陷浓度，对 ZnO 进行氧等离子体处理可使其内部氧空位缺陷减少，从而降低电子浓度，减小屏蔽作用[31]；氩等离子体处理则会使 ZnO 缺陷增多，因此增大电子浓度，

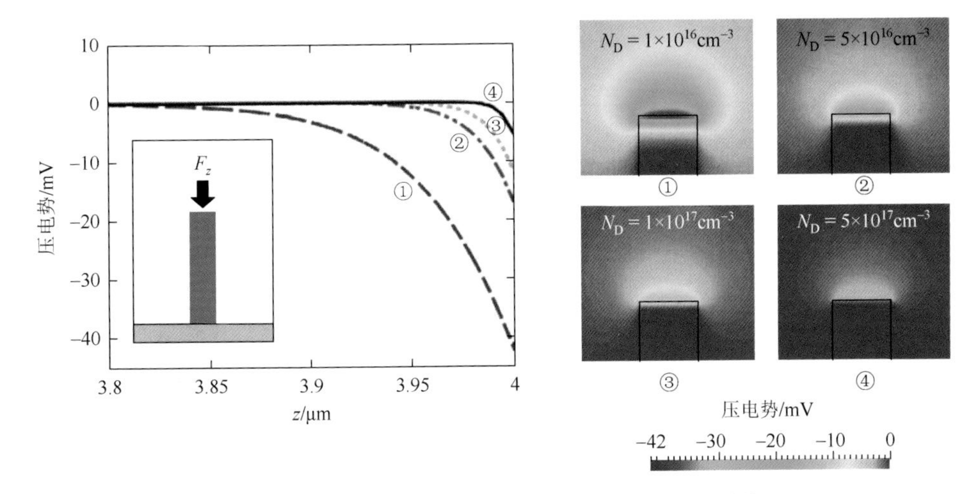

图 7-11　ZnO 压电势随内部自由电子浓度的变化[35]

使屏蔽作用增强[37]。除了控制缺陷浓度，通过引入一定程度的 p 型掺杂可以降低 ZnO 中的电子浓度。利用低温溶液法可得到 Li、Ag 等元素掺杂的 ZnO 纳米线阵列，Li^{+}、Ag^{+}对 Zn^{2+}形成替位掺杂，使 ZnO 由 n 型向中性转变，可显著提高压电输出[38, 39]。

构建 pn 结也可提高压电半导体的压电性能，结区处的电荷耗尽作用可以降低自由电子浓度，从而有效减小屏蔽作用，提高器件的压电输出性能[37]。GaN 的压电输出性能同样显著受载流子浓度影响，对 GaN 进行 Si 掺杂，当载流子浓度从 $7.58\times10^{17}cm^{-3}$ 增大至 $1.53\times10^{19}cm^{-3}$ 时，纳米发电机的输出电压和输出电流明显下降[40]。

7.4.2　结构优化设计

对于 ZnO、GaN 等压电半导体，由于其自身具有一定导电性，内部载流子会对压电势产生屏蔽作用。Zhu 等[41]将 ZnO 纳米线阵列分隔为多个区域，如图 7-12 所示，当纳米发电机仅有一小部分面积受力或表面受力不均时，周围的 ZnO 纳米线不会对压电势产生明显的屏蔽作用，可提高纳米发电机的输出。该结构的纳米发电机输出电压和电流分别高达 58V 和 134μA，手掌拍打器件所产生的电脉冲信号可以对神经产生刺激，使青蛙腿发生弯曲。

对于压电纳米线阵列器件，纳米线的长度不一，要实现纳米发电机的输出最大化，需要使每根纳米线均能有效受力，并且保证纳米线产生的压电势均能被有效感应。设计具有凹凸结构的顶电极是解决这一问题的常用方法，Xu 等[42]以 ZnO 纳米针阵列作为模板在上面覆盖一层 Au 作为顶电极，这样 Au 电极可以嵌入高低不平的纳米线间隙中，从而改善了 ZnO 纳米线的受力和电极对压

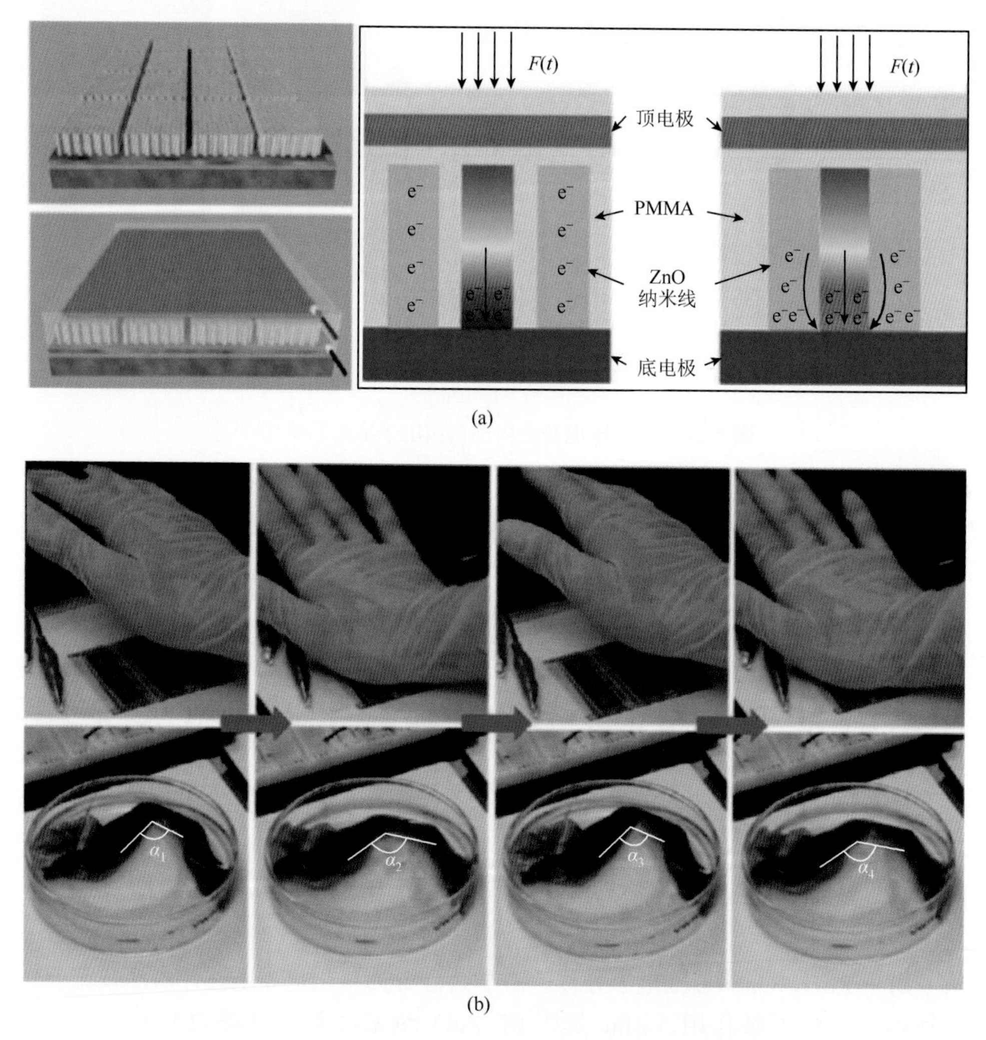

图 7-12 （a）分区结构的 ZnO 纳米线阵列以减少近邻屏蔽效应；
（b）纳米发电机输出电信号对青蛙腿部神经产生刺激[41]

电势的感应，如图 7-13（a）所示，单个器件产生的输出电压和电流分别达到 1mV 和 5nA。Choi 等[43]利用碳纳米管设计了表面粗糙的顶电极，如图 7-13（b）所示，改善了电极与 ZnO 纳米线阵列的接触，纳米发电机输出电流密度可达到 4.76μA/cm^2。

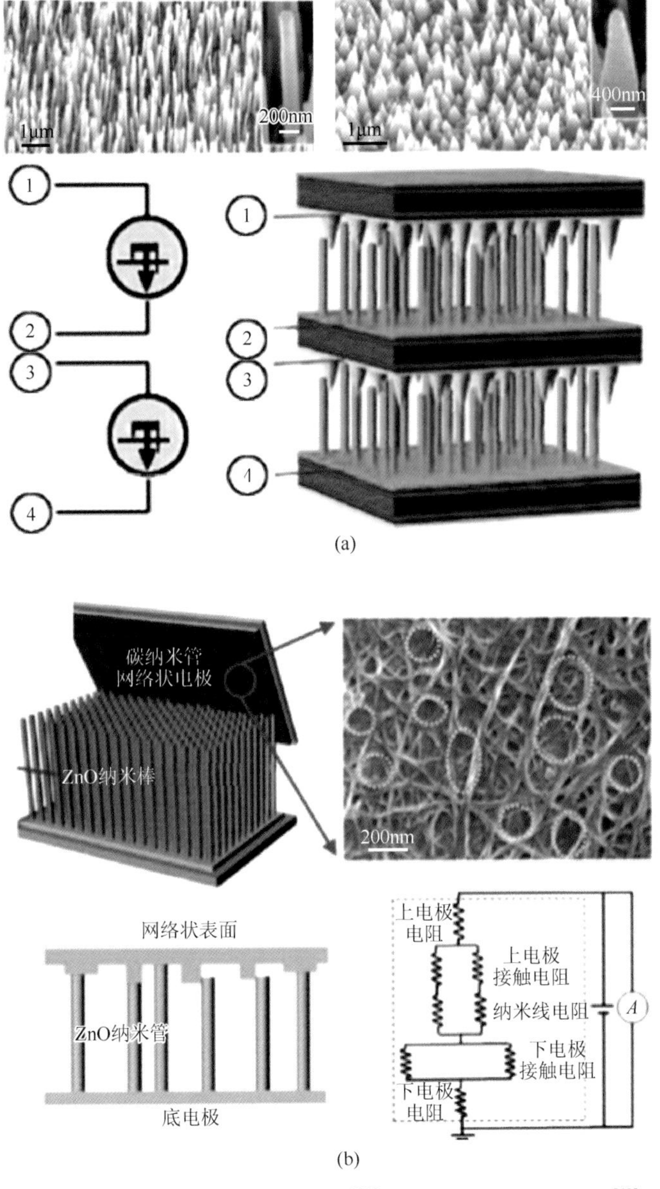

图 7-13 （a）纳米针结构顶电极[42]；（b）碳纳米管顶电极[43]

7.5 压电纳米发电机的应用

7.5.1 机械能收集

利用压电纳米发电机可以收集环境中微弱机械能并将其转换为电能的特性可

为电池充电。Hu 等[31]首先对 ZnO 纳米线阵列进行氧等离子体处理、高温退火及表面钝化等处理，使纳米发电机的输出电压和电流分别提高至 20V 和 6μA。将纳米发电机与商业转换储电电路板相连，如图 7-14 所示，电路板包括整流桥、电容和降压电路三个部分。经过纳米发电机 1000 次循环弯曲（20min）对电路板充电，所产生的电能可使该电路板以 1.8V 的直流输出驱动电子表 1min。

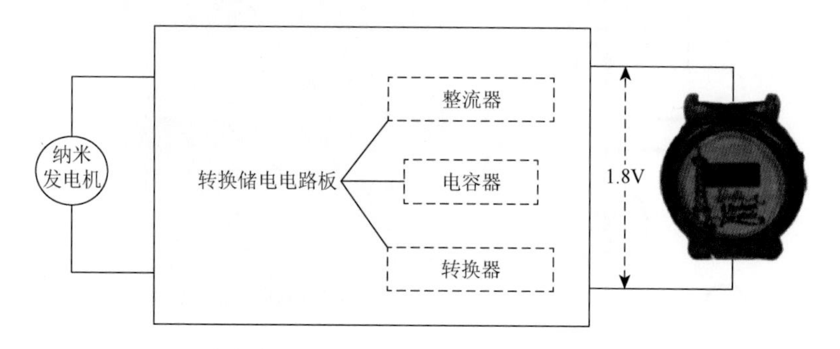

图 7-14 纳米发电机与转换储电电路板相连并驱动电子表[31]

除了收集环境中的机械能，纳米发电机还可植入生物体内收集机械能。Li 等[44]将单根 ZnO 纳米线纳米发电机植入小鼠体内，实现了生物体内机械能收集。如图 7-15 所示，利用组织黏合剂将纳米发电机固定在小鼠隔膜部位，随着小鼠呼吸时隔膜的舒张与收缩，纳米发电机可产生约 2mV 的输出电压和 4pA 的输出电流。将该器件固定在小鼠心脏表面可收集心跳时产生的机械能，输出电压和输出电流可分别达到约 3mV 和约 30pA。

7.5.2 自驱动应变传感

纳米发电机在外界机械作用下产生电压或电流信号，因此可直接用作应力应变传感器。Yu 等[45]将密集的 ZnO 纳米线阵列所构建的纳米发电机作为振动传感

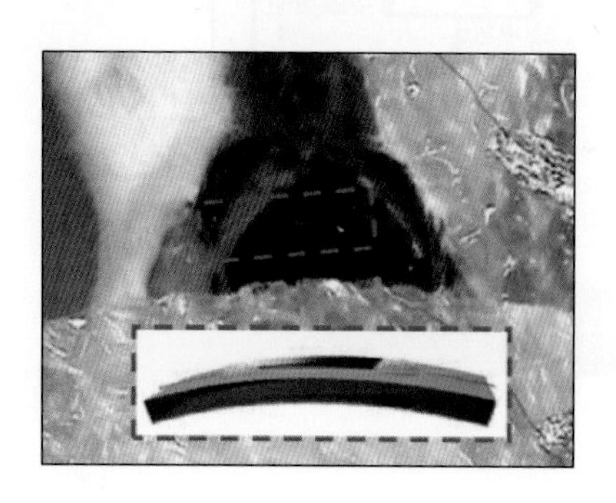

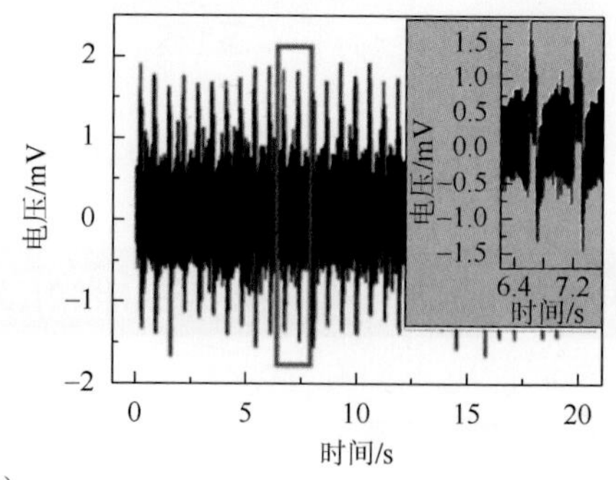

(a)

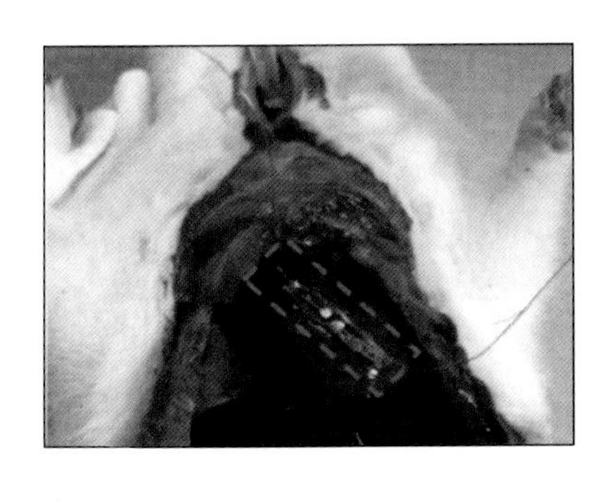

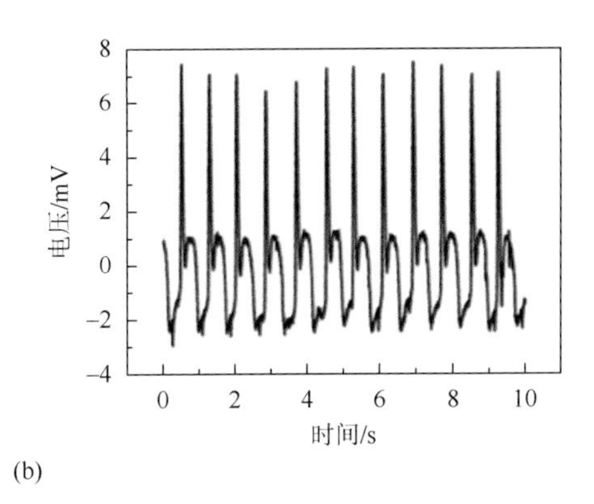

图 7-15　单根 ZnO 纳米线压电纳米发电机作为生物能量采集器：（a）小鼠呼吸能量采集及输出电压；（b）小鼠心脏跳动能量采集及输出电压[44]

器。如图 7-16 所示，将该传感器固定在悬臂上，悬臂振动时会产生交流电压输出，通过读取交流电压的频率即可得到悬臂的振动频率。该传感器工作时不需要外接电源，可实现自驱动工作。

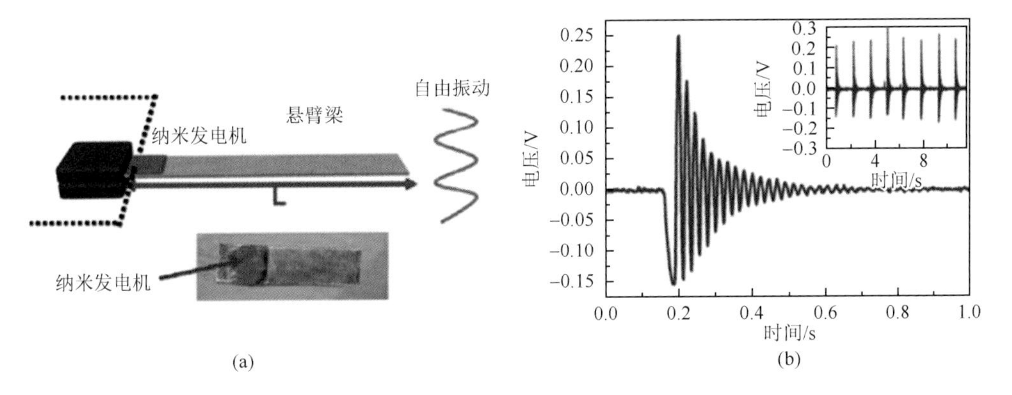

图 7-16　ZnO 纳米线阵列纳米发电机：（a）结构示意图；（b）器件输出电压[45]

张跃研究小组构建了 ZnO 纳米线阵列双模式振动传感器，该传感器利用了 ZnO 的压电效应和半导体耦合的特性，可以在自驱动和外加电源两种模式下进行工作，如图 7-17 所示[46]。在自驱动模式下，该传感器可准确探测频率范围为 1～15Hz 的机械振动；在外加电源工作模式下，该传感器可探测的机械振动范围为 0.05～15Hz，灵敏度可达到 3700%，可准确记录人的脉搏。

7.5.3　电子皮肤

Lee 等[47]设计了一种厚度仅为 16μm 的自驱动应变传感器，他们在器件设计

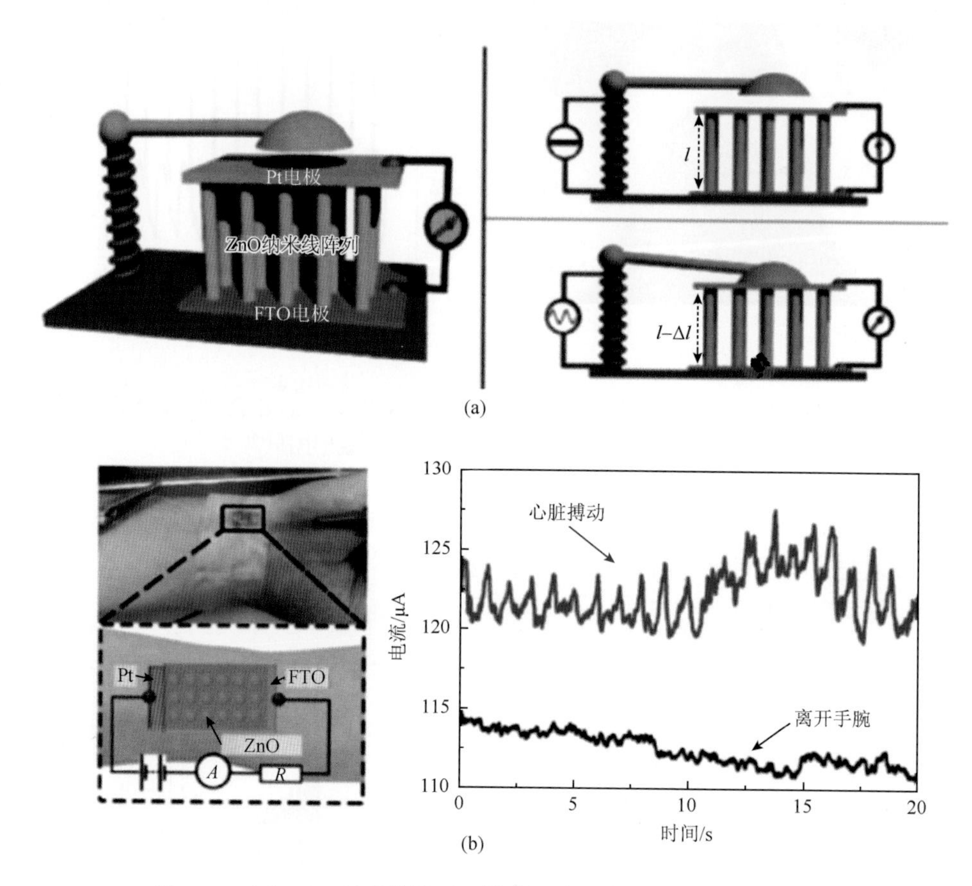

图 7-17 （a）ZnO 纳米线阵列双模式振动传感器结构及工作原理；（b）传感器可探测人的脉搏[46]

上采用了铝箔作为底电极和 ZnO 层基底，并在 ZnO 阵列层上旋涂了一层 PMMA 以提高器件稳定性，如图 7-18 所示。这种超薄柔性的纳米发电机与人的皮肤能够很好地贴合，因此成功探测到了人的皮肤形变。

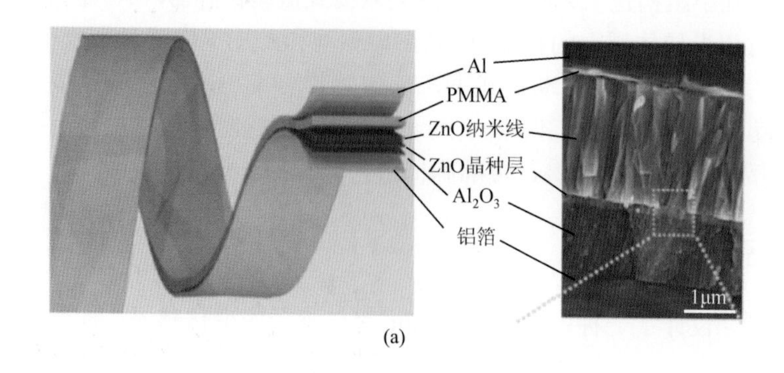

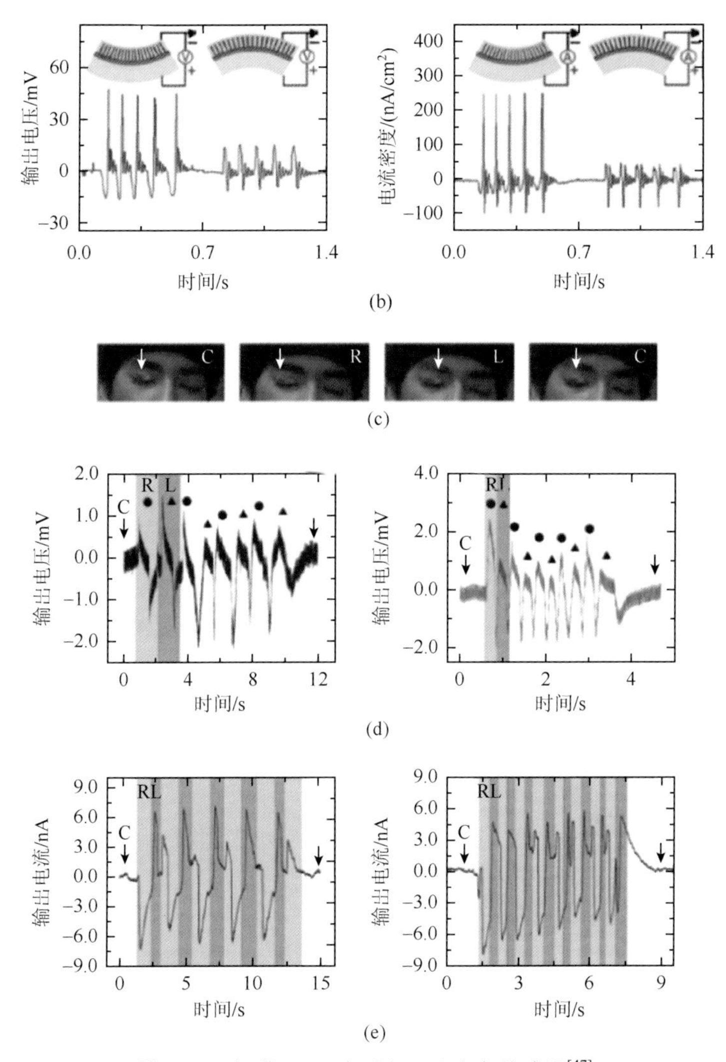

图 7-18　超薄 ZnO 阵列自驱动应变传感器[47]

（a）应变传感器的结构示意图与扫描电镜照片；（b）应变传感器的输出电压与电流密度；
（c）器件随眼珠运动方向示意图；（d）眼珠慢速和快速运动时的电压信号；
（e）眼珠慢速和快速运动时的电流信号

C. 中间；R. 右侧；L. 左侧

要制造出完全类似于人类皮肤的传感器件，除了需要减小器件厚度，还需要器件具备较高的可拉伸性、生物友好性及可大面积制备。Lee 等[48]利用干法摩擦转移的方法将双轴生长的 ZnO 纳米棒沿一定取向转移至柔性的 PDMS 薄膜上，当这种复合薄膜发生弯折时，会在垂直薄膜的方向上产生压电信号（图 7-19）。将这种结构的纳米发电机贴在手指的关节处，当手指运动时可探测到 2V/60nA 电信号，展示了其在手指动作识别方面的应用潜力。

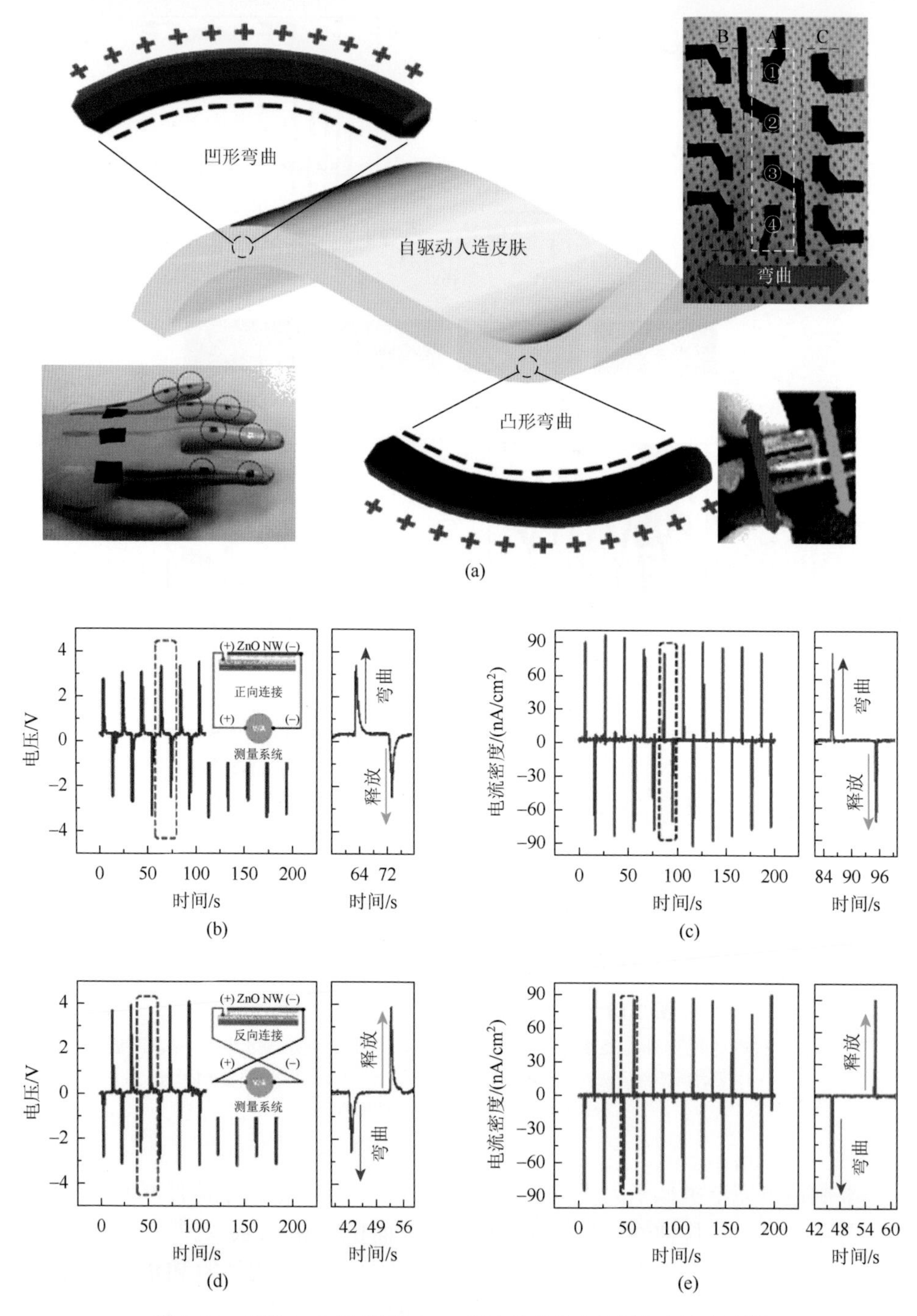

图 7-19 双轴 ZnO 纳米棒/PDMS 压电纳米发电机用作人造皮肤[48]

（a）人造皮肤的结构示意图及工作原理；（b）人造皮肤正向连接时的输出电压曲线；（c）人造皮肤正向连接时的输出电流密度曲线；（d）人造皮肤反向连接时的输出电压曲线；（e）人造皮肤反向连接时的输出电流密度曲线

7.5.4　自驱动化学传感

如前所述，压电半导体中的自由载流子会对压电输出产生屏蔽作用，而当半导体表面吸附不同物质时，屏蔽作用会发生改变，从而会对压电输出产生调制。基于上述原理，Xue 等[49]将未经封装的 ZnO 纳米线阵列纳米发电机暴露在不同浓度的 H_2S 气体中，发现器件输出电压对 H_2S 浓度有非常灵敏的响应。工作原理如图 7-20 所示，ZnO 纳米线在空气中会吸附氧气并与 ZnO 中的自由电子结合形成 O_2^-，这使得表面能带向上弯曲且电子浓度降低，因此自由电子对压电势的屏蔽作用减弱，纳米发电机的输出电压较大。当 ZnO 纳米线接触 H_2S 时会发生反应 $2H_2S + 3O_2^- \longrightarrow 2SO_2 + 2H_2O + 3e^-$，产生的自由电子会使屏蔽作用更加明显，因此器件的压电输出下降。利用该器件可探测的 H_2S 浓度下限达到 100ppm，ZnO

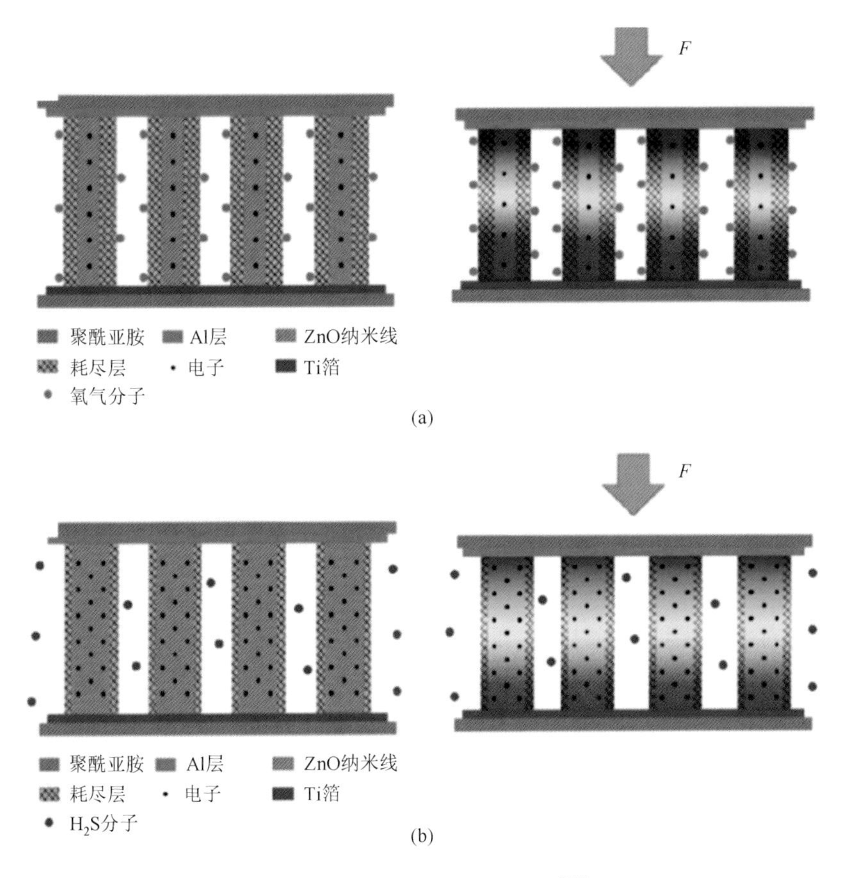

图 7-20　ZnO 纳米线阵列纳米发电机探测 H_2S 气体工作原理[49]：（a）ZnO 吸附空气中氧气形成表面耗尽层，压电输出较大；（b）H_2S 与氧气反应使表面耗尽层减小，压电输出降低

纳米发电机的作用一方面是产生了电信号输出，另一方面是对 H_2S 产生响应，因此该传感器不需要外接电源即可工作。

基于类似原理，对压电半导体表面进行修饰，可实现特定物质的探测。Lin 等[50]通过在裸露的 ZnO 纳米线阵列表面修饰 Pd 纳米颗粒，构建了乙醇气体传感器。纳米发电机的输出电压对乙醇气体表现出灵敏的响应，当乙醇气体的浓度从 200ppm 增大至 800ppm 时，器件输出电压从 0.45V 降低至 0.25V。如前所述，当 ZnO 暴露在空气中时会吸附氧气，氧气分子会与 ZnO 内部电子结合形成 O_2^-，从而对 ZnO 中的电子产生一定的耗尽作用，这会使纳米发电机的输出性能提高。如图 7-21 所示，当 ZnO 接触乙醇气体时，在 Pd 纳米颗粒的催化作用下会发生反应 $CH_3CH_2OH \longrightarrow CH_3CH_2O + H$（ads.），$4H$（ads.）$+ O_2^-$（ads.）$\longrightarrow 2H_2O + e^-$，这个过程会释放电子进入 ZnO，使 ZnO 内部电子浓度上升，从而使屏蔽作用增强，器件输出电压降低。

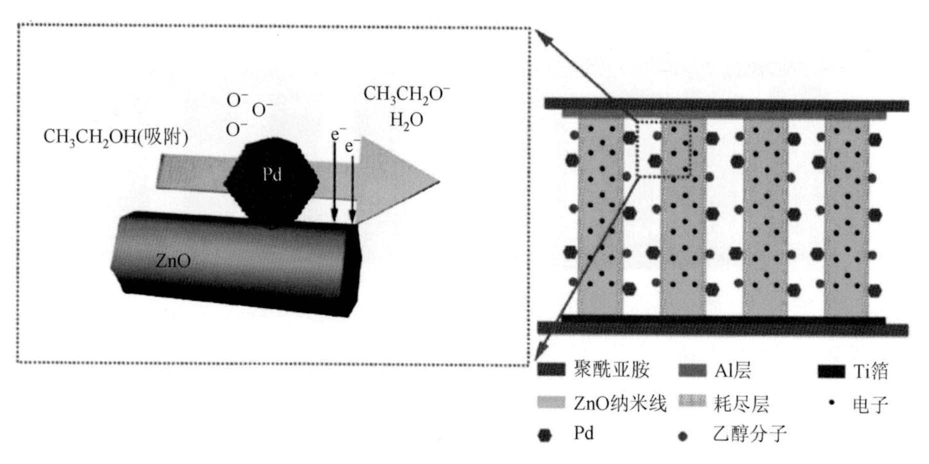

图 7-21 Pd 修饰的 ZnO 纳米线阵列乙醇气体传感器工作原理[50]

一维压电半导体具有相比于块体材料更加优异的力学性能，在构筑力电转换器件方面有明显优势。通过多根压电纳米线之间的串并联组装，可以大幅提高器件的输出性能。纳米发电机的应用目标是解决微纳电子器件的供能问题，本身产生的能量密度较小，提高器件输出性能无疑对提高能量转换效率、拓展其应用范围具有重要意义。一方面可通过材料优化来提高压电半导体的压电性能，另一方面通过合理的器件结构设计也可实现输出性能的提高。力电转换器件为器件自驱动工作提供了一种新的思路，既可以利用纳米发电机将机械能转换为电能间接为电子器件供电，也可以直接利用压电半导体对环境因素的敏感特性直接实现器件的无源传感。随着力电转换器件的性能不断提高，收集环境中的机械能并将其转化为电能的思路在实际应用中将会展现出巨大潜力。

参考文献

[1] Wang Z L. On Maxwell's displacement current for energy and sensors：The origin of nanogenerators. Materials Today，2017，20（2）：74-82.

[2] Wang Z L，Zhu G，Yang Y，et al. Progress in nanogenerators for portable electronics. Materials Today，2012，15（12）：532-543.

[3] Wang Z L，Song J. Piezoelectric nanogenerators based on zinc oxide nanowire arrays. Science，2006，312（5771）：242-246.

[4] Anton S R，Sodano H A. A review of power harvesting using piezoelectric materials（2003-2006）. Smart Materials and Structures，2007，16（3）：R1-R21.

[5] Hu Y，Wang Z L. Recent progress in piezoelectric nanogenerators as a sustainable power source in self-powered systems and active sensors. Nano Energy，2015，14：3-14.

[6] Karanth D，Fu H. Large electromechanical response in ZnO and its microscopic origin. Physical Review B，2005，72（6）：064116.

[7] Zhang J，Wang C，Bowen C. Piezoelectric effects and electromechanical theories at the nanoscale. Nanoscale，2014，6（22）：13314-13327.

[8] Chen C Q，Shi Y，Zhang Y S，et al. Size dependence of Young's modulus in ZnO nanowires. Physical Review Letters，2006，96（7）：075505.

[9] Asthana A，Momeni K，Prasad A，et al. *In situ* observation of size-scale effects on the mechanical properties of ZnO nanowires. Nanotechnology，2011，22（26）：265712.

[10] He M R，Xiao P，Zhao J，et al. Quantifying the defect-dominated size effect of fracture strain in single crystalline ZnO nanowires. Journal of Applied Physics，2011，109（12）：123504.

[11] Xu F，Qin Q，Mishra A，et al. Mechanical properties of ZnO nanowires under different loading modes. Nano Research，2010，3（4）：271-280.

[12] Espinosa H D，Bernal R A，Minary-Jolandan M. A review of mechanical and electromechanical properties of piezoelectric nanowires. Advanced Materials，2012，24（34）：4656-4675.

[13] Li P，Liao Q，Yang S，et al. *In Situ* transmission electron microscopy investigation on fatigue behavior of single ZnO wires under high-cycle strain. Nano Letters，2014，14（2）：480-485.

[14] Su W S，Chen Y F，Hsiao C L，et al. Generation of electricity in GaN nanorods induced by piezoelectric effect. Applied Physics Letters，2007，90（6）：063110.

[15] Lin Y F，Song J，Ding Y，et al. Alternating the output of a CdS nanowire nanogenerator by a white-light-stimulated optoelectronic effect. Advanced Materials，2008，20（16）：3127-3130.

[16] Song J，Zhou J，Wang Z L. Piezoelectric and semiconducting coupled power generating process of a single ZnO belt/wire. A technology for harvesting electricity from the environment. Nano Letters，2006，6（8）：1656-1662.

[17] Yang R，Qin Y，Dai L，et al. Power generation with laterally packaged piezoelectric fine wires. Nature Nanotechnology，2009，4（1）：34-39.

[18] Yang R，Qin Y，Li C，et al. Converting biomechanical energy into electricity by a muscle-movement-driven nanogenerator. Nano Letters，2009，9（3）：1201-1205.

[19] Yang R，Qin Y，Li C，et al. Characteristics of output voltage and current of integrated nanogenerators. Applied Physics Letters，2009，94（2）：022905.

[20] Wang Z，Hu J，Suryavanshi A P，et al. Voltage generation from individual $BaTiO_3$ nanowires under periodic tensile mechanical load. Nano Letters，2007，7（10）：2966-2969.

[21] Chang C，Tran V H，Wang J，et al. Direct-write piezoelectric polymeric nanogenerator with high energy conversion efficiency. Nano Letters，2010，10（2）：726-731.

[22] Xu S，Qin Y，Xu C，et al. Self-powered nanowire devices. Nature Nanotechnology，2010，5（5）：366-373.

[23] Zhu G，Yang R，Wang S，et al. Flexible high-output nanogenerator based on lateral ZnO nanowire array. Nano Letters，2010，10（8）：3151-3155.

[24] Wang X，Song J，Liu J，et al. Direct-current nanogenerator driven by ultrasonic waves. Science，2007，316（5821）：102-105.

[25] Koka A，Zhou Z，Sodano H A. Vertically aligned $BaTiO_3$ nanowire arrays for energy harvesting. Energy & Environmental Science，2014，7（1）：288-296.

[26] Gu L，Cui N Y，Cheng L，et al. Flexible fiber nanogenerator with 209V output voltage directly powers a light-emitting diode. Nano Letters，2013，13（1）：91-94.

[27] Kang P G，Yun B K，Sung K D，et al. Piezoelectric power generation of vertically aligned lead-free（K，Na）NbO_3 nanorod arrays. RSC Advances，2014，4（56）：29799.

[28] Whiter R A，Narayan V，Kar-Narayan S. A scalable nanogenerator based on self-poled piezoelectric polymer nanowires with high energy conversion efficiency. Advanced Energy Materials，2014，4（18）：1400519.

[29] Kakimoto K，Fukata K，Ogawa H. Fabrication of fibrous $BaTiO_3$-reinforced PVDF composite sheet for transducer application. Sensors and Actuators A-Physical，2013，200：21-25.

[30] Hu Y，Zhang Y，Xu C，et al. Self-powered system with wireless data transmission. Nano Letters，2011，11（6）：2572-2577.

[31] Hu Y，Lin L，Zhang Y，et al. Replacing a battery by a nanogenerator with 20V output. Advanced Materials，2012，24（1）：110-114.

[32] Lee M，Chen C Y，Wang S，et al. A hybrid piezoelectric structure for wearable nanogenerators. Advanced Materials，2012，24（13）：1759-1764.

[33] Qin Y，Wang X，Wang Z L. Microfibre-nanowire hybrid structure for energy scavenging. Nature，2008，451（7180）：809-813.

[34] Liao Q，Zhang Z，Zhang X，et al. Flexible piezoelectric nanogenerators based on a fiber/ZnO nanowires/paper hybrid structure for energy harvesting. Nano Research，2014，7（6）：917-928.

[35] Romano G，Mantini G，Carlo A D，et al. Piezoelectric potential in vertically aligned nanowires for high output nanogenerators. Nanotechnology，2011，22（46）：465401.

[36] Tam K H，Cheung C K，Leung Y H，et al. Defects in ZnO nanorods prepared by a hydrothermal method. Journal of Physical Chemistry B，2006，110（42）：20865-20871.

[37] Pradel K C，Wu W，Ding Y，et al. Solution-derived ZnO homojunction nanowire films on wearable substrates for energy conversion and self-powered gesture recognition. Nano Letters，2014，14（12）：6897-6905.

[38] Lee S，Lee J，Ko W，et al. Solution-processed Ag-doped ZnO nanowires grown on flexible polyester for nanogenerator applications. Nanoscale，2013，5（20）：9609-9614.

[39] Sohn J I，Cha S N，Song B G，et al. Engineering of efficiency limiting free carriers and an interfacial energy barrier for an enhancing piezoelectric generation. Energy & Environmental Science，2013，6（1）：97-104.

[40] Wang C H，Liao W S，Lin Z H，et al. Optimization of the output efficiency of GaN nanowire piezoelectric nanogenerators by tuning the free carrier concentration. Advanced Energy Materials，2014，4（16）：1400392.

[41] Zhu G，Wang A C，Liu Y，et al. Functional electrical stimulation by nanogenerator with 58V output voltage. Nano Letters，2012，12（6）：3086-3090.

[42] Xu S，Wei Y，Liu J，et al. Integrated multilayer nanogenerator fabricated using paired nanotip-to-nanowire brushes. Nano Letters，2008，8（11）：4027-4032.

[43] Choi D，Choi M Y，Shin H J，et al. Nanoscale networked single-walled carbon-nanotube electrodes for transparent flexible nanogenerators. Journal of Physical Chemistry C，2010，114（2）：1379-1384.

[44] Li Z，Zhu G，Yang R，et al. Muscle-driven *in vivo* nanogenerator. Advanced Materials，2010，22（23）：2534-2537.

[45] Yu A，Jiang P，Wang Z L. Nanogenerator as self-powered vibration sensor. Nano Energy，2012，1（3）：418-423.

[46] Zhang Z，Liao Q，Yan X，et al. Functional nanogenerators as vibration sensors enhanced by piezotronic effects. Nano Research，2013，7（2）：190-198.

[47] Lee S，Hinchet R，Lee Y，et al. Ultrathin nanogenerators as self-powered/active skin sensors for tracking eye ball motion. Advanced Functional Materials，2014，24（8）：1163-1168.

[48] Lee T I，Jang W S，Lee E，et al. Ultrathin self-powered artificial skin. Energy & Environmental Science，2014，7（12）：3994-3999.

[49] Xue X，Nie Y，He B，et al. Surface free-carrier screening effect on the output of a ZnO nanowire nanogenerator and its potential as a self-powered active gas sensor. Nanotechnology，2013，24（22）：225501.

[50] Lin Y，Deng P，Nie Y，et al. Room-temperature self-powered ethanol sensing of a Pd/ZnO nanoarray nanogenerator driven by human finger movement. Nanoscale，2014，6（9）：4604-4610.

第8章 半导体纳米线传感器件

8.1 引　言

半导体纳米线高比表面的优势极大地提升了传感器的性能指标，使传感器进一步向着智能化、微型化、多功能化、超灵敏化、低成本化的方向发展。同时，零维纳米材料如纳米颗粒及量子点，二维纳米材料如石墨烯等层状碳材料及 MoS_2 等半导体材料均被引入半导体纳米线材料体系构建复杂的纳米结构，实现多种小尺寸换能器、探针或其他类型微纳系统，以进一步提升传感器的性能。本章将从应力应变传感器、光电传感器及生物传感器三个方面对半导体纳米线传感器的相关内容进行阐述与说明。

8.2 应力应变传感器

力是引起物质运动变化的直接原因。要深入理解微纳尺度物质的变化规律，就需要精确地测量微弱力。根据力作用的原理及产生的效果，研究者设计制造多种类型的力传感器（force sensor），将力的量值（张力、拉力、压力、质量、扭矩、内应力和应变等力学量）转换为相关电信号。时至今日，人们已经成功实现众多基于一维材料（如纳米管、纳米线、纳米带、纳米阵列与异质结等）的力学微传感器的构建，用于测量微纳尺度下的应变/应力，应力传感或压力传感成为纳米线优异信号转换特性的具体体现。本节将首先从单一种类半导体纳米线构建的力传感器件切入，而后向读者展示半导体纳米线阵列，直至混合型应变/应力传感器的研究现状。

8.2.1 单根纳米线应力应变传感器

硅是现代电子学中最重要且用途广泛的构筑材料之一，硅纳米线的高弹性及化学稳定性使其在柔性电子和生物领域受到重视。在室温条件下，直径约为 100nm

的单晶硅纳米线（气-液-固生长）弹性应变达 10%以上（图 8-1），实验中最高达到了约 16%的拉伸应变，接近硅的弹性理论极限值（17%～20%）；实验测得硅纳米线的断裂应力约为 20GPa，属于脆性断裂（无明显的塑性迹象）[1]。对于硅纳米线来说，这种“超强度”的抗拉能力主要归功于其无缺陷、纳米级的单晶结构和光滑无缺陷的原子表面。这一结果表明，半导体纳米线可以具有超大的弹性及能带可调的特点，满足了弹性应变工程中对材料的设计需求。Yang 及其合作者在绝缘体上硅（SOI）晶片上的沟槽中生长〈111〉或〈110〉取向的 p 型硅纳米线构筑桥式结构，并采用四点弯曲法揭示纳米线电导率与应变之间的联系，计算得到的硅纳米线（径向）压力系数高达-3550×10^{11}Pa（块体压力系数为-94×10^{11}Pa）[2]。而碳化纳米管（CNT）优异的机械性能，配以高电导率的优势，使它们成为新一代应变传感器候选材料。Stampfer 等展示了基于单壁碳纳米管（SWCNT）的应力应变传感器监测物体位移的能力，G 因子（应变传感器的重要性能指标之一）高达 2900[3]。

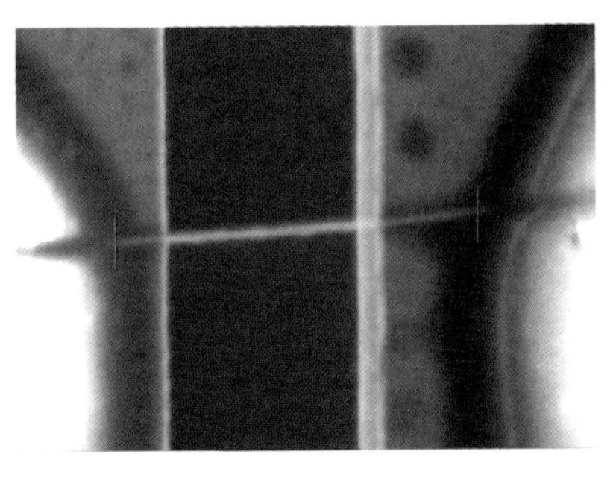

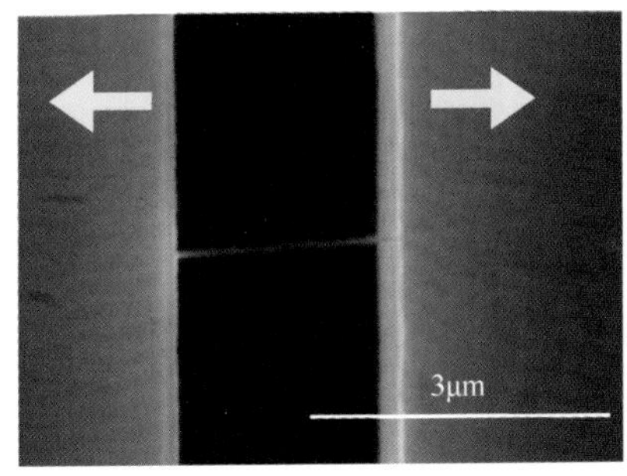

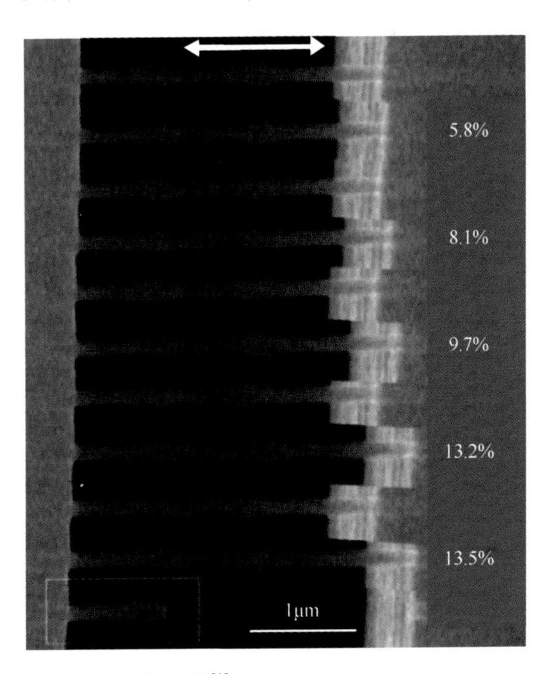

图 8-1　硅纳米线弹性应变的测量[1]

通过干纺技术［图 8-2（a）］，研究者实现了 CNT 在柔性基底（Ecoflex）上的定向排列，其可用于制造高灵敏可穿戴传感器来追踪人体运动状态[4]。该装置可以拉伸超过 900%（自由状态 CNT 纤维在大约 8%的应变条件即发生断裂），同时保持高灵敏度、响应性和耐用性［图 8-2（b）］。图 8-2（c）比较了不同基底上 CNT 电阻与应变的关系。此外，可以通过定向技术进一步设计双轴 CNT 应变传感器［图 8-2（d）］，交叉节点的增加可为多轴向应变的检测提供解决方案。

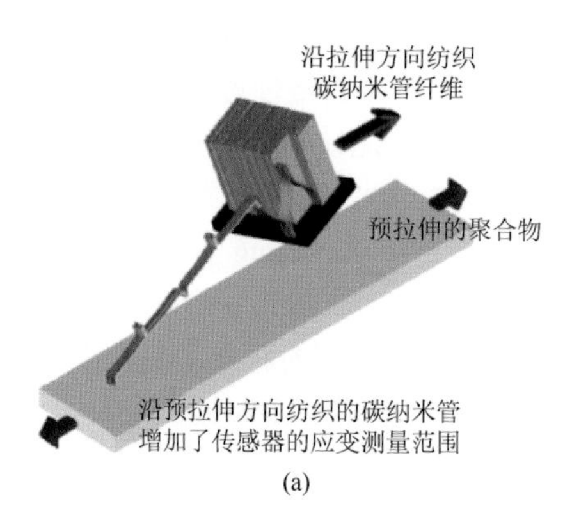
沿拉伸方向纺织
碳纳米管纤维
预拉伸的聚合物
沿预拉伸方向纺织的碳纳米管
增加了传感器的应变测量范围

(a)

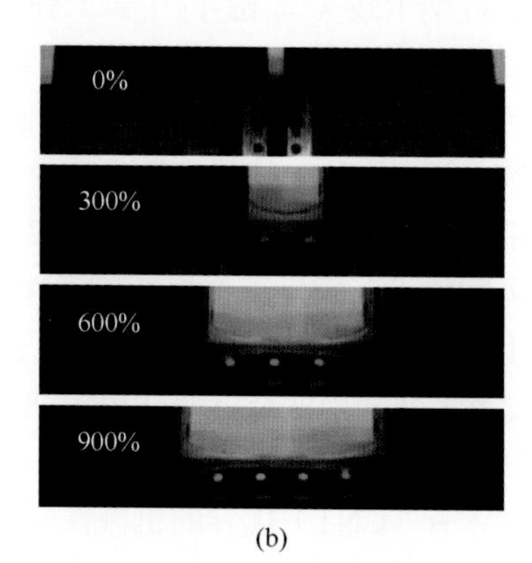
0%
300%
600%
900%

(b)

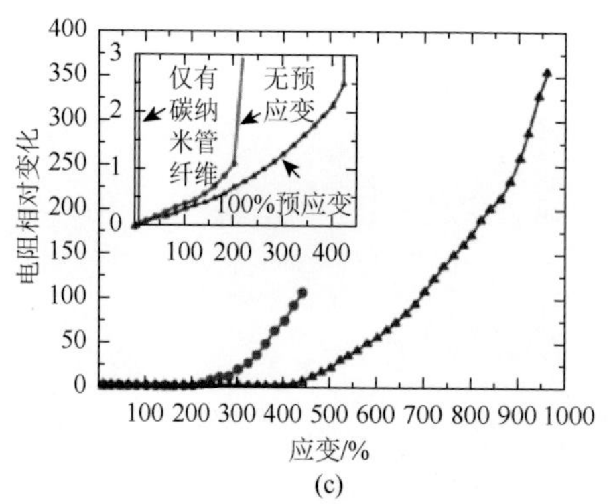
电阻相对变化
应变/%
仅有
碳纳
米管
纤维
无预
应变
100%预应变

(c)

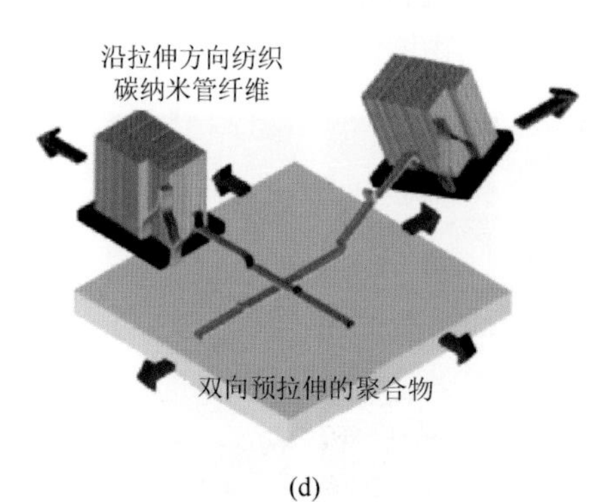
沿拉伸方向纺织
碳纳米管纤维
双向预拉伸的聚合物

(d)

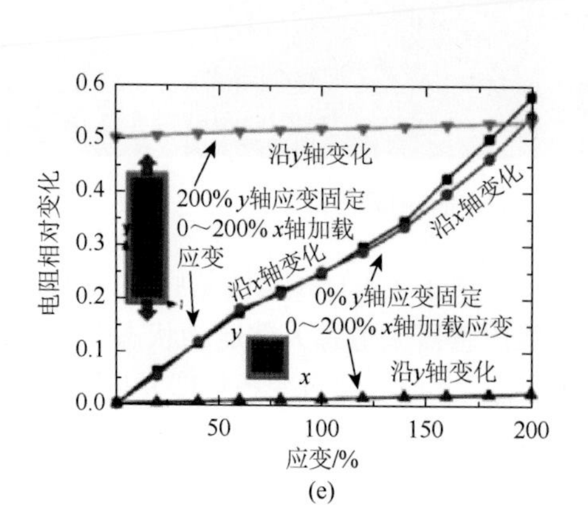
电阻相对变化
应变/%
沿y轴变化
200% y轴应变固定
0～200% x轴加载
应变
沿x轴变化
沿x轴变化
0% y轴应变固定
0～200% x轴加载应变
沿y轴变化

(e)

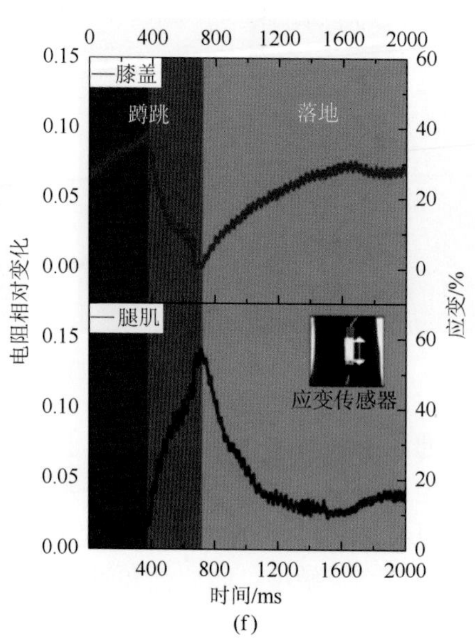
—膝盖
蹲跳
落地
—腿肌
应变传感器
电阻相对变化
应变/%
时间/ms

(f)

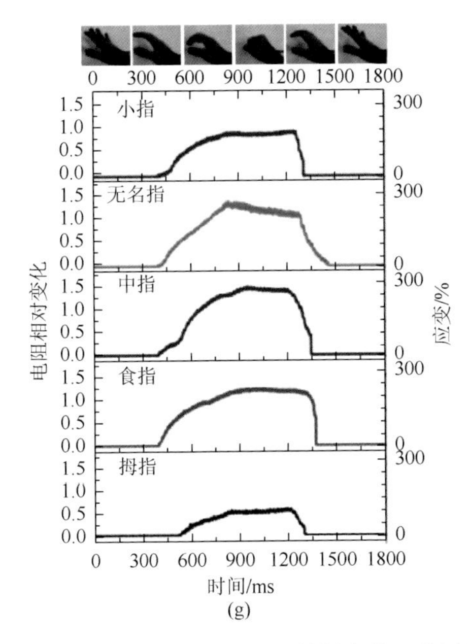

图 8-2 （a）干纺 CNT 纤维直接附着在弹性 Ecoflex 基板上的工艺过程；（b）应变传感器的光学照片，其中 CNT 纤维的方向与拉伸方向平行，在 900%的形变条件下 CNT 纤维的结构保持不变；（c）电阻随应变的变化，黑线是自由态的 CNT，红线是无应变的 Ecoflex 基底上的 CNT，蓝线对应 100%应变下的情况；（d）双轴应变传感器制造过程；（e）CNT-双轴应变传感器电阻随应变变化曲线，黑线表示 y 轴无应变时 x 轴电阻与应变关系，蓝线表示 y 轴无应变时 y 轴电阻随应变的变化，红线表示 y 轴发生 200%应变时 y 轴电阻随应变的变化，绿线表示 y 轴发生 200%应变时 y 轴电阻随应变的变化；（f）实验者跳跃过程中放置在膝关节的传感器电阻及应变随时间的变化；（g）可穿戴应变传感器手套的照片及对应的电阻变化[4]

例如，x 轴应变为 200%时，y 轴电阻变化很小［无应变时为 0.019，200%应变时为 0.022，图 8-2（e）］。x 轴与 y 轴的电阻变化明显不同，彼此独立，以此即可监测物体的运动状态［图 8-2（f）］和轨迹［图 8-2（g）］。

如果以聚氨酯（TPU）等纤维纱为基质，采用混合了多壁碳纳米管（MWCNT）和单壁碳纳米管（SWCNT）的前驱体，利用静电纺丝技术［图 8-3（a）］就能实现高导电、可伸缩的纱线宏量制备[5]。图 8-3（b）显示了该 CNT 纱线（SMTY）的应力应变曲线，以此计算得到的力学参数见图 8-3（c）。实验证明，CNT 的加入，提高了纱线的抗拉强度，并且 SMTY 性能优于此前报道的合成方法。例如，与 TY 相比，SMTY 的抗拉强度增加了 250%，相比 MTY，强度提高了 80%，并且较 STY 提高了 30%。图 8-3（d）是器件在周期性应变下的响应，随着应变的增加，相对电阻变化也增加。图 8-3（e）是 SMTY 应变传感器在多种频率应变下的相对电阻变化，其应变保持在 50%。实验结果显示，施加应变的速率（5～25mm/min）对相对电阻的变化影响可以忽略不计，表明该 SMTY 应变传感器非常可靠。基于

CNT 及其同素异形体石墨烯的应力应变传感器也展现出对微弱形变（应力）的探测能力，这对于精确地评估外部刺激（如人体表皮组织压力分布）至关重要[6]。

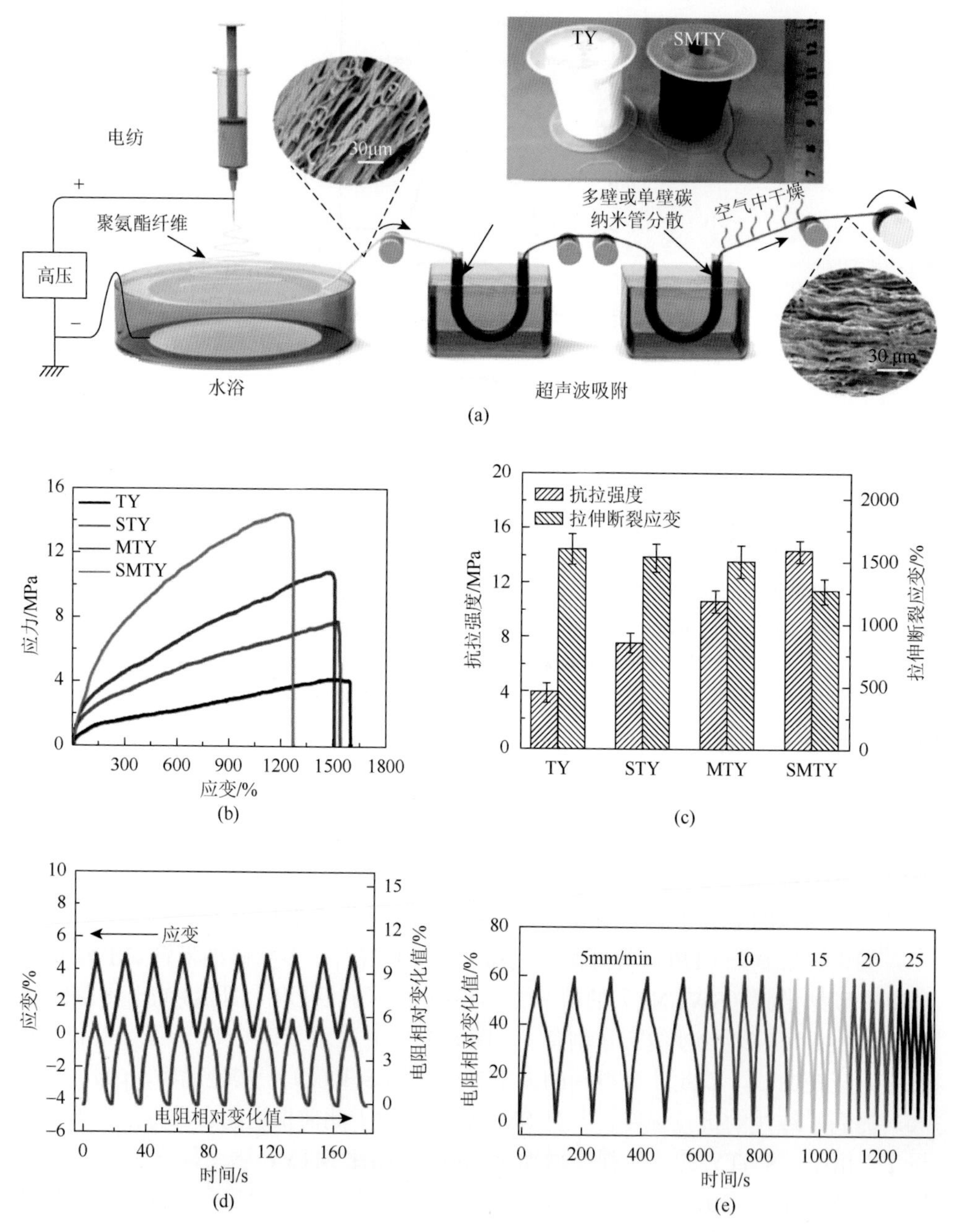

图 8-3 （a）纤维纱合成过程的示意图（左）和 SWNT/MWNT/TPU 纱线（SMTY）（右），插图是由 SMTY 按传统工艺编织的产物；（b）应力-应变曲线；（c）抗拉强度和拉伸断裂应变；（d）3%周期应变条件下的传感器响应；（e）不同频率激励下（50%应变）传感器的响应[5]

氧化物纳米线也具有优异的机械性能。氧化锌纳米线的阻尼衰减时间常数约为 14ms（10^{-8}Torr 测试条件），有望用于纳米悬臂梁及微纳振荡器中[7]。悬臂梁的振动频率受附着在自由端物质质量的影响，图 8-4（a）显示用氧化锌纳米线制作的微纳悬臂梁测量微小颗粒质量，已知纳米线的共振频率（v）、纳米线的直径（D）和长度（L），则纳米线顶端附着微粒的质量约为 3.3×10^{-15}g[8]。单晶、结构可控的半导体氧化物纳米线能满足微纳尺度物质质量的精准测量，这在 NEMS 和高功能纳米器件中非常重要[9]。此外，微/纳米线发生应变会引起极性氧化物（如纤锌矿结构氧化锌）压电效应，改变半导体材料的能带结构，导致微/纳米线两端的 Schottky 势垒高度差发生变化，影响纳米线电输运性能，这种柔性传感器设备具有较高的重现性和稳定性，灵敏度高达 200%，同时兼具快速响应的优点[10-12]。张跃研究小组发现氧化锌单晶叶状结构沿[0001]方向拉伸具有优良的力反馈[13]。并且基于半导体材料压电效应的应变传感器可进一步用来检测机械振动的频率[14]。最近研究人员还利用悬臂式半导体纳米线构建了一种性能可调的力学传感器

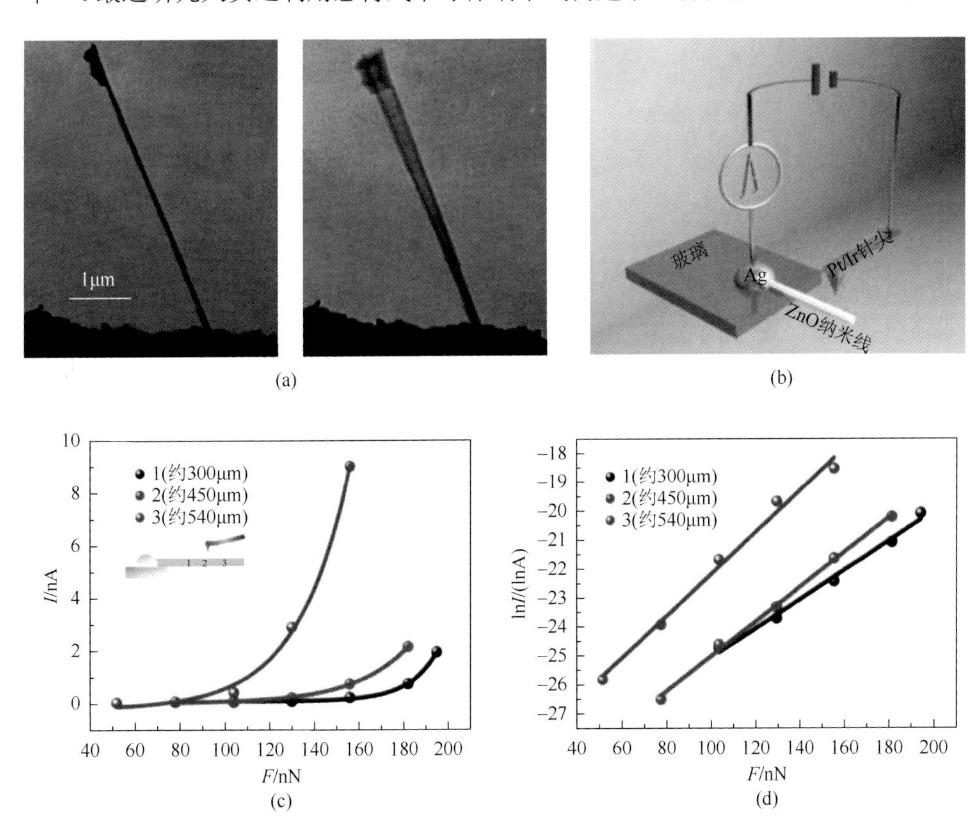

图 8-4　（a）电子显微镜下利用氧化锌纳米线构建的微悬臂质量计[7]；（b）基于氧化锌纳米线的悬臂式应变传感器；（c）绝对电流与加载力的关系；（d）电流的自然对数与加载力的关系[14]

［图 8-4（b)］[15, 16]。依据 Hook 定律，改变 AFM 悬臂梁的形变程度就能在针尖加载可控的应力，在此器件中沿纳米线 c 轴方向（即纳米线轴向）不同位置施加应力，检测得到的绝对和相对电流值如图 8-4（c）所示。如测量时形变引起的检测电流很小，研究者就可通过增大施力点与银电极之间的距离，实现电流放大，即通过增加电极之间的距离提高器件的检测极限或灵敏度，实现了性能可调力学传感器的构建［图 8-4（d)］。此力学传感器的结构简单，制作简便，性能可调，满足不同空间距离和多范围力学检测的要求。

在半导体生产中，掺杂是人为地将杂质引入半导体内部，以调节半导体材料电学性质[17]。据此，张跃研究小组在化学气相沉积方法中引入金属锑（Sb）制备高质量的 Sb 掺杂氧化锌纳米带［图 8-5（a，b)］[18]，并将其应用于力学传感器［如图 8-5（d）插图所示，纳米带置于石墨基底上，AFM 针尖定点在纳米带上］，Sb 掺杂氧化锌纳米带的伏安特性如图 8-5（c）所示。分析发现，在小变形区域，加载应力与纳米带电阻呈近似线性关系［图 8-8（d)］，证明纳米带能够检测纳牛级别微弱力。此外，张跃研究小组对 Sb 掺杂氧化锌纳米带的纵向力电性能的研究结果证实，纳米带中（纵向）电流随着压缩应变量的增加而增加[19]，并且在实验中，压缩应变的方向与生长方向一致（纵向压缩），但其生长面并不沿〈0001〉极性方向，不会引起压电效应[20]，纳米带中的电荷输运主要由压阻效应主导。据此研究者还成功制作了一种基于 Sb 掺杂氧化锌纳米带压阻应变传感器的签名笔，其能记录书写状态，进而可用于字迹识别。张跃研究小组还研制了一种基于 In 掺杂氧化锌纳米带的压电应变传感器，其上表面为单极面[21]。与纳米线器件不同，该传感器的源和漏极连接到纳米带的同一单极表面（上表面），如图 8-5（e）所示，单极性表面的配置使器件制造简化。这种压应变传感器的 G 因子高达 4036［图 8-5（f)］，超过之前报道的应变传感器最佳记录。值得注意的是，由于压阻效应屏蔽了增加的电荷迁移率，在拉伸和压缩两种应变状态出现不同的 G 因子值[22]。

(a)

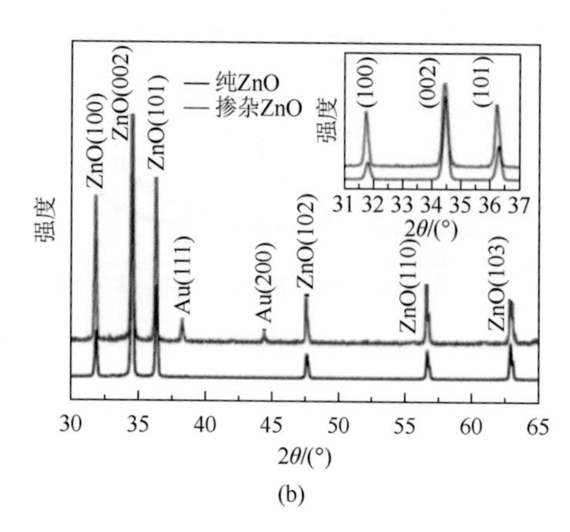

(b)

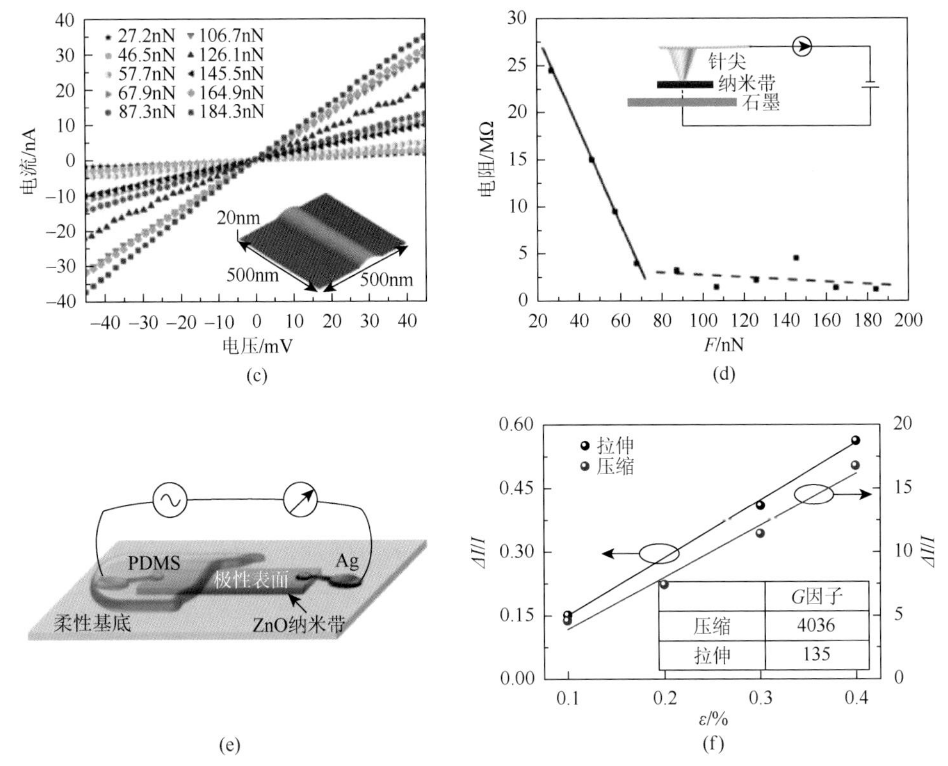

图 8-5　(a) 在硅上生长的 Sb 掺杂氧化锌纳米带的 SEM 照片，插图是局部放大图；(b) 纯的和掺杂的氧化锌纳米带 XRD 谱，插图是（100）、（002）和（101）衍射峰位放大图；(c) 在不同应力下的纳米带的 I-V 曲线，插图为所测试纳米线三维图；(d) 加载应力与电阻的关系，插图是测量电路示意图[18]；(e) 应变传感器组装及测试电路示意图；(f) 经过归一化处理的电流与应变关系，红线是压缩应变的线性拟合曲线，黑线是拉伸应变的线性拟合结果[21]

金属（如银）纳米线导电率非常高，如果将其与聚合物材料封装，就能满足多种可伸缩柔性电子设备的互连需求[23, 24]。Yu 等报道，在聚丙烯酸酯基底上附着银纳米线制成具备极高弯曲柔韧性的电子器件，在压缩应变下电阻变化极小，而拉伸应变为 16%时电阻值增加 2.9 倍[25]。而常用的电子封装材料——聚二甲基硅氧烷（PDMS）成本低，使用简单，同硅片之间具有良好的黏附性，而且具有良好的化学惰性等特点，成为一种广泛应用的柔性电子器件的基础材料[26]。例如，将银纳米线网络埋入 PDMS 中，构建三明治结构的应变传感器［在两层 PDMS 之间夹持银纳米线网络薄膜，器件制作过程如图 8-6（a）所示］。图 8-6（b）和图 8-6（c）证实该三明治结构传感器具备优异的弯曲和延展性能，延展度可达 70%[27]。成品器件的平均厚度为 5μm［图 8-6（d）］，非常适合人体肌肤等复杂曲面的应变检测［图 8-6（e）］，此处 60%应变时回滞主要来自 PDMS，当撤除应变后，阻值恢复到初始值。需要注意，PDMS 的全封装对于保证传感器的性能至关重要，研究对比了全封装和半封装（银纳米网络上无顶 PDMS 层）两种传感器的稳定性［图 8-6（f）］。半封装结构的电流在经历 10%的应变/释放周期后，并没有恢复到原来的值。尤其在第一个拉伸/释放周期中，电流的突然下降说明纳米线断裂导致电阻增加，可能是尚未封装固定的纳米线脱离导致的。

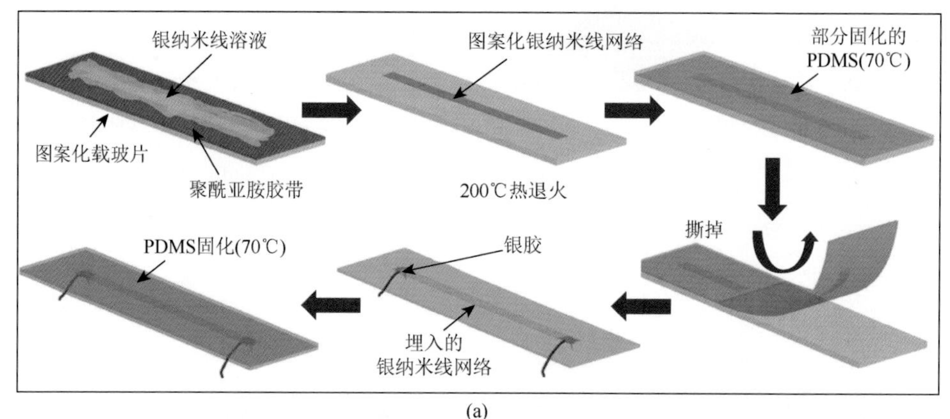

(a)

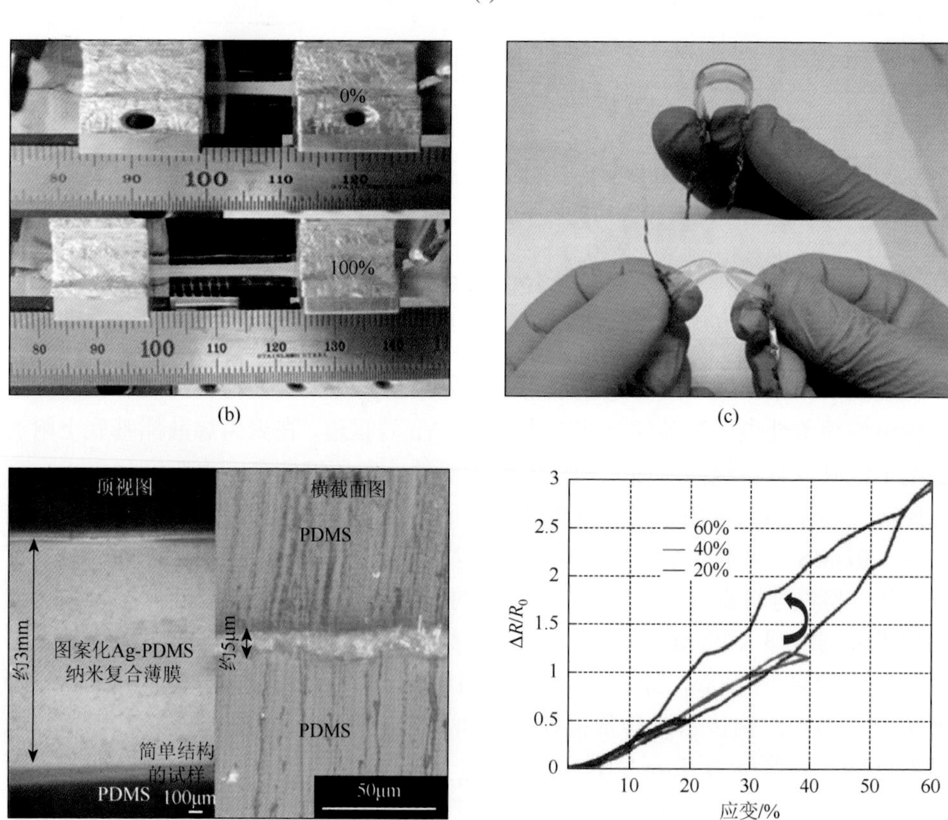

(b)

(c)

(d)

(e)

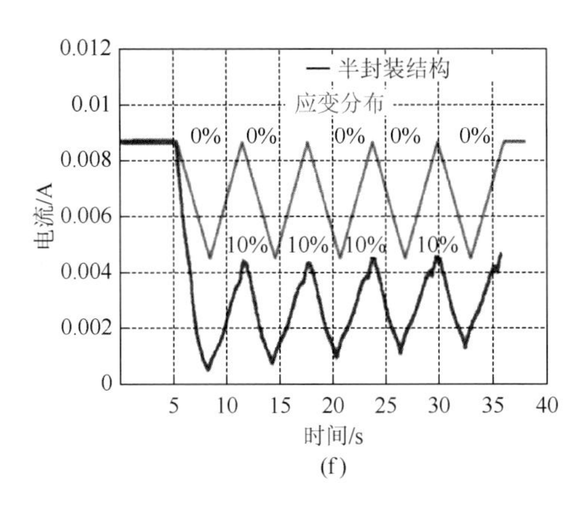

图 8-6　(a) 三明治结构 PDMS/AgNW/PDMS 应变传感器的制造流程；(b) 拉伸前后 ($\varepsilon = 100\%$) 应变传感器的照片；(c) 弯曲和扭转状态的应变传感器；(d) 应变传感器的顶视图和横截面照片；(e) 三明治结构应变传感器的电阻应变关系；(f) 在周期性拉伸 (应变 10%) /测试条件下应变传感器的响应稳定性[27]

8.2.2　纳米线阵列应力应变传感器

纳米线阵列集成了多个纳米线单元，避免因某个元件的损坏影响器件的传感性能，因此阵列化能提高力电传感器的稳定性和寿命[28]。最近研究者在聚对苯二甲酸乙二醇酯（PET）薄膜上生长垂直排列的氧化锌纳米线阵列以实现高灵敏度应变传感器，并对应变传感器的 *I-V* 特性及其对应变的响应进行了深入研究[29]，在 1.5V 偏压下，法线应变为 0.6%，传感器的 *G* 因子高达 1813，得益于高晶体质量氧化锌纳米线阵列的压电效应。在 2.5Hz 激发条件下的瞬时响应表明，该应变传感器具有快速响应能力及稳定性，该传感器高灵敏、稳定的优点能满足民用、医疗等领域的应用需求。张跃研究小组采用在聚酰亚胺（PI）基底上的纳米线网络结构构建了柔性应变传感器[30]。网络结构中每个微米线都被认为是一种电阻，由此构成了一个复杂的回路，拉伸应变下传感器的伏安特性如图 8-7 所示。在拉伸应变条件下，电流下降，主要是由于压电势和压电电阻的协同效应，1.0Hz 周期性应变条件下传感器响应良好。而在压缩应变时，器件的 *G* 因子达到 900。

在此基础，进一步利用氧化锌纳米线（棒）的压电和压电电阻特性，研究者成功制作了氧化性纳米线阵列型振动检测器。器件可在自驱动（self-powered，SP）模式下用作振动传感器。当外激励（external-powred，EP）模式工作时，压电效应可以显著提高传感器的电流响应，并可用于人体脉搏传感器以监测个人的健康状况。双模式应变传感器非常适合复杂振动情况的检测。

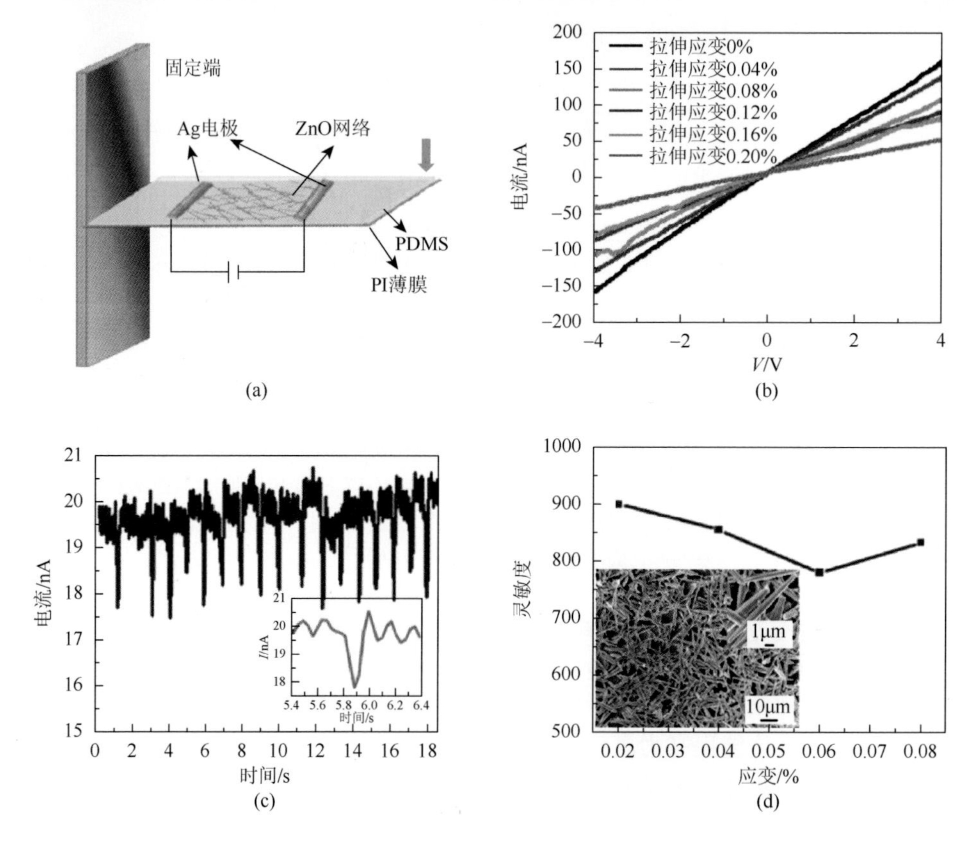

图 8-7　(a) 氧化锌微米线网络型应变传感器件组装及测试示意图；(b) 传感器在拉伸应变下的电性能；(c) 在 1.0Hz 频率拉伸应变下的电流信号，插图显示一个单位周期内的电流响应；(d) 压缩应变下的灵敏度因子变化曲线，插图是氧化锌网络的 SEM 照片[30]

在氧化锌纳米线阵列压电效应的压力传感器中，张跃研究小组通过引入超薄氧化镁（MgO）绝缘层/阻挡层［图 8-8（a）］可以将其开关比提高至 10^5［图 8-8（b）］[31]。在此结构中，电荷被 MgO 层阻挡但能通过隧穿跨越 MgO 层，因此，MgO 中间层在调制载体传输和提高传感器灵敏度方面发挥了关键作用[32]。通过监测不同应力下的电流变化来评估传感器的机电特性。当施加一个应力时，电流保持恒值［图 8-8（c）］。此外，传感器在信号切换点都表现出良好的灵敏度［图 8-8（c）］和快速响应能力［图 8-8（d），响应时间 128ms］。该传感器将压电效应与电子隧穿调制结合，为提高其他纳米传感器的性能提供了一条新的途径。但在上述直接生长材料构筑阵列的过程中，如何精确地调控相邻信号采集点的间距及整个器件上探测单元的分布是十分棘手的，这牵涉材料生长动力学研究。实际操作中，很难保证两次生长中控制参数完全一致，至今都无法实现大规模生产[33]。

为此，研究者通过现有成熟的微纳加工技术对探测单元的定点设计加工，实现了一维半导体材料阵列型应变应力传感器。由于各个探测点均匀分布，通过对不同探测点信号采集，就能获得物体形变的动态解析，因此，此类阵列型器件成为军事、航空、生物等领域的研究热点[34]。图 8-9（a）描述了一种通过集成纳米线制作有源矩阵型电子皮肤的工艺流程[35]，实验中制备了大小为 7cm×7cm，19 像素×18 像素的矩阵器件［图 8-9（b）］且其具有极佳的柔韧性。应变像素分布的测试由图 8-9（c）装置完成，由计算机控制的步进电机实施定位，精密力传感器检测所加应力，最高可以加载 15kPa 的外部压力，频率最高可达 5Hz。器件的电流输出特性如图 8-9（d）所示。在此 FET 上的压力小于 2kPa，该点的电导（即像素电导）随压力呈指数变化［8-9（e）］，压强超过阈值时电导则呈线性增长趋势。高压力下灵敏度下降的现象主要源于高压强下橡胶弹性模量衰减。由于各像素位置所承受的压力不同而反馈的电信号不同，通过多个像素点电导进行扫描分析，就能描绘一幅压力的二维分布图［图 8-9（f）］，有效像素可以达到 84%，压力探测分辨率约为 2.5mm。

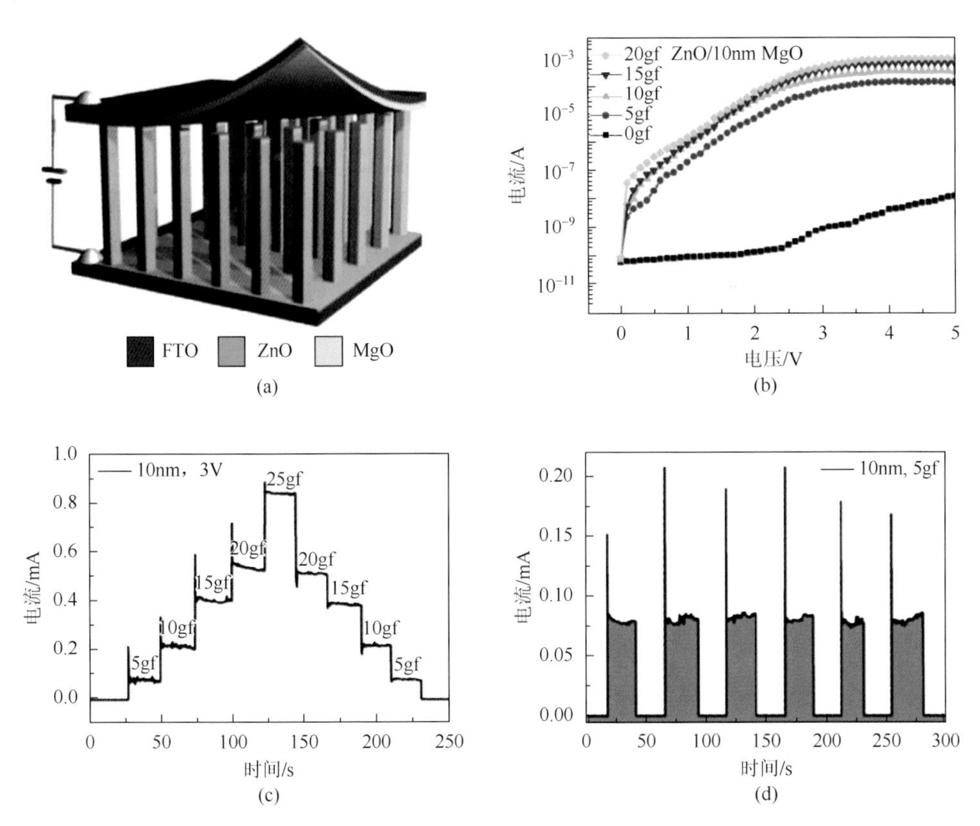

图 8-8　（a）压力传感器模型；（b）具有 10nm MgO 层传感器的 *I-V* 特性；（c）电流与应力的关系，以每步 5gf 从 0 增加到 25gf 而后减小（1gf = 0.0098N）；（d）在 5gf 的循环加载下的电流响应[32]

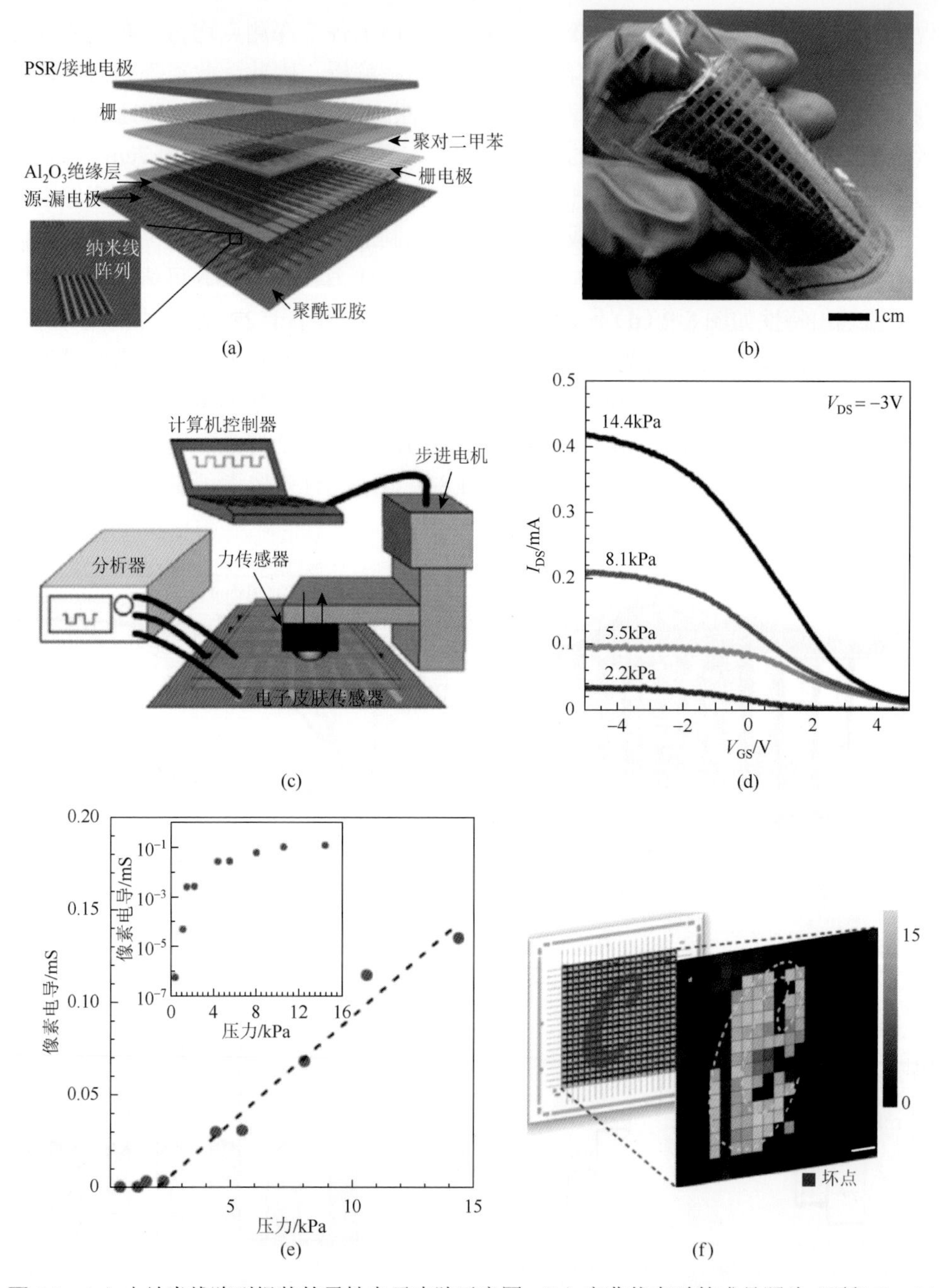

(a) (b) (c) (d) (e) (f)

图 8-9 （a）由纳米线阵列组装的柔性电子皮肤示意图；（b）弯曲状态时的成品照片（面积 7cm×7cm，19 像素×18 像素阵列）；（c）传感器响应的时间分辨率测量装置图，使用计算机控制的步进电机和一个力传感器来控制施加的压力和频率；（d）不用压力的 FET 输出特性；（e）阵列传感器输出像素与压力的关系，测试条件：$V_{GS}=V_{DS}=-3V$，插图是对数处理结果；（f）通过对像素信号处理得到信号源的二维解析图像[35]

纳米线的可控定向排列一直是阻碍纳米线应力应变传感器商业化应用的技术难题：纳米线用于应力应变检测性能呈各向异性，对平行于纳米线方向（即纳米线主轴方向）的应变更为敏感，在大应变条件下问题变得更为严重[36]。最近有研究者提出了利用一种由两层的银纳米网格组装多维应变传感器的策略，在垂直和平行主轴方向都显示良好的应变响应性能[37]。分散的银纳米经真空抽滤制成网络结构薄膜，后经图案化工艺制备所需薄膜样品，用 PDMS 封装并预制作微电极通道，该研究中采用镓铟液态合金渗透进通道作为液态电极。在固化后附加封装层，所有的 Ag 纳米线都被埋在层之间，形成一个三明治结构。单层结构中垂直方向和平行方向电阻主要由纳米线中电荷的极化与耦合方向决定[38]，测试结果表现出明显的方向性。当将两个器件主轴方向垂直合二为一后，就可实现对二维平面内多方向应变的探测，可以获得 35%关于应变矢量的信息。

8.2.3　混合型应力应变传感器

将不同材料组装在一起，发挥各自材料的优势，弥补组成单元的短板，能满足下一代电子产品灵活性和普适性要求[39]。研究者采用低温溶剂热法在纤维素纸上生长氧化锌纳米结构，利用这种纳米复合材料制作的应变传感器在静态和动态载荷作用下均显示出优异的响应灵敏度[40, 41]。拉伸载荷实验证明此复合传感器在载荷增加时响应非常稳定，保持一个恒定值，结果媲美铂应变计测量结果。而在无外界电压时的动态载荷测试（1Hz）不存在信号漂移。另一种基于氧化锌纳米线/聚苯乙烯纳米纤维混合结构的新型应变传感器已被证实能承受高达 50%的应变，同时兼备高耐久性、快速反应和高 G 因子的优点，在纳米传感系统中适合精密测量和电子皮肤的应用[42]。

此后，受生物系统层次、互锁结构的启发，基于氧化锌纳米线阵列修饰聚二甲基硅氧烷（PDMS）微柱连锁几何结构的高灵敏、快速响应电子皮肤得以实现[43]，可用于检测静态和动态触觉信号。实验中，在最小间距 20mm 的阵列器件中观察到电阻值衰减最大，比在 0.3kPa 压力下的平面纳米线阵列的压力电阻变化要高 3.7 倍。此外，对于平面结构，温度变化引起 PDMS 热膨胀产生裂纹，导致传感器灵敏度波动（偏差＜8.5%）。在相同的温度范围内，分层结构器件的热稳定性显著提高，裂纹较少，压力敏感性变化小于 0.05%。图 8-10（a）是研究人员采用聚偏氟乙烯（PVDF）薄膜及垂直生长的氧化锌纳米棒构建的电阻型压力传感器[44]。图 8-10（b）比较了由 PVDF、氧化锌纳米棒或纳米磁盘组成的复合器件对恒定压力的响应差异，垂直生长的纳米棒相比纳米盘对机械位移产生了更强的压电效应。使用纳米棒/PVDF 薄膜的器件能测到最小压力为 10Pa［图 8-10（c）］，响应时间为 100ms［图 8-10（d）］，远高于人工皮肤对灵敏度要求的最低要求。依据此研究成果，研究者基于纳米针/PVDF 混合膜开发了一种高灵敏度、可穿戴的无线传感器[45]。

该混合结构具有高介电常数、低极化响应时间和良好耐久性，可用于实时监测心率，该混合型器件的压力测试下限为 4Pa。

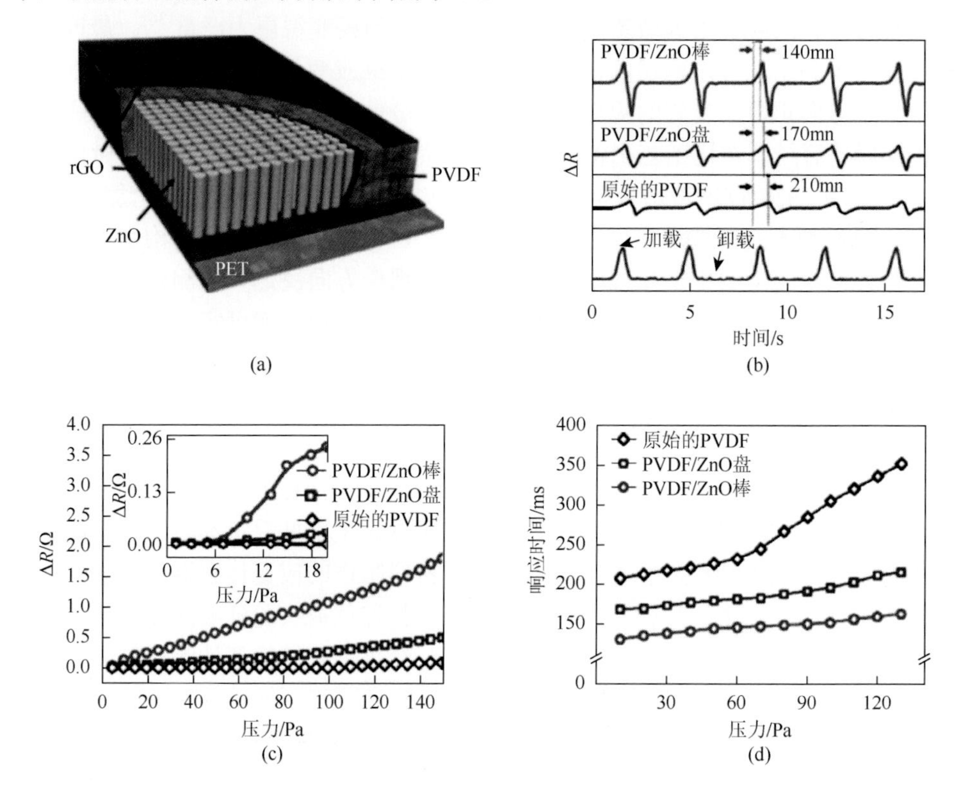

图 8-10 （a）由 ZnO/PVDF 复合膜和 rGO 电极组装的器件示意图；（b）30Pa 压力下，PVDF 膜、氧化锌纳米盘/PVDF 膜、氧化锌纳米棒/PVDF 的响应；（c）不同结构的灵敏度测试；（d）传感器随压力变化的响应时间[44]

将氧化锌纳米的压阻效应和碳纳米材料高导电性结合构筑的柔性应变传感器可实现力学信号的远距离采集，即能快速反馈人体的运动情况，满足远距离诊断需求[46]。此外，基于 ZnO/NiO 核/壳纳米棒阵列的压电压力传感器的相关实验证实，压电效应和纳米棒的光激耦合增强极大地提高了传感器的探测性能[47]。在紫外光照射下，压力传感器的开关比和灵敏度分别提高至 353%和 445%[48]。这些结果表明，压电电子学、压电光子学效应可以有效地优化压力传感器的性能，这成为设计下一代传感器的出发点。例如，由碳纤维/氧化锌纳米线复合结构构筑的柔性压电应变传感器的 G 因子最高为 81，比已报道的氧化锌/纸复合应变传感器及商用金属应变传感器的数值还高[49]。张跃研究小组最近报道了一种低成本、可伸缩、多功能的基于 ZnO 纳米线和聚氨酯纤维的传感器［图 8-11（a）］，被拉伸到 150%依然保持检测应变的能力[50]。此传感器具有极佳的快速检测能力

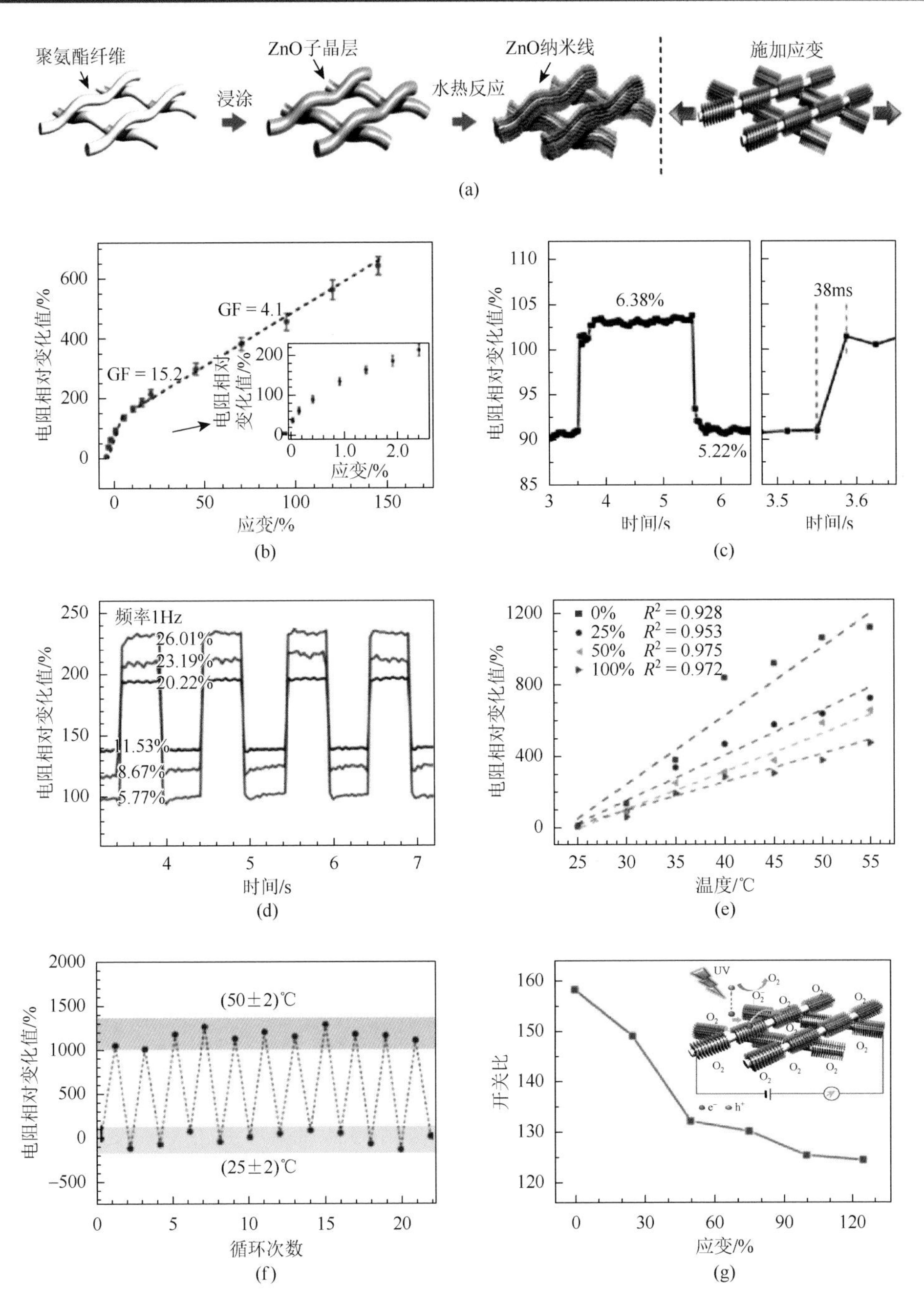

图 8-11　(a) 多功能传感器的制作步骤及应变施加方式；(b) 在不同的应变下，传感器的（归一化）电阻变化，GF 表示灵敏度因子，插图是应变区域的放大图；(c) 5.22%～6.38%应变下器件的响应及响应时间；(d) 不同应变（1Hz）条件下传感器的响应曲线；(e) 0%，25%，50%，100%应变时电阻变化与温度的关系；(f) 无应变时传感器在室温和 50℃之间的循环温度测试结果；(g) UV 伸缩型传感器灵敏度受应变的调制，插图为其工作原理图[50]

［图 8-11（b，c）］，对于输入信号能迅速反馈（响应时间为 38ms），无明显的响应幅度失真［图 8-11（d，e）］。传感器性能随环境温度变化非常稳定［图 8-11（f）］。同时，伸缩型 UV 探测器是该器件的另一种应用方式［图 8-11（g）］，其工作原理是建立在 UV 光照下应变与表面氧吸附/解吸过程的协同调控机制。由于具有柔性特性、可移植性和纤维构架，此多功能传感器有望在未来智能传感领域得到应用。

压电特性的半导体纳米线非常适合制作自驱动型探测器件。然而，压电应力传感器只能用于测量动态压力，因为只有压电材料产生一个输出脉冲，即只有器件启停瞬间才能被监测到，因此，压电驱动压力传感器的主要挑战是对静态信号的探测[51]。而石墨烯压力探测器主要依靠发生应变时孤立的石墨烯薄片接触引起器件阻值变化。Chen 及其合作者提出了一种基于压电纳米线/石墨烯（$PbTiO_3$ 纳米线/石墨烯）异质结构压力传感器，实现了静态压力的精确测定[52]。工作原理如下：在压电纳米线（$PbTiO_3$ 是一种压电效应显著的半导体材料）中，应变引起极化电荷，形成一个栅极调制石墨烯中的电荷输运。此探测的灵敏度可达到 $9.4\times10^{-3}kPa^{-1}$，在 0～1400Pa 范围内具有良好的线性响应，优于之前报道的气相沉积石墨烯压力传感器（约为 $10^{-5}kPa^{-1}$）[53]。

目前一维半导体材料在应变条件下的新现象得益于新研究技术的发展。例如，利用拉曼光谱系统地研究纳米线在单轴拉伸应变对单个个体的影响时，首次发现拉伸和压缩应变会导致声子频率的线性下降和上升[54]。另外，在弯曲的情况下，发现单晶纳米线的缺陷引起的巨大的滞弹性，如在 ZnO 纳米线表现出一种弹性行为，其强度比体相材料中观察到的最大的弹性要大 4 个数量级，并且在几分钟内就能恢复[55]。这些结果可能为发展半导体纳米线高性能机电传感器提供了前所未有的机会。

8.3 光电传感器

8.3.1 电驱动光电传感器

光电传感器是将光信号转换为电信号的器件。常用光电探测器就是利用半导体材料的光电效应，将光信号转换为电信号的器件，根据机理又可分为两类：内光电效应和外光电效应。一维半导体材料具有高比表面积，因而能获得较高的内部光增益和较大的光吸收率。此外，单晶结构的纳米线又可以为光生载流子提供直接的传输通道，减少载流子的散射，从而提高光电探测器的光响应速度。在半导体光电探测器中，材料表面氧分子的吸脱附（图 8-12）对探测器的光电转换过程起着非常重要的作用[56]。无光照条件下，半导体纳米线表面会吸附大量的氧分子，$O_2(g)+e^-\longrightarrow O_2^-$（ad），在表面形成缺电子的耗尽层，从而降低了纳米线的导电能力；入射光照射时，氧负离子和光生的空穴复合，释放出氧气，$h^+ + O_2^-(ad) \longrightarrow O_2(g)$，耗尽层宽度降低，电阻减小，沟道电流增加，从而将光信号转换为电信号[57]。

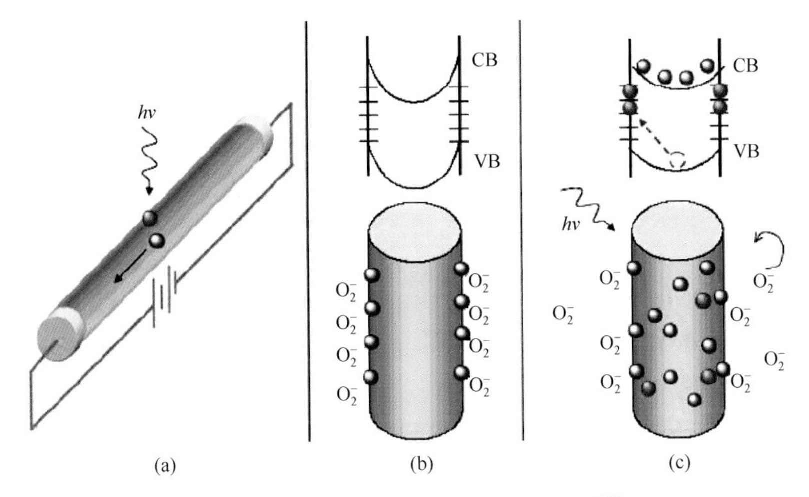

图 8-12　半导体纳米线的光电响应机理[56]

根据器件结构和工作原理，半导体纳米线光电探测器可以分为三类：光电导型光电探测器、肖特基型光电探测器和 pn 结型光电探测器。①光电导型光电探测器依靠光电导效应工作，通常由一个光敏半导体和两个欧姆电极构成。当受到能量大于半导体带隙的光辐照时，半导体内部产生大量的光生电子-空穴对，在外加电场作用下，光生电子-空穴对分离，形成光电流，从而将光信号转换为电信号。②肖特基型光电探测器依赖于其空间电荷区域形成的肖特基结，这类器件通常由一个光敏半导体、一个肖特基电极和一个欧姆电极构成。③pn 结型光电探测器同样依靠光伏效应工作。它们利用 pn 结分离光生载流子，可以在低电压下工作，饱和电流低，而且工作频率高。

1. 单根半导体纳米线光电探测器

2002 年杨培东课题组首先发现 ZnO 纳米线对紫外光有很好的光响应性能[58]。由于光电导效应，纳米线的电阻随着入射光的开、关发生变化，说明 ZnO 纳米线是很好的光开关材料。在 365nm 紫外光的辐照下，单根 ZnO 纳米线的电导率提高了 4～6 个数量级［图 8-13（a)］，并且和入射光功率成正比，对入射光的波长有很好的选择性。探测器响应稳定，光响应时间小于 1s［图 8-13（b)］。此后，人们用不同方法来优化 ZnO 纳米线的光响应性能，如缩短电极间的距离、提高 ZnO 的电子迁移率[59]。通过聚集离子束技术在 ZnO 纳米线表面沉积 Pt 电极可以减小表面接触电阻，从而将其光增益提高到 10^8[60]。通过元素掺杂也可以提升 ZnO

纳米线的光电响应性能[61]，如 Cu 掺杂大幅提高了器件对紫外光和可见光的响应灵敏度，如图 8-13（c）所示。在高电压区出现了负光电导现象［图 8-13（d）］，主要是由材料表面的水分子的光解吸附造成的[62]。

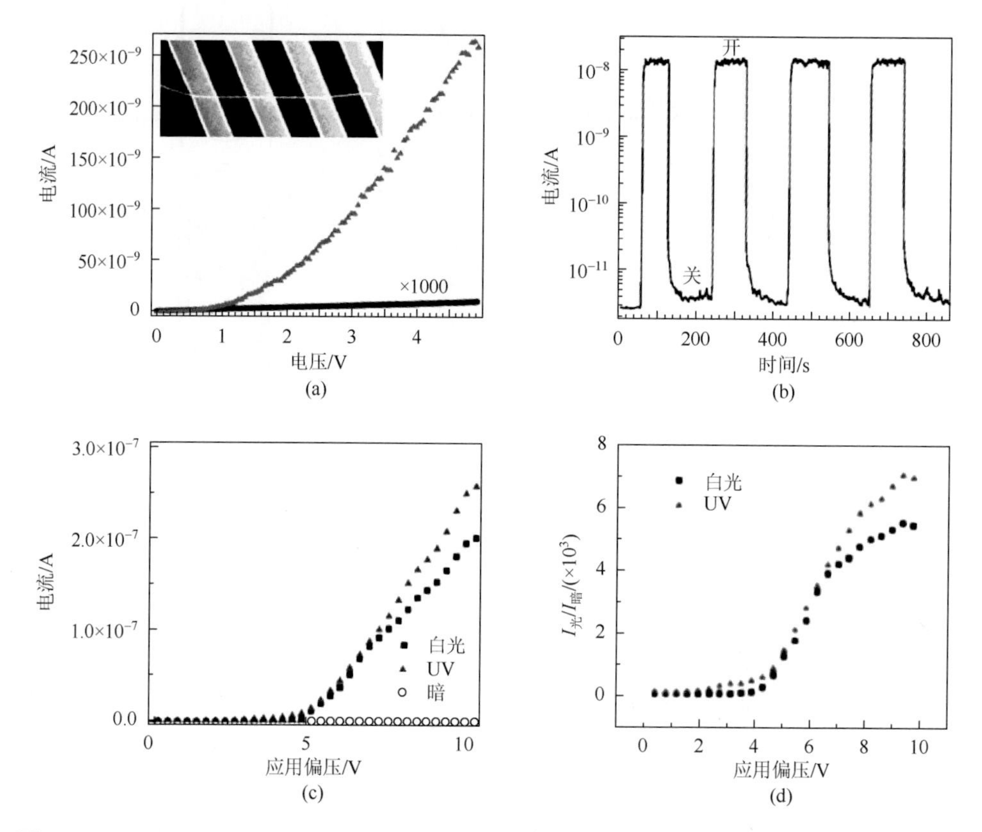

图 8-13 （a）ZnO 纳米线有无光照时的 I-V 曲线，插图是器件的 SEM 图片；（b）器件的电流响应[58]；（c）和（d）掺 Cu 的 ZnO 纳米线光电探测器的电流与电压关系曲线[62]

四针状的 ZnO 纳米线有一个金字塔形的核和四个针状的纤锌矿结构的枝杈，其独特的三维立体纳米结构受到广泛关注[63, 64]。由于具有占据的三维四面体空间、容易制备且形貌可控，四针状 ZnO 纳米线已被用来制备多种类型的原型器件，如光电探测器等。与弯曲的硅纳米线相比，由于制备过程简单、结构新颖，四针状 ZnO 纳米线更适于构建结构复杂的生物细胞探测器。通过测试单支纳米线在受到光照时光电流随时间的变化曲线，可以表征四针状 ZnO 纳米线光电探测器的光响应性能。结果表明，不管是欧姆接触还是肖特基接触，探测器都可以实时监测入射光的变化。由于界面效应和载流子传输效应，有肖特基接触的器件比欧姆接触的器件的光响应性能更好；实验结果表明，具有肖特基接触的器件更适合于探测局部光辐照[65]。

异质结型（特别是Ⅱ型异质结）可以大幅提高光电导型光电探测器的光生载流子分离效率，缩短响应时间，并且研究者通过构建 PEDOT:ZnO 异质结作为门极来改善 FET 结构光电探测器的性能[66, 67]。异质结提高了 ZnO 纳米线的电阻率，从而降低了暗电流，将器件的灵敏度提高了两个数量级（从 0.2 提高到 27.5）。在受到 325nm 光照射时，FET 结构光电探测器的响应时间为 0.8s，恢复时间是 3.8s。而本征 ZnO 纳米线的光恢复时间则长达 645s。原因如下：ZnO 表面的 PEDOT 可以在纳米线表面感生出一层 pn 结，形成一个空间电场外壳，光生电子-空穴对在表面内建电场作用下发生分离，光生电子跃迁到 ZnO 一侧，光生空穴跃迁到 PEDOT 一侧，从而改变了界面电荷分布，大幅降低了界面电容，表面耗尽层宽度减小，光电导率增大。通过光电流-入射光功率曲线可以证实紫外光对耗尽层通道有门效应[68]。

与 ZnO 类似，碲化锌（ZnTe）也是一种重要的Ⅱ-Ⅵ族半导体材料，其带隙宽度约为 2.26eV，而且具有 p 型掺杂的能力。但是本征的 ZnTe 的光电性能较差，需要通过 Cu 或 N 掺杂来提高其 p 型导电性能。Cu 掺杂需要在溶液中进行，而且需要后处理过程来保证铜离子的扩散。N 掺杂需要使用氨气，且操作过程复杂，对设备要求较高。近期，研究者通过简单的热蒸发方法即可实现 ZnTe 有效的 Sb 掺杂，提高了 ZnTe 导电性，并且应用于欧姆型光电探测器件中［图 8-14（a）］。光谱响应曲线［图 8-14（b）］显示器件对 550nm 波长光的响应最高，与其带隙相对应。探测器的电流响应与光照强度［图 8-14（c）］满足指数关系［图 8-14（d）］。ZnTe:Sb 表现出如此优异的光响应性能，一方面是由于纳米线的结晶质量高，另一方面是由于纳米线表面的能带弯曲有利于光生电子空穴的分离，因此光生电荷的寿命延长。另外，Sb 作为电子受体，进一步延长了光生载流子的寿命[69]。

2. 半导体纳米线阵列光电探测器

纳米线阵列将大量的纳米线集成起来，具有巨大的比表面积和很高的光吸收率，是一种理想的光电探测结构。Lu 等研究了纵向结构 Au/ZnO 纳米线阵列肖特

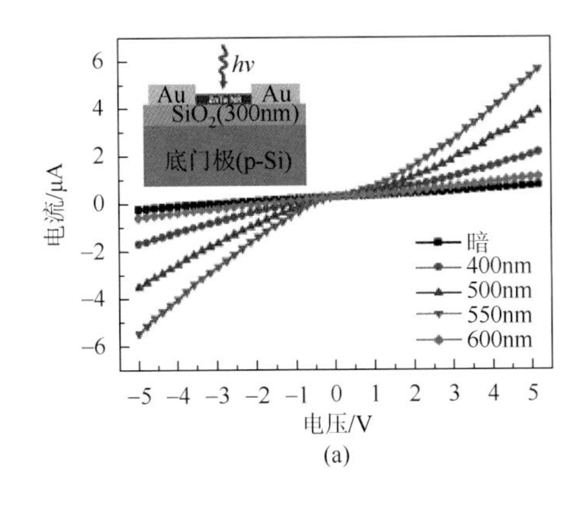

(a)

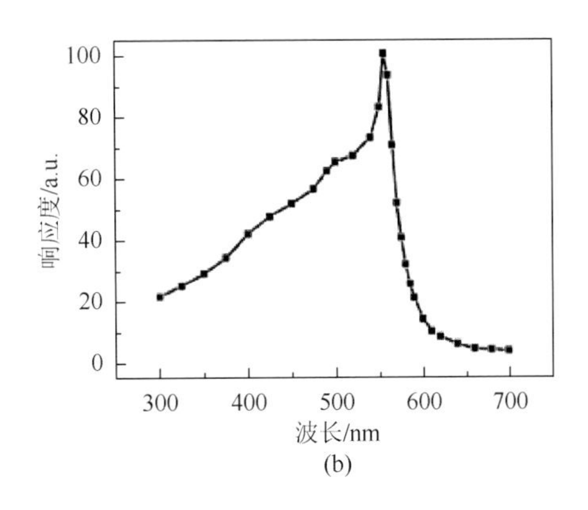

(b)

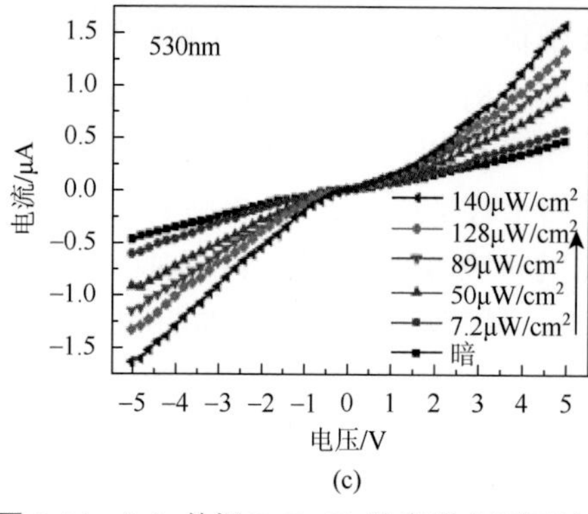

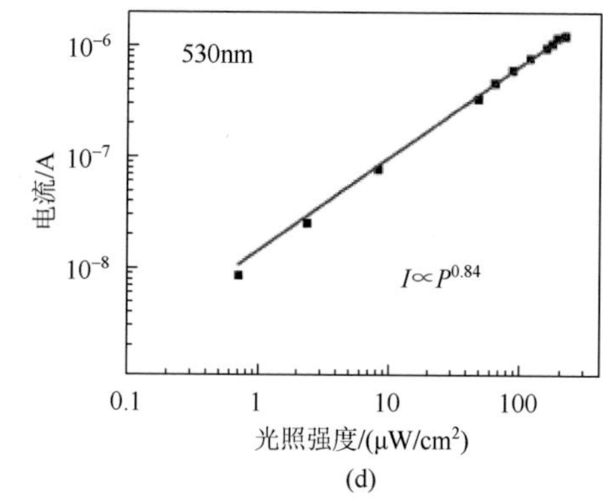

图 8-14 （a）单根 ZnTe:Sb 纳米线在不同波长光照下的 *I-V* 曲线，插图是器件的结构示意图；（b）单根 ZnTe:Sb 纳米线的光谱响应曲线；（c）单根 ZnTe:Sb 纳米线在不同光照强度下的 *I-V* 曲线（530nm）；（d）光电流对数与光照强度的关系曲线[69]

基型紫外探测器［图 8-15（a）］的性能[70]。该器件在 2V 偏压时的暗电流密度仅为 $2.0\times10^{-7}A/cm^2$，量子效率达到了 12.6%。Ji 等制备了横向 Ag/ZnO 纳米线阵列/Ag 结构紫外探测器［图 8-15（b）］[71]。与传统的金属/半导体/金属结构的 ZnO 薄膜探测器相比，这种选区生长的 ZnO 纳米线阵列探测器展现出了更高的响应度。这主要归功于 ZnO 纳米线阵列的高比表面积。

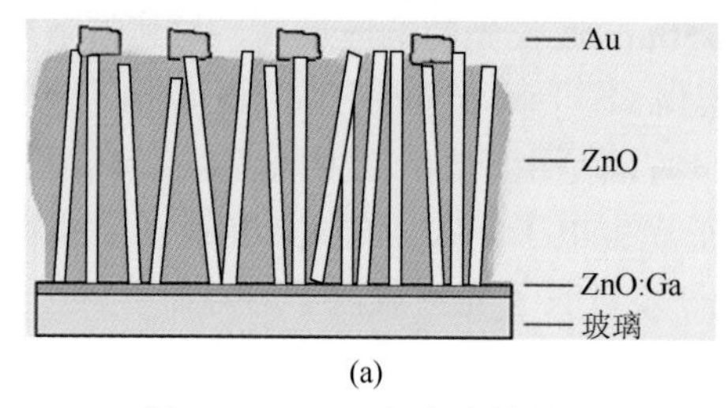

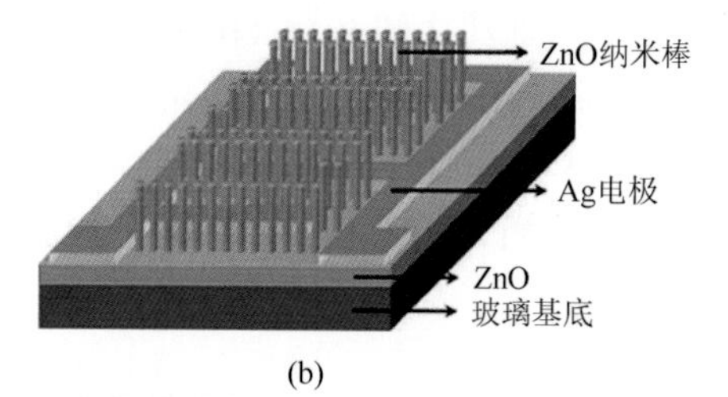

图 8-15 （a）纵向结构的 ZnO 纳米线阵列紫外探测器[70]；（b）横向结构的 ZnO 纳米线阵列紫外探测器[71]

人们采用光刻、旋涂、取放等技术制备一维 ZnO 纳米材料紫外探测器。这些制备技术的发展促进了纳米器件的进步。利用光刻技术和化学溶液法可以在插指状金属电极之间选择性地生长 ZnO 纳米线阵列。该器件的响应度为 41.22A/W，紫外-可见抑制比为 337。张跃研究小组发现生长了 ZnO 纳米线的器件比没有生长纳米线阵列的器件的光响应性能更好[72]。但这些技术过于复杂，制作成本高，限制了纳米器件的大规模应用。最近，一种新型而简便的阵列制备方法应用到探测器研制中[73]。通过水热法制备了金属-半导体-金属结构 ZnO 纳米线阵列紫外探测器。在暗态下，该器件的 *I-V* 曲线呈现出双肖特基二极管特征；而受到光照时，*I-V* 曲线为欧姆特征，且在 365nm 紫外光照下的光电流是 254nm 紫外光照下光电流的 25 倍，主要是由于 254nm 紫外光的穿透深度较浅。

pn 结型紫外探测器利用了光伏效应，当入射光照射到 pn 结区时，只要光子能量大于半导体禁带宽度，就会生成电子-空穴对，在内建电场作用下，光生电子流向 n 区，光生空穴流向 p 区，形成光电流。研究者用溶胶-凝胶法在 n 型 ZnO 纳米线阵列上合成了 Al/N 共掺杂的 p 型 ZnO 薄膜［图 8-16（a）］[74]。该同质结在 3V 时的整流比为 150［图 8-16（b）]，紫外-可见抑制比达到 70。pn 结型紫外光探测器的工作电压低、饱和电流低、工作频率范围大。

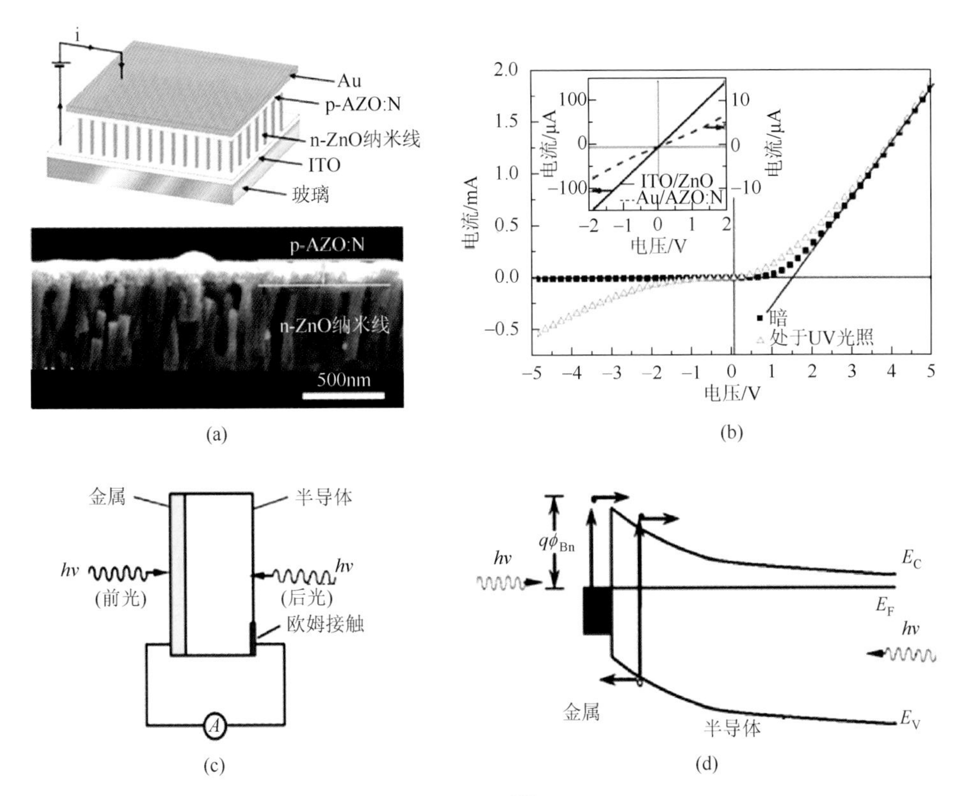

图 8-16 （a）ZnO 基同质 pn 结；（b）I-V 曲线[74]；（c）肖特基型纳米线阵列光电探测器激发模式及（d）对应能带结构示意图[75]

与光电导型和 pn 结型光电探测器相比，肖特基型的光电探测器的性能更好，制备工艺更简单。对于肖特基型光电探测器，有两种激发过程［图 8-16（c）］[75]：通过势垒激发和带间激发。对于这两种激发过程，最有用的波长应该满足 $q\phi_{Bn} < h\upsilon < E_g$ 和 $h\upsilon > E_g$［图 8-16（d）]。较长波长的紫外光更容易穿透金属电极，到达 Pt/ZnO 界面，所以势垒激发更强。

8.3.2 自驱动光电探测器

传统的光电探测器需要依靠外加电场来分离光生电子-空穴对产生光电流。自驱动光电探测器依靠光生伏打效应可以在零伏偏压时工作，即不需要外加电源。当材料吸收了能量大于其带隙宽度的入射光后，内部产生大量的电子-空穴对，在界面处内建电场作用下，光生电子-空穴对发生分离，形成光电流。因此，对于自驱动光电探测器，内建电场起着关键作用。根据内建电场构成方式的不同，自驱动光电探测器可以分为三类：肖特基型自驱动光电探测器、pn 结型自驱动光电探测器和光电化学型自驱动光电探测器。

1. 肖特基型自驱动光电探测器

肖特基结可以为自驱动光电探测器提供动力。这一特性使在不加偏压时探测光信号成为可能。2010 年，张跃研究小组采用单根 ZnO 纳米线与金电极构建了交叉解耦股的自驱动光电探测器[76]。该器件在零伏偏压时对紫外光的灵敏度达到 22，响应时间约为 100ms。随着锑含量的提高，光电流增大。高的给体浓度提高了 ZnO 中载流子的浓度和迁移率。所以，更多的电子-空穴对可以在肖特基结处被分离出来，形成更大的光电流。CdS 是一种重要的Ⅱ-Ⅵ族半导体材料，已广泛应用于光电探测器和太阳能电池的研究中。CdS 纳米线/Au 肖特基型自驱动光电探测器［图 8-17（a）］有很好的整流特性，在 + 1V 时的整流比达到百万级，正向开启电压约为 0.5V［图 8-17（b）］[77]。经过计算发现，该器件形成的肖特基接触的理想因子为 1.3～1.4，肖特基势垒高度为 0.74～0.76eV，说明形成的肖特基结质量良好。在 7.4mW/cm^2 光照强度下，短路电流为 0.73～1.05nA，开路电压为 0.16～0.18V［图 8-17（c）］。零偏压时，器件对 0.27mW/cm^2 的 510nm 绿光的响应灵敏度约为 1000［图 8-17（d）］，响应度约为 8A/W。

对于肖特基型自驱动光电探测器，增大接触面积可以有效地提高光电流。张跃研究小组在玻璃基底上构建了 ZnO 纳米线网/Pt 结构肖特基型［图 8-18（a）］光电探测器[78]。其开启电压约为 1.5V，+ 5V 时的整流比约为 70［图 8-18（b）］，肖特基的理想因子和势垒高度分别为 16 和 1.1eV。由于器件的电阻由肖特基势垒和

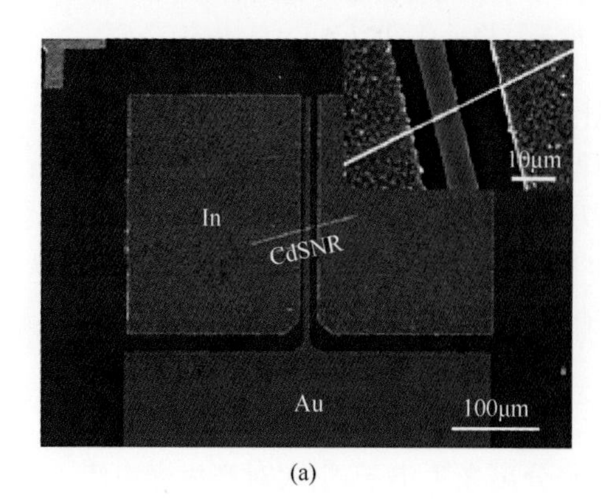

(a)

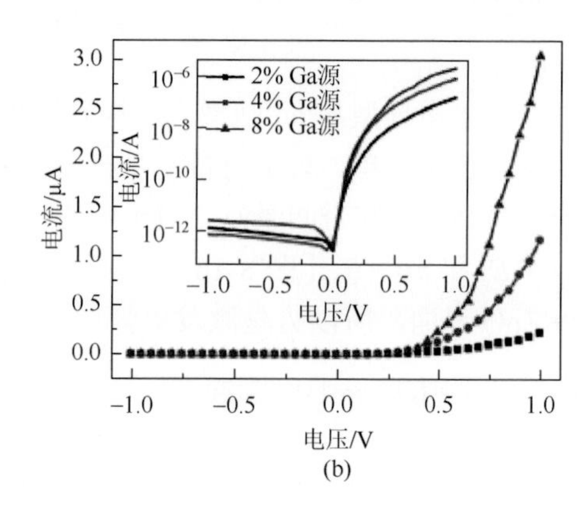

(b)

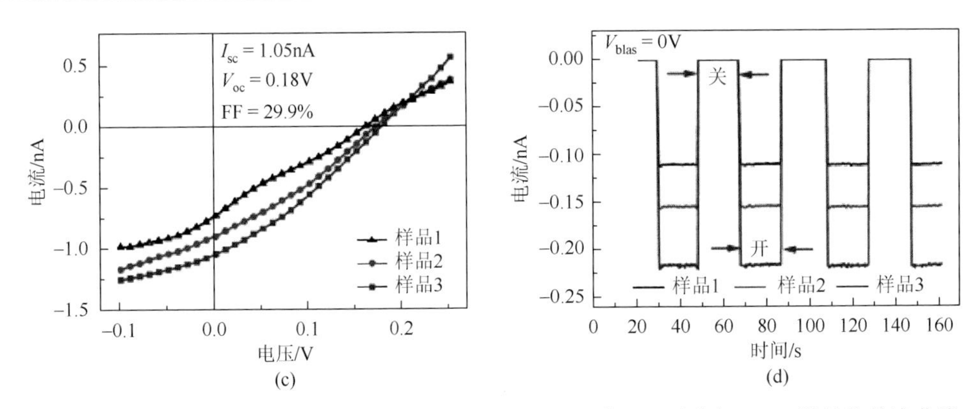

图 8-17　（a）CdS 纳米线/Au 肖特基型自驱动光电探测器的 SEM 图片；（b）器件的整流曲线；（c）不同 Ga 掺杂浓度器件的光电流-电压曲线；（d）零偏压下器件的电流-时间曲线[77]

纳米线之间的接触势垒构成，因此暗电流极低，约为 10^{-10}A。器件在无偏压时对 365nm 紫外光的探测灵敏度为 800；在 2V 偏压时，器件开关比为 5000，响应时间约为 0.2s［图 8-18（c）］，主要是因为光辐照引起肖特基势垒和纳米线之间的接触势垒降低［图 8-18（d）］。

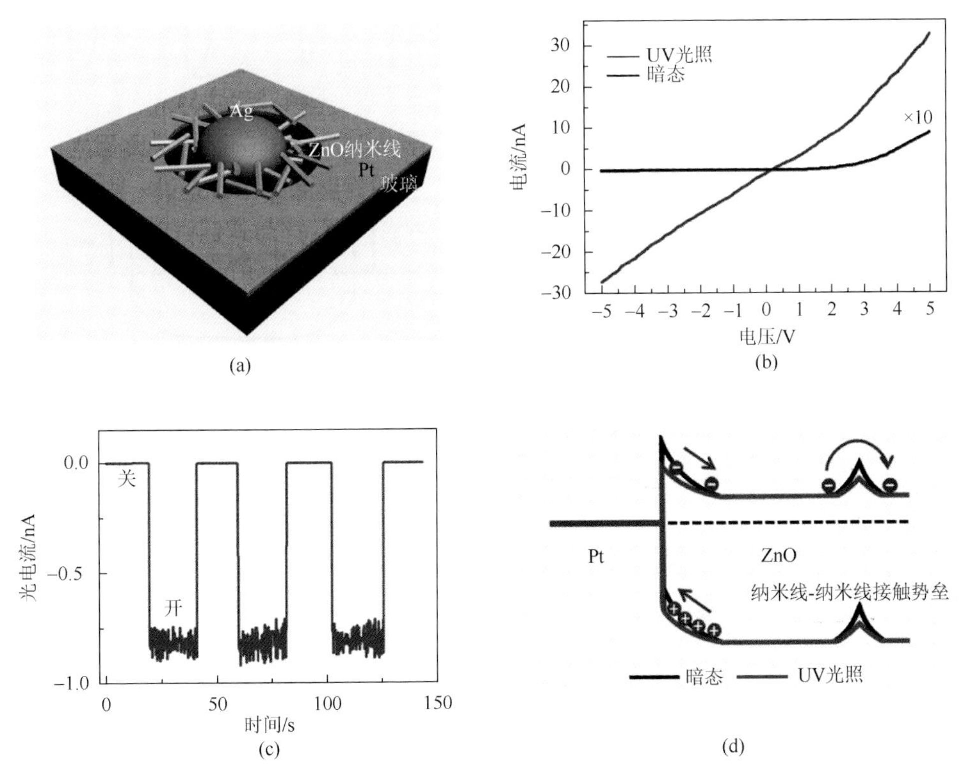

图 8-18　（a）ZnO 纳米线网自驱动光电探测器的结构示意图；（b）器件在暗态时和 365nm 光照时的 I-V 曲线；（c）零偏压时的 I-t 曲线；（d）器件的能带结构示意图[78]

图 8-19（a）展示了张跃研究小组在玻璃基底上构建的金属-半导体-金属结构自驱动光电探测器[79]。在 30V 偏压时该器件对 365nm 紫外光的灵敏度达到 892［图 8-19（b）］，上升时间为 70s，下降时间符合双指数衰减函数：第一个过程是光生载流子在导带和价带之间的复合过程，时间很短；第二个过程是氧分子在纳米线表面的吸附过程，时间较长。另外，该器件经过 14min 的辐照后，光电流衰减为峰值的 77%，这一现象称为不规则光电导效应。值得注意的是，该器件在零偏压时对紫外光的探测灵敏度也达到了 475［图 8-19（c）］。通过拟合器件在暗态时的 *I-V* 曲线发现，两端的肖特基势垒之间存在 30meV 的差值。因此两端形成的光生电子流不能相互抵消，形成了光电流［图 8-19（d）］。

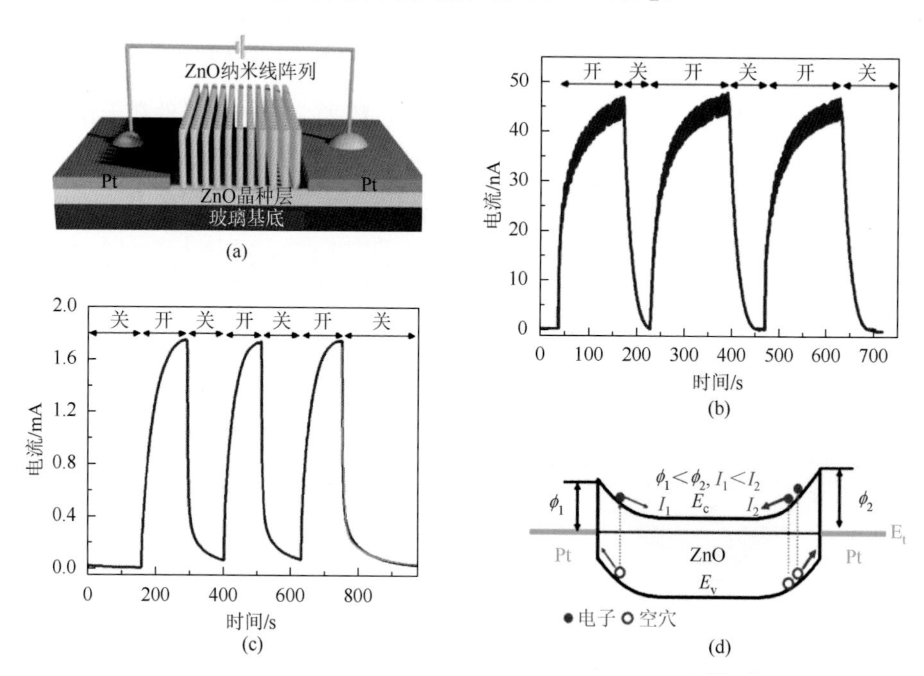

图 8-19 （a）ZnO 纳米线阵列自驱动光电探测器的器件结构示意图；（b）器件在 30V 偏压时的 *I-t* 曲线；（c）器件在零偏压时的 *I-t* 曲线；（d）器件的能带结构示意图[79]

温度对自驱动光电探测器性能的影响规律是将来环境监测领域必须考虑的问题。张跃研究小组发现，随着温度升高，界面处吸附的氧分子增多，提高了肖特基势垒高度，Al/ZnO/Pt 结构自驱动紫外探测器在 340K 处灵敏度达到最大，约为 3.1×10^4，比室温时高 82%。温度继续升高，电子获得足够高的能量可以跃迁过势垒，使势垒高度降低[80]。

2. pn 结型自驱动光电探测器

n 型半导体和 p 型半导体之间形成的空间电荷区可以为光生电子-空穴对的分

离提供动力。多个课题组已经报道了 pn 结型自驱动光电探测器，如单根的 pn 同质结 ZnO 纳米线已被用来制备自驱动光电探测器[81]。该同质结展现出了良好的整流特性和光电性能。在零偏压时，短路电流达到 1μA，开路电压为 0.2V。上升和下降时间分别为 30ms 和 50ms，远低于 ZnO 纳米线光电导型探测器。另外，单根 ZnO/GaN 薄膜异质结也被用来制备日盲紫外探测器[82]。该器件可以直接被紫外光驱动，短路电流密度为 5×10^4mA/cm^2，开路电压约为 2.7V，输出功率为 1.1μW。与传统的 ZnO 光电探测器相比，该器件的响应时间很短（上升时间为 20μs，下降时间为 219μs）。单根 ZnO 纳米线/硅薄膜结构自驱动紫外-可见光电探测器，其响应时间为 7.4ms，对紫外光和可见光的响应灵敏度分别为 2×10^4 和 5×10^3[83]。与单个异质结器件相比，双异质结器件的光响应性能更好，零偏压时，对紫外光（0.58mW/cm^2）的光电流达到 71nA，开关比达到 3170，上升和下降时间都小于 0.3s[84]。

近年来，由于无机/有机复合材料可以将无机半导体材料的高电子迁移率和有机聚合物可溶液制备的优势结合起来而广受关注。张跃研究小组构筑单个四针状 ZnO 纳米线 PEDOT：PSS 异质结自驱动光电探测器，器件在零偏压下的开光比为 1100，上升和下降时间分别为 3.5s 和 4.5s。该器件依靠光伏效应工作，短路电流为 1.1nA，开路电压为 0.2V，填充因子为 25%[85]。但是由于单根 ZnO 自驱动光电探测器的结区面积太小，其光电流只能达到微安级别。研究者通过构建 n-ZnO/p-NiO 核壳结构纳米线阵列增大结区面积：由于 p-NiO 壳层的过滤作用，器件对紫外光有很好的选择性，在零偏压时，该器件的响应度为 0.493mA/W[86]。n-ZnO/p-聚苯胺/n-ZnO 异质结构被用来构建自驱动光电探测器。通过增加 PSS 层的厚度，该器件在零偏压时的光电流可以达到 14μA，灵敏度达到 10^5。当改变入射光的方向，光生电子的流动方向也随之改变[87]。

3. 光电化学型自驱动光电探测器

半导体纳米线阵列/水异质结可以被用来制备自驱动紫外光电探测器，其结构与染料敏化太阳能结构类似，只是没有染料存在。当半导体材料和水溶液接触时能带会发生弯曲，在固/液界面处形成内建电场，类似于肖特基结。该异质结同样可以被用来分离光生电子-空穴对，形成光电流。与 pn 结型和肖特基型自驱动光电探测器相比，光电化学型自驱动光电探测器由于结区面积很大，其短路电流可以达到毫安级。同时这类器件的价格低廉、制备工艺简单、原料易得[88-90]。

2011 年，TiO_2/水固液异质结被用来制备自驱动紫外光电探测器[91]，当紫外光照射器件时，在内部产生大量的光生电子-空穴对，在固液界面处空间电场作用下发生分离，电子流向对电极，空穴流向溶液，并且都参与氢氧根的氧化还原反应。该工作为制备可以商用的半导体/溶液异质结开辟了新道路。2013 年，Xie

等用水热法制备了 TiO_2 纳米线阵列，并构建了光电化学型自驱动光电探测器［图 8-20（a）］[92]。纳米线不仅增大了固液接触面积，而且为光生载流子提供了直接的传输通道。没有光照时的 *I-V* 曲线呈现出类肖特基的整流特性［图 8-20（b）］，开启电压为 0.4V，在 +0.6V 偏压时的整流比达到 44。在 1.25mW/cm^2 的 365nm 紫外光照下［图 8-20（c）］，短路电流为 4.67μA，开路电压为 0.408V。固液界面处的内建电场驱动了光生电子-空穴对的分离，从而形成光电流。在 350nm 处光响应度达到极值，为 0.025A/W。器件的响应时间为 0.15s，回复时间为 0.05s［图 8-20（d）］。随后一个基于 TiO_2 薄膜的光电化学电池被用来制备自驱动光电探测器[93]。在零偏压时该器件对紫外光的光电流密度达到 0.55mA/cm^2，开路电压达到 0.6V，上升时间为 80ms，下降时间为 30ms，灵敏度为 2699，并且和入射光功率呈很好的线性关系。ZnO 与 TiO_2 有相似的能带结构，且电子迁移率更高，所以它可以替代 TiO_2，用作自驱动光电探测器材料，并且单晶的 ZnO 纳米线可以为光生电荷提供直接的传输通道，在 1.25mW/cm^2、365nm 紫外光辐照时，短路电流达到 0.8μA，开路电压达到 0.5V[94]。

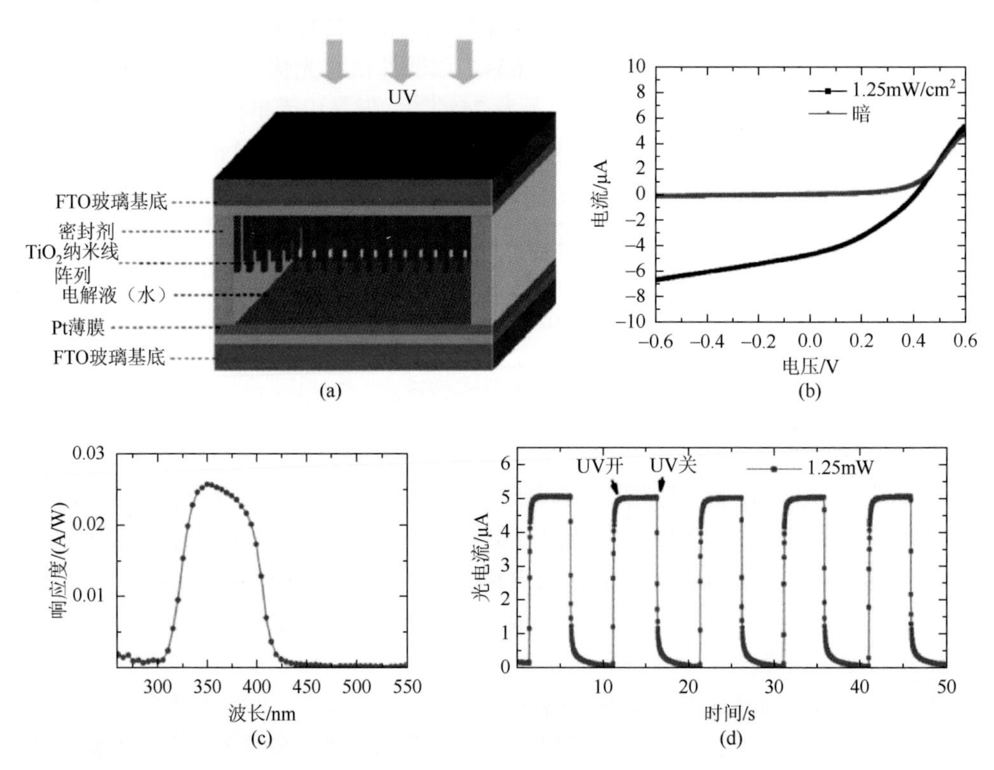

图 8-20 （a）TiO_2 纳米线阵列/水溶液光电化学型自驱动光电探测器的结构示意图；（b）器件的 *I-V* 曲线、（c）光谱响应曲线和（d）电流-时间曲线[92]

8.4 生物传感器

精准治疗已经成为实时健康检测和医疗卫生产业发展中一个新兴的发展热点。为了实现可靠、快速的精准化治疗，作为医疗检测关键设备的生物传感器需要进行系统和细致的开发。当前，如何选择合适的材料来构建这些生物传感器已经成为学术界和工业界的热点研究领域。这些候选材料通常被要求具有一系列特定的结构和化学性能，包括生物相容性、化学抗性和敏感性。半导体纳米线材料因具有优异的生物相容性、电导和压电等特性，作为一个理想的候选生物识别元件构建材料已经引起了广泛的注意。将这些半导体纳米线材料引入生物传感器制造中并在酶/半导体纳米线修饰生物传感器的基础上构建生物信号传感装置的技术研究正成为该领域的研究热点。这些基于半导体纳米线生物传感器的优点不仅在于其拥有纳米尺寸优势和高灵敏度，还因为它们可以对各种化学和生物物质进行实时无标记检测，所以它们在药物筛选和体内诊断方面具有广阔的应用前景。本节将对半导体纳米线结构材料构建的三电极电化学生物传感器、场效应晶体管（FET）生物传感器和高电子迁移率场效应晶体管（HEMT）生物传感器进行系统的介绍和讨论。

8.4.1 电化学生物传感器

电化学生物传感器，即三电极生物检测系统，是理解生物和化学过程中氧化还原反应的经典研究模型。该检测系统通常由三个电极、电解质溶液和测量电路组成。这三个电极分别称为工作电极、辅助电极和参比电极，并共同构成探测系统输入和输出回路。工作电极与电解质溶液相接触的边界是探测目标物质反应的场所，即在该处观察、记录和分析目标物质反应的强度和进度，从而达到检测电解质溶液中目标物质浓度的目的。三电极生物检测系统在工作电极表面用生化反应介质材料（如氧化锌纳米线结构材料）和生物酶来修饰以检测目标物质的浓度[95]。相比于天然生物酶拥有较低且呈负电位的静等电点值，纳米线结构材料拥有较高且为正电位的静态的等电点，使得这些酶可以通过静电作用自然地吸附在材料表面。这类酶包括葡萄糖氧化酶（GOx）、尿酸酶（uricase）和乳酸氧化酶（LOD）等。在目前生物传感器研究领域，酶/纳米线结构材料生物电极已经得到了长足的发展，并且为了探测各种目标生物大分子，构建了与它们相对应的修饰有生物酶的氧化锌纳米结构生物传感电极[96-100]。

纳米线结构材料在工作电极上的修饰方法主要为直接涂敷法。张跃研究小组在氧化锌纳米线修饰电极表面构建生物系统方面开展了系统研究[101-108]。首先，需要将工作金电极表面进行打磨，以除掉污染物和氧化层。将所制备的氧化锌纳米线分散到磷酸盐缓冲液（PBS）中，并将这些含有氧化锌纳米线的悬浊液均匀地涂敷在工作金电极表面。待乙醇挥发后电极表面会留下一层纳米线结构材料。重复这个步骤若干次，直到纳米线结构材料层厚达 1mm。此外，也可以通过化学沉降法将氧化锌纳米线结构材料生长在工作金电极表面上[101]。其他一维氧化锌纳米材料结构形貌，诸如四针状氧化锌纳米结构[102-104]和氧化锌纳米棒[105, 106]，都可以用来修饰金电极。由于金纳米颗粒具有高效催化和易于修饰等优点，也将金纳米颗粒和纳米线一起修饰到工作金电极表面上[107, 108]，进一步提高生物检测系统的灵敏度。

在构建纳米线结构材料/金电极表面之后，需要在氧化锌纳米线结构材料中修饰生物酶来构建生物传感电极。将含有活化浓度的 GOx、uricase 和 LOD 等酶溶液逐滴滴加到纳米线/金电极表面。随后再滴加一滴 Nafion 溶液，并保存在 4℃环境下。所形成的 Nafion 膜不仅有利于将生物酶固定在纳米线结构材料中，还可以进一步增强金电极电信号传递，有利于生物反应信号的检测。电化学生物传感器如图 8-21 所示。三个电极（工作电极、辅助电极和参比电极）全部浸入待测溶液中。在工作电极的顶部，氧化锌纳米线结构材料和生物酶被依次修饰在工作金电极表面上（绿色为氧化锌纳米线，黄色为生物酶分子）。

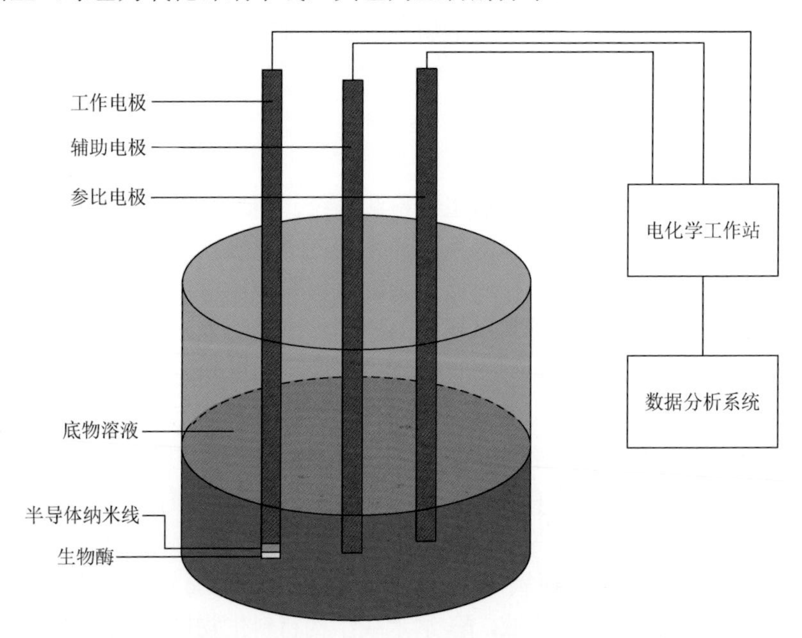

图 8-21 电化学生物传感器电极示意图：在金电极顶部分别进行氧化锌纳米结构（绿色）修饰和生物酶（黄色）吸附，之后将所制备的生物传感电极置于底物溶液中对生物酶对应底物浓度进行检测

在新陈代谢过程中尿酸作为嘌呤代谢的一种产物，在吸收和消化之间保持平衡。但是，如果肾脏功能衰退而导致尿酸消化延迟，使得尿酸在体内聚积，最终

会因为尿酸浓度显著提高而破坏身体内体液的酸碱平衡。体液酸碱平衡失效直接表现为 pH 值下降而引起痛风。张跃研究小组构建的尿酸生物电极可以实现尿酸浓度的高灵敏检测[103]。通过 CV 曲线可以得到所制备的尿酸电极的探测极限、灵敏度和响应时间分别为 0.8μmol/L，80μA/(mmol·cm^2)和 9s。此外，张跃研究小组使用氧化锌微/纳米线来修饰金电极表面可以显著地将电流响应灵敏度提升到 89.74μA/(mmol·cm^2)[105]。在图 8-22 中，所制备的尿酸酶/氧化锌纳米线/金电极的尿酸生物电极可以在含有葡萄糖、乳酸和尿酸的混合溶液中检测尿酸浓度。所制备的尿酸电极仅对尿酸有反应，而对其他生物分子不敏感，表明其对尿酸分子检测具有良好的灵敏度和选择性。

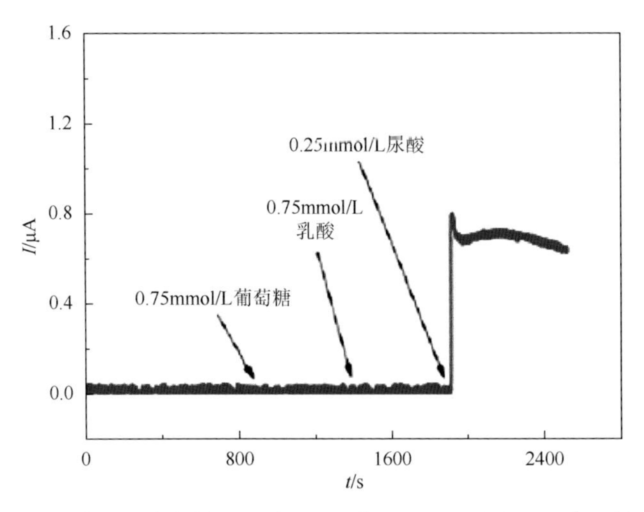

图 8-22　尿酸生物传感器在葡萄糖和乳酸分子干扰下对尿酸浓度进行检测的可靠度实验[105]

电化学生物传感器可以通过修饰不同生物酶来构建不同的生物传感电极。该类传感电极具有稳定性好、可靠性高和成本低等优点。然而该类生物传感电极还有很多可以改进的地方。首先，该检测系统的检测范围相对比较窄，尤其是在低浓度范围测量精度不足。其次，考虑到该系统对参比电极的使用，这种检测系统的尺寸不能进一步缩小，为便携式传感电极的开发设置了障碍。最后，所构建的三电极检测系统需要较长的响应时间来检测生物分子的浓度。虽然这些问题还没有得到完全解决，但是相信随着电极工艺和纳米材料工艺的进一步提升，该三电极检测系统将会在工业中有更大的应用潜力。

8.4.2　场效应晶体管生物传感器

场效应晶体管（FET）作为一种新兴的电子器件，在电子电气工程中有着广泛的应用。场效应晶体管技术的发展极大地推动了集成电路产业研发和应用，不仅给工商企业创造了巨大的利润，也给日常生活带来了巨大的便利。场效应晶体管因具有输入阻抗大、噪声低、热稳定性好和抗干扰性强而被运用于各个工业领域的放大电路系统之中，利用主要载流子对输入信号进行放大。其工作原理是基于电压控电流概念，即输出的漏电流信号的强弱受栅极电压控制。场效应晶体管一般分为两大类：结场效应晶体管（JFET）和金属-氧化物半导体场效应晶体管（MOSFET）。相比于结场效应晶体管，金属-氧化物半导体场效应晶体管由于其优越的性能在电子电气领域研究项目中优先使用。

半导体纳米线作为一维纳米结构材料的代表，因为具有强大的电学信号传递特性而成为下一代生物传感器的理想构建模块[109]。基于半导体纳米线的生物传感器灵敏度来源于表面门控效应分子结合而导致的纳米线载流子减少，这样的机制使得该生物传感器响应信号可以在亚阈值区域测量中以指数增强[110]。在各种纳米线设计中，硅纳米线场效应晶体管（SiNW-FET）作为生物传感器设计中一种新的设计原型器件取得了巨大的成就。基于 SiNW-FET 的生物传感器可以重复使用而不影响其电化学信号传递性能。在生物研究领域，基于 SiNW-FET 的生物传感器可用于蛋白质、DNA 序列、小分子、癌症生物标志物和病毒的探测[111]。此外，用于对核酸和蛋白质的临床检测的方法近年来有了快速而稳健的发展。基于纳米线和生物识别分子修饰技术而构建的生物传感器可以极大地提升探测灵敏度[112]。硼掺杂硅纳米线可用于构建高灵敏度和实时检测生物化学信号的生物传感器。被胺化物和氧化物官能团修饰的纳米线可以呈现出良好的 pH 依赖性导体特性。生物素修饰的硅纳米线可用于检测链霉抗生物素蛋白的浓度，且最低浓度探测范围至 pmol/L 范围[113]。基于硅纳米场效应线器件的癌症标志物传感器可以实时高效地检测癌细胞分布情况。这种硅纳米线器件将单根纳米线和癌细胞表面受体整合到阵列检测结构中。蛋白质标志物可以被具有高选择性的传感器在 fmol/L 范围内检测出，而引入纳米线则可以进一步提高检测灵敏度并降低假阳性的探测结果[114]。具有生物相容性的乙醇胺和聚乙烯醇（乙二醇）衍生物涂料被用来修饰 InP 纳米线生物传感器的表面来提高传感器的灵敏度和生物标志物的共价结合强度，并将结果与使用二氧化硅修饰的常规方法进行比较，以突出该设备可以极大地提高灵敏度，并且丰富基于纳米线场效应晶体管生物传感器平台构建的选择性。所修饰的生物标志物对来自病原体的 DNA 和蛋白质有着显著增强的特异性结合能力和标的底物的俘获能力，使得该生物传感器可以实现对特异性生物物质进行探测。所构建的生物传感器通过设备电阻的净变化来提供超灵敏无标记的 DNA 序列检测，最低测量浓度达 1fmol/L。例如，通过使用 Chagas 疾病蛋白标志物（IBMP8-1）可以实现 6fmol/L 超低浓度的探测水平[115]。Ⅰ型心肌肌钙蛋白（cTnⅠ）是一种诊断急性心肌梗死的生物标志物。基于硅纳米线场效应晶体管的生物传感器可以对 cTnⅠ进行高灵敏度且无标记的检测。这种硅纳米线生物传感器具有类蜂窝状结构形貌表面，因此具有良好的电学信号传导性能和较大的感应探测面积。通过实验得到所构建传感器的探测极限可以低至 5pg/mL，是迄今文献中报道的最低值，并且该极限值也比建议的阈值限值小近一个数量级[116]。基于硅纳米线场效应晶体管的术中生物传感平台检测可以实现在 1h 内对每个淋巴结上的每一个传播肿瘤细胞（DTC）进行定量检测。而且这一个集成的生物传感平台还能够检测结直肠癌患者血液中循环肿瘤细胞（CTC）的浓度[117]。基于多晶硅纳米线 n 型场效应晶体管（poly-SiNW-FET）所构建的生物传感器用来检测作为诊断膀胱癌生物标志物的Ⅱ型载脂蛋白 A（APOA2）在尿液中的含量。通过 Friedel-Crafts 酰化合成的具有长链酸基团的磁性石墨烯（MGLA）对该测量系统的表面进行改性，并与使用短链酸基团（MGSA）修饰的纳米线进行性能比较。与 MGSA 相比，MGLA 由于其较低的空间位阻而显示出与 APOA2 抗体（Ab）的较高结合程度和较好的生物相容性。实验发现该生物传感器有效地区分了膀胱癌患者和疝气患者尿液中 APOA2 蛋白浓度的平均值［29～344ng/mL 和 0.425～9.47ng/mL］[118]。

氧化锌纳米线可以通过弯折作用在材料表面产生压电效应。这个特性可以被用来设计感受纳米尺度力作用变化的压电场效应晶体管。栅极纳米线在感受到纳米尺度力作用时会产生偏移，发生压电现象，从而引起源漏极电流的变化[119]。按照氧化锌纳米线的材料结构性能，可以将其用来构建 n 型场效应晶体管。未掺杂的氧化锌纳米线对周围环境的变化非常敏感，尤其是在酸碱度变化的环境中。将两个铂电极放置于铺满氧化锌纳米线的基底上可以构建一个灵敏度极高的湿度传感器。该传感器的阻抗随着湿度的增加而减小，对湿度的变化非常敏感，可以检测 12%～97%的湿度变化[120]。可以进一步完善基于氧化锌纳米线的湿度传感器：在两个电极之间通过探针台随机地用一根氧化锌纳米线来连接。该湿度传感器的阻抗也随着湿度的增加而减小[121]。在新陈代谢过程中，大量的生物化学反应在不断地开始和结束，反应过程中在分子原料被大量消耗的同时也有大量代谢产物产生，涉及大量的生物分子传输、酶催化和能量消耗，并伴随着不同的 pH 值变化。这些电生理信号来自对反应物的电荷分布状态、从生物电极转移到细胞或从细胞转移到生物电极的电子通路，以及反应产物的电荷分布状态[122]。这样的生物化学环境是一个非常复杂的酸碱环境。如果将基于氧化锌纳米线的传感器用于这种生化环境中检测生物信号，那么需要对氧化锌纳米线的表面进行修饰，使其可以选择性地对目标检测物有反应并屏蔽掉其他探测物信号。本小节将主要讨论基于氧化锌纳米线的酶生物传感器的制备和运用，特别是尿酸酶/氧化锌纳米线场效应晶体管传感器的制备和运用[123]。而基于氧化锌纳米棒的场效应晶体管的生物传感器，则可以将葡萄糖、胆固醇和尿素在混合溶液中分别识别并检测，实现传感器的多目标物同时检测[124]。

张跃研究小组将制备好的氧化锌纳米线团簇用乙醇均匀分散在硅基底上形成一层薄薄的氧化锌层[123]。然后用氧等离子体发生器（0.3Torr，25W，处理时间60s）来处理氧化锌纳米线表面以去除污染物并添加羟基，之后立即将氧化锌纳米线结构材料浸泡入 2% 3-氨基丙基三乙氧基硅烷（APTES）的乙醇溶液中。在经过表面硅烷化并进行两次乙醇冲洗后，将氧化锌纳米线置于 120℃下的纯氮气环境中 10min。通过探针台的探针控制，随机地选择一根氧化锌纳米线并将其置于预先制备好的作为源极和漏极的钛/金电极上，并用导电银浆固定。在银浆之外再用聚甲基丙烯酸甲酯（PMMA）钝化电极以降低源漏电极漏电电流信号的影响。最后，5μL 尿酸酶（5U/mL）溶液滴到已固定的氧化锌纳米线上，并在 37℃无菌环境中保温 40min。在使用该尿酸酶传感器之前用稀释了 100 倍的 PBS 溶液漂洗 15min，就可以用这个尿酸酶传感器探测尿酸溶液的尿酸浓度。所制备的基于氧化锌纳米线尿酸传感器的结构如图 8-23 所示。氧化锌纳米线（绿色）被放置在两个 Ti/Au 源漏电极（橙色）上，并用银浆固定（银灰色），在经过 PMMA（蓝色）钝化后再用尿酸酶（黄色）修饰表面。

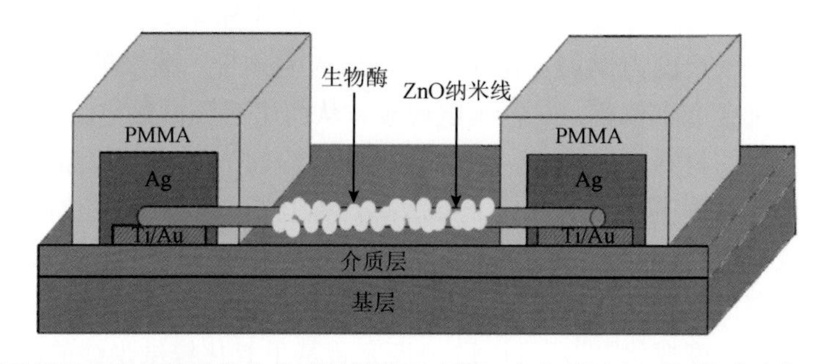

图 8-23 基于场效应晶体管的生物传感器结构示意图：在介质层上沉积钛/金电极后，用探针台将氧化锌纳米线（绿色）放置在两电极之间来构建栅极，银浆用来固定氧化锌纳米线在电极上的位置，并且使用聚甲基丙烯酸甲酯（PMMA）来避免漏电现象的发生，在生物酶修饰栅极区域后，即可进行生物信号检测

所制备的尿酸酶/氧化锌纳米线/场效应晶体管传感器用于检测不同浓度尿酸溶液中的尿酸含量。将生物传感器置于胎牛血清白蛋白（BSA）溶液中得到的信号趋于稳定后即得到该次测量的基准信号，这时就可以使用该尿酸传感器对溶液中的尿酸浓度进行检测[123]。如图 8-24（a）所示，浓度为 1pmol/L～50μmol/L 的尿酸溶液被依次添加到溶液中并用所构建的尿酸传感器来检测。尿酸传感器的电导随尿酸浓度的增加而增大。这个趋势也体现在传感器源漏电流信号与浓度之间的关系中，如图 8-24（b）所示。这些实验数据可以证明该尿酸生物传感器在低尿酸浓度的检测中非常敏感，而这可以归因于氧化锌纳米线场效应晶体管的放大作用。宏观的电流信号的一个微弱变化可以被该传感器放大到宏观电流信

号范围。如图 8-24（c）所示，对该尿酸生物传感器的可靠性进行实验，以证实尿酸生物传感器只对尿酸浓度有响应。在尿酸溶液里分别添加一定量的乳酸和葡萄糖来配制 300μmol/L 乳酸和 300mmol/L 葡萄糖的混合溶液，并用该传感器来检测。尿酸传感器对乳酸和葡萄糖信号并不敏感，表明该传感器对尿酸测量有可靠性。

除了尿酸生物传感器，基于氧化锌纳米线的生物传感器还可以通过在栅极区域修饰不同的生物酶来实现对不同生物分子的检测，这些生物分子包括蛋白质、

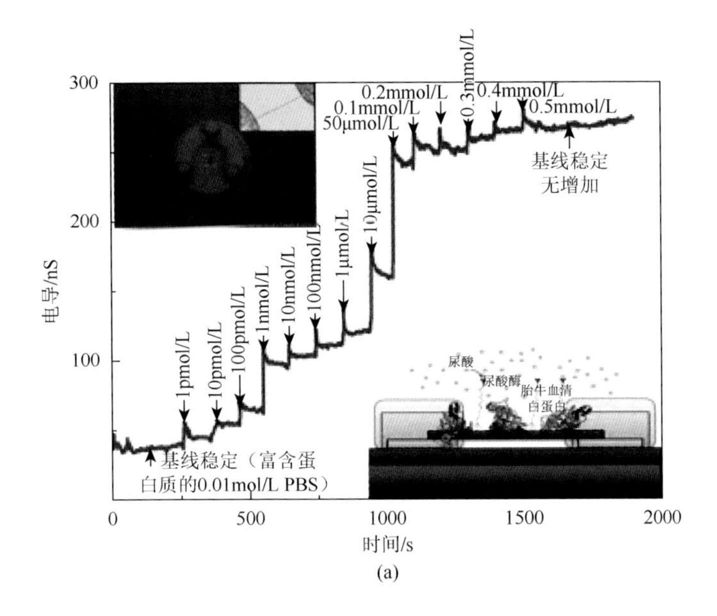

(a)

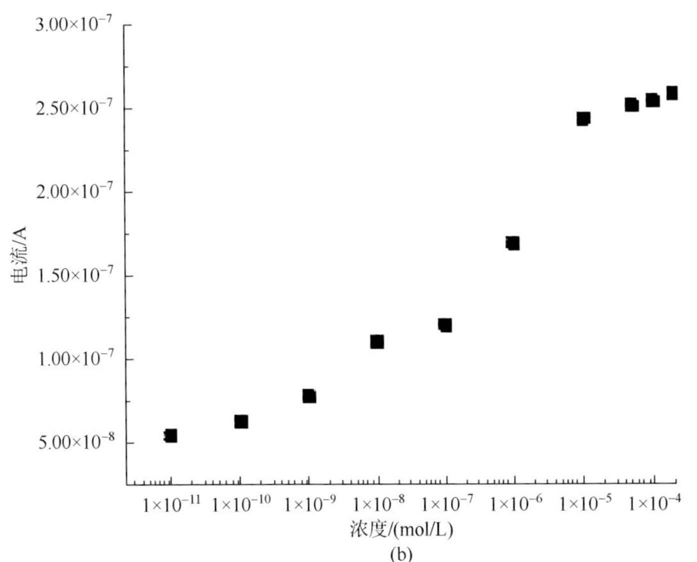

(b)

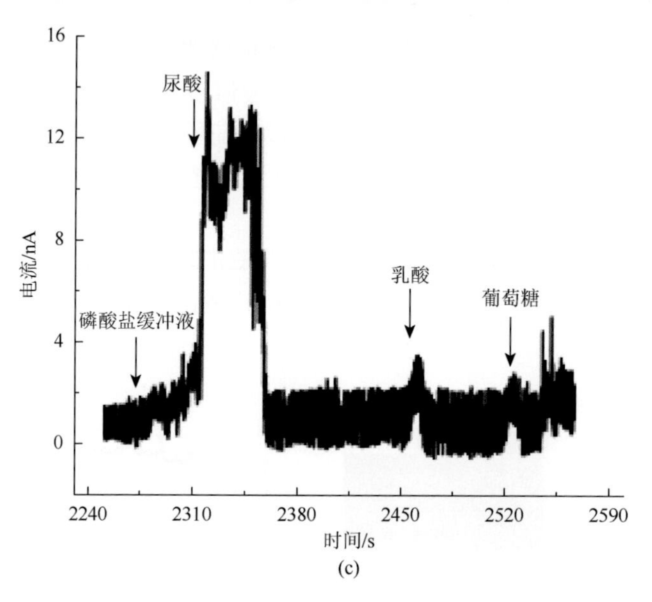

图 8-24 （a）在尿酸生物传感器实时测量梯度尿酸溶液中电导随时间变化的关系图；（b）实时测量中电流信号和尿酸浓度关系图；（c）在分别有 300μmol/L 乳酸和 300mmol/L 葡萄糖的影响下，该尿酸传感器仍然保持对尿酸测量的灵敏度[123]

抗体、葡萄糖和乳酸等。例如，在氧化锌纳米线上修饰前列腺特有的抗原/1-抗凝乳蛋白酶抗体（PSA/ACT）可以用来探测抗凝乳蛋白酶复合抗原浓度[125]。在神经科学领域，也可以通过在氧化锌纳米线上修饰可探测 Orexin A 的神经肽构建生物传感器来检测血液和唾液中 Orexin A 的含量，从而给测试者的疲劳和认知程度作一个初步检测[126]。在心脏病治疗方面，可以针对指示心脏病发的 I 型肌钙蛋白（cTn I）在血液中的浓度构建一个 I 型肌钙蛋白生物传感器[127]。在营养健康检测方面，基于氧化锌场效应晶体管的生物传感器还可以通过在栅极修饰对机体生长和红细胞生成很重要的核黄素来构建维生素传感器以检测体液和体外溶液的维生素浓度[128]。胆固醇生物传感器则是将胆固醇氧化酶（ChOx）修饰在氧化锌纳米线上来构建的[129]。综上，基于氧化锌纳米线的生物传感器可以通过在氧化锌纳米线所构建栅极处修饰不同的生物酶来构建针对不同生物分子底物的生物传感器，因此，其在工业发展和产业化方面蕴藏着巨大的潜力。

基于氧化锌纳米材料自身的特性来构建场效应晶体管的栅极，并通过在这些材料表面修饰不同的生物酶从而制备出针对不同生物分子的检测的生物传感器。这样的传感器制备概念非常灵活，无论是使用天然生物酶还是合成生物酶来修饰栅极，都可以通过规范化制备过程来构建不同种类的生物传感器，使得这一项技术可以很容易推广和产业化。然而，这类生物传感器也由于自身的设计局限使得大规模的应用仍然面临着一些挑战：①这类生物传感器在制备过程中对加工环境有极其严格的要求。所有工序都需要在无尘室/超净间内完成。②对这类超高敏感度生物传感器的封装技术仍然是未来面对的一个问题。如何在普通环境中使用又不至于被污染的封装技术可以说是对传统封装技术的一个挑战。尽管这些缺点阻止了基于氧化锌一维纳米结构材料场效应晶体管生物传感器的大规模使用，但随着相关技术的发展，相信这类基于生物酶/氧化锌一维纳米结构材料/场效应晶体管的生物传感器将会在精准医疗领域显示出巨大的运用潜力。

8.4.3　高电子迁移率场效应晶体管生物传感器

20 世纪 70 年代，贝尔实验室率先发现在异质结结构的纯 GaAs 和 n 型 AlGaAs 两层材料之间的电子具有高迁移率特性，在 GaAs 层中产生没有电子散射的运动，即具有高电子迁移率的特性。这类晶体管中载流子运动相比于其他多数载流子迁移的场效应管的载流子运动受到的离子杂质散射影响要小很多。根据这一特有现象，基于异质结结构的新型高电子迁移率场效应晶体管（HEMT）得以构建。高电子迁移率场效应晶体管一般使用分子束外延（MBE）方法制备。在制备的过程中，两层材料在界面不连续的导带和价带，使得在边界处的能带不连续，形成禁带。这种能量的不连续变化现象在 GaAs 层的边界附近形成一个电子陷阱。这个电子陷阱限制了电子在 z 方向上的迁移而将电子的运动局限在 x-y 的二维平面内。这层二维电子气通道使电子在这个通道内的迁移因与电子受体处于不同层而不受电子受体影响，在进行信号传输时不会因为离子杂质散射而衰减，极大地提高了电子迁移率。此外，高电子迁移率场效应晶体管的栅极信号可以影响二维电子气通道电子的密度从而引起输出信号的变化，使得信号感应非常灵敏。

在高电子迁移率场效应晶体管的栅极表面修饰纳米线结构材料和生物探测分子，则可以将高电子迁移率场效应晶体管构建成用于探测生物反应信号的传感器[130-134]。以下将以一个乳酸酶生物传感器的制备工艺作为例子来解释生物酶/氧化锌纳米线材料/高电子迁移率场效应晶体管生物传感器的构建过程。乳酸是体内能量消耗后的代谢产物。乳酸分子的异常积累会破坏体内酸碱平衡，降低体液 pH 值，给健康的细胞带来巨大的生存压力。

张跃研究小组采用 GEN-II-MBE 系统逐层构建了高电子迁移率场效应晶体管。从下往上依次为：3in 厚半绝缘 GaAs 基底、1μm 厚 GaAs 层、30Å 厚 AlGaAs 隔断层（Al 的比例为 0.3）、220Å 厚掺 Si 的 AlGaAs 层（Al 的比例为 0.3，Si 掺杂浓度为 $1.4\times10^{18}\text{cm}^{-3}$），以及 50Å 厚掺 Si 的 GaAs 帽层（Si 掺杂浓度为 $5\times10^{18}\text{cm}^{-3}$）[132]。在高电子迁移率场效应晶体管的层状结构构建过程中，工作温度为 580℃，而 $Al_{0.3}Ga_{0.7}As$ 材料中 Ga，As 和 Al 的蒸气流量分别为 1.1×10^{-7}Torr，1×10^{-5}Torr 和 2.5×10^{-8}Torr。GaAs 层和 $Al_{0.26}Ga_{0.7}As$ 层的增长率分别为 2.6Å/s

和 3.71Å/s。只有在这些制备工艺参数严格的控制下，GaAs 层和 AlGaAs 层之间自发极化的边界才可能有二维电子气生成。然后在层状结构上通过使用两个模具来分别沉积制备两个 Ni/AuGe/Ni/Au（Ni：50nm 厚；AuGe：204nm 厚；Ni：10nm 厚；Au：50nm 厚）源漏电极。这两个电极的尺寸为 2mm×5mm。此外，还要在电极表面和栅极帽层区域沉积 200nm 厚的 SiO_2 绝缘层以防止漏电现象的产生。将带有电极的高电子迁移率层状结构置于 400℃高温中保持 20s，电极里面的金属原子就可以扩散到二维电子气通道形成欧姆接触。基于高电子迁移率场效应晶体管的生物传感器结构如图 8-25 所示。其中，栅极区修饰的氧化锌纳米结构材料用绿色来标记，而吸附在氧化锌纳米材料结构上的生物酶则用黄色来标记。

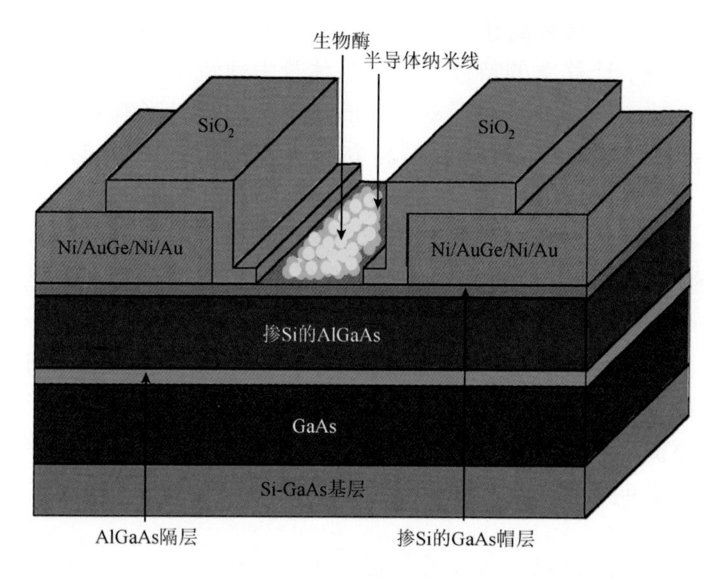

图 8-25　基于高电子迁移率场效应晶体管的生物传感器的结构示意图

氧化锌纳米线被均匀地分散在乙醇悬浮液中，然后逐滴滴加在 HEMT 层状结构的栅极区域以形成一层薄氧化锌层。在乙醇挥发之后滴加 3μL 乳酸酶（50U/mL）溶液在氧化锌层上。氧化锌纳米线的自发极化作用使得表面的等电位较高，所以滴加的乳酸酶通过静电吸附作用而吸附在氧化锌上。之后再滴加 Nafion 溶液，溶液固化之后，就会形成一层 Nafion 膜。张跃研究小组构建的乳酸酶传感器可以存储在 4℃条件直到使用之前[133]。这种乳酸传感器不仅可以对乳酸溶液进行更加灵活的检测，还可以得到更低的浓度检测极限。检测下限可达 0.03nmol/L。为了进一步提高氧化锌纳米线的电化学性能，铟元素按一定比例掺入氧化锌纳米线中。张跃研究小组用掺铟的氧化锌纳米线修饰栅极可以提高 HEMT 层状结构中的二维电子气的密度，从而优化栅极区的传感效率[134]。

使用掺铟氧化锌纳米线使得乳酸传感器的检测极限进一步下降至 3pmol/L，如图 8-26（a）所示。此外，掺铟氧化锌的传感器还拥有更高的灵敏度，可以在多种生物分子混合的溶液中探测乳酸的信号，如图 8-26（b）所示。在乳酸、尿酸、氨基酸、软骨藻酸、葡萄糖和胎牛血清白蛋白的浓度均为 0.1mmol/L 的混合溶液中对乳酸进行探测，传感器只在乳酸存在下才有信号，说明乳酸传感器具有很好的测量特性。

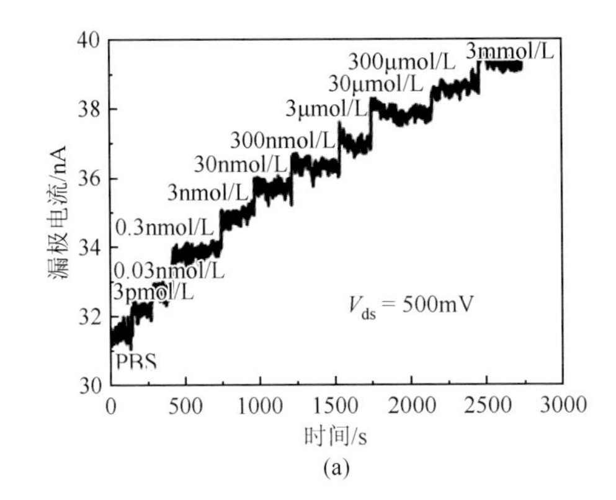

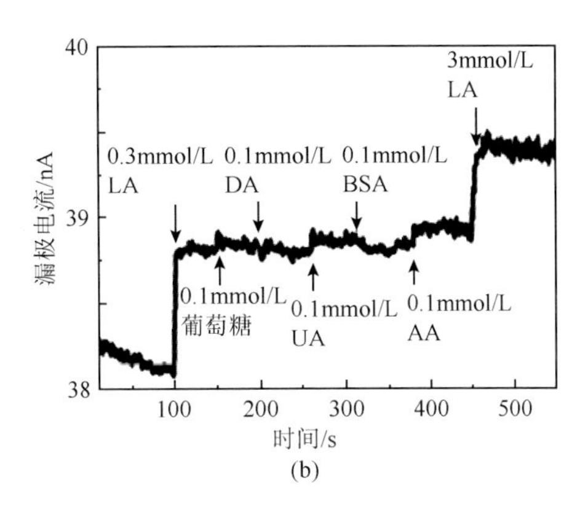

图 8-26　（a）乳酸生物传感器运用于连续浓度梯度变化乳酸溶液的乳酸浓度实时检测，检测浓度范围从 3pmol/L 到 3mmol/L；（b）分别在 0.1mmol/L 葡萄糖、软骨藻酸（DA）、尿酸（UA）、胎牛血清白蛋白和氨基酸（AA）的影响下，该乳酸传感器仍然保持对乳酸（LA）测量的灵敏度[134]

作为一种新兴的生物传感器制备技术，基于生物酶/纳米线结构材料/高电子迁移率场效应晶体管的生物传感器由于其优良的低浓度检测性能已经引起了传感器技术领域产业的关注。然而，由于自身的一些条件限制，基于 HEMT 的生物传感器仍有很大的提升空间。高电子迁移率场效应晶体管是非常精密的半导体器件，构建 HEMT 的层状结构的成本比较高，这一点就限制了其在短期内商业化的广泛应用。除此之外，封装问题则是另一个限制其商业化的影响因素。尽管将这类生物传感器商业化还需一些时日，相信在不久的将来随着更先进的微纳制备技术和封装技术的发展和提升，这类基于生物酶/半导体纳米线结构材料/高电子迁移率场效应晶体管的生物传感器将在精准医疗方面有更好的应用前景。

本章主要介绍了基于一维半导体纳米线结构的传感器件的发展及研究现状，展示了多种性能优异的力学传感器、光电传感器和生物传感器。半导体材料的进一步发展为研制下一代多功能传感器提供了物质基础。然而，这些传感器在实际应用中仍需解决众多挑战：第一，需要降低半导体材料生长和器件制造的成本，以满足消费型电子设备的需要；第二，需要进一步提高器件的性能和稳定性；第三，将多功能传感器与传统电子学结合起来，对于商业应用的实现至关重要。虽然这些半导体纳米线传感器在商业化过程中还存在很多不小的挑战和制约，但相信在不久的将来由于相关技术的发展和提升，这些拥有优异检测性能的传感器将会为人类生活提供可靠的技术保证，最终服务于全人类。

参考文献

[1] Zhang H T，Tersoff J，Xu S，et al. Approaching the ideal elastic strain limit in silicon nanowires. Science Advances，2016，2（8）：e1501382.

[2] He R R，Yang P D. Giant piezoresistance effect in silicon nanowires. Nature Nanote Chnology，2006，1（1）：42-46.

[3] Stampfer C，Jungen A，Linderman R，et al. Nano-electromechanical displacement sensing based on single-walled carbon nanotubes. Nano Letters，2006，6（7）：1449-1453.

[4] Ryu S，Lee P，Chou J B，et al. Fabrication of extremely elastic wearable strain sensor using aligned carbon nanotube fibers for monitoring human motion. ACS Nano，2015，9（6）：5929-5936.

[5] Li Y，Zhou B，Zheng G，et al. Continuously prepared highly conductive and stretchable SWNTs/MWNTs synergistically composited electrospun thermoplastic polyurethane yarns for wearable sensing. Journal of Meterials Chemistry C，2018，6（9）：2258-2269.

[6] Lee S，Reuveny A，Reeder J，et al. A transparent bending-insensitive pressure sensor. Nature Nanotechnology，2016，11（5）：472-478.

[7] Huang Y，Bai X，Zhang Y. *In situ* mechanical properties of individual ZnO nanowires and the mass measurement of nanoparticles. Journal of Physics：Matter，2006，18（15）：L197.

[8] Jeong B，Cho H，Yu M F，et al. Modeling and measurement of geometrically nonlinear damping in a microcantilever-nanotube system. ACS Nano，2013，7（10）：8547-8553.

[9] Bhaskar U K，Banerjee N，Abdollahi A，et al. Flexoelectric MEMS：Towards an electromechanical strain diode. Nanoscale，2016，8（3）：1293-1298.

[10] Fu X W，Liao Z M，Liu R，et al. Strain loading mode dependent bandgap deformation potential in ZnO micro/nanowires. ACS Nano，2015，9（12）：11960-11967.

[11] Zhou J，Gu Y，Fei P，et al. Flexible piezotronic strain sensor. Nano Letter，2008，8（9）：3035-3040.

[12] Yang Y，Qi J，Gu Y，et al. Piezotronic strain sensor based on single bridged ZnO wires. Physica Status Solidi Rapid Research Letters，2009，3（7-8）：269-271.

[13] Yang Y，Liao Q，Qi J，et al. Synthesis and transverse electromechanical characterization of single crystalline ZnO nanoleaves. Physical Chemistry Chemical Physics，2010，12（3）：552-555.

[14] Acerce M，Akdoğan E K，Chhowalla M. Metallic molybdenum disulfide nanosheet-based electrochemical actuators. Nature，2017，549（7672）：370-373.

[15] Lu S，Qi J，Wang Z，et al. Size effect in a cantilevered ZnO micro/nanowire and its potential as a performance tunable force sensor. RSC Advances，2013，3（42）：19375-19379.

[16] Lord A M，Maffeis T G，Kryvchenkova O，et al. Controlling the electrical transport properties of nanocontacts to nanowires. Nano Letter，2015，15（7）：4248-4254.

[17] Wang Y，Xiao J，Zhu H Y，et al. Structural phase transition in monolayer $MoTe_2$ driven by electrostatic doping. Nature，2017，550（7677）：487-491.

[18] Yang Y，Qi J，Y Zhang，et al. Controllable fabrication and electromechanical characterization of single crystalline Sb-doped ZnO nanobelts. Applied Physics Letters，2008，92（18）：183117.

[19] Yang Y，Guo W，Qi J，et al. Flexible piezoresistive strain sensor based on single Sb-doped ZnO nanobelts. Applied Physics Letters，2010，97（22）：223107.

[20] Kwon S S，Hong W K，Jo G，et al. Piezoelectric effect on the electronic transport characteristics of ZnO nanowire field-effect transistors on bent flexible substrates. Advanced Materials，2008，20（23）：4557-4562.

[21] Zhang Z，Liao Q，Zhang X，et al. Highly efficient piezotronic strain sensors with symmetrical Schottky contacts on the monopolar surface of ZnO nanobelts. Nanoscale，2015，7（5）：1796-1801.

[22] Pradel K C，Wu W Z，Ding Y，et al. Solution-derived ZnO homojunction nanowire films on wearable substrates for energy conversion and self-powered gesture recognition. Nano Letter，2014，14（12）：6897-6905.

[23] Aliev A E，Oh J，Kozlov M E，et al. Giant-stroke，superelastic carbon nanotube aerogel muscles. Science，2009，323（5921）：1575-1578.

[24] Lee J Y，Connor S T，Cui Y，et al. Solution-processed metal nanowire mesh transparent electrodes. Nano Letter，2008，8（2）：689-692.

[25] Yu Z B，Zhang Q W，Li L，et al. Highly flexible silver nanowire electrodes for shape-memory polymer light-emitting diodes. Advanced Materials，2011，23（5）：664-668.

[26] Xu F，Zhu Y. Highly conductive and stretchable silver nanowire conductors. Advanced Materials，2012，24（3）：5117-5122.

[27] Amjadi M，Pichitpajongkit A，Lee S，et al. Highly stretchable and sensitive strain sensor based on silver nanowire-elastomer nanocomposite. ACS Nano，2014，8（5）：5154-5163.

[28] Liu S H，Wang L F，Feng X L，et al. Ultrasensitive 2D ZnO piezotronic transistor array for high resolution tactile imaging. Advanced Materials，2017，29（16）：1606346.

[29] Zhang W，Zhu R，Nguyen V，et al. Highly sensitive and flexible strain sensors based on vertical zinc oxide nanowire arrays. Sensors and Actuators，A，2014，205：164-169.

[30] Li P，Liao Q，Zhang Z，Zhang Y，et al. Flexible microstrain sensors based on piezoelectric ZnO microwire network structure. Applied Physics Express，2012，5（6）：061101.

[31] Zhang Z，Liao Q，Yan X，et al. Functional nanogenerators as vibration sensors enhanced by piezotronic effects. Nano Research，2014，7（2）：190-198.

[32] Liao X，Yan X，Lin P，et al. Enhanced performance of ZnO piezotronic pressure sensor through electron-tunneling modulation of MgO nanolayer. ACS Applied Materials and Interfaces，2015，7（3）：1602-1607.

[33] Cohen-Karni T，Timko B P，Weiss L E，et al. Flexible electrical recording from cells using nanowire transistor arrays. Proceeding of the National Academy of Sciences USA，2009，106（19）：7309-7313.

[34] Sekitani T，Yokota T，Zschieschang U，et al. Organic nonvolatile memory transistors for flexible sensor arrays. Science，2009，326（5959）：1516-1519.

[35] Takei K，Takahashi T，Ho J C，et al. Nanowire active-matrix circuitry for low-voltage macroscale artificial skin. Nature Materials，2010，9（10）：821-826.

[36] Yun S，Niu X，Yu Z，et al. Compliant silver nanowire-polymer composite electrodes for bistable large strain actuation. Advanced Materials，2012，24（10）：1321-1327.

[37] Kim K K，Hong S，Cho H M，et al. Highly Sensitive and stretchable multidimensional strain sensor with prestrained anisotropic metal nanowire percolation networks. Nano Letter，2015，15（8）：5240-5247.

[38] Kumar A，Zhou C. The race to replace tin-doped indium oxide：Which material will win? ACS Nano，2010，4（1）：11-14.

[39] Lv Z，Luo Y，Tang Y，et al. Editable supercapacitors with customizable stretchability based on mechanically strengthened ultralong MnO_2 nanowire composite. Advanced Materials，2018，30（2）：1704531.

[40] Liao X Q，Zhang Z，Liao Q L，et al. Flexible and printable paper-based strain sensors for wearable and large-area green electronics. Nanoscale，2016，8（26）：13025-13032.

[41] Gullapalli H，Vemuru V S，Kumar A，et al. Flexible piezoelectric ZnO paper nanocomposite strain sensor. Small，2010，6（15）：1641-1646.

[42] Xiao X，Yuan L，Zhong J，et al. High-strain sensors based on ZnO nanowire/polystyrene hybridized flexible films. Advanced Materials，2011，23（45）：5440-5444.

[43] Ha M，Lim S，Park J，et al. Bioinspired interlocked and hierarchical design of ZnO nanowire arrays for static and dynamic pressure-sensitive electronic skins. Advanced Functional Materials，2015，25（19）：2841-2849.

[44] Lee J S，Shin K Y，Cheong O J，et al. Highly sensitive and multifunctional tactile sensor using free-standing ZnO/PVDF thin film with graphene electrodes for pressure and temperature monitoring. Scientific Reports，2015，5：7887.

[45] Shin K Y，Lee J S，Jang J. Highly sensitive，wearable and wireless pressure sensor using freestanding ZnO nanoneedle/PVDF hybrid thin film for heart rate monitoring. Nano Energy，2016，22：95-104.

[46] Lee T，Lee W，Kim S W，et al. Flexible textile strain wireless sensor functionalized with hybrid carbon nanomaterials supported ZnO nanowires with controlled aspect ratio. Advanced Functional Materials，2016，26（34）：6206-6214.

[47] Yin B，Zhang H，Qiu Y，et al. Piezo-phototronic effect enhanced pressure sensor based on ZnO/NiO core/shell nanorods array. Nano Energy，2016，21：106-114.

[48] Liu Y，Yang Q，Zhang Y，et al. Nanowire piezo-phototronic photodetector：Theory and experimental design. Advanced Materials，2012，24（11）：1410-1407.

[49] Liao Q，Mohr M，Zhang X，et al. Carbon fiber-ZnO nanowire hybrid structures for flexible and adaptable strain sensors. Nanoscale，2013，5（24）：12350-12355.

[50] Liao X，Liao Q，Zhang Z，et al. A highly stretchable ZnO@fiber-based multifunctional nanosensor for strain/temperature/UV detection. Advanced Functional Materials，2016，26（18）：3074-3081.

[51] Wu W，Wen X，Wang Z L. Taxel-addressable matrix of vertical-nanowire piezotronic transistors for active and adaptive tactile imaging. Science，2013，340（6135）：952-957.

[52] Chen Z，Wang Z，Li X，et al. Flexible piezoelectric-induced pressure sensors for static measurements based on nanowires/graphene heterostructures. ACS Nano，2017，11（5）：4507-4513.

[53] Smith A D，Niklaus F，Paussa A，et al. Electromechanical piezoresistive sensing in suspended graphene membranes. Nano Letter，2013，13（7）：3237-3242.

[54] Fu X W，Liao Z M，Liu R，et al. Size-dependent correlations between strain and phonon frequency in individual ZnO nanowires. ACS Nano，2013，7（10）：8891-8898.

[55] Cheng G，Miao C，Qin Q，et al. Large anelasticity and associated energy dissipation in single-crystalline nanowires. Nature Nanotechnology，2015，10（8）：687-691.

[56] Zhai T，Fang X，Liao M，et al. A comprehensive review of one-dimensional metal-oxide nanostructure photodetectors. Sensors，2009，9（8）：6504-6529.

[57] Soci C，Zhang A，Xiang B，et al. ZnO nanowire UV photodetectors with high internal gain. Nano Letter，2007，7（4）：1003-1009.

[58] Kind H，Yan H Q，Messer B，et al. Nanowire ultraviolet photodetectors and optical switches. Advanced Materials，2002，14（2）：158-160.

[59] Prades J D，Jimenezdiaz R，Hernandezramirez F，et al. Toward a systematic understanding of photodetectors based on individual metal oxide nanowires. Journal of Chemical Physics C，2008，112（37）：14639-14644.

[60] He J H，Chang P H，Chen C Y，et al. Electrical and opto-electronic characterization of a ZnO nanowire contacted by focused-ion-beam-deposited Pt. Nanotechnology，2009，20（13）：135701.

[61] Kouklin N. Cu-doped ZnO nanowires for efficient and multispectral photodetection applications. Advanced Materials，2008，20（11）：2190-2194.

[62] Peng L，Zhai J L，Wang D J，et al. Anomalous photoconductivity of cobalt-doped zinc oxide nanobelts in air. Chemical Physics Letters，2008，456（4）：231-235.

[63] Zhang S L，Zhao Z，et al. ZnO tetrapods designed as multiterminal sensors to distinguish false responses and increase sensitivity. Nano Letter，2008，8（2）：652-655.

[64] Dai Y，Zhang Y，Wang Z L. The octa-twin tetraleg ZnO nano-structures. Solid State Communications，2003，126（11）：629-633.

[65] Wang W，Qi J，Wang Q，et al. Single ZnO nanotetrapod-based sensors for monitoring localized UV irradiation. Nanoscale，2013，5（13）：5981-5985.

[66] Lao C S，Park M C，Kuang Q，et al. Giant enhancement in UV response of ZnO nanobelts by polymer surface-functionalization. Journal of the American Chemical Society，2007，129（40）：12096-12097.

[67] Lu M L，Lai C W，Pan H J，et al. A facile integration of zero-（I-III-VI quantum dots）and one-（single SnO_2 nanowire）dimensional nanomaterials：Fabrication of a nanocomposite photodetector with ultrahigh gain and wide

spectral response. Nano Letter，2013，13（5）：1920-1927.

[68] Zheng X，Sun Y，Yan X，et al. Tunable channel width of a UV-gate field effect transistor based on ZnO micro-nano wire. RSC advances，2014，4（35）：18378-18381.

[69] Wu D，Jiang Y，Zhang Y，et al. Device structure-dependent field-effect and photoresponse performances of p-type ZnTe：Sb nanoribbons. Journal of Materials Chemistry，2012，22（13）：6206.

[70] Lu C Y，Chang S J，Chang S P，et al. Ultraviolet photodetectors with ZnO nanowires prepared on ZnO：Ga/glass templates. Applied Physics Letters，2006，89（15）：153101.

[71] Ji L W，Peng S M，Su Y K，et al. Ultraviolet photodetectors based on selectively grown ZnO nanorod arrays. Applied Physics Letters，2009，94（20）：203106.

[72] Yi F，Liao Q，Yan X，et al. Simple fabrication of a ZnO nanorod array UV detector with a high performance. Physica E，2014，61（26）：180-184.

[73] Yi F，Huang Y，Zhang Z，et al. Photoluminescence and highly selective photoresponse of ZnO nanorod arrays. Optical Materials，2013，35（8）：1532-1537.

[74] Leung Y H，He Z B，Luo L B，et al. ZnO nanowires array pn homojunction and its application as a visible-blind ultraviolet photodetector. Applied Physics Letters，2010，96（5）：053102.

[75] Lin W，Yan X，Zhang X，et al. The comparison of ZnO nanowire detectors working under two wave lengths of ultraviolet. Solid State Communications，2011，151（24）：1860-1863.

[76] Yang Y，Guo W，Qi J，et al. Self-powered ultraviolet photo-detector based on a single sb-doped ZnO nanobelt. Applied Physics Letters，2010，97（22）：223113.

[77] Wu D，Jiang Y，Zhang Y，et al. Self-powered and fast-speed photodetectors based on CdS：Ga nanoribbon/Au Schottky diodes. Journal of Materials Chemistry，2012，22（43）：23272-23276.

[78] Bai Z，Yan X，Chen X，et al. High sensitivity，fast speed and self-powered ultraviolet photodetectors based on ZnO micro/nanowire networks. Progress in Natural Science：Materials Interenational，2014，24（1）：1-5.

[79] Bai Z，Yan X，Chen X，et al. ZnO nanowire array ultraviolet photodetectors with self-powered properties. Current Applied Physics，2013，13（1）：165-169.

[80] Bai Z，Chen X，Yan X，et al. Self-powered ultraviolet photodetectors based on selectively grown ZnO nanowire ar-rays with thermal tuning performance. Physical Chemistry Chemical Physics，2014，16（20）：9525-9529.

[81] Cho H D，Zakirov A S，Yuldashev S U，et al. Photovoltaic device on a single ZnO nanowire p-n homo-junction. Nanotechnology，2012，23（11）：115401.

[82] Bie Y，Liao Z，Zhang H，et al. Self-powered，ultrafast，visible-blind UV detection and optical logical operation based on ZnO/gan nanoscale p-n junctions. Advanced Materials，2011，23（5）：649-653.

[83] Bai Z，Yan X，Chen X，et al. Ultraviolet and visible photoresponse properties of a ZnO/Si heterojunction at zero bias. RSC advances，2013，3（39）：17682-17688.

[84] Qi J，Hu X，Wang Z，et al. A self-powered ultra-violet detector based on a single ZnO microwire/p-Si film with double heterojunctions. Nanoscale，2014，6（11）：6025-6029.

[85] Yi F，Liao Q，Huang Y，et al. Self-powered ultraviolet photodetector based on a single ZnO tetrapod/PEDOT:PSS hetero-structure. Semiconductor Science and Technology，2013，28（10）：2016-2018.

[86] Ni P N，Shan C X，Wang S P，et al. Self-powered spectrum-selective photodetectors fabricated from n-ZnO/p-NiO core-shell nanowire arrays. Journal of Meterials Chemistry C，2013，1（29）：4445-4449.

[87] Yang S，Gong J，Deng Y. A sandwich-structured ultraviolet photo-detector driven only by opposite heterojunctions. Journal of Materials Chemistry，2012，22（28）：13899-13902.

[88] Li X，Gao C，Duan H，et al. High-performance photoelectrochemical-type self-powered UV photodetector using epitaxial TiO_2/SnO_2 branched heterojunction nanostructure. Small，2013，9（11）：2005-2011.

[89] Xie Y，Wei L，Li Q，et al. A high performance quasi-solid-state self-powered UV photodetector based on TiO_2 nanorod arrays. Nanoscale，2014，6（15）：9116-9121.

[90] Wang Y，Han W，Zhao B，et al. Performance optimization of self-powered ultraviolet detectors based on

photoelectrochemical reaction by utilizing dendriform tita-nium dioxide nanowires as photoanode. Solar Energy Materials and Solar Cells，2015，140：376-381.

[91] Lee W J，Hon M H. An ultraviolet photo-detector based on TiO_2/water solid-liquid heterojunction. Applied Physics Letters，2011，99（25）：251102-251103.

[92] Xie Y，Lin W，Wei G，et al. A self-powered UV photodetector based on TiO_2 nanorod arrays. Nanoscale Research Letters，2013，8：188.

[93] Li X，Gao C，Duan H，et al. Nanocrystalline TiO_2 film based photoelectrochemical cell as self-powered UV photodetector. Nano Energy，2012，1：640-645.

[94] Li Q，Wei L，Xie Y，et al. ZnO nanoneedle/H_2O solid-liquid heterojunction-based self-powered ultraviolet detector. Nanoscale Research Letters，2013，8：1-7.

[95] Zhang Y，Kang Z，Yan X，et al. ZnO nanostructures in enzyme biosensors. Sci China Mater，2015，58：60-76.

[96] Ahamd M，Pan C，Luo Z，et al. A single ZnO nanofiber-based highly sensitive amperometric glucose biosensor. Journal of Chemical Physics C，2010，114：9308-9313.

[97] Kong T，Chen Y，Ye Y，et al. An amperometric glucose biosensor based on the immobilization of glucose oxidase on the ZnO nanotubes. Sensors and Actuators B，2009，138：344-350.

[98] Zhang J，Wang C，Chen S，et al. Amperometric glucose biosensor based on glucose oxidase-lectin biospecific interaction. Enzyme and Microbial Technology，2013，52：134-140.

[99] Zhang F，Wang X，Ai S，et al. Immobilization of uricase on ZnO nanorods for a reagentless uric acid biosensor. Analytica Chimica Acta，2004，519：155-160.

[100] Ibupoto Z，Shah S，Khun K，et al. Electrochemical L-lactic acid sensor based on immobilized ZnO nanorods with lactate oxidase. Sensors，2012，12：2456-2466.

[101] Lei Y，Yan X，Zhao J，et al. Improved glucose electrochemical biosensor by appropriate immobilization of nano-ZnO. Colloids and Surfaces B，2011，82：168-172.

[102] Lei Y，Yan X，Luo N，et al. ZnO nanotetrapod network as the adsorption layer for the improvement of glucose detection via multiterminal electron-exchange. Colloid and Surfaces A，2010，361：169-173.

[103] Lei Y，Liu X，Yan X，et al. Multicenter uric acid biosensor based on tetrapod-shaped ZnO nanostructures. Journal of Nanoscience and Nanotechnology，2012，12：513-518.

[104] Lei Y，Luo N，Yan X Y. et al. A highly sensitive electrodchemcial biosensor based on zinc oxide nanotetrapods for L-lactic acid detection. Nanoscale，2012，4：3438-3443.

[105] Zhao Y，Yan X，Kang Z，et al. Highly sensitive uric acid biosensor based on individual zinc oxide micro/nanowires. Microchimica Acta，2013，180：759-766.

[106] Zhao Y，Yan X，Kang Z，et al. Zinc oxide nanowire-based electrochemical biosensor for L-lactic acid amperometric detection. Journal of Nanoparticle Research，2014，16（5）：2398.

[107] Zhao Y，Fang X，Gu Y，et al. Gold nanoparticles coated zinc oxide nanorods as the matrix for enhanced L-lactic sensing. Colloid and Surfaces B，2015，126：476-480.

[108] Zhao Y，Fang X，Yan X，et al. Nanorod arrays composed of zinc oxide modified with gold nanoparticles and glucose oxidase for enzymatic sensing of glucose. Microchimica Acta，2015，182：605-610.

[109] Zhou W，Dai X，Lieber C M. Advances in nanowire bioelectronics. Reports on Progress in Physics，2017，80：016701.

[110] Gao X P A，Zheng G，Lieber C M. Subthreshold regime has the optimal sensitivity for nanowire FET biosensors. Nano Letter，2010，10：547-552.

[111] Chen K，Li B，Chen Y. Silicon nanowire field-effect transistor-based biosensors for biomedical diagnosis and cellular recording investigation. Nano Today，2011，6：131-154.

[112] Song S，Qin Y，He Y，et al. Functional nanoprobes for ultrasensitive detection of biomolecules. Chemical Society Reviews，2010，39：4234-4243.

[113] Cui Y，Wei Q，Park H，et al. Nanowire nanosensors for highly-sensitive，selective and integrated detection of

biological and chemical species. Science，2001，293：1289-1292.

[114] Zheng G，Patolsky F，Cui Y，et al. Multiplexed electrical detection of cancer markers with nanowire sensor arrays. Nature Biotechnology，2005，23：1294-1301.

[115] Janissen R，Sahoo P K，Santos C A，et al. InP nanowire biosensor with tailored biofunctionalization：Ultrasensitive and highly selective disease biomarker detection. Nano Letter，2017，17：5938-5949.

[116] Kim K，Park C，Kwon D，et al. Silicon nanowire biosensors for detection of cardiac troponin Ⅰ（cTn Ⅰ）with high sensitivity. Biosensors and Bioelectronics，2016，77：695-701.

[117] Tran D P，Winter M A，Wolfrum B，et al. Toward intraoperative detection of disseminated tumor cells in lymph nodes with silicon nanowire field effect transistors. ACS Nano，2016，10：2357-2364.

[118] Chen H，Chen Y，Tsai R，et al. A sensitive and selective magnetic graphene composite-modified polycrystalline-silicon nanowire field-effect transistor for bladder cancer diagnosis. Biosensors and Bioelectronics，2016，66：198-207.

[119] Wang X，Zhou J，Song J，et al. Piezoelectric field effect transistor and nanoforce sensor based on a single ZnO nanowire. Nano Letter，2006，6：2768-2772.

[120] Zhang Y，Yu K，Jiang D，et al. Zinc oxide nanorod and nanowire for humidity sensor. Applied Surface Science，2005，242：212-217.

[121] Chang S P，Chang S J，Lu C Y. A ZnO nanowire-based humidity sensor. Superlattices Microstruct.，2010，47：772-778.

[122] Xie X，Criddle C，Cui Y. Design and fabrication of bioelectrodes for microbial bioelectrochemical systems. Energy and Environ Mental，2015，8：3418-3441.

[123] Liu X，Lin P，Yan X，et al. Enzyme-coated single ZnO nanowire FET biosensor for detection of uric acid. Sensors and Actuators B，2013，176：22-27.

[124] Ahmad R，Tripathy N，Park J，et al. A comprehensive biosensor integrated with a ZnO nanorod FET array for selective detection of glucose，cholesterol and urea. Chemical Communications，2015，51：11968-11971.

[125] Kim B，Sohn I，Lee D，et al. Ultrarapid and ultrasensitive electrical detection of proteins in a three-dimensional biosensor with high capture efficiency. Nanoscale，2015，7：9844-9851.

[126] Hagen J，Lyon W，Chushak Y，et al. Detection of orexin A neuropeptide in biological fluids using a zinc oxide field effect transistor. ACS Chemical Neuroscience，2013，4：444-453.

[127] Fathil M F M，Arshad M K M，Ruslinda A R，et al. Substrate-gate coupling in ZnO-FET biosensor for cardiac troponin I detection. Sensors and Actuators B，2017，242：1142-1154.

[128] Hagen J A，Kim S N. Kelley-Loughnane N，et al. Selective vapor phase sensing of small molecules using biofunctionalized field effect transistors，Proceedings of SPIE，2011，8018：80180B.

[129] Ahmad R，Tripathy N，Hahn Y. High-performance cholesterol sensor based on the solution-gated field effect transistor fabricated with ZnO nanorods. Biosensors and Bioelectronics，2013，45：281-286.

[130] Kang B，Wang H，Ren F，et al. Enzymatic glucose detection using ZnO nanorods on the gate region of AlGaN/GaN high electron mobility transistors. Applied Physics Letters，2007，91：252103.

[131] Chu B，Kang B，Ren F，et al. Enzyme-based lactic acid detection using AlGaN/GaN high electron mobility transistors with ZnO nanorods grown on the gate region. Applied Physics Letters，2008，93：042114.

[132] Song Y，Zhang X，Yan X，et al. An enzymatic biosensor based on three-dimensional ZnO nanotetrapods spatial net modified AlGaAs/GaAs high electron mobility transistors. Applied Physics Letters，2014，105：213703.

[133] Ma S，Liao Q，Liu H，et al. An excellent enzymatic lactic acid biosensor with ZnO nanowires-gated AlGaAs/GaAs high electron mobility transistor. Nanoscale，2012，4：6415-6418.

[134] Ma S，Zhang X，Liao Q，et al. Enzymatic lactic acid sensing by In-doped ZnO nanowires functionalized AlGaAs/GaAs high electron mobility transistor. Sensors and Actuators B，2015，212：41-46.

第9章 半导体纳米线压电电子学与压电光电子学器件

9.1 引 言

压电电子学和压电光电子学的基本概念和原理由王中林教授分别于 2007 年和 2010 年首次提出，已成为纳米科学和技术研究的前沿和热点。王中林教授通过把压电效应和半导体效应结合起来，首次提出了压电电子学的概念，即利用压电电势来调制和控制半导体中的电流，形成了压电电子学研究新领域[1-3]。压电光电子学是利用在压电半导体材料中施加应变所产生的压电电势来控制在金属-半导体接触或者 PN 结处载流子的产生、传输、分离及复合，从而提高光电器件（例如光子探测器、太阳能电池和发光二极管）的性能。利用机械应变产生的压电极化电荷来调控载流子的输运过程，压电电子学和压电光电子学为实现人机交互、微纳机电系统、传感和自驱动系统等应用提供了全新的思路和途径。由于这种新的物理效应所引起的全新基础现象和器件应用，压电电子学和压电光电子学已经成为国际上纳米科学技术研究的前沿和热点，引起了国际学术界和企业界的广泛关注。

9.2 半导体纳米线压电电子学器件

对于具有非中心对称纤锌矿结构的纳米材料如 ZnO、CdS 以及 GaN 等，当沿其极性轴施加应变时，则必须同时考虑压电效应的影响。2006 年，王中林研究组在扫描电子显微镜中对 ZnO 线受应变弯曲时的电输运性质进行了测量，结果观察到随着弯曲程度的增加 ZnO 线的电导急剧下降，这是由于 ZnO 线弯曲时内部沿直径方向产生的压电势起到了控制载流子输运的门电极作用[1-3]。同时，在另一个实验中，将绝缘基底上的 ZnO 线一端固定，用探针推动纳米线自由端进行弯曲。

在弯曲程度较小时，钨针尖与 ZnO 之间形成欧姆接触；当增大纳米线弯曲时，纳米线的伏安特性变为具有整流特性的曲线。此现象可能是由于纳米线受应变时在接触界面区域产生了正压电势，该压电势作为势垒起到了单向导通电子流动的作用[2]。基于此实验结果，王中林教授在 2006 年提出了压电电子学的概念[3]。并且根据压电极化电场调控肖特基势垒高度，获得压电电子学 PN 结内建电势[4-6]：

$$\phi_{Bn} = \phi_{Bn0} - \frac{q^2 \rho_{piezo} W_{piezo}^2}{2\varepsilon_s} \tag{1}$$

这里 ϕ_{Bn} 和 ϕ_{Bn0} 分别是有/无压电电荷存在时的肖特基势垒高度；q 和 ε_s 分别是单位电荷量和材料的介电常数；ρ_{piezo} 和 W_{piezo} 分别是压电电荷密度和压电电荷分布宽度。压电电子学 PN 结电流电压关系：

$$J = J_0 \exp\left(\frac{q^2 \rho_{piezo} W_{piezo}^2}{2\varepsilon_s kT}\right)\left[\exp\left(\frac{qV}{kT}\right) - 1\right] \tag{2}$$

其中 V 是外加电压；k 和 T 分别是玻尔兹曼常数和温度。J_0 和 J 分别是饱和电流密度和总电流密度。

压电电子学的基础是利用应变作用下材料中产生的压电电势来调节和控制纳米线中的载流子输运性质，如图 9-1 所示[7]。该领域一经提出即受到世界范围内的广泛关注，并引领了纳米材料中力电耦合研究的又一次热潮。

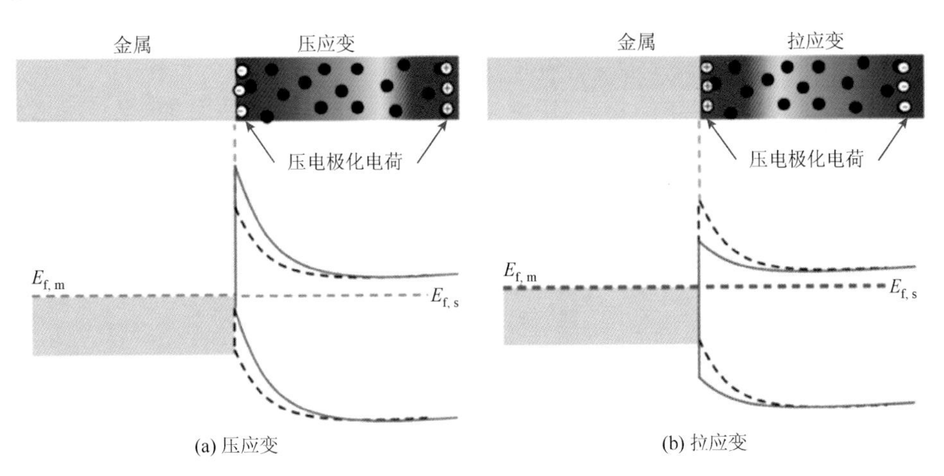

图 9-1　（a）压电极化电荷对金属-半导体（n 型）接触处肖特基势垒能带结构的影响；（b）界面处正极化电荷降低势垒高度，而负极化电荷抬升势垒高度[7]

基于以上介绍的应变作用下 ZnO 中产生的压电势对电输运性能的调控，王中林研究组构筑了具有金属-半导体-金属（MSM）结构的柔性压电电子应变传感器，示意图如图 9-2（a）所示[8]。将化学气相沉积生长的 ZnO 纳米线首先转移至柔性的聚苯乙烯衬底上，两端银浆固定作为源漏极并连接测试导线，最后用聚二甲基硅氧烷薄层封装器件，避免器件污染及环境中 O_2、H_2O 蒸气等因素的影响。图 9-2（b）为制作好的器件光学照片，应变传感器性能的表征测试系统示意图如图 9-2（c）所示。利用三轴机械位移平台弯曲柔性基底，由于硅烷杨氏模量远小于基底且纳米线长度远小于基底长度。所以，取决于柔性基底的弯曲方向，ZnO 线将受到单纯的拉伸或压缩应变。不同应变下器件伏安特性曲线变化如图 9-2（d）所示。二极管开启电压的变化主要是由于应变条件下 ZnO 中产生的压电极化电荷造成的，压电电荷通过改变界面处的费米能级并影响肖特基势垒高度。应变传感器性能由应变灵敏系数表征，定义为归一化电流与应变曲线的斜率，器件应变灵敏系数与应变之间的关系如图 9-2（e）所示。最大应变系数为 1250，远高于掺杂硅应变传感器的应变系数（约 200）。

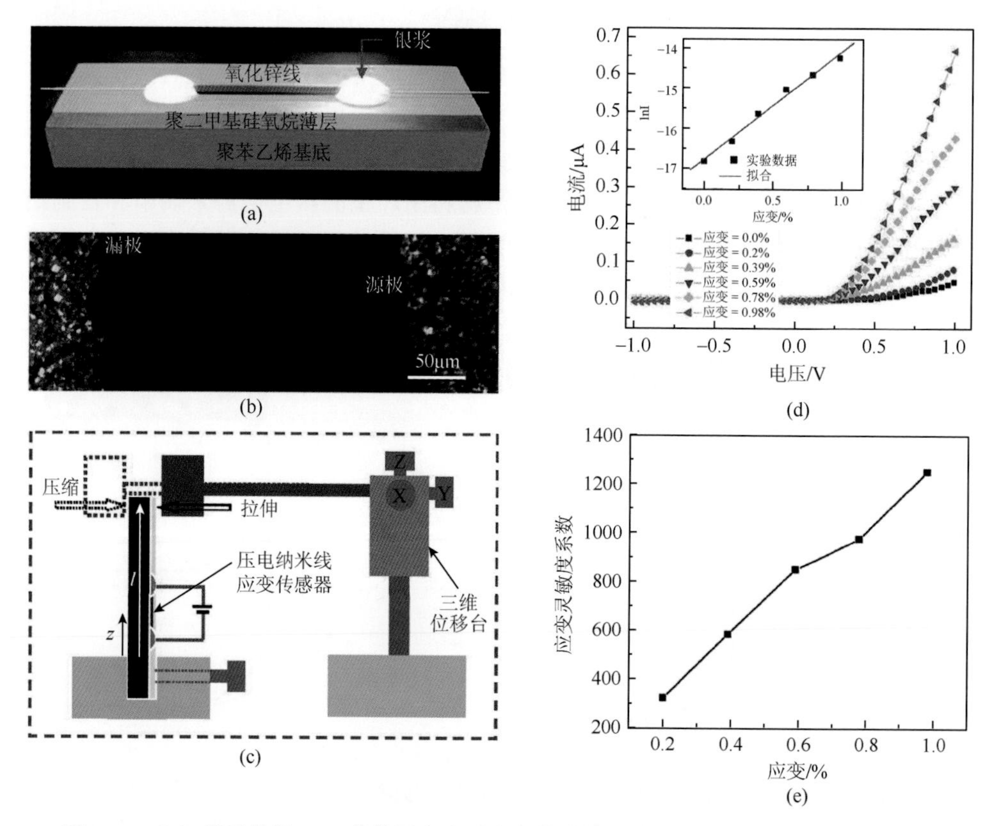

图 9-2 （a）基于单根 ZnO 线的压电电子应变传感器示意图；（b）传感器光学图像；（c）表征应变传感器性能的测量系统示意图；（d）不同应变条件下器件伏安特性曲线；（e）应变灵敏度系数与应变之间的关系[8]

压电电子学器件对应变具有很高的灵敏度，具有开关的特性，因此以上结构也可用于构筑基于应变控制的逻辑电路，如图 9-3 所示[9]。拉伸应变条件下器件电导增大，可视为逻辑电路中的开态“1”；压缩应变下电导减小，相当于逻辑电路中的关态“0”。通过一定的电路设计，可以实现基本的 NAND、NOR 以及 XOR 等逻辑运算。这种应力调控的逻辑电路被认为在未来智能人-机交互系统中具有广阔的应用前景。

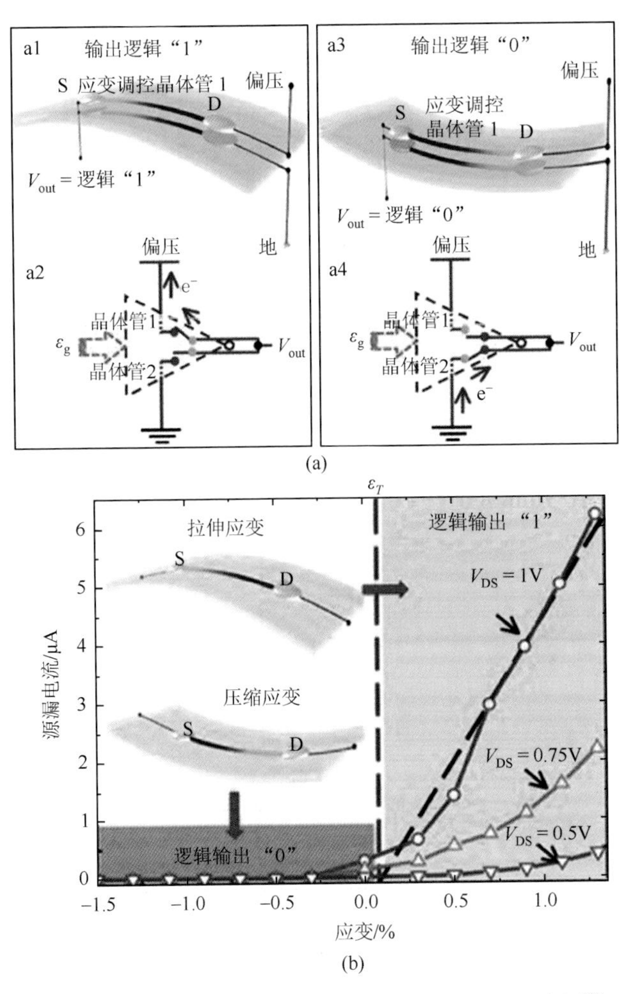

图 9-3 基于 ZnO 微/纳线应变控制的逻辑电路示意图[9]

（a）应变输入实现不同逻辑操作的示意图；（b）器件在不同偏压下的转移特性

此外，由于压电电子晶体管只需两个电极，晶体管的开关通过对界面处势垒的调控即可实现。因此与传统的具有源-漏-栅三极结构的场效应晶体管来说，压电电子学晶体管结构更加简单，更容易集成，如图 9-4（a～c）所示[10]。王中林教授研究组结合微加工工艺与水热法在 1cm^2 柔性基底上构筑了集成度为 92×92 的压电电子学晶体管阵列，该晶体管阵列集成密度比已有最优报道集成度高出 300～

1000倍，如图9-4（d～f）。晶体管作为应力传感单元可以探测0KPa～30KPa的压强并具有良好的可重复性，响应灵敏度高达2.1μS/KPa。

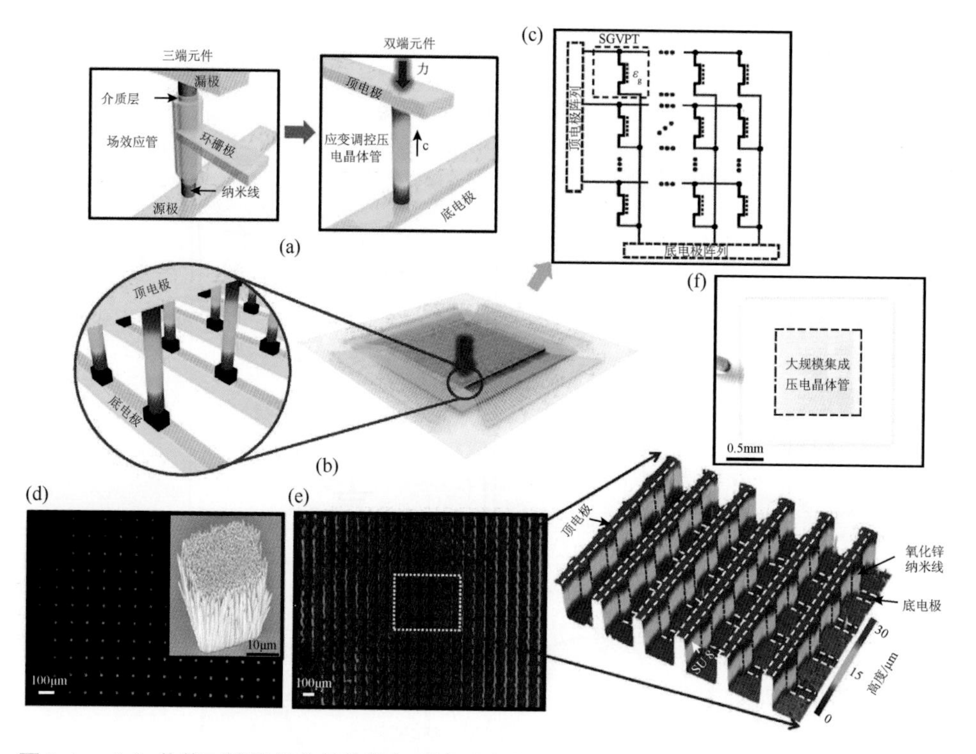

图9-4 （a）传统三端场效应晶体管和两端压电电子晶体管结构和原理对比；（b，c）ZnO压电电子晶体管阵列示意图；（d）压电电子晶体管阵列中ZnO扫描电镜照片；（e，f）封装好的柔性透明压电电子晶体管阵列光学及显微图片[10]

9.3 半导体纳米线压电光电子学器件

对于半导体光电器件，通过施加应变可以调控器件电输运或器件界面能带结构，进而影响激子产生、分离、传输与复合等过程，最终实现对器件整体光电性能的调控。这种“应变-电输运-光电”之间的耦合作用是目前纳尺度耦合研究中的热点，通过多场耦合作用调控材料、界面性能也已成为公认的提高纳米光电器件性能的一种重要手段。在众多半导体纳米材料中，准一维ZnO纳米线由于宽禁带、高激子结合能与高电子迁移率而受到广泛关注。此外，ZnO中多种性质共存且相互作用，使其成为研究多场耦合现象最为理想的材料之一。王中林研究组率先研究了准一维ZnO纳米线结构中半导体、光激发和压电特性三者之间的耦合效应，并于2010年首次提出压电光电子学（piezo-phototronics）的概念，随后引发人们对该领域的研究热潮[11]。压电光电子学效应使用应变作用下压电半导体内产生的压电电势作为“门”（gate）调节和控制 pn 结结区处的载流子行为，实现对发光二极管、光电探测器和太阳能电池等光电器件性能的提升。应变下压电极化电荷对 pn 异质结界面能带调控如图 9-5 所示[8]。对于具有压电性质的 n 型半导体材料与禁带宽度相近的 p 型材料形成的 pn 结，当 n 型材料受到应变时，材料内产生的正压电极化电荷可以降低界面处的局域能带，形成能带的局部向下弯曲，如图 9-5（a）所示；应变产生的负压电极化电荷可以抬高局域能带而形成能带的上弯，如图 9-5（b）所示，其中压电势的极性由材料压电方向及应变方向决定。

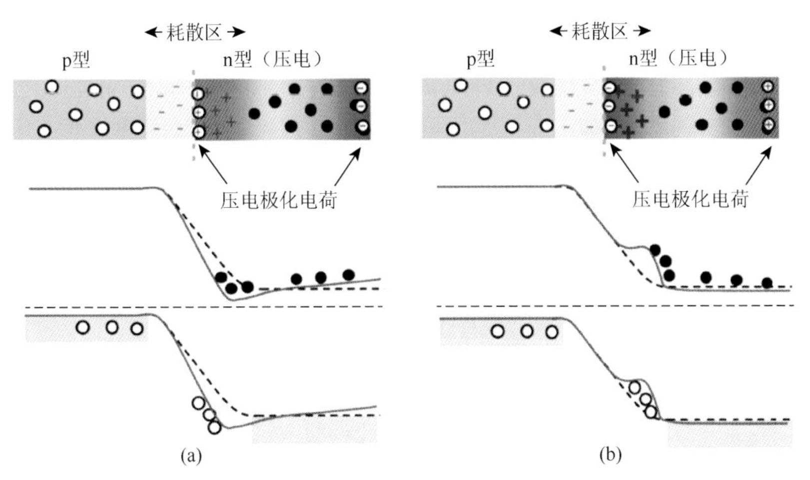

图 9-5 压电极化电荷对 pn 结处能带结构的影响，进而影响界面处载流子的分离或复合过程；此处假定 pn 结由两种带宽相近的材料而形成，其中 n 型半导体为压电材料；红线/黑线分别表示有/无压电电荷情况下的界面能带结构[7]

（a）正压电极化电荷；（b）负压电极化电荷

9.3.1 发光二极管

作为一种重要的半导体光电子元件，对于发光二极管（LED）的研究一直是光电子领域的热点；随着技术的不断进步，LED 已经被广泛应用于显示、装饰和照明等方面，但如何进一步提高器件发光效率依然是一个重要的课题。王中林教授研究组率先研究了应变下 ZnO 纳米线中的压电极化电荷对 n-ZnO/p-GaN 发光二极管效率的影响[12]。并且研究了压电极化电场对压电电子学 LED 的量子效率的影响[5, 13]：

$$\eta_{ex} = \exp\left(-\frac{qe_{33}s_{33}W_{piezo}}{2\varepsilon_s kT}\right)\eta_{ex0} \tag{3}$$

其中 P_{optic} 是压电电子学 LED 的发光功率；β 是取决于材料和器件结构的常数；η_{ex} 和 η_{ex0} 分别是有/无外加应变压电电子学 LED 的外量子效率。施加应变前，单根线发光二极管外量子效率约为 1.84%；随着施加压缩应变的增大，器件发光强度明显增强，如图 9-6（a）所示。施加 0.093%的压缩应变后，器件的注入电流和输出光强分别增大了 4 倍和 17 倍，器件的转换效率相对于无应变情况时提高了 4.25 倍，达到 7.82%。发光二极管受应变时发光光强增加的可能机制如图 9-6（b）所示，如果 ZnO 的 + c 轴从 ITO 侧指向 GaN 侧，则应变下 ITO 侧产生的负压电电势作用相当于给器件额外施加了一个正向偏置电压。因此，在这个额外正向偏置电压作用下器件中的耗尽层宽度和内建电场均减小，在相同的外加正向偏压下注入电流和发光强度均得到增加。此外，在实验中作者还发现，ZnO 线的 c 轴可能从 GaN 一侧指向 ITO 侧，此时器件受到压缩应变发光强度减小，符合理论预期的结果。这一结果还表明实验中所观察到的发光强度增强现象主要受具有极性的压电电势影响，而不是由其他非极性因素如接触面积改变或压阻效应造成的。

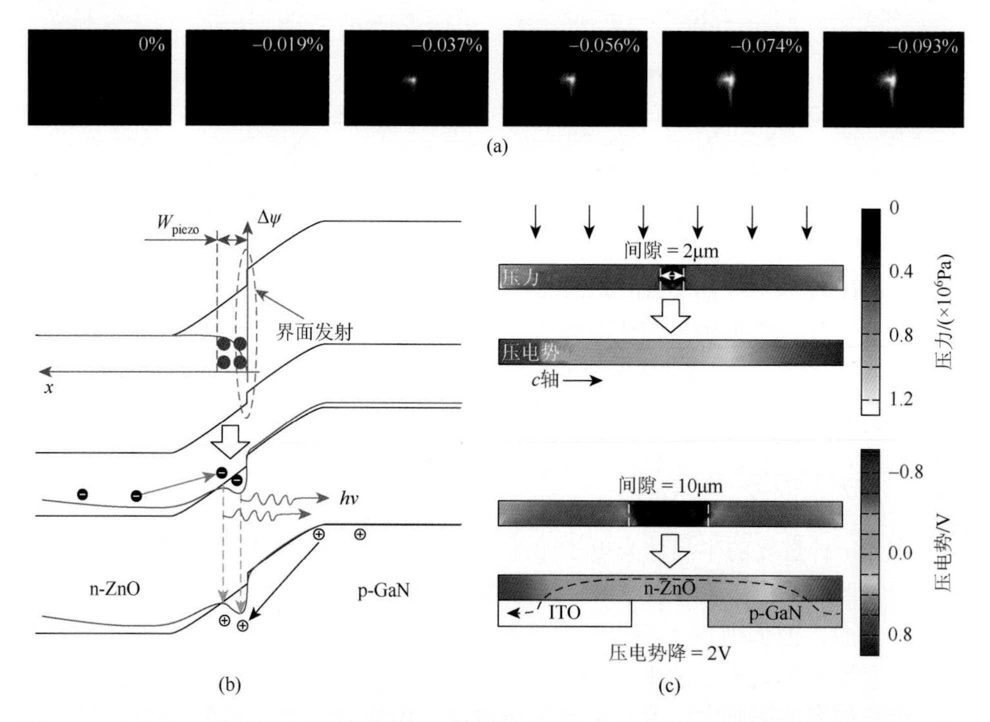

图 9-6 （a）ZnO 单根线/GaN 薄膜发光二极管受不同应变时在发射端采集的发光 CCD 图像；（b）有无应变情况下 pn 结界面能带结构示意图；（c）应变条件下 ZnO 纳米线中的压电电势分布模拟图[12]

基于单个 ZnO/GaN 异质结发光二极管电致发光性能压电调控的基本原理，王中林研究组又构建了能够实现应力成像功能的大面积 ZnO/GaN 压电发光二极管阵列，如图 9-7 所示[14]。首先利用光刻与水热法在 GaN 基底上生长得到了图案化的 ZnO/GaN 异质结阵列，沉积电极构筑二极管。氧化锌纳米棒间距为 4μm，二极管阵列像素分辨率高达 6350dpi。当施加 0.15%的压缩应变时，二极管的发光强度增大了 3 倍，应变撤除后光强又恢复到初始状态，显示出较好的器件稳定性与可重复性。因此基于此现象，可以通过光强的变化来实现对应力的成像，且响应与恢复时间均小于 1s。

Chen 等构筑了 Si/ZnO 异质结构的白光发光二极管阵列，研究了压缩应变对器件发光性能的影响[15]。首先通过光刻及离子刻蚀等手段在 p-Si 基底上制备 Si 的纳米柱阵列，然后磁控溅射 ZnO 晶种层并利用水热的方法生长 ZnO 纳米棒。由于 ZnO 纳米线沿 *c* 轴择优生长，压缩应变下 ZnO 耗尽区界面处产生带正电的压电极化电荷。由于耗尽区中没有可自由移动的电子，因此该极化电荷不会被完全屏蔽。在该极化电荷作用下 ZnO 能带向下弯曲，因此更易于电子向界面处传输。同时，由于能带的弯曲界面处形成电子的陷阱增加了电子-空穴对复合的数量与概率，因此发光强度增加。继续增加应变，ZnO 界面处导带位置低于费米能级，此时电子的传输受到阻碍，器件电流及发光强度减弱。

除了自下而上方法制备的纳米线之外，Peng 等研究了压电光电子学效应对利用自上而下方法制备的 InGaN/GaN 多量子阱（MQW）纳米棒结构光致发光谱的调控，如图 9-8（a）所示[16]。图 9-8（b）为利用金属镍辅助干法刻蚀在薄膜基底上得到的 InGaN/GaN 量子阱纳米柱阵列扫描电镜图。在 405nm 激光激发下，该量子阱阵列光致发光峰位约为 460nm 且强度分布较为均匀，发光点之间无交叉影响，如图 9-8（c）所示。发光点直径约为 1.2μm，排列周期为 4μm，分辨率相当于 6350dpi。图 9-8（d，e）为施加不同压强对纳米柱光致发光谱的影响，可以看出，随着施加压强的增大，PL 谱强度明显变化但发光峰位保持不变，压强敏感系数高达 39.09GPa^{-1}。施加压应变前后该 n-GaN/(InGaN/GaN MQW)/p-AlGaN/p-GaN 纳米柱能带结构示意图如图 9-8（f）所示。当对[0001]极性的 InGaN/GaN 多量子阱施加压缩应变时，顶部 p-AlGaN 和底部 n-GaN 中分别产生带负电和正电的离子电荷，相当于给量子阱施加反向偏压，量子阱中内建电场增加。因此，光激发产生的电子-空穴对被内建电场分离的可能性增加，辐射发光的可能性降低，光致发光谱强度减小。此外，其他研究人员在 ZnO/Si、ZnO/聚合物、CdS/聚合物等结构的发光二极管中也同样实现了发光强度的应变调控，证明了该耦合调控作用的原理具有很好的普适性[17-19]。

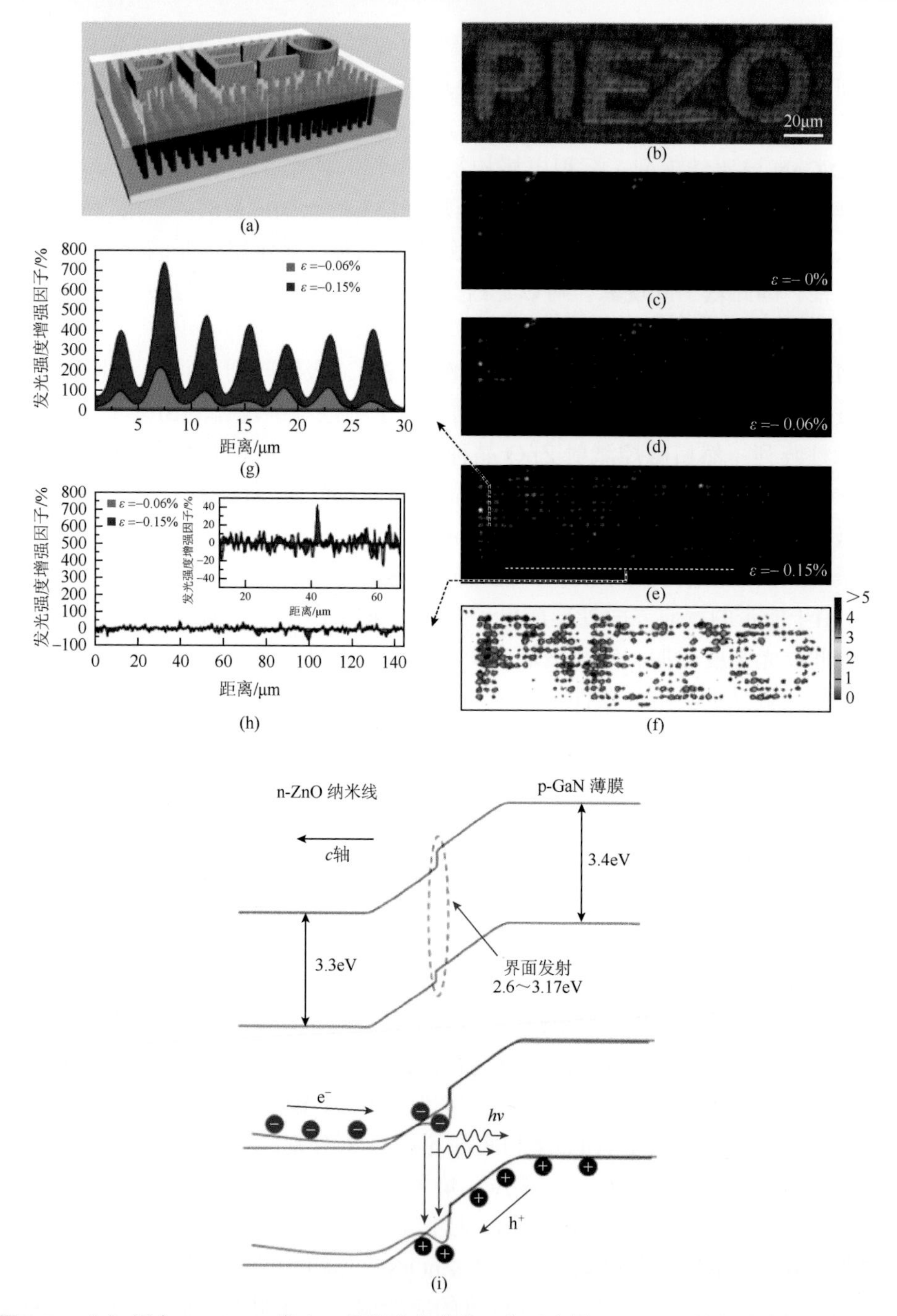

图 9-7 （a）压电 ZnO/GaN 发光二极管应力成像工作示意图；（b～e）施加应力所用的 SU-8 光刻胶凸模扫描电镜照片及不同应变条件下器件发光强度照片；（f）由施加应力后的电致发光光强变化得到的凸模图像；（g，h）有无凸模处光强矢量信噪比及线剖面数据图；（i）应变作用下二极管发光强度增大的能带解释示意图[14]

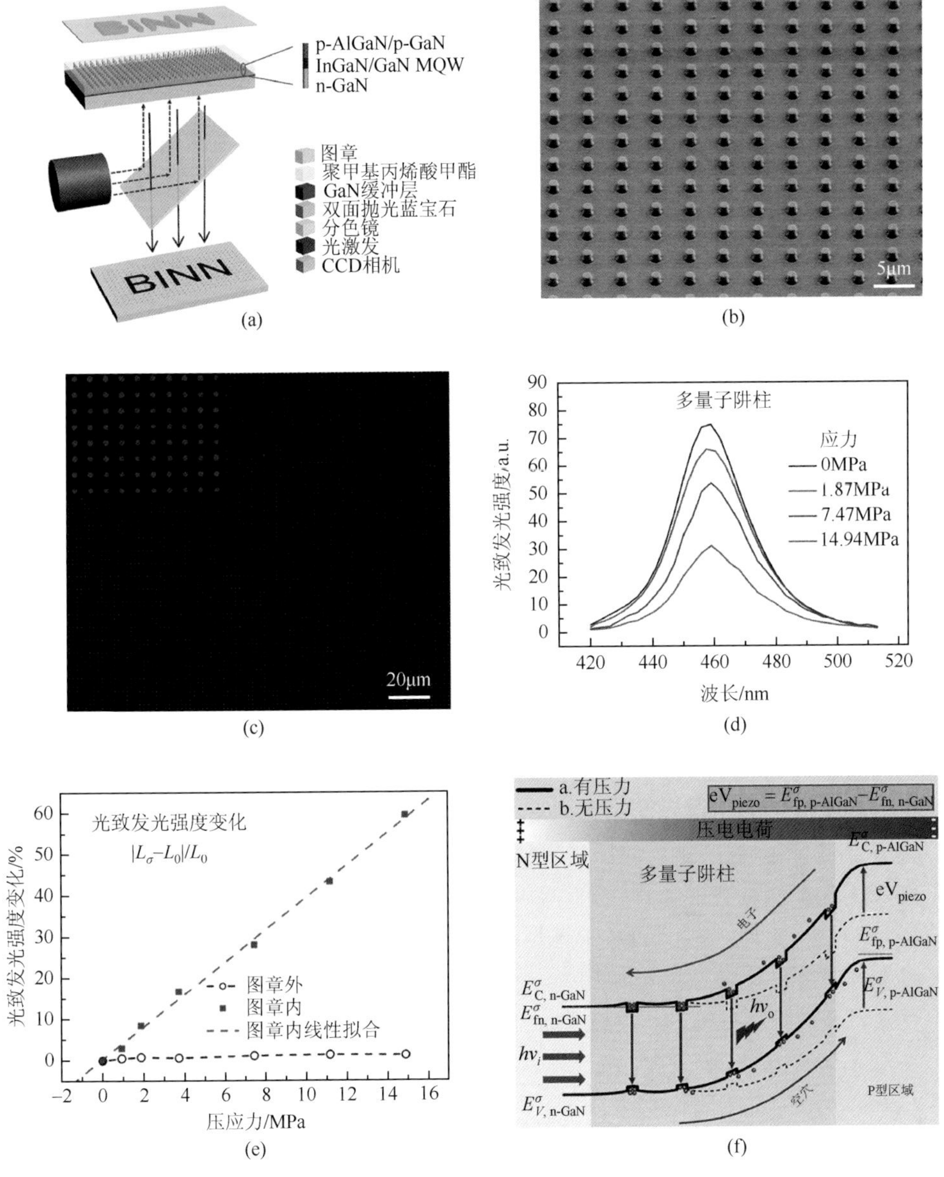

图 9-8　（a）压电光电子学效应调控 InGaN/GaN 多量子阱结构光致发光谱示意图；（b）利用干法刻蚀技术在薄膜基底上制备的量子阱纳米柱阵列；（c）纳米柱阵列光致发光谱；（d，e）纳米柱光致发光谱强度随压强的变化关系；（f）压应变下量子阱结构能带变化示意图[17]

9.3.2　太阳能电池

太阳能电池是通过光电效应或者光化学效应直接把光能转化成电能的装置。在全球能源日益枯竭以及各国对环境保护逐渐重视的大背景下，对于能源类器件的研究成为材料领域研究的热点。光电转换效率是评价太阳能电池性能的一个重要参数，目前提高电池效率的手段主要包括新材料的选择、器件结构的优化等。利用多场耦合效应是区别以上手段的一种新途径，不需要引入新的结构与材料。王中林教授研究组首先研究了应变作用下的压电光电子学效应对太阳能电池光电转换效率的影响[20]。如图 9-9（a）所示，Pan 等构筑了基于纳米线核壳结构的 CdS/Cu_2S 太阳能电池器件。图 9-9（b）显示了对光伏器件施加压缩应变后的伏安曲线变化，从图中可以看出，在受到不大于 0.41%的压缩应变时，器件的性能增强。电路电流从 0.25nA 增加到 0.33nA，增加约 32%；开路电压在 0.26V 和 0.29V 之间波动，增加约 10%，整体器件的光电转换效率提升了约 70%。作者用图 9-9（d）所示的能带图模型就该现象进行了解释。CdS 纳米线具有非中心对称的纤锌矿结构，沿其 c 轴方向施加应变时材料两端产生压电电势。当与 Cu_2S 接触的 CdS 中产生正的压电电荷时，CdS 的导带和价带降低，这将导致异质结界面的势垒高度降低，等效于增加了耗尽层宽度和内建电场，从而加速电子空穴对的分离过程并减小复合的可能性，因此器件的光伏性能提高。此外，在测试过程中发现有些器件的性能随压缩应变的增大而降低，如图 9-9（c）所示。这是由于实验过程中操控纳米线进行器件构建时，不能保证 CdS 纳米线的 c 轴取向造成的。此时 CdS/Cu_2S 异质结界面处产生了负的压电极化电荷，能带变化如图 9-9（e）所示。

王旭东组研究了应变作用下压电极化电荷对 ZnO/PbS 量子点太阳能电池光电转换效率的影响，并探讨了压电调控与入射光强之间的关系[21]。电池短路电流与开路电压均随施加的压缩应变增大而增大，随拉伸应变的增大而减小。这是由于压缩应变下 ZnO 界面处产生正的压电极化电荷，该极化电荷可以增大 PbS 中的耗尽区宽度，因此在相同光照条件下产生的有效激子数量增多，电子-空穴之间的分离效率得到增强。此外，由于 PbS 中耗尽区的拓宽，光生空穴传输至电极的距离变短，复合概率降低，因此短路电流增大。相反，拉伸应变下 ZnO 中产生负的压电极化电荷，PbS 中耗尽区变窄，光生电子-空穴对的分离得到抑制，因此短路电流减小。

除了 ZnO、CdS 等 II-VI 族一维纳米结构，Jiang 等研究了多场耦合效应对 III-V 族 InGaN/GaN 量子阱结构太阳能电池的性能调控[22]。与 ZnO、CdS 纳米线基太阳能电池原型器件相比，III-V 族太阳能电池制备工艺更加成熟并在一定领域中已经得到应用。研究该类型器件中的多场耦合调控，对利用该效应提高目前已有的光电子器件性能具有重要的指导意义。InGaN/GaN 多量子阱通过金属有机物化学气相沉积制备，器件截面示意图、原子结构及能带弯曲如图 9-10（a）所示。光照条件下，电子从 p-GaN 经过多量子阱区域流向 n-GaN 形成光电流。图 9-10（b）为器件压电光电子学效应测量表征示意图，图 9-10（c）为 AM 1.5G 光照下太阳能电池电流-电压（J-V）曲线随应变的变化关系。从图 9-10（d，e）可以看出，不同应变下电池开路电压（V_{oc}）几乎不变，这主要是由于压电极化电荷只存在于异质结界

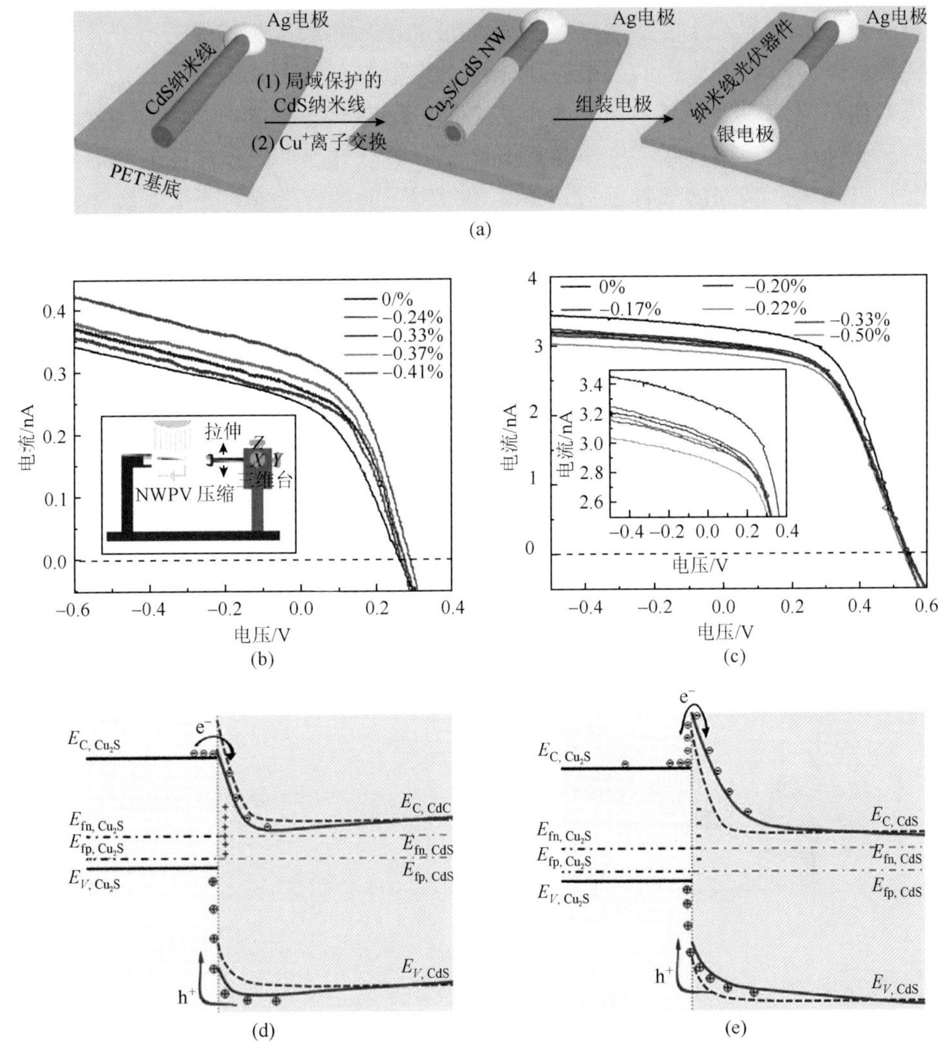

图 9-9　（a）CdS/Cu_2S 纳米线核壳结构光伏器件的制备示意图；（b，c）太阳能电池在不同压缩应变下的伏安曲线，器件电流随压缩应变的增大出现增大（b）或减小（c）的现象；（d，e）应变作用下压电光电子效应对太阳能电池器件性能影响的能带解释示意图[20]

面处，并不能改变太阳能电池整体的准费米能级位置。而器件短路电流（J_{sc}）随着应变的增加显著增大，0.134%应变下短路电流由 1.05mA/cm^2 增加至 1.17mA/cm^2。填充因子从 57.3%稍微降低至 56.7%，电池整体光电转换效率从 1.12%增大至 1.24%，增加幅度约为 11%。不同应变下量子阱结构能带示意图如图 9-10（f，g）所示。从图（g）中可以看出，随着应变的增加，GaN/InGaN 异质结界面处价带位置 E_v 降低，导带 E_c 位置升高；在量子阱势垒处由于晶格失配引起的应力在外部应力作用下得到一定程度的释放。此外，在应变作用下电子与空穴的波动函数分布向量子阱方向偏移，由于光吸收系数与电子-空穴波动函数重叠区域的平方成正比，因此应变下量子阱区域的光吸收性能得到增强，产生的有效光生载流子数量增多，光电流增加。除此以外，其他研究人员在 ZnO/P3HT、ZnO/SnS 以及 Si 基等结构的太阳能电池中也观察到了应变下压电光电子学效应对器件光电转换效率的有效调控[23-26]。作为一种新的调控手段，该多场作用下的耦合效应对于太阳能电池性能的进一步提升以及新型柔性太阳能电池的结构设计具有重要的指导意义。

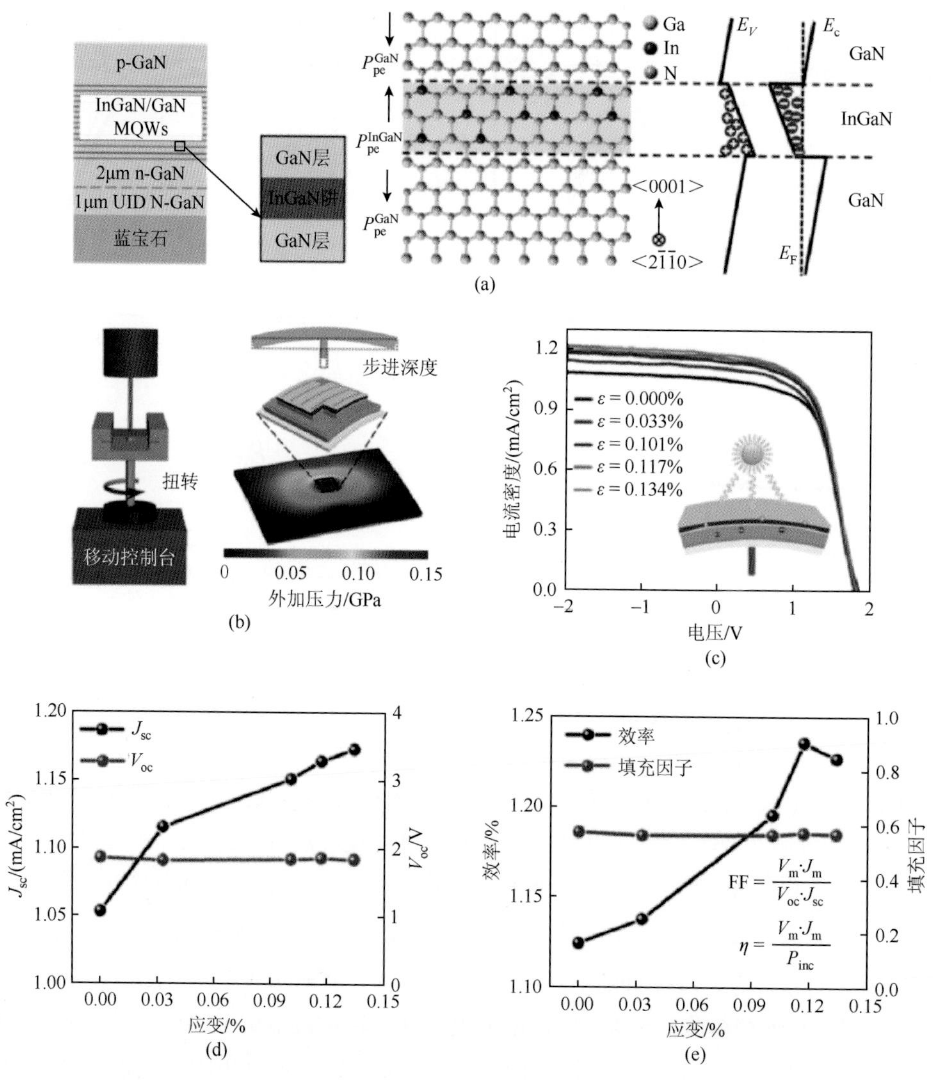

图 9-10 （a）InGaN/GaN 太阳能电池器件、原子结构及能带结构示意图；（b）应变调控太阳能电池表征装置示意图；（c）AM 1.5G 光照下应变对太阳能电池 J-V 曲线的调控影响；（d，e）太阳能电池短路电流（J_{sc}）、开路电压（V_{oc}）、填充因子及能量转换效率与应变之间的关系；（f，g）施加应变前后 InGaN/GaN 多量子阱结构能带变化示意图[22]

9.3.3　光电探测器

光电探测器是一种通过电学过程对光学信号进行探测的器件，在光纤通信、红外热成像、遥感以及光度计量等领域具有广泛用途。光电探测器性能的基本参数包括探测波长、响应度、响应速度、噪声等。Yang 等研究了应变对于单根 ZnO 微纳线金属-半导体-金属结构光电探测器性能的影响，测量系统示意图如 9.11（a）所示[27]。首先利用热蒸发法制备 ZnO 线，然后转移至柔性衬底上，两端用银浆固定。从图（b）的 *I-V* 曲线可以看出，银浆与 ZnO 形成背靠背的双肖特基接触。图 9-11（c，d）分别为 22μW/cm^2 及 33mW/cm^2 光照下，施加不同应变对器件 *I-V* 曲线的影响。可以看出，随着应变由 0.36%变为–0.36%，负偏压下的光电流逐渐增大，但变化的幅度存在差别。22μW/cm^2 光照下，–0.36%压缩应变将器件响应度提高了 190%；而 33mW/cm^2 光照下，器件响应度仅提高 15%。该现象表明在弱光探测情况下应变对器件性能的提升效果更佳明显，如图 9-11（f）所示。这可能是由于强光照射下 ZnO 中的自由载流子浓度升高屏蔽了压电极化电荷导致的。

由于合适的带隙宽度，CdSe 在太阳能电池、可见光探测器等领域具有重要的应用前景。Dong 等构筑了基于单根 CdSe 纳米线肖特基结构的光电探测器并研究了应变对器件响应性能的影响[28]。首先利用化学气相沉积法，以 Au 为催化剂制备 CdSe 纳米线，扫描电镜如图 9-12（a）所示。之后将纳米线转移至柔性 PET 衬底上，两端银浆固定；为了保证器件的稳定性，避免吸附对器件性能的影响，用 PDMS 对器件进行了封装，光镜照片如（b）中插图所示。为表征应变对器件性能的调控作用，搭建了如图 9-12（b）所示的测试系统。利用三维精确位移平台弯曲柔性基底，对纳米线施加应变，应变大小可以由基底弯曲程度控制。图 9-12（c）为不同光照强度下，器件光电流变化与应变之间的关系。可以看出，器件光电流随着施加压缩应变的增加先增大后减小，并且出现光电流最大时的应变随着光强的增大而增大。0.049mW/cm^2 光照强度下，施加–0.26%的压缩应变器件光电流达到最大值；而 4.3mW/cm^2 光照下，需要–0.37%的压缩应变。作者利用能带图对该现象进行了解释，如图 9-12（d）所示。CdSe 纳米线具有非中心对称的纤锌矿结构且沿 *c* 轴择优生长，应变条件下材料两端产生压电电势。当应变不太大时，肖特基势垒在压电电势作用下升高，更利于光生电子由结区向 CdSe 传输，光生电子-空穴对的分离效率更高，光电流增大；然而当继续增大应变时，CdSe 价带将会被抬升至费米能级以上，对空穴来说形成一个新的势垒，因此光电流降低。由于屏蔽效应的影响，在强的光照条件下压电极化电荷更容易被自由载流子屏蔽，因此光电流达到最优时的应变随光强的增大而增大。除此之外，其他研究者还证实了应变对 Si/ZnO、Si/$Mg_xZn_{1-x}O$ 和 ZnO/CdS 核壳结构等其他类型光电探测器性能的调控作用[29-32]。

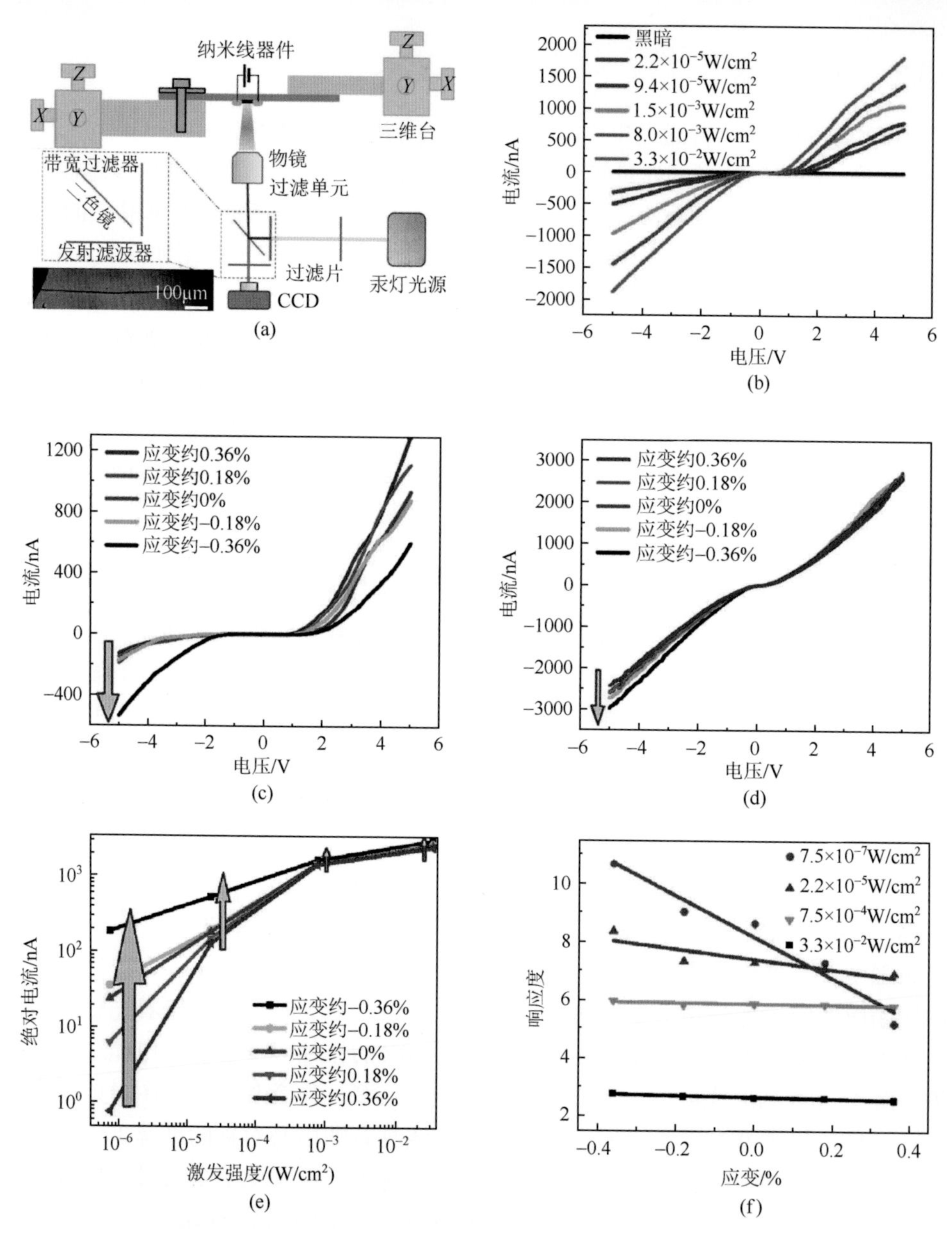

图 9-11 （a）应变调控单根 ZnO 微纳线光电探测性能测量系统示意图；（b）不同强度 372nm 紫外光照射下器件 *I-V* 曲线；（c）22μW/cm^2 光强，不同应变作用下的器件 *I-V* 曲线；（d）33mW/cm^2 光强，不同应变下器件 *I-V* 曲线；（e）不同应变下，器件光电流与照射光强之间的关系；（f）不同光强下，器件响应度与应变之间的关系[27]

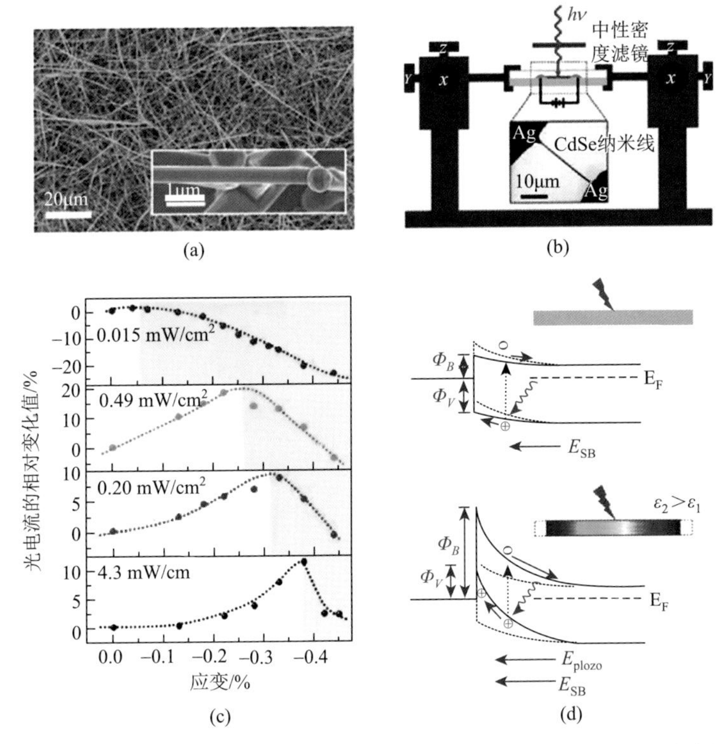

图 9-12　（a）化学气相沉积制备的 CdSe 纳米线；（b）基于单根 CdSe 纳米线金属-半导体-金属结构的光探测器光镜及应变调控器件性能测试系统示意图；（c）不同光照条件下，器件光电流变化与应变之间的关系；（d）施加应变条件下肖特基界面能带变化示意图[28]

9.3.4　光催化系统

科学技术的进步推动着纺织、印染、医药、化妆品等相关化学工业的快速发展，但由此而产生的工业废水也日趋增多；其中，染料废水是主要是有害工业废水之一，严重危害人类的健康。光催化降解由于可在常温常压下进行、没有二次污染、能彻底破坏有机物等优点，是一种极具应用前景的水处理技术。目前，用于光催化降解染料的催化剂多为 n 型半导体材料，如 TiO_2、ZnO、Fe_2O_3、WO_3 等。其中，ZnO 因其活性高、活性好、对人体无害成为一种备受重视的光催化剂。对光催化反应来说，光生电子和空穴的俘获分离并与污染物发生作用才能有效地参与和促进光催化过程。因此，如何俘获光生电子与空穴，抑制其复合过程，是提高半导体催化性能的关键。

Xue 等在碳纤维上制备了一维 ZnO 纳米棒阵列，并研究了外加应力对纳米棒光降解亚甲基蓝性能的影响，装置示意图如 9.13（a）所示[33]。首先在碳纤维上水热生长 ZnO 纳米棒阵列，之后将多根 ZnO@碳纤维编织成网状结构。当施加外力时，不同碳纤维上的 ZnO 纳米棒之间相对滑动并挤压弯曲变形；此时，纳米棒受拉伸应变一侧产生正的压电电势，压缩一侧产生负的压电电势，在纳米棒直径方向上形成压电电势差，如图 9-13（b）。紫外光照时，ZnO 受激产生电子空穴对并在该压电电势差作用下有效分离。光生空穴向负压电电势一侧移动，

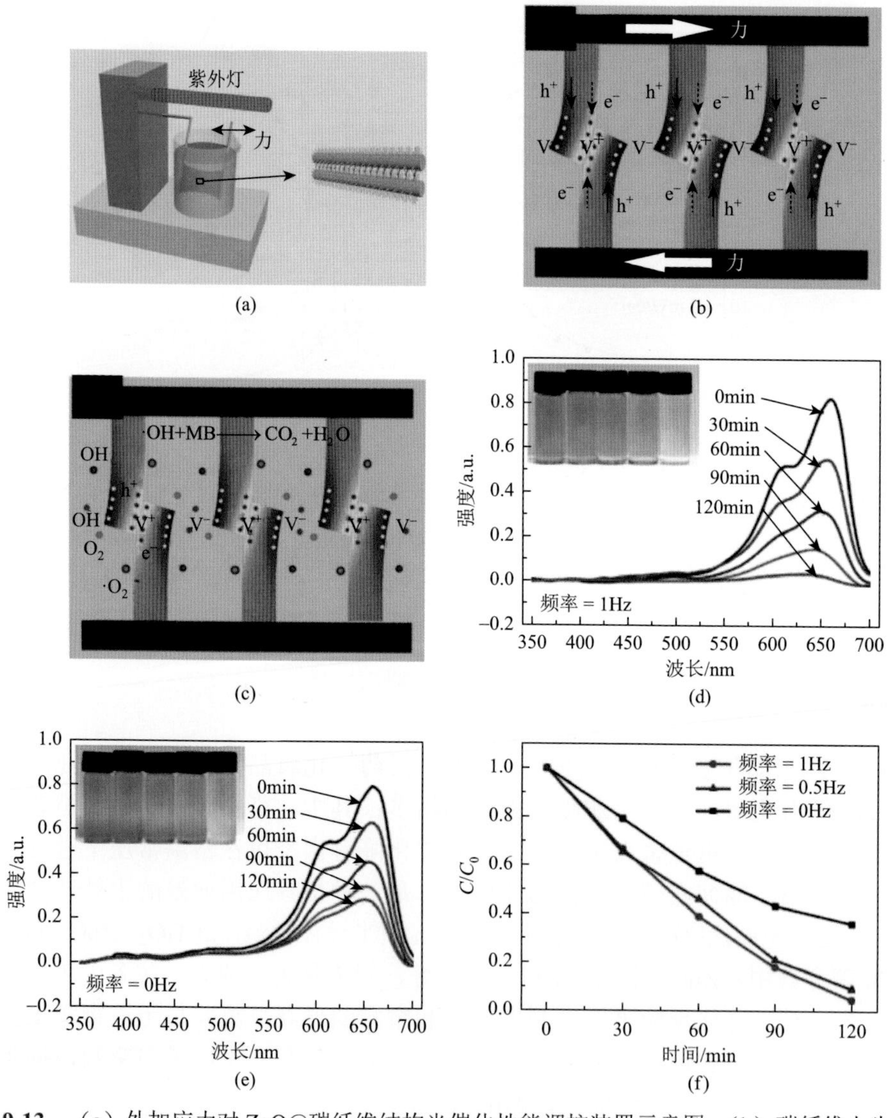

图 9-13 （a）外加应力对 ZnO@碳纤维结构光催化性能调控装置示意图；（b）碳纤维上生长的 ZnO 纳米棒扫描电镜图；（c）ZnO 纳米棒高分辨透射电镜图；（d，e）外部应力调控光催化性能原理示意图[33]

与羟基反应生成活性·OH；光生电子向正压电势一侧移动，与 O_2 反应生成活性氧 $\cdot O_2^-$。羟基自由基氧化亚甲基蓝，生成 CO_2 和 H_2O，完成催化降解过程。由于外力施加情况下 ZnO 中压电电势的产生，使得光生电子空穴对的分离更加有效，抑制了复合过程，因此产生的活性羟基数量增多，材料催化性能提升。图 9-13（d～f）为施加不同周期外力时，对相同浓度亚甲基蓝溶液催化降解的结果。可以看出，随着施加外力频率的增加，降解性能逐渐提高，且均优于不加外力时的降解效果。

Chen 等利用水热法在三维 Ni 泡沫上制备了一维 ZnO 纳米棒阵列，并研究了溶液搅拌时湍流对材料光催化降解罗丹明 B 性能的影响，示意图如 9.14（a）所示[34]。图 9-14（b）为制备的三维 Ni 泡沫及 ZnO 纳米棒扫描电镜图。通过 XRD 表征显示，合成的 ZnO 纳米棒为纤锌矿结构。图 9-14（c）为不同搅拌速率下，ZnO@Ni 降解罗丹明 B 染料的性能变化。不搅拌时，90min 后染料降解效率为 35%，降解速率约为 0.005min^{-1}。随着搅拌速率的增加，降解效率逐渐升高，当搅拌速率为 1000r/min 时，染料降解效率达到 92%，降解速率为 0.026min^{-1}，相比未搅拌条件下性能提高了 5 倍。这主要是由于搅拌时形成湍流，ZnO 纳米棒在局域应变作用下弯曲变形，在直径方向上产生压电电场提高了光生电子-空穴对的分离效率，如示意图（e）所示。为了对以上原理进行验证，在 Ni 泡沫骨架上制备了 ZnO 纳米颗粒作为对比。由于 ZnO 颗粒结晶性较差，且方向排布随机，因此其压电性能可以忽略。图 9-14（d）为不同搅拌速率下 ZnO 颗粒@Ni 对罗丹明 B 的降解性能。可以看出，搅拌速率对材料催化效果影响不大。此外，其他研究者在 ZnO/CuS、ZnO/Ag_2S 等核壳结构的光催化结构中同样证实了外加应变对材料光催化性能的提升作用[35, 36]。

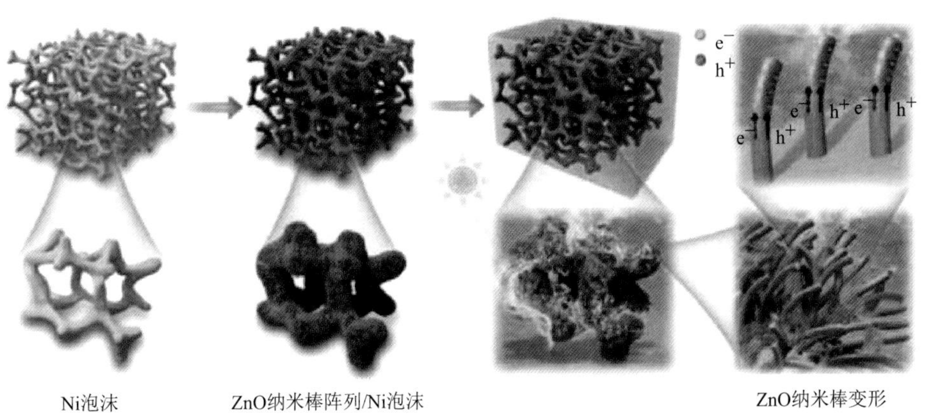

(a)

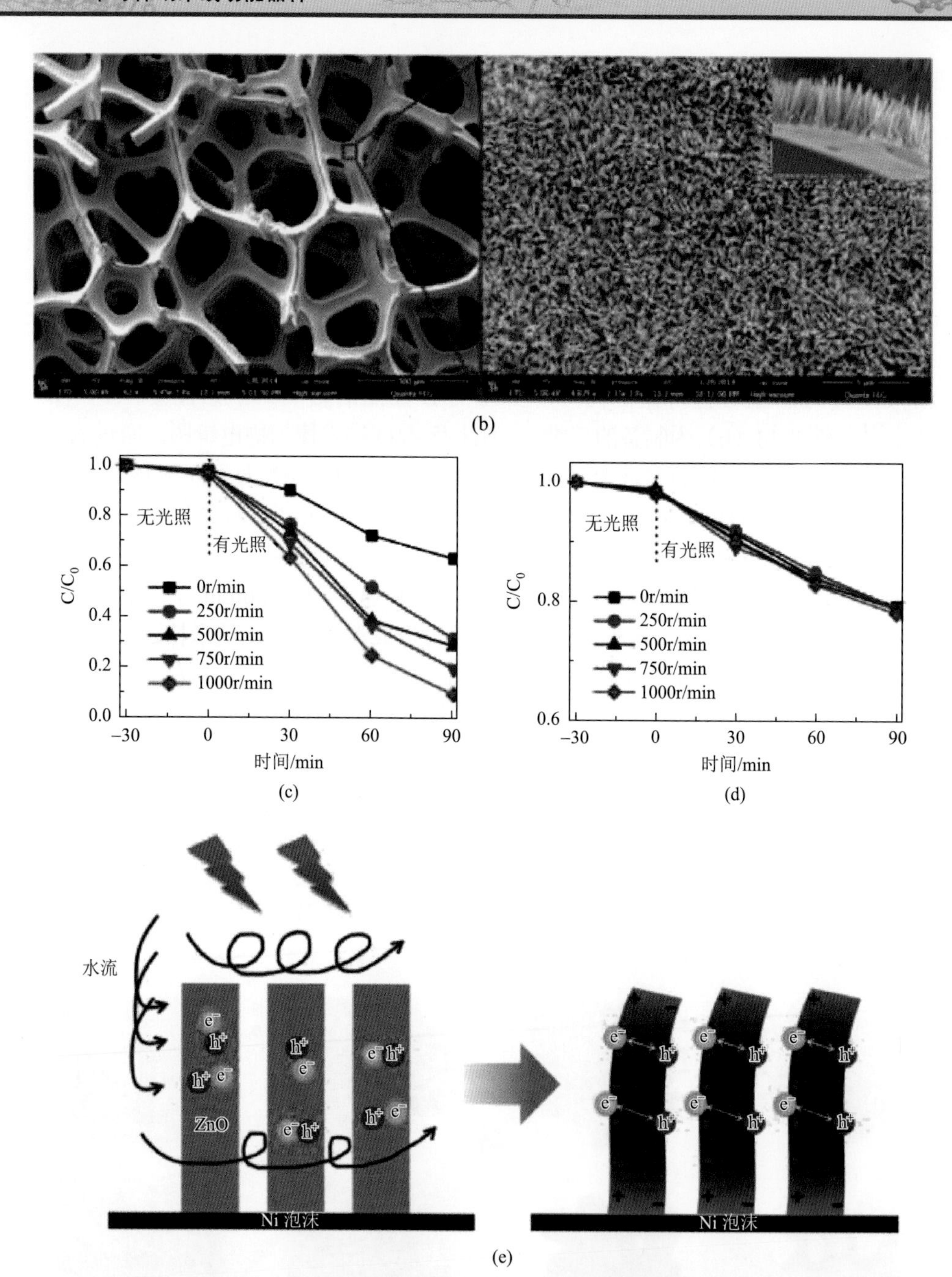

图 9-14 （a）ZnO@Ni 泡沫制备及湍流对材料催化性能的影响；（b）ZnO@Ni 扫描电镜图；Ni 泡沫上附着 ZnO 纳米棒（c）或纳米颗粒（d）时，不同搅拌速率下对罗丹明 B 的催化降解性能对比；（e）湍流引起的局域应变增强 ZnO 纳米棒光催化性能原理示意图[34]

由以上可知，目前对于应力、应变调控半导体纳米线电输运性能及光学性能的文献报道大多基于单根原理型器件以及调控的可行性研究两个方面。如何利用已知的调控现象与规律构建新型功能纳器件，或者通过应变工程实现已有器件性能的提高已成为该领域下一步关注的重点。此外，在已有文献报道中，应变的施加大多需要在器件构筑完成的条件下通过外部拉伸/压缩、弯曲的方式实现，这极大地限制了功能器件的应用范围。如何将应变施加在器件构筑过程中完成，对器件结构的设计与封装提出了新的挑战。因此，从功能纳器件中压电电子效应与压电光电子效应的应用角度讲，对该领域的研究尚待进一步加强。

9.4 小　结

本章主要从半导体纳米线的压电电子学和压电光电子学出发，重点介绍了应力/应变对一维半导体纳米材料电输运性能、光学性能的调控，并展示了一系列基于压电电子学和压电光电了学构建的新型功能纳器件，如压电电子应变传感器、晶体管和压电光电子学发光二极管、太阳能电池等。由于半导体纳米材料中压电电子效应、压电光电子效应的调控显著区别于传统体材料，纳尺度下的压电及压电光电调控研究已经成为目前纳米材料学科中一个新兴并且快速发展的重要领域。对纳尺度压电及压电光电调控过程中一系列新现象和新效应的揭示不仅具有重要的基础研究意义，还可为功能纳器件服役行为的稳定性预测提供指导。此外，与传统观念中尽量避免真实环境下多物理场效应对器件的影响不同，压电及压电光电调控为合理调控材料物性、设计界面结构进而提升器件性能提供了可能。但目前该领域的研究尚存在很多问题需要解决。首先，需要搭建能够对材料进行压电电子效应、压电光电子效应等性能定量表征的新型测试系统，使其能够实现对不同效应的精确模拟，并建立统一的测试标准及评价方法。其次，由于其特殊的物质尺度，很多一维纳米材料既具有微观属性，即量子力学特性，同时又可以表现出一定的宏观体系特点，处于介观体系的研究尺度。而介观物理可能同时涉及量子物理、统计物理和经典物理的一些基本问题。因此，纳尺度下的压电电子效应、压电光电子效应的微观机制本构方程需要进一步的探索与归纳，可能需要新的理论模型与计算方法进行模拟仿真。此外，对研究对象在时间维度上的结构、性能演化还需进一步深入研究。

参考文献

[1] Wang X D, Zhou J, Song J H, et al. Piezoelectric field effect transistor and nanoforce sensor based on a single ZnO nanowire. Nano Letters，2006，6：2768-2772.

[2] He J H，Hsin C L，Liu J，et al. Piezoelectric gated diode of a single ZnO nanowire. Advanced Materials，2007，19：781-784.

[3] Wang Z L. Nanopiezotronics. Advanced Materials，2007，19：889-892.

[4] Zhang Y，Liu Y，Wang Z L. Fundamental theory of piezotronics. Advanced Materials，2011，23：3004-3013.

[5] Wu W Z，Wang Z L. Piezotronics and piezo-phototronics for adaptive electronics and optoelectronics. Nature Reviews Materials，2016，1：16031.

[6] Zhang Y，Leng Y，Willatzen M，et al. Theory of piezotronics and piezo-phototronics. MRS Bulletin，2018，43：928-935.

[7] Wang Z L Preface to the special section on piezotronics. Advanced Materials，2012，24：4630-4631.

[8] Zhou J，Gu Y D，Fei P，et al. Flexible piezotronic strain sensor. Nano Letters，2008，8：3035-3040.

[9] Wu W Z，Wei Y G，Wang Z L. Strain-gated piezotronic logic nanodevices. Advanced Materials，2010，22：4711-4715.

[10] Wu W Z，Wen X N，Wang Z L. Taxel-addressable matrix of vertical-nanowire piezotronic transistors for active and adaptive tactile imaging. Science，2013，340：952-957.

[11] Wang Z L. Piezopotential gated nanowire devices：Piezotronics and piezo-phototronics. Nano Today，2010，5：540-552.

[12] Yang Q，Wang W H，Xu S，et al. Enhancing light emission of ZnO microwire-based diodes by piezo-phototronic effect. Nano Letters，2011，11：4012-4017.

[13] Zhang Y，Wang Z L. Theory of Piezo-Phototronics for Light-Emitting Diodes. Advanced Materials，2012，24：4712-4718.

[14] Pan C F，Dong L，Zhu G，et al. High-resolution electroluminescent imaging of pressure distribution using a piezoelectric nanowire LED array. Nature Photonics，2013，7：752.

[15] Chen M X，Pan C F，Zhang T P，et al. Tuning light emission of a pressure-sensitive silicon/zno nanowires heterostructure matrix through piezo-phototronic effects. ACS Nano，2016，10：6074-6079.

[16] Peng M Z，Li Z，Liu C H，et al. High-resolution dynamic pressure sensor array based on piezo-phototronic effect tuned photoluminescence imaging. ACS Nano，2015，9：3143-3150.

[17] Wang C F，Bao R R，Zhao K，et al. Enhanced emission intensity of vertical aligned flexible ZnO nanowire/p-polymer hybridized LED array by piezo-phototronic effect. Nano Energy，2015，14：364-371.

[18] Li X Y，Chen M X，Yu R M，et al. Enhancing Light Emission of ZnO-Nanofilm/Si-Micropillar Heterostructure Arrays by Piezo-Phototronic Effect. Advanced Materials，2015，27：4447-4453.

[19] Bao R R，Wang C F，Dong L，et al. CdS nanorods/organic hybrid LED array and the piezo-phototronic effect of the device for pressure mapping. Nanoscale，2016，8：8078-8082.

[20] Pan C F，Niu S M，Ding Y，et al. Enhanced Cu_2S/CdS coaxial nanowire solar cells by piezo-phototronic effect. Nano Letters，2012，12：3302-3307.

[21] Shi J，Zhao P，Wang X D. Piezoelectric-polarization-enhanced photovoltaic performance in depleted-heterojunction quantum-dot solar cells. Advanced Materials，2013，25：916-921.

[22] Jiang C Y，Jing L，Huang X，et al. Enhanced solar cell conversion efficiency of InGaN/GaN multiple quantum wells by piezo-phototronic effect. ACS Nano，2017，11：9405-9412.

[23] Zhu L P，Wang L F，Pan C F，et al. Enhancing the efficiency of silicon-based solar cells by the piezo-phototronic effect. ACS Nano，2017，11：1894-1900.

[24] Yang Y，Guo W X，Zhang Y，et al. Piezotronic effect on the output voltage of P3HT/ZnO micro/nanowire heterojunction solar cells. Nano Letters，2011，11：4812-4817.

[25] Wen X N，Wu W Z，Wang Z L. Effective piezo-phototronic enhancement of solar cell performance by tuning material properties. Nano Energy，2013，2：1093-1100.

[26] Zhu L P，Wang L F，Xue F，et al. Piezo‐Phototronic Effect Enhanced Flexible Solar Cells Based on n-ZnO/p-SnS Core-Shell Nanowire Array. Advanced Science，2017，4：1600185.

[27] Yang Q，Guo X，Wang W H，et al. Enhancing sensitivity of a single ZnO micro-/nanowire photodetector by piezo-phototronic effect. ACS Nano，2010，4：6285-6291.

[28] Dong L，Niu S M，Pan C F，et al. Piezo-Phototronic Effect of CdSe Nanowires. Advanced Materials，2012，24：5470-5475.

[29] Wang Z N，Yu R M，Wen X N，et al. Optimizing performance of silicon-based p-n junction photodetectors by the piezo-phototronic effect. ACS Nano，2014，8：12866-12873.

[30] Chen Y Y，Wang C H，Chen G-S，et al. Self-powered n-$Mg_xZ_{n1-x}O$/p-Si photodetector improved by alloying-enhanced piezopotential through piezo-phototronic effect. Nano Energy，2015，11：533-539.

[31] Zhang F，Ding Y，Zhang Y，et al. Piezo-phototronic effect enhanced visible and ultraviolet photodetection using a ZnO-CdS core-shell micro/nanowire. ACS Nano，2012，6：9229-9236.

[32] Zhang F，Niu S M，Guo W X，et al. Piezo-phototronic effect enhanced visible/UV photodetector of a carbon-fiber/ZnO-CdS double-shell microwire. ACS Nano，2013，7：4537-4544.

[33] Xue X Y，Zang W L，Deng P，et al. Piezo-potential enhanced photocatalytic degradation of organic dye using ZnO nanowires. Nano Energy，2015，13：414-422.

[34] Chen X Y，Liu L F，Feng Y W，et al. Fluid eddy induced piezo-promoted photodegradation of organic dye pollutants in wastewater on ZnO nanorod arrays/3D Ni foam. Materials Today，2017，20：501-506.

[35] Zhang Y，Liu C H，Zhu G L，et al. Piezotronics-effect-enhanced Ag_2S/ZnO photocatalyst for organic dye degradation. RSC Advances，2017，7：48176-48183.

[36] Hong D Y，Zang W L，Guo X，et al. High Piezo-hotocatlytic efficiencey of CuS/ZnO nanowires using both solar and mechanical energy for degrading organic dye. ACS Applied Materials & Interfaces，2016，9：21302 21314.

第10章 半导体纳米线功能器件的多场耦合调控

10.1 引言

由于真实环境中各种物理现象都不是单独存在的，材料及功能器件在服役过程中往往会同时受到多个物理场的共同作用。在块体材料的工程应用中，多个物理场之间的耦合问题研究已得到广泛关注并逐步成为当前各相关领域研究的热点与前沿[1]。简单来讲，多场耦合是由两个或两个以上的物理场通过交互作用而形成的物理现象，其本质可以看做不同形式物理场能量之间的叠加与转化。在材料、机械、航空以及土木工程等领域，目前研究较为广泛的耦合形式包括“力学-电学-磁学耦合”、“热-电学-力学耦合”、“化学-力学耦合”与“流体-热-力学耦合”等[2-5]。由于多场环境的控制加载与精确测量较为困难，单纯依赖实验手段进行多场耦合现象的研究目前还比较困难，理论模拟与仿真成为一种较为常见的手段。多场耦合的计算是一个相对复杂的过程，通常采用有限元分析法，根据各物理场之间关联的特定规律列出以所研究场变量为因变量的偏微分方程组，建立相关耦合模型；考虑初始条件与边界条件，并结合相应的求解方法对耦合问题进行求解[6]。由于多场耦合能更加完整地再现材料应用过程中的真实工况，因此为功能材料的安全设计及理论预测材料的服役行为提供了可能，对于现实工程应用具有重要的指导意义。

与块体材料相比，一维半导体纳米线独特的形貌结构和物理性能使得纳尺度条件下的多场耦合现象表现出更为复杂的特性。首先，受尺寸效应影响，纳米材料具有显著区别于块体的物理参量且存在明显的结构、晶体取向等依赖性，宏观体系中物理量自平均性的特点在纳尺度材料中将不再适用。同时，由于外场强度随材料特征尺寸减小呈指数增大，纳尺度条件下的多物理场耦合效应将更加显著，宏观体材料研究中可以忽略的一些弱耦合作用在纳尺度下可能需要被重新考虑。

此外，对于半导体纳米材料，多场耦合作用下材料的光学性能、电输运特性、自旋特性以及界面处能带结构的变化成为影响半导体器件性能的最主要因素，而相关耦合作用的影响在块体材料研究中却较少涉及，相应的耦合机制与传统意义上的电-磁耦合、力-电耦合等也具有一定的区别。另外，由于纳米材料尺寸的减小，体材料多场耦合研究中通常采用的连续均匀介质思想及有限元分析方法，在微纳尺度下可能将不再适用。因此，需要研发针对纳尺度耦合性能测试的新型表征系统，建立新的测试标准，发展新的理论模型对微/纳米半导体材料中多物理场交叉耦合的微观机理进行研究。此外，随着多功能智能化材料的兴起，单独研究材料的某一种特性已不能满足快速发展的科学技术与工程应用需求，对材料多场交叉耦合特性的研究更具有现实与进步的意义。目前对多物理场叠加作用下半导体纳米材料的结构变化及相关功能器件的性能演变研究已逐步成为材料领域中最为重要和前沿的方向之一。

一维半导体纳米线具有显著优异的力学性能，能够承受更大的极限弹性应变量以及更为复杂的应变形式（拉伸/压缩，弯曲，扭转等），因此与应变相关的耦合效应更加明显，而相应的调控现象也是目前纳尺度多场耦合领域中研究最为深入的方向之一。此外，随着柔性电子器件及可穿戴设备的兴起，研究形变条件下材料、器件性能的演变也逐步成为一个无法回避的重要课题。另外，对半导体纳米线电子与光电器件来说，材料的光学和电输运特性成为重点关注的对象。综上，本章主要展开介绍“应变-光学”、“应变-电输运”以及“应变-光学-电输运”之间的耦合作用，并从材料结构与界面能带两个方面对相应的耦合机制进行了详细阐述。同时，对利用多场耦合效应进行新原理型器件设计、器件性能优化以及其他潜在应用进行了探讨与展望。此外，由于新一代信息处理、量子计算以及量子通信等领域的蓬勃发展，稀磁半导体研究也逐渐成为材料科学中的热门课题之一，因此本章还简要介绍了半导体纳米线的稀磁掺杂以及其中的磁-电耦合效应。

10.2　单场调控

材料的性能是器件构筑及后续应用的基础。由于尺寸效应，纳米线材料的部分性能相对块体得到极大改善，在信息传输、传感以及成像、激光等诸多领域显示出巨大的应用前景。对于半导体纳米材料，其光学以及电输运性能是构建功能器件进而实现以上应用最主要的两种性能。因此，本小结内容重点探讨应变与上述两种性能之间的耦合关系。事实上，通过应变提高载流子输运特性在传统硅基半导体工艺中已经得到广泛应用并形成了一门独立的学科—应变工程学[7, 8]。Intel 公司在其 90nm 工艺制作的奔腾 4 处理器“Prescott”中就已经成熟应用了应变硅技术。但在通过自上而下（top-down）工艺构建的硅半导体器件中，材料所能承受的应变相对较小且施加应变的方式又较为单一，主要通过不同种材料之间的晶格失配来实现，因此性能调控的幅度受到极大限制。而通过自下而上（bottom-up）工艺合成的半导体纳米线材料，由于尺寸效应的影响其力学性能得到明显改善。Wang等利用高分辨透射电子显微镜在原子尺度下研究了 Si 纳米线弯曲时的形变物理机制，并测得纳米线可承受高达 14%的弯曲应变，远大于其体材料的应变极限，如图 10-1（a）所示[9]。Haque 等在扫描电镜中对直径 217～480nm 的 ZnO 纳米线进行了原位单轴拉伸实验，结果显示纳米线的断裂应变分布在 5%～15%之间，并且随纳米线直径的减小而线性增大[10]。朱静院士研究组利用原位力学弯曲装置测量了沿[0001]方向生长的不同直径（85～542nm）ZnO 纳米线弯曲强度，结果显示其平均弯曲断裂强度超过 7GPa，比块体提高了近两个数量级，接近其理论断裂强度[11]。此外，纳米线尺寸的减小大大提高了材料的韧性，几乎不会发生机械疲劳，如图 10-1（b）所示[12, 13]。由此可以推测，纳米材料中应力场调控材料/器件性能的能力要比块体材料大的多，这使得人们对一维半导体纳米材料的应变工程极为关注。

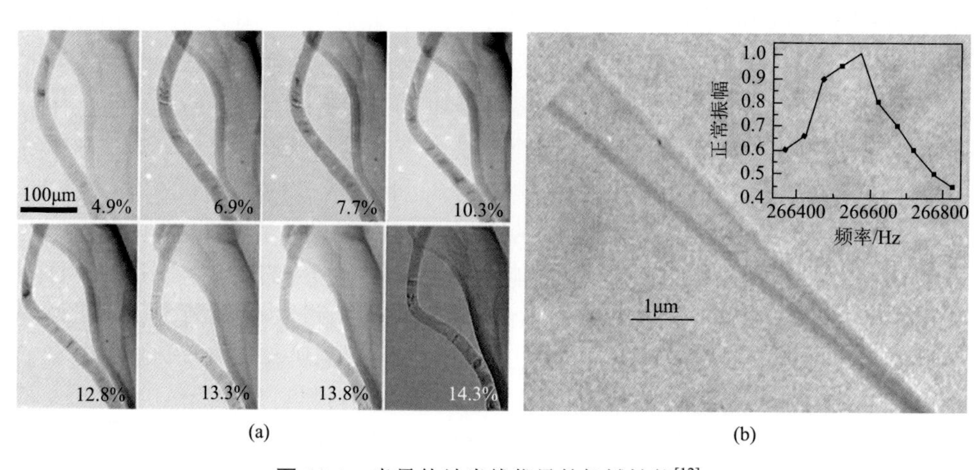

图 10-1 半导体纳米线优异的机械性能[12]

（a）单根 Si 纳米线原位弯曲，在形变量高达 14.3%情况下依然没有观察到断裂现象[9]；（b）单根 ZnO 纳米线在共振频率下振动 350 亿次仍未观察到疲劳现象发生

10.2.1 应变调控光学性能

Shiri 等通过理论计算发现对沿[100]和[110]生长的 Si 纳米线施加 1%单轴拉伸应变时可分别导致产生 60meV 和 100meV 的带隙变化，且能带变化速率仅依赖于材料生长方向，与纳米线直径无关。此外，通过施加应变还可以实现 Si 纳米线从间接带隙到直接带隙的转变[14]。Hong 等利用第一性原理计算对不同晶体取向的 Si 纳米线进行了研究，同样发现应变对 Si 纳米线能带结构的影响具有很强的晶体取向依赖性[15]。在光学性质研究方面，Audoit 等研究发现 Si、Ge 纳米线由于表面

收缩应变效应导致其光致发光（PL）峰显著蓝移[16]。Cazzanelli 等研究了准一维应变 Si 结构中的光学效应，利用应变工程成功实现了常规 Si 材料中不能实现的二次谐波波导效应[17]。Minamisawa 等利用自上而下的光刻工艺制备了悬空的 30nm 宽 Si 纳米线，实现了最大 4.5%的弹性应变施加并观察到了拉曼发光峰的强烈红移[18]。除了 Si 纳米线这种最重要的单元素一维纳米半导体材料，人们对其他一维半导体化合物纳米线中的应变效应同样开展了一系列研究，如 GaN、CdS、GaAs、InP、VO_2 和 ZnO 纳米线等[19-23]。本小结以上述典型半导体纳米线为对象，重点介绍不同类型应变及应变梯度对其光学性能的调控作用。

Schlager 较早研究了应变对分子束外延生长的 GaN 纳米线光致发光特性的影响，如图 10-2 所示[19]。其中，纳米线中的应变施加通过表面原子层沉积 Al_2O_3 涂层来实现。图 10-2（b）为沉积 Al_2O_3 前后 GaN 纳米线 XRD 性能的演变，通过计算晶格间距的变化可知沉积过程在纳米线 a 轴及 c 轴方向上分别引起了（-12 ± 7）$\times10^{-4}$ 与（-3 ± 1）$\times10^{-4}$ 大小的压缩应变。从图 10-2（c）可以看出，该压缩应变造成 GaN 纳米线 PL 发光峰位的显著蓝移，幅度约为（35 ± 3）meV。

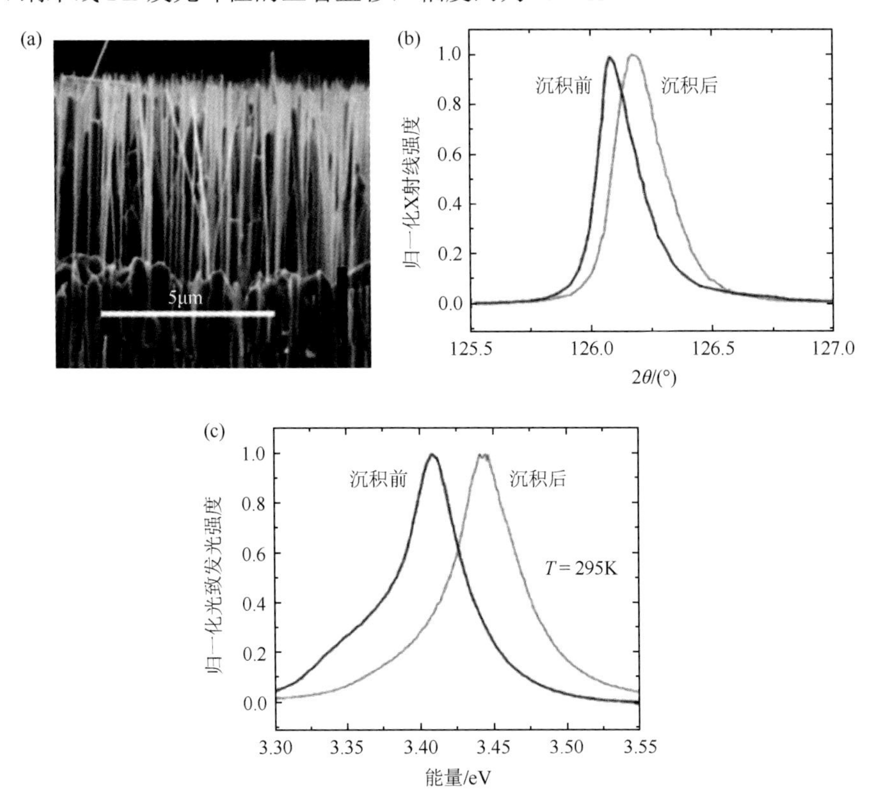

图 10-2　应变对 GaN 纳米线光致发光谱（PL）的影响[19]

（a）分子束外延制备的 GaN 纳米线扫描电镜图，比例尺为 5μm；（b）GaN 纳米线表面原子层沉积 Al_2O_3 前后 XRD 图谱变化，说明沉积 Al_2O_3 在纳米线中引入了压缩应变；（c）表面沉积 Al_2O_3 前后 GaN 纳米线 PL 谱变化

Sun 等研究了应变对波浪形弯曲的 CdS 纳米线 PL 性能的调制规律，如图 10-3 所示[20]。首先，将在 Si 基底上化学气相沉积制备的 CdS 纳米线利用干法转移至聚酰亚胺膜薄膜上；之后将其与已施加预应变的聚二甲基硅氧烷（PDMS）表面相接触，并沿 PDMS 预应变方向小心滑动；最后，释放 PDMS 膜中的预应变，CdS 纳米线即形成具有波浪形状的弯曲结构。图 10-3（b）为制备的弯曲 CdS 纳米线光镜图，图 10-3（c）为 77K 温度下测得的相应 PL 面扫图。从图中可以看出，当测试激光从未形变区域向形变区域移动时，其发光峰位同时发生周期性红移。此外，峰位红移的幅度与弯曲区域的曲率半径即应变大小直接相关。在弯曲程度最大（应变约 9%）的 p4 区域，观察到高达 200meV 的激子发射峰红移。

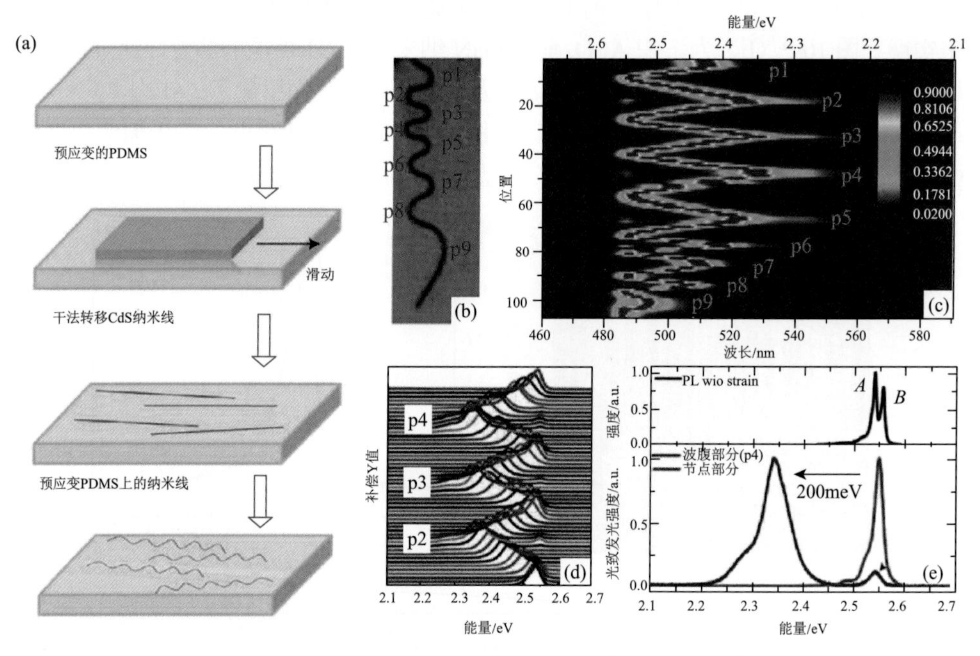

图 10-3　应变对 CdS 纳米线光致发光性能的调控[20]

（a）波浪形（wavy-shap）弯曲 CdS 纳米线制备过程示意图；（b）弯曲 CdS 纳米线光镜图；（c）77K 温度下纳米线空间分辨的 PL 图；（d）p2，p3，p4 区域处 CdS 纳米线 PL 数据的瀑布图（waterfall plot）；（e）p4 区域有应变（peak 2）及无应变（peak 1）节点处的 PL 图谱，可以观察到约 200meV 的峰位红移

Signorello 等研究了单轴拉伸/压缩应变对 $GaAs/Al_{0.3}Ga_{0.7}As/GaAs$ 核壳结构纳米线光致发光性能的影响，并在 3.5%应变条件下获得了高达 296meV 的发光峰位偏移，如图 10-4 所示[21]。首先利用金属有机物气相沉积的方法制备了直径 40nm 沿〈111〉方向生长的 GaAs 纳米线；之后在其外围生长 30nm 厚的 $Al_{0.3}Ga_{0.7}As$ 壳层钝化表面态以获得稳定的光致发光性能；最后在外层继续生长 5nm GaAs 防止室温下 $Al_{0.3}Ga_{0.7}As$ 氧化。在该实验中，作者采用了传统的三点弯曲装置对纳米

线施加单轴拉伸/压缩应变，如图 10-4（b）所示。但需要指出的是，作者并未采用三点弯曲公式估算纳米线中引起的应变，而是通过纳米线拉曼光谱的变化对应变进行了定量表征。图 10-4（c）为 100K 温度下测得的不同应变对纳米线 PL 谱的影响。从图中可以看出，在压缩情况下，随着应变的增加纳米线 PL 发光峰位由 1.48eV 缓慢增大至 1.50eV；继续增大应变，纳米线 PL 谱变宽且出现发光峰能量的轻微降低。而拉伸条件下，发光峰能量显著降低，红移幅度可达 256meV；同时，在一定大小的拉伸应变下，还可以观察到明显的 PL 峰劈现象。作者利用 k·p 模型对该结果进行了解释，如图 10-4（d）所示。在 GaAs 纳米线中，其导带边（conduction band edge）与重空穴带（heavy-hole band）随施加的应变线性变化，且具有相反的变化趋势；而轻空穴带（light-hole band）与应变呈二次方变化关系。在拉伸条件下，导带与轻空穴带的能量降低，重空穴带能量升高；而在该应变区域内，纳

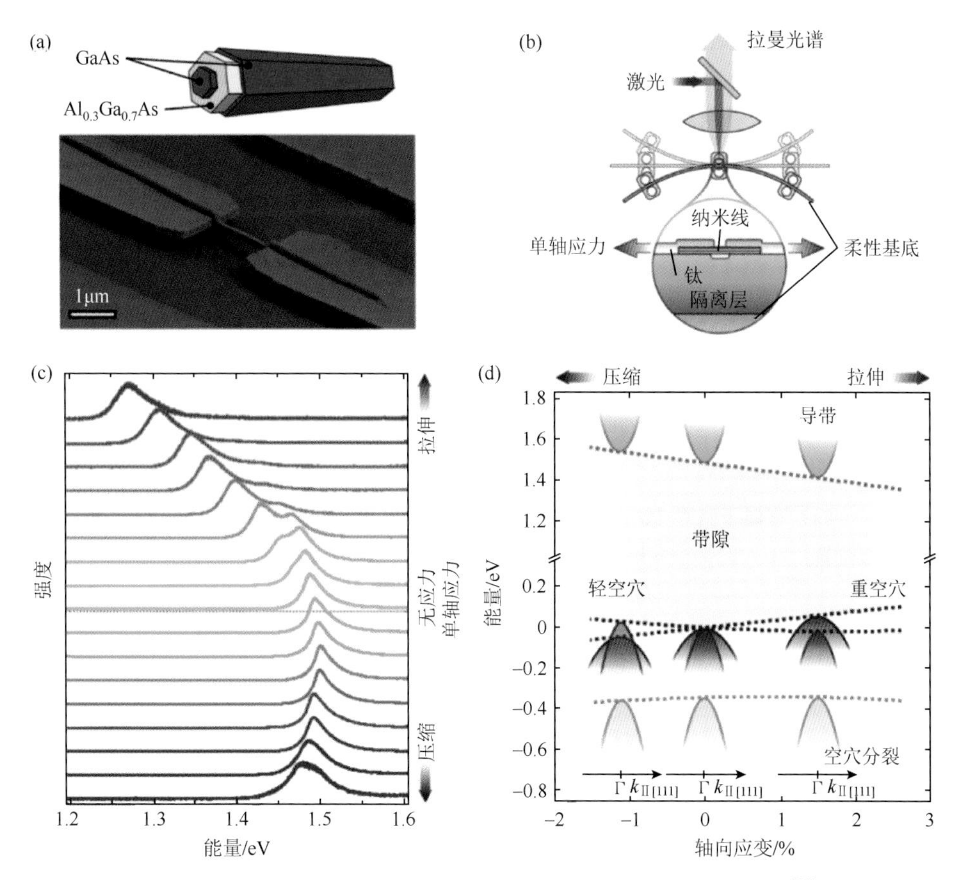

图 10-4　应变对 $GaAs/Al_{0.3}Ga_{0.7}As/GaAs$ 纳米线 PL 性能的调控[21]

（a）纳米线结构示意图及扫描电镜图；（b）三点弯曲测试系统示意图；（c，d）不同拉伸/压缩应变下纳米线 PL 谱变化及能带理论解释

米线禁带宽度由重空穴带与导带能量差决定，因此可以观察到较为显著的发光峰能量的红移。此外，在较小的拉伸应变下，价带劈裂程度较小，轻空穴态与重空穴态的复合过程均可被观察到，出现 PL 发光峰劈裂。而较大的拉伸应变下，重空穴态的复合占主导，PL 峰劈裂现象消失。相反，在压缩情况下轻空穴带与导带能量升高，重空穴带能量降低，因此轻空穴态的复合过程占主导。由于轻空穴带与导带随应变的变化趋势相同，因此纳米线 PL 发光峰能量变化较小。

Shan 等首次利用金刚石压砧的方法研究了高压下 ZnO 纳米线的光致发光特性变化，如图 10-5 所示[24]。研究结果发现在 12GPa 压强以下，ZnO 光学带隙随施加压强的增大发生线性蓝移，变化速率约为 29.2meV/GPa；缺陷引起的绿光发射峰峰位随压强变化速率约为 15.9meV/GPa。而在压强 12～15GPa 范围内，光学带隙的变化严重偏离该线性关系，并且发光峰强度急剧减小。这可能是由于在此压强下 ZnO 发生了从纤锌矿结构到岩盐矿结构的晶型转变造成的，并且该相变过程不会随着施加压强的撤销而出现可逆性的恢复。

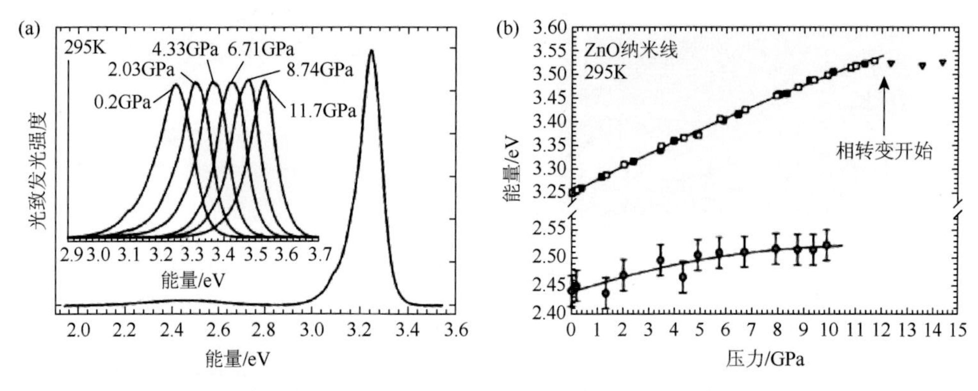

图 10-5 （a）室温下直径 100nm 的 ZnO 纳米线光致发光谱，插图显示不同压强下近带边发射峰位置；（b）近带边发射峰峰位（方块）及绿光峰峰位（圆形）随压强变化关系，三角形为晶型发生转变后的 PL 峰位[24]

俞大鹏课题组率先采用高空间分辨、高频谱分辨的低温阴极荧光谱（CL）研究了弯曲 ZnO 纳米线中近带边发射与机械应变的耦合效应，如图 10-6 所示[25]。通过微纳操控手段将直径 150nm，长度 50μm 的 ZnO 纳米线弯曲成“L”形状，在弯曲区域观察到了带边发光峰的显著红移，最大弯曲应变（曲率半径 3μm，应变约 2.5%）处峰位偏移达到 50meV。此外，随着峰位的偏移还伴随着发光峰的展宽现象发生，如图 10-6（c）所示，这主要是由于弯曲变形下 ZnO 纳米线导带底中次能级之间的间距变大造成的。作者还通过第一性原理计算的方法对应变下 ZnO 能带变化进行了模拟，计算的结果与实验数据有较好的符合。

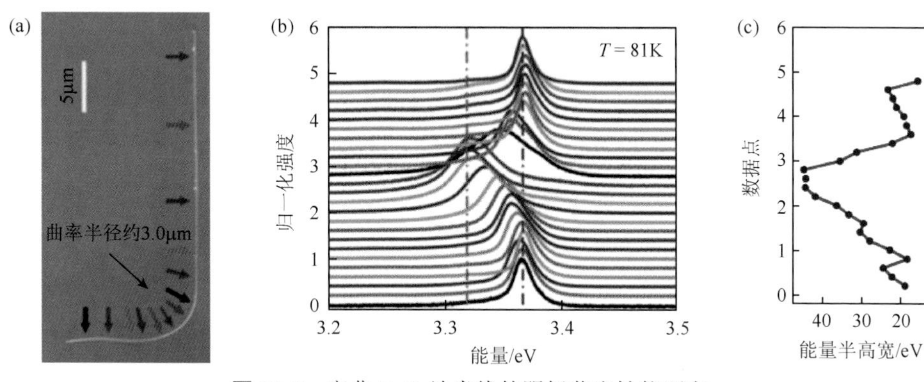

图 10-6　弯曲 ZnO 纳米线的阴极荧光性能研究

（a）弯曲 ZnO 纳米线扫描电镜图；（b，c）不同弯曲位置处 ZnO 纳米线近带边发射峰峰位（b）及半高宽（c）变化[25]

Wei 等在扫描电子显微镜中利用 CL 谱原位研究了单轴拉伸应变对单根 ZnO 纳米线带边发光峰的影响[26]。除了发光峰位的线性红移之外，他们还发现该红移现象表现出明显的尺寸依赖性，如图 10-7 所示。与直径 100nm 的纳米线相比，直径 760nm 的 ZnO 纳米线光学带隙随施加应变的变化更为明显。但由于纳米线断裂强度随直径的增大而减小，直径 760nm 的 ZnO 纳米线所能承受的最大弹性应变为 1.7%，该最大应变下光学带隙变化约为 59meV。对于直径 100nm 的 ZnO 纳米线，最大可承受 7.3%的弹性拉伸应变并导致约 110meV 的能带红移。此外，研究结果还发现对于直径大于 300nm 的 ZnO 纳米线来说，其带隙变化随应变的变化关系中存在明显的拐点。在拐点两侧能带变化与应变均呈现一定的线性关系，但具有不同的变化速率。这是由于小于拐点应变时，表面主导的能带调控对带隙的影响起主要作用；而大于拐点应变时，材料内部主导的带隙变化作用更为明显。

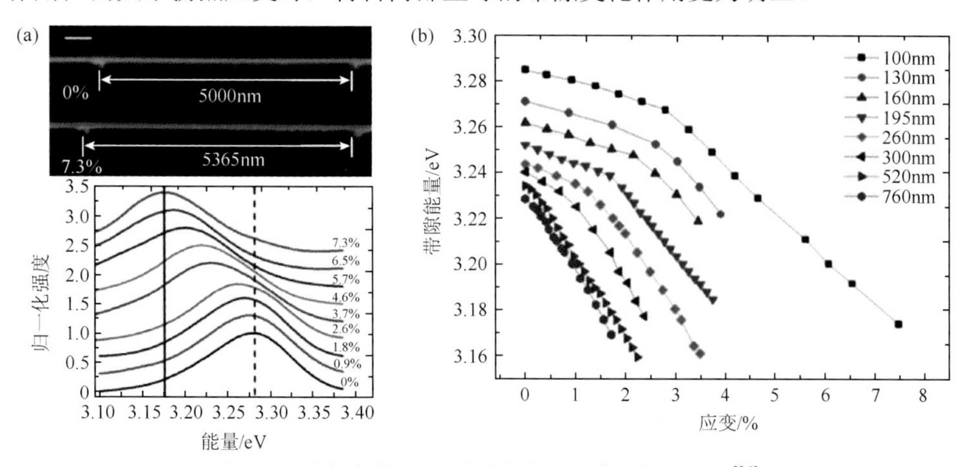

图 10-7　单轴拉伸 ZnO 纳米线的阴极荧光性能研究[26]

（a）直径 100nm 纳米线拉伸扫描电镜图及不同应变下近带边发射峰；（b）不同直径 ZnO 纳米线光学带隙与应变之间的关系

Fu等结合高精度步进拉伸台和微区拉曼光谱系统研究了 c 轴方向弹性拉伸应变对ZnO微/纳米线中声子频率的调制规律及其调制效果的尺寸效应[27]。图10-8（a～b）为不同拉伸状态下直径500nm的ZnO纳米线光学照片与拉曼光谱变化。可以清楚地看到，随着拉伸应变从0%逐渐增大到4.15%，ZnO中声子 E_{2H}、E_{1TO} 和 2nd-order的拉曼散射峰逐渐发生红移；应变释放时，各拉曼散射峰峰位又逐渐恢复到原来的位置。而在拉伸应变加载过程中，A_{1TO} 声子拉曼散射峰位不发生任何变化。这主要是由于 A_{1TO} 声子模式来源于晶格中O离子和Zn离子沿 c 轴方向的相对振动，而沿 c 轴方向拉伸ZnO纳米线时，晶格的变化主要表现为Zn-O键键角的增大，Zn-O键长的变化可以忽略。图10-8（d）为各声子拉曼散射峰的半高宽与单轴拉伸应变之间的关系，可以看出半高宽的变化并不是很明显。因此，

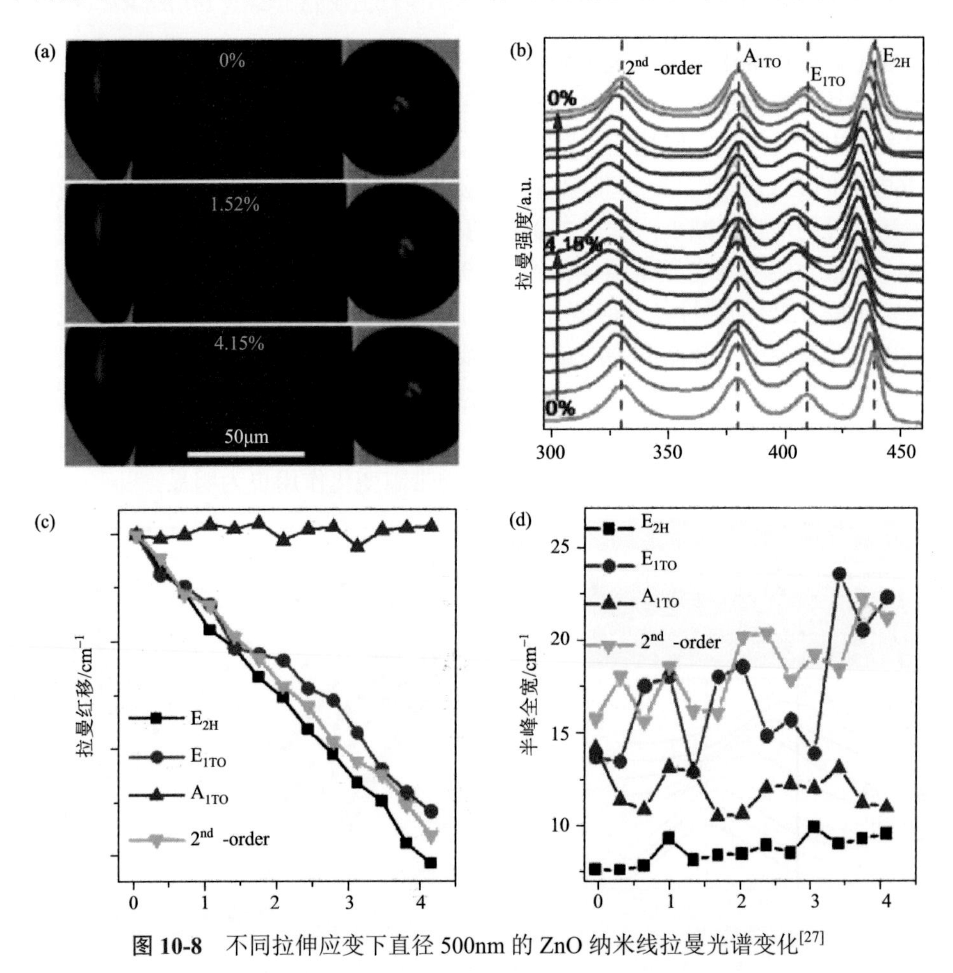

图10-8 不同拉伸应变下直径500nm的ZnO纳米线拉曼光谱变化[27]

（a）不同拉伸应变下ZnO纳米线光学照片；（b）不同拉伸应变下材料的拉曼光谱；（c）各声子拉曼峰振动频率红移量与拉伸应变之间的关系；（d）各声子拉曼峰半高宽随拉伸应变的变化

根据以上实验结果，可以通过分析对应变敏感的 E_{2H} 声子模式和对应变不敏感的 A_{1TO} 声子模式的频率差异，实现对 ZnO 半导体微/纳结构中应变分布的无损探测。

为了研究单轴拉伸应变对 ZnO 纳米线声子振动调制的尺寸效应，作者重点分析了不同直径 ZnO 纳米线 E_{2H} 声子振动频率与应变之间的关系，如图 10-9 所示。从图中可以看出，不同直径纳米线中 E_{2H} 声子振动频率随拉伸应变具有不同的变化速率。直径 500nm 的 ZnO 纳米线，其 E_{2H} 声子的形变势大约为$-3cm^{-1}/\%$；而直径 2.7μm 的 ZnO 线，E_{2H} 声子的形变势大约为$-1cm^{-1}/\%$，接近于体材料数值。这是由于纳米线具有很大的比表面积，单轴拉伸对 ZnO 纳米线声子调制的尺寸依赖性主要来源于表面效应。ZnO 纳米线的表面由于重构会导致 Zn-O 键的收缩，在相同的应变值下，其表面层可以承受更大的应力，从而表层的拉曼峰具有更大的红移量。实验中测量的拉曼光谱信号来源于 ZnO 纳米线表面层和核心层两部分，随着纳米线直径的减小其表面积-体积比增大，从而表面层的贡献越大，因此 ZnO 纳米线的声子形变势随其直径的减小而增大。

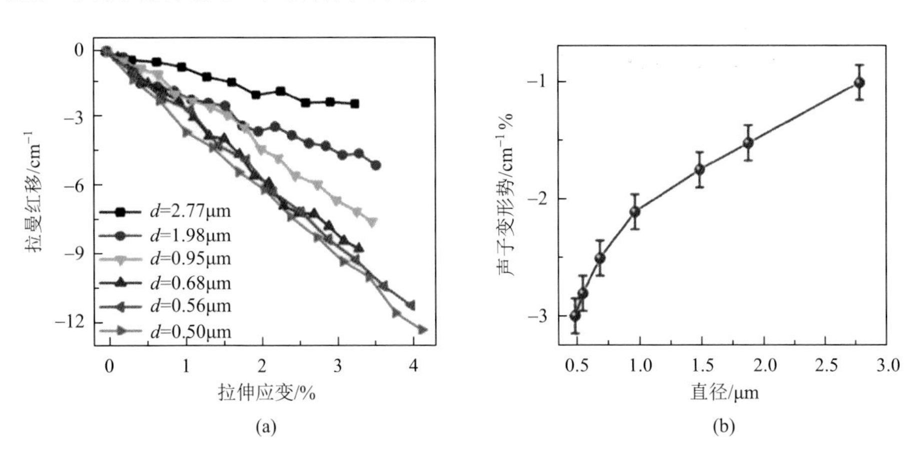

图 10-9 应变调制 ZnO 纳米线声子振动频率的尺寸效应。(a) 不同直径 ZnO 线 E_{2H} 声子拉曼峰红移量随拉伸应变的变化；(b) ZnO 线 E_{2H} 声子的形变势与纳米线直径的关系[27]

此外，Fu 等结合高精度拉伸台与微区 PL 光谱研究了单轴拉伸应变对 ZnO 光致发光性能的影响，如图 10-10 (a) 所示[28]。图 10-10 (b) 显示了直径 260nm 的 ZnO 纳米线 PL 光谱随拉伸应变的演变，随着拉伸应变从 0.0%逐渐增加到 3.1%，ZnO 纳米线带边发光光谱逐渐发生红移，在最大拉伸应变为 3.1%时红移量达到 93meV；随着应变的逐渐释放，带边发射峰又逐渐回到初始位置，说明加载的拉伸形变为弹性应变。与 Wei 等的报道不同，作者发现 ZnO 带边发光峰的变化随着拉伸应变的增大呈现整体的线性关系，并无拐点出现，如图 10-10 (c) 所示。这种实验结果上的差异可能是由于采用不同的拉伸方法导致的。图 10-10 (d) 为单轴拉伸应变对 ZnO 线带边发射调制规律与尺寸之间的关系。从图中可以看出，该调控现象同样具有明显的尺寸依赖性，ZnO 线的直径越小，光学带隙的变化随应变变化越明显，该结果与 Wei 等报道的现象相反。由此可以看出，采用不同应变加载方法及测试手段得到的结果会不尽相同，实验装置中的微小偏差可能会导致完全相反的结果。因此对于纳尺度下多场耦合现象的研究，建立标准的实验表征装置及统一的评价方法是非常必要的。

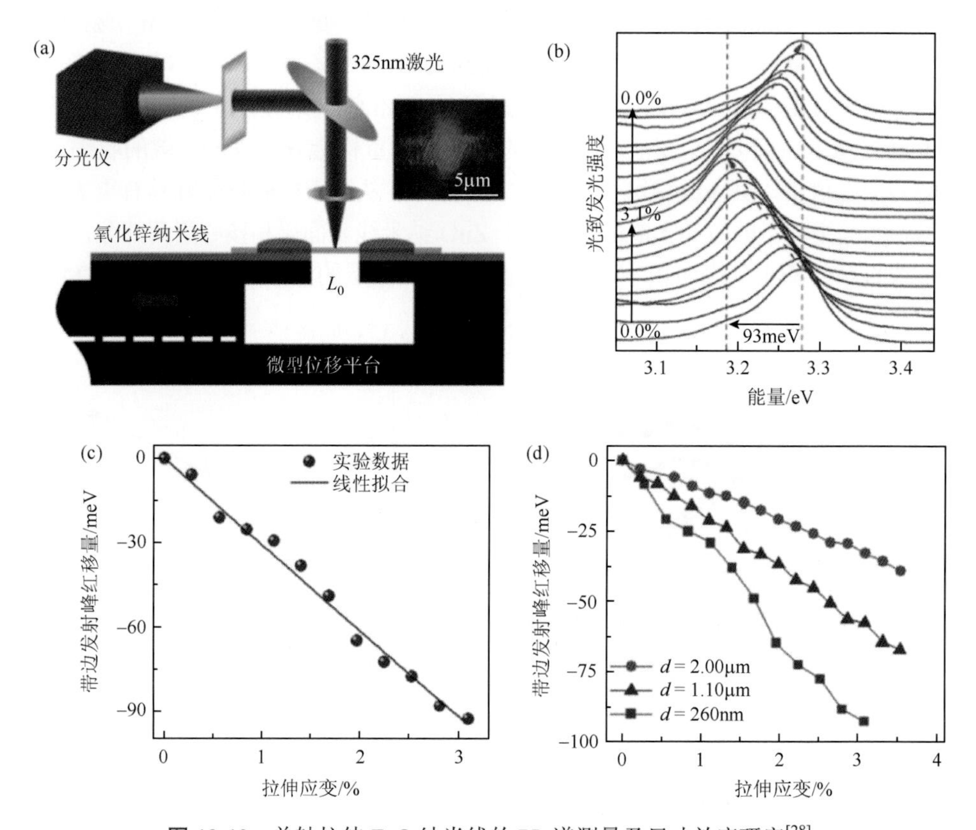

图 10-10　单轴拉伸 ZnO 纳米线的 PL 谱测量及尺寸效应研究[28]

（a）单轴拉伸 ZnO 纳米线 PL 谱测量示意图；（b）直径 260nm 的 ZnO 纳米线 PL 谱随拉伸应变的演化；（c）带边发射峰红移量随拉伸应变的变化；（d）不同直径 ZnO 纳米线带边发射峰红移与应变之间的关系

以上文献报道中，大多单纯考虑单轴且均匀的拉伸/压缩应变对材料性能的影响。然而在具有应变的微/纳半导体材料中，局域应变往往是不均匀的，其内部存在非常可观的应变梯度，并在调控材料物性中发挥着重要作用。但是对于非均匀应变场与半导体光学性能耦合现象的实验研究是一个巨大的挑战。一方面难以在半导体微/纳结构中实现精确可控的非均匀应变场；另一方面缺乏同时具有高时间分辨率和高空间分辨率的实验表征技术[29]。Dietrich 等通过机械弯曲 ZnO 微米线在材料中引入了非均匀应变场，如图 10-11（a）所示[30]。实验测得在弯曲微米线内外两侧可以获得最高达 1.5%的沿 c 轴方向的压缩与拉伸应变，并且该应变相对中性轴对称分布。在 15K 低温下测得的弯曲前后 ZnO 微米线光致发光谱如图（b）所示。从图 10-11（b）中可以看出，弯曲前沿截面方向测得的各位置发光峰峰位一致。弯曲后，A 位置处的（$A1^0$，X）发射峰由于压缩应变的存在出现峰位蓝移；B 位置处由于拉伸应变峰位红移。从 A 位置到 B 位置，（$A1^0$，X）发射峰位线性的从 3.3668eV 变化至 3.3493eV，变化量为 17.5meV。

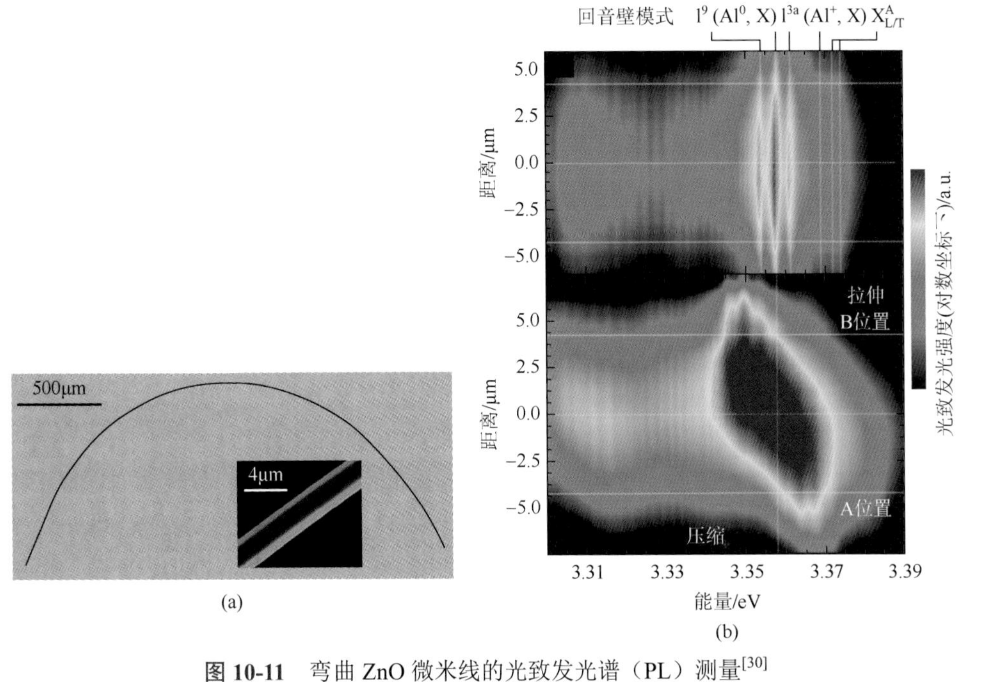

图 10-11　弯曲 ZnO 微米线的光致发光谱（PL）测量[30]

（a）直径 8.5μm 的 ZnO 微米线弯曲后形貌图，最小曲率半径 700μm；（b）15K 温度下直径 8.5μm 的 ZnO 线弯曲前后 PL 线扫描图

俞大鹏研究组通过微纳加工和微纳探针操控技术将传统的标准四点弯曲测试应用到了 ZnO 微/纳米线中，在 ZnO 线内部实现了具有恒定应变梯度的非均匀应变场，并分别应用连续波的阴极荧光（CWCL）、皮秒时间分辨率的阴极荧光（TRCL）和时间分辨的 PL 光谱（TRPL）对弯曲 ZnO 微米线中的激子发光行为和动力学过程开展了系统研究[31]。图 10-12（a）为 5.5K 温度下对四点弯曲的 ZnO 微米线横截面进行 CWCL 线扫实验测量的示意图，线扫步长约为 100nm。图 10-12（b，c）所示为直径 2.24μm 的四点弯曲 ZnO 微米线扫描电镜图及中间纯弯曲段的弯曲示意图，弯曲横截面最大拉伸和压缩应变分别为±1.4%，应变梯度为 1.25% μm^{-1}。分别对此 ZnO 微米线样品的无应变横截面“I”和纯弯曲横截面“II”从外侧到内侧进行 CWCL 光谱线扫测量，结果如图 10-12（d，f）所示。从图 10-12（d）

中可以看出，在直的横截面上，随着电子束激发位置的移动，其 CWCL 光谱不发生变化。带边发光光谱主要有最强的中性施主束缚激子发光峰（D^0X_A）、较弱的双电子卫星峰（TES）和中性束缚激子的声子伴线（D^0X_A-LO）。而在纯弯曲横截面“II”上，随着连续电子束激发位置从弯曲外侧边缘向内侧边缘逐点移动，整个横截面上的线扫 CWCL 光谱仍由较强的中性施主束缚激子 D^0X_A 发光峰主导，如图 10-12（f）所示。但是此主导发光峰 D^0X_A 相对无应变时的峰位有一个恒定的红移，相对红移量为 38meV。此外，随着连续电子束激发位置逐渐向弯曲内侧移

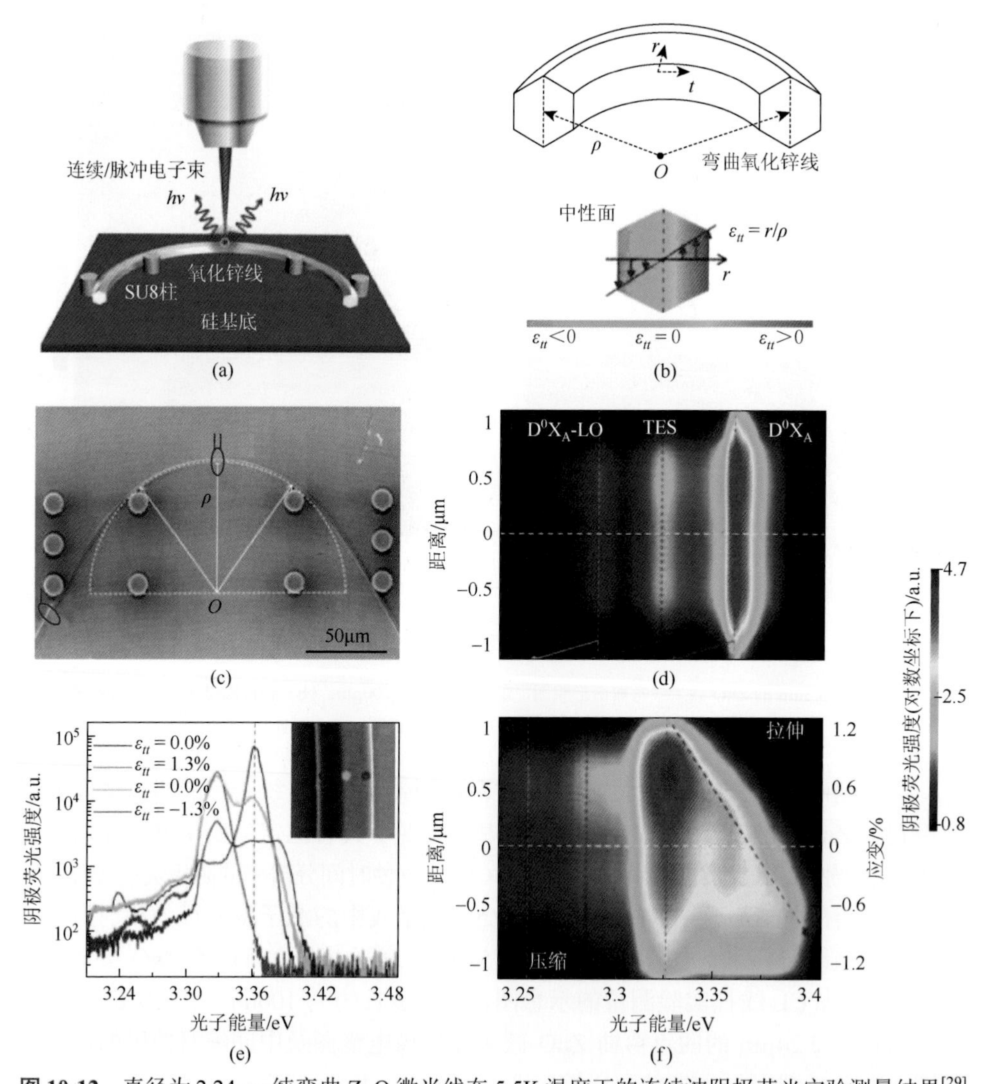

图 10-12　直径为 2.24μm 纯弯曲 ZnO 微米线在 5.5K 温度下的连续波阴极荧光实验测量结果[29]

（a）测试原理图；（b）局部应变分布示意图；（c）实际测试图；（d）直纳米线的阴极荧光线扫描谱；（e）纳米线不同位置的连续波阴极荧光谱；（f）拉伸纳米线的阴极荧光线扫描谱

动，两个其他较弱但仍可分辨的发光峰在较高能量位置逐渐出现，其中最高能量的发光峰随电子束激发位置的移动不断发生蓝移。图 10-12（e）为纯弯曲横截面的外侧（$\varepsilon=1.3\%$）、之间（$\varepsilon=0.0\%$）和内侧（$\varepsilon=-1.3\%$）三个位置以及无应变位置处的 CWCL 光谱。通过上述对纯弯曲 ZnO 微米线 CWCL 的实验结果可以看到，当连续电子束激发纯弯曲 ZnO 微米线的弯曲外侧时，几乎所有的自由激子都集中分布在电子束激发的位置并复合发光；当连续电子束的激发位置逐渐向弯曲内侧移动时，由于应变梯度诱发的内建场对激子的驱动作用，大部分激子经漂移弛豫平衡后分布在弯曲横截面的外侧边缘并复合发光，只有少部分分布在电子束激发的位置进行复合发光。

为进一步从实验上揭示非均匀应变场中 ZnO 激子的动力学特性，Fu 等利用具有超高时间（约 10ps）和空间（约 50nm）分辨率的 TRCL 系统对上述四点弯曲的 ZnO 微米线进行了系统研究。图 10-13（a）所示的是脉冲电子束（约 1ps）激发无应变位置和纯弯曲横截面上 A（$\varepsilon=-1.18\%$）、B（$\varepsilon=0.0\%$）、C（$\varepsilon=1.03\%$）三个位置点时所测得的时间积分 TRCL 光谱，与图 10-12（e）中结果相一致。图 10-13（b～e）为上述四个位置处相应的条纹相机测得的时间分辨 TRCL 信号。从图中可以看出，纯弯曲最内侧 A 点位置和中间 B 点位置时间分辨的 TRCL 信号图像均呈现“逗

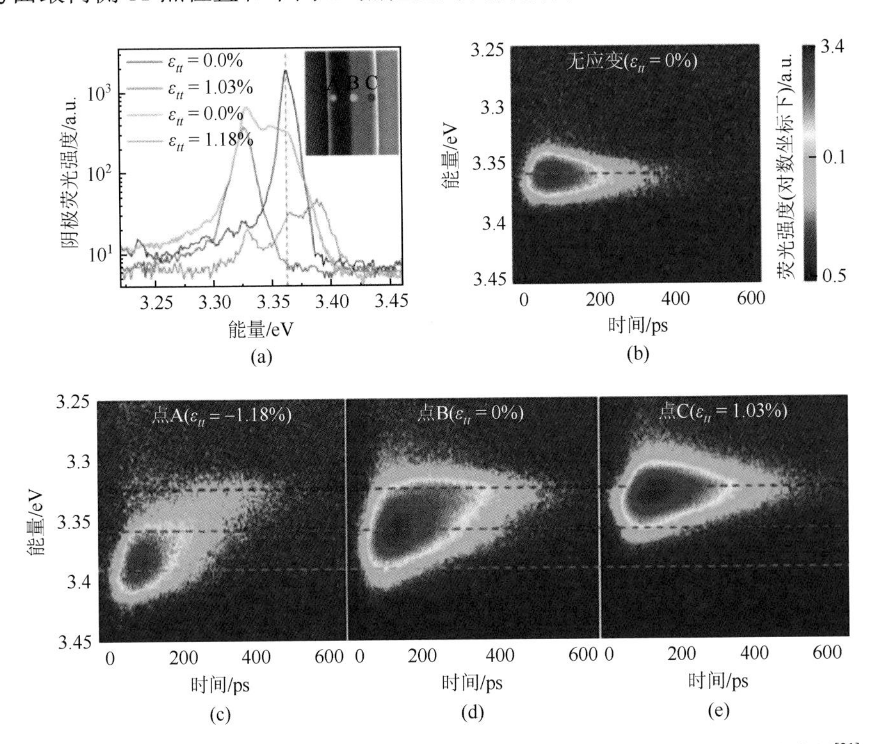

图 10-13　8K 温度下直径为 2.24μm 的四点弯曲 ZnO 微米线 TRCL 实验测量结果[31]

（a）脉冲电子束在无应变及纯弯曲横截面 A、B、C 位置激发得到的时间积分 CL 光谱；
（b～e）相应位置的 TRCL 光谱条纹相机测量结果

号”轮廓。也就是说，对于 A 点和 B 点位置，用脉冲电子束激发之后，ZnO 束缚激子发光峰的能量随着时间推移逐渐发生红移。该现象说明脉冲电子束激发产生束缚激子 D^0X_A 之后，D^0X_A 激子会从较高能量的激子势区域向较低能量的激子势区域漂移，即从纯弯曲内侧向外侧漂移。此外，作者还采用了低温 TRPL 研究了弯曲应变梯度对 ZnO 纳米线中激子动力学的影响，同样观察到了激子的漂移现象，与 TRCL 实验结果相一致。

10.2.2 应变调控电学性能

传统半导体工业中的应变硅技术是指通过一定的技术手段在硅沟道内引入应变提高载流子迁移率及输运性能，减小载流子在源-漏极之间流动所受的阻碍，使得半导体器件发热与能耗降低，运行速度得以提升；其具体原理与应变下 Si 能带结构的改变、载流子有效质量和散射几率的降低有关[32]。在半导体纳米线材料中，应变场与材料电输运性能的耦合作用同样是研究者关注的热点。He 等研究了化学气相沉积法生长的 Si 纳米线在不同应变条件下的电输运特性，纳米线及实验装置如图 10-14（a，b）所示[33]。图 10-14（c）显示了直径 70nm，长度 1.2μm 沿〈111〉方向生长的 p 型 Si 纳米线在不同应变条件下的电导变化，从图中可以看出，纳米线电导随着压缩应变的增大而增大，随着拉伸应变的增大而减小。Si 纳米线压阻系数与直径及电阻率的关系如图 10-14（d）所示，沿〈111〉方向的 p 型 Si 纳米线压阻系数随直径的减小而增大，最高达$-3550\times10^{-11}Pa^{-1}$，远高于块体的$-94\times10^{-11}Pa^{-1}$。此外，Si 纳米线中压阻系数的增强不只局限于〈111〉方向，直径 75nm 沿〈110〉方向生长的 Si 纳米线压阻系数为$-660\times10^{-11}Pa^{-1}$，同样高于块体的$-70\times10^{-11}Pa^{-1}$。作者提出这种巨压阻效应可能是由于载流子迁移率的变化造成的；另外，纳米线表面修饰对于材料的压阻系数也有明显影响。该工作极大地引起了人们对纳米材料中压阻效应的研究兴趣，并从理论与实验两个方面开展了更为深入的研究[34-36]。由于以上实验中四点弯曲装置能够施加的应变较小（约 0.06%），Lugstein 等利用单轴拉伸装置研究了 Si 纳米线在较大应变下（3.5%）的电输运特性。研究结果发现，在拉伸应变小于 0.8%时，Si 纳米线表现出正压阻效应，即电阻随着拉伸应变的增大而增大，与 He 等的现象一致；而继续施加应变，纳米线却表现出负压阻效应，即 Si 纳米线的电阻随拉伸应变的增大而减小。在最大 3.5%拉伸应变下，纳米线的电阻降低了约 10 倍[37]。

Greil 等首次利用三点弯曲装置研究了 Ge 纳米线中的压阻效应[38]。研究结果显示，纳米线电阻的相对变化与所受拉伸应变呈指数衰减关系，在 1.8%拉伸应变条件下电阻降低约 30 倍。拟合得到纳米线沿〈111〉方向的压阻系数为$-249\times10^{-11}Pa^{-1}$，大于块体 Ge 的 $65\times10^{-11}Pa^{-1}$，且变化趋势相反。Shao 等在透射电子显微镜中原位研究了应变对金刚石结构且沿〈111〉方向生长的 SiC 纳米

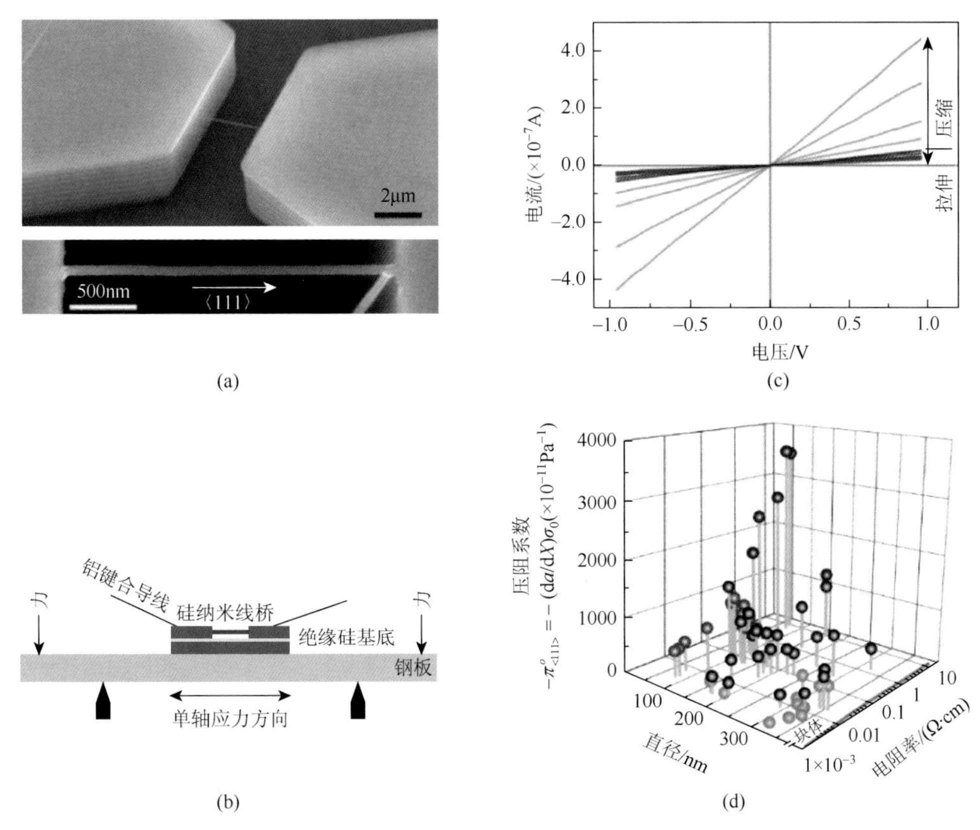

图 10-14 (a)搭在沟槽两端的沿〈111〉方向生长的 Si 纳米线扫描电镜图片;(b)对 Si 纳米线施加单轴应变的四点弯曲装置示意图;(c)不同拉伸与压缩应变下 Si 纳米线电流-电压曲线变化图;(d)Si 纳米线压阻系数与材料直径及电阻率的关系[33]

线电输运性能的影响[39]。结果显示纳米线电导率随拉伸应变的增大单调增大,计算得到的压阻系数为$-1.15\times10^{-11}Pa^{-1}$,与体材料相当。但与块体相比,该纳米线的断裂应变高达 10%,因此更适合于构筑高压环境下工作的压力传感器件。

张跃教授研究组利用基于原子力显微镜的扫描探针系统,深入研究了应力/应变对不同形貌、掺杂的准一维 ZnO 纳米材料电输运性能的影响。与其他研究手段相比,原子力显微镜可以实现应力的定量施加;此外,由于其具有电输运测量模块,可以同时对应力、电流等性能参数进行原位采集,再加上其具有纳尺度以下的形貌分辨能力,因此特别适合于纳米材料中力-电耦合性能的表征,并成为目前该领域研究最为常用的研究手段之一[40]。Yang 等研究了锑(Sb)掺杂 ZnO 纳米带沿$[2\bar{1}\bar{1}0]$方向的压阻效应[41]。图 10-15(a)显示的是化学气相沉积制备的 Sb 掺杂 ZnO 纳米带,能谱表征 Sb 含量约为 7%。图 10-15(b)为单根 ZnO 纳米带的扫描电镜形貌图，从（c）图中高分辨透射电镜表征可以得出，纳米带沿[01$\bar{1}$2]方向生长，厚度为[2$\bar{1}\bar{1}$0]方向。将ZnO纳米带转移至石墨衬底上，原子力针尖为金属Pt/Ir针尖，与ZnO构成金属-半导体-金属结构。Pt/Ir金属针尖与ZnO纳米带形成欧姆接触，这可能是由于高浓度的Sb掺杂引起的。利用原子力针尖逐渐对纳米带沿[2$\bar{1}\bar{1}$0]施加应力，电输运性能变化如图10-15（d）所示，纳米带电阻随着施加应力的增大而减小。由于纳米带沿[2$\bar{1}\bar{1}$0]方向的压电效应可以忽略，因此电流的变化主要是由压阻效应造成的。图10-15（e）显示的是电阻与应力之间的关系，可以看出，在70nN以下的加载力范围内，掺杂ZnO纳米带有着较高的压阻系数；当施加压应力大于70nN时，电阻随应力的变化较小。此外，Yang等还构建了基于Sb掺杂ZnO纳米带的柔性力电传感器件，通过测量不同应变下的电输运曲线研究了纳米带沿长度方向的压阻效应，结果显示Sb掺杂纳米带的横向压阻系数比厚度方向的要大很多[42]。

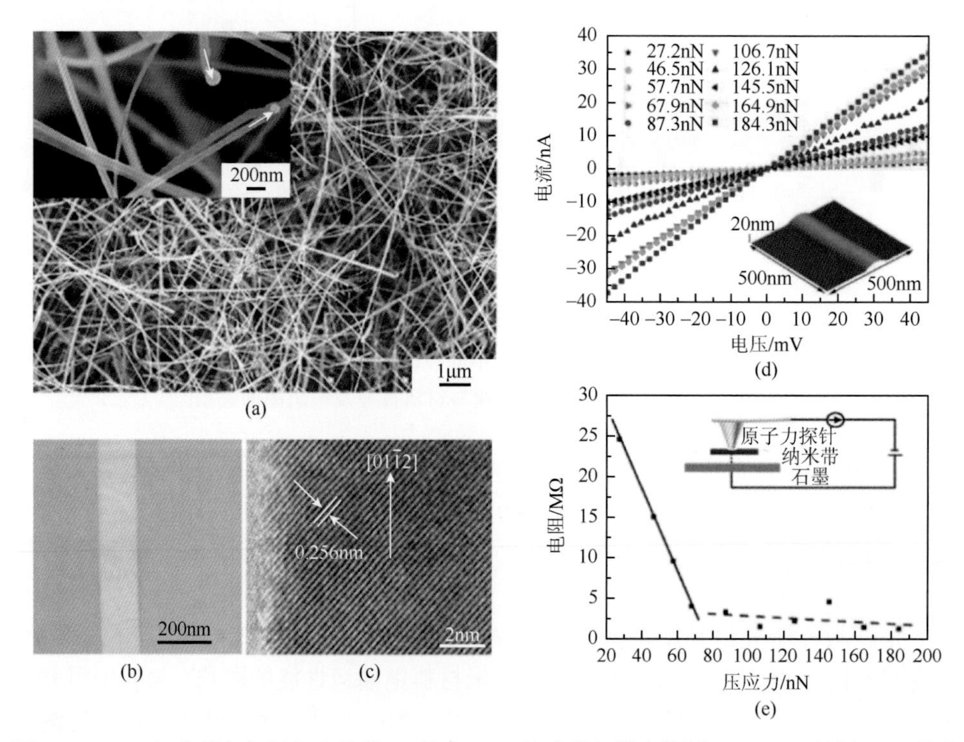

图10-15 （a）化学气相沉积生长的Sb掺杂ZnO纳米带扫描电镜图；（b，c）单根ZnO纳米带形貌及高分辨透射电镜照片；（d）沿纳米带厚度方向施加不同应力时器件的电输运特性变化；（e）纳米带电阻与施加压应力的关系[41]

除了压阻效应以外，对于具有非中心对称纤锌矿结构的纳米材料如ZnO、CdS以及GaN等，当沿其极性轴施加应变时，则必须同时考虑压电效应的影响。张跃教授组利用原子力显微镜系统研究了极性表面控制生长的 ZnO 纳米带中应变与电输运性能之间的耦合，测量结构示意图如图 10-16（a）所示[43]。将具有±(0001)极性表面的 ZnO 纳米带转移至导电玻璃表面，导电 ITO 作为底电极与 ZnO 形成欧姆接触，原子力显微镜针尖表面镀有 Pt/Ir 金属，与 ZnO 形成肖特基接触。图 10-16（b）为不同压力下纳米带的伏安特性曲线，在低加载力作用下可以观察到明显的整流特性。随着加载力的增加，开路端电流逐渐增大，伏安曲线逐渐向欧姆接触类型转变。由于纳米带具有（0001）的极性面，因此沿厚度方向施加应力时，在 ZnO 与 Pt/Ir 针尖接触界面处将会产生一定的正压电电势，该压电势降低了肖特基接触势垒高度。在 4.5V 电压下，二极管在加载力分别为 20nN 和 180nN 时可以分别看做关态与开态，则开关态电流比高达 1.6×10^4，因此该结构可以作为高灵敏度的压电开关，在纳机电系统中具有潜在的应用前景。

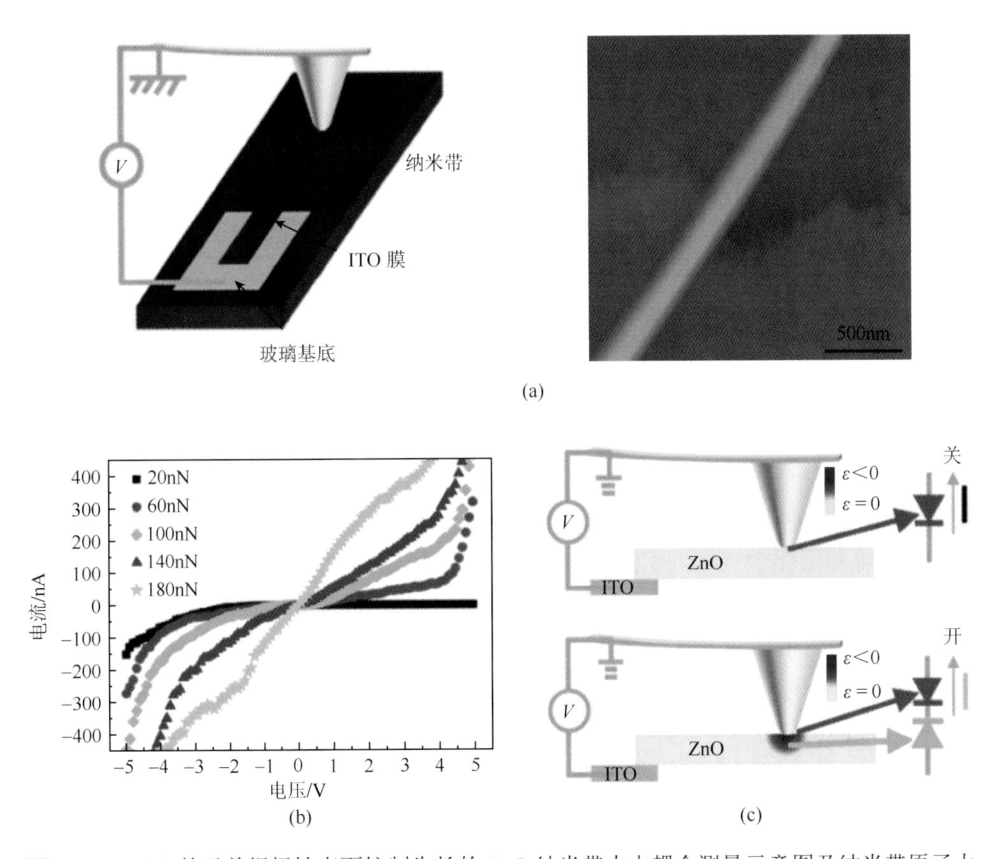

图 10-16　（a）基于单根极性表面控制生长的 ZnO 纳米带力电耦合测量示意图及纳米带原子力显微镜图像；（b）不同压力下 ZnO 纳米带电输运特性曲线；（c）有无应力条件下 ZnO 纳米带压电门开关模型示意图[43]

10.2.3 磁学性能调控

电子同时具有电荷和自旋两种属性。以半导体材料为基础的集成电路、高频和大功率信息处理器件是半导体中电子电荷特性被成功利用的典范。而对于信息存储，则必须利用磁性材料中电子的自旋属性来完成。长期以来，对于电子电荷和自旋属性的研究与应用一直作为两个独立的学科平行发展。如果能够实现电子两种属性的结合，使得信息的处理与存储可以在同一种材料上完成，无疑可以进一步提高半导体器件的集成度，稀磁半导体材料的研究为上述预言的实现提供了可能。稀磁半导体材料不但具有普通半导体良好的光电特性，同时由于电子自旋特性的引入，可以实现真正意义上的磁-光-电耦合。稀磁半导体是指在II-VI族（如ZnO、CdTe等）或III-V族（如GaN、GaAs等）半导体中，由磁性过渡族金属（Fe、Co、Ni、Mn 等）离子或稀土金属离子部分替代非磁性阳离子所形成的新型半导体。对于稀磁半导体的研究可以追溯到20世纪60年代，当时研究的材料大多是EuO、CrO 等一些具有半导体特性的尖晶石及部分天然矿石，材料导电性极差且居里温度通常位于100K以下。20世纪80年代以后，主要研究集中于II-VI族和II-VI族稀磁半导体上，如$Zn_{1-x}Mn_xSe$、$Cd_{1-x}Mn_xTe$以及$Ga_{1-x}Mn_xAs$等，但工作温度依然徘徊在 110K 上下，居里温度迟迟得不到提高成为制约其研究与工业应用的瓶颈[44-46]。2000 年 Dietl 研究组利用平均场近似理论预测了几种可以实现室温铁磁性能的稀磁半导体材料，如ZnO、GaN等宽禁带半导体材料[47]。相对于在GaN中掺杂不同周期的Mn离子，与Zn离子处于同一周期的Mn离子在ZnO中的溶解度更高，因此成为稀磁半导体实用化的最佳选择之一。对于稀磁半导体中铁磁性的起源问题目前还没有统一的理论来处理，但研究人员已经提出了一系列的模型如交换理论模型、局域电子模型、巡游电子模型以及自旋涨落理论模型等来试图解释各种磁学现象。

Liu等利用化学气相沉积法制备了Mn掺杂的ZnO纳米线，如图10-17所示[48]。制备的纳米线具有c轴择优生长取向且无其他杂质相出现。EDS表征结果表明，该掺杂ZnO纳米线中Mn原子比例约为1.7%。图10-17（c）为5K温度下纳米线磁滞回线图，在10K Oe磁场作用下，材料的磁化强度及矫顽磁场分别为2.2emu/g和90Oe。插图为100Oe磁场强度下，材料磁化强度随温度的变化关系，可以看出该掺杂纳米线的居里温度约为44K。

Kang等利用热沉积法成功制备了Mn掺杂的铁磁性$Zn_{1-x}Mn_xO$（$x = 0.05$，0.1，0.2）纳米线，该纳米线具有纤锌矿单晶结构且沿$[01\bar{1}0]$方向择优生长[49]。XPS表征结果显示，当掺杂Mn元素含量由5%增加到10%时，Zn和Mn原子的2p峰峰位向高能方向偏移，该偏移可能是由于Mn^{2+}与缺陷杂化造成的；而当掺杂含量达到20%时，峰位向低能方向偏移。X射线吸收谱及X射线磁性圆二色谱

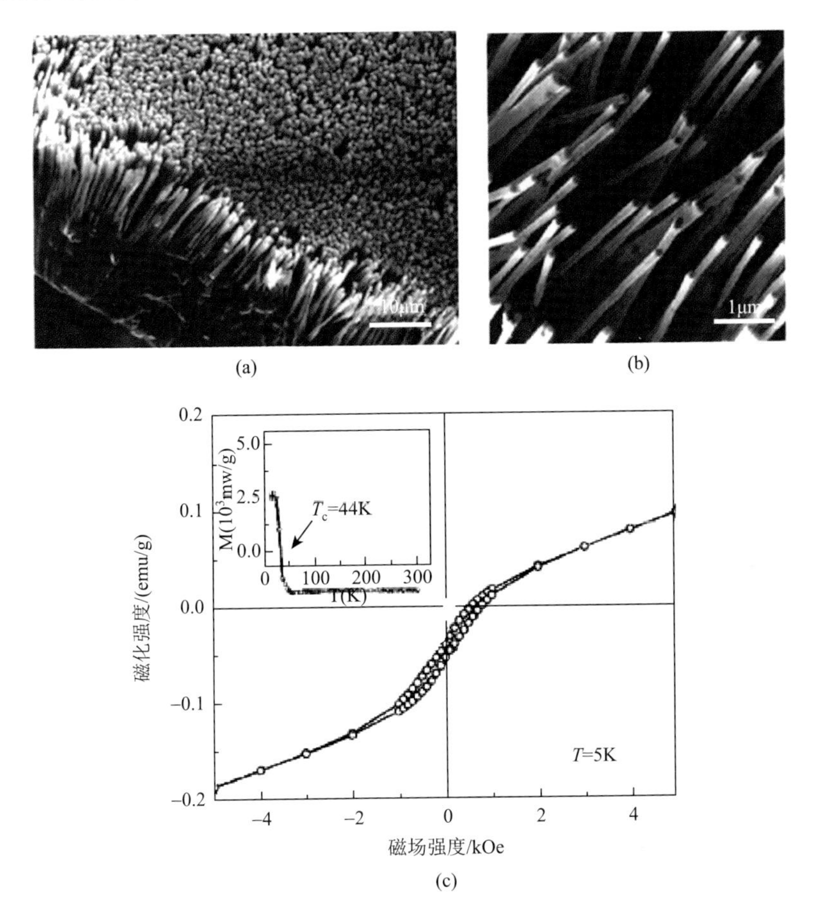

图 10-17　（a，b）Mn 掺杂 ZnO 纳米线扫描电镜图；（c）5K 温度下纳米线磁滞回线图[48]

结果显示，Mn^{2+}的掺杂以替位 Zn 离子的形式存在。对于 Mn 掺杂含量为 10%的纳米线，可以观察到明显的室温铁磁性。在 9T 磁场强度以及 2K 温度下，该纳米线的磁致电阻变化可以达到 10%。

除 Mn 元素之外，Co、Ni、Nd、Cr 以及 Fe 等元素也通常被用于掺杂制备 ZnO 稀磁半导体[50-61]。Liu 等利用化学气相沉积法制备了 Fe-Co 共掺的 ZnO 纳米线，如图 10-18（a～d）所示[62]。透射电镜及能谱表征结果显示，$Zn_{1-x}(FeCo)_xO$ 纳米线沿〈001〉方向生长，Fe-Co 掺杂摩尔原子比例约为 2%。纳米线磁化曲线如图 10-18（e～g）所示，结果显示 5K 温度下材料磁化强度约为 1.0emu/cm^3，矫顽磁场约为 1213Oe。300K 温度下，磁化强度及矫顽磁场均有所降低，分别为 0.88emu/cm^3 和 96Oe，但仍可观察到明显的磁滞回线，表现出室温铁磁特性。Zhou 等利用化学气相沉积法制备了 Ni 掺杂的准一维 ZnO 纳米梳结构，该结构在高于室温温度下表现出良好的铁磁性能，饱和磁化强度 0.62emu/g，矫顽磁场达 88Oe。

此外，材料的铁磁性能对于退火温度非常敏感，这可能是由于 Ni 掺杂 ZnO 的铁磁性能与氧空位有关造成的[63]。

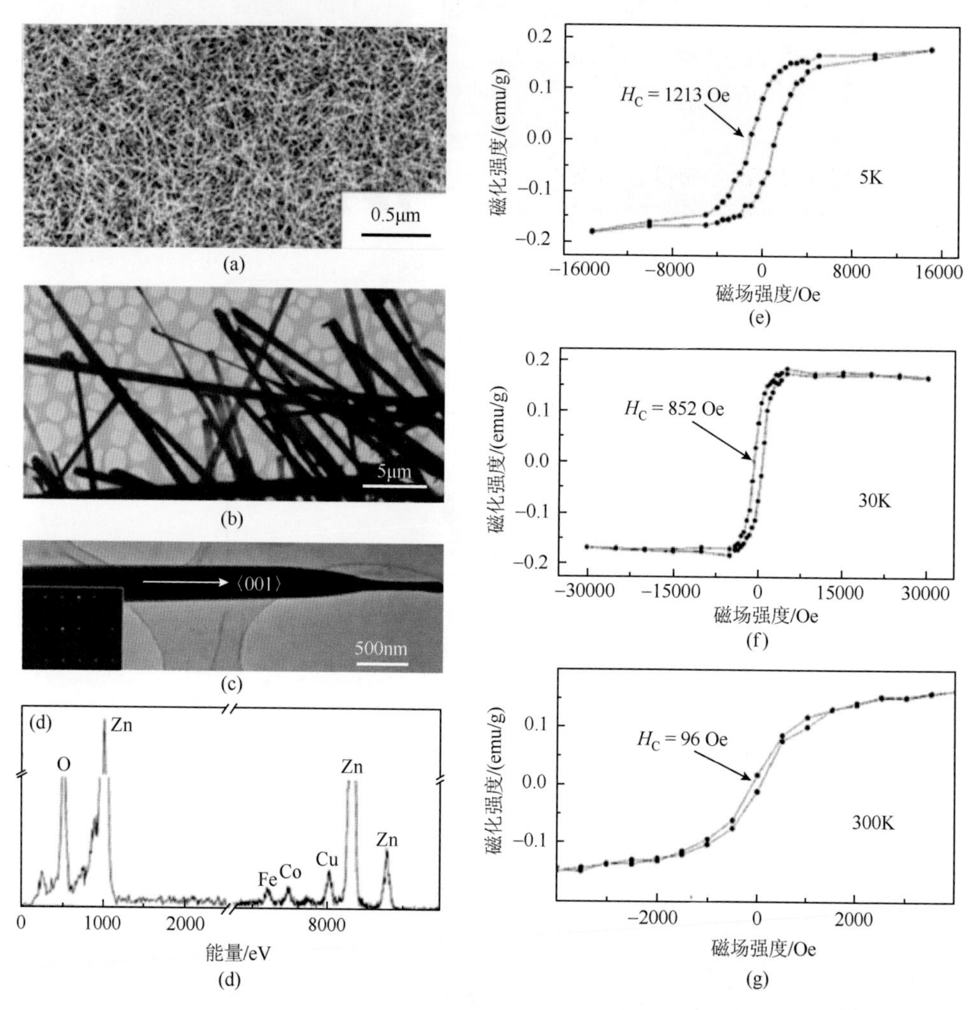

图 10-18 （a～d）$Zn_{1-x}(FeCo)_xO$ 纳米线扫描电镜、透射电镜图片以及 EDS 能谱；（e～g）纳米线在 5K、30K 以及 300K 温度下的磁滞回线[62]

Wang 等利用气相沉积法制备了 Nd 掺杂的 ZnO 纳米线，扫描电镜如图 10-19（a）所示[64]。透射电镜及 X 射线衍射表征显示，制备的掺杂纳米线为纤锌矿单晶结构，沿[001]方向择优生长且无其他杂质相存在。图 10-19（c，d）图为掺杂含量 1.6%的 $Zn_{0.984}Nd_{0.016}O$ 纳米线面内磁化（磁场与纳米线长度方向垂直）与面外磁化（磁场与纳米线长度方向平行）曲线随温度的变化关系。从图中可以看出，掺杂后的纳米线表现出明显的室温铁磁特性并具有显著的各向异性。进一步测量结果显示，该纳米线在 740K 的高温下依然可以保持一定的磁化性能。300K 温度下，面内磁化与面外磁化的饱和磁化强度比达 4.1。对于面内磁化，纳米线具有高达 780Oe 的矫顽磁场，满足作为磁性存储介质的要求；对于面外磁化，5K 温度下的饱和磁化强度达到 7.09emu/g。除了形貌各向异性的因素外，作者认为该现象主要是由于掺杂 Nd 离子的各项异性造成的。作者还研究了饱和磁化强度以及矫顽磁场随 Nd 掺杂浓度的变化关系，如图 10-19（e，f）所示。无论面内磁化还是面外磁化，饱和磁化强度均随 Nd 掺杂含量的增加而增大。面内磁化的矫顽磁场随 Nd 含量的增加而增大，而面外磁化的矫顽磁场随 Nd 含量的增加而减小。此外，作者还利用光致发光谱研究了材料缺陷对磁化性能的影响。图 10-19（g）为在氧气氛围中退火前后的光致发光谱，退火后由缺陷引起的绿光发射峰强度明显降低。图 10-19（h）为退火前后 $Zn_{0.984}Nd_{0.016}O$ 纳米线在不同温度下的面内/面外磁化曲线，从图中可以看出，退火后纳米线饱和磁化强度变小。因此，除了 Nd 离子轨道磁矩，由于掺杂引起的缺陷也是导致纳米线磁性能显著各向异性的原因。

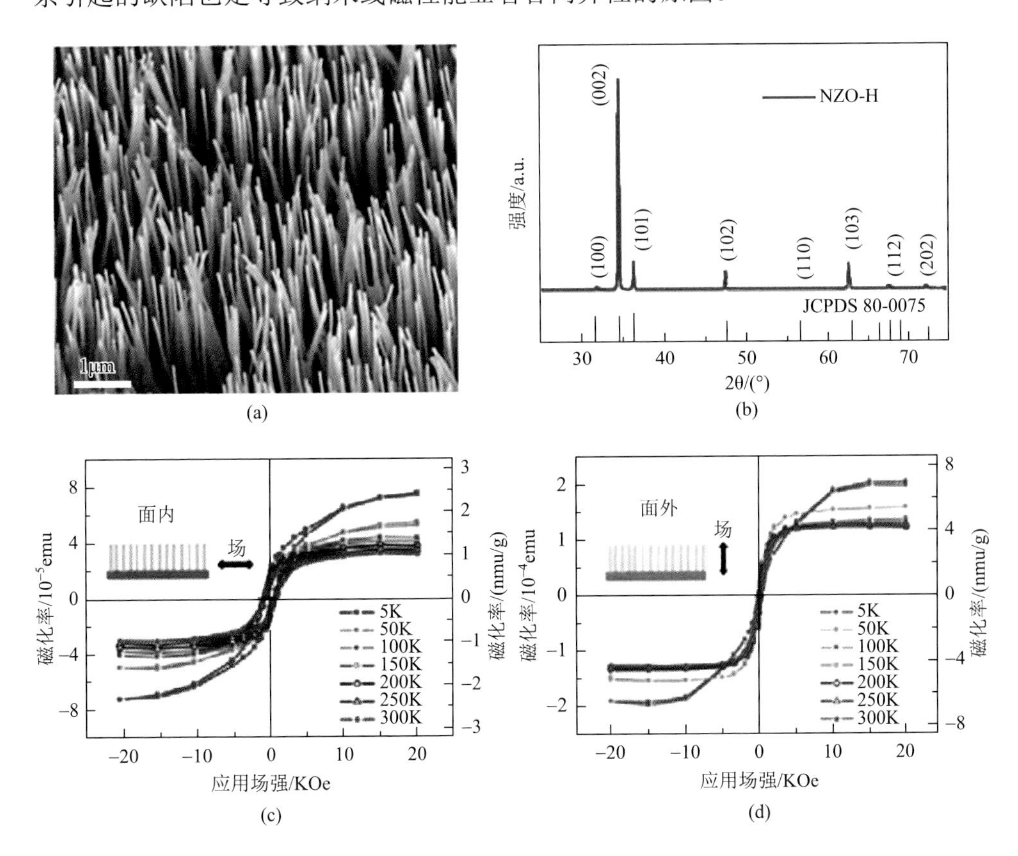

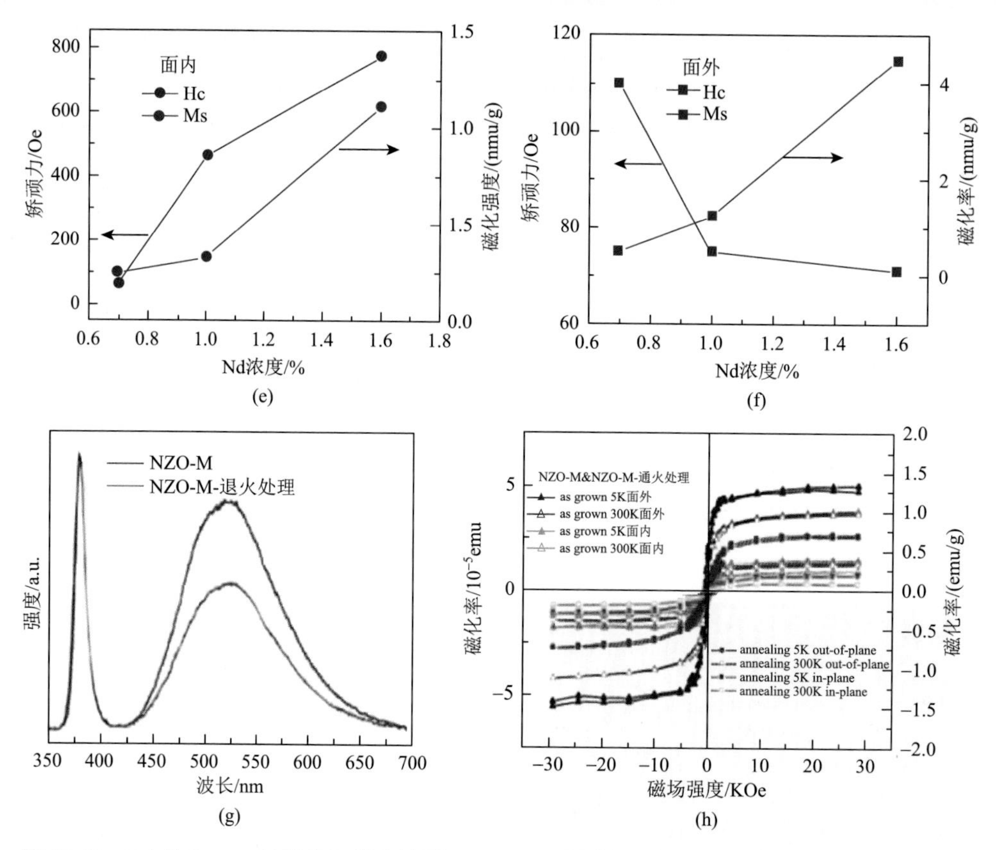

图 10-19 Nd 掺杂 ZnO 纳米线扫描电镜图(a)及 XRD 图谱(b);掺杂含量 1.6%的 $Zn_{0.984}Nd_{0.016}O$ 纳米线面内（c）及面外（d）磁化曲线随温度变化关系图;面内（e）和面外（f）磁化情况下饱和磁化强度及矫顽磁场随 Nd 掺杂浓度的变化;（g）退火前后纳米线光致发光谱;（h）退火前后纳米线在不同温度下的面内/面外磁化曲线[64]

Chang 等利用气相表面扩散的方法对热蒸发制备的 ZnO 纳米线进行 Mn 掺杂，如图 10-20（a）所示[65]。图 10-20（b）为掺杂后的 Mn-ZnO 纳米线扫描电镜图片，XRD 及 TEM 表征显示纳米线为单晶结构且无析出及其他二次相存在，沿[0001]方向择优生长。XPS 及 EDS 结果表明 Mn 原子的掺杂含量约为 1%。图 10-20（c）为不同温度下纳米线磁化曲线，表现出明显的室温铁磁性能，在 10K 温度下饱和磁化强度达 $2.2\mu_B$/Mn 离子。图 10-20（d）为归一化饱和磁化强度与温度之间的关系，通过幂律拟合得到纳米线居里温度约为 437K。图 10-20（e）显示了不同温度下磁阻变化与轴向磁场之间的关系，从图中可以看出，纳米线在高达 50K 的温度下依然可以观察到一定的磁阻性能；1.9K 温度下磁阻变化约为 8%。此外，将纳米线转移至 SiO_2/Si 基底上构筑晶体管结构施加背栅电压，作者还研究了外加电场对纳米线磁阻性能的影响，如图 10-20（f）所示。1.9K 温度下，当门电压从–40V 增

加到 + 40V 时，纳米线磁阻比率从 5.6%增加到 8.1%。由于电子浓度随着正栅压的增大而增大，极化子之间的相互作用得到增强，磁性能提高，该结果与 Mn-ZnO 体系中以载流子为媒介的铁磁模型相一致[66]。

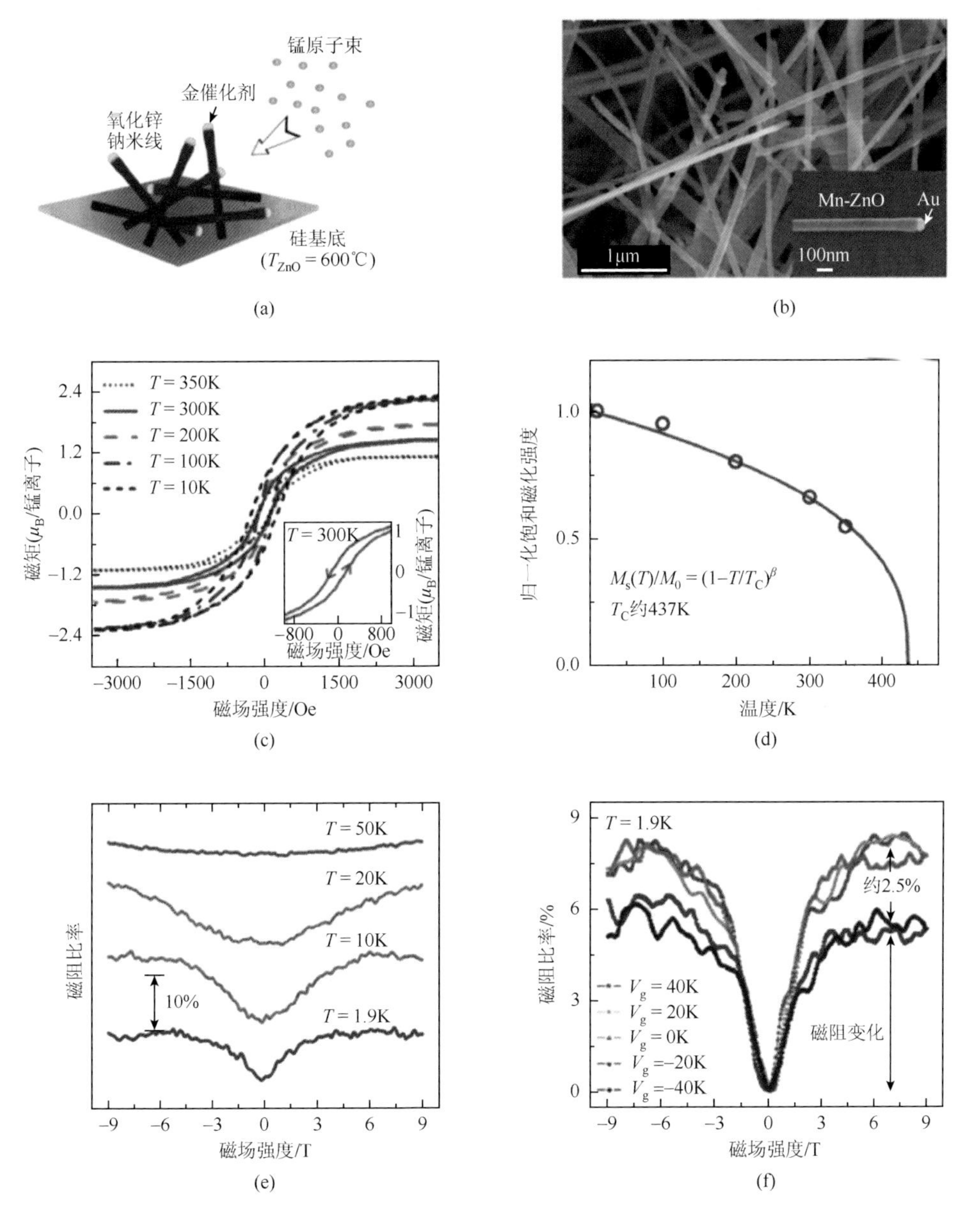

图 10-20　(a) 利用气相表面扩散制备 Mn 掺杂 ZnO 纳米线示意图；(b) Mn-ZnO 纳米线扫描电镜图；(c) 不同温度下纳米线磁化曲线；(d) 归一化饱和磁化强度与温度之间的关系；(e) 不同温度下磁阻比率与磁场强度的关系；(f) 1.9K 温度不同栅压控制下的磁阻比率与磁场强度之间的关系[65]

除了过渡金属离子掺杂外，ZnO 中的本征缺陷例如氧空位与锌空位也会使得纳米线具有室温铁磁性能，虽然铁磁性能的来源目前尚未存在统一的理论解释，但该现象已经得到多种实验的证实[67-70]。Modepalli 等研究了非掺杂 ZnO 纳米线的铁磁性能，并研究了外加栅压对纳米线中自旋交互作用以及磁阻性能的影响[71]。图 10-21（a）为 ZnO 纳米线在不同温度下的磁化曲线，具有典型的铁磁特性。通过拟合饱和磁化强度与温度之间的关系，得出纳米线居里温度约为 416K，远高于室温。通过在 SiO_2/Si 基底上构筑 ZnO 场效应晶体管，研究了栅压对纳米线磁阻性能的影响，如图 10-21（c，d）所示。可以看出，当栅压从–40V 逐渐增大到＋50V 时，磁电阻变化的符号由负转为正；＋10V-＋30V 的栅压范围内，该正负磁电阻变化的贡献同时存在。在 2K 温度以及＋1.5T 的磁场强度下，随着扫描栅压由-40V 变为＋50V，磁电阻变化由–10.9%变为＋4.3%。此外，无论正向还是负向的磁电阻变化，其变化幅度均随温度的升高而减小，如图 10-21（e，f）所示。磁阻变化的特性可通过 Khosla-Fischer 半经验公式进行很好的拟合，在该公式中，磁传输主要基于系统中局域磁矩与巡游电子之间的自旋相关散射[72]。拟合所得参数显示栅压引起的载流子浓度变化更有利于局域磁矩的交互作用并最终导致

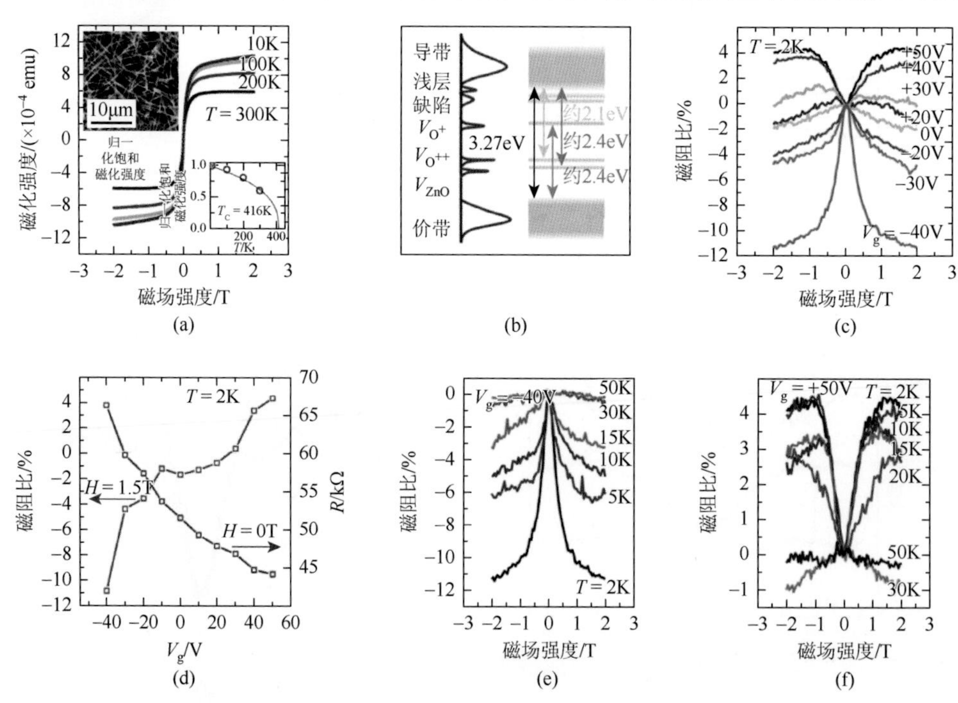

图 10-21 （a）不同温度下 ZnO 纳米线磁化曲线，插图为纳米线扫描电镜图片；（b）包含不同缺陷能级的 ZnO 纳米线能带示意图；（c）2K 温度下，纳米线磁阻性能随外加栅压的变化关系；（d）磁场强度 1.5T 下的磁阻以及零磁场下的纳米线电阻与外加栅压之间的关系；–40V（e）与＋50V（f）栅压下 ZnO 纳米线磁阻性能随温度变化关系[71]

自旋劈裂次能带之间迁移率的不对称性增强。栅压对铁磁纳米线光致发光谱的影响明显，施加 + 30V 栅压时，近带边发光峰强度明显减小，而氧空位引起的缺陷峰强度变化很小，证明该纳米线中由缺陷引起的磁矩是局域化的。该结果与载流子相关交互耦合作用的机理相一致，证明 ZnO 纳米线中的铁磁性能来自于氧空位的存在。

目前，人们已经在实验室制备出了多种稀磁半导体纳米线并成功构筑了部分原型器件，但这些器件通常只能在低温或者强磁场等苛刻条件下才能工作，成为半导体自旋电子器件应用的重要障碍。如何进一步有效地将自旋注入到半导体材料中提高磁性能，如何提高材料的光学、输运性能以及提高器件工作温度、寿命等已经成为当前该领域研究的热门课题。这些问题对于利用稀磁半导体中“磁-电”耦合以及“磁-电-光”耦合特性构筑新型功能器件和最终走向应用具有十分重要的意义。

10.3 多场耦合调控

除了以上讨论的半导体纳米线中“应变-光学性能”、“应变-电输运性能”以及“磁-电”之间的耦合外，对于半导体光电器件，通过施加应变可以调控器件电输运或器件界面能带结构，进而影响激子产生、分离、传输与复合等过程，最终实现对器件整体光电性能的调控。这种“应变-电输运-光电”之间的耦合作用是目前纳尺度耦合研究中的热点，通过多场耦合作用调控材料、界面性能也已成为公认的提高纳米光电器件性能的一种重要手段。在众多半导体纳米材料中，准一维 ZnO 纳米线由于宽禁带、高激子结合能与高电子迁移率而受到广泛关注。此外，ZnO 中多种性质共存且相互作用，使其成为研究多场耦合现象最为理想的材料之一。

光电探测器是一种通过电学过程对光学信号进行探测的器件，在光纤通信、红外热成像、遥感以及光度计量等领域具有广泛用途。光电探测器性能的基本参数包括探测波长、响应度、响应速度、噪声等。张跃教授组利用激光限域水热法制备了形貌、尺寸均一的图案化 ZnO 纳米棒阵列，如图 10-22（a）所示，研究了应力调控 ZnO 纳米棒电输运与材料表面极性的关系，以及力场/光场耦合对 Pt/Ir-ZnO 肖特基结输运性能的调控[73]。结果发现对于沿 + c 轴生长的 ZnO 纳米棒，在垂直压应力作用下 Pt/Ir-ZnO 界面肖特基势垒升高；对于沿-c 轴择优生长的纳米棒，施加压应力界面肖特基势垒降低；沿纳米棒 m 轴施加应力，肖特基势垒变化可以忽略。基于原子力显微镜，通过引入外部光源构筑了力光电耦合测试系统，如图 10-22（b）所示。对于沿 + c 轴生长的 ZnO，压应力条件下界面肖特基势垒升高，而 325nm 的激光照射降低肖特基势垒，因此可以通过控制施加应力的大小以及光照强度实现对肖特基结电输运性能的精细调控，如图 10-22（c，d）所示。在无光照情况下施加 0.46μN 压应力，肖特基结开启电压从 0.3V 增加至 1.2V；在保持施加应力的同时逐步增大入射光强，器件开启电压逐渐减小，在 0.46μN 压力与 0.52mW/cm^2 光强的同时作用下，其电输运曲线与初始状态几乎重合。

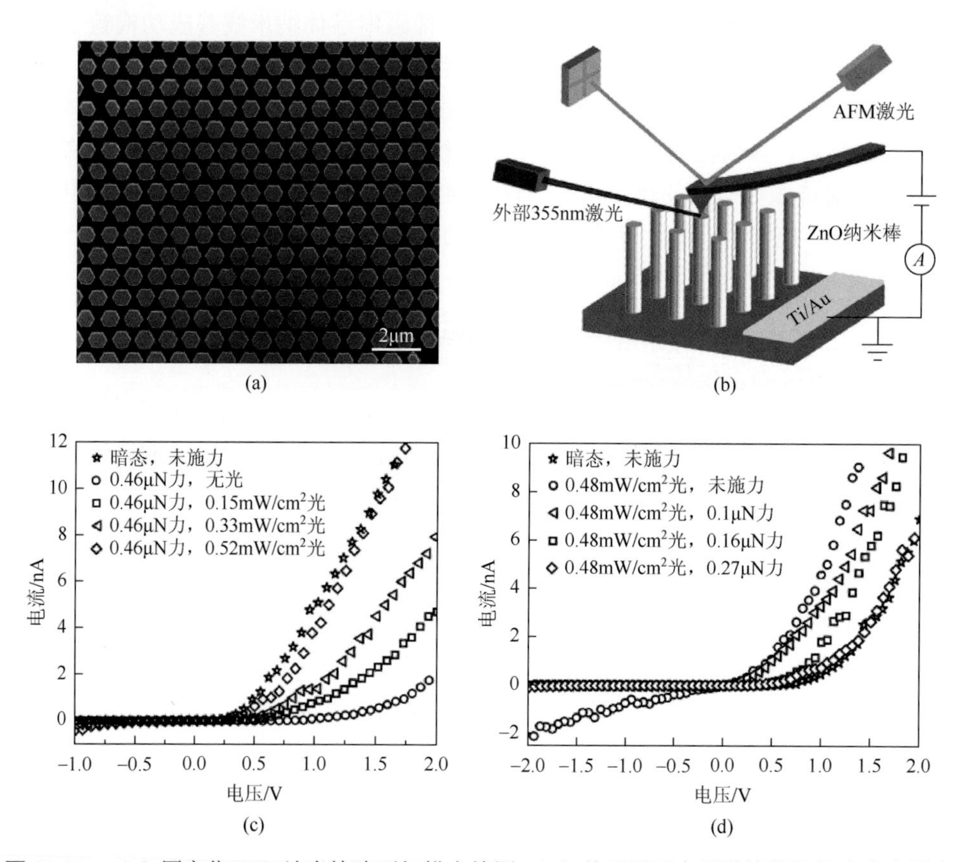

图 10-22 （a）图案化 ZnO 纳米棒阵列扫描电镜图；（b）基于原子力显微镜构筑的力光电耦合测试系统示意图；（c，d）力场/光场耦合对 + c 轴生长的 ZnO 纳米棒电输运性能的精细调控[73]

与传统的光导型光电探测器件不同，张跃教授研究组提出了一种利用界面能带弯曲而工作的自驱动型光电探测器，该类器件具有零能耗、响应度高、响应时间短等优点[74]。另外，该种类型器件工作时无需外加偏压，器件性能仅与界面处的能带结构相关，因此更适合多场耦合作用对于器件界面性能的调控研究。Lu 等构建了基于单根 ZnO 线/Au 的肖特基型自驱动光探测器，通过考察应变对异质结零偏压下光响应性能的调控，系统研究了 ZnO 中压电极化电荷对界面光生载流子产生、分离、复合等行为的影响[75]。器件结构示意图如图 10-23（a）所示，从（b）

图电流-电压曲线可以看出器件具有优异的整流特性，±0.25V 下整流比达 883，说明 ZnO 与 Au 形成良好的肖特基接触。通过电容-电压曲线测试，计算得出 ZnO 的载流子浓度为 $2.6\times10^{17}cm^{-3}$，在此情况下 ZnO 应变产生的压电势不会被完全屏蔽。不同拉伸应变下器件光响应如图 10-23（c）所示，光电流随拉伸应变的增加而逐渐增加，并且仍保持很好的稳定性，响应与恢复时间无明显变化。在拉伸应变为 0.58%时，光电流增加了约 5.3 倍。由电流-电压曲线计算得到的肖特基势垒高度与应变的关系如图 10-23（d），随着拉伸应变增加，肖特基势垒高度逐渐增大。根据自驱动光电探测器原理，界面势垒高度及耗尽层宽度对器件性能起着决定性作用，而肖特基势垒高度的增加促进了耗尽区内光生电子-空穴对的分离与提取，从而提升了光电流。

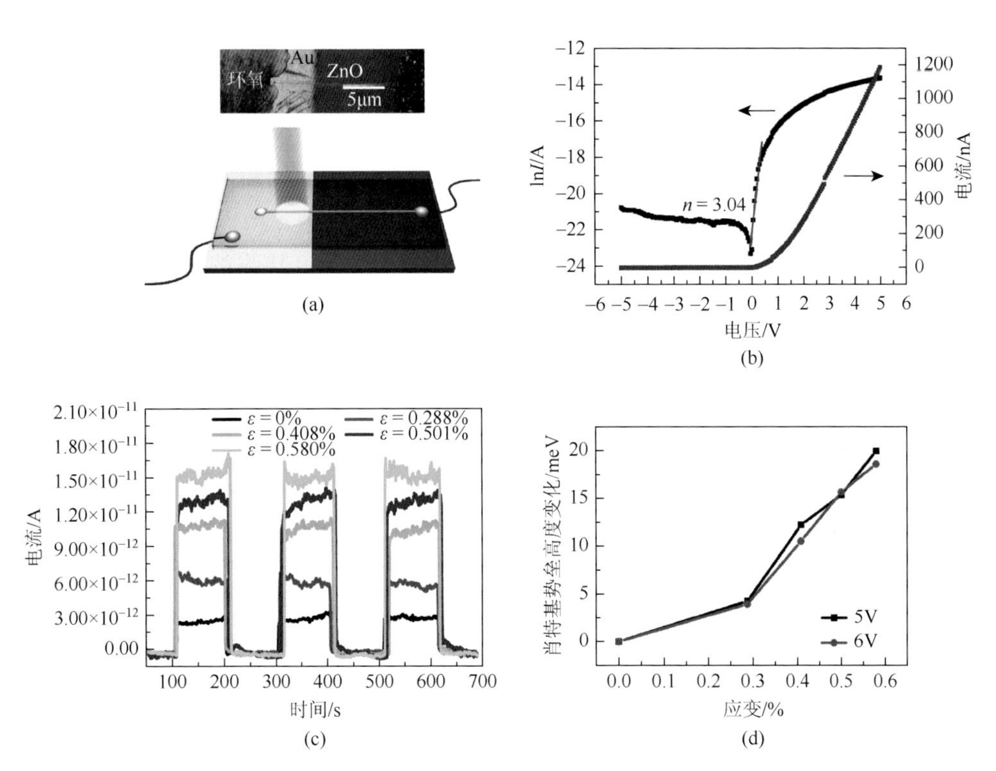

图 10-23　（a）ZnO/Au 肖特基型自驱动光探测器结构示意图及光镜图；（b）肖特基结 I-V 特性曲线；（c）无外加偏压时，器件在不同拉伸应变条件下的 I-T 响应性能；（d）不同应变条件下器件肖特基势垒高度变化[75]

张跃教授研究组构建了基于 ZnO 纳米棒阵列/Al_2O_3/Pt 的金属-绝缘体-半导体（MIS）结构型自驱动光电器件，如图 10-24（a）所示，并系统研究了应变作用下界面特性及器件光响应性能的变化[76]。通过材料生长的优化及绝缘层的沉积，极大地抑制了 ZnO 中表面态对界面接触的影响，在 ZnO 与 Pt 之间形成了稳定的肖特基接触，如图 10-24（b）所示。当压应变通过 Pt 电极施加在 ZnO 纳米棒阵列顶端时，MIS 结的正向导通电流随压应变的增大而逐渐向下移动，界面肖特基势垒升高，如图 10-24（c）所示。这种电流电压的变化规律与压阻效应对输运的影响趋势相反，符合压电势对界面势垒的调控规律。在无外加偏压，入射光强度固定为 100mW/cm^2，测试 MIS 结在不同压缩应变下的光响应电流，结果如图 10-24（d）所示。有无压缩应变下，ZnO 纳米棒中的耗尽区及界面能带变化如图 10-24（e）所示。MIS 结产生的光响应电流随着压应变的增加而单调增加，在 1.0%的压应变下，MIS 结的光响应度比无应变时提升了将近 2.7 倍；不同应变下光电流响应与回复时间无明显变化，10-24（f）所示。ZnO 中由于压应变产生的负压电极化电荷会排斥 ZnO 中的电子远离空间电荷区向材料内部扩散，因此空间电荷区边界向材料内部移动，并最终导致接触势垒高度的抬升。以上结果使得接触界面的内建电场强度显著增强，加速了光生电子空穴对的分离过程，器件光响应电流提升。

除了半导体与金属形成的肖特基结外，张跃教授研究组构筑了 ZnO/石墨烯异质结构的柔性光电探测器并研究了应变对器件光电响应性能的调控，器件示意图如图 10-25（a）所示[77]。首先采用 H_2O_2 对 ZnO 进行处理，作为强氧化剂，H_2O_2 可以显著降低 ZnO 中的氧空位浓度，从而减少表面吸附及缺陷密度。随着处理时间的增加，ZnO/石墨烯接触的反向漏电流得到了明显抑制，器件开关比显著提高。良好的界面接触是后续应变调控的必要条件，同时由于处理后的 ZnO 缺陷减少，其压电性能也会得到一定程度的提高。图 10-25（b）中显示了 ZnO/石墨烯异质结的电流-电压特性曲线，具有明显的整流特性，理想因子约为 1.367，非常接近理想的肖特基数值。不同压缩应变下器件的光电流响应如图 10-25（c）所示，可以看出，随着应变的增加，光电流从 1.82μA 逐渐增加到 2.13μA，每增加 0.1%应变会引起光电流 1.7%的增加，相应的响应度由 71.61A/W 增加到 84.94A/W。这主要是由于应变下 ZnO 中产生的压电势引起界面势垒变化，从而加速光生电子-空穴对分离造成的，能带变化示意图如图 10-25（d）所示。但器件的响应与回复时间没有明显变化，这是由于在该结构类型的器件中，影响响应速度的并不是光生载流子的分离过程，而是载流子由界面向电极处传输的过程，而这一过程并没有受到压电势的明显影响，所以器件的响应时间没有明显变化。另外，张跃教授研究组还研究了应变对 ZnO/Cu_2O 全氧化物异质结光电响应性能的影响以及光强与压电调控能力大小的关系[78]。在 17.2mW/cm^2 光强下，每增加 0.1%的应变，光电流增加 2.2%；电容-电压测试结果显示，对 ZnO 施加 0.15%的压缩应变时，Cu_2O 中的耗尽区宽度从 379nm 增加到 436nm。实验上证明了 ZnO 中产生的压电极化电荷不但能够影响 ZnO 一侧空间电荷区大小，同样可以调控与其接触的 p 型材料一侧耗尽区。

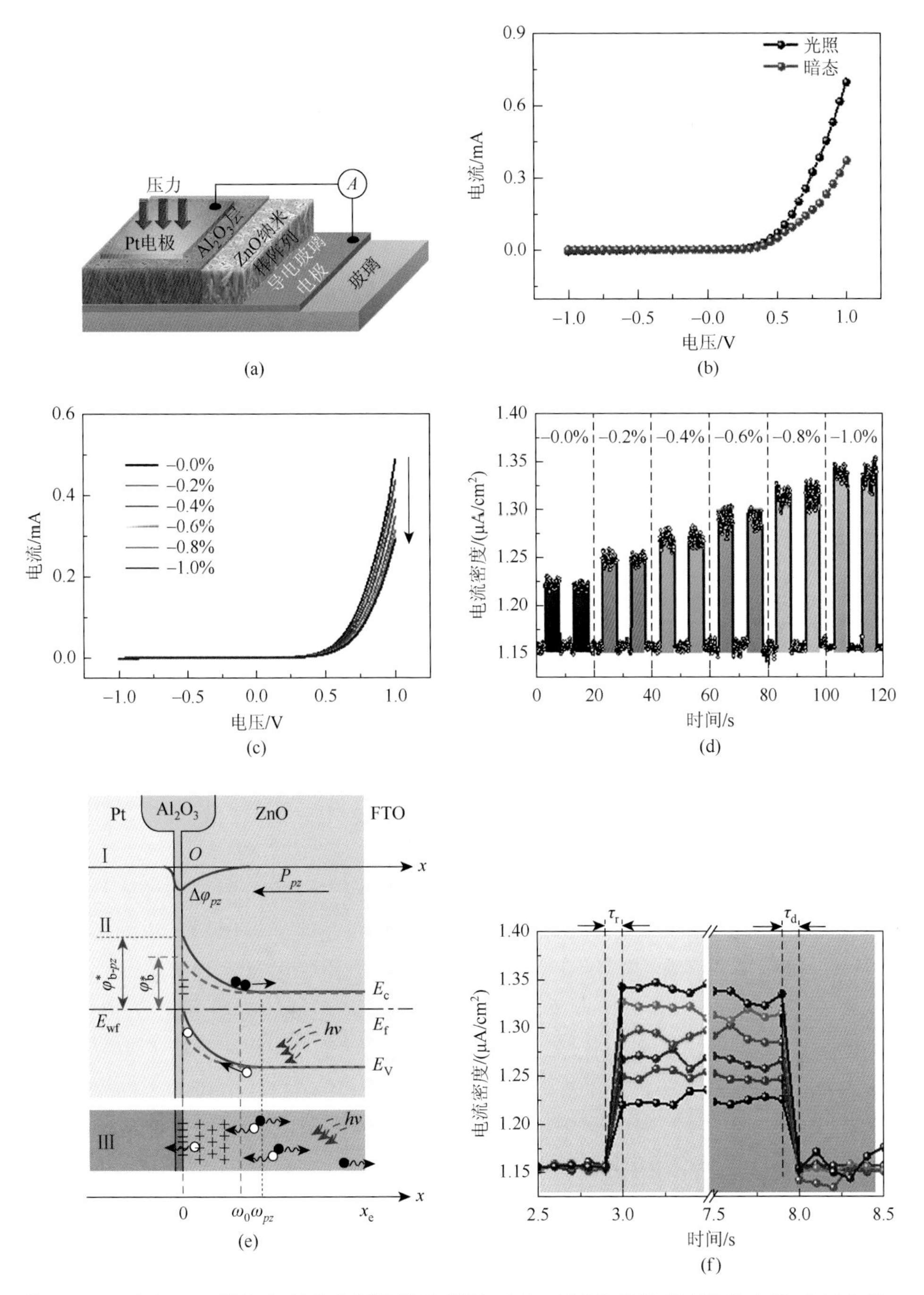

图 10-24　(a) MIS 结构自驱动光探测器示意图；(b) 有无光照条件下器件电流-电压曲线；(c) 不同压缩应变下器件的电流-电压曲线；(d) 零偏压不同应变下的器件光响应；(e) 压缩应变对 ZnO/Pt 内建电场、载流子浓度、空间电荷区宽度及能带结构的影响；(f) 不同应变下器件的响应与回复时间[76]

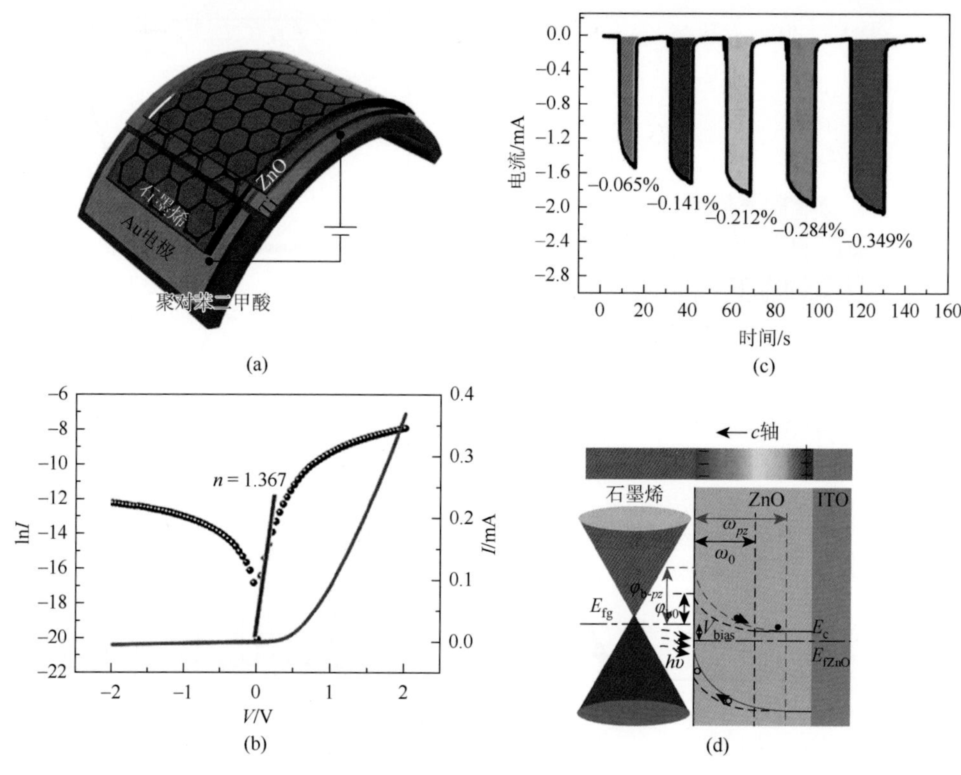

图 10-25 （a）柔性石墨烯/ZnO 纳米线阵列光探测器结构示意图；（b）表面处理后石墨烯/ZnO 异质结电流-电压曲线；（c）器件光电流随应变的变化；（d）不同应变下石墨烯/ZnO 界面处的能带变化示意图[77]

如前所述，在力光电多场耦合领域，研究最为广泛的对象是半导体与金属形成的肖特基结或半导体与半导体形成的 pn 结。然而在以半导体纳米线为基本组成单元的其他光电器件如染料敏化太阳能电池、光电化学以及生物传感器件中，半导体/溶液界面成为影响器件性能的重要因素。张跃教授研究组利用 ZnO/溶液界面处的能带弯曲构筑了光电化学型的自驱动光探测器，并系统分析了应变作用下界面势垒改变对载流子行为的影响规律[79]。在表面具有 ITO 电极的柔性聚对苯二甲酸乙二醇酯（PET）表面利用磁控溅射沉积 ZnO 薄膜，构筑器件所用溶液为 0.5mol/L 的中性硫酸钠的去离子水溶液，铂片为对电极，饱和 Ag/AgCl 为参比电极，器件结构示意图如图 10-26（a）所示。由于 ZnO 中费米能级高于 H_2/H_2O 的还原电位，当 n 型 ZnO 与水溶液接触时，ZnO 中的电子向溶液中流动直至费米能级与溶液氧化还原电位平衡。结果在 ZnO 一侧发生能带弯曲，形成空间电荷区，如图 10-26（b）所示。在无外加偏压情况下，该内建电场可以分离光生电子-空穴对，形成光电流。图 10-26（c）显示了不同应变条件下器件光响应曲线。响应电流随着 ZnO 中压缩应变的增大而增大，随拉伸应变的增大而减小。当施加 0.15%

压缩应变时，器件光电流增大 48%。由光电流产生的机理可知，ZnO 与溶液界面处空间电荷区的宽度最终决定了光电流大小，当 ZnO 受到压缩应变作用时，由于其 $+c$ 轴择优生长特性，与溶液接触的一侧表面产生带负电的压电极化电荷，促使 ZnO 中导带向上弯曲幅度更加显著，耗尽区变宽，光电流增加。为定量表征不同应变下 ZnO 中空间电荷区变化以及排除压阻效应、界面态等因素影响，对 ZnO/溶液体系进行了电化学阻抗谱测量，如图 10-26（d，e）所示。通过计算得出，在 0.15%的压缩应变下，ZnO 中耗尽区宽度由 4.6nm 增加至 6.3nm；而 0.15%拉伸应变下，耗尽区宽度减小为 3.8nm，与光电流测试结果相符合。此外，在压缩情形下，由于更多的电子可以被分离并传输到对电极，因此可以促进溶液中还原过程的发生 $(e^- + H^+ \rightarrow H)$；同理，当 ZnO 中产生正的压电电势时，利于氧化过程的发生 $(H_2O + H^+ \rightarrow O_2 + 2H)$。

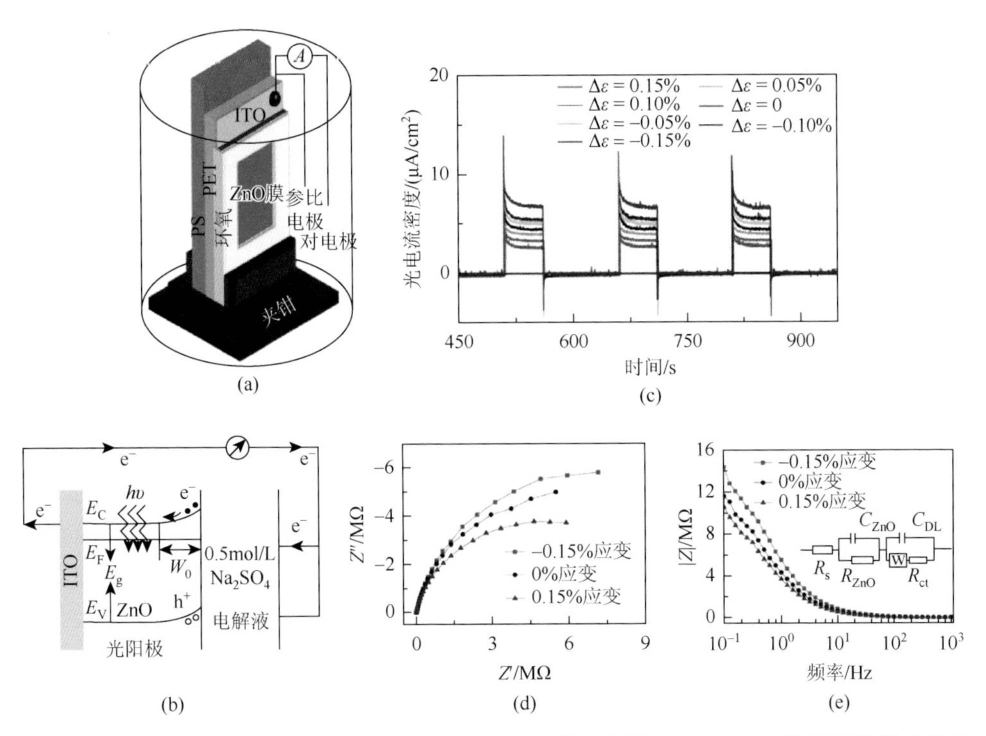

图 10-26　（a）ZnO/溶液光电化学型自驱动光探测器件示意图；（b）ZnO/溶液界面能带弯曲示意图；（c）零偏压不同应变下器件光响应变化；（d，e）不同应变条件下器件电化学阻抗谱[79]

由以上可知，目前对于应变调控半导体纳米线光学、电输运性能以及力光电耦合效应的文献报道大多基于单根原理型器件以及调控的可行性研究两个方面。如何利用已知的调控现象与规律构建新型功能纳器件，或者通过应变工程实现已有器件性能的提高已成为该领域下一步关注的重点。此外，在已有文献报道中，应变的施加大多需要在器件构筑完成的条件下通过外部拉伸/压缩、弯曲的方式实现，这极大地限制了功能器件的应用范围。如何将应变施加在器件构筑过程中完成，对器件结构的设计与封装提出了新的挑战。因此，从功能纳器件中多场耦合效应的应用角度讲，对该领域的研究还尚待进一步加强。

10.4 总 结

本章主要从一维半导体纳米线的力学性能出发，重点介绍了应力/应变与材料光学性能、电输运性能之间的耦合作用，并展示了一系列基于多场耦合效应构建的新型功能纳器件，如压电电子晶体管、自驱动传感器、可视化触觉传感等。由于半导体纳米材料中各物理场之间新的耦合方式及相关耦合机制显著区别于传统体材料，纳尺度下的多场耦合效应研究已经成为目前纳米材料学科中一个新兴并且快速发展的重要领域。对纳尺度多场耦合过程中一系列新现象和新效应的揭示不仅具有重要基础研究意义，还可为功能纳器件服役行为的预测提供指导。此外，与传统观念中尽量避免真实环境下多物理场对器件的影响不同，多场耦合现象的研究为合理利用多场耦合作用进行材料物性调控、界面结构设计进而提升器件性能提供了可能。但目前该领域的研究尚存在很多问题需要解决。首先，需要搭建能够对材料进行多物理场（热场、电场、光场、磁场等）耦合性能定量表征的新型测试系统，使其能够实现对不同多场耦合条件的精确模拟，并建立统一的测试标准及评价方法。其次，由于其特殊的物质尺度，很多一维纳米材料既具有微观属性，即量子力学特性，同时又可以表现出一定的宏观体系特点，处于介观体系的研究尺度。而介观物理可能同时涉及量子物理、统计物理和经典物理的一些基本问题。因此，纳尺度下多场耦合作用的微观机制及各物理场之间耦合作用的本构方程需要进一步的探索与归纳，可能需要新的理论模型与计算方法对耦合作用进行模拟仿真。此外，当前纳米材料多场耦合研究大多只考虑空间尺寸效应，对研究对象在时间维度上的结构、性能演化却较少涉及，在这方面还需进一步深入研究。

参考文献

[1] Felippa C A，Park K C，Farhat C. Partitioned analysis of coupled mechanical systems. Computer Methods in Applied Mechanics and Engineering，2001，190：3247-3270.
[2] 杨庆生，魏巍，马连华. 智能软材料热-电-化-力学耦合问题的研究进展. 力学进展，2014，44：201404.
[3] 王泽宝，赵鹏，冯能莲等. 热膨胀过程中流固耦合应力分析的等效方法. 计算机辅助工程，2017，26：43-46.
[4] 乐彦杰，郑新龙，张占奎等. 基于电磁-热-流耦合场的多回路排管敷设电缆载流量数值计算. 科学技术与工程，2017，17：197-202.
[5] 方岱宁，毛贯中，李法新等. 功能材料的力、电、磁耦合行为的实验研究. 机械强度，2005，27：217-226.

[6] 宋少云. 多场耦合问题的协同求解方法研究与应用. 武汉：华中科技大学，2007.

[7] Chidambaram P R，Bowen C，Chakravarthi S，et al. Fundamentals of silicon material properties for successful exploitation of strain engineering in modern CMOS manufacturing. IEEE Transactions on Electron Devices，2006，53：944-964.

[8] Thompson S E，Armstrong M，Auth C，et al. A 90-nm logic technology featuring strained-silicon. IEEE Transactions on Electron Devices，2004，51：1790-1797.

[9] Wang L H，Zheng K，Zhang Z，et al. Direct atomic-scale imaging about the mechanisms of ultralarge bent straining in Si nanowires. Nano Letters，2011，11：2382-2385.

[10] Desai A V，Haque M A. Mechanical properties of ZnO nanowires. Sensor and Actuators A-Physical，2007，134：169-176.

[11] Chen C Q，Zhu J. Bending strength and flexibility of ZnO nanowires. Applied Physics Letters，2007，90：043105.

[12] Gao Z Y，Ding Y，Lin S S，et al. Dynamic fatigue studies of ZnO nanowires by in-situ transmission electron microscopy. Physica Status Solidi-Rapid Rsesearch Letters，2009，3：260-262.

[13] Li P F，Liao Q L，Yang S Z，et al. In situ transmission electron microscopy investigation on fatigue behavior of single ZnO wires under high-cycle strain. Nano Letters，2014，14：480-485.

[14] Shiri D，Kong Y，Buin A，et al. Strain induced change of bandgap and effective mass in silicon nanowires. Applied Physics Letters，2008，93：073114.

[15] Hong K H，Kim J，Lee S H，et al. Strain-driven electronic band structure modulation of Si nanowires. Nano Letters，2008，8：1335-1340.

[16] Wu Z，Neaton J B，Grossman J C. Charge separation via strain in silicon nanowires. Nano Letters，2009，9：2418-2422.

[17] Cazzanelli M，Bianco F，Borga E，et al. Second-harmonic generation in silicon waveguides strained by silicon nitride. Nature Materials，2012，11：148-154.

[18] Minamisawa R A，Suess M J，Spolenak R，et al. Top-down fabricated silicon nanowires under tensile elastic strain up to 4.5%. Nature Communications，2012，3：1096.

[19] Schlager J B，Bertness K A，Blanchard P T，et al. Steady-state and time-resolved photoluminescence from relaxed and strained GaN nanowires grown by catalyst-free molecular-beam epitaxy. Journal of Applied Physics，2008，103：124309.

[20] Sun L X，Kim D H，Oh K H，et al. Strain-induced large exciton energy shifts in buckled CdS nanowires. Nano Letters，2013，13：3836-3842.

[21] Signorello G，Karg S，Björk M T，et al. Tuning the light emission from GaAs nanowires over 290meV with uniaxial strain. Nano Letters，2013，13：917-924.

[22] Chen J，Conache G，Pistol M E，et al. Probing strain in bent semiconductor nanowires with Raman spectroscopy. Nano Letters，2010，10：1280-1286.

[23] Cao J，Ertekin E，Srinivasan V，et al. Strain engineering and one-dimensional organization of metal-insulator domains in single-crystal vanadium dioxide beams. Nature Nanotechnology，2009，4：732-737.

[24] Shan W，Walukiewicz W，Ager J W，et al. Pressure-dependent photoluminescence study of ZnO nanowires. Applied Physics Letters，2005，86：153117.

[25] Han X B，Kou L Z，Lang X L，et al. Electronic and mechanical coupling in bent ZnO nanowires. Advanced Materials，2009，21：4937-4941.

[26] Wei B，Zheng K，Ji Y，et al. Size-dependent bandgap modulation of ZnO nanowires by tensile strain. Nano Letters，2012，12：4595-4599.

[27] Fu X W，Liao Z M，Liu R，et al. Size-dependent correlations between strain and phonon frequency in individual ZnO nanowires. ACS Nano，2013，7：8891-8898.

[28] Fu X W，Liao Z M，Liu R，et al. Strain loading mode dependent bandgap deformation potential in ZnO micro/nanowires. ACS Nano，2015，9：11960-11967.

[29] 付学文. 弹性应变和应变梯度对准一维 ZnO 材料物性调控及应用研究. 北京：北京大学，2014.

[30] Dietrich C P，Lange M，Klüpfel F J，et al. Strain distribution in bent ZnO microwires. Applied Physics Letters，2011，98：031105.

[31] Fu X W，Jacopin G，Shahmohammadi M，et al. Exciton drift in semiconductors under uniform strain gradients：application to bent ZnO microwires. ACS Nano，2014，8：3412-3420.

[32] 王敬. 延伸摩尔定律的应变硅技术. 微电子学，2008，38：50-56.

[33] He R R，Yang P D. Giant piezoresistance effect in silicon nanowires. Nature Nanotechnology. 2006，1：42-46.

[34] Cao J X，Gong X G，Wu R Q. Giant piezoresistance and its origin in Si（111）nanowires：First-principles calculations. Physical Review B，2007，75：233302.

[35] Barwicz T，Klein L，Koester S J，Hamann H. Silicon nanowire piezoresistance：Impact of surface crystallographic orientation. Applied Physics Letters，2010，97：023110.

[36] Neuzil P，Wong C C，Reboud J. Nano Letters，10：1248-1252.

[37] Lugstein A，Steinmair M，Steiger A，et al. Anomalous piezoresistance effect in ultrastrained silicon nanowires. Nano Letters，2010，10：3204-3208.

[38] Greil J，Lugstein A，Zeiner C，et al. Tuning the electro-optical properties of germanium nanowires by tensile strain. Nano Letterrs，2012，12：6230-6234.

[39] Shao R W，Zheng K，Zhang Y F，et al. Piezoresistance behaviors of ultra-strained SiC nanowires. Applied Physics Letters，2012，101：233109.

[40] Zhang Y，Yan X Q，Yang Y，et al. Scanning probe study on the piezotronic effect in ZnO nanomaterials and nanodevices. Advanced Materials，2012，24：4647-4655.

[41] Yang Y，Qi J J，Zhang Y，et al. Controllable fabrication and electromechanical characterization of single crystalline Sb-doped ZnO nanobelts. Applied Physics Letters，2008，92：183117.

[42] Yang Y，Guo W，Qi J J，et al. Flexible piezoresistive strain sensor based on single Sb-doped ZnO nanobelts. Applied Physics Letters，2010，97：223107.

[43] Yang Y，Qi J J，Liao Q L，et al. High-performance piezoelectric gate diode of a single polar-surface dominated ZnO nanobelt. Nanotechnology，2009，20：125201.

[44] Furdyna J K，Diluted magnetic semiconductors. Journal of Applied Physics，1988，64：R29-R64.

[45] Ohno H，Shen A，Matsukura F，et al.（Ga，Mn）As：A new diluted magnetic semiconductor based on GaAs. Applied Physics Letters，1996，69：363-365.

[46] Matsukura F，Ohno H，Shen A，et al. Transport properties and origin of ferromagnetism in（Ga，Mn）As. Physical Review B，1998，57：2037-2040.

[47] Dietl T，Ohno H，Matsukura F，et al. Zener model description of ferromagnetism in zinc-blende magnetic semiconductors. Science，2000，287：1019-1022.

[48] Liu J J，Yu M H，Zhou W L. Well-aligned Mn-doped ZnO nanowires synthesized by a chemical vapor deposition method. Applied Physics Letters，2005，87：172505-172507.

[49] Kang Y J，Kim D S，Lee S H，et al. Ferromagnetic $Zn_{1-x}Mn_xO$（$x = 0.05$，0.1，and 0.2）Nanowires. The Journal of Physical Chemistry C，2007，111：14956-14961.

[50] Wu J J，Liu S C，Yang M H. Room-temperature ferromagnetism in well-aligned $Zn_{1-x}Co_xO$ nanorods. Applied Physics Letters，2004，85：1027-1029.

[51] Hao W，Wang H B，Yang F J，et al. Structure and magnetic properties of $Zn_{1-x}Co_xO$ single-crystalline nanorods synthesized by a wet chemical method. Nanotechnology，2006，17：4312-4316.

[52] Xin M，Chen Y，Jia C，et al. Electro-codeposition synthesis and room temperature ferromagnetic anisotropy of high concentration Fe-doped ZnO nanowire arrays. Materials Letters，2008，62：2717-2720.

[53] Wang B，Iqbal J，Shan X，et al. Effects of Cr-doping on the photoluminescence and ferromagnetism at room temperature in ZnO nanomaterials prepared by soft chemistry route. Materials Chemistry and Physics，2009，113：103-106.

[54] Liu J J，Wang K，Yu M H，et al. Room-temperature ferromagnetism of Mn doped ZnO aligned nanowire arrays with temperature dependent growth. Journal of Applied Physics，2007，102：024301-024306.

[55] Cao H W，Lu P F，Cong Z X，et al. Magnetic properties in (Mn，Fe)-codoped ZnO nanowire. Thin Solid Films，2013，548：480-484.

[56] Kazunori S；Hiroshi K Y. Stabilization of ferromagnetic states by electron doping in Fe-，Co-or Ni-doped ZnO. Japanese Journal of Applied Physics，2001，40：L334-L336.

[57] Cui J B，Zeng Q，Gibson U J. Synthesis and magnetic properties of Co-doped ZnO nanowires. Journal of Applied Physics，2006，99：08M113.

[58] Wang X F，Xu J B，Zhang B，et al. Signature of intrinsic high-temperature ferromagnetism in cobalt-doped zinc oxide nanocrystals. Advanced Materials，2006，18：2476-2480.

[59] Zou Y，Qu Z，Fang J，et al. Intrinsic magnetism of $Zn_{1-x}Co_xO$ single-crystalline nanorods prepared by solvothermal method. Journal of Magnetism and Magnetic Materials，2009，321：3352-3355.

[60] Li J，Zhang L，Zhu J，et al. Controllable synthesis and magnetic investigation of ZnO: Co nanowires and nanotubes. Materials Letters，2012，87：101-104.

[61] Mihalache V，Cernea M，Pasuk I. Relationship between ferromagnetism and structure and morphology in un-doped ZnO and Fe-doped ZnO powders prepared by hydrothermal route. Current Applied Physics，2017，17：1127-1135.

[62] Liu L Q，Xiang B，Zhang X Z，et al. Synthesis and room temperature ferromagnetism of FeCo-codoped ZnO nanowires. Applied Physics Letters，2006，88：063104.

[63] Shao M Z，Hong L Y，Li S L，et al. Magnetic properties of Ni-doped ZnO nanocombs by CVD approach. Nanoscale Research Letters，2010，5：1284-1288.

[64] Wang D，Chen Q，Xing G，et al. Robust room-temperature ferromagnetism with giant anisotropy in Nd-doped ZnO nanowire arrays. Nano Letters，2012，12：3994-4000.

[65] Chang L T，Wang C Y，Tang J S，et al. Electric-field control of ferromagnetism in Mn-doped ZnO nanowires. Nano Letters，2014，14：1823-1829.

[66] Coey J M D，Venkatesan M，Fitzgerald C B. Donor impurity band exchange in dilute ferromagnetic oxides. Nature Materials，2005，4：173-179.

[67] Panigrahy B，Aslam M，Misra D S，et al. Defect-related emissions and magnetization properties of ZnO nanorods. Advanced Functional Materials，2010，20：1161-1165.

[68] Mal S，Nori S，Jin C，et al. Reversible room temperature ferromagnetism in undoped zinc oxide：correlation between defects and physical properties. Journal of Applied Physics，2010，108：073510-073519.

[69] Xing G Z，Lu Y H，Tian Y F，et al. Defect-induced magnetism in undoped wide band gap oxides：zinc vacancies in ZnO as an example. AIP Advances，2011，1：022152.

[70] Kushwaha A，Tyagi H，Aslam M. Role of defect states in magnetic and electrical properties of ZnO nanowires. AIP Advances，2013，3：042110.

[71] Modepalli V，Jin M J，Park J，et al. Gate-tunable spin exchange interactions and inversion of magnetoresistance in single ferromagnetic ZnO nanowires. ACS Nano，2016，10：4618-4626.

[72] Khosla R P，Fischer J R. Magnetoresistance in degenerate CdS：localized magnetic moments. Physical Review B，1970，2：4084-4097.

[73] Lin P，Yan X Q，Li F，et al. Polarity-dependent piezotronic effect and controllable transport modulation of ZnO with multifield coupled interface engineering. Advanced Materials Interfaces，2017，4：1600842.

[74] Yang Y，Guo W，Qi J J，et al. Self-powered ultraviolet photodetector based on a single Sb-doped ZnO nanobelt. Applied Physics Letters，2010，97：223113.

[75] Lu S N，Qi J J，Liu S，et al. Piezotronic interface engineering on ZnO/Au-based Schottky junction for enhanced photoresponse of a flexible self-powered UV detector. ACS Applied Materials & Interfaces，2014，6：14116-14122.

[76] Zhang Z，Liao Q L，Yu Y H，et al. Enhanced photoresponse of ZnO nanorods-based self-powered photodetector by piezotronic interface engineering. Nano Energy，2014，9：237-244.

[77] Liu S，Liao Q L，Lu S N，et al. Strain modulation in graphene/ZnO nanorod film Schottky junction for enhanced photosensing performance. Advanced Functional Materials，2016，26：1347-1353.

[78] Lin P，Chen X，Yan X Q，et al. Enhanced photoresponse of Cu_2O/ZnO heterojunction with piezo-modulated interface engineering. Nano Research，2014，7：860-868.

[79] Lin P，Yan X Q，Liu Y C，et al. A tunable ZnO/electrolyte heterojunction for a self-powered photodetector. Physical Chemistry Chemical Physics，2014，16：26697-700.

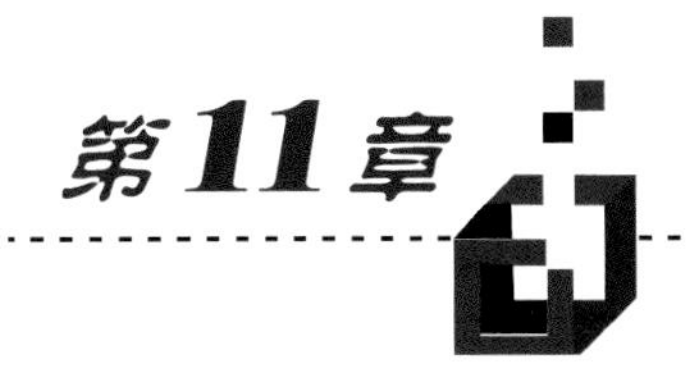

半导体纳米线功能器件的损伤与服役行为

11.1 引　言

与传统的块体材料相比，纳米材料不仅仅是纳米器件的结构单元，也是纳米器件发挥特性的功能单元，在服役过程中或外部条件的影响下，纳米材料和器件也会发生损伤和失效。暴露在辐照、电流或电场、外力/压或振动、化学气体或溶液等实验或服役条件下，纳米材料和器件会发生结构损伤、性能退化、稳定性下降、功能失效、寿命缩短等损伤和失效[1-14]，将严重影响纳米材料和器件的研究和发展。针对这些问题，张跃研究组以一维半导体纳米材料为例，提出了纳米材料和器件中纳米损伤与失效的概念，引起了相关研究者的关注。为确保大规模产业化的纳米器件在未来应用中的稳定、可靠、安全、持久，有必要研究其在实际应用条件下的损伤与失效安全服役参数及机理。另外，本项研究不仅可以指导科研工作者提高和改进现存纳米器件的性能，还能启发相关科研人员发展和设计新型潜在纳米器件以满足生活或工业的需要。

为了方便研究纳米材料与器件的纳米损伤与失效现象、机理及安全服役参数，根据服役条件，将纳米损伤与失效进行了分类。目前的分类主要包括电学损伤与失效、力学损伤与失效、化学损伤与失效和耦合损伤与失效等。

11.2 电学损伤与服役行为

在电流回路中，纳米结构尺寸的收缩将会增大电流密度，导致电阻增大，产生更多的焦耳热。因此，纳米结构在电场中的稳定性成为纳米器件设计中的一个主要因素，基于这个考虑，在实际应用中应慎重考虑其安全性、稳定性、可靠性及耐久性问题。

电学损伤与失效是指纳米材料和器件在电子束下或电场中造成的结构性损伤或功能性失效。半导体纳米材料的电学性能是纳米器件不可忽略的重要性能。迄今在研究一维纳米材料和器件的电学性能时，其电学损伤与失效已得到较多报道，下面以 ZnO、CNT、Si、SiC 等半导体纳米线材料为例进行介绍。

张跃等观察到 ZnO: Sb 纳米带在 200kV 的透射电子显微镜（TEM）会聚电子束的辐照下产生了明显的断裂现象[1]。图 11-1 为 ZnO: Sb 纳米带在会聚电子束辐照后的 TEM 照片，随着辐照时间延长，纳米带损伤的程度会加剧，Sb 元素会导致 ZnO 结构的不稳定性增加。

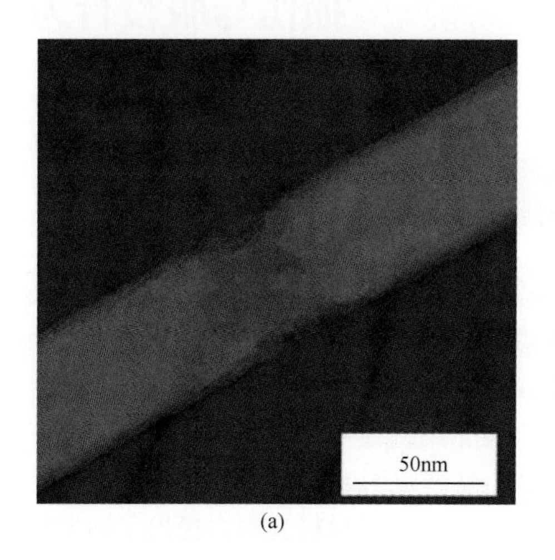

(a)

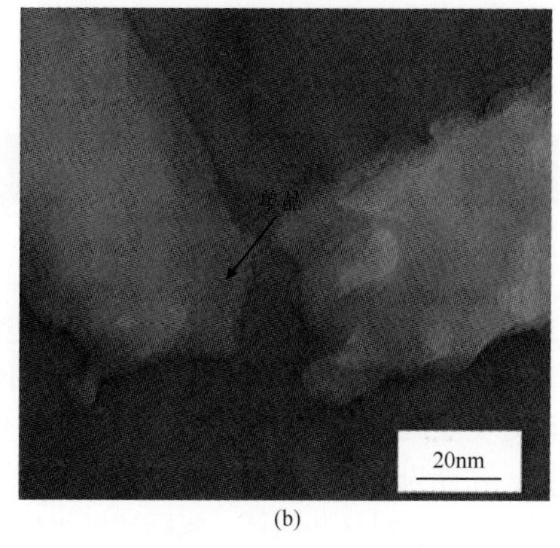

(b)

图 11-1　Sb 掺杂的 ZnO 纳米带在 TEM 会聚电子束辐照 15s（a）和 30s（b）后的损伤照片[1]

Zhan 等还观察到 ZnO 纳米线在 300kV 的 TEM 会聚电子束辐照下会产生孔洞[2]。图 11-2 显示了电子束辐照后 ZnO 纳米线表面的孔洞。这些辐照产生的六方孔的尺寸会随着电子束的尺寸发生变化，并且极化表面与非极化表面相比更能抵抗电子束的辐照损伤。

Wan 等利用原位扫描观测的方法给单晶的 ZnO: In 纳米带中通入电流，当电流密度增大到 $7.4\times10^6 A/cm^2$ 时也观察到了电学损伤[4]，如图 11-3 所示。研究发现，导致纳米带电学失效的主要原因是通电过程中产生的焦耳热。

张跃等利用原子力显微镜（AFM）和原位扫描操控系统开展了一系列一维 ZnO 纳米材料的电致损伤与失效的研究。首先利用导电 AFM 针尖测试了单根 ZnO 纳米线的电致损伤[6]，发现 5nm 的 ZnO 纳米线的电致损伤阈值电压约为（7.0±0.5）V，且随着时间的延长损伤程度会更明显，如图 11-4 所示。纳米损伤机制是由于在横向电场下产生的焦耳热导致 ZnO 纳米材料熔化。

(a)　(b)

图 11-2　ZnO 纳米线在会聚电子束辐照前（a1）和辐照 30s 后（a2）的 TEM 照片，（a3）六方孔附近的高分辨率 TEM 照片，（a4）六方孔六条边的结构模型；（b1）ZnO 纳米线的 TEM 照片和 SEAD 照片，ZnO 纳米线在会聚电子束辐照前（b2）和分别辐照 10s（b3），40s（b4）之后的 TEM 照片[2]

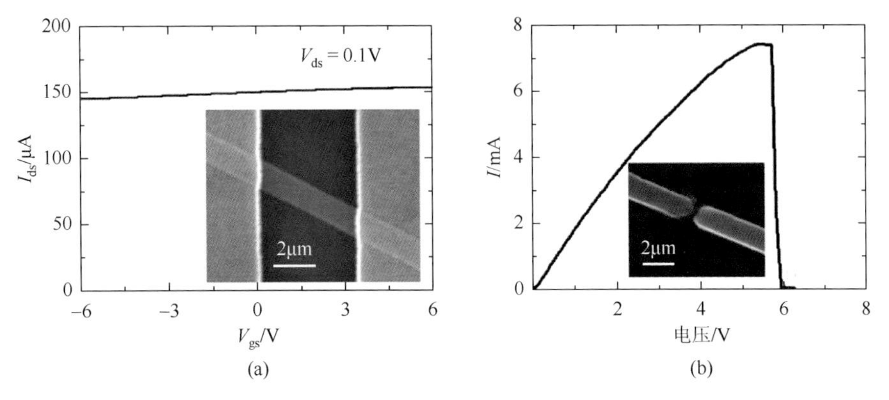

图 11-3　（a）ZnO: In 纳米带器件在 $V_{ds}=0.1V$ 下的电输运曲线；（b）纳米带在高电流下断裂时的 I-V 曲线，插图为纳米带电致损伤断裂后的 SEM 照片[4]

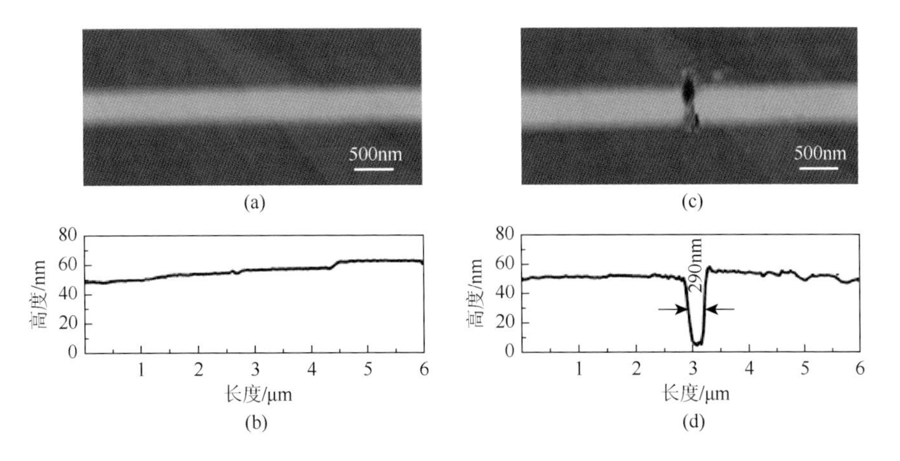

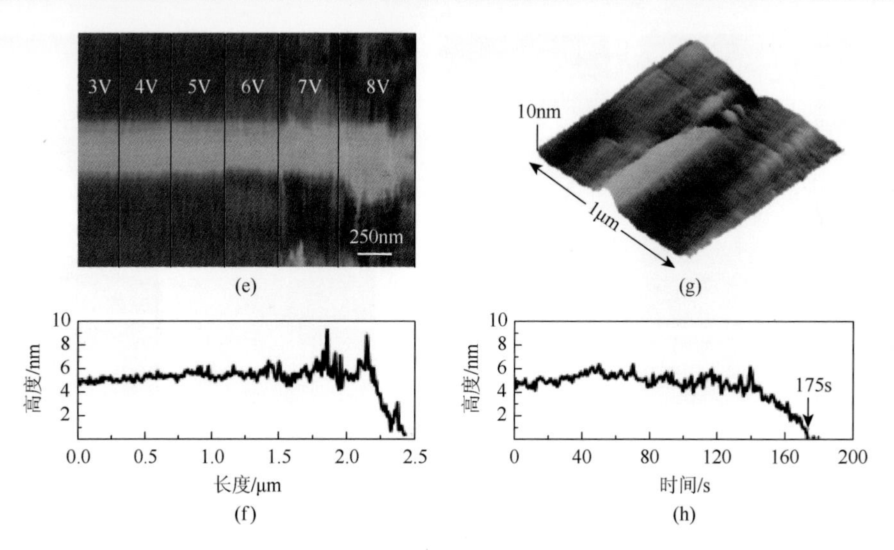

图 11-4 在电致纳米损伤之前（a，b）和之后（c，d）沿着 ZnO 纳米线的纵向方向的高度 AFM 图和曲线图；在不同施加偏压下 ZnO 纳米线的二维高度 AFM 图（e）和曲线图（f）；在 7V 的受控偏置电压下及不同的时间内 ZnO 纳米线的三维高度 AFM 图（g）和曲线图（h）[6]

张跃等还发现了 ZnO: Sb 纳米带在导电 AFM 针尖施加 5V 电压及不同时间下的损伤与断裂，如图 11-5 所示。可以看出，随着时间的延长，其损伤程度不断增大直到断裂，这同时也揭示了 Sb 元素对 ZnO 结构稳定性的影响。

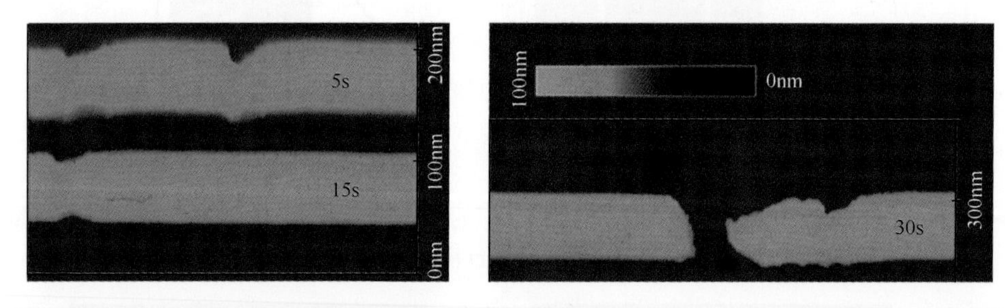

图 11-5 ZnO: Sb 纳米带在导电 AFM 针尖施加 5V 偏压作用下 5s，15s，30s 之后的 AFM 照片

利用装配在 SEM 中的纳米操纵探针，研究了金属-半导体-金属结构中 ZnO 纳米线在纵向电场中的稳定性[9]。当施加电场的电场强度达到 10^6V/m，可以直接观察到单晶 ZnO 纳米线失效，如图 11-6 所示。在失效过程中，将会发生由单晶到多晶链珠状结构转变的再结晶。研究结果表明，ZnO 纳米线发生损伤失效归因于高电场和焦耳热的联合作用。

此外，通过纳米操纵技术研究了不同直径 ZnO 纳米线的电学服役行为[13]。当 ZnO 纳米线的直径由 103nm 增加到 807nm 时，其电致损伤的阈值电压从 15V 线性增加到 60V；临界电流密度分布在 19.50×10^6～56.90×10^6A/m^2 范围内，如图 11-7

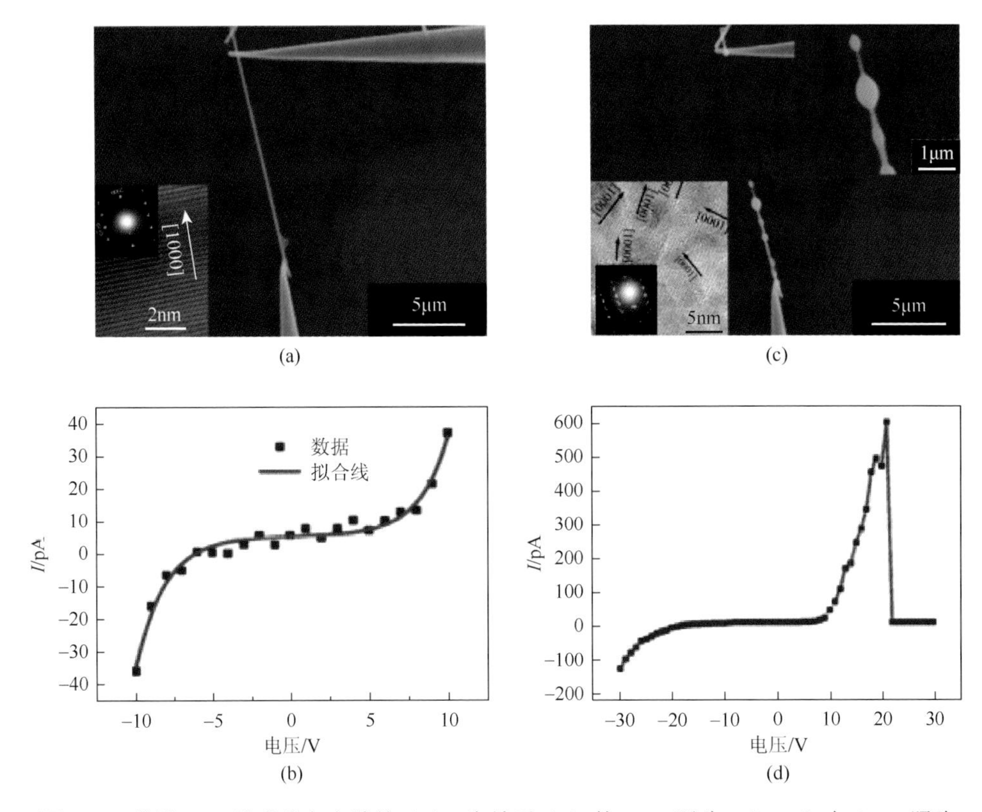

图 11-6　单根 ZnO 纳米线在失效前（a）、失效后（c）的 SEM 照片；（b，d）与 SEM 照片相对应的 ZnO 纳米线电输运性能的 *I-V* 曲线[9]

所示。阈值电压和临界电流密度可用作评估和判定 ZnO 纳米线器件工作状态是否正常的标准。可用热核壳模型来解释 ZnO 纳米线的电致纳米损伤和失效，ZnO 纳米线电致损伤和失效主要归因于在金属-半导体结表面产生的焦耳热，当焦耳热导致升温超过其熔点时就会将 ZnO 纳米线熔断。

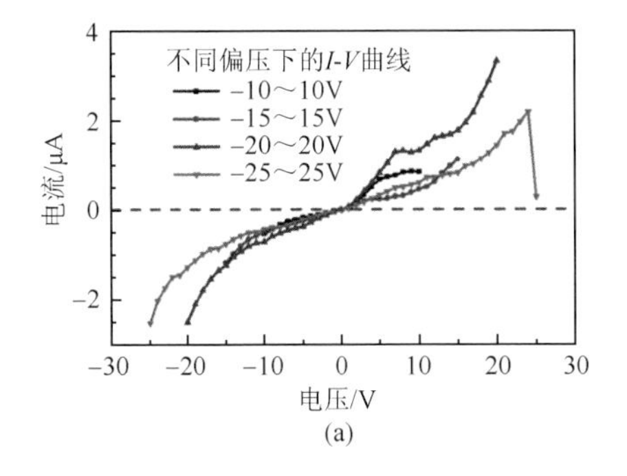

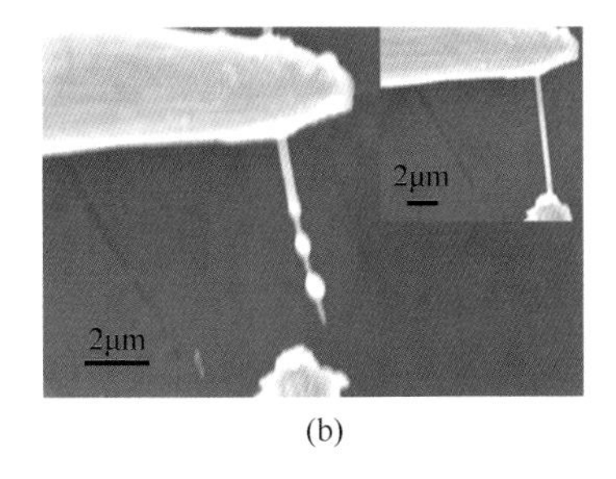

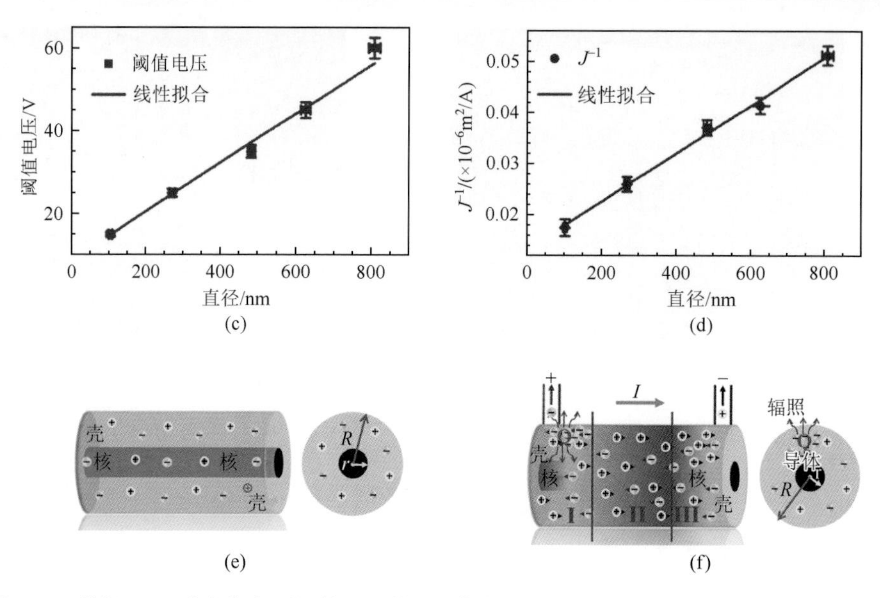

图 11-7 单根 ZnO 纳米线在不同偏压下的 *I-V* 曲线（a）及损伤前、后的 SEM 照片（b）；阈值电压（c）、临界电流密度（d）与纳米线直径的关系曲线；核壳结构中电子与空穴在无偏压（e）和纵向电场（f）中的运动状态[13]

另外，在 ZnO 纳米线电致断裂之后，在熔融珠粒位置发现明显的带边发射红移，如图 11-8（a）所示；与发生损伤之前相比，还可以观察到来自多晶部分的强光散射［图 11-8（b）］[14]。具有不同介电常数沿 *c* 轴和 *a* 轴的六方晶 ZnO 单晶会导致发光局限在 *c* 轴［图 11-8（c）］。

除了一维 ZnO 纳米材料外，研究人员还研究了其他一维纳米材料的电致损伤和失效行为。戴宏杰等通过电子传输实验和理论研究了与 Pd 欧姆接触的长度从几微米到 10nm 的单壁碳纳米管的电输运性能[15]。高达 70μA 的电流可以流

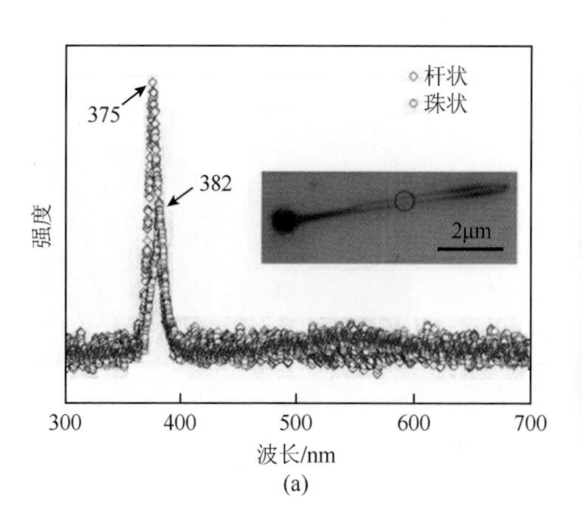

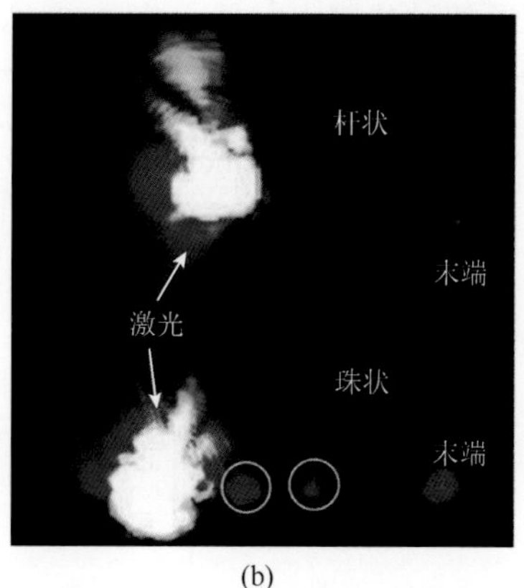

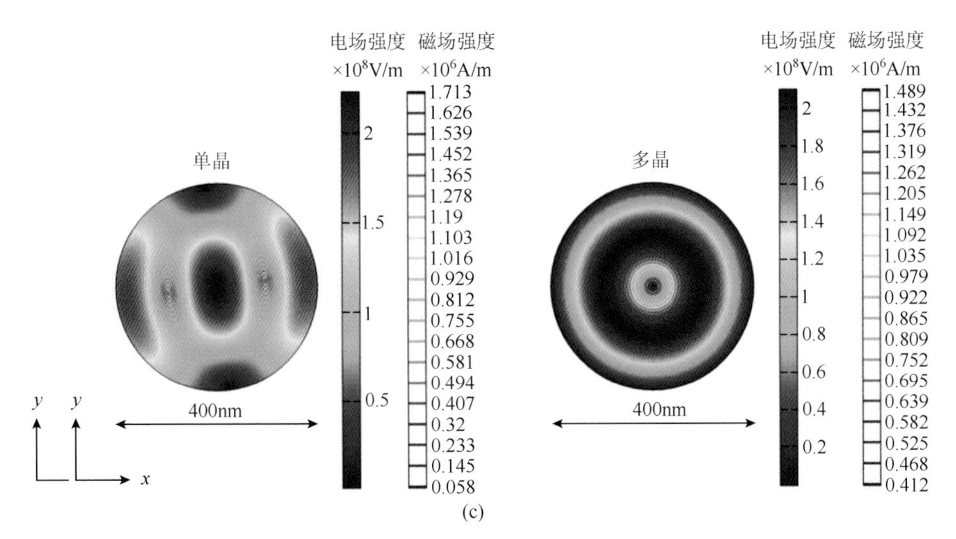

图 11-8　(a) 珠状 ZnO 纳米线不同位置的光致发光研究发现在珠粒位置显示出明显大部分红移；(b) 断裂前后 ZnO 纳米线的波导性能；(c) 光的限域效应依赖晶体结构的有限元计算[14]

过短碳纳米管。研究者讨论了高场下短纳米管电致损伤断裂的机制，研究结果对高性能纳米管晶体管和电子互连线的应用有重要意义。

范守善等发现采用焦耳热引起的电击穿可以使单壁碳纳米管束发生熔断，得到良好对齐的表面结构，且其断点处的末端富含锋利的尖端，如图 11-9 所示[10]。研究表明，这些尖端由高质量的单壁碳纳米管组成，可以提供大约 100μA 的发射电流，用于开发横向场发射显示器。

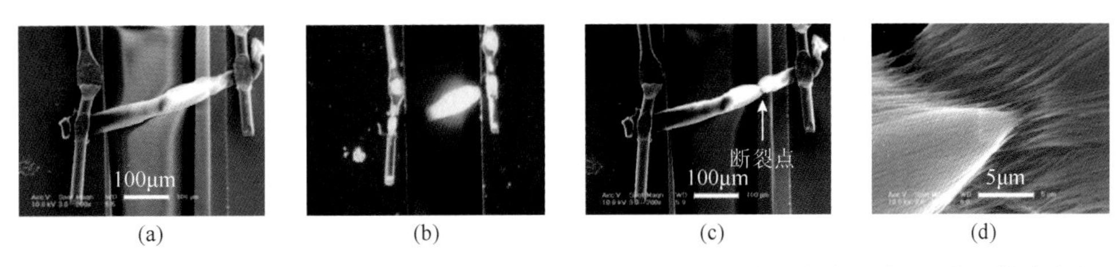

图 11-9　(a) 悬在沟槽上方的单壁碳纳米管束，其末端通过 Al 线焊接在具有 Al 涂层的硅片上；(b) 直流电加热中的单壁碳纳米管束；(c) 加热后断裂的单壁碳纳米管束；(d) 断裂点的 SEM 观察[10]

Fabris 等针对碳纳米纤维进行了电致损伤失效研究[16]，发现悬挂在纳米沟槽上的碳纳米纤维的最大电流密度与纳米纤维长度成反比，与直径无关，可以用热传输模型来描述。该模型考虑了沿着碳纳米纤维产生的焦耳热和热扩散，当温度升高到某个阈值或临界值时碳纳米纤维将发生熔断。

Avouris 等研究了多壁碳纳米管中能量传输的极限[17]。与金属线相比，多壁碳纳米管不会以连续、加速电迁移的方式失效，而是以一系列尖锐、等效电流阶梯分步，一层一层地按顺序失效。这种失效刚开始时对空气特别敏感，开始时会在特定功率下通过氧化最终失效；而在真空中，可以承受更高的功率密度以达到失效之前的全电流承载能力。

黄建宇等在 TEM 中观察到原子级多壁碳纳米管在电流输出时的电致损伤断裂[18]。研究发现了三个不同的电致损伤断裂序列：从最外壁向内损伤，从最内壁向外损伤，或者发生在最内壁和最外壁之间。当最内壁破裂时，观察到明显的电流下降，证明每个壁都是导电的。每层壁破裂时首先会发生在纳米管的中间，而不是在接触的地方，证明其运输不是弹道输运。

Suzuki 等研究了碳纳米纤维的高场输运和电应力导致的损伤失效现象[19]。利用 STEM 进行原位测量，显示碳纳米纤维的失效模式与组成碳纳米纤维的石墨片层的形态密切相关，证明了碳纳米纤维的电容量可以类似碳纳米管的模型进行描述，是包含的所有石墨片层的电流容量的总和，其所能承受的最大电流密度与较高的电流容量和较低的电阻率相关。

许智等利用 HRTEM 原位研究了焦耳热引起单个多壁 BN 纳米管的失效[20]。直接观察到 BN 纳米管的失效过程，通过纳米管内层向外层分解，并留下了无定形球状硼基纳米颗粒，如图 11-10 所示。通过热离子场发射模型模拟电传输，从加热到断裂的曲线图可以推导出热分解温度对电场的依赖性：电场越高，热分解温度越低，这归因于 B—N 键的部分离子性质。研究证明，BN 纳米管的失效原理是电辅助热分解。

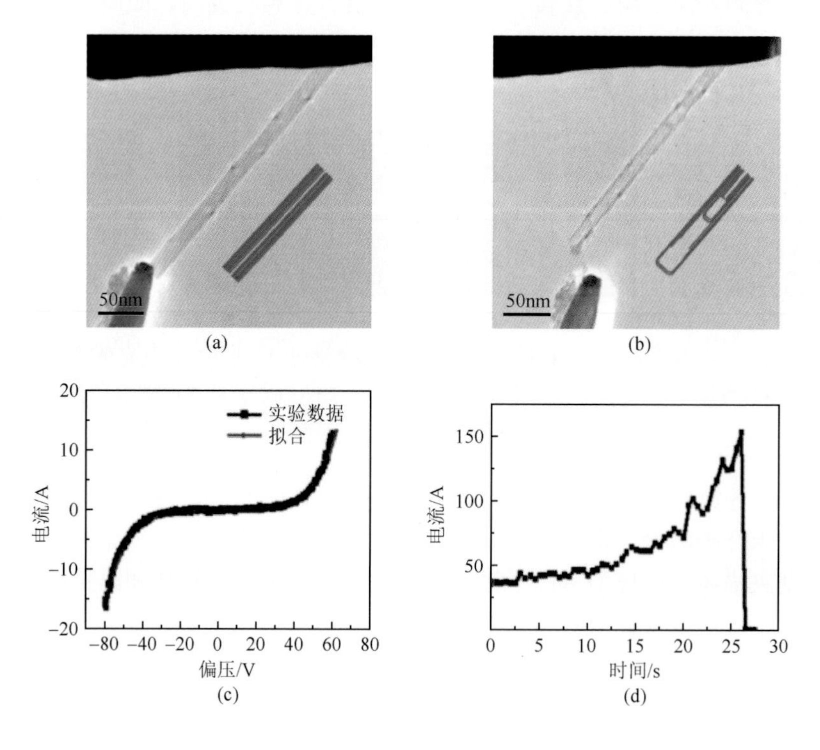

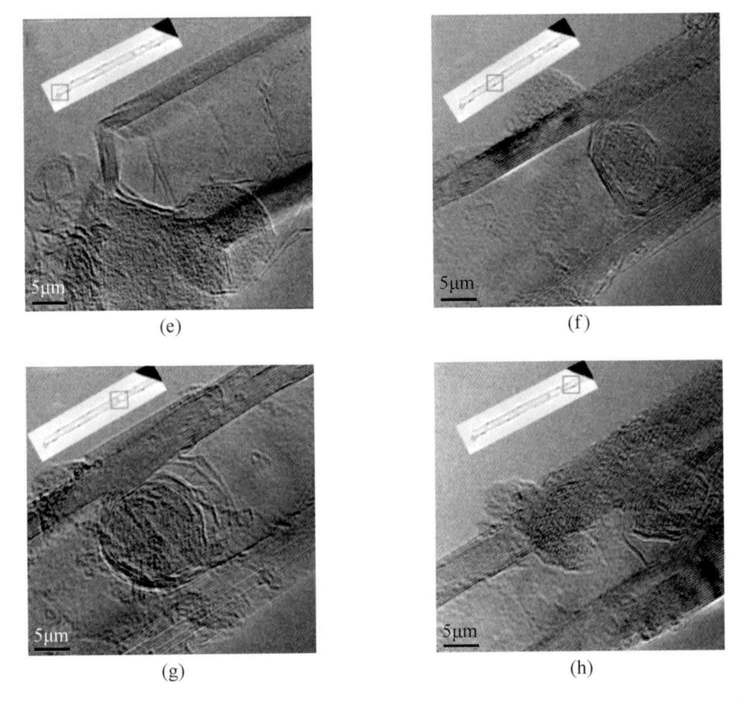

图 11-10　多壁 BN 纳米管在焦耳热热分解致断前（a）后（b）的 TEM 照片；（c）BN 纳米管热分解之前的 *I-V* 曲线；（d）热分解发生时电流随时间的变化；（e～h）热分解后 BN 纳米管不同区域的高分辨 TEM 照片[20]

Talin 等使用光致发光和原位 TEM 的组合方法研究了焦耳加热的 GaN 纳米线中的热传输和热致断裂[21]。研究发现，单个 GaN 纳米线的热致断裂发生在约 1000K 的最高温度，并且断裂区域附近的点蚀痕迹表明，失效主要是通过热分解产生的，TEM 图像清楚地显示了纳米线失效前 Ga 球的形成和生长，如图 11-11 所示。

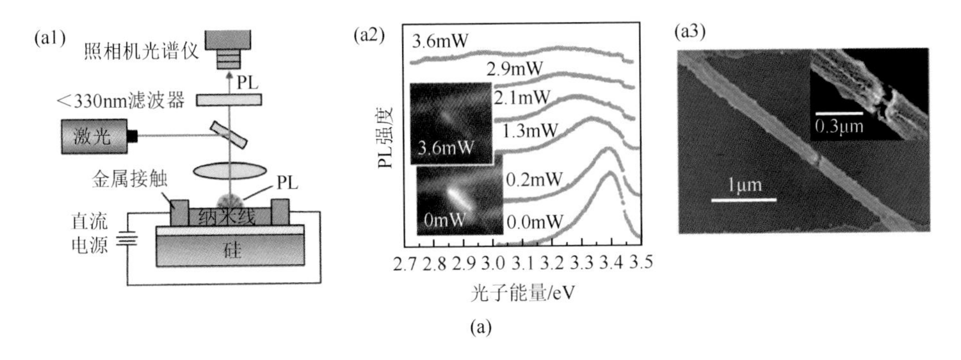

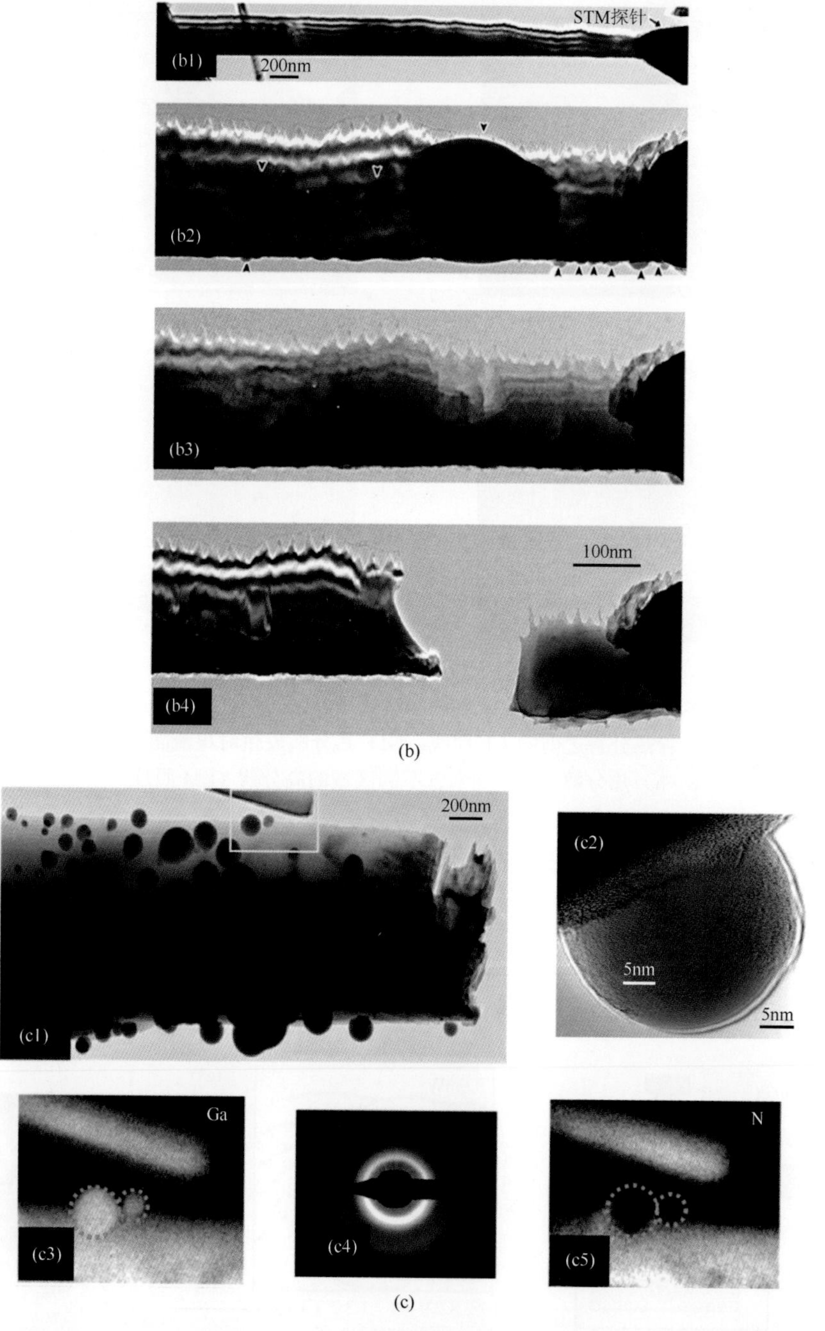

图 11-11 （a1）实验装置图，（a2）GaN 纳米线在不同能量下的光致发光谱，（a3）电致断裂失效之后的 SEM 照片；（b）GaN 纳米线在 101V，24μA 下断裂失效过程与形貌，无定形 Ga 球在断裂之前少量出现；（c）GaN 纳米线在 118V，244μA 下断裂失效后的形貌，出现大量无定形 Ga 球[21]

朱静等利用原位 TEM 对 GaN 和 Ag 纳米线进行通电加热测试[22]。研究揭示了典型的半导体纳米线在通电加热过程中最终会在中点处断裂的机制，而金属纳米线由于电迁移引起的应力而在纳米线两端附近断裂，如图 11-12 所示。纳米线的电致断裂形式与机制不同是由于材料的热力学和电学性质不同。

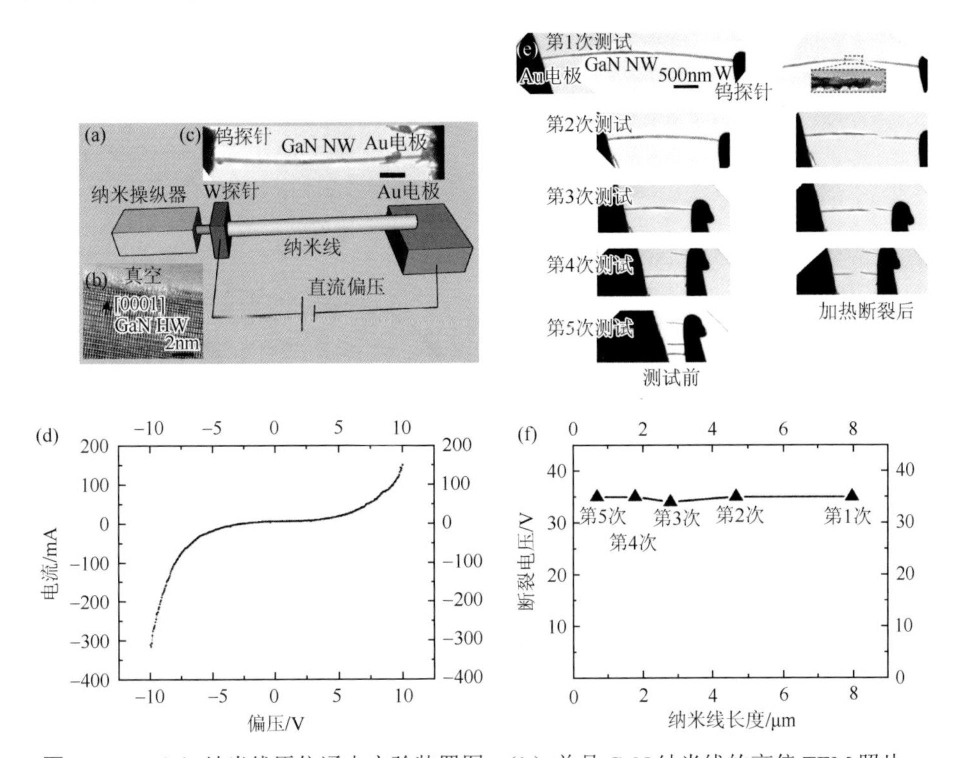

图 11-12　（a）纳米线原位通电实验装置图；（b）单晶 GaN 纳米线的高倍 TEM 照片；（c）原位电输运性能测试照片；（d）*I-V* 曲线；一根 GaN 纳米线在五次电致断裂测量中的 TEM 照片（e）与五次电致断裂的阈值电压曲线图（f）[22]

王宏涛等通过原位 TEM 研究了 SnO_2 和 TiO_2 纳米线的电致损伤和失效的破坏过程[12]。当温度低于熔点时，强的离子键合特性使 TiO_2 纳米线相当稳定，局部熔化形成纳米球是主要的失效模式，如图 11-13 所示。单晶 SnO_2 纳米线主要在高温下共价键合和分解。不均匀的温度分布导致形成断裂后的针状尖端，这也成为一种简单可靠的加工 SnO_2 纳米线针尖的方式。

11.3　力学损伤与服役行为

低维纳米结构，尤其是单晶纳米线，或许是下一代微型化力电装置或器件的最重要组成部分。从实践的角度来看，这些可以承受外界载荷的构建元件的稳固

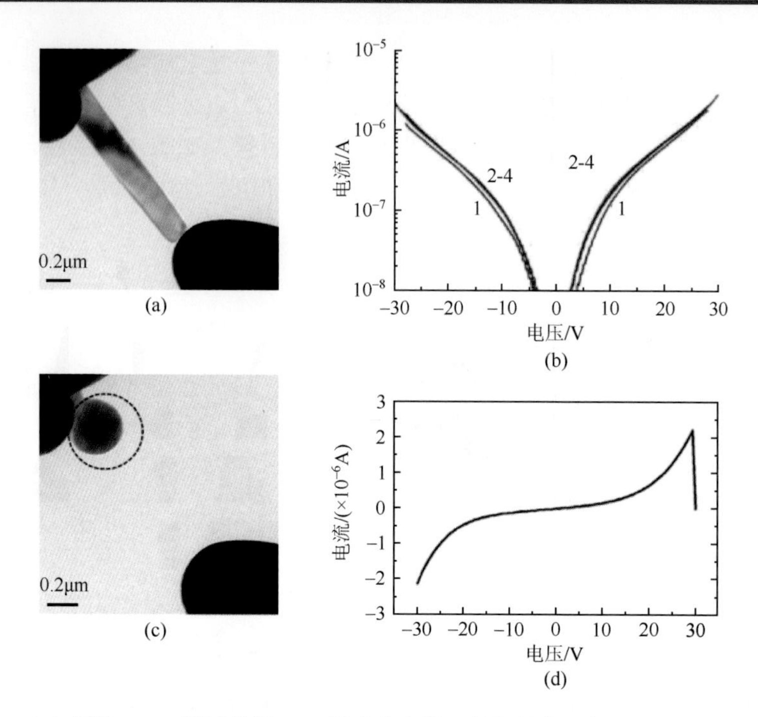

图 11-13 （a）原位 TEM 测试单根 TiO_2 纳米线电输运性能的实验装置；（b）金属-TiO_2 纳米线-金属结构的 *I-V* 特性曲线；（c）熔融的 TiO_2 纳米线变为球形；（d）TiO_2 纳米线在失效过程中的 *I-V* 特性曲线，击穿电流达到约 2×10^{-6}A[12]

性是非常重要的[23, 24]。纳米材料及器件的尺寸极小，对实验研究提出了更大的挑战，怎么在保持实验条件不变的情况下对其进行定量研究显得尤为重要[25]。

力学损伤与失效是指纳米材料和器件在外力、压强或者振动等条件下产生的结构性损伤或功能性失效。由于一维纳米材料及器件功能的实现要受到外界环境的影响，因此其力学损伤与失效的产生不可避免。无论是构建单元还是功能单元，优异的力学性能是纳米器件实现其功能的必备条件，因此引起了大量研究人员的关注。以一维 ZnO 纳米材料为例，近年来，许多研究人员观察到了其力学纳米损伤与失效的现象。

在早期的研究中，王中林小组在操纵 ZnO 纳米带和纳米螺旋时观察到了纳米断裂现象[24, 26]。图 11-14 分别显示了 ZnO 纳米带和纳米螺旋的断裂形貌。

Hoffmann 小组利用装备有纳米操纵的 SEM 对长度为 2μm，直径分布在 60～310nm 的 ZnO 纳米线进行了拉伸和弯曲实验研究，得到了其力学性能[27]。图 11-15 显示了 ZnO 纳米线的弯曲和拉伸过程。研究结果显示，ZnO 纳米线的拉伸断裂应力和应变分别为 3.7～5.5GPa 和 5%；而弯曲断裂应力和应变分别约为 7.5GPa 和 7.7%。

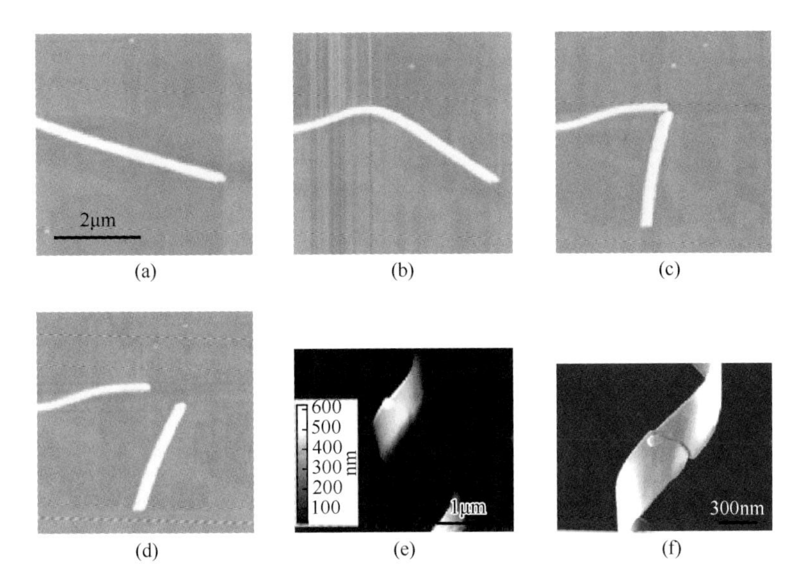

图 11-14　(a～d)利用 AFM 针尖对 ZnO 纳米进行操纵过程中的一系列形态变化：变形和断裂[24]；(e，f) AFM 针尖导致纳米螺旋断裂后的 AFM 形貌图和 SEM 形貌图[26]

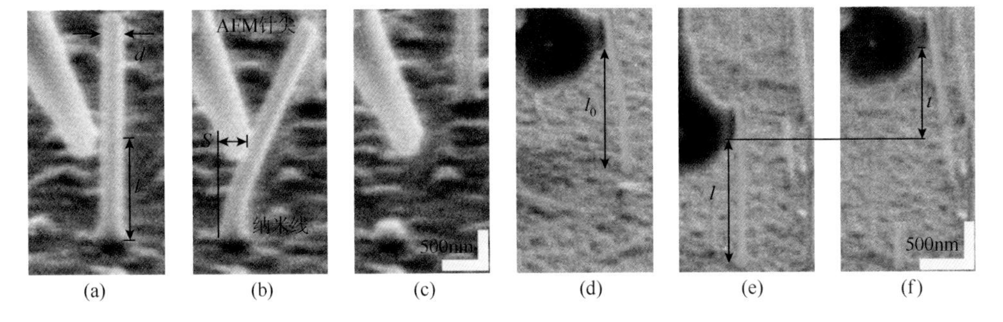

图 11-15　ZnO 纳米线弯曲实验的系列组图[27]：弯曲前 (a)、断裂前最后时刻 (b)、断裂后 (c)；ZnO 纳米线拉伸实验的系列组图：拉伸前 (d)、断裂前最后时刻 (e)、断裂后 (f)

Haque 等利用设计的 MEMS 装置对 ZnO 纳米线进行了准静态单轴拉伸测试[28]。ZnO 纳米线的断裂应变分布在 5%～15%，具有明显的尺寸效应。由于其高的断裂应变，ZnO 纳米线被认为其在纳米传感器和制动器方面具有非常大的可行性和潜力。

朱静等利用 SEM 对直径分布在 85～542nm 的 ZnO 纳米线进行了原位弯曲测试研究[29]。图 11-16 是对纳米线进行弯曲的 SEM 照片和有限元模拟图。研究发现，其断裂强度与理论强度非常接近，其断裂应变分布在 4%～7%，且为弹性断裂，在断裂之前没有观察到明显的塑性形变。超高的断裂应变和断裂应力可能归因于材料内部的缺陷比较少。

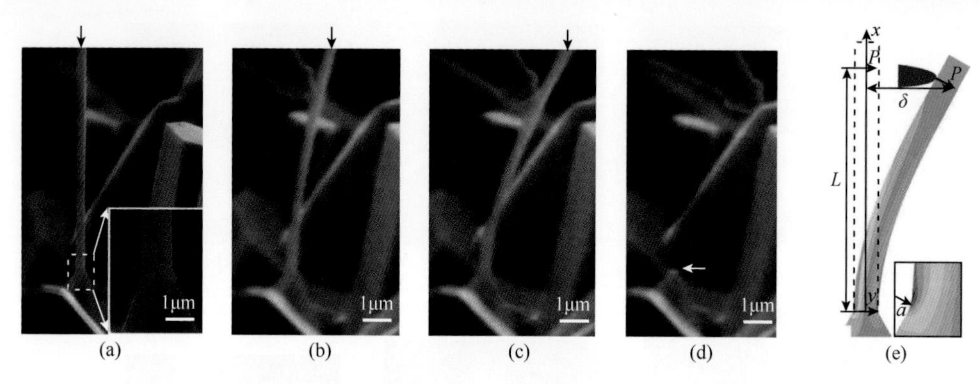

图 11-16 （a）ZnO 纳米线的 SEM 照片；（b～d）ZnO 纳米线不同时刻、不同偏移的 SEM 照片，并最终在白色箭头所指的根部位置断裂；（e）三维有限元分析得到 ZnO 纳米线截面不同位置的应力应变分布示意图[29]

Boland 小组利用横向力 AFM 测试了直径分布在 18～304nm 的 ZnO 纳米线的力学性能，并发现了 ZnO 纳米线的脆性断裂现象[5]。图 11-17 为测试过程中的 AFM 图片和相应的力-位移（F-d）曲线。研究发现，ZnO 纳米线的极限强度随着纳米线直径的减小而变大，具有明显的尺寸效应，这是由于随着直径的减小，纳米线中的缺陷浓度显著下降。

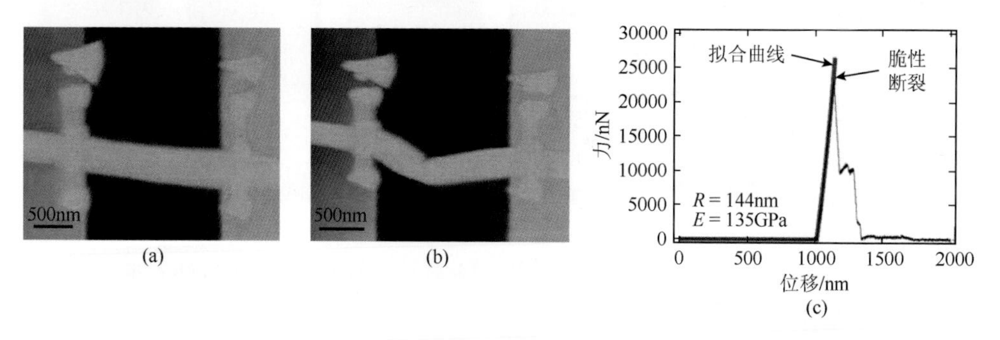

图 11-17 直径为 144nm 的 ZnO 纳米线弯曲前轻敲模式下的 AFM 照片(a)和断裂后的照片(b)；（c）利用 AFM 针尖诱导 ZnO 纳米线侧向弯曲过程中得到的力-位移曲线[5]

俞大鹏等也利用 AFM 研究了表面形貌对 ZnO 纳米线力学性能的影响[30]。研究得到 ZnO 纳米线的平均杨氏模量为 148GPa，尺寸效应不会受微观或者宏观形貌的影响。弯曲应变为 0.2%～0.7%，这比其他研究报道低了一个数量级。这表明不规则的表面形貌如裂纹、缺陷、弯曲和颈缩状的表面，还有一些体缺陷更容易主导 ZnO 纳米线的断裂性能，而不是弹性行为。

Espinosa 等利用原位 TEM 单轴拉伸测试了直径为 20～512nm 的[0001]方向的 ZnO 纳米线的断裂性能[7, 31]。图 11-18 为测试的 TEM 照片和相应的 F-d 曲线。他们发现，沿（0001）解理面发生脆性断裂的 ZnO 纳米线的断裂应变高达 9.53GPa，断裂应变约为 6.2%。

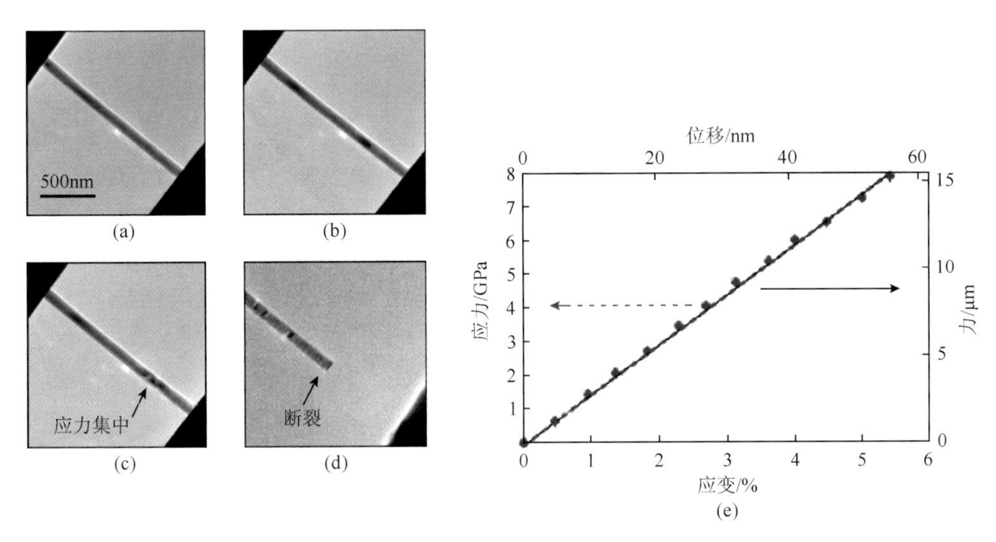

图 11-18 （a～d）ZnO 纳米线原位拉伸过程中直到断裂的 TEM 照片组图；（e）实验中得到的 55nm 的 ZnO 纳米线的应力-应变曲线和力-位移曲线[7]

Zhu 等利用原位 SEM 拉伸和屈曲的方法测试了单根 ZnO 纳米线沿[0001]极化方向在不同加载模式下的弹性性能和失效行为[25]，如图 11-19 所示。研究发现，随着直径从 80nm 减小到 20nm，ZnO 纳米线的拉伸和弯曲模量都会增大，且弯曲模量的增大比拉伸模量更快，这证明 ZnO 纳米线中的弹性尺寸效应主要来自于表面增强。拉伸结果还显示，随着直径的减小，ZnO 纳米线的断裂应变和强度不断增大。

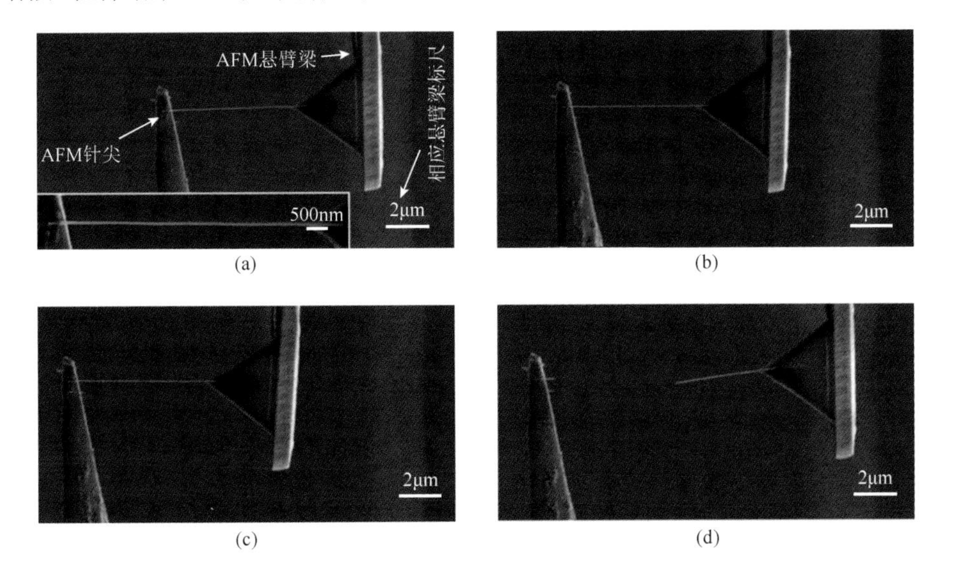

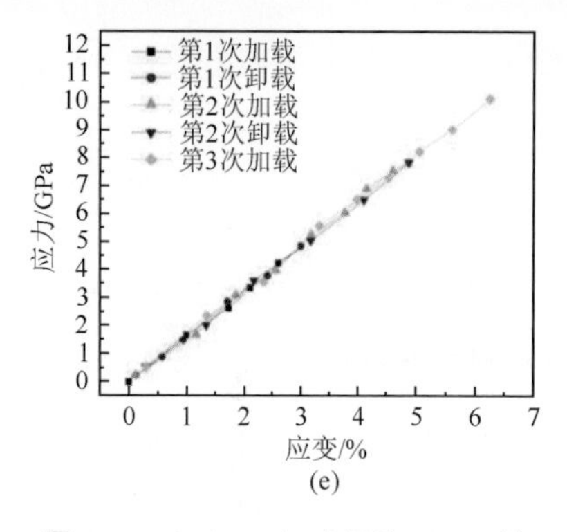

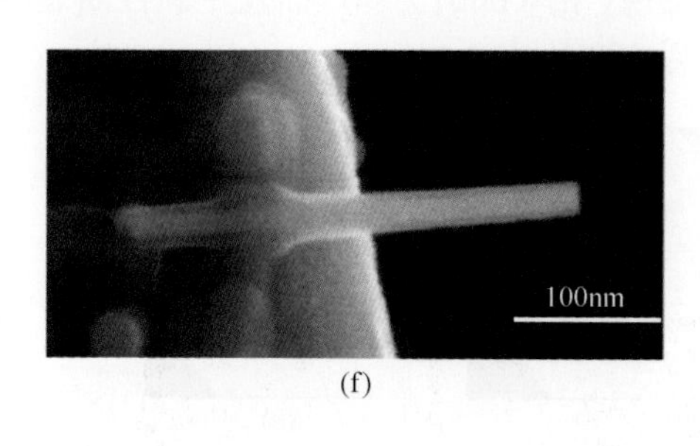

图 11-19 （a～c）直径为 20nm 的 ZnO 纳米线在拉伸过程中的一系列 SEM 照片；（d）纳米线断裂的 SEM 照片；（e）纳米线在反复加载、卸载过程中得到的应力-应变曲线；（f）断裂后纳米线断口的 SEM 照片[25]

研究人员利用 MEMS 器件（NanoLab Inc.）对 ZnO 纳米线进行了原位 SEM 拉伸测试[32]。ZnO 纳米线样品在 0.8V 的驱动电压下开始变形，在 8.5V 时失效，ZnO 纳米线受到 3.5GPa 的压力，保持弹性至约 10%的应变，断裂应变超过 12%，脆性材料的应变非常大，极限强度接近材料的理论强度，如图 11-20 所示。

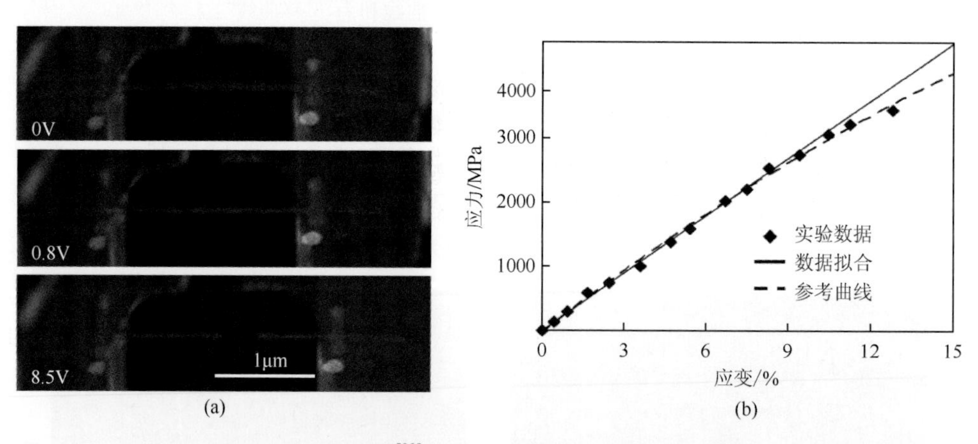

图 11-20 原位 SEM 拉伸 ZnO 纳米线[32]：在载荷下连续拉伸的 SEM 照片，最终在 8.5V 的驱动电压下拉伸断裂（a）；拉伸测试过程中的应力-应变曲线（b）

张跃等利用 AFM 研究了具有不同横截面的 ZnO 纳米带的力学行为。研究发现，在同样的外力条件下，具有三角横截面的 ZnO 纳米带比矩形横截面的纳米带更容易产生力学损伤，如图 11-21 所示。其损伤机理可能是三角形纳米带的表面能明显比矩形纳米带的表面能低。

他们还利用 AFM 以恒定扫描速率研究了直径为 67～201nm 的 ZnO 纳米线在不同扫描角下的力学服役行为[33]，建立了施加在 ZnO 纳米线表面的实际外力和扫

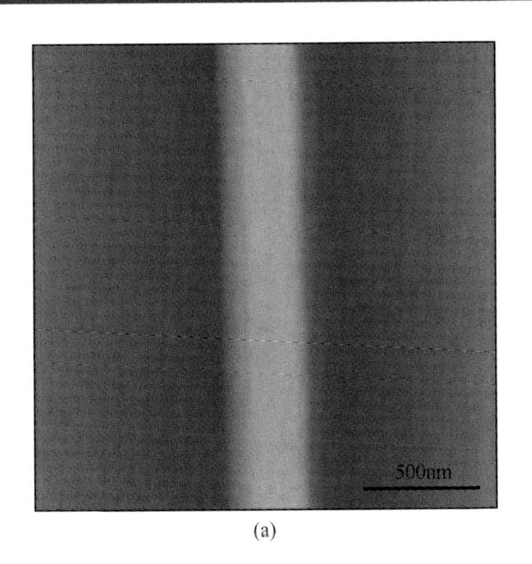

(a)

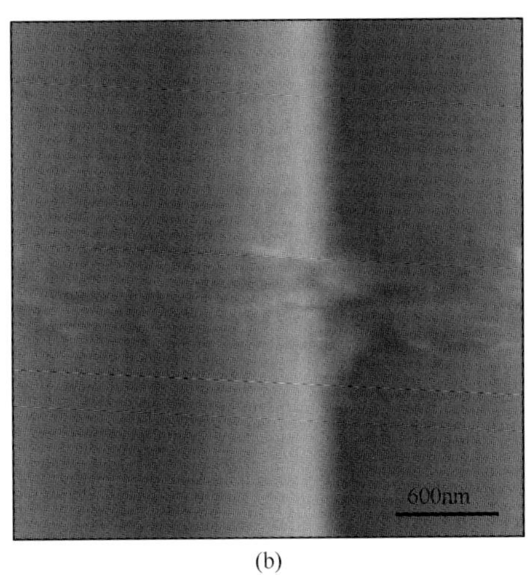

(b)

图 11-21 在外力条件下不同横截面 ZnO 纳米带的 AFM 照片：（a）矩形横截面；（b）三角横截面

描角关系的力学校准方程，如图 11-22 所示。研究证明，扫描角的存在增强了施加在 ZnO 纳米线表面的实际外力。ZnO 纳米线力学损伤断裂时的实际阈值力与扫描角无关，与其直径呈线性增加关系。

利用 AFM 在恒定的扫描速率下研究了直径为 177～386nm 的 ZnO 纳米线在非正应力状态下的力学服役行为[34]。利用阈值力方程和力学校准方程建立了 ZnO 纳米线安全服役的判据，成功地预测了 ZnO 纳米线的安全服役区间，如图 11-23 所示。本研究对 ZnO 纳米线处于非正应力状态的实际应用非常重要并有参考意义。

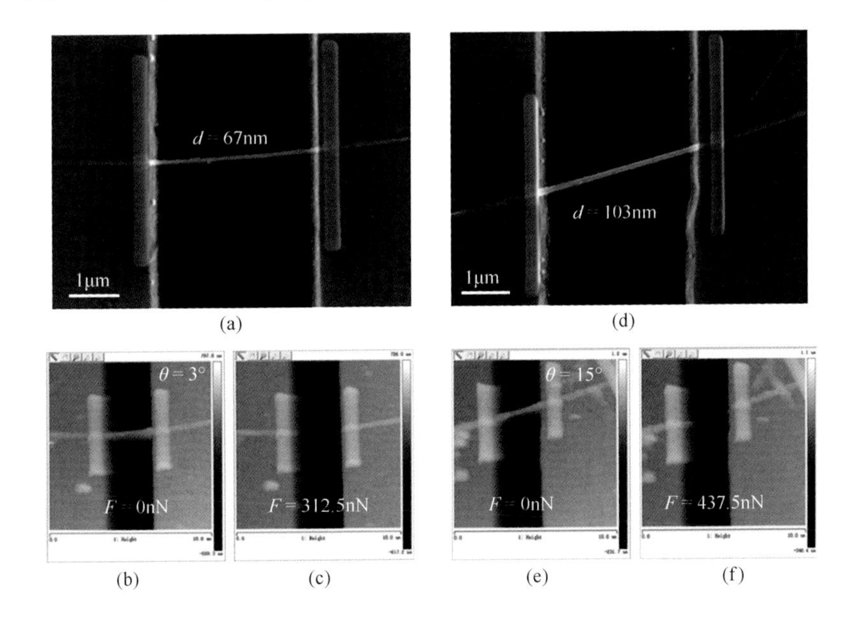

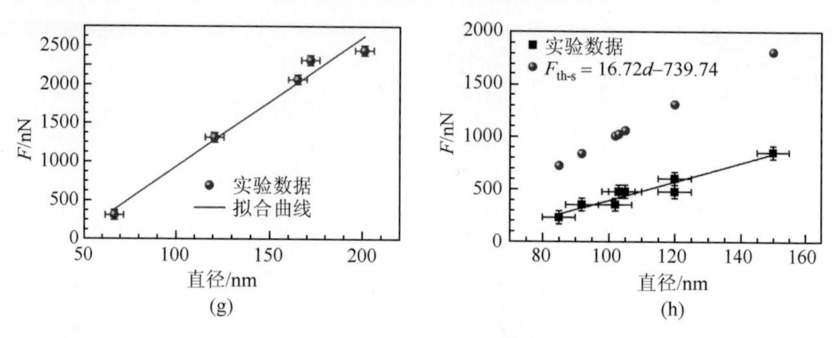

图 11-22　直径为 67nm（a）和 103nm（d）的 ZnO 纳米线的 SEM 照片；两根纳米线［（b，c）和（e，f）］在不同扫描角下施加外力前和断裂后的 AFM 照片；（g，h）在小/大角度时纳米线的实际断裂阈值力（F_{th}）和施加外力（F）、直径之间的关系曲线；（h）纳米线安全评价方程与安全区域图[33]

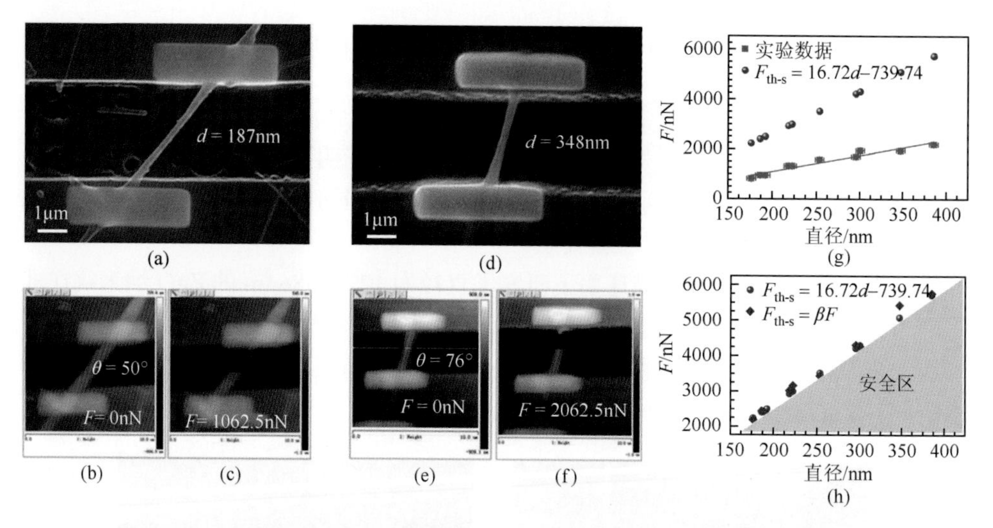

图 11-23　直径为 187nm（a）和 348nm（d）的 ZnO 纳米线的 SEM 照片；两根纳米线［（b，c）和（e，f）］在扫描角为 50°和 76°时施加外力前和断裂后的 AFM 照片；（g）纳米线断裂时的外力、实际阈值力与直径之间的关系曲线[34]

另外，利用 TEM 机械共振系统原位研究了 ZnO 线在高周应变下的疲劳性能、服役行为及其影响因素[35]。图 11-24 展示了 ZnO 线在 TEM 原位共振下的测试结果和相应的关系曲线。ZnO 纳米线经过高达 10^8～10^9 周次的共振，没有产生损伤，即 ZnO 纳米线具有优良的抗疲劳性能；直径、振幅对 ZnO 线的疲劳性能影响不大，而遭受电子束辐照的 ZnO 纳米线在共振几秒后即发生断裂。直径小于 100nm 的 ZnO 纳米线的弹性模量接近或超过块体 ZnO 的模量 140GPa，当直径大于 100nm 时，ZnO 线的弹性模量远低于 140GPa。

除了 ZnO 纳米线、纳米带，其他半导体纳米线的力学性能也得到了广泛关注。

Ruoff 等利用 AFM 针尖在 SEM 中原位测量了 19 组多壁碳纳米管的拉伸强度[36]。研究发现，多壁碳纳米管的破裂发生在最外层，且断裂层的拉伸强度范围在 11～63GPa。对每根多壁碳纳米管的应力-应变曲线分析表明，最外层的杨氏模量分布在 270～950GPa。利用 TEM 检查了碳纳米管破裂后的各种结构，如纳米管的带状结构、波形图案和部分径向坍塌等，如图 11-25 所示。通过 SEM 内部的拉伸载荷测量电弧生长的多壁碳纳米管的断裂强度和弹性模量。另外，他们还对 14 个多壁碳纳米管进行了 18 次拉伸试验，其中三根进行了多次测试（分别为 3 次、2 次

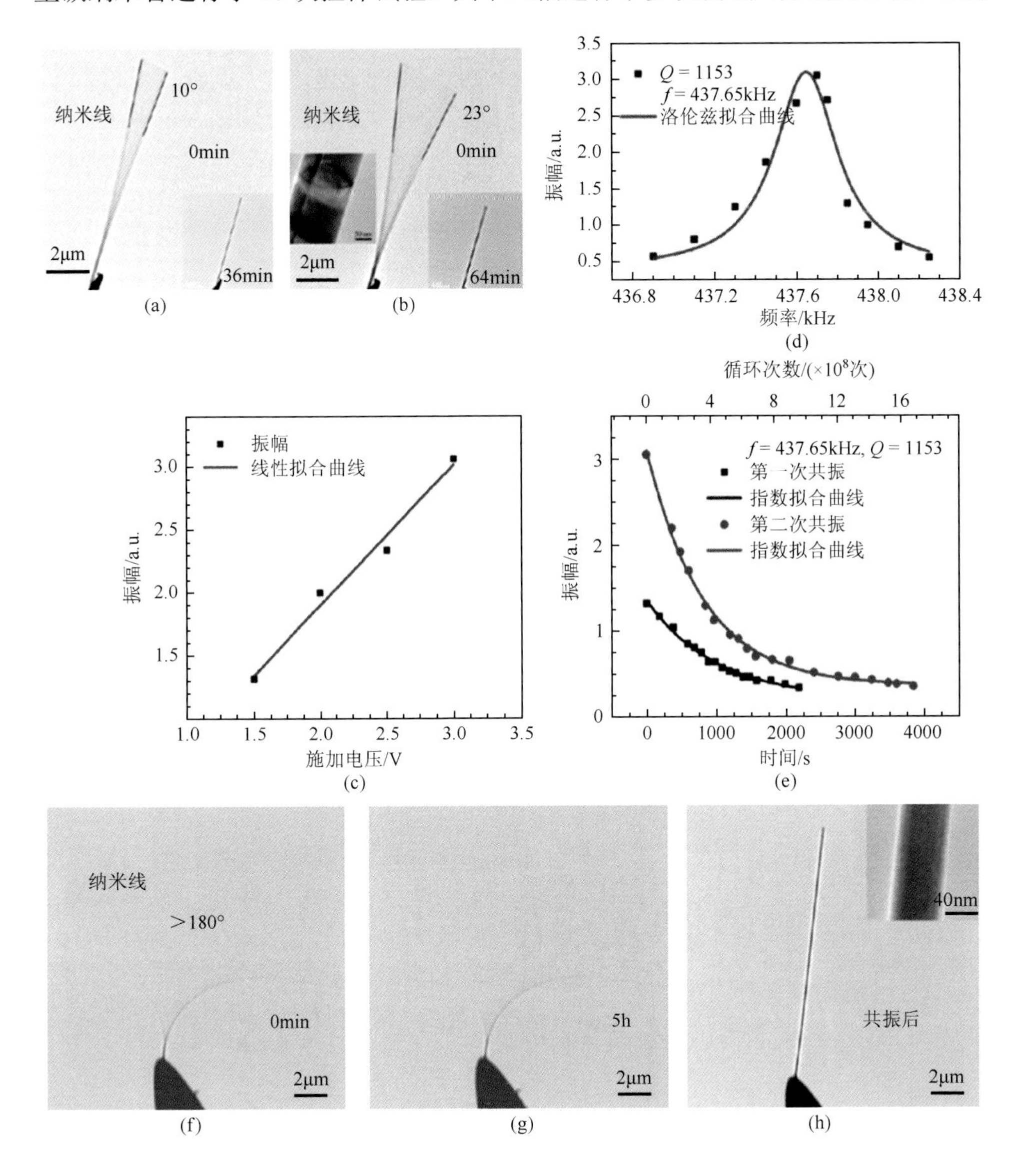

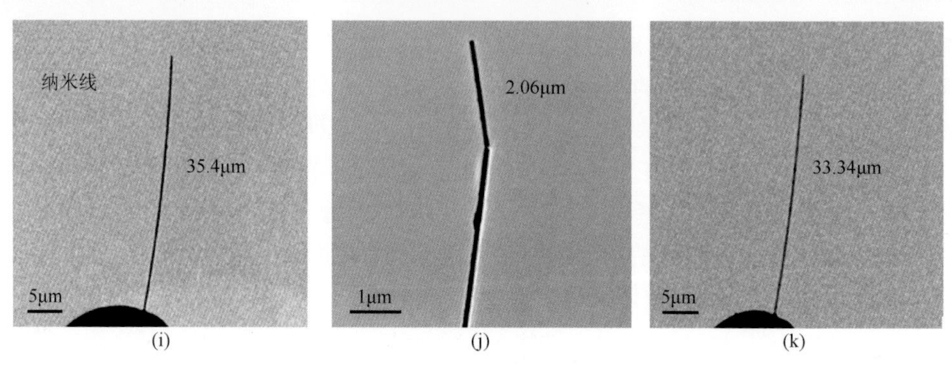

图 11-24 直径为 177nm 的 ZnO 纳米线的原位 TEM 共振照片[35]：（a）振幅为 1.319μm；（b）振幅为 3.064μm；（c）ZnO 纳米线的振幅与施加交流电压显示了近似线性增加的关系；（d）纳米线的振幅与施加交流电压频率之间的关系；（e）纳米线共振振幅随时间和周次变化的曲线图；（f～h）直径为 70nm 的 ZnO 纳米线的大振幅原位 TEM 共振照片；直径为 95nm 的 ZnO 纳米线初始状态（i）、在电子束辐照后（j）、共振断裂后（k）的原位 TEM 照片

和 2 次）[37]，发现所有多壁碳纳米管都以剑出鞘模式断裂。有两根在拉伸加载研究中观察到断裂前的异常屈服，而其他 16 根都是脆性断裂。14 根多壁碳纳米管外壳断裂强度范围为 10～66GPa，杨氏模量分布在 620～1200GPa，平均值为 940GPa。

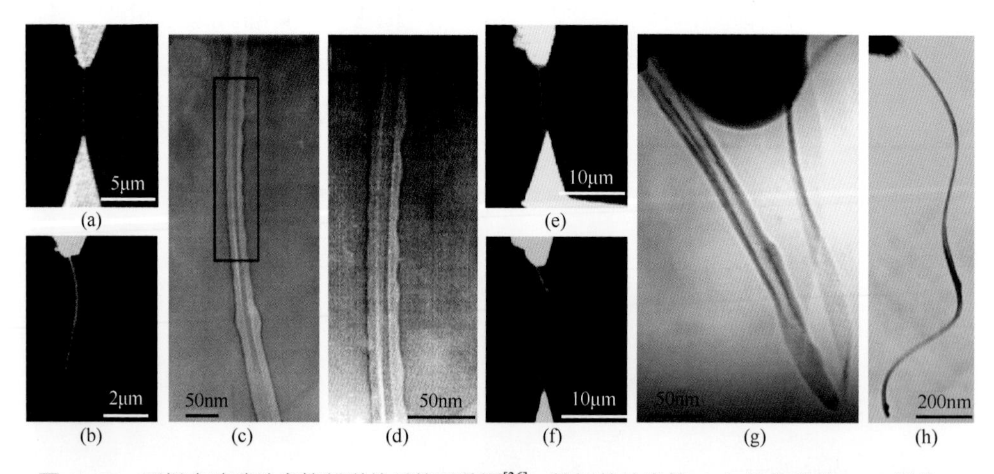

图 11-25 两根多壁碳纳米管断裂前后的形貌图[36]：较短的纳米管（a）拉伸前的 SEM 照片；（b）拉伸断裂后的 SEM 照片；（c，d）拉伸断裂后的 TEM 照片，纳米管平滑的外观形状变为波浪线纹状；（e）较长的纳米管拉伸前的 SEM 照片、拉伸断裂后的 SEM 照片（f）；拉伸断裂后的 TEM 照片，纳米管由整体直线形（g）变为 S 形（h）

Espinosa 等开发了一种用于纳米结构的原位 TEM 机械测试的材料测试系统[38]。测试系统包括一个驱动器和一个通过表面微机械加工制造的载荷传感器。这种纳

米级材料测试系统可以用亚纳米分辨率仪器连续观察样品变形和破坏，同时以纳牛级的分辨率电动施加载荷。他们利用这一测试系统成功测试了多壁碳纳米管的原位拉伸，并且利用 TEM 原位给出了在拉伸载荷下碳纳米管失效的形貌表征，如图 11-26 所示。

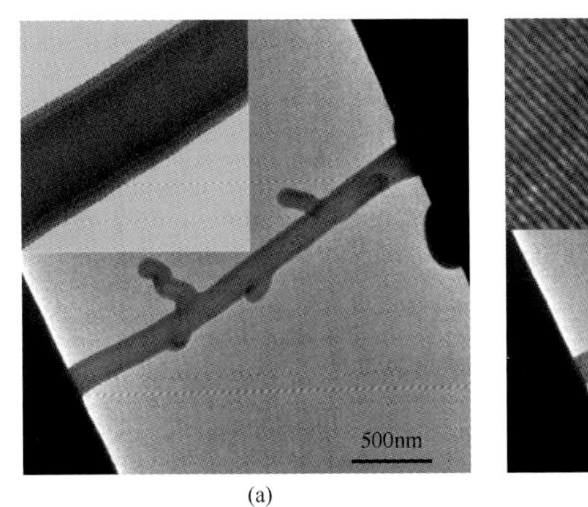

(a)

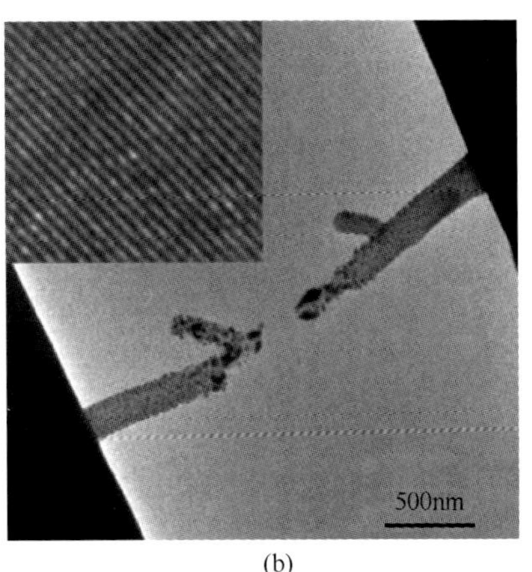

(b)

图 11-26　多壁碳纳米管的原位 TEM 拉伸[38]：拉伸前的 TEM 照片（a）；拉伸断裂后的 TEM 照片（b）

成会明等研究了嵌入在环氧树脂中的单壁碳纳米管束在循环拉伸条件下的疲劳失效[39]，观察到的三种损伤和失效模式有：单壁碳纳米管束的分裂、碳纳米管束的扭结和随后的失效、碳纳米管束的断裂。他们还利用分子动力学模拟了无缺陷单壁碳纳米管和具有两种不同模式 Stone-Wales 缺陷的单壁碳纳米管束在拉伸下裂纹的扩展。模拟结果证明，观察到的单壁碳纳米管束的断裂面可以很好地再现，表明单壁碳纳米管在复合材料中可能存在疲劳失效机理。

Li 等通过纳米压痕测试了长度为 50～100nm 的单根 ZnS 纳米带的力学性能[40]，发现 ZnS 纳米带的硬度为（3.4±0.2）GPa，弹性模量为（35.9±3.5）GPa。与块体 ZnS 相比，ZnS 纳米带的硬度提高了 79%，而弹性模量降低了约 52%。且 ZnS 纳米带在室温恒定载荷压痕下表现出明显的蠕变性，沿带生长方向优先产生压痕裂缝。

Zhu 等利用原位 SEM 拉伸测量了直径在 15～60nm 且长度在 1.5～4.3μm 的 Si 纳米线的杨氏模量和断裂强度[41]。当直径大于 30nm 时，发现 Si 纳米线的杨氏模量接近块体数值。然而，当 Si 纳米线的直径小于 30nm 时，软化趋势是明显的，随着直径的减小，Si 纳米线的杨氏模量减小，但是随着直径的减小，Si 纳米线的断裂应变和强度增加，其最大断裂强度超过 12GPa，如图 11-27 所示。随着侧面面积的减小，其断裂强度增加。在拉伸试验期间重复加载和卸载表明 Si 纳米线是线弹性的，直到断裂也没有明显的塑性。

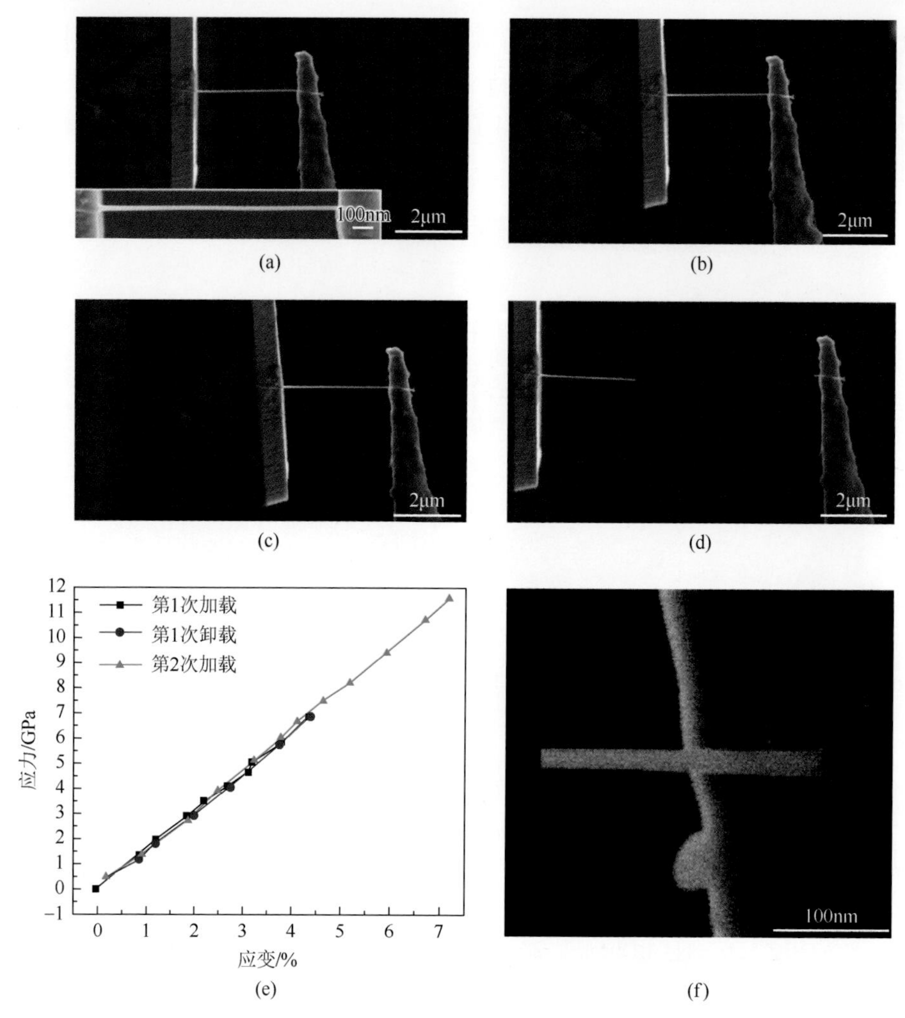

图 11-27 直径为 23nm 的 Si 纳米线的原位 SEM 拉伸[41]：（a）拉伸前的 SEM 照片；（b，c）拉伸过程中的 SEM 照片；（d）拉伸断裂后的 SEM 照片；（e）反复加载卸载过程中的应力-应变曲线；（f）拉伸断裂后 Si 纳米线的断口

Namazu 等通过原位拉伸测试装置研究了试样尺寸和 FIB 诱导的表面损伤对 Si 纳米线的杨氏模量和断裂强度的影响[42]。所有 Si 纳米线在空气中都表现为脆性断裂。宽 57nm 的 Si 纳米线的杨氏模量为 107.4GPa，随着宽度增加到 217nm，其杨氏模量增加到 144.2GPa，断裂强度范围为 3.9～7.3GPa，比毫米尺寸的 Si 试样的强度高 8.3～15.5 倍，如图 11-28 所示。最小的纳米线宽 57nm，厚 235nm，长 5.0μm。假设在 FIB 制造 Si 纳米线期间诱导的损伤层的厚度分别为顶表面 25nm 和侧壁 90nm，其杨氏模量估计为 96.2GPa，这与非晶硅的文献值非常一致，表明包含 Ga 的非晶硅层由 FIB 制造。

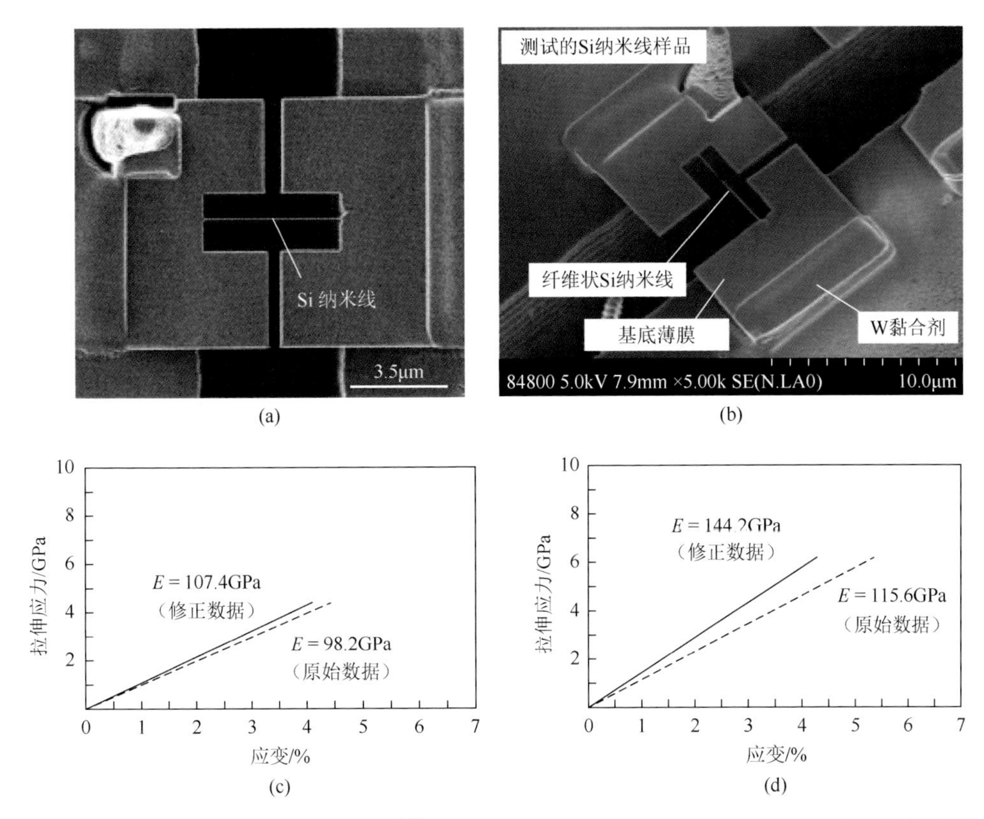

图 11-28　Si 纳米线的原位 SEM 拉伸[42]：拉伸前（a）与断裂后（b）的 SEM 照片；宽度分别为 57nm（c）和 217nm（d）的 Si 纳米线的应力-应变曲线

Hoffmann 组利用 AFM 针尖在 SEM 中测量了直径在 100～200nm，长度为 2μm 的 Si 纳米线的断裂强度[43]。使用 AFM 针尖对 Si 纳米线进行弯曲测试，由断裂前的最大偏转计算出其平均断裂强度为约 12GPa，其为沿纳米线方向 Si 的杨氏模量的 6%，该值接近理论断裂强度，表明面/体缺陷在断裂起始中仅起很小的作用。

Stan 等利用 AFM 针尖研究了黏附在平坦基底上的半径在 20～60nm 范围内的 Si 纳米线的极限弯曲强度[44]。他们对 Si 纳米线失效前的弯曲状态进行了非常详细的分析，以测量纳米线的弯曲动力学和极限断裂强度。随着纳米线的半径从 60nm 减小到 20nm，其断裂强度从 12GPa 增加到 18GPa。这与 Si 的断裂强度的理想极限相当，根据纳米线的内部微观结构和表面形态来解释观测到的纳米线的较大断裂强度值。由于表面效应，其断裂强度的半径依赖性是合理的。随着纳米线半径减小，纳米线周围的同轴近表面区域尺寸减小，并且限制了表面应力集中和缺陷浓度。

陆洋等借助一种压转拉微纳米器件在 SEM 内使用纳米压痕仪驱动对直径在 100nm 左右的单晶硅纳米线进行了原位拉伸实验研究，如图 11-29 所示[45]。研究发现，当尺寸到达纳米级别后，高质量的单晶硅纳米线可以表现出异乎寻常的可回复形变特性，较过去的发现高出数倍。部分样品的拉伸弹性更高达16%，接近硅理论计算的弹性极限（17%～20%）。硅纳米线能够实现如此高弹性的原因除了其近乎完美的原子排列结构及纳米级别的尺度外，对纳米线实现近乎理想的单轴均一拉伸也是至关重要的因素。随着越来越多的电子设备和机电一体化应用都要涉及机械变形，这一发现对硅基柔性电子学有着突破性意义，有望将具有超弹性的硅纳米线应用于柔性电子皮肤、可弯曲甚至折叠的屏幕，乃至柔性微医疗器械等新兴产业。

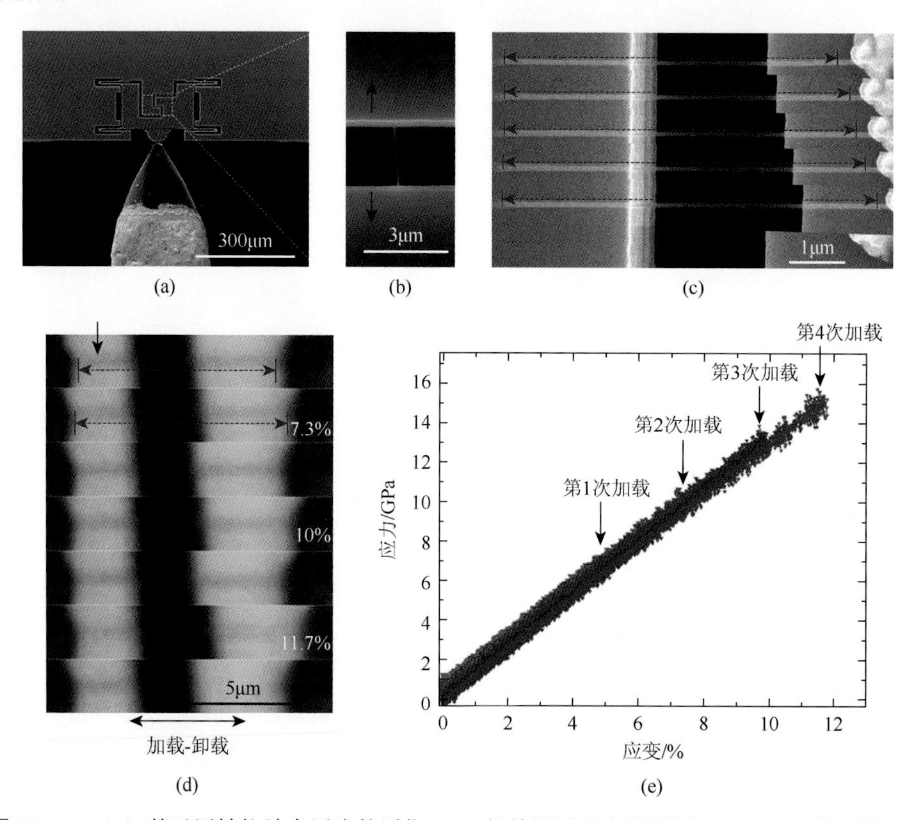

图 11-29 （a）基于压转拉纳米压头的原位 SEM 拉伸测试平台装置图；（b）PTP 微机械器件上的 Si 纳米线；（c）单根 Si 纳米线的单轴拉伸组图，断裂前的弹性应变达到约 13%；（d）光学显微镜下单根 Si 纳米线的加载/完全卸载实验，最大可回复弹性应变约为 10%，断裂前极限拉伸应变约为 11.7%；（e）图（d）相应的应力-应变曲线图[45]

王中林等通过新型 HRTEM 技术直接观察接近室温下 SiC 纳米线的变形，证明了其异常大的应变可塑性[46]。SiC 纳米线在连续塑性过程中的早期阶段伴随着位错密度增加，随后是明显的晶格畸变，最后在纳米线的应变最大的区域达到整个结构非晶化，如图 11-30 所示。SiC 纳米线的这些不寻常现象对于理解高温半导体的纳米级断裂和应变诱导的能带结构变化具有非常重要的作用。本研究结果也为进一步研究具有超塑性的陶瓷材料的纳米级弹-塑性和脆-韧转变提供了有用的信息。

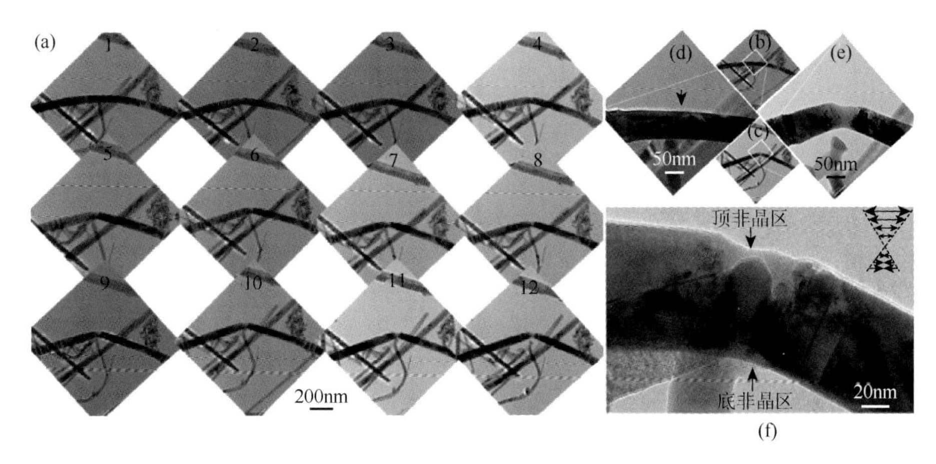

图 11-30　（a）SiC 纳米线在原位 TEM 中大角度弯曲下的超塑性变形；（b，d）SiC 纳米线在原位拉伸之前的状态；（c，e）SiC 纳米线在大的塑性变形之后的状态；（f）急剧扭结高应变区域变为非晶区[46]

张泽等通过 SEM 原位轴向拉伸单晶-SiC 纳米线，发现其超塑性，获得高于 200%的伸长率[47]。该研究的结果提供了低温下在单个 SiC 纳米线中发生的纳米级超塑性和断裂过程的直接证据，如图 11-31 所示。本研究中的 SiC 纳米线具有竹节状结构特征，沿着纳米线生长方向伴随有面心立方（3C）结构片段共生。轴向区域塑性和超塑性被认为仅由 3C 结构片段产生，通过位错产生、扩展和非晶化形成，而不仅仅是高密度缺陷区域由于缺乏滑移系统形成弹性变形。高应变塑性和超出预期韧性的超塑性，通过晶体到无定形的过渡和超塑性流动过程可以吸收大量的能量。该结果预计在纳米尺度下 SiC 的断裂韧性得到积极改善，3C-SiC 是一种很好的陶瓷及复合材料的增强材料。本研究结果也为进一步研究纳米级脆-韧性转变、断裂和应变诱导电荷-输运变化的其他半导体纳米线的大应变塑性变形提供了有用的信息。

Zhu 等利用 SEM 对 SiC 纳米线进行原位拉伸测试表征[48]。SiC 纳米线由三种类型的结构组成：纯面心立方（3C）结构、具有倾斜堆垛层错的 3C 结构和具有高密度缺陷的结构，沿纳米线长度方向周期性地形成。研究发现，SiC 纳米线在变形过程中为弹性变形直至脆性断裂。它们的断裂起源于具有倾斜堆垛层错的 3C 结构处，而不是高密度缺陷处。随着纳米线直径从 45nm 减小到 17nm，其断裂强度增加，逐步接近 3C 结构 SiC 的理论强度。SiC 纳米线断裂强度的尺寸效应归因于缺陷密度依赖尺寸，而不是单晶纳米线的表面效应。

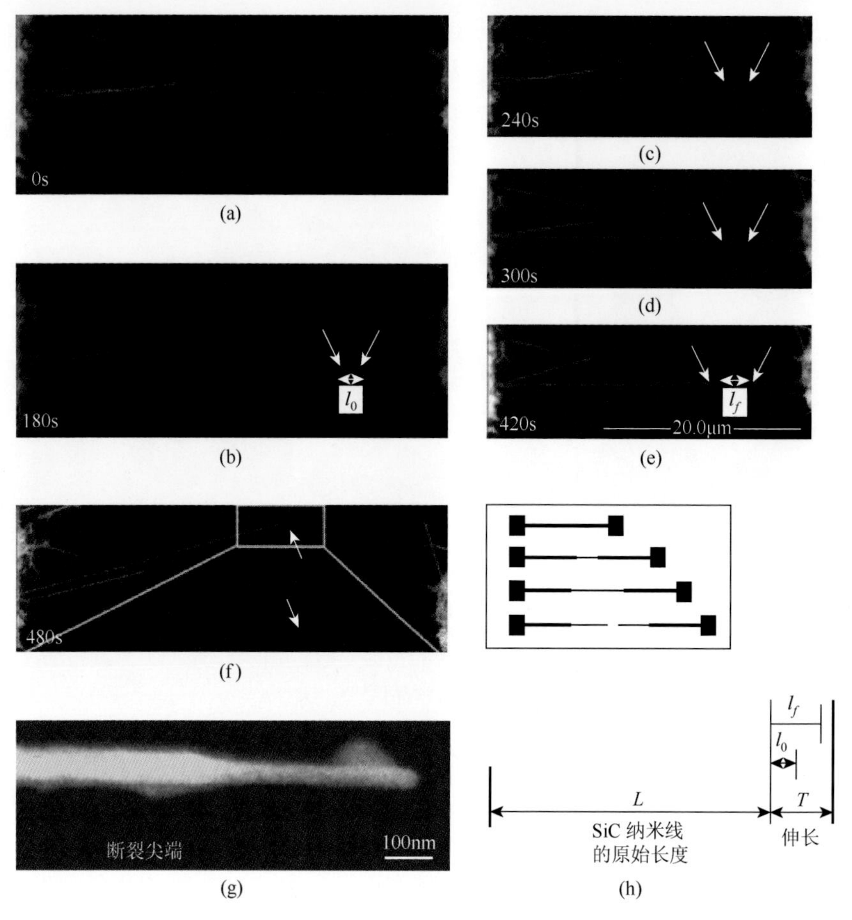

图 11-31 （a～f）原位 SEM 中对 SiC 纳米线的拉伸；（g）高倍 SEM 显示 SiC 纳米线的断裂尖端；（h）拉伸变形过程的机制模型[47]

黄建宇等使用 TEM-SPM 平台原位测量单根 GaN 纳米线的变形、断裂强度和断裂机制[49]。原位观察到了自由表面位错的形核、SPM 探针与纳米线接触表面之间的塑性变形等表面塑性现象。虽然能观察到局部塑性现象，但未观察到整体塑性变形，表明该材料整体表现为脆性。GaN 纳米线断裂之前会发生位错的形核和扩展，但断裂面显示出脆性特征，且断裂面不是直的，而是在特定晶面处扭结。当应力增大到 GaN 纳米线的断裂强度附近时会产生位错，这个范围为 0.21～1.76GPa，如图 11-32 所示。该研究评估了 GaN 纳米线的力学性能，并且可以为用于电子和光电应用的 GaN 纳米线器件的设计提供重要的认识。

Brown 等利用拉伸测试装置对 n 型 Si 掺杂、基本无缺陷和残余应力的 GaN 单晶纳米线进行了原位拉伸测试[50]。对于单根 GaN 纳米线，其失效应变可达 0.042±0.011。大多数 GaN 纳米线的断裂强度处于（4.0±1.7）～（7.5±3.4）GPa

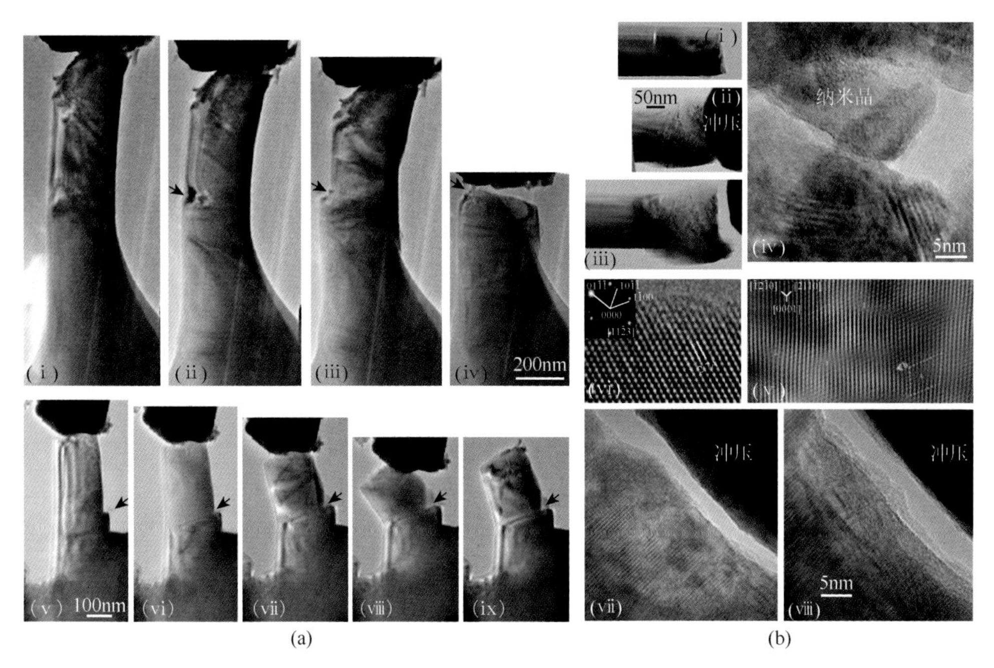

图 11-32　（a）两根 GaN 纳米线的断裂（iv，viii，ix）都始于自由表面位错的形核（i，ii，v，vi）与扩展（iii，vii）；（b）压头与 GaN 纳米线接触的部位在压缩的过程中会出现局部塑性区[49]

范围内，如图 11-33 所示。GaN 纳米线拉伸过程中的失效模式包括夹紧失效、横向断裂，以及来自 MEMS 测试制动器的力不足等。

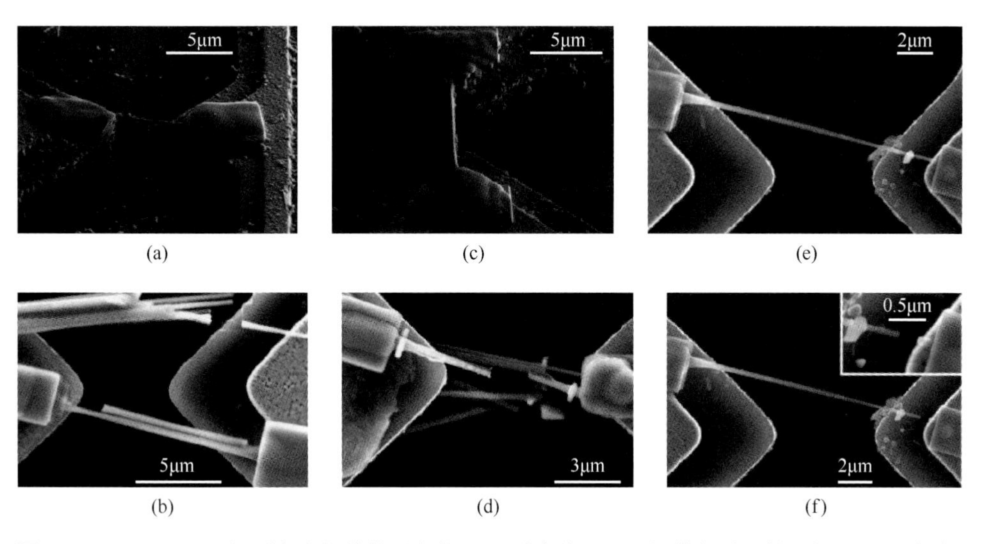

图 11-33　（a～c）三根固定在拉伸装置上的 GaN 纳米线；（d）拉伸断裂后的一根 GaN 纳米线；一根 GaN 纳米线在拉伸断裂前（e）后（f）的 SEM 照片[50]

Liao 等利用 TEM 对 GaAs 纳米线进行了原位压缩测试，发现 GaAs 纳米线具有显著的弹性和刚度[51]。对于直径在 50～150nm 的 GaAs 纳米线，其弹性应变极限达到 10%～11%，而在直径≤25nm 的纳米线中发生明显的塑性变形，如图 11-34 所示。随着纳米线直径的减小，GaAs 纳米线的杨氏模量显著增加，其数值大于块状 GaAs 约两倍。

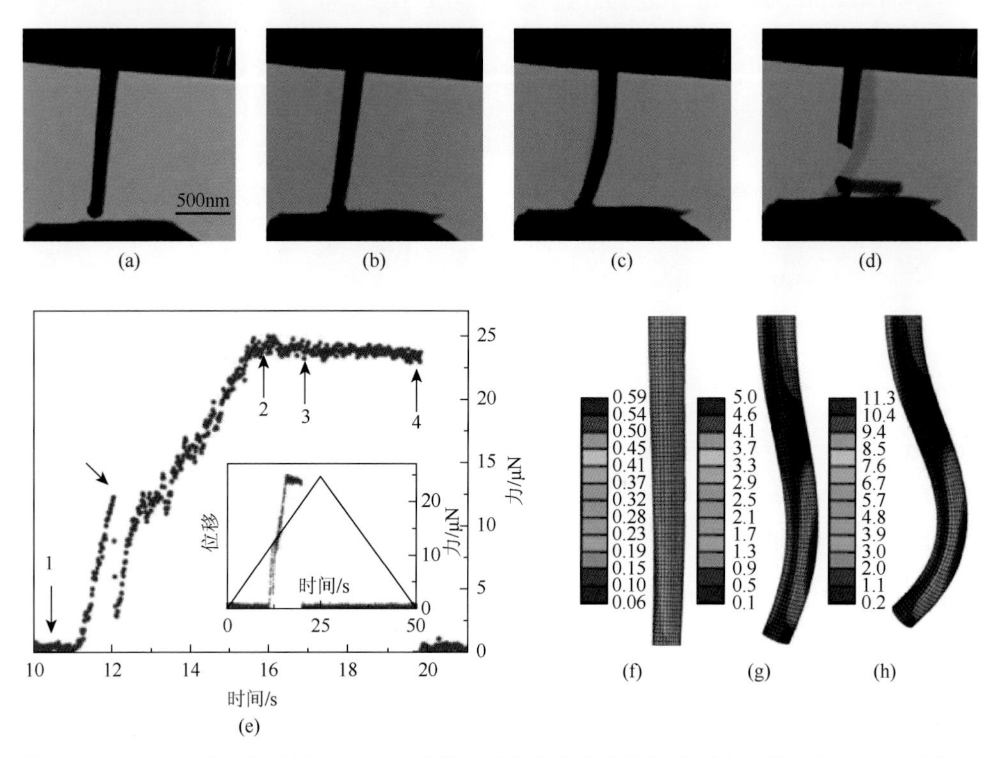

图 11-34 （a）一根压缩前的 GaAs 纳米线；纳米线自由端接触到压头开始屈曲（b）、压缩弯曲（c）、压缩断裂后（d）的 TEM 照片；（e）压缩过程中的力-位移-时间曲线，图中 1～4 分别对应（a～d）；（f～h）有限元模拟 GaAs 纳米线的压缩过程，分别对应（b～d）[51]

Liao 等还在 TEM 中进行原位变形实验，研究单晶 GaAs 纳米线在压缩下的结构响应[52]。在压缩之后的回复过程中发现了一种可重复的自愈过程，其中部分断裂的 GaAs 纳米线在去除外部压缩力后立即恢复其原始单晶结构，如图 11-35 所示。他们认为纳米级样品尺寸、表面吸引力、原子扩散和取向附着有助于自我修复过程。它有可能延长器件寿命并提高基于纳米线的微纳器件的可靠性。

Wei 和 Chen 等利用 SEM 对金属有机化学气相沉积（MOCVD）和分子束外延（MBE）制备的 InAs 纳米线进行了原位拉伸测试，测得了它们的杨氏模量、断裂强度和应变[53]。两种方法生长的 InAs 纳米线都表现出典型的脆性断裂，最

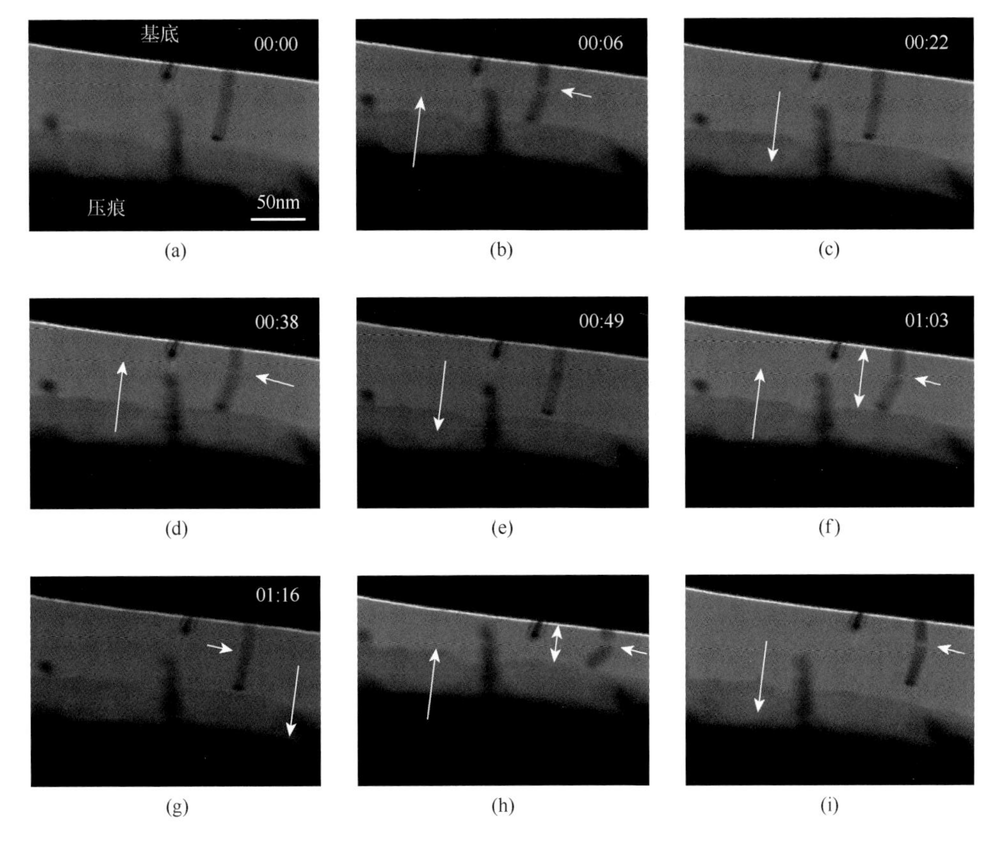

图 11-35　（a～g）一根 GaAs 纳米线压缩和回复的整个过程，可以看到损伤部分的自愈行为；（h，i）录像结束后对压缩状态和回复状态的观察[52]

大的弹性应变达到 10%，断裂强度值接近，都随着纳米线体积的减小而增大，分布在 2～5GPa。具有致密堆垛层错和孪晶的 MOCVD 生长的 InAs 纳米线，其 Weibull 模量较小，特征强度较高，符合 Weibull 统计，其杨氏模量在 16～78GPa，平均值为 45GPa，与直径没有相关性；而 MBE 生长的 InAs 纳米线的杨氏模量在 34～79GPa，平均值为 58GPa，如图 11-36 所示。研究结果对于设计高性能 InAs 纳米线微纳器件及其他应用具有重要的指导意义。

11.4　力电耦合损伤与服役行为

有些基于纳米材料设计的纳米器件都是为了实现某种功能，如应变传感器和纳米发电机等[54, 55]。这些纳米器件都是在电场和力场同时存在的条件下工作的。因此，在研究这类力电纳米器件时要考虑力电耦合效应。力电耦合性能的研究会对纳米器件的实际应用提供更多的理论支持。

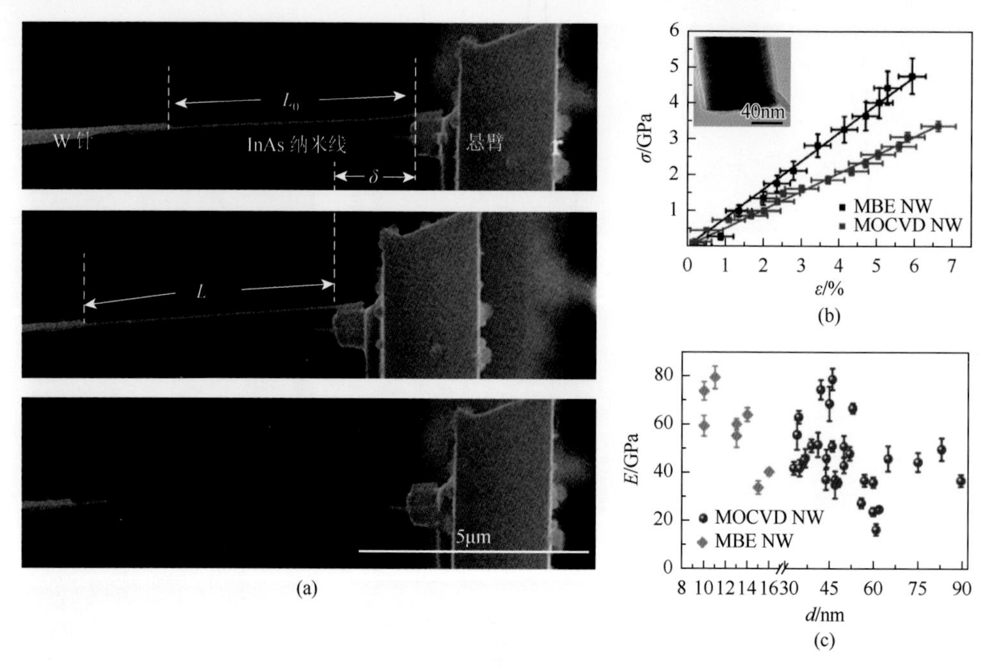

图 11-36 （a）一根 InAs 纳米线在 SEM 中原位拉伸前、拉伸中和拉伸断裂后的照片；（b）MOCVD 和 MBE 生长的 InAs 纳米线在拉伸过程中的应力-应变曲线；（c）InAs 纳米线的杨氏模量与直径无明显关系[53]

力电耦合纳米损伤与失效指的是纳米材料及器件在电场和力场共同作用下产生的结构损伤和功能性失效。以 ZnO 为例，作为一种典型的半导体材料，ZnO 纳米材料和器件在使用过程中不能避免电场和力场的联合效应。因此，研究 ZnO 纳米材料及器件在力电耦合条件下的服役行为是非常重要也是非常必要的。

目前研究一维 ZnO 纳米材料力电耦合性能的研究人员还比较少。张跃等利用导电原子力显微镜研究了 ZnO 纳米带的力电耦合损伤[8]。图 11-37 显示了实验的测试原理图、测试结果和得到的相应曲线。研究发现，当外力逐渐由 20nN 增大到 180nN 时，纳米带损伤的阈值电压由 12V 减小到 6V。由图中曲线可以看出，纳米带损伤的阈值电压基本随着载荷的增加呈现线性减小的趋势。ZnO 纳米带损伤的阈值电压减小的机理归因于应变诱导 ZnO 电子结构的变化。

此外，研究者还利用 AFM 研究了 ZnO 纳米器件的力电耦合损伤与失效[56]。图 11-38 展示了实验测试结构的原理图、测试 *I-V* 曲线和能带图。厚度约为 500nm 的 ZnO 纳米带固定在 6T 膜上，双二极管由 PtIr 针尖/ZnO 纳米带/6T 膜/ITO 膜构成，其 *I-V* 特性由覆盖 PtIr 的标准导电 AFM 针尖测试。由图可以看出，在第一次 *I-V* 特性曲线的测试中可以观察到明显的负电阻现象，但此现象在第二次测试中消失不见。负电阻现象在第二次测试中消失与电子隧穿也不一样，这说明 6T 膜在第一次测试完之后就已经破裂了。

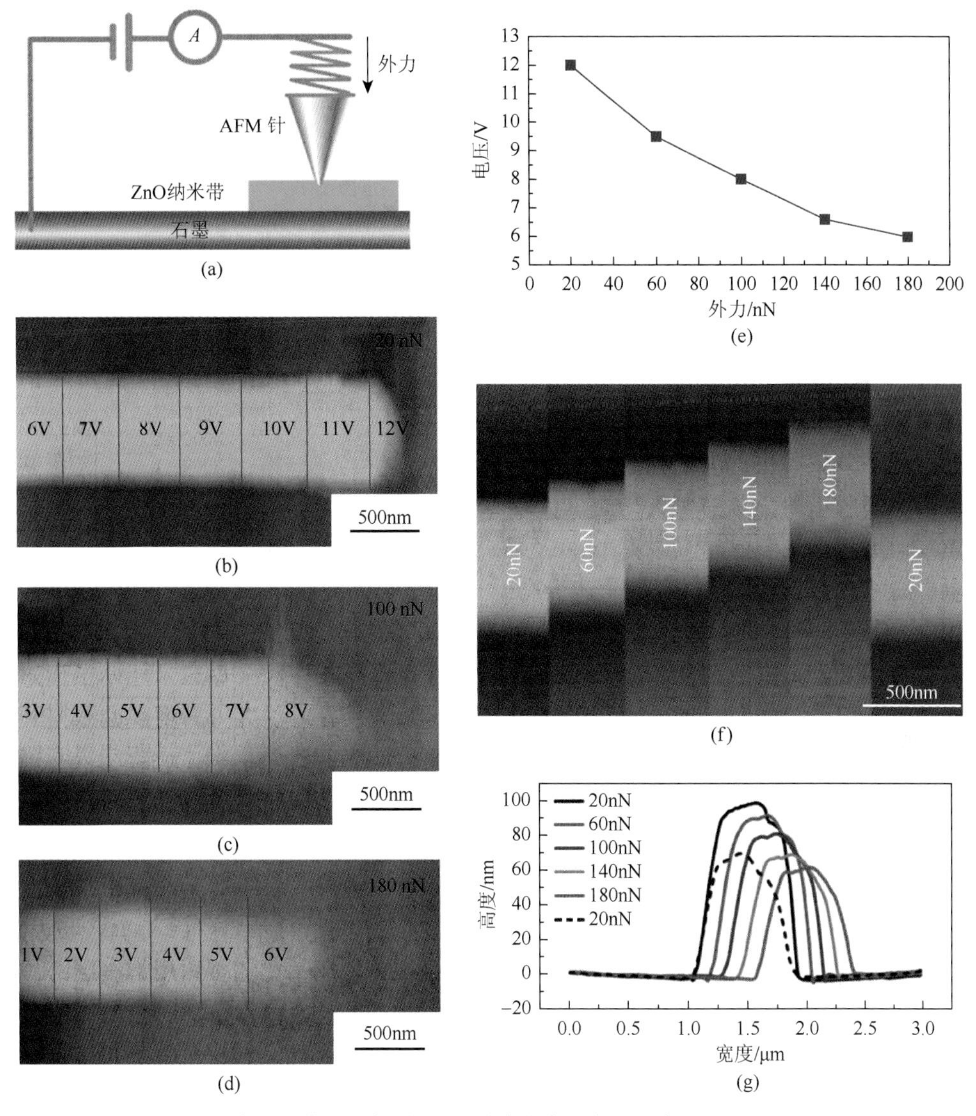

图 11-37　(a) ZnO 纳米带损伤测试的原理图；纳米带在外力分别为 20nN (b)，100nN (c)，180nN (d) 时随施加偏压变化的 AFM 照片；(e) 纳米带损伤的阈值电压与施加外力之间的关系曲线；(f) 纳米带在不同外力载荷下的 AFM 照片；(g) 纳米带在不同外力载荷下的侧面高度变化[8]

此外，研究者还利用 AFM 研究了力电耦合效应对 ZnO 纳米线服役行为的影响[57]。图 11-39 展示了部分测试结果、阈值电压-阈值力关系曲线和机理解释示意图。均一直径的 ZnO 纳米线力电耦合损伤断裂的阈值电压随着外力的增大线性减小；在恒定外

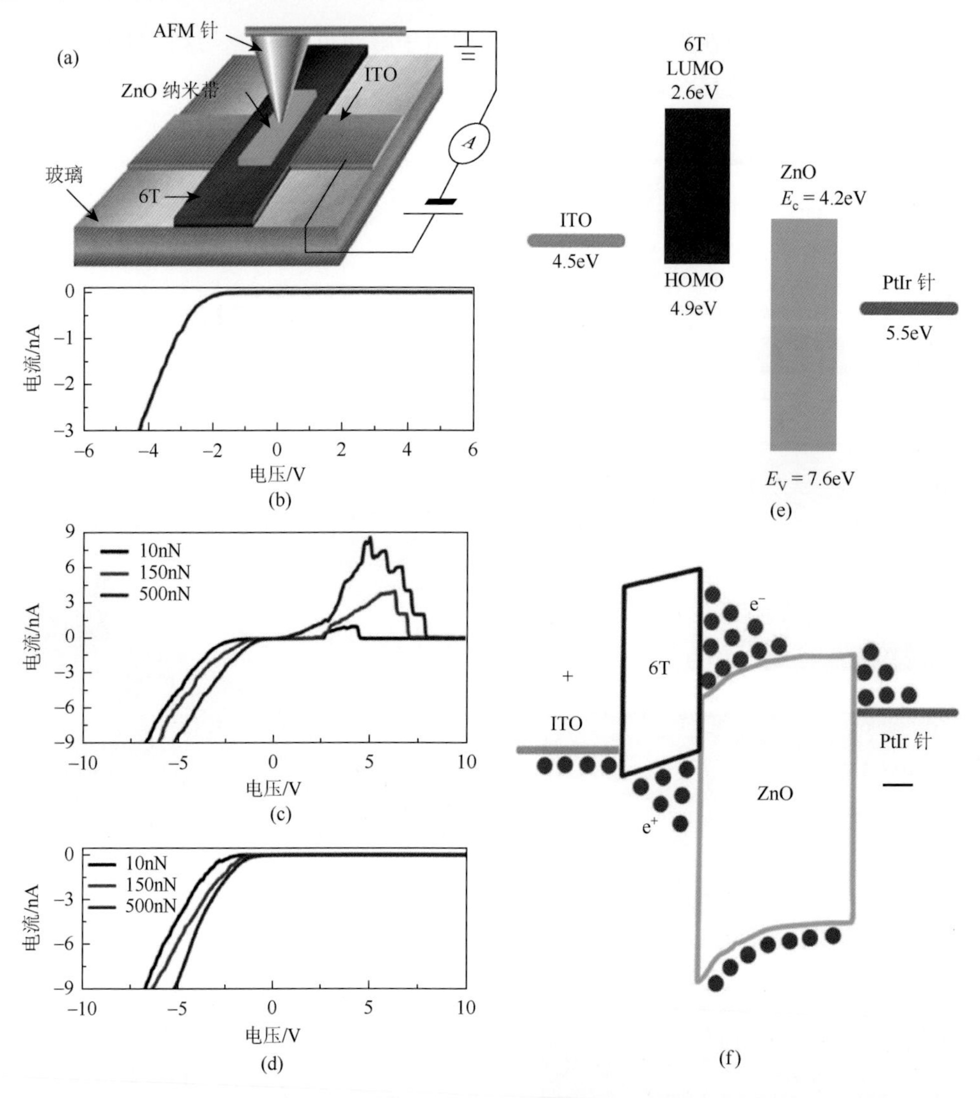

图 11-38 PtIr 针尖/ZnO 纳米带/6T 膜/ITO 膜双二极管结构的示意图（a）和 *I-V* 特性曲线（b）；在不同外力载荷下，双二极管结构的第一次（c）和第二次（d）*I-V* 特性测试；（e）ZnO、6T 膜、PtIr、ITO 膜的能带图；（f）在正偏压下双二极管结构的能带图[56]

力作用下，不同直径的 ZnO 纳米线力电耦合损伤断裂的阈值电压与纳米线的直径呈线性增大关系。应力集中效应增强了 ZnO 纳米线与 AFM 针尖接触表面的电子聚集，导致产生更多的焦耳热，降低了导致 ZnO 纳米线熔断的阈值电压值。研究结果将为实际应用中设计、组装、优化基于 ZnO 纳米线的力电器件和压电器件提供指导。

Espinosa 等利用原位 SEM 和 TEM 测试系统测试了多壁碳纳米管在高能电子束或离子束辐照下的失效行为[58]。原位 TEM 观察显示，多壁碳纳米管在暴露于

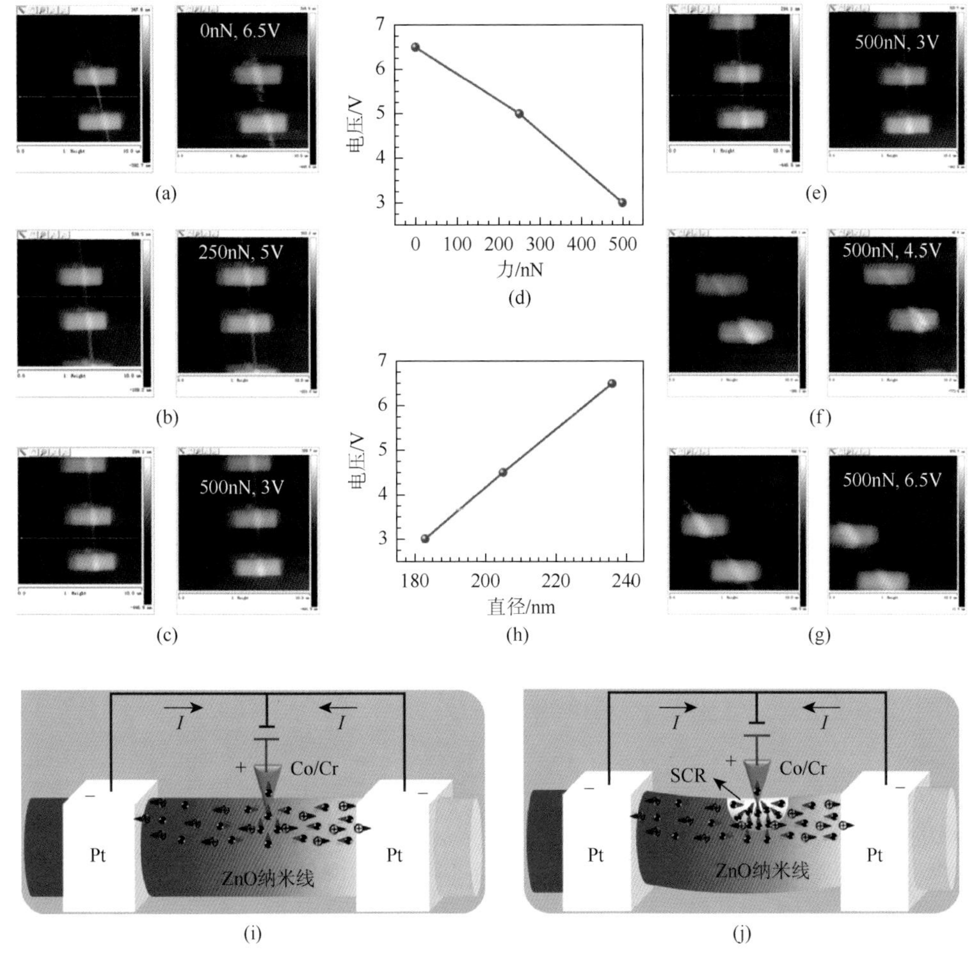

图 11-39　（a～c）三段等直径 ZnO 纳米线力电耦合服役行为的 AFM 照片（左侧为始态，右侧为终态）；（d）等直径 ZnO 纳米线断裂的阈值电压和外力之间的关系；（e～g）三根不同直径 ZnO 纳米线力电耦合服役行为的 AFM 照片（左侧为始态，右侧为终态）；（h）在恒定外力下 ZnO 纳米线断裂的阈值电压随直径的变化关系；（i）在外加电压下 ZnO 纳米线中载流子的输运；（j）在外加电压和外力作用下，弯曲 ZnO 纳米线中载流子的输运[57]

高能电子或离子束辐射时，并不完全遵循先前报道的“剑出鞘”型失效，而是在多个壳层或整个断面整体失效。通常，在多壁碳纳米管的拉伸测试期间，使用铂将最外壳的两端夹在测试装置上，预期壳层之间只有范德华力。因此，在原位 SEM 拉伸测试（辐射能量低于原子结构修正的阈值）期间，仅最外壳层承载负载并断裂。相比之下，对于那些暴露于高能电子或离子束照射的多壁碳纳米管，多个壳层或整个横截面断裂如图 11-40 所示。这表明电子束或离子束辐射在壳层之间引入交联，这通过实验和第一原理计算在文献中得到证实。据报道，在一定的能量阈值以上，电子和离子束可以在纳米管壳中产生空位，并在壳层间隙中产生相应的间隙原子[59]。此外，分子动力学模拟揭示这些间隙原子可以在壳之间形成稳定的共价键[60]。模拟实验进一步证明，由于共价键增强，中等束辐照可以增加多壁碳纳米管的破坏强度，而过度辐射会由于结构损伤或非晶化而降低多壁碳纳米管力学性能[60, 61]。研究观察结果与这些模拟预测非常吻合。研究测试的多壁碳纳米管的杨氏模量为（315±11）GPa，断裂应力在12～20GPa，远低于量子和分子力学模拟预测的单壁碳纳米管的理论应力[62]。可以用样品中存在几纳米尺寸的缺陷来解释测量的断裂应力较小，沿着纳米管长度的这种缺陷的分布也可以解释实验测量的杨氏模量较低。

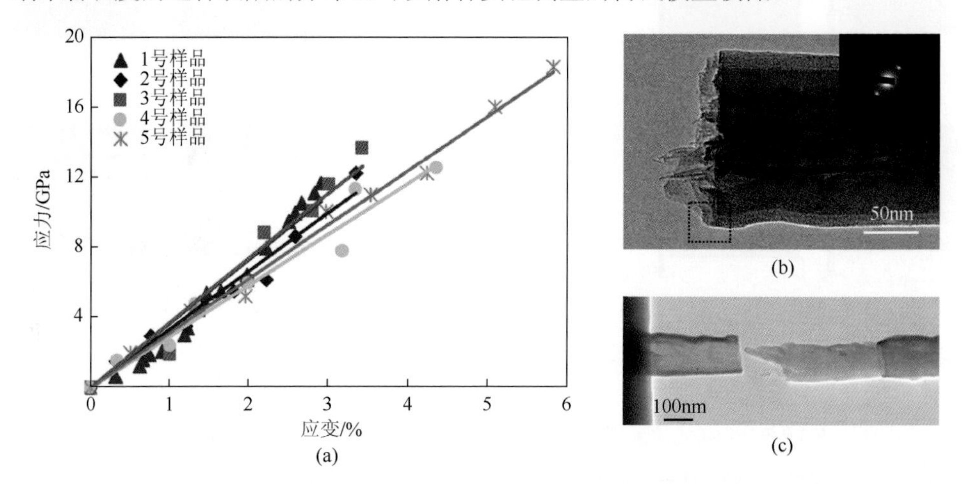

图 11-40　(a) 多壁碳纳米管拉伸的应力-应变曲线；(b) 受离子束辐照的多壁碳纳米管的典型断裂表面，显示整个横截面失效；(c) 在电子束辐照下的多壁碳纳米管的典型断裂表面，显示多壳层破裂的伸缩失效[58]

11.5 应力腐蚀损伤与服役行为

从实际应用的角度来看，纳米器件，如生物传感器，必须暴露在不同的服役条件下，如酸性或碱性环境。因此，一维纳米材料及器件在服役条件下能保持较高的化学稳定性是比较重要的，而有些特殊一维纳米材料及器件在某种环境下的及时降解也是非常有必要的[3, 7]。

化学损伤与失效是指纳米材料在外界化学环境的作用下产生的结构损伤和功能性失效；而应力腐蚀损伤与失效是指纳米材料及器件在外力和外界化学环境的共同作用下产生的结构损伤和功能性失效。作为传感器和探测器，纳米材料及器件必将受到外界环境的腐蚀，这些外界环境因素包括温度、湿度、气体，尤其是一些化学气体和溶液。以 ZnO 纳米材料为例，近年来，有些研究组报道了 ZnO 纳米材料的化学损伤与失效，以及应力腐蚀损伤与失效现象。

王中林小组系统研究了六方 ZnO 线与不同溶液的交互作用，这些溶液包括去离子水、氨水、NaOH 溶液、马血清溶液等[3]。图 11-41 展示了 ZnO 线在马血清溶液中浸泡不同时间之后的 SEM 照片。研究结果显示，ZnO 可以被上述溶液降解（可以看作纳米损伤的极限状态）。腐蚀过程首先发端于 ZnO 线的边缘。ZnO 线与马血清溶液的相互作用结果也展示了 ZnO 线可以在流体中存在数小时，直到最后完全降解成为矿物离子。ZnO 线的生物降解性和生物相容性使得它们在原位生物传感和生物探测的应用方面非常具有潜力。这个研究将为扩大 ZnO 结构在生物科学中的应用奠定基础。

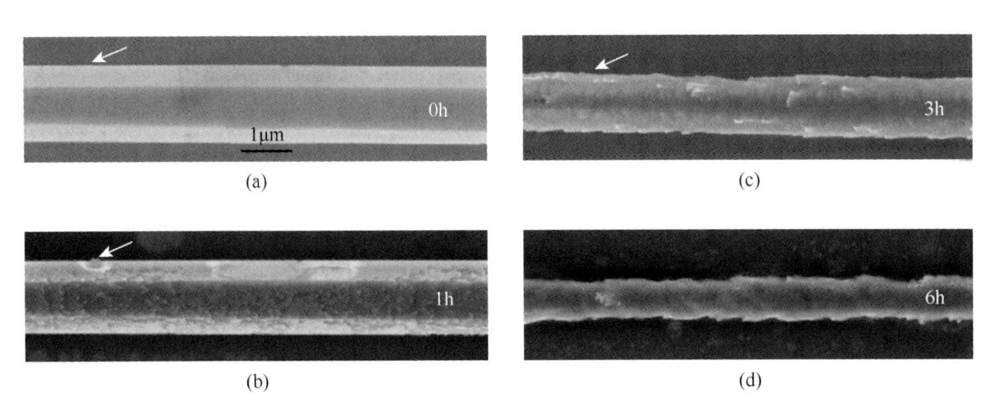

(a)　(c)　(b)　(d)

图 11-41　ZnO 线在 pH≈8.5 的马血清溶液中分别浸泡 0h（a），1h（b），3h（c），6h（d）后的 SEM 形貌图，白色箭头所指为同一参考点[3]

张跃等也利用 AFM 研究了单根 ZnO 纳米带在弱碱性环境下的化学损伤。图 11-42 展示了 ZnO 纳米带在氨水中浸泡不同时间后 AFM 形貌图和电传输性能的变化。与氨水相互作用 20min 后，ZnO 纳米带表面出现腐蚀的斑点，60min 后完全溶解。在氨水中，随着纳米带损伤程度的增大，ZnO 纳米带的电输运性能也逐渐退化。这个工作将为后续开展 ZnO 纳米器件在生物探测方面的应用研究提供有意义的指导。

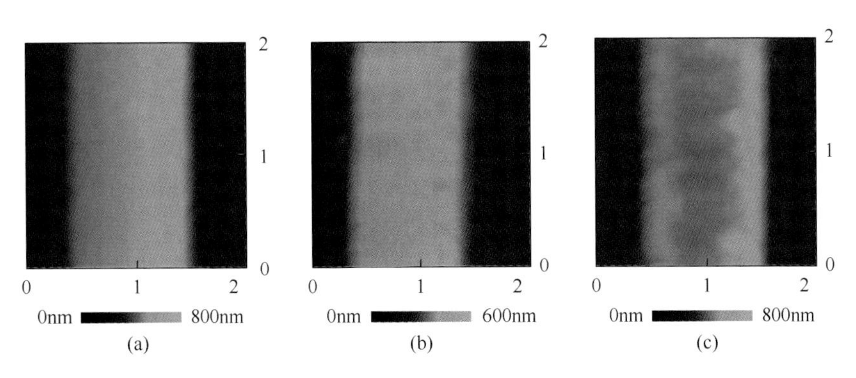

(a)　(b)　(c)

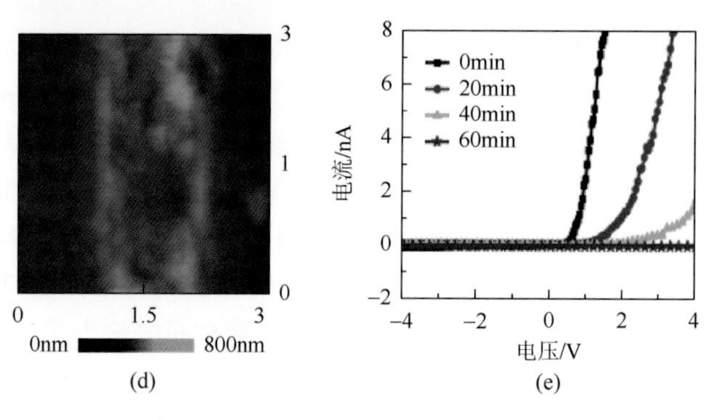

图 11-42 ZnO 纳米带在氨水中分别浸泡 0min（a），20min（b），40min（c），60min（d）后的 AFM 形貌图（单位为 μm）；（e）随着纳米带损伤的加剧电输运性能逐渐退化

此外，研究者还利用 SEM 对比研究了 ZnO 线的直径对其在 pH = 6 的 HCl 溶液中的溶解行为的影响[63]。图 11-43 显示了在 HCl 溶液中浸泡不同时间后 ZnO 线的形貌、直径和电输运性能的变化较小。直径的 ZnO 线有着更为显著的腐蚀速率，

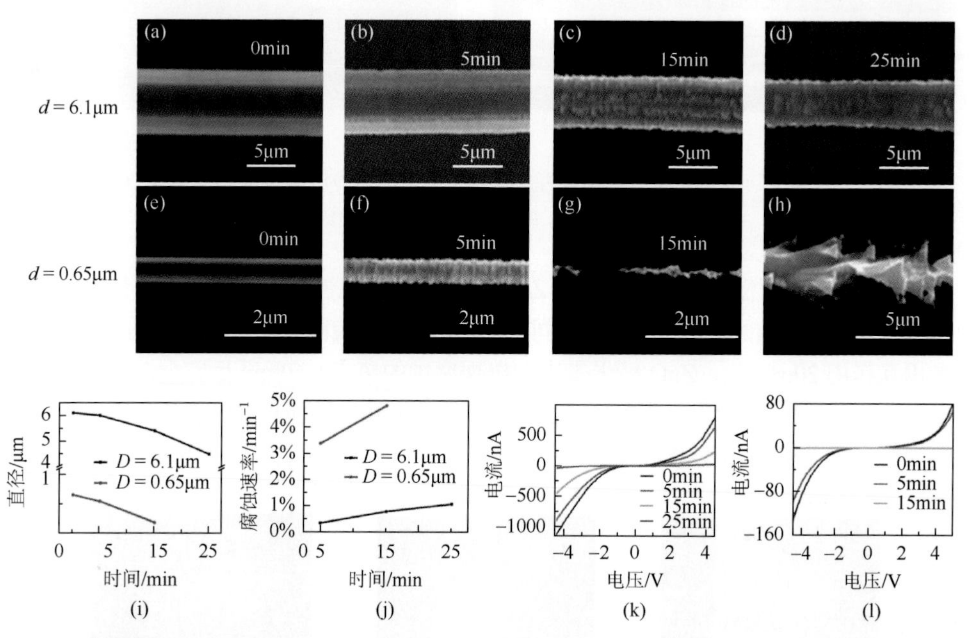

图 11-43 直径不同的两根 ZnO 线在 pH = 6 的 HCl 溶液中分别浸泡 0min（a），5min（b），15min（c），25min（d）及 0min（e），5min（f），15min（g）之后的 SEM 形貌图；（h）为（g）的高倍 SEM 照片；（i）两根 ZnO 线在 HCl 溶液中浸泡不同时间后直径的变化；（j）两根 ZnO 线在不同时刻的腐蚀速率；（k）直径为 6.1μm 的 ZnO 线在 HCl 溶液中分别浸泡 0min，5min，15min 和 25min 后的 *I-V* 特性曲线；（l）直径为 0.65μm 的 ZnO 线在 HCl 溶液中分别浸泡 0min，5min 和 15min 后的 *I-V* 特性曲线[63]

这可能是由其较高的比表面积所致。详细的形貌观察研究表明，ZnO 线在 HCl 溶液中的优先腐蚀平面为 $\{10\bar{1}1\}$ 面。腐蚀也大大降低了 ZnO 线的电输运性能。这些研究结果可为设计基于 ZnO 线的纳米器件提供有价值的指导作用。

另外，张跃等还首次研究了压电效应对 ZnO 线在酸性和碱性环境下腐蚀行为的影响[64]。本研究选择 HCl 和 KOH 溶液作为酸、碱模拟环境。无应变的 ZnO 线在溶液中的腐蚀几乎是对称的，而弯曲的 ZnO 线腐蚀形貌显得很不同，由于在大的应变下存在较高的压电势，其腐蚀速率大大增加。在使用局部曲率模型估计的各种应变下，可以清楚地观察到单根弯曲 ZnO 线的腐蚀行为，如图 11-44 所示。弯曲 ZnO 线在酸性和碱性环境中的腐蚀现象也是不同的。ZnO 线的外表面更易从溶液中吸引游离的氢氧根离子，而内表面吸附氢离子，由于应变产生的压电势而促进化学反应的进行。研究结果表明，腐蚀速率对应变非常敏感，这为极端环境下的纳米器件的设计和评估提供了指导。

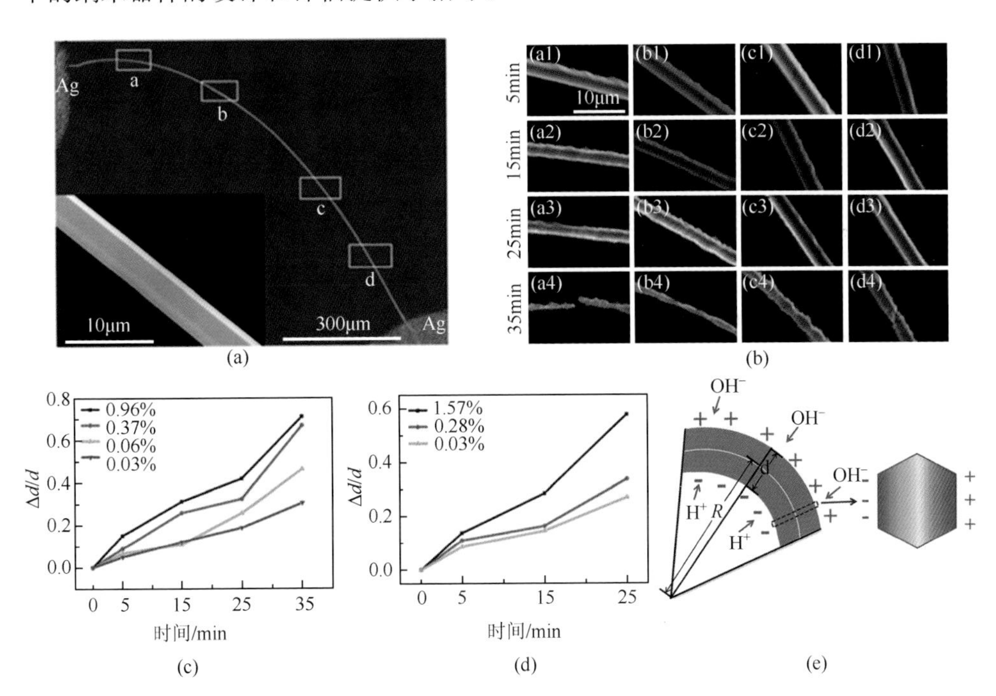

图 11-44　（a）弯曲的 ZnO 线的低倍 SEM 照片，插图为高倍 SEM 照片；（b）图（a）中 ZnO 不同部位在浓度为 4mol/L 的 KOH 溶液中分别浸泡 5min，15min，25min 和 35min 之后的高倍 SEM 形貌图；两根弯曲的 ZnO 线不同部位在 KOH（c）和 HCl（d）溶液中浸泡不同时间时的直径减小速率；不同溶液中对应于不同区域的两条弯曲线的直径减少率：（e）ZnO 线内表面和外表面的压电效应会吸引氢和氢氧根离子及弯曲诱导产生的压电效应的截面示意图[64]

黄建宇等在原位观察 Si 纳米线锂化时意外发现纳米线的各向异性膨胀[65]。这种各向异性膨胀归因于在锂化反应前端为了适应大体积应变的界面过程，这与晶向密切相关。这种各向异性的膨胀导致锂化的 Si 纳米线具有显著的哑铃形横截面，并且因塑性流动而发展，随后由于锂化壳中的拉伸环应力累积而引起颈缩的不稳定性，塑性驱动的形态不稳定性经常导致锂化纳米线破裂，如图 11-45 所示。这些结果为锂离子电池的退化机制给出了重要的见解。

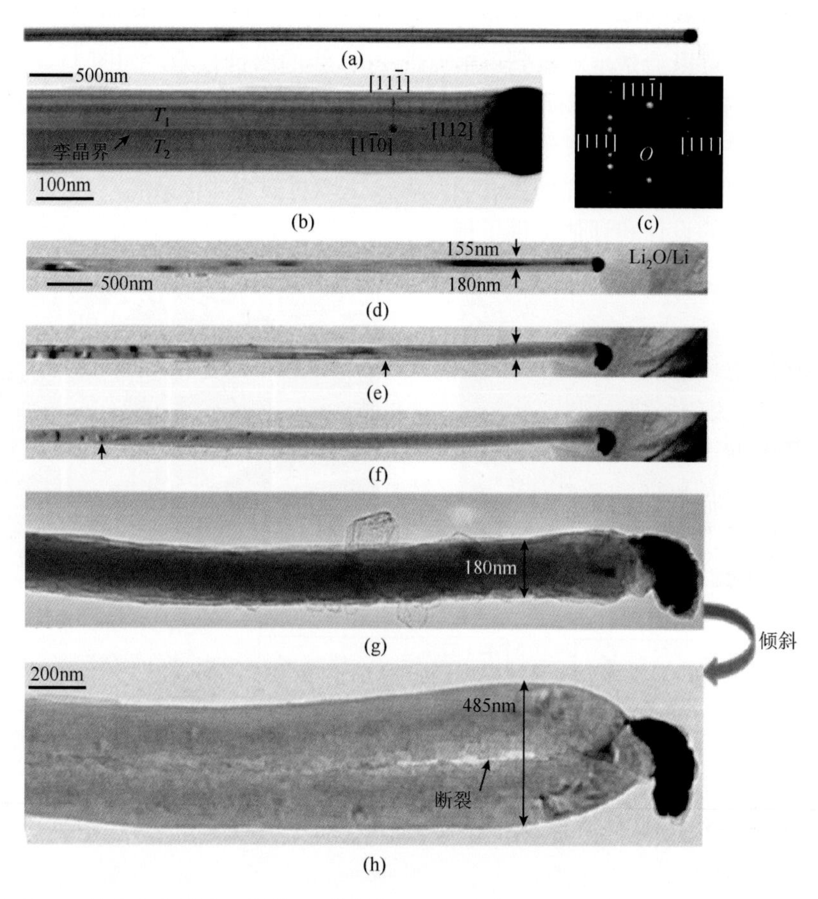

图 11-45　Si 纳米线的锂化：原始 Si 纳米线（a）、高倍 TEM 照片（b）与衍射照片（c）；（d～g）Si 纳米线的锂化过程；（h）随着锂化程度加深，Si 纳米线中出现裂纹，并随着裂纹的扩展会最终破裂[65]

Zhu 和 Xia 等研究了电化学锂化 Si 纳米线损伤容限的纳米力学性质[66]。原位 TEM 研究揭示了原始未锂化 Si 的脆性断裂与完全锂化 Si 的塑性拉伸变形的鲜明对比，如图 11-46 所示。非晶锂化 Si 合金的纳米压痕测试表明，随着 Li 与 Si 的原子比增加到 1.5 以上，断裂韧性急剧增加。分子动力学模拟阐明了由原子键合和锂化诱导的增韧控制的脆-韧转变的机制。对富含 Li 的 Si 合金的高损伤容限的定量表征和机理的理解为下一代 LIB 合理设计耐用的 Si 基电极走出了关键一步，对耐用可充电电池的发展具有重要意义。

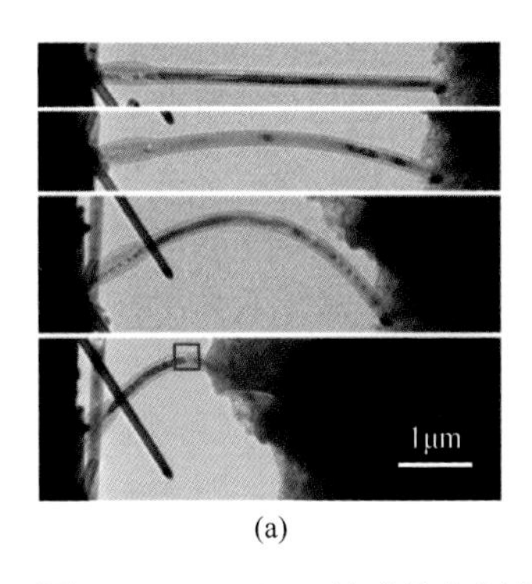

(a)

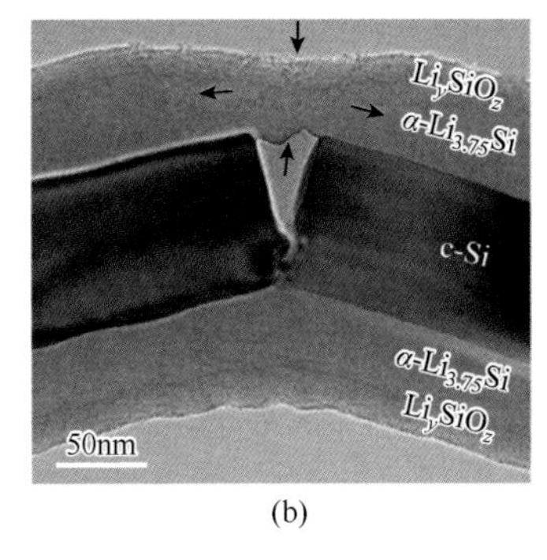

(b)

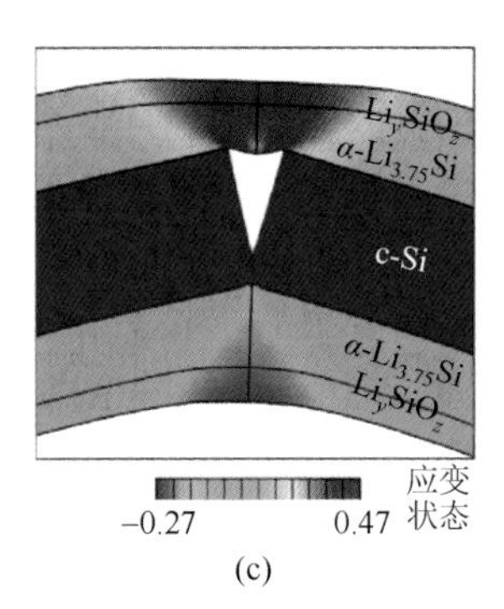

(c)

图 11-46　（a）Si 纳米线在锂化过程中产生轴向压缩，造成纳米线弯曲，红色框中表示急剧扭结区域；（b）急剧扭结区域高倍 TEM 照片；（c）急剧扭结区域有限元模拟[66]

本章以半导体纳米线为主分类介绍了各种纳米损伤和纳米失效形式，但由于实际服役情况的复杂性，纳米材料的损伤和失效更可能是多种类型的混合状态。因此，在研究过程中应该分辨具体情况的主要影响因素，这将对纳米材料的损伤与失效研究大有裨益。以上对一维纳米材料和纳米器件的纳米损伤与失效的研究，对提高一维纳米材料的性能，并对一维纳米材料所构建器件在实际生活应用中的稳定性、安全性和寿命都将有所帮助和指导。

参考文献

[1]　张跃，等. 一维氧化锌纳米材料. 北京：科学出版社，2010：2.

[2]　Zhan J H，Bando Y，Golberg D，et al. Nanofabrication on ZnO nanowires. Applied Physics Letters，2006，89：243111.

[3]　Zhou J，Xu N S，Wang Z L. Dissolving behavior and stability of ZnO wires in biofluids：A study on biodegradability and biocompatibility of ZnO nanostructures. Advanced Materials，2006，18：2432-2435.

[4]　Wan Q，Huang J，Wang T H，et al. Degenerate doping induced metallic behaviors in ZnO nanobelts. Applied Physics Letters，2008，93：103109.

[5]　Wen B M，Sader J E，Boland J J. Mechanical properties of ZnO nanowires. Physical Review Letters，2008，101：175502.

[6]　Yang Y，Zhang Y，Qi J J，et al. Electric-induced nanodamage in single ZnO nanowires. Journal of Applied Physics，2009，105：084319.

[7]　Agrawal R，Peng B，Espinosa H D. Experimental-computational investigation of ZnO nanowires strength and fracture. Nano Letters，2009，9：4177-4183.

[8]　Yang Y，Qi J J，Zhang Y，et al. Electrical and mechanical coupling nanodamage in single ZnO nanobelts. Applied Physics Letters，2010，96：123103.

[9]　Zhang Q，Qi J J，Zhang Y，et al. Electrical breakdown of ZnO nanowires in metal-semiconductor-metal structure. Applied Physics Letters，2010，96：253112.

[10] Wei Y, Liu P, Fan S S, et al. Breaking single-walled carbon nanotube bundles by Joule heating. Applied Physics Letters, 2008, 93: 023118.
[11] Xu Z, Golberg D, Bando Y. *In situ* TEM-STM recorded kinetics of boron nitride nanotube failure under current flow. Nano Letters, 2009, 9: 2251-2254.
[12] Nie A M, Liu J B, Wang H T, et al. Electrical failure behaviors of semiconductor oxide nanowires. Nanotechnology, 2011, 22: 405703.
[13] Li P F, Liao Q L, Zhang Y, et al. Investigation on the mechanism of nanodamage and nanofailure for single ZnO nanowires under an electric field. ACS Applied Materials & Interfaces, 2014, 6: 2344-2349.
[14] Zhang Q, Qi J J, Zhang Y, et al. Multi-zone light emission in a one-dimensional ZnO waveguide with hybrid structures. Optical Materials Express, 2011, 1: 173-178.
[15] Javey A, Guo J, Dai H J, et al. High-field quasiballistic transport in short carbon nanotubes. Physical Review Letters, 2004, 92: 106804.
[16] Kitsuki H, Yamada T, Yang C Y, et al. Length dependence of current-induced breakdown in carbon nanofiber interconnects. Applied Physics Letters, 2008, 92: 173110.
[17] Collins P G, Hersam M, Avouris P, et al. Current saturation and electrical breakdown in multiwalled carbon nanotubes. Physical Review Letters, 2001, 86: 3128-3131.
[18] Huang J Y, Chen S, Ren Z F, et al. Atomic-scale imaging of wall-by-wall breakdown and concurrent transport measurements in multiwall carbon nanotubes. Physical Review Letters, 2005, 94: 236802.
[19] Suzuki M, Ominami Y, Li J, et al. Current-induced breakdown of carbon nanofibers. Journal Applied Physics, 2007, 101: 114307.
[20] Xu Z, Golberg D, Bando Y. *In situ* TEM-STM recorded kinetics of boron nitride nanotube failure under current flow. Nano Letters, 2009, 9: 2251-2254.
[21] Westover T, Jones R, Talin A A, et al. Photoluminescence, thermal transport, and breakdown in Joule-heated GaN nanowires. Nano Letters, 2009, 9: 257-263.
[22] Zhao J, Sun H Y, Zhu J, et al. Electrical breakdown of nanowires. Nano Letters, 2011, 11: 4647-4651.
[23] Gu X W, Jafary Z M, Greer J R, et al. Mechanisms of failure in nanoscale metallic glass. Nano Letters, 2014, 14: 5858-5864.
[24] Gao P X, Mai W J, Wang Z L. Superelasticity and nanofracture mechanics of ZnO nanohelices. Nano Letters, 2006, 6: 2536-2543.
[25] Xu F, Qin Q Q, Zhu Y, et al. Mechanical properties of ZnO nanowires under different loading modes. Nano Research, 2010, 3: 271-280.
[26] Wang Z L. Mechanical properties of nanowires and nanobelts. Dekker Encyclopedia of Nanoscience and Nanotechnology, 2004, 1773-1786.
[27] Hoffmann S, Östlund F, Ballif C, et al. Fracture strength and Young's modulus of ZnO nanowires. Nanotechnology, 2007, 18: 205-503.
[28] Desai A V, Haque M A. Mechanical properties of ZnO nanowires. Sensors and Actuators A, 2007, 134: 169-176.
[29] Chen C Q, Zhu J. Bending strength and flexibility of ZnO nanowires. Applied Physics Letters, 2007, 90: 043105.
[30] Jing G Y, Zhang X Z, Yu D P. Effect of surface morphology on the mechanical properties of ZnO nanowires. Applied Physics A, 2010, 100: 473-478.
[31] Agrawal R, Peng B, Espinosa H D, et al. Elasticity size effects in ZnO nanowires-A combined experimental-computational approach. Nano Letters, 2008, 11: 3668-3674.
[32] Peng B, Zhu Y, Espinosa H D, et al. A microelectromechanical system for nano-scale testing of one dimensional nanostructures. Sensor Letters, 2008, 6: 1-12.
[33] Li P F, Liao Q L, Zhang Y, et al. Calibration on force upon the surface of single ZnO nanowire applied by AFM tip with different scanning angles. RSC Advances, 2015, 5: 47309-47313.

[34] Li P F，Liao Q L，Zhang Y，et al. AFM investigation of nanomechanical properties of ZnO nanowires. RSC Advances，2015，5：33445-33449.

[35] Li P F，Liao Q L，Zhang Y，et al. *In situ* transmission electron microscopy investigation on fatigue behavior of single ZnO wires under high-cycle strain. Nano Letters，2014，14：480-485.

[36] Yu M F，Lourie O，Ruoff R S，et al. Strength and breaking mechanism of multiwalled carbon nanotubes under tensile load. Science，2000，287：637-640.

[37] Ding W，Calabri L，Ruoff R S，et al. Modulus，fracture strength，and brittle *vs*. plastic response of the outer shell of arc-grown multi-walled carbon nanotubes. Experimental Mechanics，2007，47：25-36.

[38] Zhu Y，Espinosa H D. An electromechanical material testing system for *in situ* electron microscopy and applications. PNAS，2005，102：14503-14508.

[39] Ren Y，Fu Q，Cheng H M，et al. Fatigue failure mechanisms of single-walled carbon nanotube ropes embedded in epoxy. Applied Physics Letters，2004，84：2811-2813.

[40] Li X D，Wang X N，Eklund P C，et al. Mechanical Properties of ZnS Nanobelts. Nano Letters，2005，5：1982-1986.

[41] Zhu Y，Xu F，Lu W，et al. Mechanical properties of vapor-liquid-solid synthesized silicon nanowires. Nano Letters，2009，9：3934-3939.

[42] Fujii T，Namazu T，Inoue S，et al. Focused ion beam induced surface damage effect on the mechanical properties of silicon nanowires. Journal of Engineering Materials and Technology，2013，135：041002.

[43] Hoffmann S，Utke I，Ballif C，et al. Measurement of the bending strength of vapor-liquid-solid grown silicon nanowires. Nano Letters，2006，6：622-625.

[44] Stan G，Krylyuk S，Cook R F，et al. Ultimate bending strength of Si nanowires. Nano Letters，2012，12：2599-2604.

[45] Zhang H T，Tersoff J，Lu Y，et al. Approaching the ideal elastic strain limit in silicon nanowires. Science Advances，2016，2：1501382.

[46] Han X D，Zhang Y F，Wang Z L，et al. Low-temperature *in situ* large strain plasticity of ceramic SiC nanowires and its atomic-scale mechanism. Nano Letters，2007，7：452-457.

[47] Zhang Y F，Han X D，Zhang Z，et al. Direct observation of super-plasticity of beta-SiC nanowires at low temperature. Advanced Functional Materials，2007，17：3435-3440.

[48] Cheng G M，Chang T H，Zhu Y，et al. Mechanical properties of silicon carbide nanowires：Effect of size dependent defect density. Nano Letters，2014，14：754-758.

[49] Huang J Y，Zheng H，Wang G T，et al. *In situ* nanomechanics of GaN nanowires. Nano Letters，2011，11：1618-1622.

[50] Brown J J，Baca A I，Bright V M，et al. Tensile measurement of single crystal gallium nitride nanowires on MEMS test stages. Sensors and Actuators A，2011，166：177-186.

[51] Wang Y B，Wang L F，Jagadish C，et al. Super deformability and Young's modulus of GaAs nanowires. Advanced Materials，2011，23：1356-1360.

[52] Wang Y B，Joyce H J，Jagadish C，et al. Self-healing of fractured GaAs nanowires. Nano Letters，2011，11：1546-1549.

[53] Li X，Wei X L，Chen Q，et al. Mechanical properties of individual InAs nanowires studied by tensile tests. Applied Physics Letters，2014，104：103110.

[54] Zhou J，Fei P，Wang Z L，et al. Mechanical-electrical triggers and sensors using piezoelectric micowires/nanowires. Nano Letters，2008，8：2725-2730.

[55] Wang Z L，Song J H. Piezoelectric nanogenerators based on zinc oxide nanowire arrays. Science，2006，312：242-246.

[56] Yang Y，Qi J J，Zhang Y，et al. Negative differential resistance in PtIr/ZnO ribbon/sexithiophen hybrid double diodes. Applied Physics Letters，2009，95：123112.

[57] Zhang Y. ZnO Nanostructures：Fabrication and applications. Royal Society of Chemistry，2017，6：233-257.

[58] Espinosa H D, Zhu Y, Moldovan N. Design and operation of a MEMS-based material testing system for nanomechanical characterization. Journal of Microelectromechanical Systems, 2007, 16: 1219-1231.

[59] Smith B W, Luzzi D E. Electron irradiation effects in single wall carbon nanotubes. Journal of Applied Physics, 2001, 90: 3509-3515.

[60] Huhtala M, Krasheninnikov A V, Aittoniemi J. Improved mechanical load transfer between shells of multiwalled carbon nanotubes. Physics Review B, 2004, 70: 045404.

[61] Pomoell J A V, Krasheninnikov A V, Nordlund K. Ion ranges and irradiation-induced defects in multiwalled carbon nanotubes. Journal of Applied Physics, 2004, 96: 2864-2871.

[62] Zhang S L, Mielke S L, Khare R. Mechanics of defects in carbon nanotubes: Atomistic and multiscale simulations. Physics Review B, 2005, 71: 115403.

[63] Qi J J, Zhang K, Zhang Y, et al. Dissolving behavior and electrical properties of ZnO wire in HCl solution. RSC Advances, 2015, 5: 44563-44566.

[64] Zhang K, Qi J J, Zhang Y, et al. Influence of piezoelectric effect on dissolving behavior and stability of ZnO micro/nanowires in solution. RSC Advances, 2015, 5: 3365-3369.

[65] Liu X H, Zheng H, Huang J Y, et al. Anisotropic swelling and fracture of silicon nanowires during lithiation. Nano Letters, 2011, 11: 3312-3318.

[66] Wang X J, Fan F F, Xia S M, et al. High damage tolerance of electrochemically lithiated silicon. Nature Communications, 2015, 6: 8417.

关键词索引

A

阿伦尼乌斯活化能　90

B

半导体超晶格模板法　69
半导体集成电路　43, 74
半导体纳米线水平型晶体管　65
爆炸性发射　116
泵浦源　151, 155, 161
变频器　22
玻尔兹曼常量　125

C

场发射器件　5, 32, 74, 100, 101, 105, 110, 116, 117
场发射真空电子源　21
场效应管　5, 65, 77, 94, 265
场增强因子　32, 100, 112
场致电子发射　32
沉积法图形转移技术　45, 46
磁化强度　315, 317, 319
磁控溅射　53, 54, 326
次级电子发射　32
存储器件　5, 21, 74, 84, 90

D

单晶结构　10, 145, 151, 314, 316, 360
单量子点　24
弹道输运　5, 77, 340
低温阴极荧光谱　302
电泵浦　25, 26, 154
电磁聚焦系统　45
电光转换效率　143, 144
电荷分离效率　193
电化学沉积法　56
电输运　5, 13, 19, 22, 235, 274, 275, 278, 292, 293, 297, 310, 311, 312, 313, 335, 338, 344, 368, 369
电泳静电力　62
电致发光　24, 119, 141, 144, 156, 281
电子皮肤　221, 243, 356
电子束曝光　43, 59, 62, 64
电阻式随机存储器　85
定向电子传输　2
短沟道效应　75, 79
钝化层　193, 194
多场耦合　5, 278, 284, 296, 297, 322, 326, 328

E

二极管　5, 9, 21, 62, 63, 86, 140, 157, 250, 276, 279, 280, 281, 282, 364

F

法拉第效率　182
反应离子刻蚀　46, 69, 75
范德华力　365
飞秒脉冲激光　51
非辐射复合　143
分布式布拉格反射镜　161
分子力学模拟　366
分子束外延　4, 15, 21, 62, 299, 360
负胶工艺　44

G

高分辨负电子束胶　141
高敏感化学与生物传感器　5
高斯反卷积分　149
高温原子沉积　184
高增益介质　5, 18
功函数　82, 105, 113, 123, 124
沟道弹道式传输　78
光波导器件　5

光波导效应 158, 162
光电探测器 5, 14, 27, 246, 279, 321, 322, 323, 324
光电效应 5, 27, 246
光电子发射 32
光电子器件 2, 4, 26, 64, 67, 140, 155
光俘获效率 182, 184, 191
光激子 2, 158
光刻 9, 43, 60, 147, 250, 281, 282, 299
光生伏打效应 27, 252
光生载流子 28, 161, 249, 254, 286, 322, 324
光吸收系数 286
光学曝光 43, 44, 45
光学谐振腔 151, 156, 158, 159, 160
光致发光谱 19, 143, 155, 161, 281, 283, 299, 342

H

耗尽异质结型太阳能电池 28
红外探测器 27
红移 19, 125, 155, 299, 300, 301, 302, 303, 304, 305, 307, 308, 310, 339
宏观量子隧道效应 2
化学气相沉积 20, 32, 48, 50, 62, 67, 145, 157, 275, 284, 311, 314, 315, 360
化学湿法刻蚀 46
环形腔激光器 25, 158, 160
回音壁模式 153
混合型力电器件 243
霍尔效应 24

J

激光催化法 15
激光量子产率 164
激光器 5, 18, 64, 116, 151, 164
激光谐振模式 153
激子-电子散射机制 155
激子-激子散射机制 155
激子-纵向光子散射机制 155
焦耳热 94, 333, 364
矫顽磁场强度 315
接触印刷法 68, 69
介电常数 16, 62, 94, 244, 338
界面电荷复合 193
晶格匹配度 179
晶格振动 77
晶界势垒 14
静电纺丝技术 233
局域效应 96
聚集离子束技术 47, 247

K

开关比 22, 78, 88, 98, 240, 255, 313
抗辐射能力 24, 28
柯肯达尔效应 186, 188
刻蚀法图形转移技术 46
库仑散射 75, 82
跨导 23, 78, 79, 80, 82

L

拉曼光谱 18, 19, 20, 246
蓝移 20, 140, 163, 299, 302, 307, 309
离子束辐照 364, 366
力电耦合效应 5, 361, 363
立式环栅晶体管 23
量子尺寸效应 2, 152
量子限域效应 4, 5, 15, 139
漏电流 75, 80, 92, 122, 260, 262
卢瑟福背散射谱 93
孪晶面 16
络合物 4

M

马约拉纳费米子 4
脉冲激光沉积 51
摩尔定律 3, 9, 74, 83, 84, 85

N

纳米尺度 1, 10, 93, 122, 144, 357
纳米级激光器 5, 18
纳米压印技术 43, 45

P

品质因子 13, 25, 26

Q

气相沉积法 15, 48, 50, 102, 315

强流场发射 113, 116, 117

R

染料光敏化剂 168
染料敏化太阳能电池 28, 326
热电效应 160
热电子发射 32
热载流子 18
人工光合作用 4
溶胶-凝胶法 54, 55, 251
入射单色光子电子转换效率 182

S

三电极生物检测系统 257
三极管 21, 118
散射效应 13
扫描电子显微镜 10, 158, 274, 303
扫描隧道显微镜 4
闪锌矿结构 16, 23
射频混频器 83
声子 19, 20, 139, 246, 308
时间分辨光致发光谱 163, 164
时间分辨 PL 谱 307
时域有限差分法 26
双模式振动传感器 221, 222
双光束激光干涉曝光模式 171, 172
水热反应法 53, 54, 56
四针氧化锌 31

T

太阳能电池 5, 20, 161, 252, 279, 283, 284, 285, 286
填充因子 255, 285, 286
同质结 21, 62, 122, 143, 255
透射电子显微镜 10, 88, 96, 104, 298, 310, 334

W

拓扑量子计算 4
微流动通道法 67, 68
微乳液法 54
物理气相沉积 48, 50

X

吸收振子强度 173
小尺寸效应 2, 10
谐振腔 5, 25, 151

Y

压电纳米发电机 4, 205, 209, 214, 216, 221, 224
压电效应 17, 28, 31, 221, 236, 240, 244, 312, 369
亚阈值摆幅 74, 81
亚阈值斜率 23, 78
氧空位 18, 90, 96, 116, 125, 320
忆阻器 85, 86, 88, 92, 96, 98, 100
异质结 20, 23, 75, 90, 122, 126, 142, 145, 147, 149, 151, 230, 246, 255, 279, 281, 283, 284, 322, 324
荧光发射 24
有机吹泡法 69, 70
阈值场强 108, 109, 116
原子层沉积 81, 299
原子力显微镜 10, 14, 205, 311, 313, 321, 322, 334

Z

载流子迁移率 14, 79, 82, 83, 84, 310
正胶工艺 44
准一维弹道运输 78
自驱动紫外光探测器 27
自上而下 2, 9, 68, 75, 77, 99, 122, 281, 299
自下而上 2, 9, 31, 43, 48, 61, 75, 99, 151, 281, 298
自旋 320, 321
自旋输运 5
阻抗匹配 20

其他

CMOS 晶体管 23, 74, 79, 80
Fabry-Perot 光学谐振腔效应 162
G 因子 231, 236, 239, 243, 244
Langmuir-Blodgett 膜技术 68
PL 谱 125, 155, 195, 281, 299, 301, 305, 306
Vernier 效应 161